国际电气工程先进技术译丛

模拟集成电路设计——以 LDO 设计为例

（原书第 2 版）

［美］ 林康－莫莱（Gabriel Alfonso Rincón－Mora）著
陈晓飞　邹望辉　刘政林　邹雪城　等译

机 械 工 业 出 版 社

本书借由集成线性稳压器的设计,全面介绍了模拟集成电路的设计方法，包括固态半导体理论、电路设计理论、模拟电路基本单元分析、反馈和偏置电路、频率响应、线性稳压器集成电路设计以及电路保护和特性等。本书从面向设计的角度来阐述模拟集成电路的设计，强调直觉和直观、系统目标、可靠性和设计流程，借助大量的实例，向初学者介绍整个模拟集成电路的设计流程，并引导其熟悉应用，同时本书也适用于有经验的电源集成电路设计工程师，不仅能帮助他们对模拟电路和线性稳压器的理论有更深刻的理解，而且书中所呈现的最新线性稳压器的技术发展也可以给予他们很多启发，是一本兼具实用性和学术价值的模拟集成电路和集成线性稳压器设计的优秀教科书和参考书。

译　者　序

片上系统（System on Chip，SoC）集成需求正不断增大，由于线性稳压器具有噪声小、对负载突变的响应速度快等优点，在模拟和混合信号芯片中占据越来越重要的地位。

本书是佐治亚理工学院 Rincón – Mora 教授的最新著作，是作者 20 多年的商用电源微电子芯片开发经验以及引领电源和能量调节集成电路领域技术发展的杰出研究工作的总结。本书组织严谨，内容丰富，涵盖了包括固态半导体理论、电路设计、模拟电路基本单元分析、反馈和偏置电路、频率响应、集成电路设计以及电路保护等模拟集成电路设计的所有基本方面。并且，在讲授这些内容时，本书十分强调直觉和直观，通过本书的学习，可以培养读者对于模拟电路的洞察力。本书的另一个特色是，整本书就是一个自顶向下再到顶（top – down – top）的设计实例，以线性稳压器设计的角度，从抽象视角开始系统分析，然后进入器件级进行基础分析，之后逐渐上升到电路设计，最后再到系统设计，但最终设计以晶体管级的形式实现。因此，本书是一本十分难得的兼具实用性和学术价值的参考书籍。

本书由华中科技大学的陈晓飞组织翻译，参加翻译工作的人员主要有陈晓飞、邹望辉、刘政林和邹雪城。在本书的翻译工作中，华中科技大学超大规模集成电路与系统研究中心的刘小瑞、张缨洁、王玄、许泽华、资海平、董一帆、邹大鹏等研究生同学提供了许多帮助并参加了部分内容的翻译，机械工业出版社刘星宁老师给予了很大支持，在此一并表示衷心的感谢。

译者

原 书 前 言

我写作本书第1版的初衷是为了介绍、讨论并分析怎样设计、仿真、构建、测试和评估线性低压差（Low DropOut，LDO）稳压器集成电路。LDO稳压器集成电路在现代生活和新兴的最先进应用中起到了重要的作用，并且随着片上系统（SoC）集成需求的不断增大，在持续推动已有市场的同时，开创出更多新市场，这些因素构成了写作本书第1版的动力。事实上，由于噪声的普遍性，输入信号的未知性，以及功能负载要求负载点（Point of Load，PoL）稳压器消耗极少的功率就可以产生精确且快速响应的电源电压，因此，现在不包含功率调整特性的传统混合信号芯片必须将系统和PoL电源整合在一起。在稳压器选择方面，由于开关稳压器的输出包含了大量噪声，而这是不能容忍的，因此线性稳压器在模拟和混合信号芯片中占据了重要地位。

然而，对于线性稳压器的教学，若没有相关模拟集成电路基础的介绍，将是不完整的。因此，与业界流行书籍的写作方式类似，本书也介绍模拟集成电路的基本理论，但是本书将从模拟集成电路直观、面向设计的角度来介绍模拟集成电路设计，我认为这在设计芯片时是非常有用和必要的。该理念是，不需要借助于工具书上的公式（这些公式的成立前提并非总是适用，特别是在开发新技术时），对预测半导体器件的各自特性和在电路中的组合特性有必要的认识。当然，具备了这样的洞察力，读者将可能具备重现和验证教科书上已有的公式和理论的能力。

关于本书第2版

本书第2版旨在扩充、提高和更新第1版的描述，以使概念和研究进展更加清晰和深刻。从很多角度来看，本版都是一本全新的书。首先，我重组了章节并重写了内容，同时更新了几乎全部的公式和图标，增加了实例和思考题，并几乎在每个章节都增加了新的内容。此外，本书还包括关于偏置电流和基准电路的一个章节，像大部分的模拟系统一样，线性稳压器必须依靠它们才能被唤醒和正常工作。

举例来说，第1版的第1章，在本版中被分为两个部分：一个部分介绍电源系统；另一部分更具体地介绍线性稳压器。类似地，第3章也被分为两个部分：一个部分介绍单晶体管基本单元；另一部分介绍模拟电路基本模块。第1~3章中新的内容包括带宽延时、品质因子、开放式设计变量、偏置点、小信号、绝对和相对精度，以及金属-氧化物-半导体场效应晶体管（MOSFET）中的亚阈值、弱反型、MOS电容和沟道电阻等内容。第4章和第5章中新的内容包括二端口模型、频率响应、信号流、信号延时、增益分析、直接转换、基极退化、基极/栅极耦合差分对和折叠式共源共栅放大器等，其中包括关于转换速度、电源抑制、输入参考失调和噪声的讨论。

除了一些基本概念之外，第6章中关于负反馈的描述完全是新的。关于灵敏度、频率响应、噪声、线性度、反馈结构、嵌入式和并行式反馈环的内容都是新的，同时本章还介绍了13个反馈实例，并对负反馈环路的设计进行了深入解析。第7章也是新章节，内容包括带隙电路中的正温度系数（Proportional To Absolute Temperature，PTAT）和负温度系数（Complementary To Absolute Temperature，CTAT）电流、温度补偿、启动、频率补偿和噪声抑制。第10章和第11章介绍了电源抑制性能提高技术和基准电压修调技术。

目标读者

本书从线性稳压器的角度，借助大量的实例，向初级微电子工程师介绍了整个模拟集成电路的设计流程，并引导其熟悉应用。同时，本书也可以对几乎没有线性稳压器和集成电路设计概念的电力电子领域模拟电路工程师起到启蒙引导作用。当然，本书也适用于有经验的电源集成电路设计工程师，相信本书不仅能帮助他们在回顾模拟电路和线性稳压器的理论时有更深刻的理解，而且能从最新的线性稳压器的技术发展中得到启发和激励。

组织

本书分为11个章节。第1章和第2章类似于产品定义阶段（但是以更偏向学术的方式），这个阶段，半导体公司通过定义产品的作用和工作目标来评估设计工作的难度，在此处，针对的是线性稳压器。然而，在承担某项设计工作之前，一个没有经验的工程师必须在模拟集成电路设计领域得到适当的训练，这也是第3~7章讨论的内容，即固态电子学理论和器件、单晶体管基本单元、模拟电路基本模块、负反馈和偏置电路。有了这些背景知识，第8章又回到了线性稳压器，更具体地介绍了线性稳压器的小信号响应，这对应于原型开发周期的第二阶段，在此阶段，设计者可以运用第3~6章中讨论的电路和反馈理论着手设计系统，以满足第1~2章提出的要求。

第9~10章结合第3章的器件知识、第4~6章的电路理论和第8章的补偿策略设计实际的稳压器电路，首先是第9章器件级设计，然后进入第10章系统级设计。从设计者的角度来看，因为所有的模拟电路的设计训练以及芯片设计都会重点关注这部分内容，所以这两章就是开发流程的重点。本书的最后一章即第11章讨论集成电路的保护和特性，这也是产品设计周期的最后两个步骤。整体来看，本书是一个自顶向下再到顶（Top-Down-Top）的设计实例，全书从抽象视角开始系统分析，然后进入器件级进行基础分析，之后逐渐上升到电路设计，最后再到系统设计，但最终设计以晶体管级的形式实现。

初级工程师可以按照顺序学习本书全部11章的内容，回顾整体设计流程，充分学习模拟集成电路设计；也可以只看特定的章节以加强对特定模拟电路设计原则的理解，比如第3~7章关于器件、电路、反馈与偏置，第1~2章和第8~10章关于线性稳压器集成电路，第11章关于保护与特性。对于一个几乎未涉足过稳压器设计领域但有一定经验的模拟电路设计工程师，可以不需要回顾基本模拟电路原理，直接参考第1~2章和第8~11章学习稳压器的特定知识。另外，资深稳压器芯片设计者也可以通过第1~2章和第8~11章加深对现有技术的理解，同时在第3~7章中回顾模拟集成电路的设计原则。

为了方便读者找到目标章、节和小节，我尽量使每一章都独立，将我认为彼此相关联的内容放在一起，且针对特定内容划分小节、合理命名。希望通过这样的方式，工程师们可以更容易地找到他们感兴趣的部分，并且通过内容导航到相关章节。

关于写作

总体而言，本书全面介绍了模拟集成电路的设计方法，包括固态半导体理论、电路设计、模拟电路基本模块分析、反馈概念与偏置电路、频率响应、集成电路设计以及电路的保护与特性。与其他模拟电路书籍不同的是，本书强调模拟集成电路设计直观，并将其应用于基准电路和线性稳压器的设计。本书呈现的风格、形式和思想方式是我在该领域超过20年的设计经验的总结：作为一个模拟集成电路设计师，开发了多款商用电源微电子芯片；作为教授和研究员，在电源和能量调节集成电路领域引领当前的技术发展。

从工业界的角度，我发现了设计的艺术和产品开发的价值，因此，本书强调直觉和直观、系统目标、可靠性和设计流程。作为一个学者，我坚持学习教学展示的艺术，理解技术深度的价值，跳出惯性思维的束缚。因此读者会在本书中发现，我试图呈现一个兼具实用性和学术价值的模拟集成电路和线性稳压器集成电路设计方法。毋庸置疑，我还有许多东西需要学习，尽管如此，希望我对本书的付出和对该领域的贡献能够赢得广大读者的充分支持，并希望读者对于书中的不足、矛盾和不准确描述给予谅解。

Gabriel Alfonso Rincón-Mora 博士

作者简介

Gabriel Alfonso Rincón - Mora 博士，1994 ~ 2003 年供职于德州仪器公司，担任一个高级集成电路设计团队的领导。1999 年 Rincón - Mora 博士受聘为佐治亚理工学院的兼职教授，并在 2001 年受聘为全职教授，自 2011 年起，受聘为台湾成功大学的客座教授。他是 IEEE 和 IET 的院士，同时也是 38 项专利的发明人/共同发明人和超过 160 篇论文的作者/共同作者。Rincón - Mora 博士已经写过 8 本著作，成功设计 26 余款商用电源芯片，并且获得了多项奖励，包括西班牙裔专业工程师协会（SHPE）颁发的全国西班牙裔技术奖，佛罗里达国际大学颁发的 Charles E. Perry 远见奖，加利福尼亚州副州长颁发的表彰证书，IEEE CASS 颁发的 IEEE 服务奖，空军基地颁发的西班牙裔骄傲和遗产奖。2000 年，佐治亚理工学院邀请 Rincón - Mora 博士加入杰出青年工程师校友理事会，同年西班牙商业杂志将其列为“一百个最具影响力的西班牙裔”之一。目前他主要致力于利用微型电池和环境能量为无线和移动设备供电的集成电路系统的研究。

目录

第1章 电源系统

1.1 电源管理中的稳压器

供电和电源调整是电气系统最基本的功能。任何带负载的应用，不管是移动电话、平板电脑或者是无线传感器节点，没有稳定的供电，都不能正常地工作，原因是变压器、发电机、电池和其他离线式电源所提供的电压和电流在不同的时间和工作条件下都会发生改变。它们通常伴随着噪声和抖动，不仅是因为它们的工作方式，而且因为大功率开关电路，例如中央处理器单元（Central Processing Unit，CPU）和数字信号处理器（Digital Signal Processor，DSP），常常作为它们的负载，这些快速变化的负载使得原本没有噪声的电源产生了瞬态偏移，最终的结果会导致原本应是直流的成分出现了闪烁和频谱杂散。电压稳压器的作用就是将这些不可预测的、有噪声的电源电压变成稳定的、精确的、与负载无关的电压，将这些有害的波动衰减到更低、更可接受的程度。

对于集成度更高、更复杂的高性能系统，稳压调整功能的应用就显得尤为重要。例如，一个片上系统（SoC）通常需要将许多功能集成在一起，其中的许多功能与时钟同步，这就要求电源在很短的时间内能同时满足输出高功率和很短的瞬态响应时间的要求。电源不能够对负载电流变化（如快速负载突变）做出快速响应，会迫使储能电容为负载提供全部电能，从而使电源电压出现显著的瞬态波动。稳压器的带宽性能，也就是做出迅速反应的能力，决定了瞬态波动的大小和程度。

稳压器也可以通过防止电压超过结击穿电压，起到保护集成电路（Integrated Circuit，IC）的作用。在当前的技术水平下，击穿电压可能小于2V，所以这样的保护要求就更加苛刻了。对包括SoC、系统级封装（System in Package，SiP；System on Package，SoP）等小体积、单芯片解决方案需求的持续增长，驱动集成电路工艺向更小的光刻尺寸和金属间距发展。不幸的是，元件密度的增加使得隔离间距减小，而集成电路的击穿电压随着尺寸和间距的缩小而降低。

基准（Reference），如同稳压器一样，能产生和维持一个精确稳定的不随输入电压、负载环境以及工作条件变化的输出电压。与稳压器不同的是，基准无需提供大的稳态电流，也不需要适应宽范围变化的负载。尽管一个好的基准能够屏蔽正负噪声电流的影响，但它驱动负载电流的范围还是比较小的。实际中，基准只能提供最大1mA的驱动电流，而稳压器能够提供大到几个安培的电流。

命名规则：为了补充和扩展本书中的文字说明，对变量名使用标准的小信号和稳

态命名规则。同时具有小信号和直流成分的信号，使用小写字母和大写下标表示，例如输出电压v_{OUT}。当只表示直流信号成分时，全部用大写字母，如V_{OUT}；类似地，当只表示小信号成分时，全部用小写字母命名，例如v_{out}。

如前面的例子所示，变量采用功能上直观的命名方式，第一个字母通常描述信号类型和量纲单位，例如v指电压，i指电流，A或G指放大增益，P指功率等。下标通常表示变量所描述的功能或者节点，例如out通常指稳压器的输出，REG则为调节参数等。此外，参数带一个0作为下标特指描述低频特性的变量，例如低频电压增益A_{V0}。低频度量值本质上描述的是系统稳态的信息。

1.2　线性稳压器和开关稳压器的对比

电压稳压器通常是一个带缓冲的基准：一个偏置电压和一个同相运算放大器（Op Amp），众所周知，运算放大器在并联反馈结构中可以驱动大负载电流。根据可接负载电流的范围，稳压器一般可分为线性稳压器和开关稳压器两大类。如图1.1a所示，线性稳压器也被称为串联稳压器，通过线性地调整连接在输入电源和受调制的输出电压v_{OUT}之间的串联开关器件的电导，确保输出电压为参考电压v_{REF}的某个预置的比例值。线性反馈放大器比较v_{OUT}和v_{REF}并产生一个控制信号，保证v_{OUT}在v_{REF}的一个可接受的小窗口范围内。这里“串联”是指通道元件或者开关器件是串联在未稳压的电源和负载之间。因为流过开关器件的电流和它的控制信号在时间上是连续的，所以这个电路在本质上是线性的、模拟的。并且，因为它只能通过一个线性控制的串联开关器件供电，所以输出电压不能超过未稳压的输入电源电压，即$v_{OUT} < v_{IN}$。

与线性稳压器相对应的是开关稳压器，由于它的开关特性，它的输入和输出既可以是交流（AC）也可以是直流（DC），这就是为什么它能够支持交流-交流（AC-AC）、交流-直流（AC-DC）、直流-交流（DC-AC）以及直流-直流（DC-DC）变换功能的原因。在集成电路的应用中，DC-DC变换器占据主要地位，因为集成电路的电源通常来自直流电池和离线式AC-DC变换器，而大多数的集成电路内部和外部的负载应用都需要直流供电。工程师们通常称这种具有变换功能的稳压器电路为开关变换器。

从电路的角度看，线性稳压器和开关稳压器的一个很大的区别在于后者的反馈环路是混合信号，既包括模拟模块也包括数字模块，如图1.1b所示。开关电路的基本工作原理是在每一个开关周期交替地将能量从电源传递到电感和/或电容，从而通过准无损储能元件将输入能量传递到输出端。为了控制这个网络，系统通过反馈的方式把模拟误差信号转化成脉宽调制（Pulse Width Modulated，PWM）数字脉冲序列，而这些脉冲调制信号的开关状态则决定了电路中开关器件的连接状态。从信号处理的角度来看，开关网络就是使输入电压摆幅范围内的数字脉冲通过低通滤波器转换成纹波仅为几个毫伏的模拟信号v_{OUT}，其平均值接近基准电压v_{REF}。

如图1.1b所示，一个DC-DC变换器系统通常包括晶体管和/或二极管作为同步或异步开关，电感和/或电容作为能量传输元件，一个线性差动放大器和一个A-D转换器或者脉宽调制器。在线性稳压器中，放大器的作用是比较v_{OUT}和v_{REF}，产生一个控制信号以保证v_{OUT}接近v_{REF}。PWM模块将放大器的模拟输出信号转换为一个数字流，决定网络的导通状态。很多由开关电容实现的变换器不需要功率电感，使得全芯片集成在某些情况下成为可能，然而，这些集成的、无电感的变换器通常不能够像离散功率电感一样提供大电流，也不允许输出电压v_{OUT}下降过多，这就是它们通常只能在低功耗应用领域满足较小市场的原因，因为这些无电感开关电容电路向快速电容器（Flying Capacitor）泵入和泵出电荷，IC设计工程师常常称之为电荷泵（Charge Bump）。

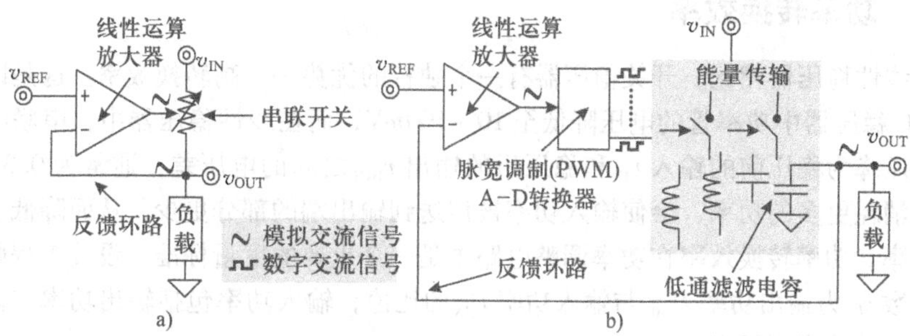

图1.1　a）基本线性稳压器电路；b）基本开关稳压器电路

与线性稳压器不同，开关稳压器能够提供较宽的输出电压范围，既可以低于输入电压，也能够高于输入电压。例如，降压（Buck）变换器的输出电压低于输入电压：$v_{OUT} < v_{IN}$，而升压（Boost）变换器则相反：$v_{OUT} > v_{IN}$。而升降压（Buck-Boost）变换器，顾名思义是Buck电路和Boost电路的组合，它能够调节输出电压低于或者高于输入电压。虽然开关变换器有众多的灵活性和优点，但是线性稳压器在消费电子和高性能电子领域仍然十分流行，我们会在下面的章节里进行阐述。

1.2.1　响应时间的折中

线性稳压器通常比开关稳压器简单而且速度更快。如图1.1所示，在线性稳压器中反馈环路的元件更少，因此环路信号的延时更少。脉宽调制器，具体而言就是将模拟信号转换为脉冲流的控制器，通常需要几个模块，比如时钟、比较器、非交叠数字驱动器和锯齿三角波发生器。此外，在负反馈状态下的开关稳压器要保持稳定，它的带宽通常需要远低于开关频率f_{SW}十倍以上，从而把系统的响应时间进一步限制在晶体管特征频率（Transitional Frequency）f_T的几个数量级以下。因此，DC-DC变换器比线性稳压器需要更多的响应时间。在开关频率f_{SW}为20kHz~10MHz的情况下，DC-DC变换器的响应时间为2~8μs，而线性稳压器则可以低至0.25~1μs。尽管更高的开关频率可以减小输出电压纹波和/或降低对LC滤波器的要求，但是进一步提高开关频率f_{SW}通常是不实际的，因为这样会提高变换器中开关管的功率损耗，从而消耗更多的电池能量并降低其使用寿命。

1.2.2 噪声

如图 1.1 所示，开关稳压器的反馈环路中存在数字信号，这表明开关稳压器比线性稳压器具有更大的噪声。功率开关管是可以通过大电流的大器件，它们必须工作在较高的频率下，从而要求快速而陡峭的驱动信号，而这会向芯片衬底和输出端注入噪声能量。此外，射频（RF）噪声在升压模式中更加普遍，这是因为一个与二极管占空比相关的功率会突然流入负载。时钟在开通、关断以及睡眠模式的启停转换进一步加剧了噪声，在输出端引入了低频和高频谐波。

1.2.3 功率转换效率

与线性稳压器相比，开关稳压器有一个独特的优势——高转换效率。这是因为在 DC - DC 稳压器中功率管的电压降低至 10 ~ 100mV，而在线性稳压器中，串联的功率器件电压降为稳压前的输入 v_{IN}和稳压后的输出 v_{OUT}之间的电压差，通常为 0.3 ~ 2V。稳压器消耗更多的功率，会使输入功率被传送到输出端的部分更少，从而降低了功率转换效率。功率转换效率在功率调整电路中是一个重要的度量标准。设计工程师通常定义参数 η_C为输出功率 P_{OUT}与输入功率 P_{IN}的比值，输入功率包括输出功率 P_{OUT}和稳压器自身的功率损耗 P_{LOSS}：

$$\eta_C = \frac{P_{OUT}}{P_{IN}} = \frac{P_{IN} - P_{LOSS}}{P_{IN}} = \frac{P_{OUT}}{P_{OUT} + P_{LOSS}} \tag{1.1}$$

开关稳压器中的损耗 P_{LOSS}可以非常小，因此效率通常可达 80% ~95%。另一方面，线性稳压器中的损耗 P_{LOSS}通常更高，线性稳压器自身的静态电流 i_Q以及稳压前的输入电压 v_{IN}和稳压后的输出电压 v_{OUT}的电压差将其转换效率限制在较低水平：

$$\eta_{C(LIN)} = \frac{P_{OUT}}{P_{OUT} + P_{LOSS}} = \frac{i_{LOAD} v_{OUT}}{(i_{LOAD} + i_{GND}) v_{IN}} < \frac{v_{OUT}}{v_{IN}} \tag{1.2}$$

式中，i_{LOAD}是负载电流；静态电流 i_Q 为直接流到地而不流经负载的电流，用 i_{GND}表示。因此，即使静态电流为 0，线性稳压器可能达到的最大效率也仅为输出电压对输入电压的比值。为了进一步理解这个结论，考虑一个输入电压为 5V、输出电压为 2.5V 的线性稳压器，其最大可能转换效率仅为 50%。

输入电压和输出电压之间的电压差越小，线性稳压器的转换效率越高。例如，对于上述的线性稳压器，如果输入电压为 3.3V，其转换效率为 76%；而如果输入电压为 2.8V，则效率可以达到 89%。这个趋势只有当负载电流 i_{LOAD}远大于静态电流 i_Q 时才成立；当稳压器满负载工作时，这个假设一般成立；而当系统处于待机或者睡眠状态时，则不一定成立。因此，当输入电压和输出电压的电压差较小时，例如 0.3V 以下，设计师通常更倾向于使用线性稳压器，因为此时线性稳压器和开关稳压器的效率几乎相同，而线性稳压器设计简单、成本低、噪声更小，并且速度更快。线性稳压器唯一的、也是最明显的缺点是它的转换效率。如果转换效率不是一个重要的考虑因素，或者其转换效率与开关变换器相当，那么线性稳压器将是一个更好的选择。

如果负载电流超过一定程度，就需要使用热沉（Heat Sink），这对应用是不利的。热沉一方面增加了一个额外的板上部件，另一方面需要消耗印制电路板（Printed Circuit Board，PCB）面积。一个避免这个问题的常用技术是在PCB上使用多个线性稳压器来对负载进行分流，从而最小化单个稳压器的功率损耗，或者，如果指标允许，也就是说如果输出端可以容忍更多噪声，也可以用开关稳压器来代替线性稳压器。高温的另一个副作用是会增大金属-氧化物-半导体（MOS）管的导通电阻，从而增加导通损耗，降低功率转换效率。总之，如表1.1所总结的，线性稳压器结构简单、速度快、噪声小，但是它的转换效率相对较低，使得它们只适用于低噪声和低功率的应用场合。开关稳压器有更高的功率转换效率，但是它要求负载必须容忍较高的噪声，这也是敏感的高性能模拟子系统通常采用线性稳压器供电的原因。

表1.1 线性稳压器与开关稳压器比较

线性稳压器	开关稳压器
输出范围受限（$v_{OUT} < v_{IN}$）	√输出范围灵活（$v_{OUT} \leq v_{IN}$ 或 $v_{OUT} \geq v_{IN}$）
√成本低：更少的PCB和硅片面积	成本高：更多的PCB和硅片面积
√噪声低	开关噪声
√响应快速	响应缓慢
转换效率受限（$\eta_C \leq v_{OUT}/v_{IN}$）	√转换效率高（$\eta_C \approx 80\% \sim 95\%$）
适用于低噪声/低功率应用	适用于升压和高效率系统

注：标记“√”表示相对优势。

1.3 市场需求

1.3.1 系统

线性稳压器和开关稳压器在今天的市场中都有它们各自的地位。台式机和笔记本电脑微处理器等系统不仅需要与时钟同步的大电流，而且要求低供电电压。这些系统能够充分利用DC-DC变换器转换效率高的特点。只具有模拟功能的电路模块不能承受开关稳压器的噪声，但能够充分利用线性稳压器低噪声、低成本的优势。模拟电路天生比数字模块对电源线的噪声更敏感，这就是它们需要“干净”电源供电的原因。

如今手机、平板电脑、笔记本电脑等便携式电子设备的市场需求持续增长，精度和转换效率都至关重要，这就需要同时使用线性稳压器和开关稳压器。在这些应用中，集成电源管理电路把包含噪声且不断变化的电源电压进行转换，然后驱动对噪声敏感的电路。在这些条件下，如图1.2所示，一个DC-DC变换器将输入电源进行降压，产生一个稳定但含有噪声的输入电源v_{NOISY}。然后，一个线性稳压器将这些含有噪声的电源转换成能够为高性能、对噪声敏感的集成电路供电的低噪声、无纹波的输出电源v_{CLEAN}。这样，线性稳压器上的电压降可以足够低，如图1.2所示的1.8~

2.4V，从而将功率损耗降低到实用水平。因为开关稳压器比线性稳压器的效率更高，所以这里开关稳压器的作用是把输入电压降到足够低，从而降低整个系统的损耗。线性稳压器的作用是过滤掉 DC - DC 变换器产生的噪声，产生一个系统所需要的无噪声的供电电源。

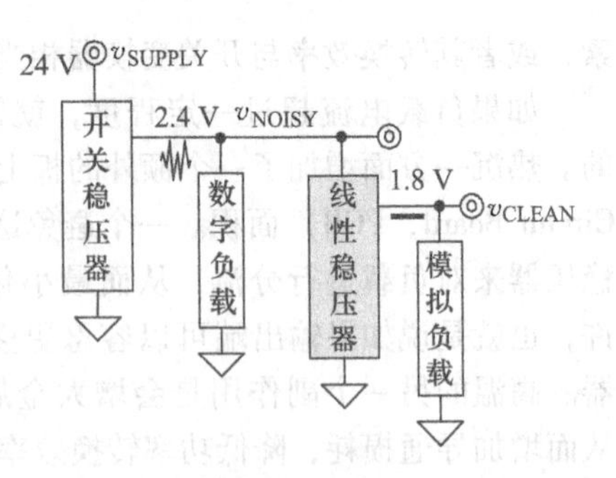

图 1.2 低噪声电源管理系统实例

类似的工作状态在其他混合信号应用中越来越多地出现，在这些应用中必须对供电电源进行去耦，从而减小和抑制噪声。在需要从低输入电压电源得到高输出电压电源的系统中，例如使用单节电池（0.9 ~ 1.5V）和双节电池（1.8 ~3V）供电的系统，需要升压型 DC - DC 变换器。与前面的情况类似，这些应用可能仍然需要用线性稳压器来抑制开关稳压器产生的开关噪声。

1.3.2 集成

移动通信市场对稳压器需求的影响非常大。由于电池电压的变化范围大，几乎所有电池供电的应用都需要稳压器。此外，大多数的设计中都需要在微芯片内部加稳压器和其他供电电路以节约 PCB 面积和提升性能。这种趋势在产品中变得越来越普遍，特别是通过使用 SoC、SiP 和 SoP 解决方案的形式来达到或接近集成的极限。由于体积空间的不足，能量密度和功率密度受限是这个市场自然而然产生的副产品，这也要求电路达到较高的功率转换效率，同时也要求小的静态电流，从而在电池的实际寿命时间内能够达到较好的性能。

1.3.3 工作寿命

在线性稳压器中，电流效率（Current Efficiency）η_I，也就是输入电流 i_{IN} 到达负载的比例，是非常重要的。特别地，在轻负载和零负载情况下，静态电流 i_Q 亦即地电流 i_{GND} 必须尽可能小，因为此时 i_{GND} 占整个电池漏电流 i_{IN} 的比例非常大。而在重负载情况下，更大的静态电流则是可以接受的，因为此时它占整个漏电流的比例很小，因而对电池寿命的影响也很小。因此，在线性稳压器中，相比 i_{GND} 的绝对值，电流效率更重要：

$$\eta_I = \frac{i_{OUT}}{i_{IN}} = \frac{i_{LOAD}}{i_{LOAD} + i_{GND}} \tag{1.3}$$

总之，在重负载时，负载完全决定了电池寿命；而在零负载和轻负载时，电池寿命由稳压器的地电流决定。

电池容量（定义为安培与小时的乘积，A · h）与平均漏电流 $i_{DRAIN(AVG)}$ 决定了电子系统中的电池工作寿命：

$$电池寿命=\frac{电池容量}{i_{DRAIN(AVG)}}=\frac{电池容量}{i_{LOAD(AVG)}+i_{GND(AVG)}} \tag{1.4}$$

再加上大多数便携式设备在大部分时间内都处于空闲状态的这一事实，这个公式意味着电池寿命与轻负载时的地电流 i_{GND} 密切相关。手机通常处于空闲状态（即处在待机模式而非通话模式），因此在大多数时间里仅仅需要消耗通话模式下峰值功率的很小一部分，就如图 1.3 所描述的一个典型的码分多址（Code Division Multiple Access，CDMA）手持设备中射频功率放大器（Power Amplifier，PA）的概率密度函数（Probability Density Function，PDF）一样，图中概率最高的区域是零到中等负载电流时的情况，此时的漏电流大部分为 i_{GND}。

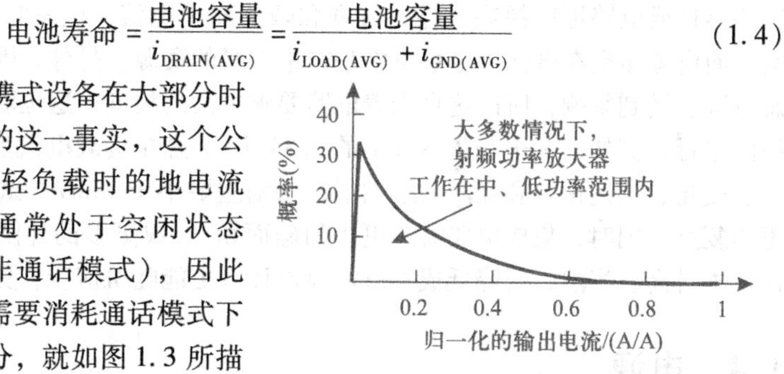

图 1.3　典型便携式 CDMA 手持设备中射频功率放大器的概率密度函数

$$i_{DRAIN(AVG)}=\int(i_{LOAD}+i_{GND})\cdot PDF\cdot di_{LOAD}\approx i_{GND} \tag{1.5}$$

1.3.4　电源净空

电池供电以及目前的工艺技术水平都意味着电路使用低压工作模式。当前最流行的可再充电电池技术主要是锂离子（Li-Ion）电池、镍镉（NiCd）电池及镍金属氢（NiMH）电池。其中，锂离子电池完全放电后的电池电压是 2.7V，充满电则是 4.2V，镍镉电池和镍金属氢电池的电压范围则为 0.9～1.7V。微燃料电池的电压更低，为 0.4～0.7V。这些电池提供的电压相对比较低，并且具有变化而非恒定的特性，限制了电路完成特定功能时的供电电压净空和动态范围或者信噪比（Signal to Noise Ratio，SNR），从而对稳压器提出了很高的要求。

低压工作模式也是当前工艺水平发展的结果。更高的封装密度促使我们提高光刻分辨率，制造出击穿电压更低的纳米量级的半导体结。例如，一个典型的 0.18μm 的互补 MOS（CMOS）工艺所能承受的电压不能超过 1.8V。此外，出于经济上的考虑，我们需要尽可能降低工艺的复杂性，也就是减少制造芯片的掩膜版的数量，这同时也会减少可获得的器件类型。通常，半导体公司大部分产品都使用标准 CMOS 或标准 BiCMOS 工艺，但是这同时也降低了电路设计的灵活性。

低压环境从根本上限制了模拟电路的设计。许多传统的设计技术在低压条件下都不再适用，从而限制了设计的灵活性，有时也限制了电路的性能。例如，Cascode 晶体管[⊖]（共源共栅/共射共基晶体管）、射极或源极跟随器、达林顿 NPN 双极型晶体管，

⊖ Cascode 晶体管：指的是共源共栅或共射共基晶体管，为了简洁，译文中大部分地方将直接用英文表达。

这些器件或电路可以提高增益、带宽和峰值输出电流，但是它们需要更多的电源净空，而电源净空在电池供电系统中是非常宝贵的资源。另外，因为在低压供电时，动态范围会受到影响，所以这意味着电路要求更高的精度，这也驱动着电路性能向它的极限逼近。例如，一个精度为1%的1.8V稳压器在负载电流变化、输入电压变化、温度变化、工艺偏差和噪声的影响下，总偏差要小于18mV。这些问题使得芯片设计更为复杂，同时，集成电路需要更大的硅面积和/或更多的外围电路与工艺技术，从而成本升高。当然，要降低成本就需要设计者更能随机应变，更具有创新性。

1.4 电源

透彻理解几乎全部的线性稳压器的应用环境是十分重要的。从集成电路设计者的角度来看，我们关注的电源参数有容量、内阻、自放电、物理尺寸和重量，对于可充电电源，还有循环使用的寿命。容量指电池存储能量的能力，循环寿命指电池在其容量显著减小之前可进行的充放电次数。电池种类从传统的电池和新兴的燃料电池到核能电池和从周围环境中获得能量的传感器电池。不幸的是，虽然相关领域的研究获得了巨大进步，但是没有一个单一的技术可以完全满足所有应用场合。

1.4.1 早期电池

如今多数手持设备使用基于镍或锂的化学物质对系统供电。可重复使用的碱性电池和铅酸电池并不适用于高性能应用。其中，碱性电池保质期长，但是循环寿命短、能量密度低，因此，它更适用于不需连续工作的消费电子产品或小部件，比如闪光灯。铅酸电池较经济且输出功率较高，但是体积大，所以在大规模应用比如汽车工业中很常用，但是不适用于手持便携式电子消费品市场。

早前移动电话使用基于镍的电池，比如镍镉（NiCd）电池和镍金属氢（NiMH）电池供电。基于镍的电池会产生一种被称为周期记忆的现象，指的是电池中会形成晶体，使得自放电的速率一次次增大，幸运的是，周期性的充放电可以减轻周期记忆的影响。图1.4是典型的镍基器件放电曲线，在1.8～1.5V及0.9V以下，恒定负载使电池放电很快，电池可用的能量范围是0.9～1.5V。

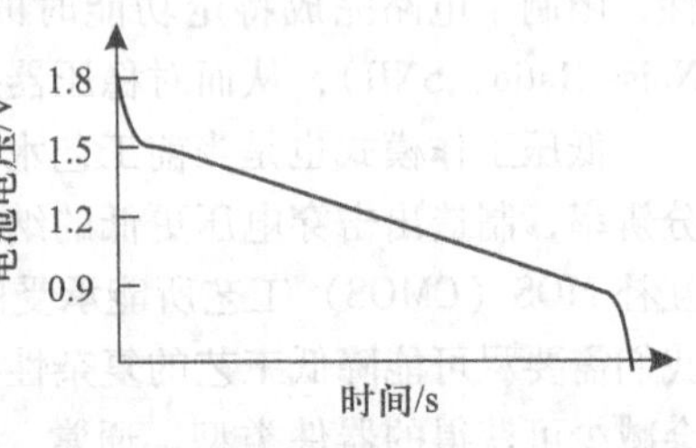

图1.4 负载电流恒定时，镍镉电池和镍金属氢电池的放电曲线

镍镉电池是镍金属氢电池的前身，它含有有毒金属，而镍金属氢电池则更加环保、具有相对稍高的能量密度，以及更小的记忆效应。但是，镍金属氢化合物的这些优势是以牺牲其他性能指标为代价的。图1.5显示，在整个循环寿命内，镍镉电池几乎在各个方面均超过镍金属氢电池。镍镉电池不仅内部等效电阻更低，其容量、内阻、自放电时间在整个约1500次的循环寿命内保持相对恒定。镍金属氢电池在刚开

始工作时性能较好，但是，经过较少的充电循环后，大约在其寿命时间的20%时，其性能迅速恶化，使其有效使用寿命不到镍镉电池的一半。然而，在需要环保并且产品预期使用寿命较短比如大概一年的电子产品中，镍金属氢电池更有吸引力，此时可以通过限制重复充放电的次数，使其在镍金属氢电池的能力范围内。

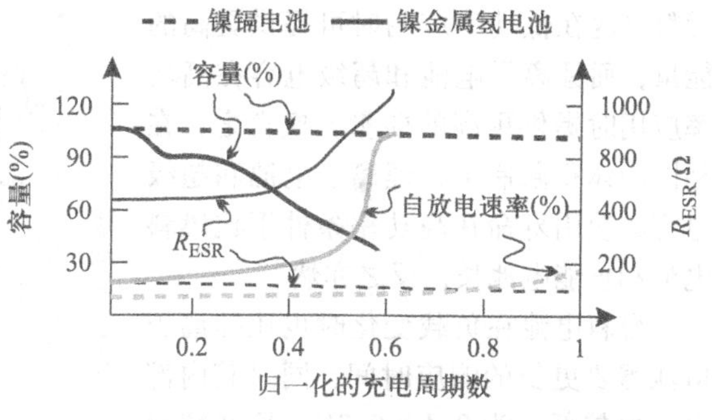

图1.5　镍镉电池和镍金属氢电池的性能比较

1.4.2　锂离子电池

可重复充电储能器件发展历程中的下一个技术是锂离子电池技术。首先，它们不含有毒金属，同时不同于镍基电池，它们也不受令人讨厌的记忆效应的影响。锂离子电池能量密度很高，在其整个1000～1500次的循环寿命内，容量和内阻都相对恒定，而且，相比于镍基电池，它们的自放电速率微乎其微。另外，如图1.6所示，大多数锂离子电池的可用能量在2.7～4.2V范围内。然而，锂离子电池的一个缺点是当充放电电压超过了最小和最大限制，大约是2.7V和4.2V时，可能造成不可逆甚至是灾难性的后果，所以锂离子电池的充电电路往往比其他电池的更加复杂。

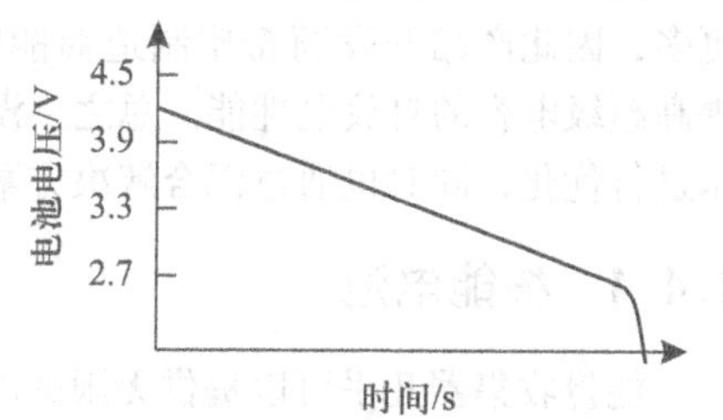

图1.6　负载电流恒定时锂离子电池的放电曲线

锂离子电池的另一个缺点是它的成本更高，大约是镍基电池的两倍。但这并不意味着制造成本在将来不会减少，因为随着越来越多的产品使用锂电池，制造商会因为生产规模的增大而获得利益，因此成本也会相应下降。同时增多的销售额也会激发减小成本、简化制造过程、提高稳定性方面的创新和进步。以稍高的成本为代价，锂离子聚合物电池提供相同的性能，却可以使用更薄、更小的封装，这对于手持、可穿戴和无线感应的应用非常重要。总之，高需求量和技术的优势中和了成本的劣势。如今，大多数新兴的移动电话、平板电脑、笔记本电脑和其他便携式消费电子产品都需要锂离子电池供电。

1.4.3　燃料电池

锂离子电池是当今的主流技术，但是并不完美。它们不能为需要中等功率的微系统供电，因其不能在单位重量或体积内存储足够的能量，因此，燃料电池（Fuel Cell，FC）、能量收集器和核能电池成为目前研究的重点。图1.7是各种电池的Ragone图，描述了各自能量与功率的关系。比如，与核能电池和能量收集器相比，燃料电池在低功率应用时可提供更高的能量，而锂离子电池和超级电容在高功率应用时提供更高的能量，换言之，在相同的体积限制下，锂离子电池和超级电容的使用寿命在高功率条件下比燃料电池和核能电池长，反之亦然。

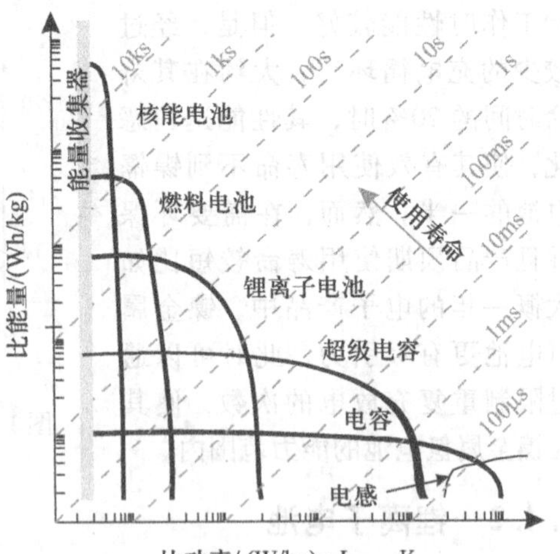

图 1.7　Ragone 图：不同能量存储技术能量 - 功率性能比较

燃料电池在负载变化时也比锂离子电池需要更长的响应时间，同时其内部电压也较低，为 0.4 ~ 0.7V。虽然超级电容比锂离子电池提供的能量少，但是它们的循环寿命却长得多，大约有 100000 个周期，所以现在的研究常在能量收集无线传感器中使用超级电容。但是，超级电容比锂离子电池泄漏的电量更多，因此产品开发商希望制造商能够提高超级电容的自放电性能。总之，没有任何一种电源是理想的，研究人员对每种技术进行优化，同时也通过混合解决方案来结合不同方式的优势。

1.4.4　核能电池

能量收集器几乎可以提供无限的能量，在低功率应用条件下，核能电池能够提供除能量收集器外的、比其他技术更多的能量。核能电池主要的缺点是其制造材料具有放射性，因此会带来安全和包装问题。其次，它提供的功率较低。然而这项技术产生的热量可以为热电产生器长期供能，比如十年。同样，衰减的同位素放出的电子可以在符合机械规定的并联压电平板间建立电场，压电平板间的吸引力会使材料发生弯曲，从而产生流过接触点的电流。发射的电子也可以在 PN 结器件中产生电子 - 空穴对，像光子在光敏太阳电池中那样。这些器件被称为 β 伏特电池，和太阳电板一样可以进行芯片集成。然而，出于安全和同位素成本考虑，这种电池难以进入市场，但是，由于它们的能量密度非常高，研究一直在持续。

1.4.5　能量收集器

最后提到的是能量收集器，但是并非它不重要，尤其是对于电池寿命而言。这些电力产生器从周围环境的光、运动、热量、辐射和其他能源中提取能量。表 1.2 表明，在最常见的周围环境能源中，暴露于阳光的光伏电池提供最高的功率，为 10 ~ 15mW/cm²；电磁耦合能量也可以提供较高的功率，大约为 10mW/cm³，但是只有当感应线圈靠近一个丰富的辐射源 10 ~ 15mm 范围内才能达到；压电和静电换能器从运动中得到中等功率，为 50 ~ 300μW/cm³；暴露于人造光源的太阳电池产生小于 50μW/cm³ 的功率；温度梯度热电堆和振动电磁换能器产生的功率更小，为 1 ~

15μW/cm^3。这些都是前沿的研究课题，解决方案还未成熟，但关于使用寿命，它们可以与核能电池相匹敌，甚至可以做到无限使用。由微机电系统（Micro Electro Mechanical System，MEMS）和纳米技术制造的微型能量收集器，比如太阳电池、静电和压电换能器以及热电堆可以与集成电路（IC）兼容，因此可能很有前景，但是现在言之过早。

表1.2 常见的周围环境能量源获得的功率密度

能量源		换能器	功率密度
光	太阳能	光伏电池	<15mW/cm^2
	人造光		<50μW/cm^2
运动		静电	50~100μW/cm^3
		电磁	<1μW/cm^3
		压电	50~300μW/cm^3
温差（$\Delta T=10$℃）		热电堆	5~15μW/cm^3
电磁辐射		应答器：耦合电感	mW/cm^3（mm级） μW/cm^3（cm级）

1.5 计算机仿真

在供电系统交付生产制造前，对其进行验证是至关重要的。因此，设计师在完成电路拓扑设计之后，应用计算机仿真来验证系统的功能，同时确认相关参数容限。然而，正如编程一样，仿真结果的好坏取决于产生仿真结果的电路图以及数据文件，所谓“垃圾输入，垃圾输出”。因此，设计师只有在知道预期结果时才能进行仿真，这样才能对仿真结果进行适当的评估。如果结果与预期不符，则要么是电路有问题，要么是仿真有问题，或者两者皆有问题。这种情况下，查错的第一步是确保工作条件、模型、控制语句以及仿真设置（比如稳态和瞬态容差）都正确并且适合当前仿真。如果仿真正确，电路就可能有问题，此时在不用计算机的前提下重新审视电路是非常必要的。多次重复这个“设计”和“验证”过程，直到仿真结果与理论预期一致，只有如此，设计师才能够更好地得出结论，折中参数性能，改进系统。换言之，理论推导和设计都要靠人，计算机仅仅做验证工作而已。

理论分析之后，非常重要的工作是在所有可能的工作条件和制造工艺变化的情况下对性能进行评估。设计师通常将这些极端情况称为工艺-电压-温度（Process-Voltage-Temperature，PVT）角，更全面的极端情况还包含电源、输入以及输出的变化，比如输入噪声、负载电流、输出电容和寄生电阻等变化，称为极端情况角。设计师通过在所有可能的极端情况角组合和工作条件下对电路进行反复仿真来确定系统的可靠性，具体地说，可靠性是指在一片硅晶圆（Wafer）、多个晶圆以及不同制造批次晶圆上的芯片裸片（Die）正常工作的概率。例如，弱NMOS、强PMOS场效应晶体管和一般的NPN双极型晶体管以及高电阻值和高电容值可以构成一个仿真设置组合；类似地，高温、低输入电压、低输出电容、输出电容的高等效串联电阻（Equivalent

Series Resistance，ESR）和其他条件一起可以构成另外一个组合，以此类推，可以组成许多仿真设置组合。

工艺工程师通常可以保证他们的参数控制比对外宣称的要好，因为他们的首要目标是提高良率：提高一个晶片上达到性能要求的芯片裸片数量，从而为公司提高收益。这意味着工艺角仿真在概率上而言是悲观的，因为得到一个包含系统及随机状况的全部 6σ 变量的线性组合是不现实的。从设计者的角度来看，模拟电路有无限多的工作条件，而对所有工作条件都进行仿真是不可能的。例如，启动条件使一个稳压器有无数种随着时间线性连续变化的偏置点，所以若要确定在所有工作条件下稳压器反馈环路的动态响应，将会延长产品上市时间，而这会受到资金效益限制。

大多数设计师通过以下方式减轻这些技术风险：首先基于良好的工业判断来确定实际的最坏工作条件；然后，若系统足够小，可以快速完成一次仿真（比如几分钟内），则仿真包括全部 6σ 工艺角模型的所有组合情况，将这些 6σ 仿真结果线性组合是补偿因为不能穷举而且难以预测因此未测试的偏置条件的一种方法。加快产品开发周期也依赖于这些极角仿真来增加建立足够鲁棒的产品原型的概率，使得只需要一个制造周期就能够满足所有的参数规格，达到一次性成功的目的。

1.6　总结

稳压器的目标就是在所有可能的工作条件变化——从负载、供电电压到温度变化时，可以一直稳定输出电压。与基准不同的是，它们可以为负载提供更大的、足够的且随时间变化的电流。这个看似不重要的事实，却大大增加了电路设计的复杂性和挑战，在之后的章节中会有体现。然而，相比开关电源，线性稳压电源更简单、快速并且噪声更小。它们主要的缺点是有限的功率转换效率，因此设计者先用开关电源完成高电压到低电压的转换，比如从 12V 到 1.8V，然后再用线性稳压器消除开关噪声，同时使电压降到期望值，比如在之后的例子中降到精确的 1.6V。

若输入、输出电压固定，则意味着转换效率只与线性稳压器的输入电流有多少流入到地有关。从这方面看，对于可移动设备，保持高效率是一个巨大的挑战，因为它们常常处于待机状态，所以地电流——不论多低——都占输出电流的大部分。同样，输入电源的泄漏功率也是一个问题，这也是为什么锂离子电池受欢迎的原因，因为它们没有严重的自放电，它们的性能在其循环寿命内几乎不变，同时它们的循环寿命可达 1000～1500 个周期，足以满足市场上使用寿命 2～3 年（也就是使用时间为 730～1095 天或更长）的产品需要，几乎与锂离子电池的重复充放电次数相等。

毋庸置疑，在生产之前，保证电路在其整个寿命内，无论工作条件还是温度如何变化，其性能始终如一是至关重要的。因此，设计者应用计算机仿真验证他们的设计在不同工艺及工作条件下是否达到预期。在评估阶段，确定设计中用于评价的标准是非常重要的，因此下一章会描述线性稳压器的工作原理以及评估电路性能的典型标准。

1.7　复习题

1. 变量 v_{out} 指**小信号/稳态信号/小信号和稳态信号/既不是小信号也不是稳态信号**。

2. 与线性稳压器相比，开关型 DC－DC 变换器最大的优势是什么？

3. 相比线性稳压器，开关稳压器**噪声更大/更慢/更复杂/以上所有都是/以上都不是**。

4. 许多微电子系统使用**线性稳压器/开关稳压器**实现高电压到低电压的转换，同时级联**线性稳压器/开关稳压器**消除开关噪声。

5. 线性稳压器的哪一种电路特性决定其转换效率？

6. 负载电流几乎为零时，静态电流对效率的影响是**很小/很大/不相关**。

7. **锂离子电池/镍镉电池/镍金属氢电池/核能电池/以上所有/以上均没有**受周期记忆影响。

8. 相比同样大小的燃料电池，锂离子电池存储**更多/更少/相同**的能量。

9. 相比相同大小的超级电容，锂离子电池有**更长/更短/相同**的循环寿命，和**更高/更低/相同**的自放电率。

10. 在通常可得到的周围环境能量源中，**振动/太阳光/人造光源/温度梯度/射频辐射**在小规模应用中提供最多的功率。

11. 计算机仿真有利于**设计/验证/设计和验证**。

12. 用 6σ 模型仿真在极端工作条件下的所有情况，将这些 6σ 仿真结果线性组合是**现实的/不现实但乐观的/不现实而悲观的**。

13. 设计工程师使用 6σ 最坏情况仿真作为判断**一片硅晶圆/多个晶圆/不同制造批次晶圆/以上所有/以上均不是**上的一个芯片的可靠性性能。

第2章　线性稳压器

在产品定义阶段和整个设计过程中，了解线性稳压器的基本工作原理都是很重要的。对于一个系统设计者来说，他对一个集成电路的内部运作往往是模糊的，而是依靠对线性稳压器的基本知识的了解以及企业如何定性与定量监管来定义、设计和开发电源系统。从一个IC设计师的角度来看，针对不同的应用，考虑问题的优先级别不同，另外，在交付一款产品设计规格之前，需要与客户沟通产品的性能指标，这些都需要具有稳压器如何工作的先验知识。最后，IC工程师需要将他们掌握的系统的基本知识与他们对客户重视的一些指标的理解结合起来，在晶体管级确定和权衡设计选择。需要注意的是，在大多数情况下，系统设计师是IC设计师的客户。

基于此，本章的写作目的是让读者熟悉线性稳压器系统的工作原理以及系统在电源、负载和其他工作条件变化下的响应。本章首先介绍线性稳压器的工作区域；接着，2.2节讲述线性稳压器的一些典型性能指标（如精度、功率转换效率、负载范围等）的量化定义，这是因为性能预测对选择和设计线性稳压器至关重要；然后，本章将讨论线性稳压器在带负载下正常工作的工作条件；接下来，按照设计者和生产厂商常用的线性稳压器系统品质分类方法对线性稳压器进行归类；最后，本章将对稳压系统进行模块级分解，并对分解的功能模块进行说明。关于各功能模块的设计实现将在随后的章节中介绍。

2.1 工作区域

线性稳压器正常工作时，将输出电压 v_{OUT} 稳定在它的目标电压 V'_O 附近。为了实现这一点，它将 v_{OUT} 和 V'_O 进行比较，然后调节连接供电电源与 v_{OUT} 输出端之间的开关管 S_O 的电导直到 v_{OUT} 和 V'_O 的误差电压很小。从某种意义上来说，当 v_{OUT} 到开关管 S_O 的信号路径是敏感的，也就是能够线性地做出反应以抵消 v_{OUT} 的微小波动，那么系统工作在线性区。这时，如图2.1所示，负载电流和输入电压 v_{IN} 的变化对输出电压几乎没有影响，v_{OUT} 接近 V'_O 值，因此，线性稳压器基本上都工作在这个区域。

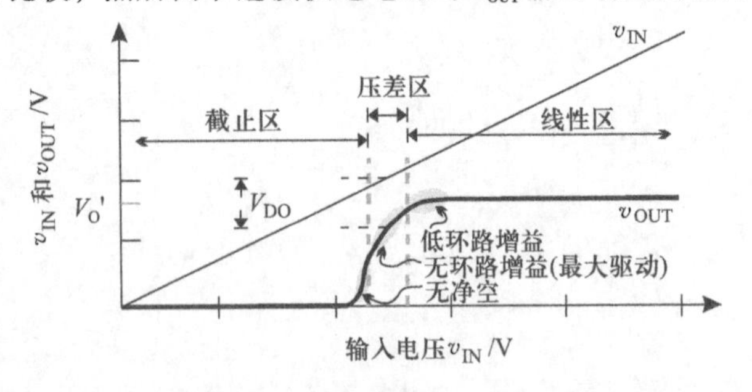

图2.1　线性稳压器的典型输入－输出电压曲线

为了保持对 v_{OUT} 的微小变化的敏感性，IC 工程师通常设计模拟电路以确保信号通路上的晶体管工作在高增益模式。在这点上，v_{IN} 的大小会限制线性稳压器线性工作区的裕度，具体来说，裕度是指信号有多大的动态电压范围使晶体管不致离开高增益模式。在线性稳压器中，降低 v_{IN} 会减小处理 v_{OUT} 和控制开关管 S_0 的反馈环路上信号的动态范围。当 v_{IN} 低到驱使一个或几个晶体管从高增益模式向低增益模式过渡，致使环路增益下降时，系统的敏感性降低，v_{OUT} 开始偏离 V'_O，这是系统开始“退出”（Drop Out）稳压良好的线性区的分界点。

当电路也就是开关管 S_0 不再对 v_{OUT} 敏感，系统进入压差区（Dropout 区）。此时，一个或多个晶体管进入低增益的欧姆区或晶体管区，结果，感测和控制开关管 S_0 的环路增益降低以至于不能再调节 S_0 的电导以响应 v_{OUT} 的变化，换言之，此时 S_0 的作用就像一个开关，v_{OUT} 低于 v_{IN} 一个 S_0 上的欧姆降电压：

$$v_{OUT}\Big|_{Dropout} = v_{IN} - v_{SW} = v_{IN} - i_{LOAD}R_{SW} \equiv v_{IN} - V_{DO} \tag{2.1}$$

式中，i_{LOAD} 是负载电流；v_{SW} 和 R_{SW} 分别是 S_0 的电压降和等效电阻；V_{DO} 是稳压器的压差（Dropout Voltage）。如图2.1所示，在这个区域，v_{SW} 近似恒定，v_{OUT} 随着 v_{IN} 下降而下降。实际上，因为 S_0 的驱动能力随着 v_{IN} 下降而降低，所以 R_{SW} 会随着 v_{IN} 的降低而稍微增大，这意味着 v_{OUT} 比 v_{IN} 下降速度略快。随着 v_{IN} 进一步下降，电路最终达到它的净空极限，S_0 不再工作，负载电流 i_{LOAD} 把 v_{OUT} 拉至地电平。S_0 关断，电路工作于截止区。

2.2 性能指标

线性稳压器的工作性能通常归于3个指标：精度、功率转换效率和使用要求。精度指稳压器在所有可能的工作条件下将输出电压保持和稳定在它的目标值一个很小范围内的能力。功率转换效率描述了从输入电源中汲取的能量有多少能够到达负载。输入电压、输出电压、输出电容以及输出电容的等效串联电阻（Equivalent Series Resistance，ESR）和负载电流的使用极限则定义了稳压器能够在指标范围内正常工作的工作环境。

2.2.1 精度

整体而言，输出精度包括了由制造工艺的非理想性以及电路响应温度、供电电源和负载电流变化能力的非理想性引起的负作用。工艺和温度会对输出产生永久性的稳态失调，输入和负载会缓慢改变输出，也会瞬间中断输出，不幸的是，后者的影响往往大于前者。深入了解每一个影响输出的机制可以让 IC 工程师在他（她）的设计过程中更好地管理和分配电路冗余。最后，最终决定一个稳压器规格的是总精度，总精度代表着所有变化的叠加影响。

1. 误差（Tolerance）

或许一个稳压器最基本的精度误差来自制造工艺波动引起的集成电路初始失调电

压V_{OS}^*，其罪魁祸首是参考电压v_{REF}的误差，参考电压v_{REF}被用来产生输出目标电压V'_O。从线性稳压器通过负反馈控制输出功率晶体管S_O来稳定输出电压这一工作原理出发，可以分析失调产生的机制。如图2.2所示，IC工程师在一个同相反馈结构中使用误差放大器（A_{EA}），这里，β_{FB}是反馈系数，v_{OUT}是反馈信号v_{FB}的$1/\beta_{FB}$，负反馈保证了v_{FB}接近v_{REF}，所以v_{OUT}大致为

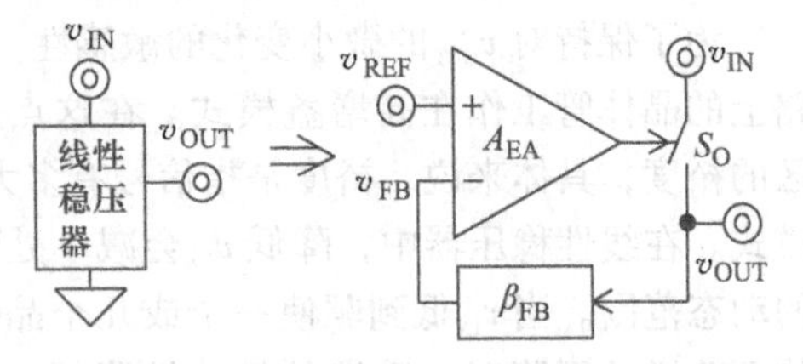

图2.2　线性稳压器应用负反馈来稳定输出电压v_{OUT}

$$v_{OUT}=\frac{v_{FB}}{\beta_{FB}}\approx\frac{v_{REF}}{\beta_{FB}}\approx v_{REF}A_{CL} \tag{2.2}$$

式中，A_{CL}是从基准v_{REF}到输出的稳压器闭环增益。考虑到这一特点，v_{REF}的误差会直接体现在v_{OUT}，同样，由于A_{EA}的输入级电阻和晶体管失配产生的输入参考失调电压$V_{EA.OS}^*$也会直接体现在v_{OUT}。因为误差变化和不匹配是随机现象，所以它们对v_{OUT}的影响既不是一致的也不是单调的。事实上，概率论指出多个随机量相结合的影响为每个构成元素响应的平方和开平方根，即

$$V_{OS}^*=\left(\sqrt{(\Delta V_{REF}^*)^2+(V_{EA.OS}^*)^2}\right)A_{CL}\approx\frac{\sqrt{(\Delta V_{REF}^*)^2+(V_{EA.OS}^*)^{22}}}{\beta_{FB}} \tag{2.3}$$

式中，ΔV_{REF}^*是v_{REF}相对于额定值的稳态随机误差。

2. 增益误差（Gain Error）

系统对v_{OUT}波动的敏感度最终取决于感测v_{OUT}和控制S_O的环路增益。如果存在一个无限的环路增益，v_{FB}将会匹配v_{REF}，但是，因为增益是有限的，v_{FB}不可能精确等于v_{REF}。事实上，控制环路响应以确保源于输出的反馈信号v_{FB}接近于v_{REF}，故v_{OUT}是

$$\begin{aligned}v_{OUT}&=\frac{v_{FB}}{\beta_{FB}}=v_{REF}\left(\frac{A_{OL}\beta_{FB}}{1+A_{OL}\beta_{FB}}\right)\left(\frac{1}{\beta_{FB}}\right)\\&=v_{REF}\left(\frac{A_{OL}}{1+A_{OL}\beta_{FB}}\right)\equiv v_{REF}A_{CL}\end{aligned} \tag{2.4}$$

式中，A_{OL}或$A_{EA}A_{SW}$是由A_{EA}和S_O的增益A_{SW}建立的前向开环增益；$A_{OL}\beta_{FB}$是环路增益（在后面的章节中会缩写为A_{LG}）。同理，如果$A_{OL}\beta_{FB}$是无限的，v_{OUT}将会减小到v_{REF}/β_{FB}，与其目标电压V'_O一致，但是因为$A_{OL}\beta_{FB}$是有限的，电路引入的增益误差ΔV_{GE}等于

$$\begin{aligned}\Delta V_{GE}&=v_{OUT}-V'_O=v_{REF}\left(\frac{A_{OL}}{1+A_{OL}\beta_{FB}}-\frac{1}{\beta_{FB}}\right)\\&=\frac{v_{REF}}{\beta_{FB}}\left(\frac{-1}{1+A_{OL}\beta_{FB}}\right)\end{aligned} \tag{2.5}$$

3. 温度漂移（Temperature Drift）

由于负反馈的作用，基准v_{REF}的任何变化都会通过系统的等效闭环增益A_{CL}传递

到稳压器的输出 v_{OUT}。因此，由温度引入的 v_{REF} 的漂移会引起 v_{OUT} 的变化。温度漂移导致稳压器中的误差放大器 A_{EA} 的输入参考失调电压 $V^*_{EA.OS}$ 随着温度变化而变化，因而，结合 ΔV^*_{REF} 和 $V^*_{EA.OS}$，我们定义总的等效随机输入失调电压为 V^*_{OS}，温度漂移可以通过 V^*_{OS} 表现出来。温度变化对变量的改变程度一般用百分比温度系数（Fractional Temperature Coefficient，TC）来度量。对于稳压器来说，TC_O 描述了 v_{OUT} 随着结温 T_J 的变化而变化的相对或百分比（不是绝对）变化值。因为 V^*_{OS} 随着温度漂移，A_{CL} 连同这些漂移一起放大 v_{REF}，所以 TC_O 为

$$
\begin{aligned}
TC_O &\equiv \frac{1}{V_{OUT}}\left(\frac{dV_{OUT}}{dT_J}\right) \approx \frac{1}{V_{OUT}}\left(\frac{\Delta V_{TD}}{\Delta T_J}\right) \approx \frac{1}{V_{REF}A_{CL}}\left(\frac{\Delta V^*_{OS}A_{CL}}{\Delta T_J}\right) \\
&= \frac{\Delta V^*_{OS}}{V_{REF}}\left(\frac{1}{\Delta T_J}\right)
\end{aligned}
\tag{2.6}
$$

式中，V_{OUT} 是 v_{OUT} 的额定稳态值；ΔV^*_{OS} [㊀] 是 V^*_{OS} 受温度影响的变化量；ΔT_J 是相应的结温变化量；ΔV_{TD} [㊁] 是由于温度漂移导致的输出电压 v_{OUT} 的变化量。毫不奇怪，设计师要对基准和稳压器的设计同等重视。

4. 线性调整率（Line Regulation）

线性调整率是一个稳态度量值，表示由输入电源电压 v_{IN} 的缓慢且明显的改变而引起的输出电压的变化。换言之，线（Line）指的是稳压器的输入电源；线性调整指的是稳压器从输入 v_{IN} 到输出 v_{OUT} 的稳态增益，或者更准确地说，是低频输入电源增益：

$$
A_{IN0} \equiv \frac{\Delta v_{OUT}}{\Delta v_{IN}}
\tag{2.7}
$$

图 2.2 所示的环路的作用是对抗 v_{OUT} 的变化，然而，不幸的是，环路增益是有限的，因此，S_O 的响应不能完全抵消电源电压变化引起的效应，也就是说 $A_{IN0} \neq 0$。进一步讲，v_{REF} 也对 v_{IN} 敏感，所以最终线电源对 v_{OUT} 的影响不仅包括图 2.2 所示的误差放大器和输出开关的影响，还包括 v_{REF} 的影响：

$$
\begin{aligned}
\Delta V_{LN} &= \Delta V_{IN}(A_{IN0.REG} + A_{IN0.REF}A_{CL}) \\
&= \Delta V_{IN}\left[\frac{\Delta V_{OUT}}{\Delta V_{IN}}\bigg|_{\Delta V_{REF}=0} + \left(\frac{\Delta V_{REF}}{\Delta V_{IN}}\right)A_{CL}\right]
\end{aligned}
\tag{2.8}
$$

式中，$A_{IN0.REG}$ 和 $A_{IN0.REF}$ 表示稳压器和基准的低频电源增益；A_{CL} 是 v_{REF} 到 v_{OUT} 的前向闭环增益。$A_{IN0.REG}$ 中不包括 v_{REF} 的线性调整的影响，当推导 $A_{IN0.REG}$ 时，假定 v_{REF} 是理想的基准电压，这就是为什么在前面推导 $A_{IN0.REG}$ 表达式时假设 $\Delta V_{REF}=0$ 的缘故。

5. 电源抑制（Power Supply Rejection）

在一个典型的混合信号环境下，输入电压 v_{IN} 将能量传递给多个子系统。既然线性

㊀ 原文中误写为 V^*_{OS}。——译者注

㊁ 原文中误写为 V_{TD}。——译者注

稳压器的根本目的是为噪声敏感模块提供电源，那么频繁开关以及不易受噪声影响的电路通常直接从输入电源抽取能量，这意味着，例如，在数字信号处理器（Digital Signal Processor，DSP）和功率放大器（Power Amplifier，PA）中都存在的大功率开关转换电路会在 v_{IN} 上产生大量的噪声。更甚的是，v_{IN} 还常常由开关型交流 - 直流（AC - DC）、直流 - 直流（DC - DC）变换器来提供，在变换器的开关频率（可能是 20kHz ~ 10MHz 之间的某个值）处，v_{IN} 上会叠加一个 ±5 ~ ±25mV 的系统纹波。问题是，线性稳压器的输入电源增益 A_{IN} 会将部分（在某些情况下是全部）v_{IN} 上叠加的这种纹波以及其他噪声成分传播到 v_{OUT}，而这个 v_{OUT} 是要给诸如压控振荡器、数据转换器和锁相环等敏感子系统供电的电源。

电源抑制（Power Supply Rejection，PSR）或电源纹波抑制（Power Supply Ripple Rejection，PSRR）（一些供电电源设计师更喜欢用 PSRR 这一称谓）是描述线性稳压器抑制 v_{IN} 上噪声的性能参数。因为所谓抑制能力强意味着电源增益 A_{IN} 低，所以 PSR 是 A_{IN} 的倒数：

$$\mathrm{PSR} \equiv \frac{1}{A_{IN}} = \frac{\Delta v_{IN}}{\Delta v_{OUT}} \tag{2.9}$$

我们注意到，电源抑制和线性调整率两者都是描述当 v_{IN} 变化时 v_{OUT} 的行为的。两者的区别是，线性调整率仅仅涉及稳态响应，而电源抑制表示了 v_{OUT} 随时间的变化，也即随频率的变化，换言之，PSR 在低频时会减小到 $1/A_{IN0}$（本质上表示线性调整率）。事实上，产品说明书通常会给出在几个频率处的 PSR，其中包括在直流处的 PSR（也就是线性调整率）。遗憾的是，环路增益会随频率升高而下降，所以电路抑制噪声的能力在高频时会衰减。

关于线性调整率，v_{IN} 上的噪声会同时影响基准和稳压器，所以稳压器的 PSR 包括了基准和稳压器电路的联合影响：

$$A_{IN} \equiv \frac{1}{\mathrm{PSR}} = \frac{A_{CL}}{\mathrm{PSR}_{REF}} + \frac{1}{\mathrm{PSR}_{REG}} \tag{2.10}$$

式中，$A_{CL}/\mathrm{PSR}_{REF}$ 描述了由输入引入到 v_{REF} 上的噪声是如何传递到 v_{OUT} 的，PSR_{REG} 描述的是输入噪声直接通过图 2.2 的误差放大器传递到 v_{OUT}。

通常情况下，PSR_{REF} 比 PSR_{REG} 高很多，所以 PSR_{REF} 的影响便无关紧要，常常可以忽略不计（仅仅适合于对上述前提条件进行了验证的情况下）。最终 PSR 规定了 v_{IN} 纹波引起 v_{OUT} 波动的程度，用 Δv_{PSR} 表示：

$$\Delta v_{PSR} = \Delta v_{IN} A_{IN} = \frac{\Delta v_{IN}}{\mathrm{PSR}} \tag{2.11}$$

6. 负载调整率（Load Regulation）

由负载电流 i_{LOAD} 的稳态变化引起的输出电压 v'_{OUT} 变化被定义为负载调整率。由于有限的环路增益，电路不能完全抵消 i_{LOAD} 变化所造成的影响，换言之，图 2.2 所示的并联反馈网络到负载的等效电阻不等于 0，所以负载调整误差 ΔV_{LD} 是

$$\Delta V_{LD} = \Delta I_{LOAD}R_{CL} = \Delta I_{LOAD}\left(R_{OL} \parallel \frac{R_{OL}}{A_{OL0}\beta_{FB0}}\right)$$
$$= \Delta I_{LOAD}\left(\frac{R_{OL}}{1 + A_{OL0}\beta_{FB0}}\right) \quad (2.12)$$

式中，R_{CL}是负反馈系统的闭环输出电阻；R_{OL}是开环输出电阻；$A_{OL0}\beta_{FB0}$是低频环路增益。

7. 负载突变响应（Load Dump Response）

尽管线性稳压器大多给“安静”、稳定的子系统供电，它们也难免会受到快速中断的影响。比如晶体管的开启和关断可能引起负载电流 i_{LOAD}快速且大的变化，导致电路从一个工作模式跳到另一个工作模式。不幸的是，负载调整不能捕捉负载突变产生的所有影响以致产生瞬态尖峰，因为电路需要时间对此做出响应。换言之，有限的低频环路增益 $A_{OL0}\beta_{FB0}$限制了负载调整率，并且随着高频环路增益降低，会进一步限制负载突变响应。这里根本的问题是，在调整器感测到它提供的输出电流和负载要求不匹配之前，调整器不可能满足负载的需求。

为避免 v_{OUT}变化过大，工程师会用到电容器。在图 2.3a 中输出电容 C_O 被用来缓存能量：当调整器不能提供给负载足够电流时，C_O 提供部分 i_{LOAD} 电流；当稳压器提供的电流超过负载需求时，C_O 也用来吸收调整器的部分电流。不过，这并不是一个完美的解决办法，因为当有源出或沉入电流 i_C时，C_O 的电压会随之改变。另外当 C_O 上导通电流 i_C时，C_O 的等效串联电阻 R_{ESR}或 ESR（0.2 ~ 1Ω）上也会有一个压降，因为存在这些压降，电源设计师常常在负载附近放置一个更加昂贵的低 ESR（也就是高频）旁路电容 C_B，C_B能够提供瞬态负载电流，从而可以减小 C_O 的值。不幸的是，C_O 和 R_{ESR}上的压降最终会体现在 v_{OUT}上。

当 i_{LOAD}在极大和极小值之间突变时，v_{OUT}上变化最大，因为稳压器不能足够快地升高或降低 i_O以匹配 i_{LOAD}，i_O与 i_{LOAD}的电流差由 C_O 和 C_B来提供，C_O 提供的电流通过 R_{ESR}会立即产生一个压降 Δv_{ESR}：

$$\Delta v_{ESR} \approx \left(\frac{C_O}{C_O + C_B}\right)\Delta i_{LOAD}R_{ESR} \quad (2.13)$$

其中，Δi_{LOAD}表示 i_{LOAD}的总变化；C_O 一般比 C_B大一个数量级，这意味着，C_O 的阻抗 $1/sC_O$ 比 C_B的阻抗 $1/sC_B$ 低，因此，Δi_{LOAD}大部分流过 C_O，导致较大的 Δv_{ESR}，同时，这个电流会在 C_O 上流过 Δt_R 时间直到稳压器开始响应并调整 i_O，这也会导致 C_O 上一个 Δv_C 的电压变化：

$$\Delta v_C \approx \left(\frac{\Delta i_{LOAD}}{C_O + C_B}\right)\Delta t_R \quad (2.14)$$

这两个电压合在一起使得 v_{OUT}偏离它的目标值 V'_O。

稳压器的响应时间 Δt_R 由两种不同的机制控制：环路带宽和内部转换速率。带宽时间 t_{BW}指的是通过环路调节 S_O 的小信号变化传播时间。对于一个主极点频率为 f_{-3dB} 的环路，环路延迟时间大约为时间常数 τ_{RC}的 2.3 倍，即

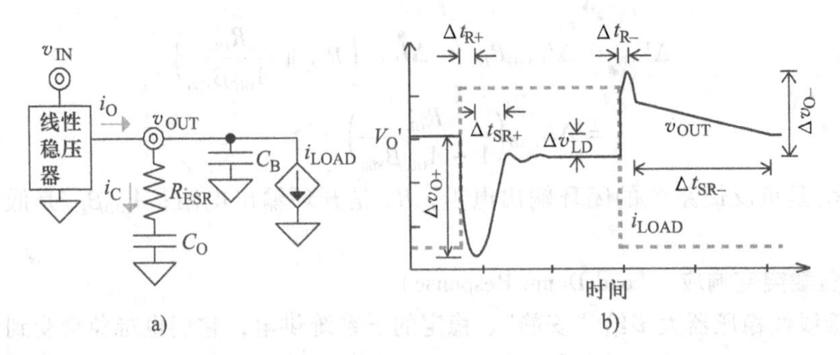

图 2.3　负载突降时 a）稳压器电路和 b）典型时域响应波形

$$t_{BW} \approx 2.3\tau_{RC} = \frac{2.3}{2\pi f_{-3dB}} \tag{2.15}$$

更具体来说，环路延迟时间对应于系统的输出达到它的输入的 90% 时的时间，详见下文解释。然而，负载突变并不是一个小信号行为，所以环路上的电容会进一步导致响应延迟。一般情况下，线性稳压器的 i_{LOAD} 较大，所以 S_O 是一个大器件，这意味着 S_O 的输入控制端的寄生电容大，结果，A_{EA} 对 S_O 的输入电容 C_{PAR} 的充放电能力决定了 S_O 的转换速率，而 S_O 的转换速率决定了响应时间 Δt_R 的大小：

$$\begin{aligned}\Delta t_R &= t_{BW} + t_{SO.SR} = t_{BW} + C_{PAR}\left(\frac{\Delta v_{PAR}}{i_{O.EA(MAX)}}\right) \\ &= \frac{2.3}{2\pi f_{-3dB}} + C_{PAR}\left(\frac{\Delta i_{LOAD}}{G_{M.S_O} I_{SR}}\right)\end{aligned} \tag{2.16}$$

式中，$i_{O.EA(MAX)}$ 是被 A_{EA} 的最大转换速率所限定的输出电流 i_{SR}；$G_{M.S_O}$ 是 S_O 的跨导；Δv_{PAR} 和 $\Delta i_{LOAD}/G_{M.S_O}$ 指的是开关 S_O 能够调节输出电流到 i_{LOAD} 的新设定值之前 C_{PAR} [⊖] 上的充放电电压。

带宽延迟 t_{BW}

因为电容器提供瞬态电流，一个突然升高的输入电流 i_{IN} 会首先流过电容器。但是，因为电容器也阻碍稳态电流，所以在图 2.4 所示的线性系统等效电阻 - 电容模型中，随着时间流逝，输出电容 C_O 上流过的 i_{IN} 电流越来越少，一段时间后，输出电阻 R_O 吸收全部的 i_{IN} 电流：

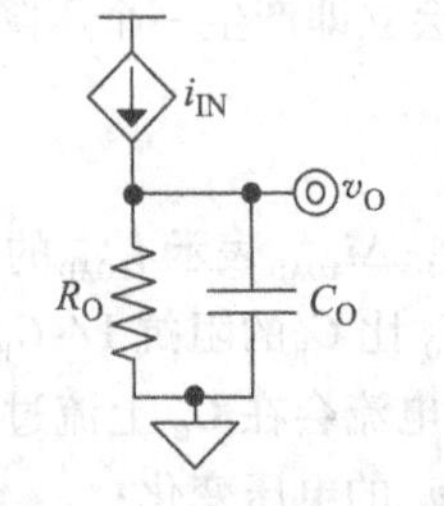

图 2.4　一个带限系统的等效电阻 - 电容模型

$$\frac{v_O}{R_O} = i_{IN} - i_C = i_{IN} - C_O\left(\frac{dv_O}{dt}\right)$$

换言之，通过 R_O 上的电压逐渐升高直到达到其终值 $i_{IN}R_O$。因为指数的导数依然是指数，所以在上述表达式中输出电压 v_O 随时间以指数的形式升高：

⊖ 原文误写为 C_{VAR}。——译者注

$$v_O = i_{IN} R_O \left[1 - \exp\left(\frac{-t}{R_O C_O}\right)\right]$$

这意味着响应时间 t 是

$$t = R_O C_O \ln\left(\frac{i_{IN} R_O}{i_{IN} R_O - v_O}\right)$$

所以，v_O 要达到其终值的90%，也就是 $0.9 i_{IN} R_O$，需要的时间是时间常数 $R_O C_O$ 的2.3倍，即

$$t_{90\%} = R_O C_O \ln\left(\frac{i_{IN} R_O}{i_{IN} R_O - 0.9 i_{IN} R_O}\right) = R_O C_O \ln(10) = 2.3 R_O C_O \equiv 2.3 \tau_{RC} \approx t_{BW}$$

它约等于单极点线性系统带宽延迟时间。

因为稳态时流过 C_O 上的电流为零，所以 C_O 使 v_{OUT} 电压保持在其目标电压值 V_O 上。因此，在负载突增的情况下，即负载电流 i_{LOAD} 突然升高，部分 Δi_{LOAD} 电流对 C_O 放电，R_{ESR} 和 C_O 上产生压降，使得 v_{OUT} 比 V_O 低 Δv_{ESR} 和 Δv_C，如图2.3b所示，用 Δv_{O+} 表示；在负载突降的情况下，即负载电流 i_{LOAD} 突然降低，稳压器提供的多余电流对 C_O 充电，使得 v_{OUT} 比 V_O 高 Δv_{ESR} 和 Δv_C，用 Δv_{O-} 表示。

当负载突增或突降时，输出端的行为通常并不完全相同。产生这种非对称响应的根本原因是，在大多数情况下稳压器不需要因而也不能够吸收更多的电流。当负载突降时，稳压器提供的多余电流会首先对 C_O 充电，使得输出电压比 V_O 高以对负载突降做出响应，之后，稳压器只能提供一个微安量级的小电流对 C_O 放电使输出电压回到 V_O，所以 C_O 需要较长的转换时间 Δt_{SR-}。另一方面，在负载突增之后，稳压器能够快速将 i_O 升高到高于 i_{LOAD} 一个相当多的量，以对 C_O 更快速地再充电 Δt_{SR+} 时间使输出电压回到其稳态值。另外，A_{EA} 对 S_O 的驱动也是非对称的，因此，Δt_{R+} 与 Δt_{R-} 也不相同。

设计师设计非对称响应稳压器的目的是为了节省功耗。实际上，若为了保证稳压器能够吸收的电流同它能够提供的电流一样多，电路需要更多的晶体管从而要求额外的功耗和硅片面积。因此，毫不奇怪，电路响应负载突增和突降的速度或电路带宽是不相同的，这就是图2.3中响应时间 Δt_{R+} 和 Δt_{R-} 不相同的原因。

最后需要注意的重要细节是负载调整率对负载突降的影响。空载时，v_{OUT} 接近它的环路定义目标值 V_O，如负载调整率已经描述过的，缓慢升高 i_{LOAD} 会将 v_{OUT} 拉到低于 V_O 一个 ΔV_{LD} 的电压值上。结果，负载突增之后，v_{OUT} 将被稳定到低于其初始值一个 ΔV_{LD} 电压的稳态值上；同样，负载突降之后，v_{OUT} 将被稳定到高于其前一个状态稳态电压值一个 ΔV_{LD} 电压值上。换言之，负载突变对 v_{OUT} 精度的影响是 ΔV_{O+} 或 ΔV_{O-} 减去 ΔV_{LD}，即

$$\Delta v_{DUMP} = \Delta v_O - \Delta V_{LD} = \Delta v_{ESR} + \Delta v_C - \Delta V_{LD} \tag{2.17}$$

图2.5所示是一个1.53V的线性稳压器响应±50mA负载突变情况的仿真结果。

该稳压器的输出端接有一个等效串联电阻（ESR）为1Ω、电容值为4.7μF的电解电容和一个电容值为1μF低等效串联电阻的陶瓷旁路电容，在图2.3中驱动S_0的误差放大器A_{EA}采用一个放大器宏模型，S_0是一个宽长比为50mm/2μm的PMOS功率管。仿真结果显示，响应上述负载突增和突降，输出电压分别有55mV和40mV的瞬态电压差。因为负载调整已经贡献20mV的电压差，所以负载突变贡献35mV变化，也就是，负载调整精度为1.3%（20mV/1.53V），负载突变瞬态精度为2.3%（35mV/1.53V）。

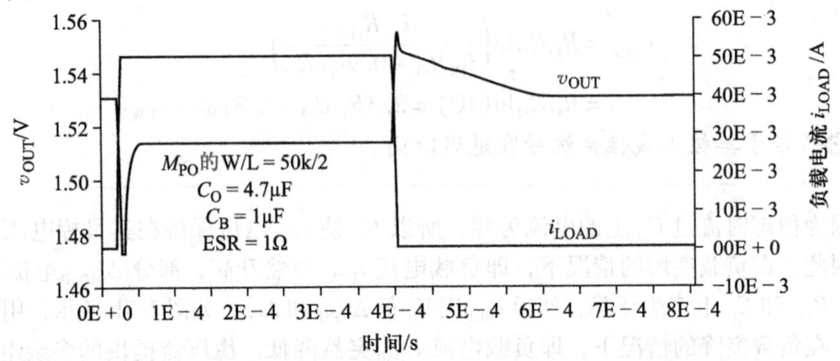

图2.5 一个线性稳压器的负载突变响应

如上述例子所示，负载突变时瞬态精度是稳压器全部性能指标中很重要的一部分，这也是电源设计师对此指标常常分配3%～8%余量的原因。使用低等效串联电阻的高频电容器可以减小瞬态电压变化，但会增加成本。缩短稳压器的响应时间有同样的效果，但是需要消耗更多的静态电流，这会缩短电池寿命。

延长负载突变的上升和下降时间，也就是若能够使其比稳压器环路响应时间Δt_R（一般0.5～5μs）还要长，则几乎可以消除v_{OUT}上所有不利的瞬态效应。因为负载突变难以预测，过于悲观的规格参数可能会阻止消费者去购买产品，所以许多数据手册会将负载瞬态变化时间延长到几个微妙甚至几个毫秒，到此地步，负载突变误差几乎为零，然而，对于许多先进的应用来说，这种响应类型过于乐观了，例如，稳压器的负载常常与微处理器时钟同步，它们的时钟从几兆赫兹到几千兆赫兹不等，从而使得稳压器的负载变化在纳秒级，远快于一般典型稳压器的响应速度。因此，按照实际的负载情况进行设计是很重要的，以便在功耗、硅片面积和精度指标之间做出折中选择。

[例2.1] 给定一个带宽为500kHz、等效闭环电阻为300mΩ的100mA、1.5V稳压器，当负载在1ns内由0mA突变到100mA时，计算此稳压器的负载调整率和瞬态精度。假设该稳压器的输出端接有一个等效串联电阻为200mΩ、电容值为10μF的电解电容和一个电容值为1μF的陶瓷旁路电容，误差放大器的输出级是一个A类缓冲器，它能够提供足够的源出电流，但仅能吸收5μA的电流，假设功率晶体管的跨导和输入电容分别是300mA/V和100pF。

解：

1）$\Delta V_{LD} \approx \Delta I_{LOAD} R_{CL} = 100mA \times 300m\Omega = 30mV$

所以，负载调整精度是 30mV/1.5V，也就是大约 2%。

2）$\Delta v_{DUMP} = \Delta v_{O(MAX)} - \Delta V_{LD} = \Delta v_{ESR} + \Delta v_{C(MAX)} - \Delta V_{LD}$

其中

$$\Delta v_{ESR} = \left(\frac{\Delta i_{LOAD} C_O}{C_O + C_B}\right) R_{ESR} = \left(\frac{100mA \times 10\mu F}{10\mu F + 1\mu F}\right) 0.2\Omega = 18mV$$

$$\Delta v_{C(MAX)} = \left(\frac{\Delta i_{LOAD} C_O}{C_O + C_B}\right) \frac{t_{R(MAX)}}{C_O} = \left(\frac{100mA}{10\mu F + 1\mu F}\right) t_{R(MAX)}$$

以及

$$\Delta t_{R(MAX)} \approx t_{BW} + t_{SO.SR(MAX)} \approx \frac{2.3}{2\pi f_{-3dB}} + \frac{C_O}{i_{O.EA(SINK)}}\left(\frac{\Delta i_{LOAD}}{G_{M.SO}}\right)$$

$$= \frac{2.3}{2\pi\ (500kHz)} + \frac{100pF}{5\mu A}\left(\frac{100mA}{300mA/V}\right) \approx 730ns + 7\mu s \approx 8\mu s$$

所以，Δv_{DUMP}为 91mV，去掉负载调整导致的输出电压差这部分后，瞬态精度为 61mV/1.5V，也就是大约为 4.1%。

8. 总精度（Total Accuracy）

作为一个单个指标来量化稳压器的精度时，精度值应该说明输出电压的所有可能变化，包括所有系统性的和随机性的稳态和瞬态误差。系统性失调是连续的、一致的和单调的，几个系统性失调相结合对输出的影响是各自影响的线性和。例如，当电源电压为 5V 时，一个 1 ~ 50mA 的负载电流增加可以将输出电压 v_{OUT} 拉低 20mV，而当负载电流为 1mA 时，一个 5V 到 3V 的电源电压降低可以把 v_{OUT} 拉低 5mV，它们共同作用下的响应就是把 v_{OUT} 拉低约 25mV。注意，系统性失调是有极性的，有时候会互相抵消，为了避免错误，深入理解稳压器的工作条件变化及其影响是很重要的，例如，当电压为 3V 时，49mA 的负载电流突增可以将 v_{OUT} 拉低 20mV，同时，当负载电流为 50mA 时，输入电压一个 2V 的升高可以将 v_{OUT} 的这种改变抵消 5mV，但是，在此情形下，说最坏变化为 15mV 却是乐观了，因为用户可能在负载为 1mA、电源电压为 5V 时启动稳压器，然后将负载电流提高到 50mA，同时将电源电压降低 2V，此时总变化实际是 25mV。

另外，因为随机性失调既不一致也不单调，所以将它们和系统性失调部分相结合成为一个单个指标并不简单直接。考虑到产生 v_{OUT} 公差的影响因子中，V_{OS}^* 是随机的，而增益误差产生 ΔV_{GE}，温度漂移产生 ΔV_{TD}，线性调整产生 ΔV_{LN}，负载调整产生 ΔV_{LD} 是系统性的，将它们结合起来，稳态下的相对误差是

$$\text{Error}_0 \equiv \Delta E_0 = \frac{\Delta V_{GE} + \Delta V_{TD} + \Delta V_{LN} + \Delta V_{LD} \pm V_{OS}^*}{V_{OUT}} \tag{2.18}$$

式中，V_{OUT} 是 v_{OUT} 的额定稳态目标值 v_{REF}/β_{FB}。

不幸的是，v_{OUT} 的时域变化也会降低精度，所以，这个相对误差指标通常需要将

电源纹波效应产生的误差Δv_{PSR}和负载突变产生的误差Δv_{DUMP}包含在内，即

$$\text{Error} \equiv \Delta E = \Delta E_0 + \frac{\Delta v_{PSR} + \Delta v_{DUMP}}{V_{OUT}} \tag{2.19}$$

尽管有时这样直接相结合是困难的，因为没有包含冗余或失调间的抵消效应。

实际工作中，产品工程师常常对IC进行晶圆级和产品批次级测试，将所有在极端温度、电源电压和负载情况下测试的v_{OUT}值绘制成图形并装入一个图形“盒”中，然后他们确定这个“盒子”的边界的变化概率来估计器件的稳态误差（Error_0）。随后，系统设计者将电源纹波和负载突变效应叠加进来以估计全部可能变化对v_{OUT}的综合影响。

最后，正如之前讨论中所暗示的，负载突变的影响主导输出精度，但是基于不同的原因，总的精度常常不包含它的影响，原因是负载突变引起的输出电压变化大小取决于负载电流增或降的速度：纳秒级、微秒级还是毫秒级，换言之，它们和具体应用关系很大。封装应力的影响和其他工艺引起随机变化对v_{REF}的影响通常比较严重（尽管没有达到负载突变影响同样的程度），以至于我们很难区分线性调整和温度漂移对v_{REF}的影响，这也是v_{REF}上的所有系统性变化通常都全部被ΔV_{REF}（V_{OS}^*）吸收的原因。类似地，V_{OS}^*也远大于工艺引起的G_E变化，所以计算精度时，也常常忽略G_E的随机变化部分。

在混合信号系统中，负载突变和电源纹波对v_{OUT}的影响通常是严重问题，以至于晶体管的散粒噪声、热噪声和$1/f$噪声变得微不足道。但这并不是说，系统的开关噪声总是大于固有噪声，特别是，当考虑一些对噪声极为敏感的应用比如PLL和高分辨率数据转换器时。线性稳压器的稳态误差通常为1%～3%，根据应用时负载情况的不同，负载突变通常会使精度的变化增加1%～7%。

［例2.2］ 计算一个2.4V的线性稳压器的总的精度性能。该稳压器的参考电压是1.2V，前向开环增益是60dB，电源电压纹波是±25mV（100kHz），电压抑制比是10dBα100kHz，由温度、负载电流、输入电源、负载突变引起的输出电压的3σ变化分别是140mV±5mV、3mV±24mV、20mV±5mV和8mV±2.5mV。

解：

1）注意到温度漂移的随机因素导致的参考电压误差3mV±24mV远大于它的系统因素产生的影响，这是塑料封装的电压参考源的典型情况，用以减小封装的热膨胀系数和增强可靠性的封装填料的物理形状是随机的，因此给管芯造成的压力也是不均匀的，导致相邻管芯和匹配晶体管之间不匹配。

2）从一个1.2V的参考电压得到2.4V输出要求反馈系数β_{FB}为2，所以

$$\Delta V_{GE} = \frac{v_{REF}}{\beta_{FB}}\left(\frac{-1}{1 + A_{OL}\beta_{FB}}\right) = \frac{1.2\text{V}}{2}\left(\frac{-1}{1 + 1000 \times 2}\right) \approx 0.3\text{mV}$$

3）在任何极端情况下，电源电压在v_{OUT}上引入的纹波只在半个周期内降低精度，所以

$$\Delta v_{PSR}=\frac{\Delta v_{IN}}{PSR}=\frac{25mV\ (100kHz)}{\log^{-1}\left\{\frac{10\ (100kHz)}{20}\right\}}=\frac{25mV}{3.16}=7.9mV$$

4）负载突变引起的变化 Δv_O 包括负载调整误差 ΔV_{LD}，所以

$$\Delta v_{DUMP}=\Delta v_O-\Delta V_{LD}=140mV-20mV=120mV$$

5）注意到 v_{OUT} 的度量值包含了 v_{REF} 的全部系统性和随机性变化，因此，V_{OS}^* 等于全部随机变量平方和开平方根，即

$$V_{OS}^*\approx\sqrt{(\Delta v_{DUMP}^*)^2+(\Delta V_{TD}^*)^2+(\Delta V_{LD}^*)^2+(\Delta V_{LN}^*)^2}$$
$$=\sqrt{(5mV)^2+(24mV)^2+(5mV)^2+(2.5mV)^2}=25.1mV$$

可以看出，随机温度效应主导 V_{OS}^*。

6）

$$\text{Error}=\frac{\Delta V_{GE}+\Delta V_{TD}+\Delta V_{LN}+\Delta V_{LD}+\Delta v_{PSR}+\Delta v_{DUMP}\pm V_{OS}^*}{V_{OUT}}$$
$$\approx\frac{0.3mV+3mV+8mV+20mV+7.9mV+120mV\pm25.1mV}{2.4V}$$
$$=6.6\%\pm1.0\%$$

所以，最坏情况下，稳压器的整体精度大约是7.5%，若不包括电源纹波和负载突变的影响，则精度是1.3%±1.0%，最坏情况下是2.3%。

2.2.2　功率转换效率

电压稳压器的基本功能是调整功率以及将能量从电源转移到电子负载。以此来看，精度是衡量稳压器调整性能的指标，而功率转换效率或简称效率，则表示能够抵达负载的能量多少，理想情况下，负载接收来自电源的全部能量，然而，功率晶体管 S_O 和误差放大器 A_{EA}，以及反馈控制器都要以热耗散的形式消耗功率 P_{LOSS}。因此，功率转换效率 η_C 是输出功率与输入功率之比，总是小于100%。

$$\eta_C\equiv\frac{P_O}{P_{IN}}=\frac{P_{IN}-P_{LOSS}}{P_{IN}}=\frac{P_O}{P_O+P_{LOSS}}<100\% \tag{2.20}$$

效率是一个关键指标，因为它最终决定系统能量损失的多少。对于电池供电设备，因为电源只能存储和提供有限的能量，所以效率决定了总的工作时间。对于微系统（比如无线传感器和生物医学植入设备）来说，情况变得更为糟糕，因为电池非常小，相应地，电池的单次充电寿命也很短。

控制器的功耗不随负载改变而改变，而开关管上的损耗却肯定与负载相关。实际上，开关管 S_O 上承受 v_{IN} 与 v_{OUT} 之间的电压差且流过输出电流 i_O 或负载电流 i_{LOAD}，其上消耗欧姆功率 P_{SO}：

$$P_{SO}=i_O(v_{IN}-v_{OUT})=i_{LOAD}(v_{IN}-v_{OUT}) \tag{2.21}$$

控制器消耗的功率与上述类似，但与 i_O 或 i_{LOAD} 无关，它等于静态电流（也称为

地电流 i_{GND}）和电源轨电压（v_{IN} 到地）之间的乘积：

$$P_{CTRL} = i_{GND}(v_{IN} - 0) = i_{GND}v_{IN} \tag{2.22}$$

与 P_{LOSS} 类似，i_{GND} 是输入电源电流 i_{IN} 流到地的部分。尽管实际上是不可能的，但在理想情况下，i_{IN} 到达负载的电流比例，也就是电流效率 η_I 接近 1：

$$\eta_I \equiv \frac{i_{LOAD}}{i_{IN}} = \frac{i_{LOAD}}{i_{LOAD} + i_{GND}} < 1 \tag{2.23}$$

结果，功率转换效率 η_C 可以扩展和简化为

$$\eta_C = \frac{P_O}{P_O + P_{SO} + P_{CTRL}} = \frac{i_{LOAD}v_{OUT}}{i_{LOAD}v_{OUT} + i_{LOAD}(v_{IN} - v_{OUT}) + i_{GND}v_{IN}}$$
$$= \frac{i_{LOAD}v_{OUT}}{(i_{LOAD} + i_{GND})v_{IN}} = \eta_I\left(\frac{v_{OUT}}{v_{IN}}\right) < \frac{v_{OUT}}{v_{IN}} \tag{2.24}$$

这意味着，η_C 最终由 v_{IN}、v_{OUT} 和 η_I 决定。因为 v_{IN}、v_{OUT} 和 i_{LOAD} 通常由用户和电源设计师定义，所以要决定 η_C，IC 设计师唯一能控制的变量是 i_{GND}，通过 i_{GND} 决定 η_I。IC 设计师的目标就是设计地电流 i_{GND} 为 0 的理想电路，从而使得 η_C 为 v_{OUT}/v_{IN}。

因此，指定多大的 v_{IN} 和 v_{OUT} 值是非常关键的。因为开关变换器的转换效率很高且与输入输出电压差几乎无关，所以系统设计者常常会使用开关变换器作为电压过渡的桥梁，将开关变换器的输出电压值确定为线性稳压器足以驱动负载且输出 v_{OUT} 电压所要求的最小输入电压值。因此，IC 设计师总是期望设计出静态电流尽可能小、输入输出电压差尽可能低的线性稳压器。

从效率的角度来说，如图 2.1 所示，稳压器工作在压差区是有吸引力的，此时 v_{IN} 只略高于 v_{OUT}，但问题是，在压差区工作时，稳压器环路没有足够的增益，不能对输出电压进行调整。最好的选择是将稳压器工作在略高于压差区处，在该区域稳压器能够提供 i_{LOAD} 电流且始终不会进入压差区，因为 v_{OUT} 和 v_{IN} 接近，S_O 上消耗很小的功率。最终，转换效率能够达到多高由压差电压 V_{DO}（V_{DO} 定义为保持 S_O 工作在线性放大区的最小电压）所决定：

$$\eta_C = \eta_I\left(\frac{v_{OUT}}{v_{IN}}\right) < \eta_I\left(\frac{v_{IN} - V_{DO}}{v_{IN}}\right) < 1 - \frac{V_{DO}}{v_{IN}} \tag{2.25}$$

假设 η_I 接近于理想值 1。

毫不奇怪，V_{DO} 是一个关键指标，为了量化这个参数，考虑 S_O 在压差区的工作情况，此时，S_O 的端电压很低，驱动 S_O 的反馈环路已达到其驱动能力极限，这意味着 S_O 像一个电阻一样工作，V_{DO} 就是通过 S_O 的等效开关导通电阻 R_{ON} 上的欧姆压降：

$$V_{DO} = I_{LOAD}R_{ON} \tag{2.26}$$

注意 R_{ON} 包括 v_{IN} 和 v_{OUT} 之间所有的串联寄生电阻：连接它们的金属连线电阻、接触孔电阻、键合线电阻以及开关电阻：

$$R_{ON} = R_{METAL} + R_{CONTACT} + R_{BOND-WIRE} + R_{SWITCH} \tag{2.27}$$

实际上，在压差区，R_{ON} 并不总是一致的，所以产品工程师在压差区和线性工作区的交界处来定义它。不幸的是，R_{SWITCH} 通常随着 v_{IN} 的减小而增大，所以稳压器越接

近线性区工作，R_{ON}越小。另外，R_{ON}也随着温度的升高而升高，导致 V_{DO}随之升高。基于上述原因以及工艺技术的限制，对于便携式应用，合理的压差电压在 200～300mV 范围内。

还有一些问题值得重视。首先，稳压器的静态电流通常比其输出最大电流低一个数量级以上，故在满负载情况下，稳压器的电流效率很高，接近于 1。但在轻负载下，i_{GND}相对于负载电流的比例变得很大，相应地，η_I变得很小，这意味着稳压器的功率转换效率在重负载下高，而在轻载下低。

从应用背景角度考虑，许多便携式设备在大部分时间处于空闲状态，所以平均负载电流较小导致平均转换效率较低，这也是许多工程师要保证地电流 i_{GND}随着负载降低而降低的原因。实际上，一些产品会设置休眠模式，在此模式下，i_{GND}只需要给系统中的一些用于监控和唤醒电路改变工作状态的重要模块（比如粗基准和慢速比较器）供电。然而，使压差电压 V_{DO}尽可能低更为重要，因为在满负载下，S_O 消耗的功率相当可观。

［**例 2.3**］ 一个输出电压为 1.2V、负载电流为 0～100mA、导通电阻为 500mΩ、静态电流为 10μA 的稳压器，计算其最差和最好时的空载和满载功率转换效率。假设该稳压器由一个 0.9～1.6V 的 NiCd 电池供电。

解：

1）最差时的满载效率出现在负载 i_{LOAD}为最大值，S_O 上的端电压也为最大值，即 v_{IN}为最大值 $v_{IN(MAX)}$，也就是 1.6V 时：

$$\eta_C=\frac{i_{LOAD(MAX)}v_{OUT}}{(i_{LOAD(MAX)}+i_{GND})v_{IN(MAX)}}=\frac{100mA\times1.2V}{(100mA+10\mu A)\times1.6V}\approx\frac{1.2V}{1.6V}=75\%$$

2）最好时的满载效率出现在负载为 i_{LOAD}最大值，S_O 上的端电压为最小值，即 v_{IN}刚好在压差区之上时：

$$V_{DO}=i_{LOAD(MAX)}R_{ON}=100mA\times500m\Omega=50mV$$

和

$$\eta_C=\frac{i_{LOAD(MAX)}v_{OUT}}{(i_{LOAD(MAX)}+i_{GND})v_{IN(MIN)}}=\frac{i_{LOAD(MAX)}v_{OUT}}{(i_{LOAD(MAX)}+i_{GND})(v_{OUT}+V_{DO})}$$

$$=\frac{100mA\times1.2V}{(100mA+10\mu A)\times(1.2V+50mV)}\approx\frac{1.20V}{1.25V}=96\%$$

3）由于空载时 i_{LOAD}为零，从而效率也为零，与工作条件没有关系：

$$\eta_C=\frac{i_{LOAD(MIN)}v_{OUT}}{(i_{LOAD(MIN)}+i_{GND})v_{IN(MAX)}}=\frac{(0A)v_{OUT}}{(0A+i_{GND})v_{IN(MAX)}}=0\%$$

这也是对于便携式应用而言地电流是一个重要参数的原因，因为负载电流通常会降低到接近零，电池寿命由 i_{GND}决定。

2.2.3 工作要求

输入电压 v_{IN}、输出电压 v_{OUT}、输出电容 C_O、C_O 的等效串联电阻或 R_{ESR}以及输出电

流 i_O 或负载电流 i_{LOAD} 的取值范围可以描述稳压器的工作限制。应用决定了最低可接受范围，而集成电路则设置了外部边界。一般来说，v_{IN} 和 v_{OUT} 的取值范围由电源、击穿电压、电压净空、负载和效率等因素决定；C_O 和 R_{ESR} 的取值范围则由稳定性、负载突变和电源纹波响应决定；i_{LOAD} 的取值范围由负载要求、IC 的额定功率和效率决定。

1. 输入电压和输出电压

也许，建立线性稳压器端电压工作范围的最根本要素是供电电源。以锂离子电池为例，其电压范围通常为 2.7 ~ 4.2V，这意味着，在电池的全部可用电压范围内，稳压器应该都能工作以最大化电池工作时间，为此，设计工程师需要确保电路中的器件在 4.2V 电源电压下不被击穿，而在 2.7V 电源电压下有足够的净空。

因此，设计师需要从电源规格出发，兼顾经济性的原则，选择一种其晶体管能够承受最大工作电压的工艺。当然，在选择工艺时还需要考虑一些其他因素，比如晶体管选项、速度和泄漏电流。在上述锂离子电池例子中，锂离子电池使得 v_{IN} 的工作范围最大到 4.2V，因而电路中晶体管的击穿电压的上边界设置为 6V，然后，IC 设计师开始设计电路并要保证电路在锂离子电池的低压极限 2.7V 下仍可以工作。为了留有裕度，保证系统在刚接入电源时能够正常启动，稳压器甚至需要在更低的电源电压下还可以工作，换言之，就是要稳压器的净空极限足够低，使得 v_{IN} 的最低极限电压低至 1.8V。

确定稳压器的输出电压值及其范围必须首先明确负载仍然能够工作的最低净空限制，比如，如果一个模 - 数转换器仅当其供电电压大于 1.8V 时才能保证获得 12 位精度，那么线性稳压器的输出电压就不能降落到 1.8V 以下，然后，精度和效率将决定 v_{OUT} 可以比额定值高出多少，比如，假如 v_{OUT} 升高到 2V 以上时，会使得精度降低或功率消耗升高到不可接受的程度，那么输出电压就必须保证在 1.8 ~ 2V 范围内。类似地，当输入电源来自一个开关变换器的输出时，输入电压值由效率因素决定，因为开关型稳压器效率更高，所以由开关变换器将供电电压降低到线性稳压器可以稳定工作的最低值。例如，假设供电电源为 24V，为了减小线性稳压器的功率损耗，则由开关变换器首先将电压降低 22V，然后再由线性稳压器降低 200mV 的电压得到需要的 1.8V 电压，如上所述，该 1.8V 电压可以驱动负载并保证足够的电压净空。

2. 输出电容

稳定性是另外一个需要考虑的因素，稳定性设计的挑战在于负载电流变化范围通常都很大，例如，20 ~ 30 年前壁装电源插座[⊖]供电产品的负载电流范围达到 20 ~ 30 倍数量级，可能从 0.001 ~ 1A，因为壁装电源输出设备相比于电池供电电源来说，其能量供给几乎不受限制。今天广泛使用电池供电系统，电池供电系统不能持续给安培级别的负载供电，所以系统设计师会尽可能关闭空闲的子系统，因此，其负载电流 i_{LOAD} 可能从 1μA 或更低到 50 ~ 200mA 大约 50 倍数量级范围内变化。因为稳压器的小信号输出跨导和电阻是由 i_{LOAD} 所设定，所以负载电流几十倍的变化导致系统的动态反

⊖ 从供电公司供电线路接入室内的电源，其插口一般安装在室内的墙上。——译者注

馈变化很大，以至于很难保证宽负载电流范围内电路的稳定性。因此，产品的数据手册上会给出输出电容 C_O 取值范围及其等效串联电阻 R_{ESR} 值的范围，R_{ESR} 的取值范围一般都比较小。

在确定 C_O 及其等效串联电阻 R_{ESR} 取值范围时，负载突变与上述负载电流变化的作用是等价的。考察这种相关性，考虑大部分电子产品会按需将某些子系统关闭或启用以节省功耗，这些智能设备监控它们的周围环境并做出反应，需要非常及时地唤醒子系统以处理异步事件，当需要同时快速使能多个子系统时，负载电流将会在几个微妙或者甚至几百个纳秒时间内由几毫安突变到几百毫安。因为稳压器需要几百纳秒到几微秒的时间做出响应，所以需要电容 C_O 暂时提供负载突变所需的大部分电流（如果不能提供所需的全部电流），这意味着在几百纳秒时间内，C_O 带载 Δi_{LOAD}，使得 C_O 和 R_{ESR} 上的压降很大以至于将 v_{OUT} 电压拉低到其额定值以下。因此，为了保证负载突变响应在允许的范围内，通常产品的数据手册给出的取值规格要求 C_O 较高、R_{ESR} 较低。

电流纹波也是产生稳定性问题的因素。高频时稳压器反馈环路增益下降，电路不能完全消除电源纹波对输出的影响。频率高于环路带宽时，环路失效，情况变得更糟。遗憾的是，手机和其他一些移动产品中的线性稳压器的供电电源来源于一个主 DC - DC 开关变换器，这个开关变换器的开关频率常常接近线性稳压器的带宽，换言之，一个 100kHz ~ 1MHz 带宽的线性稳压器几乎不能抑制来自一个开关频率为 50kHz ~ 10MHz 变换器的输出电源噪声（一般为 10 ~ 50mV）。在这些情况下，C_O 是最后的防线，这也是电源工程师常常将 C_O 设定一个最小值极限的原因。因为 R_{ESR} 会限制 C_O 分流纹波能量的能力，所以 R_{ESR} 应该规定一个最大值。

3. 输出电流

尽管负载通常会设置输出电流的范围，但稳压器电路本身也设置了一个外部限制。实际上，在极端电压和温度下，通路功率管的安全工作区（电流 - 电压 - 温度额定值）对输出电流设置了一个“硬”的上界。另外，反馈环路的稳定性也对 i_O 设置了限制，因为较宽的 i_O 范围会对环路的小信号动态特性产生很大的影响。一些产品工程师基于效率参数将产生 200mV 压降时稳压器的输出电流规定为 i_O 的最大电流。为了避免将设计工作浪费在不可能实现的工作条件上，无论采用何种手段，工程师必须对负载电流范围做出正确判断。

2.2.4　品质因子

因为有如此多的性能参数，所以要将一个线性稳压器与目前的最高水平产品进行比较是困难的。所幸的是，对于大多数应用来说，只有部分指标是最重要的，因此工程师可以基于必要性对设计指标进行权衡。文献中，工程管理人员、研究人员和学术界有时用品质因子（Figure of Merit，FoM）来相互比较。好的线性稳压器具有如下特点：最大输出电流 $i_{O(MAX)}$ 大、最坏情况电源抑制比 PSR_{MIN} 高、稳态误差 ΔE_O 小、地电流 i_{GND} 小、压差电压 V_{DO} 小、输出电容 C_O 小、响应时间 Δt_R 短。将上述参数全部或部分结合起来就构成 FoM 参数。因为从一个产品的 FoM 的绝对值几乎看不出任何意义，所以常常参考某个特定产品的 FoM 值或几个产品的 FoM 平均值将其归一化。例如，若将一个输出电流为 100mA、稳态误差为 1%、响应时间为 1μs、PSR_{MIN} 为20dB、地电流为 5μA、输出电容为 1μF、压差为 200mV 的稳压器作为参考，则设计的稳压器的相对 FoM 值如下：

$$
\begin{aligned}
\mathrm{FoM} &\equiv \frac{i_{O(MAX)}\,\mathrm{PSR}_{MIN}}{\Delta E_0 i_{GND} V_{DO} C_O \Delta t_R}\left(\frac{0.01\times 5\mu\mathrm{A}\times 200\mathrm{mV}\times 1\mu\mathrm{F}\times 1\mu\mathrm{s}}{100\mathrm{mA}\times 10}\right)\\
&= \frac{i_{O(MAX)}\,\mathrm{PSR}_{MIN}}{\Delta E_0 i_{GND} V_{DO} C_O \Delta t_R (10^{20})}
\end{aligned}
\tag{2.28}
$$

然而，上述这种 FoM 评估更常用于学术评价，设计实际产品时不会将上述所有参数同等看待。

2.3　工作环境

电源和负载不能独自完全描述稳压器芯片的工作环境。如图 2.6 所示，连接管芯到封装的引线架（Lead Frame）和引脚（Pin）之间的焊线（Band Wire）会引入串联电感 L_{BW} 和电阻 R_{BW} 到系统的片外节点。在输入电源与芯片之间以及芯片与负载之间的 PCB 也会增加寄生阻抗 L_{PCB} 和 R_{PCB}。这也是电源工程师常常在稳压器输入端、地端以及负载端附近放置外部旁路电容 C_{IN} 和 C'_B 的原因，当有电流从电源 v_{IN} 流出以及有电流从负载 v_{LOAD} 流出或流入时，这些寄生电阻和电感会产生噪声，旁路电容可以分流这些噪声。实际中，因为稳压器旨在为对纹波噪声敏感的负载提供稳定的供电电源，所以 C'_B 常常用高频电容比如片式多层陶瓷电容，其等效串联电阻 R_{ESR} 可以忽略不计，图 2.6 中 C'_B 支路上没有 R_{ESR} 就是这个原因。

图 2.6 所示的模型中，IC 指的是半导体管芯（Die），用来对输出 v_{OUT} 进行监控、调整和供电，IC 芯片的四周放置的是裸露的引脚焊盘（Pad），通过焊线将其连接到封装的引线架，这些引脚焊盘上没有用于保护 IC 免受周围环境污染的氮化物保护层。引线架的外端是封装好的 IC 或芯片或也被称为微芯片的引脚。大多数情形下，电源和负载并没有紧靠稳压器芯片，因此，在电源和芯片以及负载和芯片间存在 PCB 寄生阻抗。另外，由于电源和负载都不会是理想的，电源端口上引入串联电阻 R_S，负载端口会引入并联电阻 R_{LOAD} 和电容 C_{LOAD}。

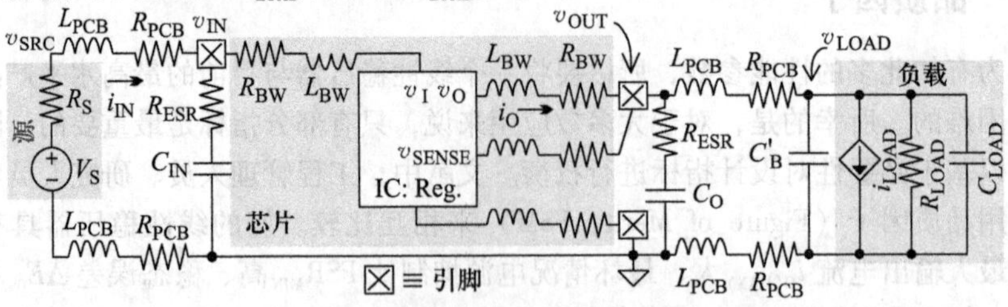

图 2.6　线性稳压器 IC 的典型工作环境

输出电容 C_O 被用来稳定负反馈环路以及抑制负载突变和电源纹波导致的输出电压变化，因此，C_O 常常取值在几个微法数量级。基于同样的理由，考虑到输入电源对负载以及系统非理想性的影响，输入滤波电容 C_{IN} 同输出电容 C_O 取值为同样的数量级，以抑制输入电源 v_{IN} 噪声。由于 C_O 和 C_{IN} 取值很大，C_O 和 C_{IN} 常常采用比其他电容价格更低的钽电容，但是，钽电容的 R_{ESR} 较高，可能高达几个欧姆。

陶瓷电容和片式多层陶瓷电容的每单位法拉（/F）的价格一般比钽电容高，但优点是这些电容的等效串联电阻 R_{ESR} 低从而可以分流更多噪声电流。因此，设计师倾向于在每一个负载处放置一个小的陶瓷旁路电容 C'_B，每个旁路电容的电容值一般在 nF 数量级，多负载情况下，全部旁路电容的总电容值要小于 1μF。稳压器负反馈环路的稳定性和更多的电容负载之间可能需要折中考虑，尽管这一点用户经常不能很好理解。

电容也会引入一个等效串联电感 L_{ESL}，其典型值一般小于 5nH。在低功率和低带宽应用中，寄生电感的影响通常可以忽略，举例来说，在 1μs 内通过 5nH 电感的 10mA 负载电流突变产生的电压 v_{ESL} 为 50μV：

$$v_{ESL} = L_{ESL}\left(\frac{di_L}{dt_L}\right) \approx L_{ESL}\left(\frac{\Delta i_{LOAD}}{\Delta t_{LD}}\right) \tag{2.29}$$

式中，Δt_{LD} 为负载爬升 10mA 突变电流 Δi_{LOAD} 所花费的时间。另外，在 50ns 内通过 5nH 电感的 100mA 负载电流突变产生的电压 V_{ESL} 为 10mV，仅相当于 1V 输出电压值的 1%，这里没有考虑负载调整率、线性调整率、温度、工艺、电源纹波以及 C_O、R_{ESR} 和 C'_B 对输出的影响。

一般来说，在稳压器功率通路上的所有寄生器件都会对功率转换效率、稳态精度、负载突变响应以及电源纹波抑制产生负面效应。在电源 v_{SRC} 和 IC 输入 v_I 之间、IC 输出 v_O 和负载 v_{LOAD} 之间的寄生键合线电阻和 PCB 阻抗分别将输入电流 i_{IN} 和输出电流 i_O 分流到地，从而产生电压降并消耗功率。另外，在 v_O 和 v_{LOAD} 之间的这些寄生器件产生的动态和稳态电压降也会将 v_{LOAD} 拉低到其目标值以下。因此，在 v_{IN} 和 v_I 以及 v_O 和 v_{OUT} 之间使用多个并联的键合线对设计师很有吸引力，因为这样引入的寄生电阻和电感会更小。同样的原因，电源和负载越接近稳压器，也就是使用短而宽的连线，电压降和功率损耗也会越小。然而，经常并不能灵活选择使用多个并联的键合线或将器件放置得更近。

2.3.1　负载

通常，对实际的“负载”进行建模是很困难的。实际上，除了用于片上系统（SoC）或其他特定应用场合外，设计师经常都不会关心他们设计的稳压器给什么样的子系统供电。一般来说，图 2.6 所示的代表负载模型的诺顿等效电路足以预测大部分微电子系统的负载行为。例如，负载电流 i_{LOAD} 的稳态值确立了电路调整 v_{OUT} 的偏置点，i_{LOAD} 的动态值规定了负载干扰 v_{OUT} 的程度和快慢。类似地，R_{LOAD} 和 C_{LOAD} 定义了稳压器响应 v_{OUT} 上小信号和大信号变化时必须为之供电的阻抗大小。i_{LOAD}、R_{LOAD} 和 C_{LOAD}

结合起来一起定义了稳压器的偏置和负载条件，设计师必须考虑它们以确保稳压器反馈环路稳定。

由于稳压器对 i_{LOAD}、R_{LOAD} 和 C_{LOAD} 敏感，因此，若不知道实际的负载情况，设计工程师会感到焦虑。例如，假如稳压器给一个低功耗的运算放大器供电，该放大器到地的最低阻抗可能为一个二极管连接的晶体管（小信号电阻大约是 $1/g_m$）和一个有源负载（小信号电阻大约是 r_o）串联，此时，稳压器的等效负载 R_{LOAD} 可能为几十到几百千欧。另一方面，功率放大器（PA）需要通过低阻抗开关给低阻抗的输出点提供大量电流，这意味着处于转换中的功率放大器使得稳压器的负载阻抗小于 1kΩ。在数字微处理器中，如反相器和其他门电路中，下拉和上拉 CMOS 晶体管在响应钟控事件转换时同时导通，虽然转换时间很短，但是从电源到地的这些开关的电阻可能只有几十欧姆。由此可见，负载电阻 R_{LOAD} 取值范围很大，可能从几十欧到数百千欧。

因此，出于稳定性考虑，设计师必须考虑所有可能的极端情况：一个极端的例子是负载为纯电阻，亦即当 i_{LOAD} 为零和 $R_{LOAD}=v_{OUT}/i_{LOAD}$ 时；另外一个特例是负载是有源的，亦即 R_{LOAD} 为无穷大，负载只需要 i_{LOAD} 单独表征。例如，一个 2.5V，1~50mA 的稳压器存在 4 种极端负载情况，其 R_{LOAD} 和 i_{LOAD} 分别是以下组合：①2.5kΩ（2.5V/1mA）和 0mA，②50Ω（2.5V/50mA）和 0mA，③无穷大电阻和 1mA，④无穷大电阻和 50mA。像①和②那样简单地认为负载是纯阻性的，或像③和④那样简单地认为负载是一个纯有源负载，也就是假设 R_{LOAD} 要么高要么低，都是不切实际的。问题是 C_O 较高，它和稳压器输出端的小信号电阻一起构成稳压器的低频带限极点，使得需要在稳压器反馈环路的稳定条件和动态性能之间进行折中。所以，若能在上述 4 种极限负载条件下都确保稳压器是稳定的，则可以降低风险。

幸运的是，与外部旁路电路 C'_B 和输出电容 C_O 相比，等效负载电容 C_{LOAD} 常常可以忽略，商用的现货稳压器和中到大功率的稳压器尤其如此，因为它们的输出电容很大。然而，SoC 应用却并不能这样奢侈，因为 C_O 为片内电容，要比片外电容小得多。有些 SoC 设计完全依靠 C_{LOAD} 来维持稳定性和负载突变响应，不需要 C_O，或者说此时 C_{LOAD} 等效于 C_O。因此，和 R_{LOAD} 一样，在 SoC 环境下 C_{LOAD} 对于维持调整环路的稳定性起关键作用，这也是设计师必须考虑 C_{LOAD} 所有可能极限值的原因。但是，若 C_O、C'_B 的值很大，C_{LOAD} 就不那么重要了。

2.3.2 稳压点

从稳压器负反馈环路检测控制的角度来看，最好是对负载点（Point of Load，PoL）电压进行感测和稳压。然而，当需要对多个负载供电时，用一个稳压器对全部负载点单独进行调整是不可能的，所以，工程师将所有负载连接到一个中心点，稳压器对该点进行感测和稳压。在图 2.6 所示的模型中，输出引脚电压 v_{OUT} 就是这个稳压调整点，该点电压最接近稳压器的目标值。这里，v_{SENSE} 是监控和调整 v_{OUT} 的低电流通路。

v_{SENSE} 和 v_{OUT} 星形联结的目的是将功率通路上的寄生电压降吸收进反馈环路，换言之就是尽管 R_{BW} 和 L_{BW} 上有压降，仍然能够使 v_{OUT} 接近其目标值。为此，感测点本身必须没有电压降，也就是说 v_{SENSE} 既不吸收也不源出电流。星形联结中的电流路径和感应信号路径连接于同一点，工程师也将其称为 Kelvin 连接。

如前所述，最好的情况是稳压器感测负载点电压 v_{LOAD}，这样的话，R_{BW}、L_{BW}、R_{PCB} 和 L_{PCB} 被包括进了反馈环路，使得它们的电压降不会影响负载。然而，单独使用一个感应信号引脚并不总是可行，工程师们常常采用另一个好办法：如图 2.6 所示，将感应信号焊盘通过键合线连接到封装的输出引脚（也就是 v_{OUT} 引脚），这样做使得通过 R_{BW} 和 L_{BW} 上的电压降不会影响负载 v_{OUT}，并且，v_{LOAD} 可以承受 R_{PCB} 和 L_{PCB} 的全部影响。遗憾的是，现代微系统在片上集成了太多的功能模块，以至于不可能单独分配一个感应焊盘以及将多条键合线连接到一个引脚上。在这样的约束条件下，设计师不得不使用最后一招：星形联结 v_{SENSE} 到输出焊盘 v_O，这种情况下，反馈环路只补偿 IC 内部的电压降，不能校正输出电流 i_O 通过 R_{BW}、L_{BW}、R_{PCB} 和 L_{PCB} 流到 v_{LOAD} 产生的串联电压降。总之，在应用和技术允许的情况下，将稳压点尽量接近负载是非常重要的。

2.3.3 寄生效应

将寄生元件包含在反馈环路中并不意味着系统就与这些寄生元件产生的副作用无关了，例如，当稳压器进入压差区，环路增益降低，反馈作用失效，这意味着在功率通路上的所有寄生串联电阻，无论是在反馈环路上还是反馈环路外，都会对负载 v_{LOAD} 引入电压降。从量化的角度看，图 2.6 中输入引脚 v_{IN} 和输出引脚 v_{OUT} 之间键合线电阻（在图 2.7 所示的简化模型中，结合成 R'_{BW}），IC 与负载之间的电阻（在图 2.7 所示的简化模型中，结合成 R'_{PCB}），增大了稳压器的导通电阻 R_{ON}。R_{ON} 和负载电流 i_{LOAD} 建立压差电压 V_{DO} 或 $i_{LOAD}R_{ON}$。

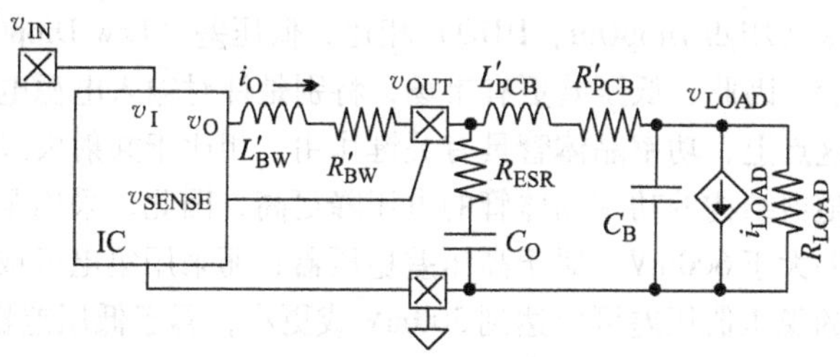

图 2.7 稳压器工作环境简化模型

遗憾的是，当稳压器工作在线性区时，环路外部的电阻也使 v_{LOAD} 电压降低，这些外部电阻 R_{EXT} 叠加到稳压器的闭环电阻 R_{CL} 之上，使电路的等效输出电阻 R_O 增加到：

$$R_O = R_{CL} + R_{EXT} \tag{2.30}$$

该电阻和稳态电流变化 ΔI_{LOAD} 一起建立负载调整响应 ΔV_{LD} 或 $\Delta I_{LOAD}R_O$（注意：图 2.7 中 R_{EXT} 减小到 R'_{PCB}）。当负载突变时，输出电容 C_O 和负载之间的寄生电感也会增加到 C_O 的 L_{ESL} 上进一步影响 v_{LOAD}。更具体来说，电容 C_O 为负载突变电流 Δi_{LOAD} 提供的那部分电流通过 L_{ESL} 和 L'_{PCB} 产生电压降 Δv_{ESL}，使得负载突变响应 Δv_{DUMP} 变差：

$$\Delta v_{ESL} = (L_{ESL} + L'_{PCB})\left(\frac{di_C}{dt_L}\right) \approx (L_{ESL} + L'_{PCB})\left(\frac{\Delta i_{LOAD} C_O}{C_O + C_B}\right)\left(\frac{1}{\Delta t_{LD}}\right) \tag{2.31}$$

式中，C_B 包括图 2.6 中所示的负载电容 C_{LOAD} 和外部旁路电容 C'_B；Δt_{LD} 是负载电流 i_{LOAD} 穿越负载突变 Δi_{LOAD} 所需要的时间。通常，包含在 Δv_{DUMP} 中的电容 C_O 压降 Δv_C 和 ESR 电压 Δv_{ESR} 远大于 Δv_{ESL}。

2.4 分类

2.4.1 输出电流

基于应用来分类，线性稳压器有各种类型，一般来说，最显著的分类要素是比较它们传输的电流或功率的大小。例如，在手持设备和电池供电电子设备中常用低功率稳压器供电，它们提供的输出电流一般小于 1A；而在汽车、工业和其他类似应用中，常常需要能够提供更多电流的高功率稳压器。基于电能效率考虑，与开关变换器相比，大电流稳压器没有优势，实际上，今天很多系统使用一个高功率的主开关电源和多个 PoL 形式的低功率线性稳压器来对多负载供电。因此，线性稳压器的最大市场在 300mA 以下应用中。

2.4.2 压差

产品工程师和系统设计师也常用压差电压 V_{DO} 来对线性稳压器进行分类，因为线性稳压器的功耗取决于 V_{DO}（线性稳压器工作在线性区边缘时稳压器电压降的大小）。实际上，与高压差（High DropOut，HDO）相比，低压差（Low DropOut，LDO）稳压器消耗的功率更少，因此，低压差更有市场，特别是针对输入电源电压较低的电池供电应用而言。在这点上，功率晶体管具有关键作用，相比于共射极或共源极结构，采用射极或源极跟随器结构的功率晶体管的电压降更高，因此，采用跟随器的线性稳压器一般来说其压差大于 600mV，属于高压差稳压器；而采用集电极或漏极输出的共射极或共源极结构的稳压器压差可以达到 300mV 或更小，属于低压差稳压器。

2.4.3 补偿

另外一个重要的分类方法是基于反馈环路补偿方法来分类。例如，利用外部电容 C_O 构建反馈环路低频主极点的稳压器需要很大的外部电容；而依赖内部节点来建立主极点的电路需要限制 C_O 的大小，因为此时 C_O 在反馈环路建立了一个寄生极点，此极点会影响电路的稳定性。内部补偿的稳压器减小了 C_O 便于集成，从而可以节省 PCB 面积。当响应负载突变和电源纹波时，小 C_O 的缺点是会产生更高的电压降变化，也就是说糟糕的负载突变响应 Δv_{DUMP} 和电源抑制 Δv_{PSR}。输出端补偿型稳压器需要使用输出电容，因而具有更好的噪声抑制性能，因此，尽管采用片外电容会增加成本和 PCB 面积，用户通常还是更愿意使用输出端补偿型稳压器而不是内部补偿型稳压器。

[例 2.4]　一个带宽为 100kHz，输出电容 0.47μF 的稳压器，当负载在 50ns 内从 1mA 突变到 50mA 时，在稳压器开始响应并给负载提供全部电流之前，其允许的输出电压降大约为 380mV：

$$\Delta v_{C}=\left(\frac{\Delta i_{LOAD}}{C_{O}}\right)\Delta t_{R}\approx\left(\frac{49\text{mA}}{0.47\mu\text{F}}\right)\left(\frac{2.3}{2\pi\times100\text{kHz}}\right)\approx382\text{mV}$$

片上系统（SoC）和系统级封装（System in Package，SiP）集成将稳压器正在缓慢从输出端补偿型向内部补偿型改变。随着越来越多的电路集成到一个具有共同硅衬底的 IC 中，越来越难以容纳外部电容。因此，输出端补偿型电路以一种伪内部补偿型 IC 的形式出现，此时，尽管输出端补偿电容置于输出端，但仍然放在微芯片内（或者在芯片上，或者共同封装）。总之，相比于电容尺寸，极点位置对环路动态性能的影响更大，因此，当线性稳压器的主低频极点位于输出端时，采用输出端补偿型，否则采用内部补偿型。

2.4.4　类别

尽管描述线性稳压器性能的参数很多，但是可以说功率和精度是最重要的。功率和精度取决于输出电流、压差电压和由补偿策略产生的环路动态特性。因此，以此来对线性稳压器进行分类，如图 2.8 所示，可以帮助用户缩小研究范围。例如，电池供电系统依靠低功率器件以延长电池寿命，汽车和工业应用依靠高功率器件向功率饥渴型部件提供能量。开关变换器具有更高的效率，因而占据了更多的高功率市场，代替高功率线性稳压器，用一个开关变换器给几个低功率线性稳压器供电，然后再用这些低功率线性稳压器给子系统供电。类似地，在今天的商用产品中，内部补偿型稳压器并不普遍，因为它们没有片外电容，不适合负载突变范围较大的应用。但是，内部补偿型稳压器在低成本和小面积方面还是可取的，因此低功率的专用集成电路（Application Specific IC，ASIC）常常将一个或几个线性稳压器集成在同一个硅管芯中。

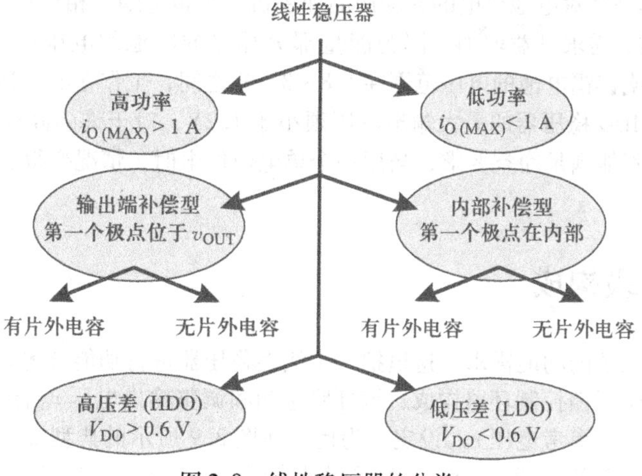

图 2.8　线性稳压器的分类

随着移动应用的市场需求日益增大，结合上述所描述的移动应用的一般特点，低功耗、低压差、无片外电容的线性稳压器在电池供电电子产品中找到了商机。实际上，内部补偿的低功率低压差线性稳压器常常可以满足手持应用所要求的小面积和长寿命的要求，而且，当供电电源是能量已部分耗尽的电池时，与HDO拓扑相比，LDO拓扑能够输出更高的电压，这可以缓和它们的负载电路的最小净空限制，提高负载工作的动态范围以及信噪比（SNR）。其中，当电源电压降低时，首当其冲变差的性能指标就是SNR。因此，毫不奇怪，只要可能，用户就会选择LDO稳压器。

［**例2.5**］ 若一个压差电压为200mV的LDO稳压器由一个能量几乎耗尽的2.7V锂离子电池供电，而LDO稳压器为一个噪底为50mV的运算放大器供电，那么运算放大器必须工作在2.5V电压以下，因此，全部信号必须在一个2.45V的窗口内处理，使得SNR小于49：

$$\mathrm{SNR} \equiv \frac{\text{动态范围}}{\text{噪底}} = \frac{\text{最大电压}-\text{噪底}}{\text{噪底}}$$

$$< \frac{2.5\mathrm{V} - 50\mathrm{mV}}{50\mathrm{mV}} = 49$$

假设这个稳压器是压差为0.7V的HDO稳压器，那么运算放大器将不得不工作在2.0V电压以下，使得信号的动态范围减小到1.95V以下，SNR小于39：

$$\mathrm{SNR} \equiv \frac{\text{动态范围}}{\text{噪底}} = \frac{\text{最大电压}-\text{噪底}}{\text{噪底}}$$

$$< \frac{2.0\mathrm{V} - 50\mathrm{mV}}{50\mathrm{mV}} = 39$$

这进一步限制了运算放大器处理模拟信号的能力。

今天，从汽车、工业到医学等许多应用都要求使用LDO稳压器。例如，在冷曲柄条件下，汽车工业要利用LDO稳压器的LDO特性，因为此时汽车电池电压在5.5~6V之间，而输出电压必须稳定在5V左右，这意味着满载下稳压器的压差电压必须小于0.5V。尤其是针对电池供电的移动产品如手机、平板电脑、相机和笔记本电脑等，对LDO稳压器的需求日益增加，因为能量部分耗尽的电池的电压可能很低。例如，两个碱性电池或镍镉电池的电压范围在1.8~3.2V之间，工作在电池整个续航期间的一个0.6V的HDO稳压器的最大输出电压须小于1.2V，对于许多高性能模拟电路而言，这个电压不能满足净空要求，当用一个单电池供电时，情况变得更糟，因此常常被禁止。

2.5 模块级构成

为了揭示系统的功能需求，这里把一个线性稳压器进行功能分解。一般来说，稳压器主要由一个反馈控制环路构成，该环路感测和调整输出电压 v_{OUT} 到其目标值，该目标值最终由一个参考电压 v_{REF} 设定。为此，在图2.9所示的典型实现中，反馈网络 β_{FB} 感测 v_{OUT}，误差放大器 A_{EA} 将 v_{OUT} 的采样值 v_{FB} 与 v_{REF} 比较，产生误差校正信号驱动

功率晶体管 S_O 提供负载要求的电流。本质上，由 A_{EA}、S_O 和 β_{FB} 网络构成的环路的增益大小决定了 v_{FB} 与 v_{REF} 的接近程度，因此，要使稳压器输出电压 v_{OUT} 维持在目标参考值的一个很小的范围内，而不随负载、输入电源和结温等外部因素变化，v_{REF} 和 β_{FB} 必须具有高精度，且环路增益很高，结果，此电路就是一个串联-并联负反馈同相放大器，其输出是 v_{OUT}，其等效输入是稳态参考电压 v_{REF}。

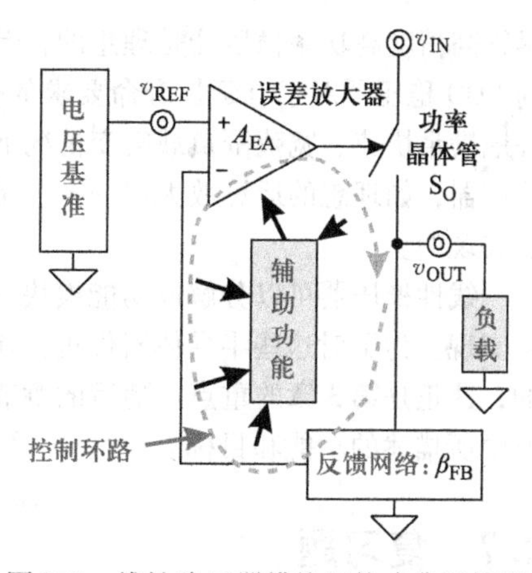

图 2.9　线性稳压器模块级构成典型框图

一些辅助功能对于稳压器的整体正常工作也是十分必要的。它们保证电路安全可靠地工作，并与其他子系统良好交互。例如，一个电流产生电路，虽然有时已包含在一个基准电路模块中了，输出一个参考电流，为误差放大器提供偏置，并保证误差放大器有足够的功率去快速响应负载突变或其他事件。其他一些子模块保护 IC 免受持续和瞬时过电流、过电压、过温、短路和静电放电（Electro Static Discharge，ESD）的影响。还有一些辅助电路具有特定的应用功能，如转换电源模式以及系统启动和重启动时的使能功能和软或慢启动功能。

2.6　总结

维持一个线性稳压器的输出电压在其目标值的一个很小范围内的基本模块是反馈环路。实际上，只要有足够的环路增益，系统就能够处理由输入电源和负载变化带来的影响。当电源电压降落到阈值水平以下时，环路增益下降，稳压器脱离线性区，进入压差区，反馈环路作用降低，系统越来越对电源和负载的变化敏感，这就是一般来说稳压器不希望工作在压差区的原因。然而，让电源维持在高电压水平会增加稳压器的功率损耗。因此，基于精度和功率考虑，最佳选择是让系统工作在压差区附近，这也是 LDO 稳压器具有如此吸引力的原因。

因为精度和功率是如此重要，所以设计师常常用容差、增益误差、温度漂移、线性调整率、电源纹波抑制、负载调整率、负载突变响应性能、功率转换效率和压差电压等参数来表征线性稳压器。应用需求也会对稳压器附加一些要求，比如输入和输出电压、输出电容和输出电流等。功率通路的寄生电阻和电感也会影响负载，设计师更愿意在负载点对输出进行调整，因为这样反馈环路能够处理大部分的寄生影响，分配一个引脚和板上空间以便星形联结一个低电流通路到负载并不总是可行，因此，设计过程中需要折中处理。

最后，当用户要寻找一个满足需要的稳压器时，功率和精度是首要评估参数。产品工程师按照输出电流、压差电压和频率补偿来对线性稳压器进行分类。在这方面，尽管高精度高功率稳压器是理想的，但它们难以在片上全集成。另一方面，内部补偿的 LDO 稳压器对于有延长寿命要求的手持应用来说是最佳选择，但是，它们不能很好地满足快速、宽范围负载突变情况下的供电需求。所有这一切意味着：理想的线性稳压器，如理想的运算放大器一样，至少在现在以及可预见的未来，在实践中是不可能实现的。

线性稳压器可以分解成功能模块，这些模块必须由电阻、电容、二极管和晶体管来实现。为了对这些半导体器件进行建模，设计师必须首先了解它们各自是如何工作的，这正是第 3 章的重点。随后的章节将描述如何在负反馈中使用这些器件以实现本章中所描述的功能和目标。

2.7　复习题

1. 在室温下，哪两个参数最终决定一个线性稳压器的误差？

2. 什么情况下稳压器具有更高的精度：**环路增益为低或高，或者与环路增益无关？**

3. 哪两个参数决定线性稳压器的输出随温度漂移的程度？

4. 线性调整率是指电源的**稳压或瞬态变化**。

5. 当电源到输出的增益高时，电源抑制性能**更差或更好**。

6. **正确或错误**：线性稳压器负载突变响应的测试结果包括了负载调整率的影响。

7. 一个带有 1μF、250mΩ 电容的 500kHz 带宽的线性稳压器当负载在 10ns 内由 5～20mA 突变时输出电压降落多少？

8. 当地电流相比于负载电流可以忽略不计时，什么参数或变量限制稳压器功率转换效率？

9. 求线性稳压器的功率转换效率：它由一个 3.6V 的电池供电，供电电流为 20.4mA，输出到负载的电流为 20mA，输出电压为 1.8V。

10. 求线性稳压器的功率转换效率：它由一个 3.6V 的电池供电，供电电流为 140μA，输出到负载的电流为 100μA，输出电压为 1.8V。

11. 用来描述压差电压 V_{DO} 的另一个参数是什么？

12. **正确或错误**：将感测点连接到输出端焊盘可使负反馈环路抵消寄生键合线电阻和板上电阻对负载调整率的影响。

13. **正确或错误**：将感测点连接到负载可使负反馈环路抵消寄生键合线电阻和板上电阻对压差性能的影响。

14. 哪种类型的线性稳压器最能满足小型电池供电的传感器的需求？这要求稳压器具有低功耗和小体积。

15. 哪种类型的线性稳压器最能满足电池供电的蜂窝电话的需求？蜂窝电话常常会在 50ns 内遭受 1～100mA 的负载突变，这要求稳压器具有高精度和高效率。

16. 请列出一个线性稳压器的基本功能模块。

第3章　微电子器件

集成电路（IC）工程师基于自己对微电子器件如何单独及集成工作的理解，设计和构建集成电路，使它们能够在第1章中所描述的条件下工作，并满足在第2章中所概述的设计指标。因而，本章旨在讨论描述和诠释怎样设计模拟集成电路的五步序列中的第一步，重点介绍器件的运行、结构和模型。基于本章的基础知识，接下来的几章将介绍如何构建模拟电路基本单元，从而去设计后面章节将要介绍的偏置电路、反馈网络和线性稳压器。只有掌握了这些基本概念，IC工程师才能最终设计出满足现代电子产品需要的线性稳压器系统。但无论怎样，这一切都始于电阻、电容、二极管和晶体管。

3.1　电阻

3.1.1　工作原理

电阻是集成电路设计人员使用最基本的，同时也是最有用的元件。虽然多数情况下都采用互连线将电信号从一个电路传送到另一个电路，而不会使用电阻连接，但实际上，在电路中用来连接两个端点的任何材料，比如金属、多晶硅或者重掺杂硅等，都会在电荷流上引入电阻，从而以热的形式产生功耗。更具体地说，电流 i_R 流过电阻为 R_X 的材料，将产生欧姆电压 v_R，消耗功耗 P_R：

$$v_R = i_R R_X \tag{3.1}$$

和

$$P_R = i_R v_R \tag{3.2}$$

既然在电路中每个载流通路上都将产生压降和消耗功率，这就要求工程师们利用金属或者重掺杂的多晶硅材料作为互连线，保证其引入的电阻非常小（如在mΩ到亚kΩ量级），相对于互连线连接的器件电阻（如在kΩ到MΩ量级）可以忽略。

根据常识，电阻可以将电流转换成电压，当利用这一原理时，电阻不再被看作寄生效应，而应该是仔细设计的结果。在这些事例中，几十到几百kΩ甚至MΩ是可取的。出于这种考虑，如图3.1所示，增加非硅化多晶硅或者轻掺杂硅条材料的长 L_X，就增加了电荷载流子传输的路径，也就增大了器件的总电阻。类似地，减少电荷载流子通过沟道的横截面积 A_X 将阻碍电荷移动，因此减少材料的宽度 W_X 和厚度 T_X 也增大器件的电阻 R_X：

$$R_X = \frac{\rho_X L_X}{A_X} = \frac{\rho_X L_X}{W_X T_X} \tag{3.3}$$

式中，ρ_X 为材料的电阻率。有趣的是，随着温度升高，原子振动加剧，电子运动加速，产生碰撞，从而导致电阻升高，这意味着绝大多数电阻的阻值随着温度的升高而升高，也就是绝大多数电阻表现为正温度系数。

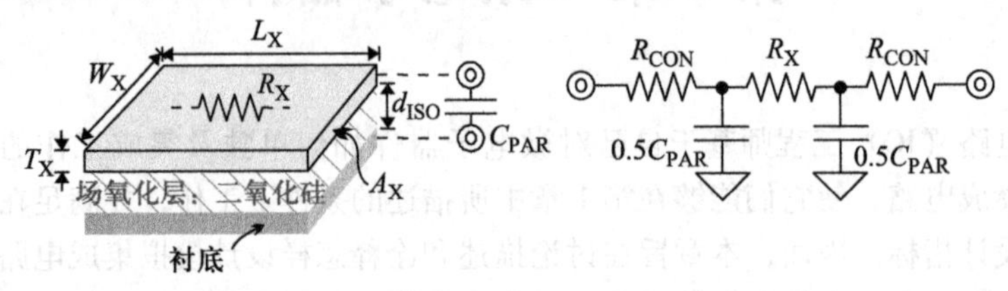

图 3.1　电阻条立体图和电气模型

3.1.2 寄生元件

集成电路技术的本质优势在于可以将大量电子器件集成到同一块电阻较小的硅衬底上。为了实现电阻的电隔离，工艺工程师们需要在器件之间和邻近层次之间横向或者垂直插入电介质。如图 3.1 所示，二氧化硅（SiO_2），俗称场氧化物（Field Oxide，FOX），将金属或者多晶硅电阻条与衬底隔离，采用 P 型衬底时，衬底将连接到地或者到最负的电源上。不幸的是，电阻和衬底等效为两个平行导电板，将产生寄生电容 C_{PAR}。针对扩散电阻的情况，绝缘介质来源于电阻与衬底之间的由于 PN 结反偏导致的耗尽层，其寄生电容随着结的表面积增大（也就是增大宽 W_X 和长 L_X）而增大，随着板间间距 d_{ISO} 或者说耗尽层的宽度的增大而减小，电容和二极管的工作原理将在后面介绍。

设计人员通过金属接触孔将这些电阻连接到电路中。虽然这些金属接触孔只有极小的电阻值，但是还是会在每个电阻端点引入串联电阻 R_{CON}，如图 3.1 所示。在图 3.1 所示模型中，将沿着整个电阻 R_X 长度的寄生电容效应 C_{PAR} 分离到电阻 R_X 的两端。若要更精确地对 R_X 上的寄生电容效应 C_{PAR} 进行建模，可将 R_X 分成很多小段，在各小段之间平均分布寄生电容，但是，当用计算机仿真电阻对电路的作用时，这样做会增加计算机求解的方程组数目，为了更高的精度而延长仿真时间这种方式在很多情况下是不值得的，因为这种改进极其微小，而且常常是无关紧要的。总之，寄生电阻上会产生电压降并消耗功率，寄生电容会分流传输信号中的高频能量。

3.1.3 版图

正如所解释的，只有像长和宽这样的二维几何特性以及材料是 IC 设计师可选择的设计变量，所以，IC 设计师通过版图来定义电子元件。对于电阻来说，如图 3.2 所示，带状材料的长宽尺寸决定了其电阻值，比如增大长度 L_X，缩短宽度 W_X，将增大电阻值 R_X。增大带状电阻两端宽度不仅是为了放置金属接触孔，而且可减少接触处的寄生电阻。这种版图布局策略通常会得到图中所示的经典“狗骨头”结构电阻图形。

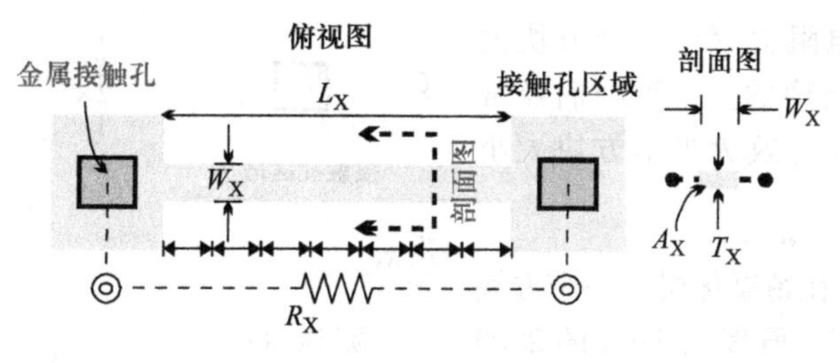

图 3.2　带状电阻的版图

设计变量

材料的相互依存的物理性质被用来在硅衬底内或硅衬底上制造元件，用于构建器件的每个层除了需要满足由材料的物理性质所导致的制造要求外，还需满足电气和几何约束。掺杂浓度（由沉积和扩散生产工艺定义和约束）就具有这样的属性，这就是为什么工艺工程师们将掺杂浓度调整和固定到某些特定值的原因，这些工艺，同一个工艺过程也会限制材料在硅衬底上的生长高度或扩散进入硅衬底的深度。工艺工程师们可以通过优化工艺流程来定义材料的厚度，如调整多晶硅的沉积速率或者扩散掺杂原子的退火时间和温度。因此，掺杂浓度和材料厚度不受电路设计人员控制，这就意味着只有平面几何参数（如长和宽）以及材料的选择和顺序是IC设计工程师的开放设计变量。因此，集成电路设计者用二维版图俯视图来定义器件。

因为材料的电阻率 ρ_X 和厚度 T_X 是确定的工艺参数，所以设计人员认为 ρ_X/T_X 是一个常数，并且定义为薄层电阻 R_S：

$$R_S = \frac{\rho_X}{T_X} \tag{3.4}$$

有趣的是，设计人员可以改变宽度 W_X和长度 L_X，更长和更窄的结构，电阻值更大，R_X等于薄层电阻 R_S和电阻材料长条的总方块数 N_X的乘积：

$$R_X = \left(\frac{L_X}{W_X}\right)R_S = N_X R_S \tag{3.5}$$

一个方块是 $W_X W_X$，N_X是总长度 L_X上 W_X的数量。换言之，R_S代表一个方块材料的电阻值，而不管其 W_X和 L_X所定义的面积大小。例如，在图 3.2 中，当忽略接触孔区域的电阻时，R_X近似为 7 个方块电阻，即 $7R_S$。所以，设计人员也使用方块电阻 $R_\square$（Ω/□）来代表 R_S，并且不用电阻率 ρ_X 而用 R_S来分类电阻材料。

一个好的电阻，它的电阻值是容易定义的，并且与衬底之间的寄生电容小到可以忽略。接触孔区域的电阻值很难预测，应该小到可以忽略，最大不能超过一个方块大小。用于将电阻与衬底隔离的电介质应该厚且拥有高介电常数。另外，因为长且薄的电阻条可能达到或者超过芯片的长度，所以设计人员更喜欢将高阻值的电阻做成蛇形结构，如图 3.3 所示。然而，电荷载流子会选择蛇形角落电阻最小的通路进行传输，因此拐角处的电阻值等于一个方块大小的阻值是不精确的。工程师们经常把该电阻值近似等效为半个方块大小的阻值。

［例3.1］　在场氧化层上一个方块电阻为500Ω/□、厚度为1μm的2000个方块的非硅化多晶硅带提供500kΩ的电阻和极小的寄生电容。

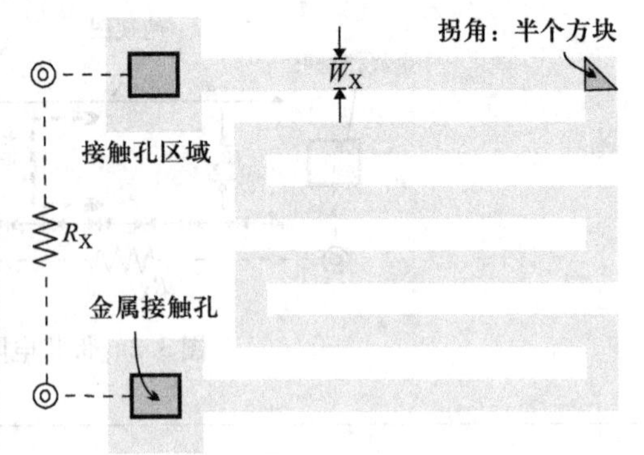

图3.3　蛇形电阻的版图

3.1.4　绝对精度和相对精度

制造工艺的不完美导致芯片与芯片间以及芯片制造批次与批次间掺杂浓度、厚度、宽度和长度的变化，其绝对误差近似为±20%～±50%，而温度会加剧此变化并增加额外10%～50%的变化。幸运的是，这些参数以同一种方式影响所有的近邻电阻，所以电阻值的一致性较好，换言之，虽然绝对误差可能很高，但是相对误差可能低到±0.5%～±5%。所以IC工程师依赖类似器件的匹配性能来提高精度，而不是其绝对值。

从一个设计人员的视角，改善电阻的匹配性能相当于减少宽W_X和长L_X的百分比变化，这意味着宽且长的电阻条比窄且短的电阻条的匹配性要好。例如，将电阻的宽度设计为工艺允许最小宽度的3～5倍可以获得±1%的匹配性，因为每个电阻各自宽度的变化（可能是±100nm）在整个电阻宽度（可能是3～10μm）上只占很小的比例。因为拐角电阻的阻值不随长度等比例缩小，所以当设计匹配电阻时，设计人员通常避免采用蛇形结构，而是用金属连接相似尺寸的电阻单元，如图3.4中R_A所示，其值等于两个R_B。

针对多晶硅电阻，其宽度由制造工艺中的刻蚀步骤定义，宽度变化取决于在电阻长度上光刻速率的一致性，如果光刻已经完成，那么就将由下一步工序决定。如图3.4所示，在所有电阻条附近通过放置相同材料且等间距的相邻电阻条以建立相似的外围环境，从而有利于保持所有电阻条光刻速率的一致性。为了确保这个结构的外侧电阻条有相似的光刻环境，设计人员在外侧电阻条边上放置相似的冗余电阻条。但是，在蛇形结构中拐角内侧维持相似的刻蚀条件几乎是不可能的，这也是为了精度而很少使用蛇形结构的另一个原因。

还有一些其他的方法提高电阻的匹配性能。电阻条单元可以互相交叉，如图3.4所示，在R_A的两个相同大小的单元片段之间插入R_B，这样也可以将由于工艺的线性效应所导致的跨越芯片的梯度对各电阻的影响均匀化。最好是设计为共质心形式，如图3.4中所示的那样，因为共质心结构平均了所有二维线性梯度的影响。而更大的表面积会加剧非线性效应，所以减少电阻阵列的尺寸也可以改善匹配度。至于同等大小的器件，如图3.5所展现的，将电阻阵列等分为4份，并将其交叉耦合，是一个很流行的共质心结构方法，可以减少非线性效应，这种方法得到了广泛推广。最后，增加电阻单元的数目并将它们相互交叉可以提高统计粒度和版图精度，从而提高匹配性能。

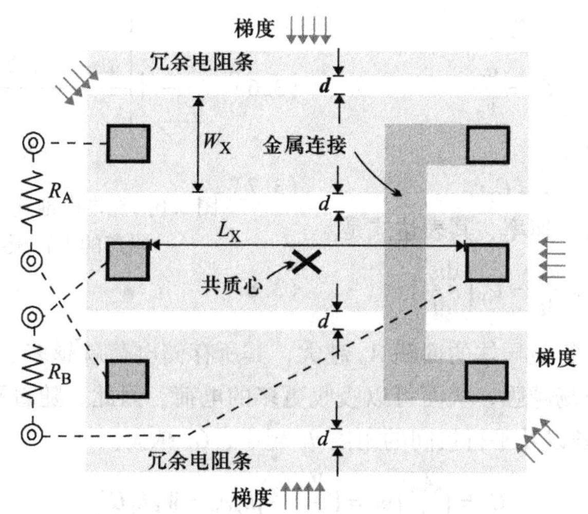

图3.4 部分交叉和共质心匹配电阻的版图

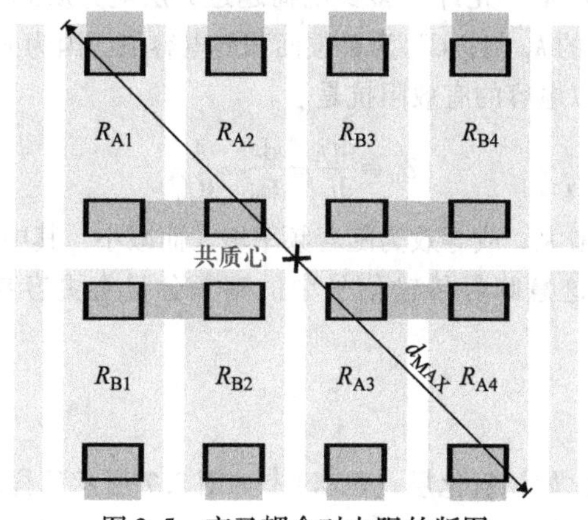

图3.5 交叉耦合对电阻的版图

3.2 电容

3.2.1 工作原理

为了了解电容是如何工作的，用充电电池连接一对被绝缘电介质隔离的平行板导体，想想会发生什么。在连接之前，平行板导体是没有电能的，因此两端电压为零。随后，如图3.6所示，电池电压 v_{BAT} 在电池和顶层平板间建立一个电场 ε_{FLD}，吸引正电荷流向平板。因为在平行板间没有金属连接，所以电荷累积在顶层平行板，将建立一个电场，从而平行板间电压为 v_C，反过来，底部平板从地吸引负电荷。最终结果是有电流 i_C 流动，电荷 q_C 积聚在平行板上，这意味着该器件接收并保存了能量。

电容，其字根是“容量”，是该元件保持的充电电荷 q_C 与电压 v_C 之比：

$$C_P = \frac{q_C}{v_C} \tag{3.6}$$

因此充电电荷是

$$q_C = C_P v_C \tag{3.7}$$

电流是电荷流的速率，其表达式是

$$i_C \equiv \frac{dq_C}{dt} = C_P\left(\frac{dv_C}{dt}\right) \tag{3.8}$$

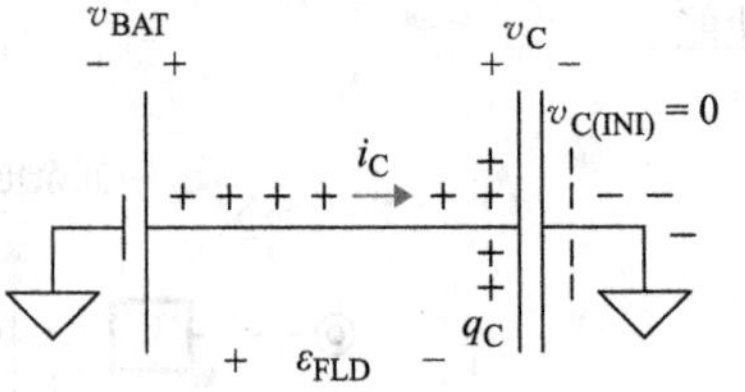

图 3.6　充电电池连接一对被绝缘介质隔离的平行板导体的效应

毫不奇怪，平行板导体的面积 A_P 越大，其所存储电荷就越多。同理，平行板之间的间隔越小，电场越强，从而可以吸收更多的电荷。因此，随着平行板的宽度 W_P 越宽、长度 L_P 越长以及平行板间的距离 d_P 越小，C_P 越大。

$$C_P = \left(\frac{A_P}{d_P}\right)\varepsilon_P = \left(\frac{W_P L_P}{d_P}\right)k_P\varepsilon_0 = W_P L_P C''_\varepsilon \tag{3.9}$$

式中，ε_P（介电常数）是“允许”多少电荷越过夹层电介质到相对极板的度量，其值为真空介电常数 ε_0 的 k_P 倍；C''_ε 为单位面积的电容值。因为 v_C 随着电流 i_C 在时间上的推移而增大，所以电容的有效阻抗是

$$Z_C \equiv \frac{dv_C}{di_C} = \frac{dt}{C_P} \rightarrow \frac{1}{sC_P} \tag{3.10}$$

该阻抗也随时间增大，或等效为随着频率增大而减小，其中 s 为拉普拉斯变换中与频率等效的参数，这意味着传输信号中的高频分量会更容易地通过电容分流或耦合。

3.2.2　寄生元件

用厚的电介质，比如场氧化层（FOX），如图 3.7 所示那样，将平行板结构电容与衬底隔离，会在平行板的底板与衬底之间形成一个寄生电容 C_{PAR}。将隔离介质厚度 d_{ISO} 设计为比两平行板间距离 d_P 厚得多，因此在数量级上 C_{PAR} 比平行板电容器电容值 C_P 要小很多。尽管如此，在传播信号时 C_{PAR} 仍会分流一部分高频能量，所以这种效应是不希望有的。幸运的是，C_{PAR} 只存在于底板与衬底间，因此设计人员通常尽可能地连接底板到一个低阻节点上。

请注意，平板也是电阻条，因此会产生压降和消耗功耗。为了缓和这些不良效应，工程师们用像铝、硅化多晶硅或者重掺杂硅等这样的高导电材料来做导电平板。虽然如此，这些材料和它们的金属接触孔还是会给电容 C_P 的上、下极板附加上电阻，如图 3.7 模型所示的两个等效串联电阻 R_{TP} 和 R_{BP}。

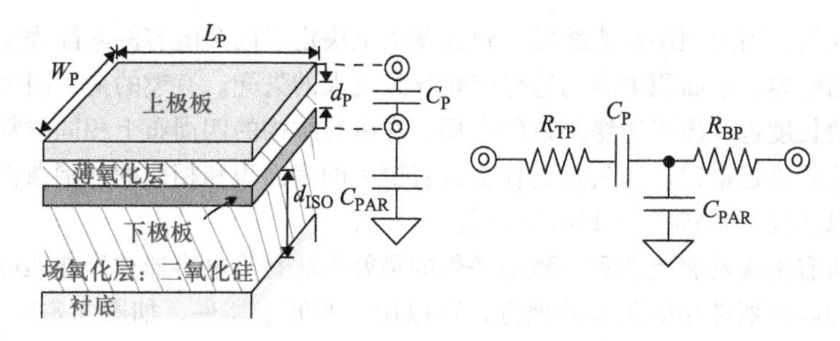

图 3.7 平行板电容器的立体图及其电气模型

3.2.3 版图

与电阻和芯片上的其他器件一样，工艺工程师们设置好材料深度以确保可靠性，IC 设计师设计好顶层几何图形。就电容来说，设计工程师们从一系列可用的层中选出平行板的两个极板，并定义好平行板的宽度和长度。为了得到最佳结果，平行板的表面面积应该足够大，以保证平行板上的串联电阻很小，而且正交的平行板电容相对于侧壁电容来说占据主导地位。这就是为什么电容器通常会选择矩形结构或方块结构的原因，如图 3.8 所示。

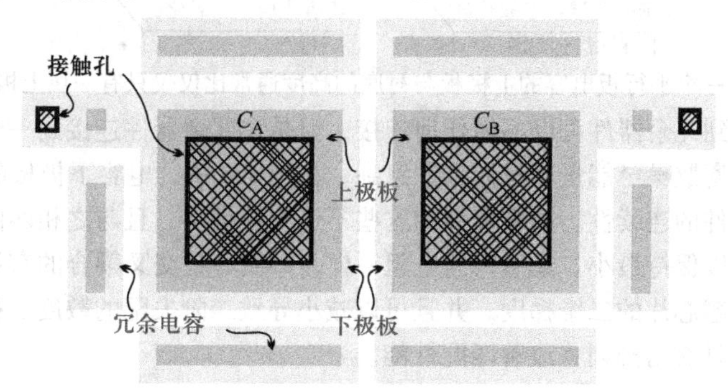

图 3.8 有外围冗余电容的匹配电容的版图

电容的上极板上可在极板范围内直接做一个金属接触孔，然而，下极板隐藏在里面，因此，要在下极板上做一个垂直接触孔必须将下极板延伸到该结构外。另外，完美的边缘对齐是不可能的，上下极板两个边缘的不确定会比一个边缘的不确定更糟糕，因此，应将下极板与上极板交叠。这意味着上极板的边缘决定了两极板的交叠程度，设定了该结构的电容值，并且只有边缘的不一致性决定了样品之间的差异大小。

3.2.4 绝对精度和相对精度

电容与电容之间的偏差取决于晶圆与晶圆之间、批次与批次之间介电常数的一致性情况，芯片上的平行板电容器的绝对误差一般在 ±20% 左右。因此，与电阻一样，设计人员更愿意依靠电容的匹配性能进行设计。从这个角度而言，近邻结构的电介质几乎是相同的，因此顶层板边缘的一致性基本上决定了两个电容的匹配程度。相比于更大面积的电容，小面积电容的边缘变化导致更大的失配。有趣的是，因为刻蚀轮廓和横向扩散长度也取决于边缘附近的布局，在电容结构的四周布上相同材料的周边带可以减少这些临近错误。这就是为什么具有更大的表面积和相似的外围条件的电容器匹配性可以达到±0.5%～±1%的原因。

确保所有边缘具有类似和一致的条件的最好方法是将电容器放置在匹配器件结构的四周且与匹配器件相等距离的地方，可以用一些冗余器件，如图3.8所示的那样，以产生类似的效果。然而，若只单独使用冗余上极板，则其与衬底之间的高度不一定与同时有上下极板的三明治介质结构的电容器一样高，例如，在图3.9中，多晶硅-多晶硅平行板电容器的上极板与下极板之间是厚或薄的氧化层，而下极板是位于厚氧化层之上的一块多晶硅平板，这个垂直方向上的未对准解释了被完整的冗余器件包围的电容相比于只使用冗余层而言，其匹配性能会更好的原因。

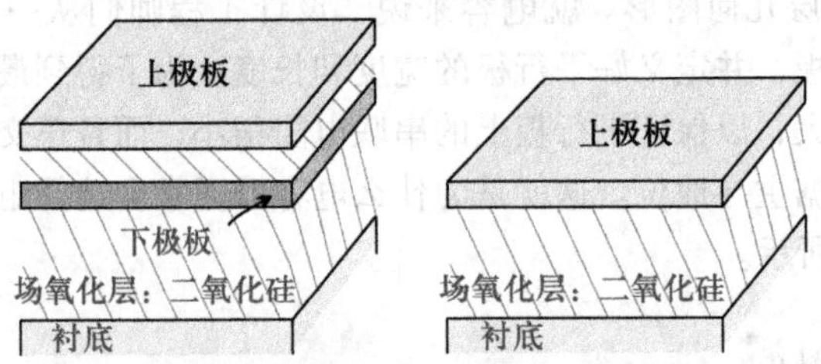

图3.9　一个平行板电容的上极板与衬底的高度通常比仅仅只有一块上极板的高

我们注意到冗余器件可以不做任何连接，但是让冗余器件连接到一个低阻抗节点将有利于分流离散噪声能量。我们也注意到，在图3.8中，电容下极板的突出端打破了一些冗余器件的连续性。如果器件的这些不连续性很小，且与之相匹配的器件也一样，则误差可以保持最小。最后，与电阻一样，共质心且交叉耦合的布局策略可以平均化或消除跨越芯片的二维梯度，并且可以减小导致二阶失配的散度。把大电容分成小电容组合并且交错排列将改善匹配性能。

3.3　PN结二极管

3.3.1　工作原理

跨越由两种相反掺杂的硅片合金结的载流子的浓度梯度只允许电流向一个方向流动。在图3.10a中，来自于N型材料的施主杂质的被松散束缚的价电子，从其自身所在的电子高浓度区域（N区）向P型一侧低浓度区域（P区）扩散，同样，空穴（即电子的空位）从P区向N区扩散。这些迁移的电荷载流子使其原来的位置由中性原子成为离子，形成一个耗尽区（也就是无自由电荷的区域），并形成电场，该电场导致电荷载流子向相反的方向漂移形成漂移电流，因为在没有电源的情况下，开路器件不可以导电，所以漂移电流和扩散电流相互抵消，处于平衡状态。而且，因为重掺杂材料不容易耗尽，所以重掺杂结的耗尽区宽度要比低掺杂结的耗尽区宽度窄。

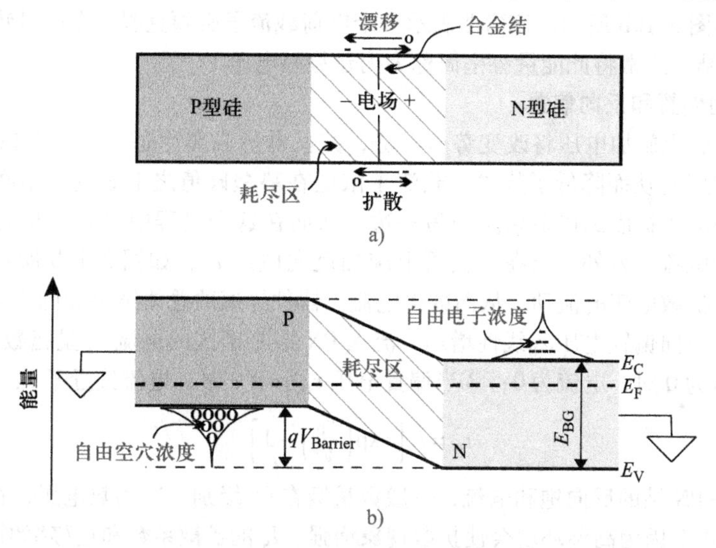

图 3.10　a）PN 结二极管的物理轮廓图和 b）PN 结二极管的能带图

图 3.10b 所示能带图在描述器件工作状态时非常有用，因为其表达了器件的物理特性和电学状态的重要信息。顶部的线表示导带 E_C 的开始，在此之上的能级，电子作为电荷载流子可以自由移动；而底部的线表示价带 E_V 的开始，在此之下的能级，电子紧紧限制在原子内部。正是由于 E_C 之上的电子是电荷载流子，考虑到它们的互补特性，E_V 之下的空穴也是电荷载流子。

对于给定的材料，两个能带之间的能隙是恒定的，通常称为带隙 E_{BG}。费米能级 E_F 位于导带 E_C 和价带 E_V 之间，是一个虚拟的能级，表示电荷载流子存在的概率为 50% 的能级：对于更高或更低的能级，概率会呈指数关系下降。但是，这也不是说电荷存在于能级 E_F 上或者其周围，因为任何电荷都不可以在带隙中存在，只有在带隙之外才可以。同时这就意味着，电荷载流子在 E_C 之上或者 E_V 之下出现的概率在距离 E_F 较远的能级上将呈现指数关系下降。因此，如果 E_F 接近 E_C，则在能级 E_C 之上发现电荷载流子的概率比在能级 E_V 之下发现电荷载流子的概率大，并且随着能级升高概率呈指数关系下降，如图 3.10b 所示。类似地，P 型材料 E_F 接近 E_V，其空穴电荷载流子浓度在 E_V 能级下达到顶峰，在更低的能级上载流子浓度将呈指数关系下降。

当二极管处于稳态且没有加外部电源时，E_F 在整个 PN 结上是平坦的，并且在二极管上没有净电流流过。因此通过大部分的 P 型和 N 型本体材料的导带和价带也是平坦的。然而，由于电荷载流子的数目在耗尽区的边缘开始下降，也就是材料从此处开始直到 PN 结内部掺杂变得越来越少，因此，相对于 E_F，E_V 从 P 侧耗尽区的边缘开始下降直到横穿整个耗尽区。因为硅带隙 E_{BG} 是一个常数，所以 E_C 也下降，以至于在耗尽区的某位置处，材料没有了 P 型或 N 型之分，即所谓的本征半导体或者中性硅（E_F 处于 E_C 和 E_V 的正中）。由于合金结的 N 侧的电子浓度逐渐增加，直到其达到 N 型本体的浓度，相对于结上的 E_F，E_C 和 E_V 持续下降，其最终结果就是使能带弯曲，如图 3.10b 所示。该弯曲表示一个电荷载流子必须克服一个能量势垒才能扩散通过 PN 结，通常将此能量势垒简称为内建势垒电压 $V_{Barrier}$。

1. 正向偏置和反向偏置

在二极管上施加电压将改变势垒电势，并使器件脱离稳态。如图 3.11a 所示，P 侧施加正电压 v_D 从而降低了势垒，载流子浓度在势垒阈值之上表现出指数增长的关系，允许载流子扩散到掺杂相反的另一边，从而在这个过程中引入了与 v_D 的指数成正比增长的电流。另外，当在二极管上施加反向电压 v_R，如图 3.11b 所示，势垒增加，阻碍了扩散电流的流动，从而减少电流。器件导通的总体结果如图 3.11c 模型所示：①随着正向偏置电压 v_D 线性增加，流入 PN 结 P 型区的电流 i_D 呈指数关系增加；②偏置电压为 0 时，电流为 0；③当偏置电压 v_D 小于 0 时，电流接近于 0：

$$i_D = I_S\left[\exp\left(\frac{v_D}{V_t}\right) - 1\right] \tag{3.11}$$

式中，I_S 是 PN 结的反向饱和电流，一般数量级在 fA 级别；V_t 为热电压，在室温下大约为 25.6mV。因为高温环境会使扩散现象增强，I_S 的扩散系数和迁移率增加，因此，二极管电压 v_D 随着温度的升高而减少，换言之，在高温下，二极管更“强大”，所以 v_D 具有负的温度系数。

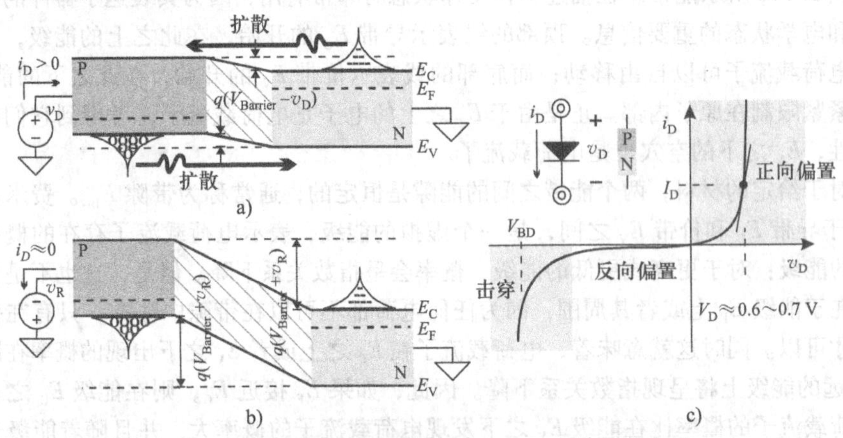

图 3.11 PN 结二极管的能带图：a）正向偏置状态下；b）反向偏置状态下；c）电流 - 电压关系曲线

2. 击穿

当在 PN 结上施加足够大的反向偏置电压时，该器件将会被击穿，导通电流会反向。在这些情况下，反向偏置电压超过击穿电压（BreakdownVoltage）V_{BD} 时，就会导致一种或者两种击穿机理的组合发生。例如，在重掺杂的 PN 结中，在合金结附近的区域，载流子相对来说较难耗尽，耗尽层宽度较窄，导致 PN 结上的电场很大，使得大量的电子获得足够的能量利用隧穿效应经过该区域，如图 3.12 所示。

在轻掺杂 PN 结中，耗尽区宽度很宽，因此成功发生隧穿效应通过该区域的电子数目减少。然而，若进一步增加反向偏置电压 v_R，电场将进一步增强，使得自由电子加速碰撞原子并打破原子中电子的束缚使其获得自由，如图 3.12 所示，这意味具有能量的电子通过科学家们称为碰撞电离的过程产生了电子空穴对（Electron Pole Pair，EHP）。由于一个自由电子释放另一个自由电子，以此类推，释放一个又一个，自由电荷载流子的数目将以一种雪崩的方式几何增长，因此，反向电流快速升高，直到反向偏置电压减少到小于击穿电压为止，如图 3.11c 所示。

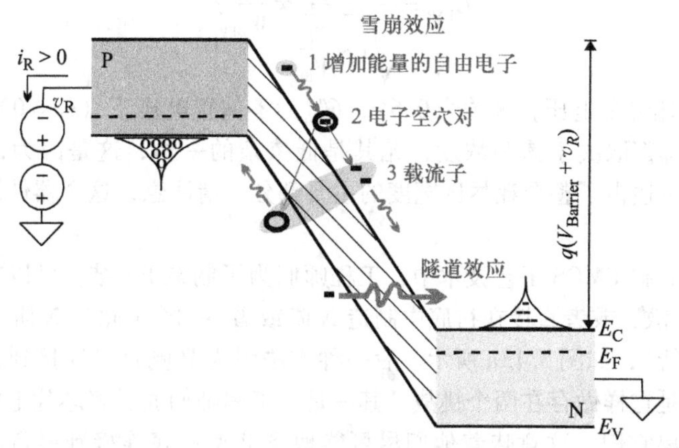

图 3.12　处于击穿区域的 PN 结二极管

大多数中等掺杂浓度的 PN 结二极管在击穿电压为 6～8V 的范围内是隧道击穿和雪崩击穿两种机理的组合。掺杂浓度越高，耗尽区宽度越窄，击穿电压越低，因此隧道电流大于雪崩电流，反之亦然。但是，不管是什么机理，工程师将优化设计为在击穿区导通工作的二极管都称为齐纳二极管，齐纳电压即为它们的击穿电压。不幸的是，当一个二极管长期处于极端高电压偏置情况下，无论是反向偏置（如 $V_R \gg V_{BD}$），还是正向偏置（如 $V_D \gg 0.6 \sim 0.7V$），都会产生非常大的电流，以至于材料和封装都将超过热限制和应力限制，超出其安全工作区（Safe Operating Area，SOA），造成不可逆的损坏。

3. 符号

也许在大多数情况下，PN 结二极管最根本有用的方面是它的电流的单向导电性。正因为此，如图 3.11c 所示，代表它的符号的朝向是一个箭头，其指向是正向偏置时电流 i_D 从阳极流向阴极的方向。当反向电压少于几伏时，二极管电流不可以反方向流动，箭头前加入一个“电流阻塞”棒或线。然而，这并不是说，击穿是一个寄生区域，实际上，今天的许多芯片依靠击穿特性去钳位和保护集成电路，以防止短路、静电放电和其他一些破坏性事件毁坏芯片，这时，工程师们通常会采用一些具有单向导电性的器件，如二极管一样工作的器件。

3.3.2　寄生元件

反向偏置的 PN 结的 P 型材料本体和 N 型材料本体构成了两个导电平行板，由不导电的介质隔开。如此，它们表现了平行板电容器的特性，耗尽层电容 C_{DEP} 随着横截面积 A_D 的增加和耗尽宽度 W_{DEP} 的减少而增加。因为重掺杂材料很难耗尽电荷载流子，所以 W_{DEP} 随着掺杂浓度增加而下降。又因为更高反向偏置电压吸引更多的载流子远离 PN 结附近的本来位置，W_{DEP} 随着 v_R 增加而增加，或者换言之，W_{DEP} 随着正向偏置电压 v_D 的增加而下降：

$$C_{DEP}=\frac{A_D C''_{J0}}{\sqrt{1-\frac{v_D}{V_{BI}}}}\propto\frac{A_D}{W_{DEP}} \tag{3.12}$$

式中，V_{BI} 为内建势垒电压，大约为 0.6V；C''_{J0} 为零偏置电压下（$v_D=0$）单位面积的电容。C''_{J0} 和 V_{BI} 都取决于掺杂浓度，尤其是低掺杂的一边，这是因为，在正常情况下，低掺杂的一边占了整个耗尽区宽度的主要部分。请注意，这个器件周边的侧墙也产生电容。

在标准的 P 衬 CMOS 工艺技术中，工程师们为了制造 PN 结，可以在衬底上的 N 阱中进行 P^+ 扩散，或者直接在衬底中制造 N 阱或者 N^+ 区（此为 N 阱或 N^+ 二极管，也是衬底二极管），如图 3.13a 所示。后一种方法因为 P 侧直接连接到衬底，其实用性很小，原因是这样做存在两个挑战，其一是，工程师们通过将芯片上的器件相对于衬底反偏而隔离它们，这意味着他们尽可能地将 P 型衬底连接到最负的电位上，结果，在标准的结隔离集成电路中，N 阱和 N^+ 二极管不可以将它们的 P 侧连接到任何器件上面，只能连接到最负电位上；衬底二极管的另一个挑战是，在通过衬底二极管引入衬底电流的过程中，衬底二极管产生噪声能量，该能量通过衬底而影响系统中的其他电路。

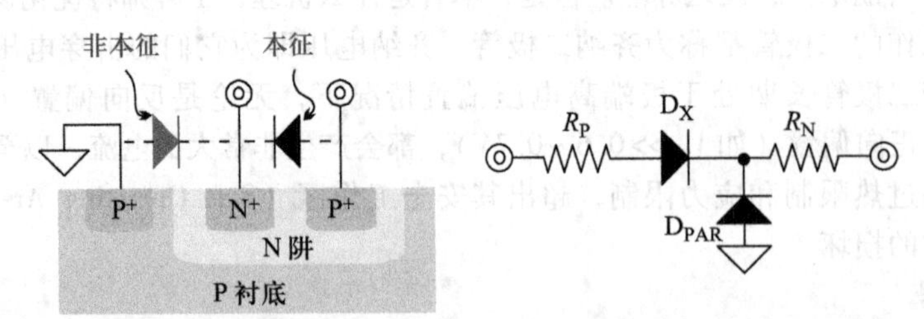

图 3.13　在 N 阱中做 P^+ 扩散的隔离型 PN 结二极管的物理轮廓图及其等效电气模型

隔离型二极管的缺点是它们附加了一个寄生 PN 结。图 3.13 中所示的是一个在 N 阱中做 P^+ 扩散的隔离型 PN 结二极管，衬底与 N 阱形成的寄生二极管 D_{PAR} 悬挂在 N 阱末端。这个非本征二极管在正常情况下处于反偏模式，然而，这并不是说对于这个结构它不是寄生的。另外，既然二极管是相反掺杂硅片的一系列组合，每块硅片及其接触孔都会引入串联寄生电阻 R_P 和 R_N，这将产生压降和功耗。

3.3.3　版图和匹配

正如前文所述，工艺工程师确定扩散深度，而 IC 设计师定义顶层二维几何结构。

因此，如图 3.14 版图所示，在 N 阱内嵌入一块 P^+ 区域，就实现了隔离型 CMOS 二极管（已经在图 3.13 中展示和讨论过的隔离型二极管），P^+ 区的面积和深度，决定了本征二极管垂直部分和侧墙部分的面积。因为双极工艺以及双极 CMOS（即 BiCMOS）工艺包括一个比 N^+ 扩散要深、比 N 阱要浅的 P 基区，一个 N 阱槽将由 P 基区和其上的 N^+ 扩散区构成的 N^+ – P 基二极管与 P 衬底隔离开来，如图 3.14 所示。在这种情况下，N^+ 扩散的面积和深度决定了本征的 N^+ – P 基 PN 结的面积，P 基区的面积和深度决定了寄生的 P 基 – N 阱 PN 结的面积。

与电阻和电容类似，更大的表面积、紧凑的排列、器件方向一致、共质心结构、十指交叉和交叉耦合等技术都可以改善二极管的匹配性能。但是，与多晶硅电阻和电容不同的是，二极管是扩散器件，不受光刻误差的影响，所以，二极管阵列周围的冗余器件或者扩散条，将不能像多晶硅器件周围的冗余多晶硅条那样，提高匹配性能。然而，扩散区边缘会受到其周边区域扩散浓度的影响，增加冗余等距扩散条可以提高扩散区边缘浓度和寄生器件的均匀性，从而可以减小一系列匹配阵列二极管的外围的非对称性。

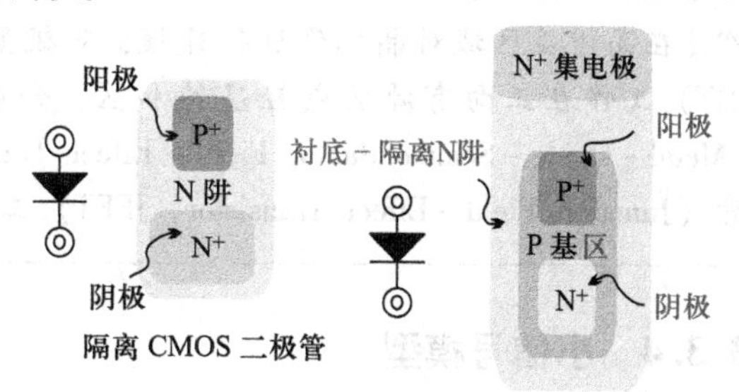

图 3.14　a）CMOS 工艺中 P^+ – N 阱 PN 结二极管的版图俯视图以及 b）双极/BiCMOS 中 N^+ – P 基 PN 结二极管的版图俯视图

模拟电路中偏置点和小信号

电阻对于电压或者电流激励的响应是线性的，然而二极管和晶体管却不是线性的，这对放大模拟信号提出了挑战，因为非线性电路不会随着信号强度线性地增大电压或者电流。当运行非线性器件时，电路设计人员通过将非线性器件工作在某个偏置点附近来减少失真。这种方法是，如图 3.15 所示，稳态时将电路的输入偏置在 S_I、输出偏置在 S_O，一个小的输入变化量 Δs_I 产生了一个接近于线性的输出变化量 Δs_O，以至于该输出变化量 Δs_O 可以用一条直线很好地预测。换言之，非线性电路对足够小变量的响应接近于一条直线，这条直线的斜率是非线性响应在偏置点的斜率，即在 S_I 点计算的响应的一阶导数 ds_I/ds_O，这与实际响应最吻合。

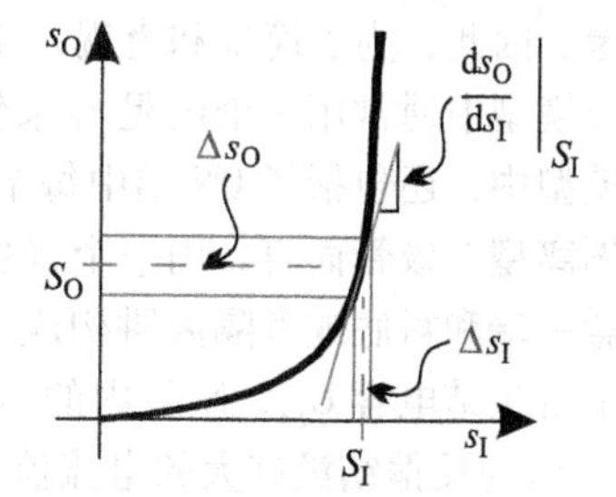

图 3.15　一个非线性响应关于偏置点（S_I，S_O）的小信号近似

有了这些信息，工程师们首先使用电路元件的非线性大信号特性来设计和表征电路的稳态响应，确定偏置点和相关的大信号限制后，建立一个关于偏置点的系统小信号响应近似等效模型，该模型利用线性近似替换所有指数、二次方和其他非线性效

应，例如，二极管和晶体管，用电导和电阻等效，当效应体现在另一端时，则用跨导和跨阻等效。因为电源上的电流变化以及偏置电压都不会在电压上产生小信号变化，所以在小信号模型中它们短接到地。同样，因为电流源电流不变，所以在小信号模型中电流源消失，在电路中表现为开路。在这种情况下，模拟电路设计人员通常将使晶体管工作在能够尽可能获得最高增益的工作点上，因为增益越大，反馈电路更加精准，噪声抑制性能更好。另外，增益越高，缓冲器的输出阻抗越低，并能够驱动更大的电流。高输出电阻对于产生电流的电路具有类似的吸引力。结果，小信号电路一般都是在高增益区域对晶体管进行建模：双极型晶体管（Bipolar Junction Transistor，BJT）工作在正向有源区或轻度饱和区，金属 - 氧化物 - 半导体场效应晶体管（Metal - Oxide - Semiconductor Field - Effect Transistor，MOSFET）和结型场效应晶体管（Junction Field - Effect Transistor，JFET）工作在饱和区。

3.3.4 小信号模型

由于二极管电压 v_D 的小信号变化产生近似于线性的转换电流 i_D，一条直线可以很好地预测二极管的电流 - 电压小信号响应，正如边注所解释的那样。如图 3.16 所示，当偏置在稳态电压 V_D 时，从微积分学可知，在直流偏置点 V_D 上 i_D 关于 v_D 的一阶导数作为最佳拟合直线斜率与在该点的指数响应最吻合：

$$i_d = \Delta v_D \left(\frac{di_D}{dv_D}\right) = v_d \left(\frac{I_S}{V_t} \exp\frac{V_D}{V_t}\right) \approx v_d \left(\frac{I_D}{V_t}\right) \equiv v_d g_d \equiv \frac{v_d}{r_d} \tag{3.13}$$

式中，i_d 和 v_d 分别表示 i_D 和 v_D 的小信号变量；V_t 是热电压；g_d 是直线的斜率，很好地描述了它们的响应。因为指数的一阶导数包含原指数，在前面表达式中的 di_D/dv_D 包括了正偏稳态电流 I_D，因此 g_d 约等于 I_D/V_t。

有趣的是，流过二极管的电流 i_d 对 v_d 产生线性作用，与电阻的电流 - 电压关系很像。因此，为了简单和直观，工程师们经常用它的等效电阻 r_d 来描述电导 g_d，小信号模型中通常用一个电阻 r_d 来代表 i_d 和 v_d 的关系。在如图 3.16 所示的二极管小信号模型中，还包括了 PN 结中每个硅条和接触孔的体电阻，用 R_P 和 R_N 表示。另外，就隔离型二极管而言，用一个寄生电容来建模反偏 PN 结效应，该 PN 结由二极管的任意一端和衬底或者隔离阱构成。例如，P 衬底上的 P^+ - N 阱结的 N 阱端点包含了一个寄生结电容 C_{JN}，N 阱内的 N^+ - P 基 PN 结的 P 基端点包含了一个寄生结电容 C_{JP}。因为反偏结没有大的电流流动，所以模型中不再需要其他元件了，也因为衬底或隔离阱通常连接到电源或者地，故 C_{JP} 连接到小信号地。

在二极管的小信号模型中还包括了 PN 结的等效电容 C_D。即使是正偏条件下，耗尽区依然存在，故 C_D 中包含耗尽电容 C_{DEP}，随着正偏电压的增加，其耗尽区宽度下降因而电容增加。因为电荷载流子扩散通过耗尽区需要正向传输时间 τ_F，所以由二极管电压 v_D 建立的扩散电流 i_D 也会在耗尽区暂时存储电荷 q_C（其值等于 $i_D\tau_F$），如图 3.17 所示。这意味着在正偏电压下，在该区域任何时候除了 i_D 随着 v_D 以指数关系

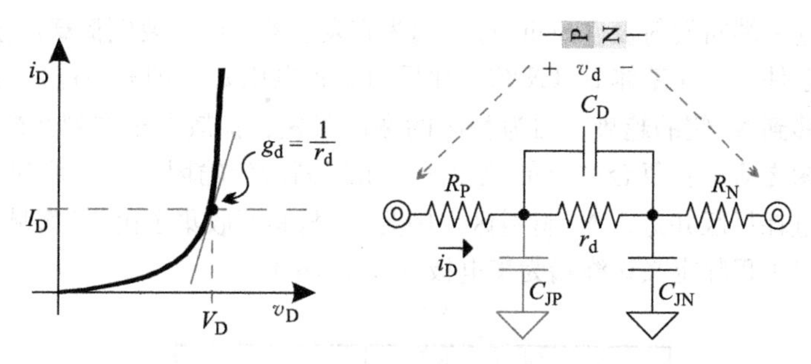

图 3.16　二极管的大信号响应和小信号模型

增长外，还保持有与正偏电压相关的电荷，如同一个电容。但是，将 PN 结合适偏置，并施加小信号变化，i_D 随着 v_D 线性增加，因此小信号电流变化 di_D 在耗尽区存储电荷 dq_C，用等效扩散电容 C_{DIF} 来表示小信号电压 dv_D 保持的电荷 dq_C：

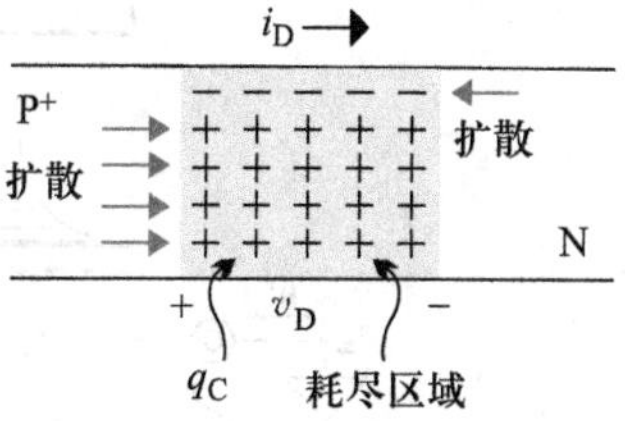

$$C_{DIF} = \frac{dq_C}{dv_D} = \left(\frac{dq_C}{dt}\right)\tau_F\left(\frac{1}{dv_D}\right) = \left(\frac{di_D}{dv_D}\right)\tau_F = g_d\tau_F \tag{3.14}$$

图 3.17　处于正偏状态的 PN 结的耗尽区电荷

式中，g_d 是二极管的小信号电导。

结果，二极管电容 C_D 包括耗尽电容 C_{DEP} 和扩散电容 C_{DIF}：

$$C_D = C_{DIF} + C_{DEP} \tag{3.15}$$

然而，相比于 C_{DEP} 所保持的电荷，正向偏置电流在该区域存储的电荷多得多，所以正偏时，C_{DIF} 远远大于 C_{DEP}；相反，反偏时，i_D 几乎为零，C_{DEP} 保持的电荷远远大于 C_{DIF} 的。换言之，正偏时，C_D 为 C_{DIF}；反偏时，C_D 为 C_{DEP}。重要的是，当构思电路时，相对于 r_d 和 C_D，R_P、R_N 和 C_J 的影响很小，设计人员手工计算时通常可以忽略 R_P、R_N 和 C_J 的影响，仅在做常规和最坏情况下计算机仿真时才考虑它们。

3.4　双极型晶体管（BJT）

3.4.1　工作原理

1. 正向偏置

BJT 是由两个背对背的二极管组成，其中中间相反掺杂的硅区域很短，工程师称这个中间区域为基区，如图 3.18 中所示的 NPN 型 BJT 的中间 P 型硅短区域。基区的名称来源于 BJT 器件的第一个物理原型，在此原型中该区域是器件的物理基体（Physical Base）。同分析二极管一样，当给基区施加一个正向偏置电压 v_B 时，电荷载流子扩散通过 N^+ 基 PN 结，因为 N^+ 材料的掺杂浓度比 P 基区的要高很多，在数量上 N^+ 侧的扩散电子是扩散空穴的 50 ~ 100 倍。实际上，N^+ 侧的注入效率很高，工程师们把 BJT 的这一端叫发射极（Emitter），因为它发射器件的主要电荷载流子。

在这些条件下，在基体 N^-PN 结上加反向偏置电压 v_C（即 $v_C > v_B$），扩散到基区的电子有迁移到 N^- 侧的趋势，因为基区的宽度很短，扩散电子在到达毗连 N^- 一侧的耗尽区边缘之前重新复合的可能性很小。由于高的传输因子，v_C 所建立的电场将扩散电子扫过耗尽区并进入 N^- 材料区。因为 N^- 材料区收集了由 N^+ 区域发射的大部分电子，所以工程师定义该终端为集电极（Collector）。

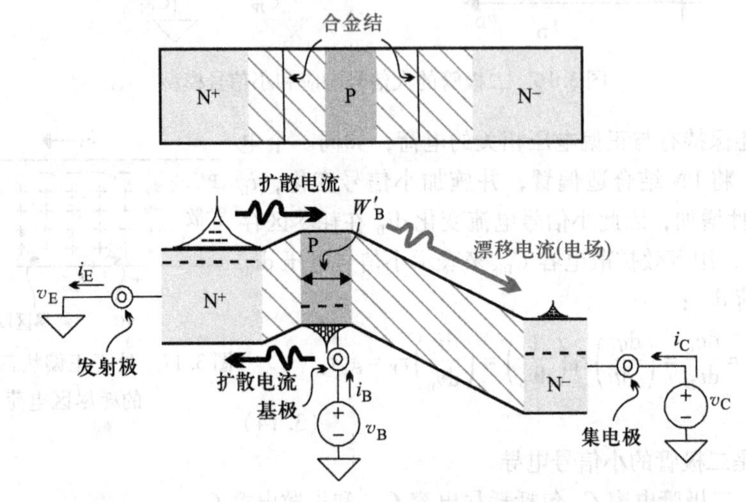

图 3.18　NPN 型 BJT 正向偏置情况下物理轮廓图和能带图

（1）电流

因为基极能大量提供空穴，所提供的空穴扩散到发射极，所以建立了进入基极的电流 i_B，如图 3.19 所示。然而，在数量上，扩散电子是扩散空穴的 50 ~ 100 倍，因此通过基极到集电极的电子流构成的集电极电流 i_C 是基极电流 i_B 的 50 ~ 100 倍，比例因子为 β_{F0}。最终，i_C 和 i_B 一同流向发射极，构成电流 i_E：

$$i_E = i_C + i_B = \beta_{F0} i_B + i_B = i_B \ (\beta_{F0} + 1) \tag{3.16}$$

式中，β_{F0}是处于正向偏置的晶体管的低频电流增益。

因为 i_C 基本上是通过基极 - 发射极结的正向偏置电流，所以 i_C 随着基极 - 发射极电压 v_{BE}呈指数关系增加，如图 3.19 所示。

$$i_C \approx I_S\left[\exp\left(\frac{v_{BE}}{V_t}\right) - 1\right]\left(1 + \frac{v_{CE}}{V_A}\right) \approx I_S\left(\exp\frac{v_{BE}}{V_t}\right)\left(1 + \frac{v_{CE}}{V_A}\right) \tag{3.17}$$

然而，增加集电极 - 发射极电压 v_{CE}，使集电极 - 基极 PN 结反偏更严重，会使耗尽区延长，晶体管的有效基区宽度 W'_B 缩短。基区越短，通过基区到达集电极的扩散电子越多，因此 i_C 线性增长，虽然其随 v_{CE}的变化很平缓，如图 3.19 中的正向有源区所示。基区宽度调制参数（工程师常称之为厄尔利电压 V_A），描述了晶体管在有源工作区工作时 i_C 随 v_{CE}增长的程度。传统晶体管的 V_A 一般在 50 ~ 100V 之间。

（2）符号

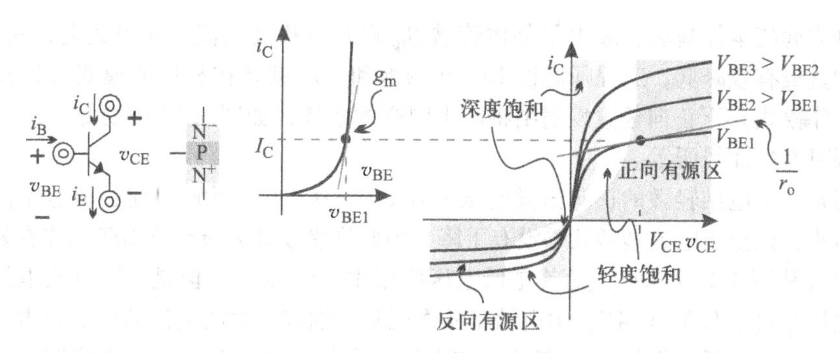

图 3.19　NPN 型 BJT 的符号和电流 - 电压特性曲线

图 3.19 中 BJT 符号的箭头总是在发射极，它表示了电流流动的方向。PNP 型器件，与相对应的 NPN 型一样，以同样的方式工作，除了通过基区的扩散载流子是空穴，而不是电子。这意味着在 PNP 型 BJT 中由发射区提供空穴到基区，因此电流流进发射极，从基极和集电极流出。这也意味着箭头由发射极指向基极，不像图 3.19 中的 NPN 型，其指向远离基极。

（3）优化的 BJT

晶体管本质上是一个电阻，其阻值随第三端上的信号变化而变化。就 BJT 而言，基极是第三端，因此通过基极的电流控制晶体管，且存在很大的寄生效应。正因为如此，低频电流增益 β_{F0} 高达 50 ~ 100，因此发射区的掺杂浓度应当比基区高。另一方面，更小的集电区掺杂，不仅可以减少通过结的反向有源电流，而且使耗尽区域变宽，随之产生的电场强度降低，从而结的击穿电压提高。换言之，集电区的掺杂浓度越低，晶体管的击穿电压越高。集电区低掺杂的缺点是耗尽区宽度因基区宽度和电流 i_C 对 v_{CE} 更为敏感。以上解释了典型情况下发射区为重掺杂、基区为中度掺杂、集电区为轻掺杂的原因，掺杂浓度的取值要使得 β_{F0} 和 V_A 大概平衡在 50A/A 和 50V。

BJT 有 4 个工作区。从模拟信号的角度来看，最希望的工作区域是刚刚所描述的情况，即发射结正偏，集电结反偏，当工作在这种情况下，集电极电流的小变化将产生集电极和发射极之间很大的电压变化，即很大的电流到电压转换增益。因此工艺设计工程师会将器件进行优化使其适合工作在正向有源区。

2. 反向有源区

如果将发射极和集电极相对于基极的偏置条件交换，也会产生与正向有源模式下相似的动态电流特性，但是没有正常情况下的性能优良。与正向偏置的情况一样，集电结正向偏置引起载流子从集电区向基区扩散，而反向偏置的发射结会使扩散的少数载流子流入发射区。但是，与正向偏置情况不同，反向偏置模式下电流 i_C 的幅度和反向电流增益 β_{R0} 变小，如图 3.19 所示，这是因为集电区为轻掺杂，因此相比于优化的发射区，集电区发射了更少的自由电荷载流子。

3. 饱和区

减小集电极电压 v_C 使集电结正向偏置，从而使电流从基极流向集电极。该电流引导电流远离本征基区，减少了晶体管被 β_{F0} 放大的基极电流，即当集电结正偏时，电流增益被有效降低，工程师们说BJT开始饱和。注意到在相反的模式（即反向有源区工作模式）下正向偏置发射结将产生同样的效果，如图3.19中的 $i_C - v_{CE}$ 曲线的左象限更低处曲线所示。

但是，集电结轻微的正向偏置电压（在0.3～0.4V以下）引起的流过结的电流极其微小，以至于电流增益几乎没有下降。因此许多设计人员允许BJT工作在轻度饱和区域（从图3.19可知），尤其是低电压应用中，v_{CE} 很小。但是，一旦集电结正向偏置电压超过了0.3～0.4V，集电结将从本征基区抽取很大的电流从而导致电流增益变得不切实际得低。保持 v_{CE} 在最小的集电极－发射极电压 $V_{CE(MIN)}$（在实际中可能是0.2～0.3V）以上，可以确保晶体管不会进入深度饱和区。

4. 截止和温度效应

当两个PN结都反偏时，所有端口都没有电流流过，晶体管处于截止状态。当然，与二极管类似，温度越高，扩散过程越剧烈，因此在相同的发射结电压下有更多的电荷流到集电极。这意味着，在高温下BJT导通电流更大，与低温下相比，BJT更“强壮”。

3.4.2 纵向BJT

正如字面含义和图3.20所示，纵向BJT的发射区－基区－集电区在硅芯片的表面下一层一层往上堆叠，将基区夹在中间的一对PN结构成了本征BJT。形成本征BJT的硅条本体以及相应的接触孔引入了串联寄生电阻 R_E、R_B 和 R_C。因为集电区深入到硅片内部，从硅片表面连接到它会引入相当大的电阻，所以工艺工程师在制造工艺流程中常做一个重掺杂的纵向集电极插头，并做一个深的埋层，将 R_C 减少到300～500Ω。由于在非本征基极、发射极和它们相应的本征端之间只有很少的材料，通常，基区电阻 R_B 低到200～300Ω，发射区电阻更是低至100Ω或者更小。如图3.20所示的电气模型中，发射结和集电结加入了电容 C_π 和 C_μ，另外，隔离N阱和P衬底构成的PN结引入了一个寄生衬底二极管 D_{SUB} 和串联电阻 R_{SUB}。

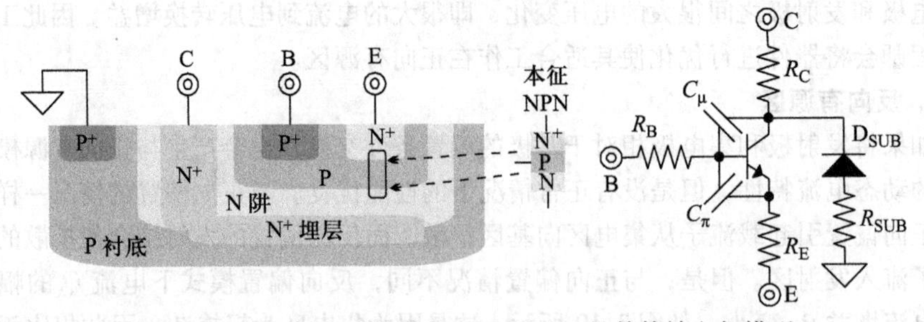

图3.20 在P衬底中的纵向NPN型BJT及其等效电气模型

1. 版图

如图3.21a版图俯视图所示，建立如图3.20所示纵向NPN型BJT的秘诀是在一个很大的N阱内的P型基区（P－Base Region）中嵌入一个 N^+ 发射区。在这种结构中，增加发射区的表面积将增加流过发射结的电流。因为本征基区位于发射区的硅表面之下，所以将P型基区延伸到一侧以便做金属接触孔并用低阻P^+扩散来建立连接。类似地，金属接触孔和超低阻N^+连接到N阱的延伸处。因为N阱很大且中等掺杂，所以提供了相当大的电阻，如图3.20所示，将重掺杂埋层重叠整个N阱以减小从本征集电极到非本征端的电阻。移除这个埋层将增加集电极串联电阻R_C，进而会增加最小集电极-发射极电压$V_{CE(MIN)}$，使器件更慢地进入深度饱和。

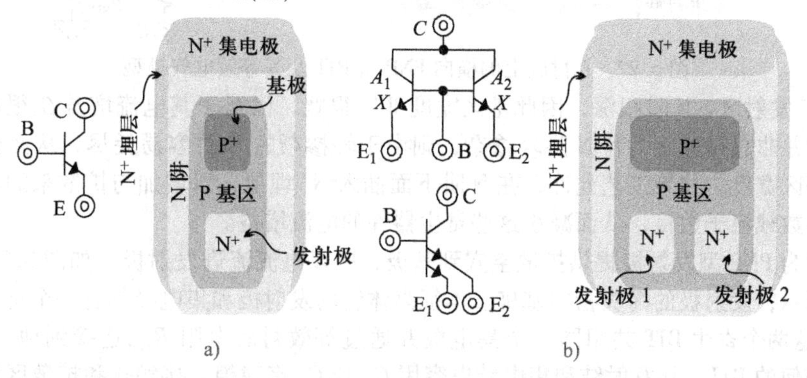

图3.21 纵向NPN型BJT的版图俯视图

2. 匹配

如图3.21b所示，延伸P基区和N阱来容纳另一个N^+发射极，形成了另一个纵向的NPN型BJT。这种设置的优点是使两个器件更为靠近，这增强了它们的匹配性能。缺点是两个晶体管共用一个集电区和基区，因此只能用于在电路中两个BJT的基极和集电极分别连接于同一点的情况。为了在原理图中说明这种版图的特点，设计人员经常在晶体管符号中多添加一个发射极。与电阻、电容和二极管一样，更大的发射区域、更紧密的排列、相同器件、共质心结构、交叉耦合以及在阵列周围添加冗余器件将改善匹配性能。

3.4.3 横向BJT

建立BJT的另一种方式是在一个N阱内插入两个彼此没有实际接触的P^+区域，如图3.22所示。在这种情况下，P^+的全部面积决定有多少扩散电荷载流子通过N阱基区时没有被复合，即决定传输因子的大小，传输因子影响电流增益β_0。由于N阱的掺杂浓度通常低于P基底的掺杂浓度，因此，横向器件的基区宽度调制效应比垂直器件的更糟糕，其厄尔利电压V_A低至15V。从正面看，器件是对称的，所以任一个P^+扩散区都可能做发射极。最可取的是，主流的低成本CMOS工艺技术都能够提供这些扩散步骤来形成这些横向结构的晶体管。

不幸的是，每个P^+区域、N阱和P衬底组成了寄生垂直PNP型BJT，寄生BJT导通衬底电流从而在衬底产生噪声。实际上，因为衬底BJT与本征器件共用同一个发射结，它们的发射极都连接到$Q_{SUB(E)}$，所以寄生垂直BJT也是正向偏置的。所幸，相

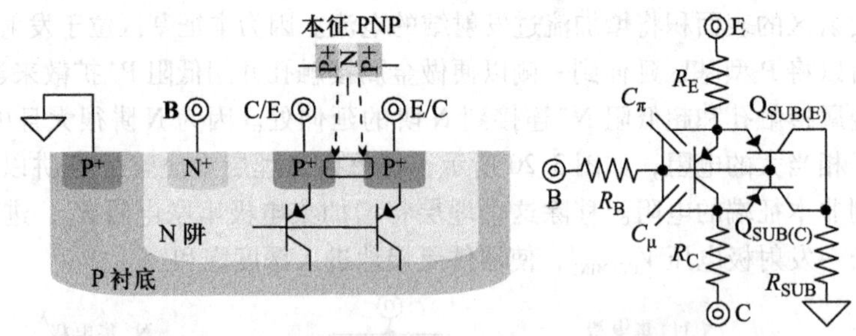

图 3.22　P 衬底上的横向 PNP 型 BJT 及其等效电气模型

对于 P^+ 发射区，N 阱很深，因此基区宽度 W'_B 很宽，以至于其电流增益 β_0 很小，但是情况并非总是如此，若 N 阱轻掺杂，则由于轻掺杂的 N 阱容易耗尽，从而会缩短有效基区宽度。如果工艺允许，在 N 阱下面插入 N^+ 埋层，以增加与扩散来的空穴复合的多数载流子数目，从而减小这些寄生器件的电流增益。

因为 PNP 型发射极提供扩散空穴到基极，所以电流流进发射极，如图 3.22 符号标志所示，发射极的箭头指向基极。本征晶体管的发射极和集电极都有一个寄生衬底 BJT，这两个寄生 BJT 共用同一个集电极并通过等效衬底电阻 R_{SUB} 连接到地。另外，对于任何的 BJT，其发射结和集电结电容用 C_π 和 C_μ 来建模。接触孔和扩散区域也会附加电阻，因此电阻 R_E、R_B 和 R_C 与本征 BJT 的发射极、基极和集电极串联。然而，横向 BJT 的 R_C 比垂直 BJT 的要小很多，因为它只有很少的材料连接本征集电极到非本征端。同样，因为在 CMOS 工艺中的 N 阱基区的掺杂浓度通常比双极型或者 BiCMOS 工艺中的 P 型基区的低很多，所以横向 BJT 的 R_B 比垂直 BJT 的大很多。

1. 版图

与垂直结构 BJT 不同，载流子水平地穿过横向 BJT 的基区，这意味着，共中心的 P^+ 环相比于非共中心环而言可能收集更多的横向空穴，如图 3.23a 所示。实际上，因为这些 BJT 是周围器件，多个小的发射结点相比于单独一个更大的发射结点能够收集更多的空穴，也就是具有更高的传输因数，因此，设计人员设计大功率横向 BJT 时采用许多小的发射结点并联。

2. 匹配

如图 3.23b 所示，将集电极环一分为二，是建立两个均等 BJT 的一种方法，由于这两个 BJT 是如此靠近且对称，因此它们的集电极电流匹配很好。在这种情况下，每个集电极大约收集来自发射极的一半的扩散空穴。这种方法实现的匹配 BJT 共享发射极和基极，在电路使用中可能会受到限制，但是，用它们可以实现模拟电路的基本模块——电流镜电路，这在后面的章节中将会说明。为了展示它们是由一个发射结驱动的多集电极 BJT，IC 设计师常常在原 BJT 符号的基础上增加一个集电极腿，如图 3.23 所示。与前述一样，大的发射结面积、紧凑的排列、器件同方向放置、共质心结构、交叉耦合和增加冗余器件都将改善匹配性能。

3.4.4 衬底 BJT

虽然在横向结构中出现的纵向 BJT 是寄生的，但是有时候它们却是有用的。如图

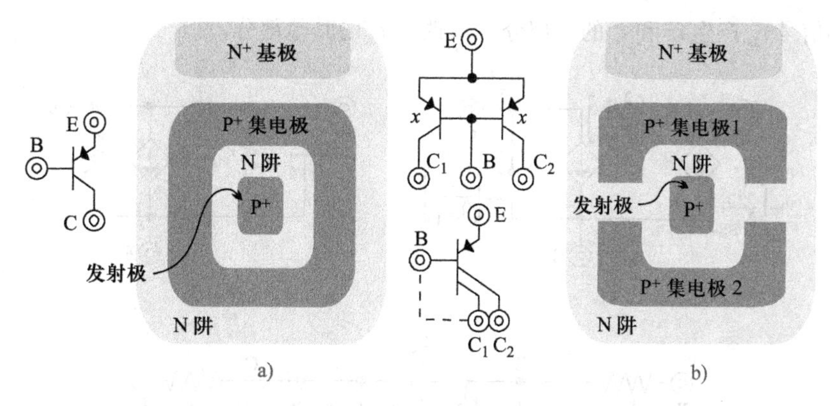

图 3.23　a）典型的和 b）两个匹配的横向 PNP 型 BJT 的俯视图

3.24 所示，在衬底上的 N 阱中掺入 P^+，是实现这个独立的衬底 BJT 的详细方案。尽管衬底 BJT 的基区宽度调制效应很大，电流会流入衬底，集电极只能连接到衬底；但是，在低成本 CMOS 工艺中，用这种纵向器件来构建 PNP 型发射极跟随器（第 4 章中将会介绍）对电路实现具有很大价值。另外 N 阱的掺杂浓度可以很小，以至于电流增益 β_0 可能增大到 50A/A 以上。

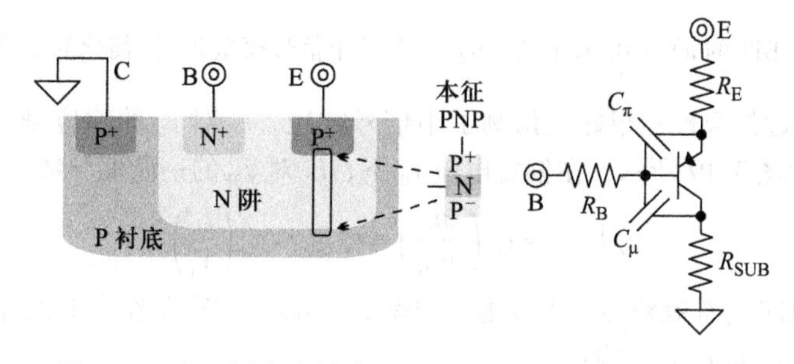

图 3.24　在 P 衬底中衬底 PNP 型 BJT 及其等效电气模型

因为流过衬底的电流对于芯片的其他部分将会产生噪声，所以设计人员一般会围绕着 N 阱增加一个连接到地或者最负电势的共质心的 P^+ 环，以收集尽可能多的衬底电流，这样，更少的集电极电流流入芯片的其他部分。与其他器件模型一样，这种结构的电气模型也包括端点串联电阻 R_E、R_B 和 R_C 和结电容 C_π、C_μ。然而，由于在此结构中不存在其他的 PN 结，所以在模型中也没有其他的寄生二极管或者晶体管。

3.4.5　小信号模型

因为在模拟应用中高增益和高阻抗很有用，正如在小信号中所解释的那样，所以设计人员一般只为工作在正向有源区和轻度饱和区的 BJT 建立小信号模型。如图 3.19 所示，基极 - 发射极电压 v_{BE} 很小的变化将引起集电极电流 i_C 相当大的改变，最终导致集电极 - 发射极电压 v_{CE} 的改变。类似地，虽然程度不同，改变 v_{CE} 也改变 i_C。另外，因为 BJT 导通基极电流 i_B，所以 v_{BE} 改变也会改变 i_B。换言之，如图 3.25a 所示，小信号 v_{be} 产生 i_b 和 i_c 的一部分，v_{CE} 改变 i_c 的其他部分。

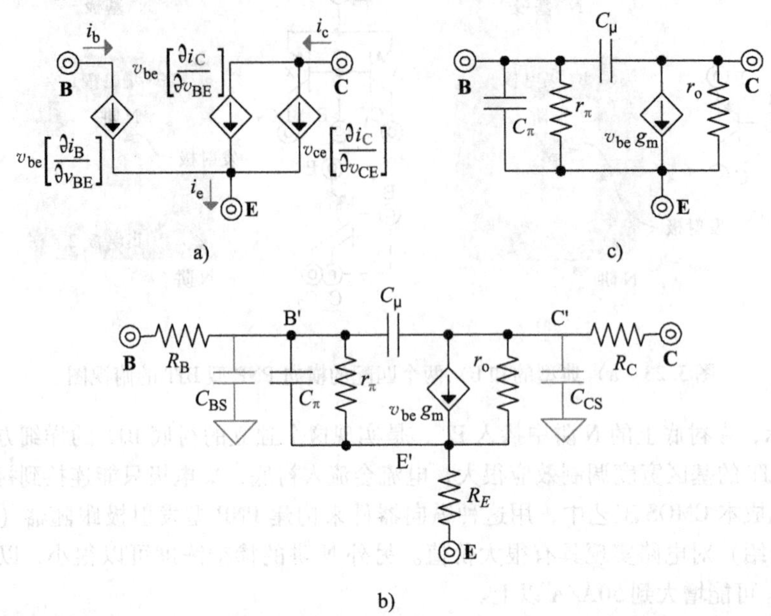

图 3.25　BJT 的 a）小信号电流、b）完整的小信号模型和 c）简化的小信号模型

由于线性近似合理且很好地预测了小信号响应，i_C 对 v_{be} 的响应是线性的，转换斜率是 g_m，如图 3.19 所示，在偏置电流 I_C 下，i_C 对 v_{BE} 的一阶偏导数为

$$i_c\bigg|_{v_{ce}=0} \approx v_{be}\left(\frac{\partial i_C}{\partial v_{BE}}\right) \equiv v_{be}g_m \approx v_{be}\left(\frac{I_C}{V_t}\right) \tag{3.18}$$

式中，g_m 是 BJT 的有效跨导。类似地，斜率 g_o 亦即在静态工作点 I_C 处 i_C 对 v_{CE} 的一阶偏导数预测了 v_{ce} 对 i_c 的影响：

$$i_c\bigg|_{v_{be}=0} \approx v_{ce}\left(\frac{\partial i_C}{\partial v_{CE}}\right) \equiv v_{ce}g_o \approx v_{ce}\left(\frac{I_C}{V_A}\right) \equiv \frac{v_{ce}}{r_o} \tag{3.19}$$

式中，g_o 是器件的有效输出跨导，因为这个电流 i_C 的线性变化来自于通过其自身的两端电压 v_{ce} 的改变，故用输出电阻 $1/g_o$ 或 r_o 来建模，如图 3.25b 所示。既然 i_C 是 i_B 的电流增益转换，i_c 也是 i_b 的电流增益 β_0 转换因而也是 v_{be} 的 β_0 和 g_m 的转换：

$$i_b \approx v_{be}\left(\frac{\partial i_B}{\partial v_{BE}}\right) = \frac{v_{be}}{\beta_0}\left(\frac{\partial i_C}{\partial v_{BE}}\right) = v_{be}\left(\frac{g_m}{\beta_0}\right) \equiv \frac{v_{be}}{r_\pi} \tag{3.20}$$

在图 3.25b 中，由于 i_b 的变化是其电阻 r_π 两端电压改变的结果，其等效电阻值是 β_0/g_m㊀，代表了 v_{be} 对电流 i_b 的影响。实际上，r_o 和 r_π 比在完整模型图 3.25b 中的端点串联电阻 R_E、R_B 和 R_C 要大得多，在简化模型图 3.25c 中设计人员经常将后者忽略。

㊀ 原文笔误为 g_m/β_0。——译者注

从图 3.20、图 3.22 和图 3.24 中可知，没有基极 - 发射极和基极 - 集电极电容 C_π 和 C_μ，BJT 的小信号模型是不完整的。由于工作在正向有源区和轻度饱和区中的 BJT，其发射结是正向偏置的，因此，在耗尽区扩散载流子比二极管耗尽电容 C_{DEP} 保持的电荷多得多，结果，扩散二极管电容 C_{DIF} 通常远远大于 C_{DEP}，C_π 可以简化为

$$C_\pi \equiv C_{BE} = C_{DIF} + C_{DEP} \Big|_{q_{DIF} >> q_{DEP}} \approx C_{DIF} = \frac{dq_{DIF}}{dv_{BE}} = \frac{\partial i_C \tau_F}{\partial v_{BE}} = g_m \tau_F \tag{3.21}$$

式中，τ_F 为载流子通过发射结的正向传输时间。另一方面，因为集电结二极管几乎没有扩散电流，在该结上 C_{DIF} 比 C_{DEP} 保持的电荷少得多，所以 C_μ 是

$$C_\mu \equiv C_{BC} = C_{DIF} + C_{DEP} \Big|_{q_{DIF} << q_{DEP}} \approx C_{DEP} = \frac{A_{BC} C''_{JBC0}}{\sqrt{1 - \dfrac{v_{BC}}{V_{BI}}}} \tag{3.22}$$

式中，A_{BC} 是面积；V_{BI} 是内建势垒电势；C''_{JBC0} 是集电结上单位面积上的零偏置电容。纵向和横向 BJT 也包括寄生的集电极 - 衬底和基极 - 衬底 PN 结，但是它们各自的耗尽电容 C_{CS} 和 C_{BS} 相比于在简化模型中已出现的 C_π 的其他电容通常要小很多，故在简化模型中没有将电容 C_{CS} 和 C_{BS} 包括进 C_π 中。

随着工作频率的增加，C_π 和 C_μ 从 r_π 中分流更多的输入电流，从而使 v_{be} 减少，换言之，C_π 和 C_μ 减小了 BJT 的有效增益。实际上，特征频率 f_T 是晶体管不再放大小信号的频率，也就是短路输出电流 i_c 下降到输入电流 i_b 之下时的频率。在短路条件下，当 v_{ce} 为零时，r_o 上没有电流流过，简化模型图 3.25c 中的 r_π、C_π 和 C_μ 是并联连接的，所以，i_c 减小为 $v_{be}g_m$；电流 i_b 经过 r_π，C_π 和 C_μ 的压降为 v_{be}；f_T 是 i_c 与 i_b 的比率为 1 时的频率：

$$\begin{aligned}\frac{i_c}{i_b}\bigg|_{v_{ce}=0} &= \frac{v_{be}g_m}{i_b}\bigg|_{v_{ce}=0} = i_b\left[r_\pi \parallel \frac{1}{(C_\pi + C_\mu)s}\right]\left(\frac{g_m}{i_b}\right) \\ &= \left[\frac{r_\pi}{1 + r_\pi(C_\pi + C_\mu)s}\right]g_m\bigg|_{f_T = \frac{g_m}{2\pi(C_\pi + C_\mu)}} \equiv 1\end{aligned} \tag{3.23}$$

式中，s 是拉普拉斯域的频率。在模拟应用中，更小的几何参数（也就是更小的电容值）和更大的偏置电流（也就是更高的跨导）使 f_T 增大，从而扩大 BJT 的有用范围。

3.5 金属 - 氧化物 - 半导体场效应晶体管（MOSFET）

3.5.1 工作原理

与 BJT 不同的是，MOSFET 电流的形成主要是电场作用的结果，而不是扩散作用的结果。实质上，它们是带有控制端的电阻，该控制端称为栅极（或栅端）。金属 - 氧化物 - 半导体（MOS）平行板电容将栅极和电阻沟道隔离开来，加在其上的电压决定了有多少电荷载流子通过沟道，因此栅电压控制了沟道的载流子浓度也即电阻。这意味着通过沟道的电压形成欧姆电流。有趣的是，沟道电压会达到饱和，在这种情

况下，晶体管的端电压对沟道电流的影响将会很小。即使现在的晶体管的栅极用多晶硅材料代替了金属，它们仍然命名为 MOSFET。

如图 3.26 所示，从物理视图可看出，二氧化硅（SiO_2）薄层如三明治般夹在多晶硅条与硅衬底之间。多晶硅栅两端的下面是相反掺杂且浓度很高的扩散区域。就该图而言，衬底是 P 型的，而扩散区是 N 型的。另外，金属接触孔通过同类型重掺杂区域连接到衬底以确保衬底不会正偏任何 PN 结，这意味着该结构中的相反掺杂区被耗尽区包围。注意到，因为电势是相对的，在接下来的讨论中，图 3.26 ~ 图 3.29 中的 N 沟道 MOSFET 的源极（或源端）v_S 接地，所以栅极电压 $v_G = v_{GS}$，漏极电压 $v_D = v_{DS}$。

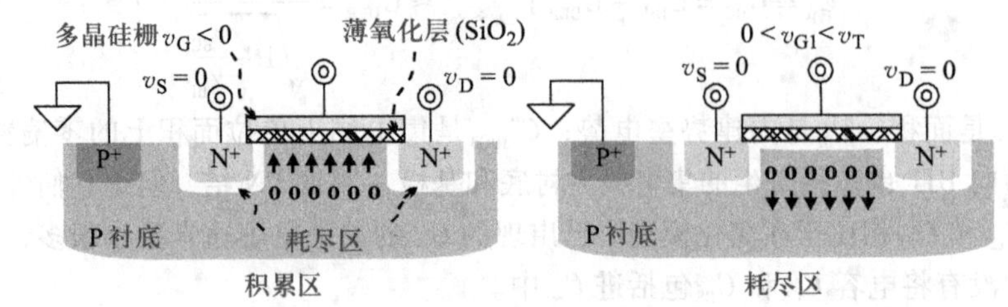

图 3.26　在积累区和耗尽区的 MOSFET

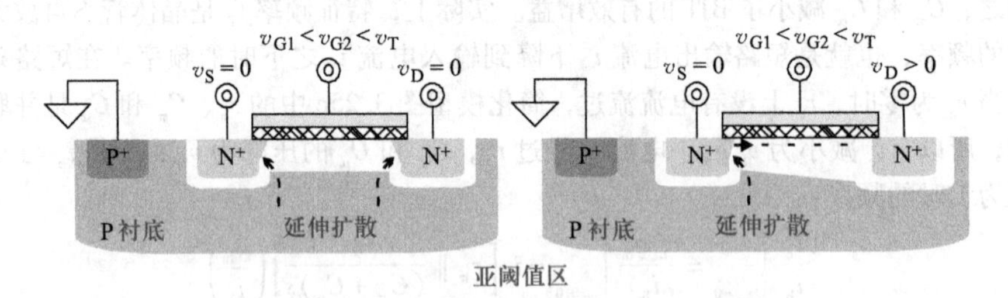

图 3.27　处于亚阈值区的 N 沟道 MOSFET

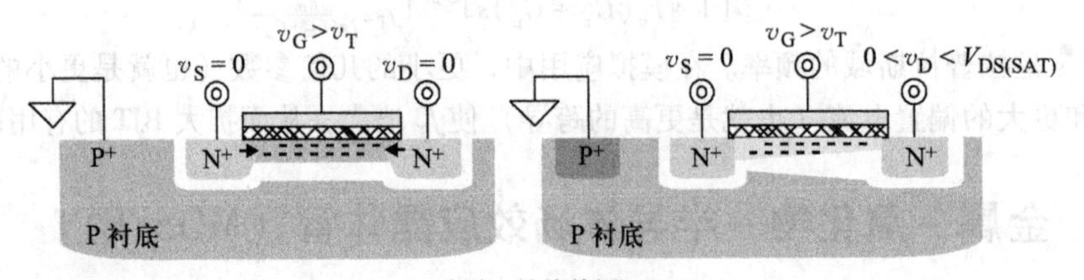

图 3.28　处于晶体管区的 N 沟道 MOSFET

1. 截止区

在图 3.26 的多晶硅栅上加负电压，将从衬底中吸引空穴到表面，因为衬底已经是 P 型的，所以大量游离的空穴积聚在表面。另一方面，在栅上加一个小的正电压，将排斥空穴远离表面，从而相当于耗尽了表面附近区域的多数载流子。然而，无论是积累空穴还是耗尽空穴，都没有导致电荷在两个扩散端流动的机制，因此，此时该器

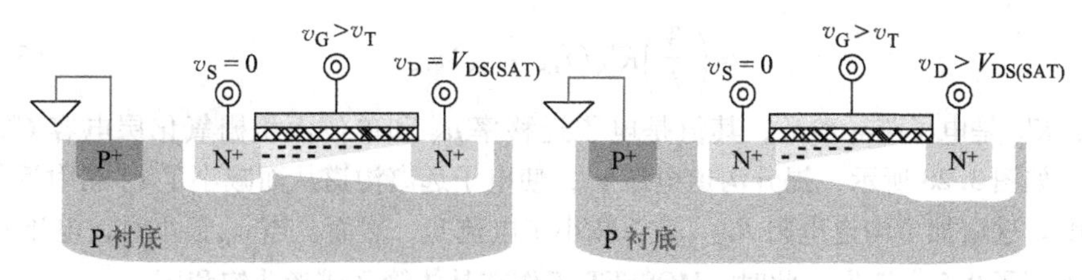

图 3.29　处于饱和区的 N 沟道 MOSFET

件处于截止区。

2. 亚阈值区

在耗尽区，该结构在栅和衬底之间包含两种电介质：氧化层和耗尽层。因此，在两个串联电容上增加栅极电压将增加栅下面衬底表面附近的中间电压。这个表面电势在整个栅极下面大部分区域都相同，只有在重掺杂的漏、源两端由于端电压不同而不同，在栅边缘附近的这个横向电场将推动电荷从漏、源扩散端进入栅极下面的衬底中，在本质上，是扩大了扩散区域，如图 3.27 所示。

同二极管一样，更高的表面电势减小了电荷扩散所必须克服的势垒。在该器件的漏、源两端外加上正电压 v_D，由于减小了势垒，在延长的扩散区域的边缘附近，电荷载流子的数目呈指数关系增长。换言之，漏－源电流 i_D 随着宽度 W 增大而增大，随长度 L 增大而减小，与栅极电压 v_G 呈指数关系增长：

$$i_{D(DIF)} = \left(\frac{W}{L}\right) I_{ST} e^{(v_{GS}-v_{TN})/nV_t}\left(1 - e^{-v_{DS}/V_t}\right)\Bigg|_{v_{DS}>3V_t} \approx \left(\frac{W}{L}\right) I_{ST} e^{(v_{GS}-v_{TN})/nV_t} \tag{3.24}$$

式中，W/L 是 MOS 器件的宽长比；I_{ST} 是亚阈值饱和电流；v_{TN} 是阈值电压；n 是在 1.5～3 之间一个工艺常数；V_t 是热电压。刚开始时，v_D 使 i_D 呈指数关系增长，但是，当 $v_D > 3V_t$ 时，v_D 对 i_D 的影响减小到一定程度，在实际应用中，认为其饱和。

3. 反型区

如图 3.28 所示，增大栅电压 v_G 使其大于阈值电压 v_{TN}，在更高的表面电势作用下，栅极两端的重掺杂扩散区域内电荷载流子向栅极下面的衬底中间迁移使得重掺杂扩散区域延伸直到相遇，这些载流子形成了连通器件源、漏两端的沟道。由于栅极的正下面表面是衬底材料，在 P 型衬底上的正栅极电压最终使得这个表面区域"反型"成了 N 型，从而我们说此时该器件处于反型区。在这种情况下，v_{TN} 是沟道反型成 N 型时的阈值电压。有趣的是，扩散区越靠近，则电荷迁移使两个扩散区连通所需要的能量越小，这意味着沟道越短，v_{TN} 越小，否则相反。

（1）晶体管区

沟道本质上是一个电阻，其阻值 $R_{CHANNEL}$ 随沟道长度 L 增大而增大，随沟道宽度 W 和栅氧化层电容 C_{OX}、栅压 v_G 增大而减小，结果，沟道上电压 v_D 导致的欧姆电流 i_D 等于：

$$i_{D(TRI)} = \frac{v_{DS}}{R_{CHANNEL}} = v_{DS}\left(\frac{W}{L}\right) K'_N\left[\left(v_{GS} - v_{TN}\right) - 0.5 v_{DS}\right]\Big|_{v_{DS}<V_{DS(SAT)}}$$

$$\approx\left(\frac{W}{L}\right)K'_{N}(v_{GS}-v_{TN})v_{DS} \tag{3.25}$$

式中，K'_{N} 是电子跨导参数，其值是电子迁移率 μ_{N} 和单位面积栅氧化层电容 C''_{OX} 的乘积。如图 3.28 所示，提升沟道电压 v_{D}，使电子远离沟道从而减小了 v_{D} 端附近的沟道深度。这增加了沟道电阻 $R_{CHANNEL}$，减小了电流 i_{D}，然而，当 v_{DS} 很小时，电流 i_{D} 中的修正因子 $0.5v_{DS}^{2}$ 消失。此时，MOSFET 工作在晶体管区或者非饱和区。

（2）饱和区

如图 3.29 所示，继续增大 v_{D}，从而使漏极附近的沟道电荷载流子减小，直到沟道被夹断，漏极附近的电荷为零。该时刻发生在 v_{D} 刚好抵消栅氧化层电容 C_{OX} 上电压 v_{OX}，夹断沟道时，漏极电压 v_{D} 增大到 $v_{G}-v_{TN}$，漏极附近电荷 q_{C} 为零。

$$q_{C}=C_{OX}v_{OX}=C_{OX}\left[(v_{G}-v_{D})-v_{TN}\right]\Big|_{v_{D}=v_{G}-v_{TN}}=0 \tag{3.26}$$

一般而言，因为所有电压都是相对于源极电势 v_{S} 而言，当 $v_{DS}=v_{GS}-v_{TN}$ 时，沟道被夹断，该电压被定义为饱和电压 $V_{DS(SAT)}$：

$$V_{DS(SAT)}\equiv V_{DS}\Big|_{Pinch}=v_{GS}-v_{TN} \tag{3.27}$$

最终，在器件的整个长度上压降为 v_{D}，因此，在饱和电压 $V_{DS(SAT)}$ 下，沟道刚好被夹断，增大 v_{D} 使其大于 $V_{DS(SAT)}$，会使夹断点远离漏极，如图 3.29 所示。因为此时沟道更短，但其上的电压保持常数 $V_{DS(SAT)}$，故电流 i_{D} 饱和，v_{D} 对其影响很小：

$$\begin{aligned}i_{D(SAT)}=i_{D}\Big|_{v_{DS}\geqslant v_{DS(SAT)}}&=\frac{V_{DS(SAT)}}{R_{CHANNEL}}\\&\approx V_{DS(SAT)}\left(\frac{W}{L}\right)K'_{N}\left[(v_{GS}-v_{TN})-0.5V_{DS(SAT)}\right](1+\lambda_{N}v_{DS})\\&\approx 0.5\left(\frac{W}{L}\right)K'_{N}(v_{GS}-v_{TN})^{2}(1+\lambda_{N}v_{DS})\end{aligned} \tag{3.28}$$

但是，因为随着电压 v_{D} 升高，沟道长度有轻微的减小，沟道电阻 $R_{CHANNEL}$ 也会减小，i_{D} 增大。沟道长度调制参数 λ_{N} 反映了沟道长度调制影响电流 i_{D} 的程度。$V_{DS(SAT)}=v_{GS}-v_{TN}$，在饱和区，$v_{GS}-v_{TN}$ 是

$$V_{DS(SAT)}\equiv v_{GS}-v_{TN}\approx\sqrt{\frac{2i_{D(SAT)}}{\left(\frac{W}{L}\right)K'_{N}}} \tag{3.29}$$

（3）弱反型区

使沟道反型，加入电压引起电流流动，不意味着亚阈值扩散电流消失。实际上，漏极电流包括扩散电流部分 $i_{D(DIF)}$ 和漂移电流部分 $i_{D(FLD)}$：

$$i_{D}=i_{D(DIF)}+i_{D(FLD)} \tag{3.30}$$

式中，$i_{D(FLD)}$ 是晶体管区的电流 $i_{D(TRI)}$ 和饱和区的电流 $i_{D(SAT)}$。在亚阈值区，沟道反型之前，沟道电阻 $R_{CHANNEL}$ 很大，以至于 $i_{D(DIF)}$ 远远大于 $i_{D(FLD)}$，这意味着 i_{D} 减小为 $i_{D(DIF)}$，如图 3.30 所示的 i_{D} 对数曲线图。随着栅电压 v_{G} 向着阈值电压 v_{TN} 升高，$i_{D(FLD)}$

增大到使电流 $i_{D(DIF)}$ 和 $i_{D(FLD)}$ 相当，都成为 i_D 的一部分时，就是弱反型的相关特性。实际上，阈值电压 v_{TN} 是 $i_{D(FLD)} = i_{D(DIF)}$ 时的值。继续增大 v_G，从弱反型过渡到强反型，$R_{CHANNEL}$ 减小，$i_{D(FLD)}$ 成为 i_D 的主要电流，器件开始进入强反型区。

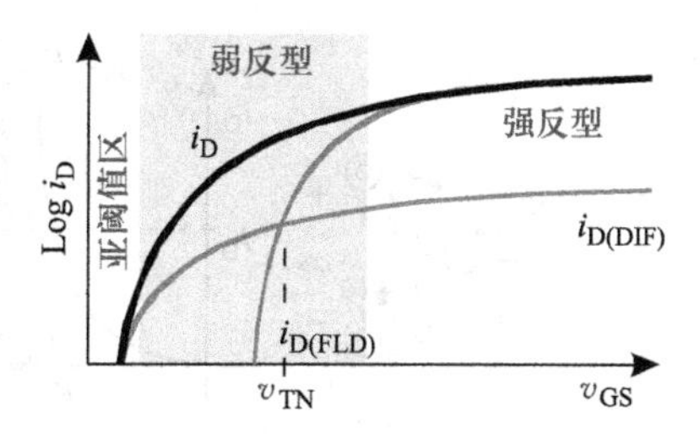

图 3.30　处于亚阈值和弱反型、强反型区域的漏极电流

大部分情况下使器件工作在强反型区，因为大电流能够使寄生电容和负载电容充电更快。因此，工艺工程师建立了计算机模型相当好地模拟了该工作区域。但是，器件工作在强反型区的缺点是功耗很大，因此针对微瓦级的应用，比如生物医学植入和微型传感器等，经常使其晶体管工作在亚阈值区域，这推动了低功耗的发展，也驱使工程师更好地表征和建模亚阈值区域。然而，要构建一个模型来模拟所有的工作区域，包括弱反型过渡区，且不会对仿真平台造成很重的负担，将是一项艰巨的任务。为了说明这一点，想想看，当要仿真一个包含了数千个 MOSFET 的系统随时间、温度、工艺和其他许多工作条件变化而变化的情况时，计算机需要求解描述每一个 MOSFET 工作的关系式，仅从其所需要的时间就可知其难度之大。

4. 体效应

到目前为止，在图 3.26 ~ 图 3.29 中所讨论的 N 沟道 MOSFET 的体极（Bulk）与低电位扩散端都在同一电位上，然而并不总是这样。提升体极电压 v_B，可以吸引更多的电子进入沟道，从而导致沟道电阻 $R_{CHANNEL}$ 下降，电流 i_D 上升。换言之，体极电压改变了沟道的表面电势，这也是工程师们用阈值电压的移位来建模体效应的原因，这意味着增大 v_B 会减小 v_{TN}，反之亦然：

$$v_{TN} = V_{TN0} + \gamma(\sqrt{2\varphi - v_{BS}} - \sqrt{2\varphi}) \tag{3.31}$$

式中，v_{TN} 是 N 沟道 MOSFET 的阈值电压；V_{TN0} 是 v_B 和 v_S 等电位即 v_{BS} 为零时的阈值电压，称为零偏阈值电压；γ 是体效应参数；2φ 是与工艺相关的常数，通常情况下大约是 0.6V。

5. 电流 - 电压特性

工程师们把提供电荷载流子给沟道的端叫源端或源极（Source），把从沟道中获得并释放电荷载流子的一端叫漏端或漏极（Drain）。因为导电介质位于栅氧化物半导体电容器之下，所以 MOSFET 的符号是一个平板电容，其一极接栅极，另一极接从源极到漏极的沟道（见图 3.31）。因为源极提供电荷和漏极电流 i_D，所以符号突出显示了源极的位置，其箭头的指向为电流的方向。至于图 3.26 ~ 图 3.29 中的 N 沟道 MOSFET，图 3.31 中的箭头指向远离沟道。

由于 MOSFET 的栅是一个电容器，因此没有静态电流流进栅极。当 MOSFET 处于强反型时，漏极和源极电流 i_D 随栅 - 源电压 v_{GS} 的二次方增长。在饱和区，i_D 随漏 - 源电压 v_{DS} 增大而稍稍增大，因此，对应电流 i_D 小的变化，v_{DS} 有很大的变化，这表明

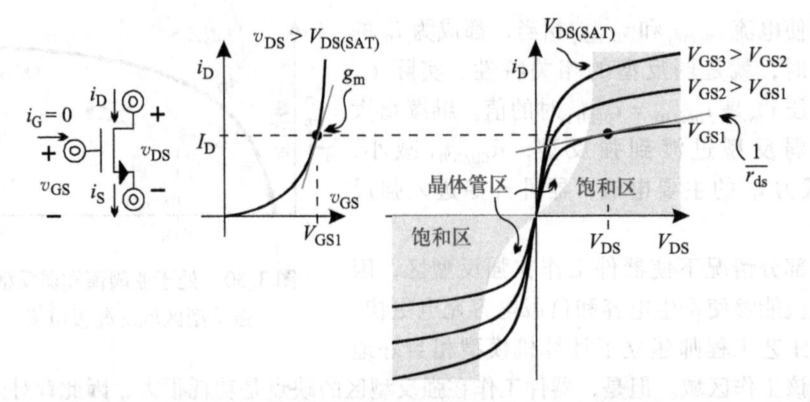

图 3.31　N 沟道 MOSFET 的符号和电流 - 电压曲线

了高增益。当 v_{DS} 减小到饱和电压 $V_{DS(SAT)}$ 以下时，晶体管转换到欧姆或者晶体管区域工作，i_D 随着 v_{DS} 减小而线性下降。因为大部分 MOSFET 的物理结构是对称的，所以工程师们可以交换源极和漏极，而不会改变其性能。例如，增大 v_G 比 v_D 大 v_{TN} 使沟道反型，与 v_{GS} 作用一样；增大 v_S 比 v_D 大 $V_{DS(SAT)}$ 使沟道夹断，如 v_{DS} 作用一样。结果，如图 3.31 所示，当 v_{GS} 和 v_{DS} 都为负时，该区域的 $i_D - v_{DS}$ 特性与 v_{GS} 和 v_{DS} 都为正时对称。与 MOSFET 不一样，纵向 BJT 没有对称性能，因此，工程师们常常需要优化 BJT 的物理结构使其工作在放大区域，不能随便交换集电极和发射极。

3.5.2　寄生电容

MOS 管是场效应器件，因为漏源电流流动是对栅 - 源和漏 - 源电场的响应。实际上，如图 3.26 ~ 图 3.29 所示的结构，栅极重叠在源极、沟道和漏极上，因此平行板氧化层电容随着沟道宽度 W 和每单位面积氧化层电容 C''_{OX} 增加而增加。从栅极到体或者沟道的电容是其主要的部分，但是电容值和最终效应取决于 v_{GS} 和 v_{DS}，因为导通沟道的特性和长度随着 v_{GS} 和 v_{DS} 变化而改变。例如，在截止区，沟道没有形成，因此，栅 - 源和栅 - 漏存在小的交叠电容 $WL_{OV}C''_{OX}$，如图 3.32 所示的 C_{GS} 和 C_{GD}，L_{OV} 是交叠长度；栅极和衬底间的氧化层也形成一个电容，但是，一方面由于耗尽区使得该电容减小，以至于影响很小，另一方面，模拟应用中很少将器件工作在截止区。

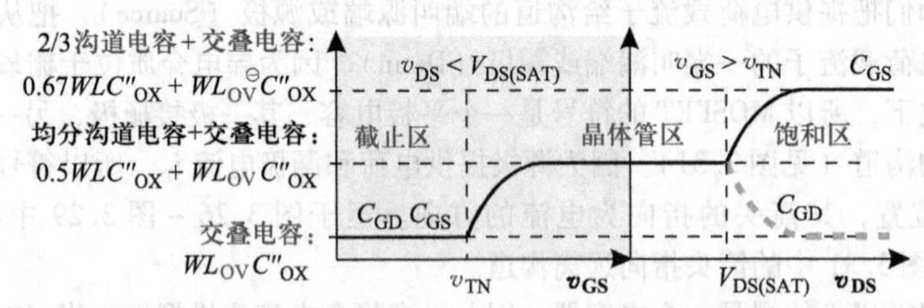

图 3.32　不同 MOSFET 工作区的栅 - 源电容和栅 - 漏电容的变化情况

⊖ 原书有误，应为 L_{OV}。——译者注

在晶体管区，沟道连接着源极和漏极，在源和漏扩散区之间，沟道长度的物理尺寸是 L，源和漏极平分栅极与沟道之间电容 WLC''_{OX}。相应地，C_{GS} 和 C_{GD} 都包括一半的沟道电容 $0.5WL\,C''_{OX}$ 和相应的交叠电容部分 $WL_{OV}C''_{OX}$。在饱和区，沟道被夹断并变短，由于沟道变短，C_{GS} 为晶体管区时沟道电容的 2/3，即 $0.67WLC''_{OX}$，而交叠电容仍然是 $WL_{OV}C''_{OX}$。另一方面，在饱和区的 C_{GD}，减小为电容交叠部分 $WL_{OV}C''_{OX}$。

源和漏极上的反偏 PN 结引入了耗尽电容 C_{SB} 和 C_{DB}：

$$C_{SB} = \frac{A_{SB}A''_{JSB0}}{\sqrt{1 + \frac{v_{SB}}{V_{BI}}}} \tag{3.32}$$

和

$$C_{DB} = \frac{A_{DB}C''_{JDB0}}{\sqrt{1 + \frac{v_{DB}}{V_{BI}}}} \tag{3.33}$$

式中，A_{SB} 和 A_{DB} 是源和漏极的表面积；C''_{JSB0} 和 C''_{JDB0} 是零偏时单位面积源 - 体电容和漏 - 体电容。与任何 PN 结一样，扩散的源和漏区域的外墙贡献了额外的耗尽电容。

3.5.3　P 沟道 MOSFET

P 沟道 MOSFET 是与 N 沟道器件完全互补的器件。例如，如图 3.33 所示，PMOS 晶体管的薄氧化层条位于 N 型衬底之上，在薄氧化层条的边界下面是重掺杂的 P 型扩散区域。增大栅极电压 v_G 使其大于源极电压 v_S 将吸引电子到衬底表面，减小栅极电压 v_G 使其小于源极电压 v_S 将排斥电子远离衬底表面，这分别使器件处于积累和耗尽状态。进一步减小 v_G 将降低表面电势，从而允许空穴扩散穿过器件。降低 v_G 使其低于阈值电压，将吸引空穴进入栅氧化层下面的衬底表面使表面载流子反型并形成连通两个重掺杂区的沟道。降低漏极电压 v_D 以收集通过沟道流动的空穴，如果 v_D 相对于 v_S 足够低，则沟道被夹断且电流 i_D 饱和。

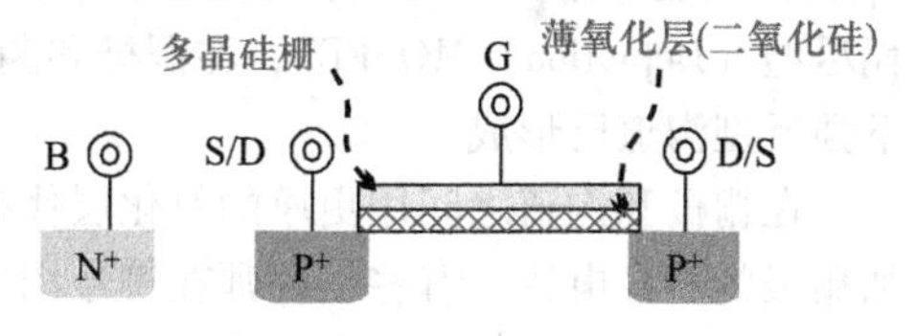

图 3.33　P 沟道 MOSFET

电流 i_D 的表达式与 N 沟道器件一样，除了正源栅电压 v_{SG} 必须大于 P 型阈值电压 $|v_{TP}|$ 使沟道反型，正源漏电压 v_{SD} 必须大于 P 型饱和电压 $V_{SD(SAT)}$ 从而使沟道被夹断。按照惯例，v_{TP} 是一个负值，因此在这儿的 v_{TP} 绝对值符号是出于一致性考虑。其结果是用 v_{SG}、v_{SD}、v_{SB}、K'_P、$|V_{TP0}|$ 和 $|v_{TP}|$ 分别代替 N 沟道方程表达式中的 v_{GS}、v_{DS}、v_{BS}、K'_N、V_{TN0} 和 v_{TN} 来描述 P 沟道 MOSFET。

3.5.4　晶体管变化

因为 P 型衬底 N 沟道晶体管的体极是衬底（Substrate），所以衬底只能连接最低电位。这也是在实践中衬底 MOSFET 被认为是三端器件的原因，如图 3.34 所示。N 沟道 MOS（NMOS）晶体管的另一种实现方式是在 N 衬底上注入的 P 阱中做 N 沟道结构。因为阱（Well）是可选的，所以阱 MOSFET 通常有个第四端，叫体极（Bulk 或 Body）。

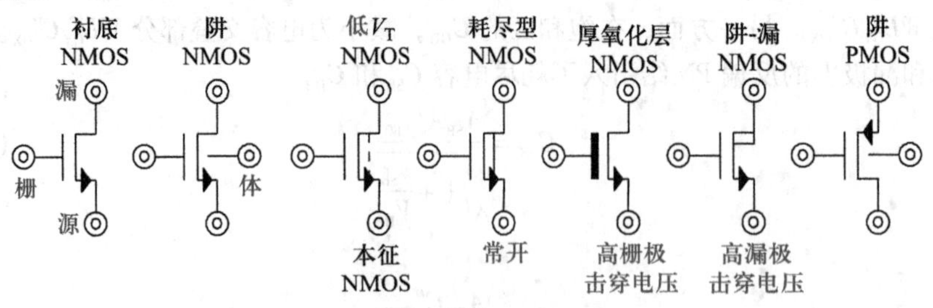

图 3.34　MOSFET 的典型符号

有趣的是，本征（Native）NMOSFET 的零偏阈值电压接近于零。但是，对于数字电路设计人员而言，不希望这些器件导通时存在泄漏电流，因此工艺工程师们在制造工艺中加入阈值电压调整注入步骤使阈值电压 V_{T0} 从零附近偏移 0.3 ~ 0.6V。这些阈值电压被调整过的器件被定义为增强型 MOSFET。在工艺流程中阻碍这个阈值电压调整注入需要额外的一个步骤，因此应尽可能避免。为了直观，工程师经常在源极和漏极用一条虚线来表示零栅 - 源电压下沟道已轻微反型。有时工艺工程师们也调制 V_{T0}，使其在零栅 - 源电压下沟道已反型到可以流过可观的沟道电流的程度，称之为耗尽型（Depletion）MOSFET，在源极和漏极之间增加一条实线，表示零栅 - 源电压下强反型沟道已形成。

在栅极和沟道之间用更厚的氧化层代替薄氧化层，将减小穿过氧化层的电场，增加栅极的击穿电压，有些工程师在符号图中用更厚的栅条来建模这个变化。类似地，更低掺杂的漏极将使漏极附近的耗尽区扩展从而减小漏极电场，增加漏极的击穿电压。例如，一种 N 沟道晶体管的漏极是一个 N 阱，在符号图中用双漏线条表示，表明漏极区域范围很大且经过调整，在此情况下，漏极是轻掺杂的。

PMOS 晶体管的符号镜像了 NMOS 晶体管的符号，因为源极提供空穴给沟道，带有指向沟道的箭头的一端是源极。至于 N 沟道晶体管，阱 N 沟道晶体管包括体极，而衬底 N 沟道晶体管没有。但是，与 N 沟道晶体管不同的是，本征 P 沟道晶体管的阈值电压通常很高。换言之，栅极电压 v_G 必须下降到源极电压以下，才能使沟道反型，形成 P 型沟道，结果，工艺工程师通常降低 P 沟道器件的阈值电压，而不是如他们对 N 型所做的那样去提高它们。

1. 衬底 MOSFET

现在许多工艺技术在 P 型硅上制造半导体器件。在这些情况下，如图 3.35 所示，将 P 型衬底连接到最负电位，从而反偏所有的衍生 PN 结，以至于可以直接在衬底中制作 N 沟道晶体管。类似地，连接 N 衬底到最高正电位将 P 沟道 MOS 晶体管与 N 衬底隔离。与器件类型无关，衬底 MOSFET 的扩散端与衬底间形成反偏 PN 结，因此在

图3.35所示的电气模型中，在本征源端包括了一个寄生二极管 D_S 通过衬底电阻 R_{SUB} 连接到地，在本征漏端包括了一个寄生二极管 D_D 连接到电源。另外，源极和漏极的接触孔以及扩散区和多晶硅栅引入了串联电阻 R_S、R_D 和 R_G 连接到本征端。正如之前提到过的，在源极和漏极，栅极也引入了栅－源电容 C_{GS} 和栅－漏电容 C_{GD}。

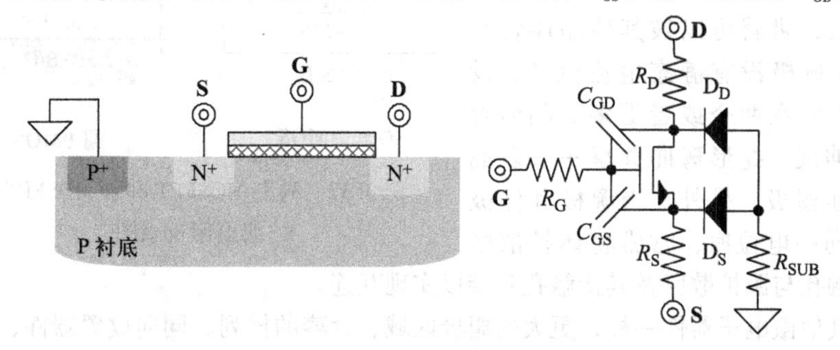

图3.35　衬底N沟道MOSFET及其等效电气模型

2. 阱MOSFET

为了在P型衬底中制造P沟道晶体管，如图3.36所示，工艺工程师在一个隔离N阱中嵌入了一个PMOS器件。类似地，一个P阱可以从N型衬底中隔离出来N沟道MOSFET。与器件类型无关，所有的阱与衬底反偏，工程师们可以自由地连接阱MOSFET的体极到电路中的任何位置。像衬底晶体管一样，一个阱MOSFET的电气模型中包括寄生串联端电阻 R_G、R_S、R_D 和栅电容 C_{GS}、C_{GD}，但是，与衬底MOSFET不同，源和漏扩散区、阱与衬底之间形成了纵向BJT Q_S 和 Q_D。由于阱一般是轻掺杂的，基区宽度很小，因此这些BJT有高的电流增益并存在相当大的基区宽度调制效应。幸运的是，设计人员可以将体极连接到一个使发射结永不正偏的电位上。尽管如此，由于阱电阻 R_{WELL} 很大，因此大功率器件的阱中寄生电流可能仍会激活 Q_S，从而注入噪声电流到衬底。

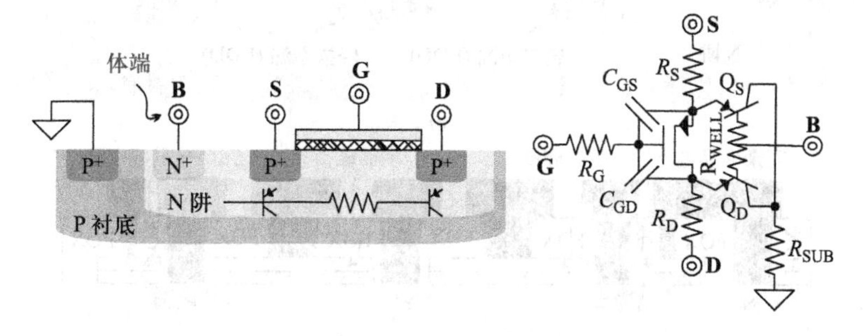

图3.36　阱P沟道MOSFET及其等效电气模型

3.5.5　版图和匹配

如图3.37所示，MOSFET的俯视版图中显示重掺杂矩形和被多晶硅栅条隔离开的平行扩散区。至于衬底器件，体也是衬底，其接触孔靠近扩散区，以收集衬底的杂散载流子，使晶体管的体电位保持在相应的供给电压附近。阱晶体管位于一个阱中，阱接触孔同样要靠近 MOSFET。只要在电路中所有的体极共用同一个连接，阱就可以被其他晶体管共享。由于栅极没有静态电流流动，设计人员有时在两个或者更多的晶体管中通过伸展、蛇形弯曲共享一条多晶硅条互连栅极。另外，当源极和体极连接到同一电位时，常常将体扩散区及其接触孔与源扩散区及其接触孔对接以实现互连。

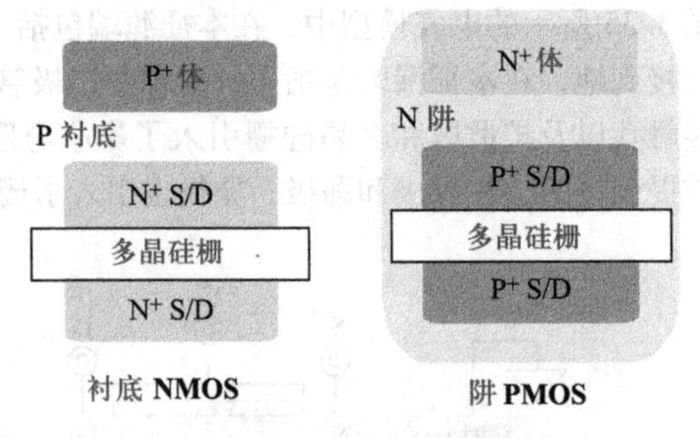

图 3.37　衬底 MOSFET 和阱 MOSFET 的典型俯视版图

与其他微电子器件一样，更大的栅极区域、紧凑的排列、同向放置器件、共质心结构、栅极交叉耦合、在器件阵列外围附近放置冗余器件等，可以改善匹配性能。为了节省空间，可以用更小的冗余多晶硅条代替冗余晶体管。但是，多晶硅条在没有指明其他方面用途时，一般是做电阻使用，因此它们位于如图 3.38a 所示的厚场氧化层（FOX）之上，这样做存在的问题是，相比于电阻条而言，MOSFET 的栅极极端靠近半导体器件的表面，因此光刻误差很大。如图 3.38b 所示，在薄的氧化层上放置多晶硅栅条，可以改善光刻误差的问题，设计人员将该多晶硅栅做成“有源栅”，但是通过软件工具来指示并不总是那么直截了当，因此放置冗余 MOSFET 通常是更安全的选择。

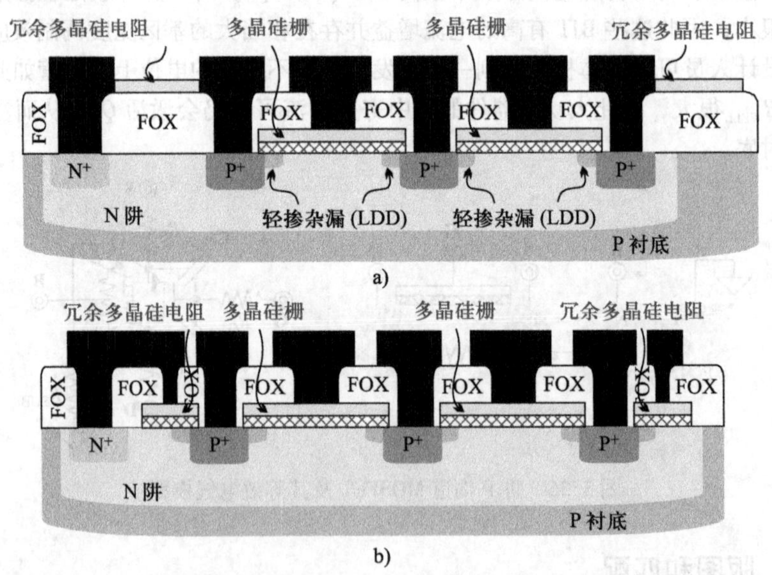

图 3.38　体隔离 PMOSFET 附近的 a）冗余多晶硅电阻和 b）冗余多晶硅栅

当冗余器件不连接时，杂散信号可能通过这些冗余电容耦合噪声进入衬底，更糟糕的是，噪声可以不经意间反转一条位于 MOSFET 附近的这些冗余条和负载的正下面的半导体表面下的沟道，引入寄生电容和噪声。由于这些原因，应该尽可能用电源或参考电压来偏置这些冗余电阻、栅极和晶体管以使它们保持在关断状态，如此一来，它们也可以分流杂散噪声远离 MOSFET。例如，在 N 阱上的冗余栅极应该接正电压，从而积聚电子在半导体表面附近，而不是使沟道反型。

在现在先进工艺技术中，MOS 氧化层在 125Å 量级或者更小。在氧化层较薄的情况下，漏极区域附近的电场强度会增加到 1 ~2V，这不仅会推动热载流子激活其他载流子，而且载流子可能穿越氧化层进入栅极。在图 3. 38 中，采用轻掺杂漏（LDD）来扩展漏区，可以减少栅极边缘附近的电荷载流子浓度，从而减少碰撞电离发生的可能性。

3. 5. 6　小信号模型

在模拟应用中高增益和高阻抗很有用，正如对小信号所解释的那样，设计人员通常对工作在饱和区的 MOSFET 进行小信号建模。栅 - 源电压 v_{GS} 小的改变将引起漏电流 i_D 相当大的变化，如图 3. 31 所示，最终导致漏 - 源电压 v_{DS} 的很大变化。虽然不是同一程度，但是体极 - 源极电压 v_{BS} 的变化将改变 v_{TN}，这反过来将改变电流 i_D。类似地，v_{DS} 的变化也影响 i_D 的变化。图 3. 39a 中对小信号 v_{gs}、v_{bs} 和 v_{ds} 所产生的电流 i_d 的小信号部分进行了建模。

由于线性近似很好地预测了小信号响应，在图 3. 31 中，v_{gs} 对 i_d 的影响是斜率为 g_m 的线性转化，g_m 是在偏置电流 I_D 下 i_D 对 v_{GS} 的一阶偏导数：

$$i_d \bigg|_{v_{ds}=0, v_{bs}=0} \approx v_{gs}\left(\frac{\partial i_D}{\partial v_{GS}}\right) \equiv v_{gs} g_m \approx v_{gs}\sqrt{2 I_D K'_N\left(\frac{W}{L}\right)} \tag{3.34}$$

式中，g_m 是 MOSFET 的有效跨导。类似地，斜率 g_{ds} 预测了 v_{ds} 对 i_d 的影响，其值为在 I_D 下 i_D 对 v_{DS} 的一阶偏导数：

$$i_d \bigg|_{v_{gs}=0, v_{bs}=0} \approx v_{ds}\left(\frac{\partial i_D}{\partial v_{DS}}\right) \equiv v_{ds} g_{ds} \approx v_{ds}(\lambda_N I_D) \equiv \frac{v_{ds}}{r_{ds}} \tag{3.35}$$

式中，g_{ds} 是器件的有效输出电导，因为漏电流的线性变化来自于通过其自身源 - 漏两端电压 v_{ds} 的改变，故用输出电阻 $1/g_{ds}$ 或者 r_{ds} 建模，如图 3. 39b 所示。最后，在偏置点 I_D 上，i_D 对 v_{BS} 的一阶偏导数描述了 v_{bs} 是如何影响 i_d 的，为了模型的一致性，v_{bs} 偏移阈值电压 v_{TN} 反过来改变了电流 i_d，就像 v_{gs} 对 i_d 的影响一样，但是得到了一个更低的增益：

$$\begin{aligned} i_d \bigg|_{v_{ds}=0, v_{gs}=0} &\approx v_{bs}\left(\frac{\partial i_D}{\partial v_{BS}}\right) = v_{bs}\left(\frac{\partial i_D}{\partial v_{TN}}\right)\left(\frac{d v_{TN}}{d v_{BS}}\right) = v_{bs}\left(-\frac{\partial i_D}{\partial v_{GS}}\right)\left(\frac{d v_{TN}}{d v_{BS}}\right) \\ &\approx -v_{bs} g_m\left(\frac{-\gamma}{2\sqrt{2\varphi - V_{BS}}}\right) = v_{bs}\left(\frac{\gamma g_m}{2\sqrt{2\varphi - V_{BS}}}\right) \equiv v_{bs} g_{mb} \end{aligned} \tag{3.36}$$

式中，V_{BS} 是稳态下体极与源极之间的电压；g_{mb} 是体极的有效跨导，通常其值为 g_m 的

1/10～1/5。

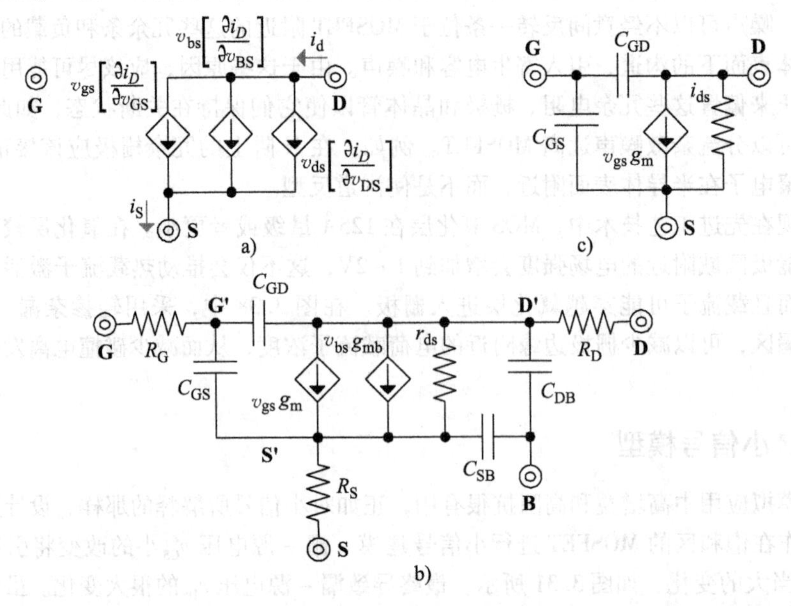

图 3.39　a）MOSFET 的小信号电流、b）MOSFET 的完整小信号模型和 c）简化的模型

因为不存在栅极电流，且 r_{ds} 通常高达几百千欧或者几兆欧，所以图 3.39c 所示的简化模型忽略了端串联电阻 R_S、R_D 和 R_G，它们的值一般在 1～100Ω 之间；又因为 g_m 的数量级远远大于 g_{mb} 的数量级，所以该模型中不包括 g_{mb}。但是，该假设并不总是成立，除非源极和体极连接到同一电位，此时 v_{bs} 为零，其对 i_d 的影响为零。

对于 MOSFET 而言，没有栅源电容 C_{GS} 和栅漏电容 C_{GD} 的小信号模型是不完整的。在高频下，C_{GS} 和 C_{GD} 从 v_{gs} 导出输入电流，导致 v_{gs} 下降，从而对电流 i_d 的影响也减小。换言之，C_{GS} 和 C_{GD} 减小了 MOSFET 的有效增益。所以特征频率 f_T 是晶体管不再能很好地放大小信号时的频率，也就是，短路输出电流 i_d 降到输入电流 i_g 以下时的频率，其中电流 i_g 为通过 C_{GS} 和 C_{GD} 流入栅极的电流。在短路期间，v_{ds} 为零，r_{ds} 上无电流流过，图 3.39c 所示简化模型中 C_{GS} 和 C_{GD} 并联，如此，i_d 为 $v_{gs}g_m$，i_g 流过 C_{GS} 和 C_{GD} 产生电压降 v_{gs}，f_T 是 i_d 对 i_g 的比率为 1 时的频率：

$$\frac{i_d}{i_g}=\frac{v_{gs}g_m}{i_g}\bigg|_{v_{ds}=0}=\left[\frac{i_g}{(C_{GS}+C_{GD})\ s}\right]\left(\frac{g_m}{i_g}\right)\bigg|_{f_T=\frac{g_m}{2\pi(C_{GS}+C_{DG})}}\equiv 1 \tag{3.37}$$

式中，s 是拉普拉斯域的频率。从式（3.37）中可以看出，采用更小的几何参数（也就是更小的电容）和更大的偏置电流（也就是更高的跨导）可使 f_T 增大，从而扩大 MOSFET 在模拟应用中的使用范围。隔离槽（Trench-isolated）技术通常使得器件有更高的 f_T，因为该技术通过插入深氧化槽将在同一衬底上的不同器件的体区域隔离得如此之远，以至于电容比 PN 结隔离型晶体管的要小得多。不幸的是，在工艺中插入沟槽将增加成本，因此在商业应用中 PN 结隔离方法仍然很受欢迎。

3.5.7　MOS 电容

因为 MOSFET 的氧化层很薄，所以设计人员经常把 MOSFET 作为一个电容使用。如图 3.40 所示，将 MOSFET 的源极、漏极和体极连接在一起，在氧化层上施加一个大于晶体管阈值电压的电压 v_C，将形成一个沟道，该沟道同栅极一起构成一个平行板电容。MOS 电容 C_{MOS} 是栅与源交叠电容、栅与漏交叠电容以及沟道电容之和：

$$C_{MOS} = WLC''_{OX} + 2WL_{OV}C''_{OX} \tag{3.38}$$

然而，当 v_C 下降到阈值电压以下时，电容极板被两种电介质隔离，因此电容 C_{MOS} 变得非常小。用来构建电容器的晶体管的类型以及电容器的末端方向都会影响 C_{MOS} 的值。利用这些电压对电容的影响，设计人员用这种结构做可变电容，比如众所周知的 CMOS 变容管。注意，一个衬底二极管悬挂在电容的一端，其附加的寄生电容也会影响电容器的性能。

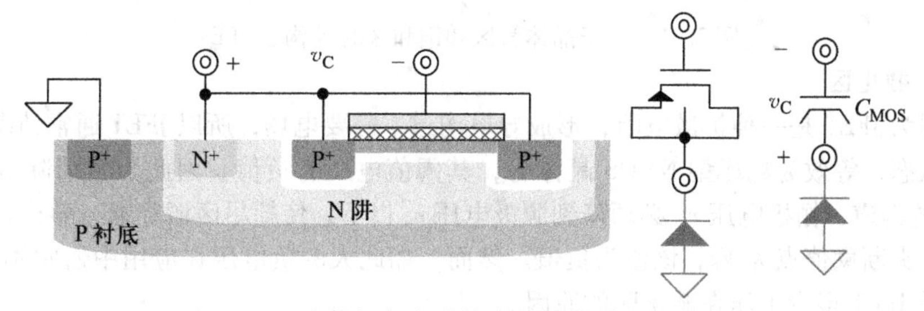

图 3.40　由栅极与沟道构成的 P 沟道 MOS 电容

3.5.8　沟道电阻

在纳瓦级功耗系统中，偏置电流产生电路和电压基准电路通常需要兆欧到千兆欧的电阻。由于 MOSFET 的反型沟道可长、可窄、可浅，设计人员将目标转向了 MOSFET。因为空穴的迁移率小于电子的迁移率，所以工程师们通常更乐意用 P 沟道晶体管作沟道电阻使用。实际上，长且窄的 P 沟道 MOSFET 在强反型区域沟道电阻可达兆欧级，在亚阈值和弱反型区域可达千兆欧级。短沟道晶体管在强反型区域沟道电阻值可达千欧级，虽然这很少应用。

3.6　结型场效应晶体管（JFET）

3.6.1　工作原理

结型场效应晶体管（Junction Field - Effect Transistors，JFET），一些工程师们喜欢称之为夹断电阻，因为它们是夹断扩散电阻，当夹断时，流过的电流饱和。第三端叫栅极，控制电阻的深度，源 - 漏两端施加电压导致一个电压差贯穿沟道从而产生电流流动，因此 JFET 和 MOSFET 在许多方面都相似，它们之间最根本的不同是沟道电阻是如何改变的以及沟道是如何被夹断的。如同在 MOSFET 中一样，所有的电场都是相对的，因此接下来的讨论所涉及的所有电势都是相对于源极电压 v_S 而言的，这意味着栅极电压 $v_G = v_{GS}$，漏极电压 $v_D = v_{DS}$。

物理上，JFET 等效为一个扩散电阻，是由反偏 PN 结挤入一条狭窄的沟道而形成的。例如，在图 3.41 中，在 P 型衬底上的 N 阱中扩散的重掺杂 P⁺栅区域定义了一个在硅表面下的 N 阱的导电介质，反偏这个 PN 结不仅关闭扩散电流而且将 N 型介质压缩，从而形成一个更薄、电阻值更大的通道。

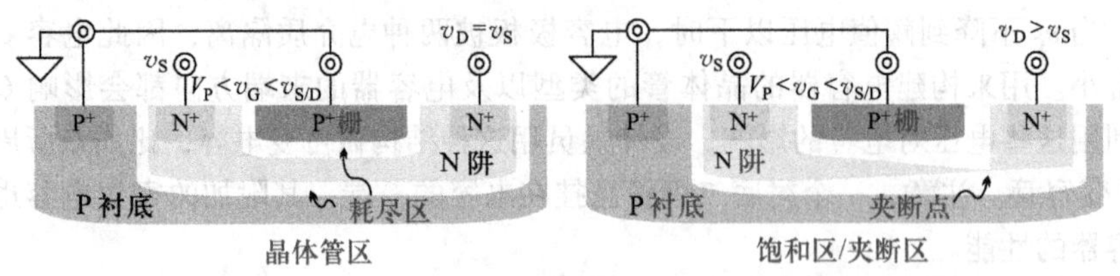

图 3.41　处于晶体管区和饱和区的 N 沟道 JFET

1. 截止区

因为 JFET 是一种扩散电阻，形成导电沟道不需要电场，所以 JFET 通常情况下是开通状态，等效为耗尽型 NMOS 晶体管，其阈值电压为负值。因此为了消除 N 沟道 JFET 的沟道，栅极电压 v_G 必须降到源极电压 v_S 以下，使耗尽区域穿通，整个沟道被夹断。夹断阈值点为 V_P，该值为负值。然而，如此大的负电压在应用中通常不可行，这也是 JFET 很少工作在截止区的原因。

2. 晶体管区

保持 v_G 大于 V_P，使器件的漏 - 源两端上形成一个导电沟道，只要 v_G 小于或者等于源极电压 v_S 和漏极电压 v_D，所有与沟道之间形成的 PN 结都不会正偏。在这种方式下，沟道电阻 $R_{CHANNEL}$ 随着沟道长度 L 增加而增加，随着掺杂浓度、载流子迁移率、沟道宽度 W、沟道深度变大而减小，栅极电压 v_G 控制沟道深度。因此，如在 MOSFET 中一样，通过沟道电阻 $R_{CHANNEL}$ 上的电压 v_D 产生漏极电流 i_D，其值为

$$i_{D(TRI)} = \frac{v_{DS}}{R_{CHANNEL}} = v_{DS} K_{JN} \left(\frac{W}{L}\right) \left[(v_{GS} - V_{PN}) - 0.5 v_{DS} \right] \Bigg|_{v_{DS} < V_{DS(SAT)}}$$

$$\approx v_{DS} K_{JN} \left(\frac{W}{L}\right) (v_{GS} - V_{PN}) \tag{3.39}$$

式中，有效跨导参数 K_{JN} 由掺杂密度、迁移率 μ_N 以及一个低于饱和阈值 $V_{DS(SAT)}$ 的 v_{DS} 值决定。增大 v_D 将扩展漏极附近的耗尽区域，导致结附近的沟道变窄，$R_{CHANNEL}$ 变大，电流 i_D 下降。在 v_{DS} 很小时，在 i_D 表达式中的修正因子 $0.5v_{DS}^2$ 很小，可以忽略。与大多数扩散电阻一样，高温使 $R_{CHANNEL}$ 上升，从而 i_D 减小。总而言之，因为 i_D 随 v_D 以欧姆方式线性变化，所以这种工作模式被称为欧姆区或者晶体管区工作模式。

3. 饱和区

进一步提高 v_D 使漏极附近的耗尽区域扩展到沟道被夹断。沟道夹断点不存在电荷，这意味着 v_D 抵消了耗尽电容 C_{DEP} 上保持电荷 q_C 的等效电压 v_{DEP}。以此方式夹断

沟道，在电压 v_D 端电荷 q_C 为零：

$$q_C = C_{DEP}v_{DEP} = C_{DEP}[(v_G - v_D) - V_{PN}]\Big|_{v_D = v_G - V_{PN}} = 0 \tag{3.40}$$

要求 v_D 升高到大于或等于 $v_C - V_{PN}$，因为所有的电势都是相对于 v_S 而言，即 v_{DS} 升高到 $v_{GS} - V_{PN}$时，沟道夹断，该值即为饱和电压 $V_{DS(SAT)}$：

$$V_{DS(SAT)} \equiv V_{DS}\Big|_{Pinch} = v_{GS} - V_{PN} \tag{3.41}$$

最终，器件在整个沟道长度上下降 v_D。因此，由于沟道刚好被夹断时电压降为 $V_{DS(SAT)}$，增大 v_D 超过 $V_{DS(SAT)}$，将使沟道夹断点迁移到更加远离漏极的地方，如图 3.41 所示。因为如今短沟道上电压保持为常数 $V_{DS(SAT)}$，所以电流 i_D 饱和且受 v_D 的影响很小：

$$i_{D(SAT)}\Big|_{v_{DS} > V_{DS(SAT)}} = \frac{V_{DS(SAT)}}{R_{CHANNEL}} = 0.5K_{JN}\left(\frac{W}{L}\right)(v_{GS} - V_{PN})^2(1 + \lambda_N v_{DS}) \tag{3.42}$$

但是，由于沟道长度随着电压 v_D 升高而稍微变短，沟道电阻 $R_{CHANNEL}$ 也随之减小，因此，i_D 随着电压 v_D 升高而升高。沟道长度调制参数 λ_N 建模了沟道长度调制对 i_D 的影响。毫不奇怪，这种工作模式被称为饱和区工作模式或者夹断工作模式。

3.6.2 P 沟道 JFET

P 沟道 JFET 是与 N 沟道 JFET 完全互补的器件。例如，如图 3.42 所示，对 P 沟道晶体管而言，N 型扩散区挤入一个两端最终连接到重掺杂 P^+ 扩散区的 P 阱中。如前述一样，反偏栅极电压 v_G 压缩沟道，反偏漏极电压 v_D 使沟道夹断，沟道电流 i_D 饱和，所以，对于 i_D 的表达式是一样的，除了 v_{SG}、v_{SD}、K_{JP}和 V_{PP}代替 N 沟道 i_D 方程中的 v_{GS}、v_{DS}、K_{JN}和 V_{PN}。

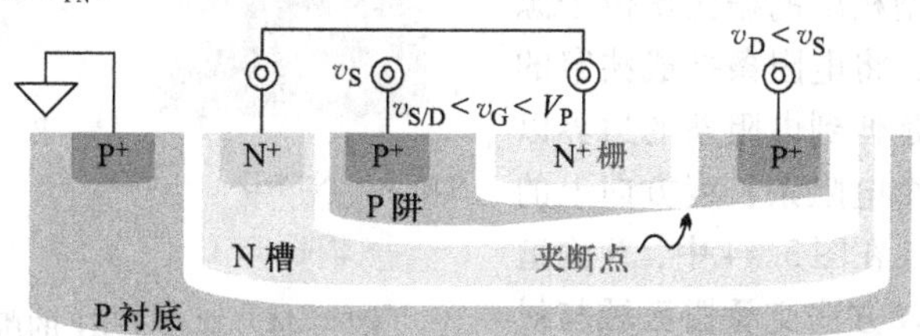

图 3.42 P 沟道 JFET

3.6.3 大信号模型

JFET 基本上算是一个电阻，其电荷浓度取决于栅极电压所建立的耗尽区。换言之，耗尽电容上的电场控制电阻阻值。因此与 MOSFET 一样，如图 3.43 所示，JFET 的原理图符号是一个电容，其中的一个极板是器件的栅极，另一个极板为来自于器件源极和漏极载流子所形成的沟道。因为栅极与沟道之间形成一个 PN 结，所以栅极包含了一个指向 N 型区域的箭头：在 N 沟道器件中指向沟道，P 沟道器件中远离沟道。在 N 沟道 JFET 中，为了反偏漏极，漏极电压很高，因此电流流进漏极。相反，在 P 沟道 JFET 中，漏极电压很低，电流流出漏极。

与所有器件一样，金属接触孔和扩散区分别引入了串联电阻 R_S、R_D 和 R_G 到源端、漏端和栅端。因为反偏结隔离了栅极和沟道，所以在栅-源和栅-漏之间存在寄生耗尽电容 C_{GS} 和 C_{GD}，与反偏二极管一样，这些电容随着结的表面积增大而增大，随着反偏电压的增大而减小。衬底、衬底中的电阻性阱与栅扩散区一起形成了一个纵向BJT，幸运的是，JFET工作时，这两个结都反偏，这意味着该BJT绝不会被激活，这些在版图上将会看得更明显。在图3.41中，N沟道JFET的栅极连接到P型衬底，因此自然而然，栅极处于最低电势。最后，图3.42中P沟道JFET中P阱电阻处于P型衬底中的N槽中，这个N槽栅极包含了一个寄生衬底二极管 D_{SUB}。

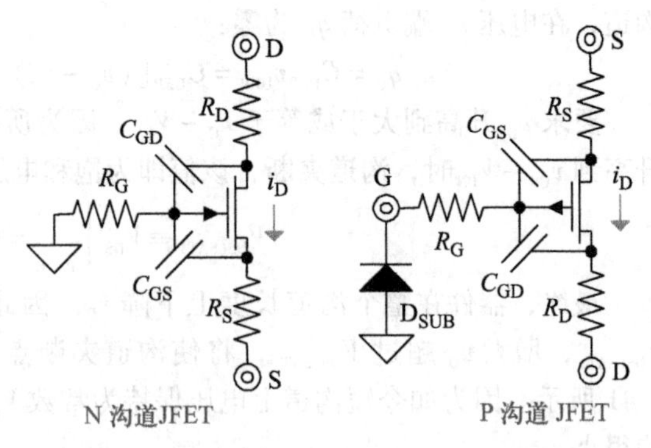

图3.43 典型N沟道和P沟道JFET的电气模型

3.6.4 版图和匹配

JFET是一种扩散电阻，图3.44中，N沟道和P沟道JFET包括矩形N阱和P阱电阻条。类似地，用重掺杂扩散区连接这些电阻条的末端来定义相应的源端和漏端。掺杂类型相反的栅区域位于源端和漏端的中间，将电阻条挤成狭窄的沟道。栅极必须延伸到电阻条的边界以外，以确保在整个电阻条长度方向上的沟道深度都变窄。在图3.44中，N沟道晶体管用栅极延伸方法交叠栅区域与衬底区域将它们连接在一起，对应地，P沟道晶体管将栅极和N槽连接，这就是通常将P型栅极短接到P衬底、而N型栅极短接到N槽的原因。与其他微电子器件一样，更大的电阻面积、紧凑的排列、同方向放置器件、共质心结构、交叉耦合和在阵列器件的周围放置冗余器件等可以改善匹配性能。

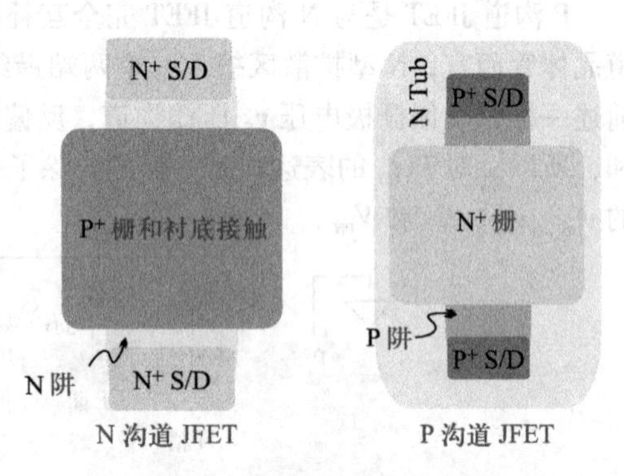

图3.44 典型JFET的版图俯视图

3.6.5 小信号模型

因为在模拟应用中高增益和高阻抗很有用，所以正如在小信号中所解释的那样，设计人员一般只为工作在饱和区的JFET建立小信号响应模型。既然JFET和MOSFET都是漂移器件，当处于饱和工作时，JFET的漏极电流与栅-源电压 v_{GS} 呈二次方律关系，与漏-源电压 v_{DS}呈线性关系但幅度没有 MOSFET 的那么大，v_{GS}小的改变会使漏极电流 i_D产生相当大的变化，反过来将导致 v_{DS}大的变化。与 MOSFET 一样，v_{DS}的变化也影响 i_D 的变化，但是变化的程度不一样。既然栅极电压 v_G 反偏了所有的派生 PN 结，因此图 3.45a 中的小信号模型不包括栅极电流，仅包括由小信号 v_{gs}和 v_{ds}产生电流 i_d 的部件。

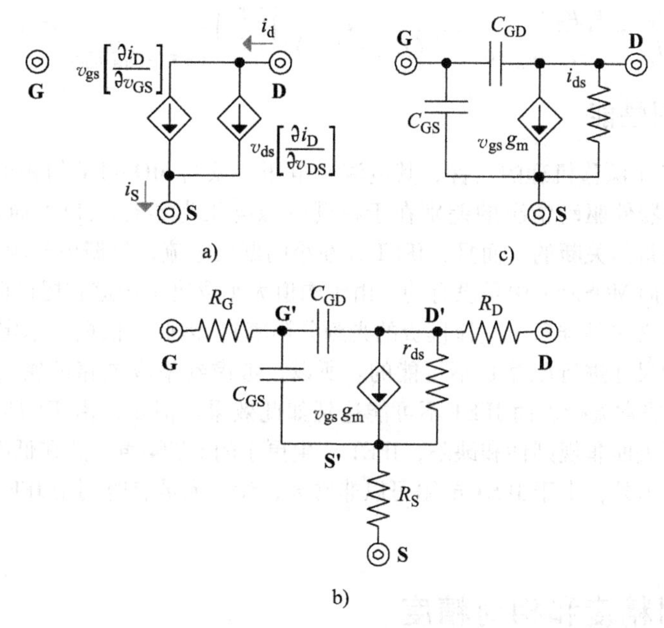

图 3.45 a) JFET 的小信号电流、b) JFET 的完整小信号模型和 c) 简化模型

既然线性近似很好地预测了小信号响应，v_{gs}对 i_d 的影响是线性转化，用在偏置电流 I_D 下，i_D 对 v_{GS}的一阶偏导数来预测：

$$i_d\big|_{v_{ds}=0} \approx v_{gs}\left(\frac{\partial i_D}{\partial v_{GS}}\right) \equiv v_{gs}g_m \approx v_{gs}\sqrt{2I_DK_{JN}\left(\frac{W}{L}\right)} \tag{3.43}$$

式中，g_m 是 JFET 的有效跨导。类似地，在 I_D 下，i_D 对 v_{DS}的一阶偏导数预测了 v_{ds}对 i_d 的影响：

$$i_d\big|_{v_{gs}=0} \approx v_{ds}\left(\frac{\partial i_D}{\partial v_{DS}}\right) \equiv v_{ds}g_{ds} \approx v_{ds}(\lambda_NI_D) \equiv \frac{v_{ds}}{r_{ds}} \tag{3.44}$$

式中，g_{ds}为器件的有效输出电导。因为漏电流的线性变化来自于通过其自身源-漏两端电压 v_{ds}的改变，故用输出电阻 $1/g_{ds}$或者 r_{ds}建模，如图 3.45b 所示。注意，JFET 和 MOSFET 都是二次方律器件，同样都存在沟道长度调制效应，它们的小信号参数 g_m 和 r_{ds}几乎相同。

因为不存在栅电流，且 r_{ds}通常很大，阻值在数千欧与兆欧之间，所以图 3.45c 简化模型中忽略了串联端电阻 R_S、R_D 和 R_G（这些电阻的阻值在 1 ~ 100Ω 之间）。在高频下，C_{GS}和C_{GD}从v_{gs}导出输入电流，导致v_{gs}下降，从而对电流i_d的影响也减小，增益下降。同样，当短路输出电流i_d下降到比通过C_{GS}和C_{GD}流进栅极的电流还小时，晶体管工作频率超出了特征频率f_T，将不再能很好地放大小信号。如MOSFET一样，在短路状态下，v_{ds}为零，r_{ds}上没有电流流过，图3.45c简化模型中C_{GS}和C_{GD}并联，因此i_d为$v_{gs}g_m$，i_g流过C_{GS}和C_{GD}产生电压降v_{gs}，f_T是i_d对i_g的比率为1时的频率：

$$\frac{i_d}{i_g} = \frac{v_{gs}g_m}{i_g}\bigg|_{v_{ds}=0} = \left[\frac{i_g}{(C_{GS}+C_{GD})s}\right]\left(\frac{g_m}{i_g}\right)\bigg|_{f_T=\frac{g_m}{2\pi(C_{CS}+C_{DC})}} \equiv 1 \tag{3.45}$$

3.6.6 相对性能

JFET是基于漂移机理的器件，其电流-电压关系与MOSFET的相似。从工作机理而言，两种器件驱动情况的差别在于在栅-源电压为零时，JFET通常是导通的，而MOSFET通常是关断的。而且，JFET存在小的栅极电流，是栅极与沟道PN结的反向饱和电流，而MOSFET中是没有的。由于沟道大小取决于沟道和栅极向外扩散的长度（代替了定义多晶硅条工艺掩模板的光刻分辨率），因此，依据摩尔定律，将JFET向MOSFET的尺寸进行压缩是不可能的。所以，考虑到集成电路的密度要求越来越大，MOSFET非常流行，而JFET不可能达到如此效果。但是，由于沟道总是在栅极下面，避免了表面非规则性和缺陷，JFET产生更小的$1/f$噪声，这在低噪声应用中有很好的市场。另外，由于JFET电阻可以非常大，设计人员有时利用JFET做夹断电阻使用。

3.7 绝对精度和相对精度

在硅芯片中，所有的微电子器件都共用同一个衬底，所以制造工艺从一块硅晶圆开始。在高温下，首先将气态施主（提供电子）和受主掺杂原子（接收电子以产生空穴）扩散进入硅中来定义P型和N型区域；接着，采用离子注入工艺来定义晶圆表面上或者表面下的重掺杂区域。然后，在晶圆表面上氧化或者生长薄或者厚的氧化区域。随后，进行多晶硅和金属淀积，利用光刻和刻蚀来定义芯片的几何尺寸，该尺寸由IC设计师设计指定。以0.8μm CMOS工艺为例，第一层金属的厚度可以是0.5μm，厚氧化层的厚度可以是1μm，薄氧化层的厚度可以是14nm，重掺杂扩散的深度为200nm，阱的深度为1.2μm。

不幸的是，对于不同的晶圆和批次，扩散和淀积率不一致。定义几何形状的工艺也存在缺陷。毫不奇怪，扩散电阻阻值可能有±20%~±50%的变化，多晶硅电阻阻值和氧化电容可能有±20%的变化，如表3.1所总结的。修调过的薄膜电阻很精确，但成本很高，因为需要增加后处理工艺步骤，用激光束来调整阻值。

与不同的晶圆以及不同的批次上的管芯相比，在一个单独管芯上工艺的变化要小得多，因此相对精度比绝对精度好很多。多晶硅边缘可以匹配得很好，用多晶硅所构成的电阻和电容可以匹配到0.5%或者1%精度以内。因为外扩散不好控制，所以扩散电阻也不好匹配。另外，扩散电阻包含用于夹断它们的 PN 结，因此它们的电压系数较高。

在匹配等级上，BJT 紧随电阻和电容之后。BJT 会遭受工艺梯度以及几何图形失配的影响，通常，基极－发射极电压可以匹配到 3～5mV 精度内。类似地，MOSFET 会遭受阈值电压和跨导参数变化以及几何图形失配的影响，而且比 BJT 的程度更大些，结果，栅－源电压的匹配误差不小于 5～15mV。

表 3.1　片上电阻和电容的绝对精度和相对精度典型值

元件	取值范围	绝对精度	相对精度	温度系数	电压系数
MOS 电容	0.3～15fF/μm²	±20%	±0.5～±1%	+20ppm/℃	±50ppm/V
多晶－多晶电容	0.3～15fF/μm²	±20%	±0.5～±1%	+25ppm/℃	±10ppm/V
基区扩散电阻	100～200Ω/sq.	±20%	±2%	+1750ppm/℃	—
发射区扩散电阻	2～10Ω/sq.	±20%	±2%	+600ppm/℃	—
N 阱电阻	10～100Ω/sq.	±20%	±2%	+1500ppm/℃	200ppm/V
源/漏扩散区电阻	1～10kΩ/sq.	±40%	±5%	+8000ppm/℃	10kppm/V
基区夹断电阻	2～10kΩ/sq.	±50%	±10%	+2500ppm/℃	较小
外延区夹断电阻	2～5kΩ/sq.	±50%	±7%	+3000ppm/℃	较小
离子注入电阻	0.5～2kΩ/sq.	±20%	±2%	+400pm/℃	800ppm/V
多晶电阻	30～500Ω/sq.	±20%	±0.5～±1%	+1500ppm/℃	100ppm/V
薄膜电阻	0.1～2kΩ/sq.	±5～±20%	±0.2～±2%	+10～200ppm/℃	—

注：表中的值对应着典型的三西格玛变量。

3.8　总结

对于 MOSFET 和 JFET，电阻的阻值取决于电流导通介质的物理特性和尺寸，即介质的电阻率、长度、宽度和深度。另外，电容的容值取决于平面平板的表面积、平板间的距离以及其间介质的介电常数。二极管与电阻和电容不同，它是一种扩散器件，只有在正向偏置或者被击穿的情况下才有导通电流，并且电流与电压呈指数关系。BJT 通过将电荷载流子扩散到一个能收集载流子的电场中来导通电流，其导通电流的大小由施加基极电压通过正偏 PN 结来控制。另外，MOSFET 和 JFET 通过栅极电压来调整漏－源两端之间的沟道电阻值，即栅极电压控制漏源电流。因此 MOSFET 和 JFET 是电压驱动型器件，而 BJT 是电流驱动型器件。

在模拟信号处理的世界里，电压的小信号变化会导致电流的线性变化。因此，跨导和输入/输出电阻以及电容的小信号变化是器件的最重要的模拟参数，它们描述了器件是如何随着频率将电压转变为电流，又由电流转变为电压的，而且也预测了晶体管不再放大信号时的频率。

深入理解上述这些器件的工作原理是设计高鲁棒性集成电路的第一步。但是，还存在非本征的寄生效应，如果不通过仔细的物理和电路设计将这些寄生效应最小化，它们对系统的影响可能是致命的。最后，构成系统的物理元件的本征和非本征极限限制了系统的工作极限，尤其是在工艺角和极端温度情况下。第4章将进行模拟电路设计流程的下一步，讨论如何利用这些器件构成模拟电路的基本电路单元，IC工程师利用这些基本电路单元来设计模拟子系统，如运算放大器和稳压器。

3.9 复习题

1. 工程师通常可以调整哪些参数来改变电阻阻值？
2. 电阻通常包含哪些寄生电气元件？
3. 匹配电阻时，采用什么版图技术可以改善匹配性能？
4. 在多晶-多晶电容中哪一块平板决定交叠板的面积？
5. 电容通常包含哪些寄生电气元件？
6. 导致二极管中电荷流动的基本机理是什么？
7. 重掺杂PN结比轻掺杂PN结的击穿电压**更低**还是**更高**？
8. 在BJT中，发射极注入效率描述了什么？
9. 在BJT中，基区传输因子描述了什么？
10. 工作在轻饱和区的BJT的性能是不是比工作在正向有源区的差很多？
11. 纵向BJT工作在反向有源区是不是与在正向有源区性能一样好？
12. 减小基区的掺杂浓度是**延长**还是**缩短**有效基区宽度？
13. 减小基区的掺杂浓度是**放大**还是**减小**基区宽度调制效应？
14. 一个BJT的厄尔利电压是50V，且导通电流为10μA时，低频电流增益为75A/A，在室温下，其跨导和输入输出电阻值是多少？
15. 当P沟道MOSFET的栅极电压高于源极电压时，它工作在什么区域？
16. P沟道MOSFET的漏-源电压v_{DS}是**正值**还是**负值**？
17. 在亚阈值区，驱动MOSFET产生电流的主要机理是什么？
18. 增大N沟道MOSFET的体极电压将使阈值电压**增大**还是**减小**？
19. 在晶体管区，MOSFET的栅-源电容由哪些部分组成？
20. 在饱和区，MOSFET的栅-源电容由哪些部分组成？
21. 阱MOSFET的体极一定要连接到衬底上吗？
22. 当试图改善MOSFET的匹配性能时，用冗余多晶硅条是否与用冗余晶体管一样好？
23. 处于强反型区的P沟道MOSFET的长且窄的沟道电阻数量级在**千欧级**、**兆欧级**还是**千兆欧级**？

24. N沟道JFET的有效阈值电压通常是**正值**还是**负值**?
25. JFET通常包含哪些寄生元件?
26. JFET在哪些方面比MOSFET好?
27. 用多晶硅条构成的电阻和电容典型误差值是多少?
28. 电阻、BJT和MOSFET,通常哪一种器件匹配性能更好?
29. BJT和MOSFET,通常哪一种器件匹配性能更好?

第4章　单晶体管基本单元

模拟和混合信号集成电路使用微电子器件来感知、调理、过滤和调整各种各样的信号。为此，晶体管用于缓冲、放大（有时衰减）电流和电压，将电流转换为电压或者电压转换为电流。本章介绍了单个晶体管如何处理输入电流和电压。基本目的是利用这些基本单元构建模拟和混合信号模块来实现更高级的用于放大、调整、转换和其他信号调理目的的功能块。

将电路简化为更简单的二端口网络是这个过程的本质部分，因为领悟和创新是简单化和分解化概念和电路的结果。理解分流和旁路电容如何增加和减少能量、如何减缓和加速信号也很重要，因为晶体管不能立即对激励做出反应。所以在探索晶体管的不同使用方式之前，本章首先从讨论二端口模型、频率响应和晶体管中的信号流开始。

4.1　二端口模型

二端口模型（Two - Port Model）使用一个或两个受控源和两个电阻来描述任何电路的输入和输出特性。例如图4.1所示的诺顿等效（Norton Equivalent）网络，一个受控电流源和一个电阻相并联描述了端口电流与电压之间的关系。同样，图中的戴维南等效（Thevenin Equivalent）依靠一个受控电压源和一个串联电阻来预测电流和电压响应。由于两种网络都能较好地模拟电路行为，工程师通常选取更容易和更方便使用的。

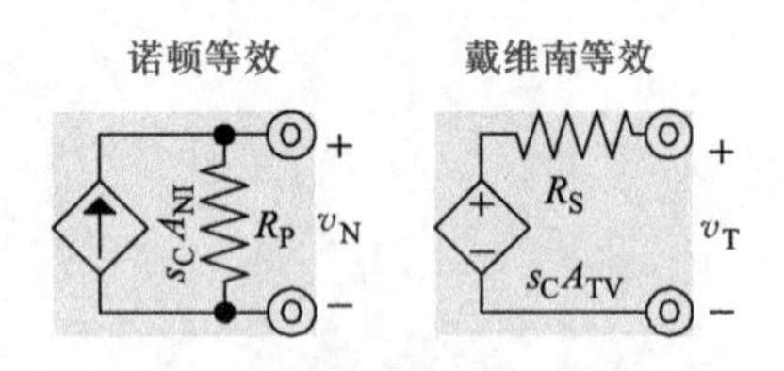

图4.1　诺顿和戴维南二端口模型

对于模拟一个电路工作状态的网络而言，电阻不应该对信号源所模仿的行为建模，反之亦然。所以为了避免这种冗余，工程师在提取另一个参数之前会先取消这个参数的影响。例如，在诺顿电路中，电流增益 A_{NI} 指的是没有电流流经并联电阻 R_P 时的值，这种情况只发生在诺顿等效输出电压 v_N 为零时。换句话说，当推导增益 A_{NI} 时，v_N 必须为0。同样，当推导 R_P 时，不能有电流流过电流源，因此，当从电路提取 R_P 时，控制信号 s_C 必须是零。

戴维南等效电路在这方面没有什么不同。戴维南电压增益 A_{TV} 是串联电阻 R_S 压降为0时的增益，这只发生在没有电流流过 R_S 时。因此，当推导 A_{TV} 时，戴维南电路的端口必须在开路状态。同样，当推导 R_S 时，A_{TV} 应为零，因此，提取 R_S 时控制信号 s_C 必须为0。作为参考，表4.1总结了所有这些测试条件。

表 4.1　提取二端口参数的测试条件

参数	诺顿等效		戴维南等效	
	A_{NI}	R_P	A_{TV}	R_S
测试条件	短路：$v_N\equiv0$	$s_C\equiv0$	开路：$i_R\equiv0$	$s_C\equiv0$

［**例 4.1**］　陈述推导图 4.2 中阐述的诺顿等效输入和戴维南等效输出时的电路测试条件。

解：

1）当推导 R_{IN}时，i_OA_G必须为 0，所以 v_O必须处于开路状态：$i_O\equiv0$。

2）当推导 A_G时，R_{IN}的电流必须为 0，所以 v_{IN}必须短接到地：$v_{IN}\equiv0$。

3）当推导 A_V时，R_O必须下降到 0，所以 v_O必须在开路状态：$i_O\equiv0$。

4）当推导 R_O时，$v_{IN}A_V$应该下降为 0，所以 v_{IN}必须短接到地：$v_{IN}\equiv0$。

因为并联电子元件总是比串联更好处理，因此许多工程师也是尽可能地选择诺顿等效电路。同样，因为输出信号通常不会返回到输入，所以输入端通常不包括二端口单元所包含的受控源。换句话说，如图 4.3 所示，大多数设计师用一个输入电阻 R_{IN}来模拟电路的输入，用一个受输入电压 V_{IN}控制的诺顿电路来模拟输出。因为输入没有其他元件，推导 R_{IN}就不需要测试条件。然而，要得到短路跨导增益 G_M，通过输出电阻 R_O的电流必须是零，所以 v_O必须短接到地。同样，当推导短路输出电阻 R_O时，输入电压 v_{IN}必须接地以消除 $v_{IN}G_M$的影响。注意，这就是第 3 章中模拟双极型晶体管（BJT）、金属－氧化物半导体场效应晶体管（MOSFET）和结型场效应晶体管（JFET）小信号响应的基本电路。

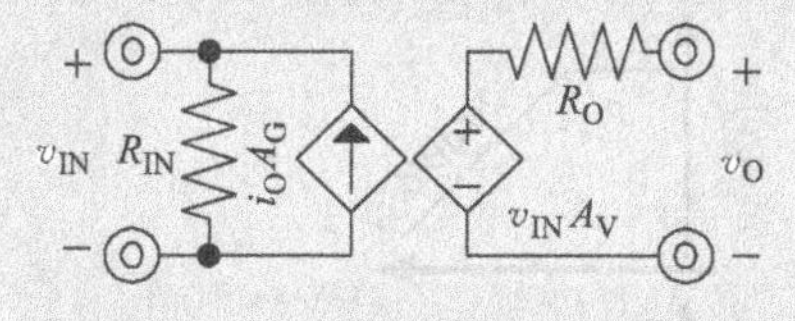

图 4.2　一个电路的二端口模型实例

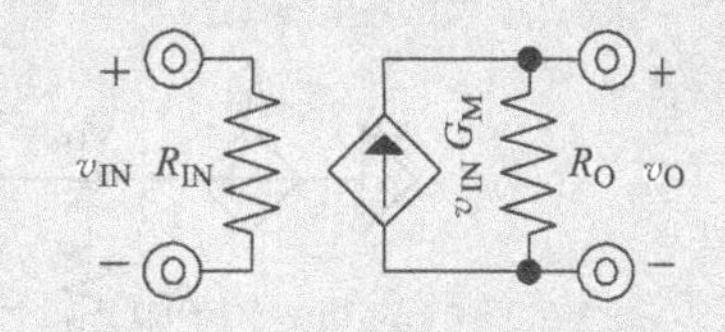

图 4.3　常用的二端口模型

4.2　频率响应

不幸的是，实际的器件并不能对传输信号立即做出反应。举个例子，流向电容的电流缓慢地提升电容两端的电压，所以电容减慢了输入信号。类似地，电感两端的电压对所流过电流的提升缓慢，所以电感也会延迟信号。然而，在模拟集成电路中，电容和电阻的影响通常大于电感，除非频率在吉赫兹频段上的射频（Radio Frequency，RF）应用。

描述系统在时域内行为方式的其中一种方法是通过频域。在频域中，低频和高频对应着慢速和快速变化的信号，频率响应描述电路对两者做出的响应。用这种方式展示信号的动态特征不仅有利于描述电路的性能，还能确定反馈环路在什么条件下变得不稳定，很多模拟系统依赖反馈环路。在本质上，频率响应描述电路的低频增益，并确定在频率范围内提高或降低增益的零点（Zero）或极点（Pole）。

4.2.1　极点

在开始讨论极点之前，首先考虑如图 4.4 所示的并联电容 C_{EQ}对电阻 R_{EQ}的分流，这意味着 C_{EQ}降低了输入电流 i_{IN}在 R_{EQ}上产生的电压 v_O：

$$v_O = i_{IN}\left(R_{EQ}\left\|\frac{1}{sC_{EQ}}\right.\right) = \frac{i_{IN}R_{EQ}}{1 + sR_{EQ}C_{EQ}} = \frac{i_{IN}R_{EQ}}{1 + \frac{s}{2\pi p_C}} \tag{4.1}$$

这里 $1/sC_{EQ}$是 C_{EQ}的阻抗，s 对应 s 域频率。然而，只有当 C_{EQ}的阻抗接近或低于 R_{EQ}时才会发生电压降低，因为其他情况下流经 C_{EQ}的电流可以忽略不计。换句话说，随着频率的上升，超过 $1/sC_{EQ}$等于 R_{EQ}所对应的频率时，并联阻抗随 $1/sC_{EQ}$下降而下降：

$$\left.\frac{1}{sC_{EQ}}\right|_{f=\frac{1}{2\pi R_{EQ}C_{EQ}}=p_C} = R_{EQ} \tag{4.2}$$

所以超过这一频点之后 v_O也会下降。事实上，一个 10 倍频率的上升，对应 $1/sC_{EQ}$变为原来的1/10，结果是 v_O也变为原来的1/10，但只在极点 p_C之后。这就是为什么 C_{EQ}的影响，在频率超过极点后每 10 倍频程增益降低 20dB，如图 4.4 所示。一般情况下，当电容对跨接在其两端的总电阻分流时产生极点，这是一个说在某个频率它们阻抗匹配的更深刻的方式。

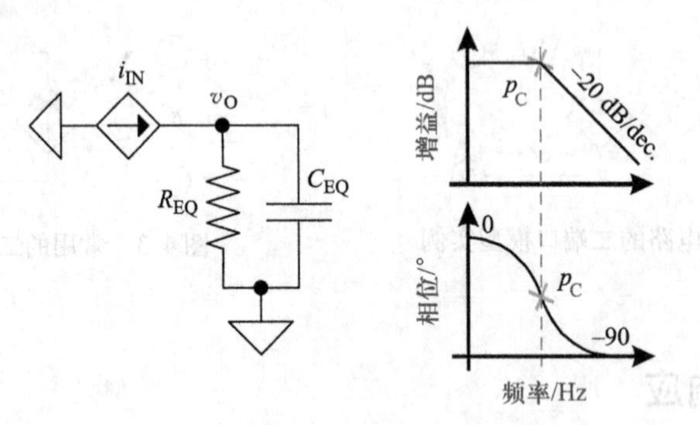

图 4.4　一个分流电容和对应的频率响应

因为 C_{EQ}的电流在频率远低于 p_C时可以忽略，所以在低频率时 C_{EQ}不产生延迟或影响电路。然而在 p_C附近，C_{EQ}的电流比较可观，对 v_O的影响也是如此，这意味着 C_{EQ}对 v_O产生延迟。超过 p_C10 倍频后，$1/sC_{EQ}$为 R_{EQ}的 1/10，R_{EQ}不再影响延迟，此时 C_{EQ}单独确定延迟。延迟的另一个名称是两正弦信号之间的相移（Phase Shift），两个同频率异相位正弦波换一种说法就是一个正弦波相对于另一个正弦波有延迟。对于一个极点，低于 p_C10 倍频以下，相移几乎为零；在 p_C处相移等于 -45°；超过 p_C10 倍频时，相移几乎为 -90°。为更准确地描述，图 4.4 所示波特图（Bode Plot）的相位为

$$\text{Phase}_{\text{Pole}} = -\arctan\left(\frac{f}{p_C}\right) \tag{4.3}$$

式中，f 代表频率。

4.2.2　零点

1. 前馈零点

除了分流能量之外，旁路电容也会前馈能量。例如，考虑图 4.5 中的前馈电容 C_{FF}，这个电容旁路了同相电路 $+A_V$ 和反相电路 $-A_V$。首先，C_{FF} 像输入电容 C_{IN} 一样从输入电阻 R_{IN} 分流能量，所以 C_{FF} 和 C_{IN} 共同在输入 v_{IN} 端产生极点。然而，与输出电容 C_O 不同的是，C_{FF} 将从 R_{IN} 分流的能量直接传输到输出电阻 R_O，使输出电压 v_O 上升，这个效果和极点造成的效果正好相反。但这只发生在 C_{FF} 的前馈电流 i_{FF} 接近或超过 G_M 电流 i_{GM} 的情况下。更精确的描述是，当 v_O 为 0 时，在 i_{FF} 等于 i_{GM} 时的频率处，短路跨导增益包含了一个零点 z_{FF}，

$$i_{FF} = \frac{v_{IN} - v_O}{Z_C} = v_{IN} s C_{FF} \bigg|_{Z_{FF} = \frac{G_M}{2\pi C_{FF}}} = i_{GM} = v_{IN} G_M \tag{4.4}$$

式中，Z_C 是 C_{FF} 的阻抗 $1/sC_{FF}$。

这意味着，虽然 C_{FF} 没有对频率低于零点 z_{FF} 以下时的电路整体增益造成影响，如图 4.5 所示，但 C_{FF} 提高了频率高于零点 z_{FF} 以上时的增益。与前述一样，由于 C_{FF} 的阻抗随着频率线性下降，i_{FF} 随着频率十倍的增加也上升 10 倍，这就是为什么经过一个零点之后，增益每 10 倍频率增加 20dB。

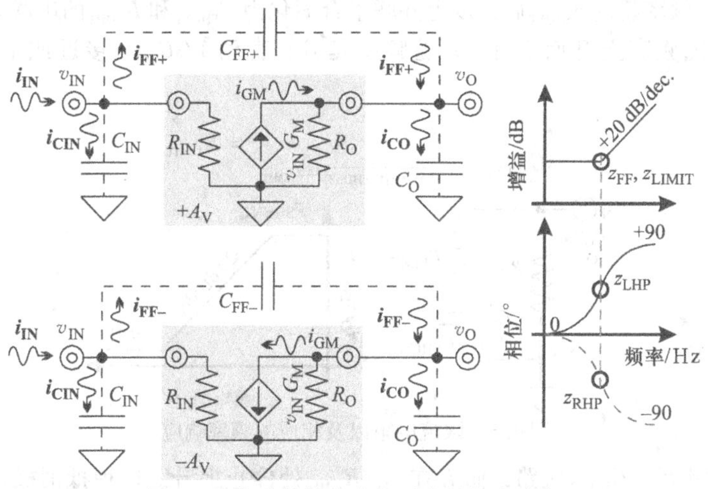

图 4.5　旁路前馈电容和对应的频率响应

对于同相（In-Phase）前馈电容如 C_{FF+} 的情况，零点会抵消极点的影响。换句话说，因为前馈电流 i_{FF+} 和输出电流 i_O 同相，C_{FF} 恢复由 C_O 产生的能量和相位损失。这意味着同相零点 z_{LHP} 产生的相移量与极点产生的相移量大小相等但符号相反：低于 z_{LHP}10 倍频时相移接近 0；在 z_{LHP} 处相移为 +45°；超过 z_{LHP}10 倍频时相移几乎为 +90°：

$$\text{Phase}_{\text{LHP Zero}} = \arctan\left(\frac{f}{z_{\text{LHP}}}\right) \tag{4.5}$$

这里 LHP 在控制理论中代表左半平面（Left Half Plane）。有趣的是，异相前馈电容如 C_{FF-} 在电路沉降电流时提供电流，反之亦然。所以，除了给 v_O 增加能量之外，C_{FF-} 也反转 v_O 的极性，这就是控制理论中所说的右半平面（Right Half Plane，RHP）零点。换句话说，异相零点在提高增益的同时，也会减少相位：

$$\text{Phase}_{\text{RHP Zero}} = -\arctan\left(\frac{f}{z_{\text{RHP}}}\right) \tag{4.6}$$

要理解同相和异相零点的内涵，首先考虑到设计师往往通过电路中的反转次数来稳定反相反馈环路。结果是，同相前馈电容可以是无害的，有时甚至是有益的。不幸的是，对异相电容器情况却不一样。后者的问题是，传播信号在经过 z_{RHP} 后多了一次反转，而其他一切都没有变，这意味着一个反相反馈环路经过 z_{RHP} 后变成了同相反馈环路，这在大多数控制系统中是非常不受欢迎的。

2. 限流零点

归根到底，极点的产生因为电容的分流随着频率而升高而增大所导致，所以插入一个与电容串联的限流电阻，如图 4.6 中的 R_{LIMIT}，能最后抵消和消除电容初始建立的极点的影响的原因。在这个例子中，当 $1/sC_{SHUNT}$ 接近或低于跨接在电容两端的电阻时，在这里等于 R_O+R_{LIMIT}，C_{SHUNT} 和 R_{LIMIT} 以电容电流 i_C 的形式从 R_O 分流能量并产生极点 p_{SHUNT}。频率超过 p_{SHUNT} 后，以上并联组合简化为 C_{SHUNT} 和 R_{LIMIT} 的串联。因此，由于 $1/sC_{SHUNT}$ 随频率上升而下降，i_C 随频率爬升，直到 $1/sC_{SHUNT}$ 接近或下降到 R_{LIMIT} 之下：

$$\left.\frac{1}{sC_{\text{SHUNT}}}\right|_{f=\frac{1}{2\pi R_{\text{LIMIT}} C_{\text{SHUNT}}}=z_{\text{LIMIT}}} = R_{\text{LIMIT}} \tag{4.7}$$

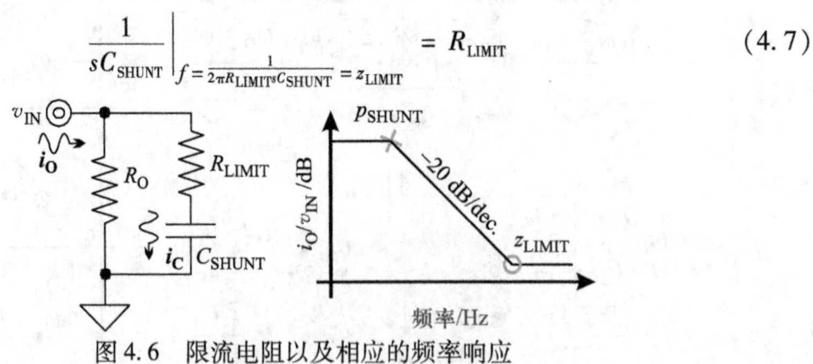

图 4.6 限流电阻以及相应的频率响应

超过这个频率后，C_{SHUNT} 短路，而 i_C 在 v_{IN}/R_{LIMIT} 处停止上升。这种抵消极点影响的方式构成一个零点，在这里就是限流零点 z_{LIMIT}。因为类似的一系列串联配置中没有信号反相，所以这个零点是同相并且在左半平面。

4.2.3　米勒分裂

除了引入一个右半平面零点，跨接在反相电压放大器的异相前馈电容，如图 4.7 中的 C_M，还有其他特性，与任何电容一样，流经 C_M 的电流会产生电容两端电压 v_C。然而，由于 v_O 的下降比 v_{IN} 的上升更迅速，v_{IN} 在 v_C 上升的时候几乎不增加。这相当于说 C_M 的电流对 v_{IN} 的改变像是 v_{IN} 接有更高的对地电容，这就是工程师们所说米勒效应(Miller Effect)。

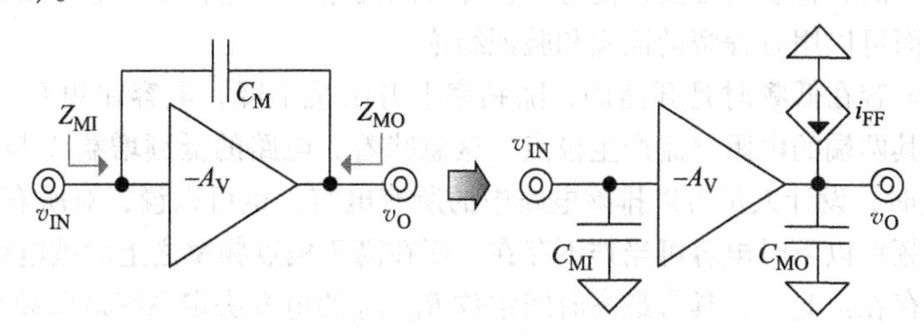

图 4.7　米勒倍增异相前馈电容

为了对这种效应建模，考虑 C_M 的有效输入阻抗 Z_{MI}，表示为 C_M 的电流 i_C 和 v_{IN} 的比值。因为 C_M 两端的电压等于 $v_{IN}-v_O$，i_C 是电压除以 C_M 的阻抗 $1/sC_M$，v_O 是 v_{IN} 的放大值 $-v_{IN}A_V$，所以 Z_{MI} 简化为

$$Z_{MI}=\frac{v_{IN}}{i_C}=\frac{v_{IN}}{(v_{IN}-v_o)sC_M}=\frac{v_{IN}}{(v_{IN}+v_{IN}A_V)sC_M}=\frac{1}{s(1+A_V)C_M}=\frac{1}{sC_{MI}} \tag{4.8}$$

这里 $1/s$ 的意思是 Z_{MI} 是电容 C_{MI} 的阻抗，C_{MI} 等效电容是 C_M 的 $(1+A_V)$ 倍：

$$C_{MI}=(1+A_V)C_M\approx A_VC_M \tag{4.9}$$

当增益比较可观时近似为 A_VC_M。换句话说，A_V 米勒倍增了 C_M 对 v_{IN} 的影响，可以用一个到地的大电容模拟 C_M 的动态特性。

有趣的是，因为 v_O 的变化对应 v_{IN} 的电压波动很小，所以对于 v_O 没有类似的倍增效应。这里，C_M 的输出阻抗 Z_{MO} 是 v_O/i_C，C_M 两端的电压是 v_O-v_{IN}，i_C 等于电压除以 $1/sC_M$，v_{IN} 等于 $-v_O/A_V$，所以 Z_{MO} 简化为

$$Z_{MO}=\frac{v_O}{i_C}=\frac{v_O}{\left(v_O+\frac{v_O}{A_V}\right)sC_M}=\frac{1}{s\left(1+\frac{1}{A_V}\right)C_M}=\frac{1}{sC_{MO}} \tag{4.10}$$

这里 $1/s$ 的意思是 Z_{MO} 是电容 C_{MO} 的阻抗，其值为

$$C_{MO}=\left(1+\frac{1}{A_V}\right)C_M\approx C_M \tag{4.11}$$

当增益比较可观时近似为 C_M。换句话说，A_V 几乎不能改变经过 C_M 对 v_O 产生的影响，这意味着 v_O 的对地等效电容几乎就相当于 C_M。

将 C_M 分解为等效输入电容 C_{MI} 和等效输出电容 C_{MO} 的目的是为了简化分析和更容易

地确定 C_M对传输信号的影响。这样，设计人员可以很容易地确定 C_{MI}和 C_{MO}在何种程度上帮助建立 v_{IN}和 v_O的极点。然而，注意 C_M仍然会馈送异相电流 i_{FF}到 v_O，这就是为什么图 4.7 的模型包括 i_{FF}。这个电流当然有可能足够高以使 v_O反相而引入右半面零点。

4.2.4　电容 - 分流 - 电阻法

理解几个电容对一个电路的影响可能很有挑战性。推导方程会有所帮助，但不总是这样，因为从三阶和更高阶多项式中抽出物理内涵可能会很困难。本小节的目的是开发一个深入的、直观的方法，使得工程师可以确定单个电容器对电路频率响应的影响。当然后面可以用方程帮助证实和验证结论。

首先，电容在低频时是开路的，随频率上升阻抗下降，电容在频率 $1/2\pi R_{EQ}C_{EQ}$处对跨接在其两端的电阻分流产生极点。这意味着，电路的低频增益 A_0与电容无关，所以确定 A_0时，设计人员可以排除电路中的所有电容。也可以说，对所有实际情况，在低于极点频率以下时电容可当作不存在，而在高于极点频率之上时被电容分流的电阻可当作不存在。此外，具有最高时间常数 $R_{EQ}C_{EQ}$的电容决定系统最低频率极点。

所以，在系统中寻找最低频率极点 p_1也就意味着寻找具有最高时间常数的电容。由于第一个电容 C_1在较低的频率对并联电阻分流，当 C_1的并联电阻消失时，具有最高时间常数的电容就成为下一个极点 p_2。相似地，因为电容 C_2在 C_1之后分流，当 C_1和 C_2的并联电阻都消失时，时间常数最高的电容就建立下一个极点 p_3。修改和简化电路以适应每个接连消失的电阻并推导下一个最高时间常数，这样允许工程师抽出所有其他的极点，直到没有电容可以考虑为止。

然而，注意到诺顿和戴维南测试条件可能短路或断开被电容分流的电阻。换句话说，二端口电阻不是总能模拟被电容分流的所有电阻。还注意到，所有可能的电容中，特意添加到电路的非寄生电容、基极 - 发射极电容 C_π和栅极 - 源极电容 C_{GS}、米勒效应电容 C_{MI}和负载电容 C_{LOAD}，在电路中通常是最高的，所以它们通常最先分流，但也只有当它们的并联电阻值是中等到高，即和 r_O和 r_{ds}差不多或者更高，甚至可以是 r_π时。通常情况下，这些电容不会分流阻值比较低的源电阻 R_S和 g_m电阻 $1/g_m$，直到频率相当高的情况下。

最后，这种方法是假设极点之间不是很接近以至于其对应的阻抗不会互相影响。这个假设一般不会是个问题，因为模拟设计师通常会寻求建立一个低频主极点。因此，如果发现没有一个时间常数占主导地位，这就是告诉工程师要调整电路直到有一个主极点出现。如果发现接下来的 2 个时间常数几乎是相同的，这表示两个电容在平均时间常数所对应频率附近产生了两个极点：

$$f_P = \frac{1}{2\pi[\mathrm{Avg}(R_{EQ}C_{EQ})_N]} \tag{4.12}$$ [㊀]

式中，N是时间常数相似的电容的数目；f_P是出现 N 个极点处的近似频率。注意，当

㊀ 原文式（4.12）中没有 N，译文中已修正。——译者注

对所有的时间常数求和时，最高的时间常数占主导地位，f_p成为p_1，或者，在C_1开始分流电阻之后，如果C_2在C_1后起主导作用，则f_p变为p_2。

4.3　信号流

4.3.1　输入和输出

在晶体管中不是所有端口都是可行的输入，也不是所有的端口都是有用的输出。考虑到，就像水通过水龙头，晶体管中携带能量的基本信号是电流。因为基极－发射极和栅极－源极电压在 BJT、MOSFET 和 JFET 中控制集电极和漏极电流，因此基极、栅极、发射极和源极都是良好的输入端口。相比之下，集电极和漏极不适合作为输入端口，因为它们对电流的影响最小。同理，集电极、漏极、发射极和源极都是可行的输出端，因为它们都承载电流，而晶体管依靠电流传递能量与信息。另一方面，基极和栅极在其他端口的电压和电流变化时响应很小或没有响应，所以基极和栅极都不适合作为输出端口。

4.3.2　极性

作为输入，基极电压v_B或栅极电压v_G的上升会提高集电极电流i_C或漏极电流i_D，如图 4.8 所示，因此晶体管从集电极或漏极抽取电流并送到发射极或源极。结果是，发射极电压v_E或源极电压v_S上升，而集电极电压v_C或漏极电压v_D下降。换句话说，发射极或源极电压与基极或栅极电压同相，而集电极或漏极电压响应则相反：反相 180°。或用更形象的术语，基极到集电极或栅极到漏极信号反转，而基极到发射极或栅极到源极信号不反转。

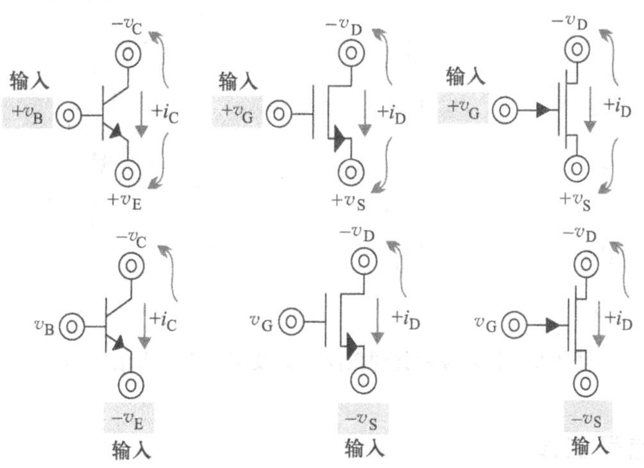

图 4.8　晶体管中的信号流路径

作为一个互补的输入，发射极电压 v_E 或源极电压 v_S 的下降会提高集电极电流 i_C 或漏极电流 i_D。这意味着，晶体管从集电极或漏极吸收更多电流，结果集电极电压 v_C 或漏极电压 v_D 下降。因此，集电极或漏极电压和发射极或源极电压是同相的。换句话说，只有基极到集电极或栅极到漏极的信号经过晶体管反转。

4.3.3　单晶体管基本单元

把这些概念扩展到电路的构成，可以揭示出工程师使用晶体管的所有可能的方法。例如，基极或栅极可以驱动和反转集电极或漏极。教科书中把这一单晶体管形态称之为共发射极（Common - Emitter）或共源极（Common - Source）电路，因为在这种情况下的发射极或源极既不是输入也不是输出。类似地，发射极或源极可以同相驱动集电极或漏极成为共基极（Common - Base）或共栅极（Common - Gate）晶体管。基极或栅极也可以同相驱动发射极或源极成为共集电极（Common - Collector）或共漏极（Common - Drain）晶体管。除了在公共端增加串联电阻之外，没有其他可能的形态了。这意味着，所有的电路最终都能分解成 3 种单晶体管基本单元的组合，因此，深入了解每种电路形态是精通和设计具有更多晶体管的模拟电路的关键。

4.4　共发射极/共源极跨导器

由于集电极或漏极电流与基极或栅极电压强相关，而与集电极或漏极电压弱相关，图 4.9 所示的共射极（CE）或共源极（CS）晶体管 Q_{CE} 和 M_{CS} 中基极或栅极是输入端，集电极或漏极是输出端。输出端的负载通常是电阻或电容、其他 CE 或 CS 晶体管、共基极或共栅极单元或以上的组合。不论其具体形式如何，负载最终都可表现为一个等效阻抗和一个稳态电流，用诺顿等效电路可以模拟。

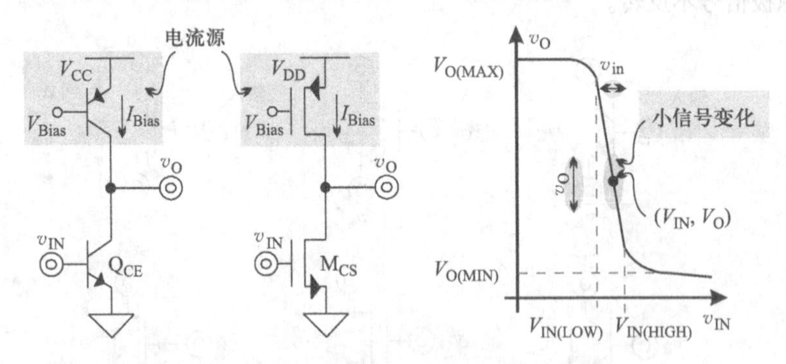

图 4.9　共射极和共源极跨导器及其相应的大信号响应

4.4.1　大信号工作

当基极或栅极输入电压 v_{IN} 较小时，晶体管关断，所以如图 4.9 所示的负载偏置

电流 I_{Bias} 使输出电压 v_O 向正电源电压 V_{CC} 或 V_{DD} 方向升高。当 v_{IN} 上升，晶体管电流随之上升使得负载两端电压增加，直到电流接近或超过 I_{Bias}。换句话说，输出开始下降时的输入电压 $v_{IN(LOW)}$ 对应于维持 I_{Bias} 所需的稳态输入电压。$v_{IN(LOW)}$ 之后，更多的电流流过负载并将 v_O 向地电压方向拉低。v_O 上升和下降的程度最终取决于负载。例如，对于 CE 或 CS 电流源负载，Q_{CE} 和 M_{CS} 关断时 v_O 上升至正电源电压，当晶体管被驱动并试图抽取超过电流源所能提供的最大电流时，v_O 将下降至 $V_{CE(MIN)}$ 或 $V_{DS(SAT)}$。注意，当 v_O 为高电平时 v_{IN} 为低电平，反之亦然，这就相当于说基极到集电极或栅极到漏极信号反转。

对于 BJT，提高 v_{IN} 最终会使基极 - 集电极二极管正偏，并从基极 - 发射极结抽取可观的电流，从而将 v_O 箝制在 $v_{BE} - v_{BC}$，相当于 $0.7 - 0.3V = 0.4V$，$V_{CE(MIN)}$ 为 0.2 ~ 0.3V。另一方面，对于场效应晶体管（FET），当 v_O 在 $v_{DS(SAT)}$ 与地之间时表示从饱和区转换到线性区。因此，当输入电压 v_{IN} 继续上升，M_{CS} 的沟道电阻 R_{TRIODE} 下降，结果是 $I_{Bias}R_{TRIODE}$ 和 v_O 也随之下降，但只是相对电源电压逐渐变化，因为 R_{TRIODE} 这时已经很低了。

4.4.2　小信号模型

在大多数模拟应用中，设计师将放大晶体管偏置在大信号范围内的能产生最高增益的某个点。比如 CE 或 CS 晶体管，如图 4.9 所示，对应 v_{IN} 一个小的波动，v_O 最大变化发生在 v_O 从 $V_{O(MAX)}$ 转变到 $V_{O(MIN)}$。模拟电路设计师因此将 Q_{CE} 和 M_{CS} 偏置在转换区域的某个地方，这时 Q_{CE} 处于正向有源区或轻饱和区，M_{CS} 处于饱和区。在这里，叠加在稳态输入偏置电压 V_{IN} 上的输入小信号 v_{in} 产生了叠加在输出偏置电压 V_O 上的变化可观的输出 v_O。

为了确定该区域的增益，考虑晶体管的低频小信号模型，以及它们如何映射到 4.1 节中的常用二端口电路，将这些电路重现在图 4.10，发射极电压 v_e 或源极电压 v_s 为零。这里，对于 BJT 而言，输入电阻 R_{IN} 为 r_π，这个电阻大概是千欧姆量级；对于 MOSFET 而言，输入电阻为无穷大，跨导增益 G_M 为 g_m。BJT 和 MOSFET 的输出电阻 R_O 分别为 r_o 和 r_{ds}。将这些组合在一起，$v_{in}G_M$ 从 R_O 抽取电流，并加载到负载电阻 R_{LOAD} 建立反相电压 v_O，v_O 和 v_{in} 的比值就是电路的低频小信号电压增益：

$$A_{V0} = \frac{v_O}{v_{in}} = \frac{-v_{in}G_M(R_O \parallel R_{LOAD})}{v_{in}} = -g_m(r_o \parallel R_{LOAD}) \tag{4.13}$$

对于场效应晶体管而言，r_o 为 r_{ds}。因为 R_{LOAD} 只会减小电路的有效输出电阻，所以 A_{V0} 不会超过空负载时的 $-g_m r_o$，工程师把这个值称作本征（Intrinsic）或最大电压增益（Maximum Voltage Gain）A'_{V0}。因为 g_m 在几百微安/伏的量级，r_o 和 r_{ds} 为兆欧姆量级，所以 A_{V0} 可以达到 100V/V，即 40dB。这种高电压增益是工程师们通常把 CE 或 CS 晶体管当作电压放大器的原因。然而更基本的是，CE 或 CS 级将电压转换成电流，然后通过电阻再把电流变换成电压，所以 CE BJT 或 CS FET 更多地是被看作跨导器而不是电压放大器。

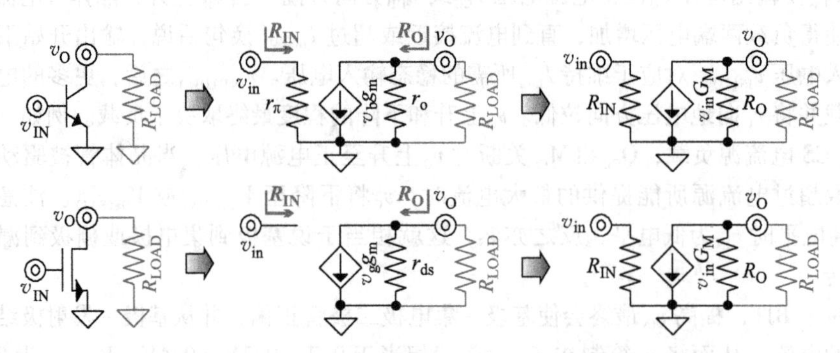

图4.10 CE和CS晶体管的小信号二端口低频模型

信号传输和增益分析

确定电路增益的第一步是追踪传输信号从输入到输出的路径。下一步是把信号路径上的电路分解成若干单晶体管基本单元。最终，每个晶体管将一个信号，可以是电压或电流，转换成其他信号。电阻和电容作用类似，将电流转换为电压或将电压转换为电流。所以，跟踪和理解这些电压到电压、电流到电流、电压到电流、电流到电压的转换是如何发生的，是许多工程师推导多晶体管电路增益的方式。例如，一个不带负载的共发射极电路，基极电压的小变化 Δv_B 或 v_b 会在集电极产生电流波动 Δi_C 或 i_c，然后经过 r_o 转换成输出电压的变化 Δv_O 或 v_o。在这里，g_m 将 v_b 转换为 i_c，r_o 将 i_c 转换为 v_o，组合增益为 $-g_m r_o$。这里信号反转是因为 i_c 从 r_o 吸取电流。更多地采用这种方法的示例，详见例4.2~4.6。

［**例4.2**］ 图4.11所示级联N沟道CS和PNP CE级，求低频小信号增益 v_{o2}/v_{in}。

解：输入小信号 Δv_{IN} 产生漏极电流变化 Δi_{D1}，然后经 R_{D1} 与 M_{N1} 的 r_{ds1} 转换成输出电压变化 Δv_{O1}。Δv_{O1} 引起集电极电流变化 Δi_{C2}，经 R_{C2} 和 Q_{P2} 的 r_{o2} 转化为输出电压波动 Δv_{O2}。输入信号因此经过以下的小信号电压－电流转换：

$$\Delta v_{IN} \rightarrow \Delta i_{D1} \rightarrow \Delta v_{O1} \rightarrow \Delta i_{C1} \rightarrow \Delta v_{O2}$$
$$= v_{in} \rightarrow i_{d1} \rightarrow v_{o1} \rightarrow i_{c1} \rightarrow v_{o2}$$

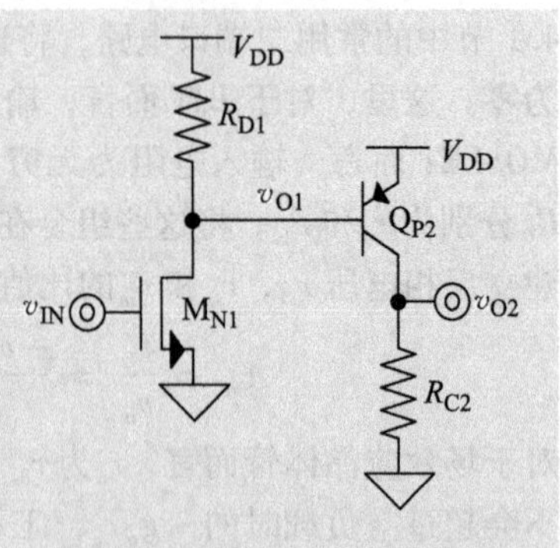

图4.11 级联CS和CE实例

由于 M_{N1} 的 $G_{M(CS)}$ 即 g_{m1} 把 v_{in} 转换为 i_{d1}，M_{N1} 的 $R_{O(CS)}$ 即 r_{ds1}，Q_{P2} 的 $R_{IN(CE)}$ 即 $r_{\pi2}$ 和 R_{D1} 把 i_{d1} 转换成 v_{o1}；Q_{P2} 的 $G_{M(CE)}$ 即 g_{m2} 将 v_{o1} 转换成 i_{c2}，Q_{P2} 的 R_O 即 r_{o2} 和 R_{C2} 将 i_{c2} 转换成 v_{o2}；g_{m1} 和 g_{m2} 分别从负载吸收电流使得输出信号反转，电路的小信号增益为

$$A_{V0} \equiv \frac{v_{o2}}{v_{in}} = \left(\frac{i_{d1}}{v_{in}}\right)\left(\frac{v_{o1}}{i_{d1}}\right)\left(\frac{i_{c2}}{v_{o1}}\right)\left(\frac{v_{o2}}{i_{c2}}\right)$$
$$= (-G_{M(CS)})(R_{O(CS)} \| R_{D1} \| R_{IN(CE)})(-G_{M(CE)})(R_{O(CE)} \| R_{C2})$$
$$= (-g_{m1})(r_{ds1} \| R_{D1} \| r_{\pi 2})(-g_{m2})(r_{o2} \| R_{C2})$$

4.4.3 频率响应

晶体管和负载的寄生电容影响电路的频率响应。在CE和CS晶体管的情况下，BJT和FET的唯一区别在于BJT包含了基极-发射极电阻 r_π，如图4.12所示。FET中的体效应电流 $v_{bs}g_{mb}$ 不存在了，因为体端和源端都连接到低阻抗点，这意味着 v_{bs} 为0。除此之外，BJT中 C_π、C_μ 和 r_o 的作用相当于FET中 C_{GS}、C_{GD} 和 r_{ds}。另外，因为两者的输入端都不受电容的影响，因此两个等效电路都必须考虑源电阻和电容，即 R_S 和 C_S。

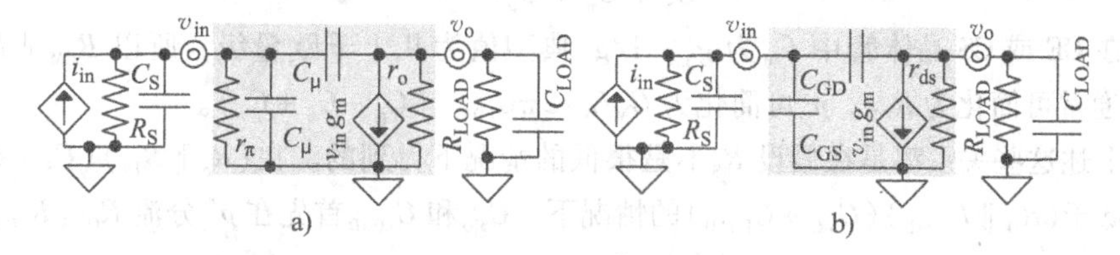

图4.12 a）CE和b）CS晶体管宽频谱小信号模型

有趣的是，因为CE和CS晶体管反转信号，所以 C_μ 和 C_{GD} 都是异相前馈电容。这样，它们向输出端馈入异相电流，引入一个右半平面零点 z_{RHP}。频率等于或大于 $g_m/2\pi C_\mu$ 时，前馈电流等于或超过晶体管 g_m 的电流：

$$i_{C_\mu} = (v_{be} - v_{ce})sC_\mu = (v_{be} - 0)sC_\mu \Big|_{z_{RHP} = \frac{g_m}{2\pi C_\mu}} = i_{gm} = v_{be}g_m \tag{4.14}$$

这里当 i_{C_μ} 等于 $v_{in}g_m$ 即电流 i_{gm} 时，r_o 和 R_{LOAD} 上的电压为零。C_μ 也从 v_{in} 和 v_o 中吸收电流，所以 C_μ 帮助建立在这些节点上的极点。C_μ 米勒分离为 v_{in} 上的 C_{MI} 和 v_o 上的 C_{MO} 更加说明了这个情况：

$$C_{MI} = (1 + A_V)C_\mu = [1 + G_M(R_O \| R_{LOAD})]C_\mu \tag{4.15}$$

和

$$C_{MO} = \left(1 + \frac{1}{A_V}\right)C_\mu = \left[1 + \frac{1}{G_M(R_O \| R_{LOAD})}\right]C_\mu \tag{4.16}$$

但是，由于CE或CS晶体管的低频电压增益很高，C_{MI} 约等于 $G_M(R_O \| R_{LOAD})C_\mu$ 或 $g_m(r_o \| R_{LOAD})$，C_{MO} 约等于 C_μ。

一旦分解之后，电路中的等效电容的数目降为 C_{MI} 与 C_S 和 C_π 并联，以及 C_{MO} 与 C_{LOAD} 并联。所以，如果 $(R_S \| R_{IN})(C_S + C_\pi + C_{MI})$ 高于 $(R_O \| R_{LOAD})(C_{MO} + C_{LOAD})$，$C_S$、$C_\pi$ 和 C_{MI} 首先分流并建立米勒输入极点 p_{IN}：

$$\frac{1}{s(C_S + C_\pi + C_{MI})}\Bigg|_{p_{IN} = \frac{1}{2\pi(C_S + C_\pi + C_{MI})(R_S \| R_{IN})}} \equiv R_S \| R_{IN} \tag{4.17}$$

在 C_S、C_π和 C_μ开始分流之后，其并联电阻 R_S和 R_{IN}及相关时间常数消失。C_{LOAD}与 C_μ和（C_S+C_π）的串联组合并联，但可简化成 C_{LOAD}和 C_μ，因为 C_π远高于 C_μ。电容在 p_O处分流 G_M的等效电阻 R_{GM}、R_O和 R_{LOAD}：

$$\frac{1}{s\{C_{LOAD}+[C_\mu \oplus (C_S+C_\pi)]\}} \approx \left.\frac{1}{s(C_{LOAD}+C_\mu)}\right|_{p_O=\frac{\left(\frac{G_M C_\mu}{C_S+C_\pi+C_\mu}\right)}{2\pi(C_{LOAD}+C_\mu)}}$$

$$\equiv R_{GM} \parallel R_O \parallel R_{LOAD} \approx \frac{C_S+C_\pi+C_\mu}{C_M C_\mu} \tag{4.18}$$

然而，在这里，因为 C_μ和（C_S+C_π）对 v_o分压到 v_{in}，G_M电流是其两端电压的线性函数，像电流流过电阻一样，因此 R_{GM}可简化成

$$R_{GM} \equiv \frac{v_o}{i_{GM}} = \frac{v_o}{v_o\left(\frac{C_\mu}{C_S+C_\pi+C_\mu}\right)G_M} = \frac{C_S+C_\pi+C_\mu}{G_M+C_\mu} \tag{4.19}$$

因为在 CE 或 CS 晶体管中 G_M为 g_m，$1/g_m$典型值为几十千欧量级，所以 $R_{GM} \parallel R_O \parallel R_{LOAD}$通常可简化为 R_{GM}，p_O可简化为 $G_M C_\mu/2\pi C_{LOAD}$（$C_\mu+C_S+C_\pi$）。

上述这些关系都是在假设 R_S不是很低的情况下得到的。在$(R_S \parallel R_{IN})(C_S+C_\pi+C_{MI})$低于$(R_O \parallel R_{LOAD})(C_{MO}+C_{LOAD})$的情况下，$C_{MO}$和 C_{LOAD}首先在 p'_O分流 $R_O \parallel R_{LOAD}$：

$$\left.\frac{1}{s(C_{MO}+C_{LOAD})}\right|_{p'_O=\frac{1}{2\pi(R_O \parallel R_{LOAD})(C_{MO}+C_{LOAD})}} \equiv R_O \parallel R_{LOAD} \tag{4.20}$$

R_O和 R_{LOAD}因此在高频上消失，而且因为 C_μ远远低于 C_{LOAD}和 C_π，C_S以及 C_π与 C_μ和 C_{LOAD}的串联组合相并联可简化成 C_S和 C_π。结果 C_S和 C_π在更高频率分流 R_S和 R_{IN}：

$$\frac{1}{s[C_S+C_\pi+(C_m \oplus C_{LOAD})]} = \left.\frac{1}{s(C_S+C_\pi+C_\mu)}\right|_{p'_{IN}=\frac{1}{(C_S+C_\pi+C_\mu)(R_S \parallel R_{IN})}} \equiv R_S \parallel R_{IN} \tag{4.21}$$

验证　将 C_S和 C_π合并到 C'_{IN}，R_S和 R_{IN}合并到 R'_{IN}，R'_O和 R_{LOAD}合并到 R'_O，在图 4.12a 中用电导 G'_{IN}对应 $1/R'_{IN}$，G'_O对应 $1/R_O$，C_O对应 C_{LOAD}，输入电流 i_{in}分流到 G'_{IN}、C'_{IN}和 C_μ：

$$i_{in} = v_{in}G'_{IN} + v_{in}sC'_{IN} + (v_{in}-v_o)sC_\mu \tag{4.22}$$

C_μ的电流$(v_{in}-v_O)sC_\mu$分流到 G_M、G'_O和 C_O：

$$(v_{in}-v_o)sC_\mu = v_{in}G_M + v_oG'_O + v_osC_O \tag{4.23}$$

用后式求解 v_{in}并代入到前式，得到 i_{in}：

$$\begin{aligned} i_{in} &= v_{in}(G'_{IN}+sC'_{IN}+sC_\mu) - v_osC_\mu \\ &= \left[\frac{v_o(G'_{IN}+sC'_{IN}+sC_\mu)}{-(G_M-sC_\mu)}\right](G'_{IN}+sC'_{IN}+sC_\mu) - v_osC_\mu \end{aligned} \tag{4.24}$$

跨导增益 v_o/i_{in}为

$$\frac{v_o}{i_{in}} = \frac{-(G_M-sC_\mu)}{s^2(C_OC'_{IN}+C_OC_\mu+C_\mu C'_{IN})+s(G_MC_\mu+G'_OC'_{IN}+G'_OC_\mu+G'_{IN}C_O+G'_{IN}C_\mu)+G'_OG'_{IN}}$$

$$= \frac{-R'_{IN}R'_O G_M\left(1-\frac{sC_\mu}{G_M}\right)}{s^2R'_{IN}R'_O(C_OC'_{IN}+C_OC_\mu+C_\mu C'_{IN})+s\{R'_{IN}[C_\mu(G_MR'_O+1)+C'_{IN}]+R'_O(C_O+C_\mu)\}+1}$$

$$\approx \frac{R'_{IN}(-G_MR'_O)\left(1-\frac{sC_\mu}{G_M}\right)}{s^2R'_{IN}R'_OC_O(C'_{IN}+C_\mu)+s\{R'_{IN}[C_\mu(G_MR'_O+1)+C'_{IN}]\}+1} \tag{4.25}$$

尽管初看不是很明显，这个关系式揭示了之前得出的所有结论。

首先，当 s 小到可以忽略时，低频增益为 v_o/i_{in}，即 $R'_{IN}G_MR'_O$，或等价的 $-(R_S \parallel R_{IN})G_M(R_O \parallel R_{LOAD})$，其中 $R_S \parallel R_{IN}$ 将 i_{in} 转换为 v_{in}，$-G_M(R_O || R_{LOAD})$ 或 A_{VO} 放大 v_{in}。其次，当 sC_μ/G_M 接近和超过 1 时，经过右半平面零点 $G_M/2\pi C_\mu$，v_o/v_{in} 上升，极性反相。在低频处，分母中的 s 项远远超过其二次项，这意味着后者在低频处消失。所以，如果 R_S 不是很小，$R'_{IN}[C_\mu(G_MR'_O+1)+C'_{IN}]$ 或者 $(R_{IN} \parallel R_S)(C_{MI}+C_S+C_\pi)$ 远远超过 R'_O（C_O+C_π）或（$R_O \parallel R_{LOAD}$）（$C_{LOAD}+C_\mu$），C_{MI}、C_S 和 C_π 就像前面预测的那样首先在 p_{IN} 分流。在更高频率接近下一个极点处，s 项和 s^2 项都远远超过 1，所以 1 项消失，s 因数揭示下一个极点。这里，假设 C_O 或 C_{LOAD} 通常比 C_μ 高很多，类似地，C_{MI} 中的 $G_MR'_O$ 大于 1，C_{MI} 大于 C_S 和 C_π。因此在求解 s 建立极点 p_O 时，R_{IN} 和 R'_O 会相互抵消，极点位于 $G_MC_\mu/2\pi C_O$（$C_\mu+C'_{IN}$）或 $G_MC_\mu/2\pi C_{LOAD}$（$C_\mu+C_S+C_\pi$）。

另一方面，如果 R_S 较小，$R'_O(C_O+C_\pi)$ 或者 $(R_O \parallel R_{LOAD})(C_{LOAD}+C_\mu)$ 远远超过 $R'_{IN}[C_\mu(G_MR'_O+1)+C'_{IN}]$ 或者（$R_{IN} \parallel R_S$）（$C_{MI}+C_S+C_\pi$），那么 C_{LOAD} 和 C_μ 首先在 p'_O 即 $1/2\pi$（$R_O \parallel R_{LOAD}$）（$C_{LOAD}+C_\mu$）分流，v_o/v_{in} 简化为

$$\frac{v_o}{i_{in}} \approx \frac{R'_{IN}(-G_MR'_O)\left(1-\frac{sC_\mu}{G_M}\right)}{s^2R'_{IN}R'_OC_OC'_{IN}+sR'_OC_O+1} \tag{4.26}$$

在接近下一个极点的更高频率处，s 项和 s^2 项都远远大于 1，因此 1 消失，s 因子揭示下一个极点。这里，假设 C_O 或 C_{LOAD} 以及 C'_{IN} 或 C_S 与 C_π 远远高于 C_μ，这时在求解 s 建立极点 p'_{IN} 时，R'_O 与 C_O 相互抵消，极点在 $1/2\pi$（$R_{IN} \parallel R_S$）（C_S+C_π）。

4.4.4 发射极/源极负反馈[⊖]

在公共端发射极或源极通过一个串联电阻，如图 4.13 所示的 R_{DEG}，连接到地的情况下，基极 - 发射极电压 v_{be} 或栅极 - 源极电压 v_{gs} 只是输入电压 v_{in} 的一部分。结果是，g_m 电流下降，所产生的电压增益和跨导也下降。增益减少是工程师称这些串联电阻为发射极或源极退化电阻的原因。

1. 小信号模型

退化电阻 R_{DEG} 也和 r_π 串联，所以其二端口等效输入电阻 R_{IN} 高于没有被退化时的值。事实上，在图 4.13 中，因为 BJT 基极电流 i_b 只是发射极电流 i_e 流经 R_E 的一小部

⊖ Emitter/Source Degeneration：常被译为“发射极/源极负反馈”，也有文献将其译为“发射极/源极退化”或“发射极/源极简并”。本书主要采用前两种译法，两种译法根据具体情况都会用到。比如“degeneratiing resistor”译为“退化电阻”而不是“源极/射极负反馈电阻”就更为简洁。——译者注

分，所以 BJT 会放大 R_{DEG} 对 R_{IN} 的影响：

$$R_{IN} = \frac{v_{in}}{i_{in}} = \frac{v_{be} + v_e}{i_b} \approx \frac{i_b r_\pi + i_e R_{DEG}}{i_b} \approx \frac{i_b r_\pi + [i_b + (i_b r_\pi) g_m] R_{DEG}}{i_b}$$

$$= r_\pi + (1 + r_\pi g_m) R_{DEG} \tag{4.27}$$

其中 v_{be} 是电流 i_b 经过 r_π 产生的电压，i_e 约等于 i_b 加上 g_m 电流 $v_{be}g_m$。由于 $g_m r_\pi$ 就是 β_0，可以达到 50 ~ 100A/A，所以 R_{IN} 为 R_{DEG} 的 50 ~ 100 倍，如果 R_{DEG} 为 r_o，就是为 r_o 的 50 ~ 100 倍。当然，因为非退化 CS 晶体管的 R_{IN} 已经接近无穷大，R_{DEG} 对 FET 的输入电阻影响不明显。

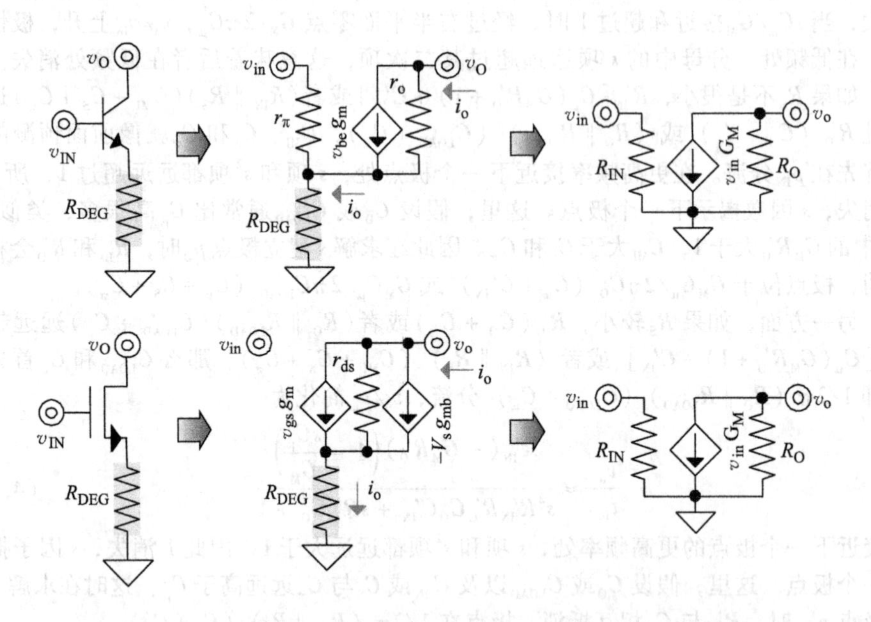

图 4.13　发射极/源极负反馈 CE/CS 晶体管小信号二端口低频模型变换

由于 R_{DEG} 使 v_{be} 退化成 v_{in} 的一部分，已退化 CE 晶体管的 $v_{be}g_m$ 电流比无负反馈时的低。为了更精确，首先考虑到二端口跨导 G_M 的测试条件是将 v_o 短接到地。因此，g_m 和 r_π 电流流过 R_{DEG} 和 r_o 产生电压 v_e，v_e 使 G_M 中的 v_{in} 退化：

$$v_e = v_{be}\left(g_m + \frac{1}{r_\pi}\right)(R_{DEG} \parallel r_o) \approx v_{be} g_m (R_{DEG} \parallel r_o) \tag{4.28}$$

这里 v_e/r_π 是 r_π 的电流。因为输出电流 i_o 是 g_m 和 r_o 导入 v_e 电流的和，v_{in} 降落在 v_{be} 和 v_e 上，并且 r_o 通常远大于 $1/g_m$，所以 G_M 化简为

$$G_M\Big|_{v_o=0} \equiv \frac{i_o}{v_{in}} = \frac{v_{be}g_m - \dfrac{v_e}{r_o}}{v_{be} + v_e} \approx \frac{v_{be}g_m - \dfrac{v_{be}g_m(R_{DEG} \parallel r_o)}{r_o}}{v_{be} + v_{be}g_m(R_{DEG} \parallel r_o)}$$

$$= \frac{g_m\left(\frac{r_o}{r_o + R_{DEG}}\right)}{1 + g_m(R_{DEG} \parallel r_o)} = \frac{g_m}{1 + \left(\frac{1}{r_o} + g_m\right)R_{DEG}} \approx \frac{g_m}{1 + g_m R_{DEG}} \tag{4.29}$$

就如预期的一样，比未被退化时的 g_m 低。

对于 FET，r_π 消失，体效应电流 $v_{bs}g_{mb}$ 出现。为考察 g_{mb} 对 G_M 的影响，考虑到式 $(v_g - v_s)g_m$ 中的栅极电压 v_g “产生”漏极电流，而源极电压 v_s 则“退化”漏电流 i_o。相比之下，由于体端接地，$v_{bs}g_{mb}$ 中没有一项“产生” i_o，所以 v_s “退化” i_o。换句话说，除了 $v_{gs}g_m$ 中 v_s 的退化作用，$v_{bs}g_{mb}$ 或者 $-v_sg_{mb}$ 中的 v_s 也会使 G_M 退化。为了量化 g_{mb} 对 G_M 的影响，首先记住在推导时 v_o 是接地的，然后注意 g_{mb} 和 r_{ds} 的电流同时流向接地的输出，两者在 $v_{bs}g_{mb}$ 和 v_s/r_{ds} 中都是 v_s 的线性函数。这意味着 g_{mb} 提供了一个和 r_{ds} 并联的电阻 $1/g_{mb}$，所以 MOSFET 中的 G_M 简化为

$$G_M\Big|_{v_o=0} \equiv \frac{i_o}{v_{in}} = \frac{g_m}{1 + \left[\left(\frac{1}{r_o} + g_{mb}\right) + g_m\right]R_{DEG}} \approx \frac{g_m}{1 + (g_{mb} + g_m)R_{DEG}} \tag{4.30}$$

注意，当体端和源端接到同一点时，v_{bs} 为 0，在这种情况下，g_{mb} 对 G_M 的影响消失。

考虑输出电阻，R_{DEG} 和晶体管串联，因此已退化 CE 晶体管等效二端口输出电阻 R_0 比未被退化时更高。事实上，由于 $v_{be}g_m$ 从 r_o 抽走电流，当接有 R_{DEG} 时，BJT 放大了 r_o 对 R_0 的影响。为了更加明确，由于推导 R_0 的测试条件是将 v_{in} 接地，v_{be} 简化为 $-v_e$，r_π 和 R_{DEG} 并联。并且，如图 4.13 所示，流入 g_m 和 r_o 的 i_o 必定也流经 r_π 和 R_{DEG} 而产生 v_e，并与 i_o 减去 $-v_eg_m$ 在 r_o 上产生的电压串联，从而设定 R_0 为

$$R_0\Big|_{v_{in}=0} \equiv \frac{v_o}{i_o} = \frac{[i_o - (-v_eg_m)]r_o + v_e}{i_o} = \frac{[i_o + i_o(R_{DEG} + r_\pi)] + i_o(R_{DEG} + r_\pi)}{i_o}$$
$$= r_o + g_mr_o(R_{DEG} \parallel r_\pi) + (R_{DEG} \parallel r_\pi) \tag{4.31}$$

对于 FET 而言，r_π 不存在，所以 $R_{DEG} \parallel r_\pi$ 简化为 R_{DEG}。另外，由于 v_{in} 为 0，v_{gs} 和 v_{bs} 都简化为 $-v_s$，这意味着 g_m 和 g_{mb} 合并，R_0 变为

$$R_0 = r_{ds} + (g_m + g_{mb})r_{ds}R_{DEG} + R_{DEG} \tag{4.32}$$

由于本征电压增益 g_mr_{ds} 可达 100V/V，R_0 可比 R_{DEG} 高 100 倍，并且如果 R_{DEG} 与 r_{ds} 相当，R_0 可能比 R_{DEG} 高两个数量级。对于 BJT 而言，r_π 限制 R_{DEG} 对 R_0 的影响只能到 $g_mr_or_\pi$，由于 g_mr_π 等于 β_0，R_0 为 r_o 的 β_0 倍。

二端口模型导出之后，发射极负反馈 CE 晶体管和源极负反馈 CS 晶体管的小信号低频电压增益在形式上与无发射极/源极负反馈时相似，但是通常较低：

$$A_{V0} = \frac{v_o}{v_{in}} = \frac{-v_{in}G_M(R_O \parallel R_{LOAD})}{v_{in}} = \left(\frac{-g_m}{1 + g_mR_{DEG}}\right)(R_{LOAD}) \tag{4.33}$$

这里，g_{mb} 加到分母中的 g_m 进一步衰减 G_M，但是通常程度不会很大。R_0 也可以达到很高，以至于 R_{LOAD} 会限制 R_0 对增益的影响。这里的重点是，虽然 $1 + g_mR_{DEG}$ 衰减了增益，但原因是 v_{be} 和 v_{gs} 电压降落只是 v_{in} 的一部分。

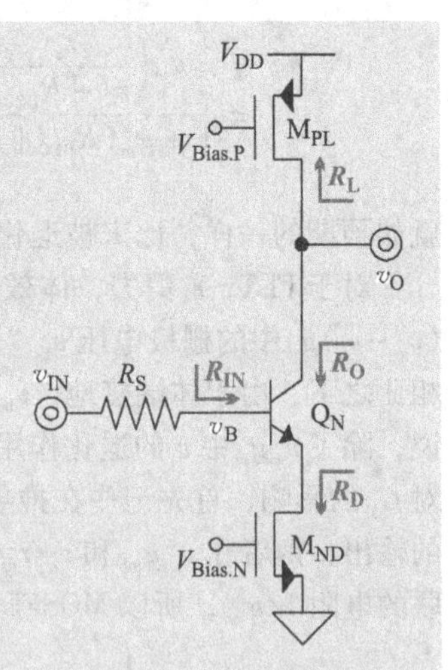

图 4.14　发射极负反馈 CE 放大器实例

［**例 4.3**］　确定图 4.14 中发射极负反馈 CE PNP BJT 的低频小信号增益 v_o/v_{in}。

解：输入小信号 Δv_{IN} 在基极产生波动 Δv_B，导致了集电极电流变化 Δi_C，经 M_{PL} 的输出电阻 R_L 或 $r_{sd(PL)}$，和 Q_N 的输出电阻 R_O 转换成输出电压波动 Δv_O，因此输入信号产生了下面的小信号电压 - 电流转换：

$$\Delta v_{IN} \to \Delta v_B \to \Delta i_C \to \Delta v_O = v_{in} \to v_b \to i_c \to v_o$$

上述转化为小信号低频电压增益：

$$A_{V0} = \frac{v_o}{v_{in}} = \left(\frac{v_b}{v_{in}}\right)\left(\frac{i_c}{v_b}\right)\left(\frac{v_o}{i_c}\right)$$

这里，R_S 和 Q_N 的负反馈输入电阻 $R_{IN(DCE)}$ 将 v_{in} 分压到 v_b，R_S 阻值较小或中等，M_{ND} 的输出电阻 R_D 或 $r_{ds(ND)}$ 将 $R_{IN(DCE)}$ 提高到远大于 R_S，所以电压分压比近似为 1：

$$\frac{v_b}{v_{in}} = \frac{R_{IN(DCE)}}{R_S + R_{IN(DCE)}} = \frac{r_\pi + (1 + g_m r_\pi)R_D}{R_S + r_\pi + (1 + g_m r_\pi)R_D}$$

$$= \frac{r_\pi + (1 + g_m r_\pi)r_{ds(ND)}}{R_S + r_\pi + (1 + g_m r_\pi)r_{ds(ND)}} \approx \frac{\beta_0 r_{ds(ND)}}{R_S + \beta_0 r_{ds(ND)}} \approx 1$$

然后 Q_N 的跨导 $G_{M(DCE)}$ 将 v_b 转换为 i_c，M_{ND} 的输出电阻 R_D 或 $r_{ds(ND)}$ 使短路跨导 $G_{M(DCE)}$ 衰减到

$$\frac{i_c}{v_b} \equiv G_{M(DCE)} \approx \frac{g_m}{1 + \left(g_m + \frac{1}{r_o}\right)R_D} = \frac{g_m}{1 + \left(g_m + \frac{1}{r_o}\right)r_{ds(DN)}} \approx \frac{1}{r_{ds(ND)}}$$

之后，$G_{M(DCE)}$ 从 M_{PL} 的输出电阻 R_L 或 $r_{sd(PL)}$ 以及 Q_N 的 $R_{O(DCE)}$ 抽取电流反转 v_o，除了 M_{ND} 的 R_D 或 $r_{ds(ND)}$ 将 $R_{O(DCE)}$ 提高到使 M_{PL} 的无负反馈输出电阻 R_L 或 $r_{sd(PL)}$ 占主导地位，并且 $R_{O(DCE)}$ 消失：

$$\frac{v_o}{i_c} \equiv -(R_L \parallel R_{O(DCE)}) = -\{R_L \parallel [r_o + g_m r_o(r_\pi \parallel R_D) + (r_\pi \parallel R_D)]\}$$

$$\approx -R_L = -r_{sd(PL)}$$

换句话说，A_{V0} 可化简为

$$A_{V0} \equiv \frac{v_o}{v_{in}} = \left(\frac{v_b}{v_{in}}\right)\left(\frac{i_c}{v_b}\right)\left(\frac{v_o}{i_c}\right) \approx (1)\left(\frac{1}{r_{ds(ND)}}\right)(-r_{sd(PL)}) \approx -\left(\frac{r_{sd(PL)}}{r_{ds(ND)}}\right)$$

2. 频率响应

与未被退化时的情况类似，发射极退化 CE 的 C_μ 前馈异相信号给 v_O，所以 C_μ 引入右半平面零点 z_{RHP} 在 $G_M/2\pi C_\mu$。由于 C_μ 还跨接反相增益级，C_μ 米勒分解成 C_{MI} 和 C_{MO}，并帮助源电容 C_S 和负载电容 C_{LOAD} 建立输入和输出极点 p_{IN} 和 p_O。这里的根本区

别是负反馈对输入电阻R_{IN}和输出电阻R_O和跨导g_m的影响，进而对z_{RHP}、p_{IN}和p_O的影响。因为发射极/源极退化放大了R_{IN}和R_O的影响，R_{IN}和R_O通常远远高于源电阻R_S和负载电阻R_{LOAD}，所以R_{IN}和R_O对p_{IN}和p_O的影响很小。然而，发射极退化后的G_M把z_{RHP}拉到更低的频率，并降低C_μ米勒倍数，将p_{IN}推到更高频率。当然，源极退化CS中的C_{GD}也会产生类似的效果。

4.5　共基极/共栅极电流缓冲器

由于集电极和漏极都是不合适的输入端，在图4.15中，在共基极（CB）晶体管Q_{CB}和共栅极（CG）晶体管M_{CG}中，发射极与源极作为输入端，集电极与漏极作为输出端。输出负载通常是单个电阻、电容、CE或CS跨导器、共集电极和共漏极晶体管，或以上的组合。不论其具体性质如何，负载最终呈现出可用诺顿等效电路模拟的等效阻抗和稳态电流。

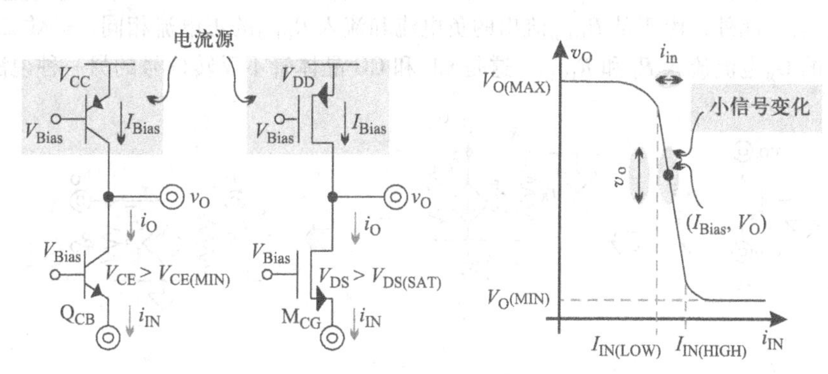

图4.15　CB和CS电流缓冲器以及对应的大信号响应

有趣的是，在这个结构中，大部分情况下输出电流i_O就是输入电流i_{IN}，这就是设计师通常使用这些晶体管作为电流缓冲器（Current Buffer）的原因。

4.5.1　大信号工作

当发射极或源极输入电流i_{IN}为零，晶体管关断，所以图4.15中的负载偏置电流I_{Bias}将输出v_O向正电源电压V_{CC}或V_{DD}的方向拉高。当i_{IN}上升，负载上的电压降增加，直到i_{IN}接近和超过偏置电流I_{Bias}。换句话说，输入电流高于$I_{IN(LOW)}$输出开始下降，$I_{IN(LOW)}$对应偏置电流I_{Bias}。之后，超过的电流流过负载将v_O拉向地，但并不能完全到地。在这里，对于Q_{CB}而言，当v_O下降到低于基极偏置电压V_{Bias}约0.3～0.4V时Q_{CB}进入深饱和区，对于M_{CG}而言，当v_O低于栅极偏置电压V_{Bias}约V_T时M_{CG}进入线性区。v_O最终上升到什么程度取决于负载。以图中所示CE或CS电流源负载为例，当Q_{CB}和M_{CG}关断时，v_O达到正电源电压V_{CC}或V_{DD}，当被驱动抽取电流超过电流源可以提供的电流时，输出v_O处于距离v_{IN}约$V_{CE(MIN)}$和$V_{DS(SAT)}$范围内。注意，当i_{IN}从输入端吸收大

电流时 v_O 较低，反之较高，这相当于说，低发射极电压或源极电压将 v_O 拉低，反之拉高。换句话说，发射极到集电极和源极到漏极信号同相不反转。

4.5.2 小信号模型

在大多数模拟应用中，设计师将晶体管偏置在大信号范围内某个点上并产生最高增益。对 CB 和 CG 晶体管，由 i_{IN} 的变化导致的最高输出电压变化发生在 v_O 处于 $V_{O(MIN)}$ 和 $V_{O(MAX)}$ 之间，如图 4.15 所示。模拟电路设计师因此将 Q_{CB} 和 M_{CG} 偏置在这个区域的某个地方。这样，相对于偏置电流 I_{Bias} 的小信号输入 i_{IN} 产生相对于输出偏置电压 V_O 的接近线性的输出变化 v_o。

要确定该区域的增益，考虑晶体管小信号低频模型，以及它们如何映射到 4.1 节所描述的常用二端口电路，如图 4.16 所示。在这里，由于基极电压 v_b 和栅极电压 v_g 为零，基极－发射极电压和栅极－源极电压简化为 $-v_e$ 和 $-v_s$。另外，由于 FET 中的体电压 v_b 也为零，v_{bs} 同样简化为 $-v_s$，g_m 电流和 g_{mb} 电流因此合并成等于 $g_m + g_{mb}$ 的有效值 $g_{m(eff)}$。此外，由于从 R_{LOAD} 流出的负电流和流入 R_{LOAD} 的正电流相同，等效二端口模型中的 G_M 电流流入 R_O 和 R_{LOAD}，这是 CB 和 CG 晶体管不反转信号的另一种说法。

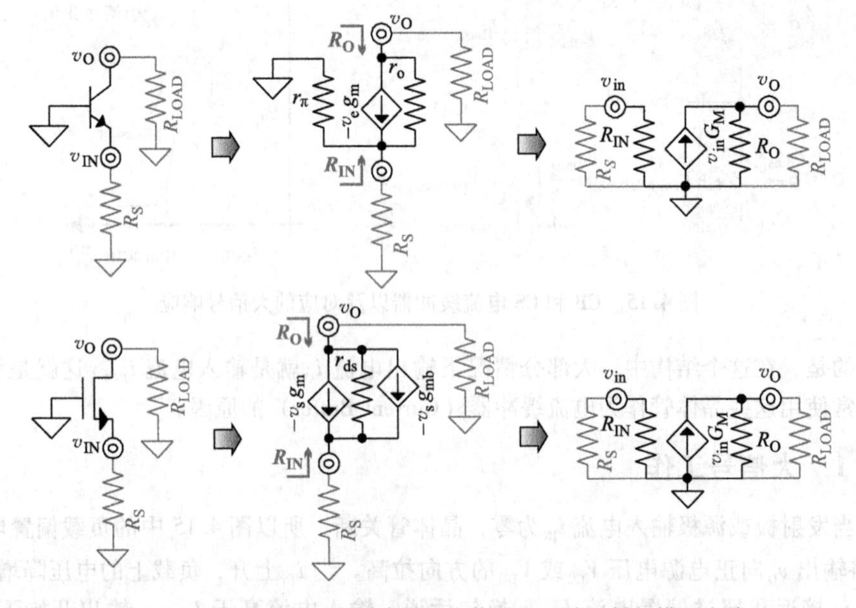

图 4.16 CB 和 CG 电流缓冲器的小信号和二端口低频模型变换

关于等效输入电阻 R_{IN}，注意到 R_{LOAD} 和晶体管串联，这意味着 R_{LOAD} 是 R_{IN} 的负载。为了确定这种影响的程度，首先观察到 R_{IN} 是 r_π 和电阻 R_I 的并联，R_I 由 g_m 和 r_o 提供。因此，流入 R_I 的电流 i_i 在 g_m 和 r_o 之间分流，并重新合并回 i_i 后流入 R_{LOAD}。于是，输入电压 v_{in} 是 i_i 经过 r_{ds} 和 R_{LOAD} 产生的电压：

$$v_{in} = (i_i - v_{in}g_m)r_o + i_iR_{LOAD} \tag{4.34}$$

求解 R_I，R_I等于 v_{in}/i_i，可得

$$R_I = \frac{v_{in}}{i_i} = \frac{r_o + R_{LOAD}}{1 + g_m r_o} > \frac{1}{g_m} \tag{4.35}$$

所以，R_I约为 $1/g_m$，当 R_{LOAD}接近 r_o时，R_I 约为 $2/g_m$

$$R_I = \left.\frac{r_o + R_{LOAD}}{1 + g_m r_o}\right|_{R_{LOAD}=r_o} = \frac{2}{g_m} \tag{4.36}$$

当 R_{LOAD}为一个发射极负反馈 CE 晶体管的输出电阻，且发射极负反馈电阻为晶体管的 r_o时，R_I上升至 $r_\pi \parallel r_o$或者 r_π：

$$R_I = \left.\frac{r_o + R_{LOAD}}{1 + g_m r_o}\right|_{R_{LOAD}=g_m r_o(r_\pi \parallel r_o)} = \frac{r_o + g_m r_o(r_\pi \parallel r_o)}{1 + g_m r_o} = r_\pi \parallel r_o = r_\pi \tag{4.37}$$

换句话说，R_I和 R_{IN}大多数时候较低，在 $1/g_m$附近，只有在负载电阻远大于 r_o和 r_{ds}时，R_I和 R_{IN}才会大很多：

$$R_{IN} = r_\pi \parallel R_I = r_\pi \parallel \left(\frac{r_o + R_{LOAD}}{1 + g_m r_o}\right) > \frac{1}{g_m} \tag{4.38}$$

对于 FET 而言，r_π消失，$g_m + g_{mb}$替换 g_m：

$$R_{IN} = R_I = \frac{r_{ds} + R_{LOAD}}{1 + (g_m + g_{mb})r_{ds}} > \frac{1}{g_m + g_{mb}} \tag{4.39}$$

由于推导跨导 G_M的条件是将 v_o短接到地，g_m电流 $v_{in}g_m$和 r_o的电流 v_{in}/r_o流入 v_o组成输出电流 i_o并建立 G_M：

$$G_M\big|_{v_o=0} \equiv \frac{i_o}{v_{in}} = \frac{v_{in}g_m + \left(\frac{v_{in}}{r_o}\right)}{v_{in}} = g_m + \frac{1}{r_o} \approx g_m \tag{4.40}$$

其中 g_m电流通常比 r_o电流高几个数量级。同样，对于 FET 而言，用 $g_m + g_{mb}$替换 g_m。输出电阻 R_O是另外一个短路参数，除了此时是 v_{in}短接到地。在这种情况下，g_m电流为 0，R_O简化为 r_o或 r_{ds}。所以，当结合在一起时，$v_{in}G_M$推送电流到 R_O和 R_{LOAD}建立同相电压 v_o，v_o和 v_{in}的比值就是低频小信号电压增益 A_{V0}：

$$A_{V0} \equiv \frac{v_o}{v_{in}} = \frac{v_{in}G_M(R_O \parallel R_{LOAD})}{v_{in}} = \left(g_m + \frac{1}{r_o}\right)(r_o \parallel R_{LOAD}) \approx g_m(r_o \parallel R_{LOAD}) \tag{4.41}$$

可能更有意义的是电流增益 A_{I0}和跨阻增益 A_{R0}：

$$A_{I0} \equiv \frac{i_o}{i_{in}} = \left(\frac{v_{in}}{i_{in}}\right)\left(\frac{i_o}{v_{in}}\right) = (R_S \parallel R_{IN})(G_M)$$

$$= \left[R_S \parallel r_\pi \parallel \left(\frac{r_o + R_{LOAD}}{1 + g_m r_o}\right)\right]\left(g_m + \frac{1}{r_o}\right) \approx \left(\frac{1}{g_m}\right)(g_m) = 1 \tag{4.42}$$

和

$$A_{R0} \equiv \frac{v_o}{i_{in}} = \left(\frac{i_o}{i_{in}}\right)\left(\frac{v_o}{i_o}\right) = [(R_S \parallel R_{IN})G_M](R_O \parallel R_{LOAD}) \approx r_o \parallel R_{LOAD} \tag{4.43}$$

由于存在一个中等到高的 R_S，以及一个无负反馈的 R_{LOAD}，CB 和 CG 晶体管基本上是将 i_{in} 缓冲到 R_{LOAD}。需要承认的是，R_S 会从 R_{IN} 吸收电流，R_{LOAD} 对 R_{IN} 也会有负载作用，但是当 R_{IN} 接近 $1/g_m$，R_{LOAD} 和 r_o 相近时，这些影响不会很大。

［例 4.4］ 确定图 4.17 中级联 N 沟道 CS 和 NPN CB 的低频小信号跨阻增益 v_o/i_{in}。

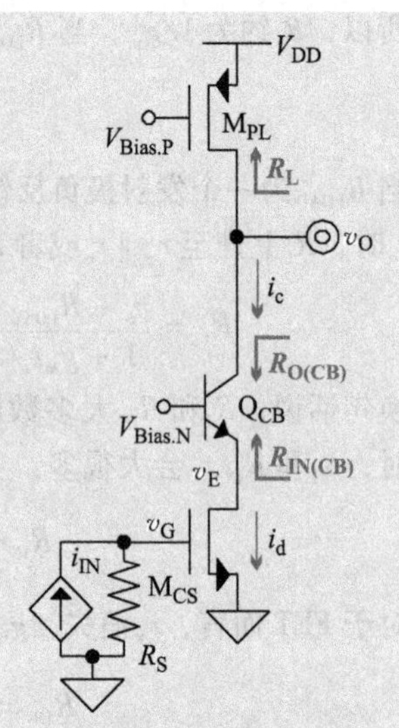

图 4.17 级联 CS 和 CB 放大器实例

解：输入小信号 Δi_{IN} 或 i_{in} 产生栅极电压波动 Δv_G 或 v_g，然后 CS 晶体管 M_{CS} 将其转化为漏极电流变化 Δi_D 或 i_d。M_{CS} 的 $r_{ds(CS)}$ 和 Q_{CB} 的 $R_{IN(CB)}$ 将 Δi_D 转换为发射极电压变化 Δv_E 或 v_e，然后 Q_{CB} 将其转换为发射极和集电极的电流 Δi_C 或 i_c，最终 M_{PL} 的 R_L 和 Q_{CB} 的 $R_{O(CB)}$ 将其转换为输出电压波动 Δv_O 或 v_o。因此输入信号产生了以下的电流 - 电压的变换：

$$\Delta i_{IN} \to \Delta v_G \to \Delta i_D \to \Delta v_E \to \Delta i_C \to \Delta v_O = i_{in} \to v_g \to i_d \to v_e \to i_c \to v_o$$

上述转换为小信号低频跨阻增益 A_{R0}：

$$A_{R0} = \frac{v_o}{i_{in}} = \left(\frac{v_g}{i_{in}}\right)\left(\frac{i_d}{v_g}\right)\left(\frac{v_e}{i_d}\right)\left(\frac{i_c}{v_e}\right)\left(\frac{v_o}{i_c}\right)$$

这里，R_S 将 i_{in} 转换为 v_g，M_{CS} 的 $g_{m(CS)}$ 将 v_g 转换为 i_d，所以 v_g/i_{in} 等于 R_S，i_d/v_g 等于 $g_{m(CS)}$。之后，i_d 流经 M_{CS} 的 $r_{ds(CS)}$ 和 Q_{CB} 的 $R_{IN(CB)}$ 建立和反转 v_e，在这里 M_{PL} 的 R_L 对 $R_{IN(CB)}$ 的负载效应使 $R_{IN(CB)}$ 减少到大约 $2/g_{m(CB)}$，分流并消除 $r_{ds(CS)}$ 和 $r_{\pi(CS)}$ 对 v_e/i_d 的影响：

$$\frac{v_e}{i_d} = \frac{i_d(r_{ds(CS)} \parallel R_{IN(CB)})}{i_d} = r_{ds(CS)} \parallel r_{\pi(CS)} \parallel \left(\frac{r_{o(CB)} + R_L}{1 + g_{m(CB)} r_{o(CB)}}\right)$$

$$= r_{ds(CS)} \parallel r_{\pi(CB)} \parallel \left(\frac{r_{o(CB)} + r_{sd(PL)}}{1 + g_{m(CB)} r_{o(CB)}}\right) \approx \frac{2}{g_{m(CB)}}$$

Q_{CB} 的跨导 $G_{M(CB)}$ 或 $g_{m(CB)} + 1/r_{o(CB)}$ 将 v_e 转换为 i_c，M_{PL} 的 R_L 或 $r_{ds(PL)}$ 和 Q_{CB} 的 $r_{o(CB)}$ 将 i_c 转换为 v_o，A_{R0} 简化为

$$A_{R0} \approx (R_S)(-g_{m(CS)})\left(\frac{2}{g_{m(CB)}}\right)\left(g_{m(CB)} + \frac{1}{r_{o(CB)}}\right)(R_L \parallel r_{o(CB)})$$

$$= -2R_S g_{m(CS)}(r_{sd(PL)} \parallel r_{o(CB)})$$

直接转换 分析电流缓冲器时不用二端口模型可揭示电路的内部机制。在这种情况中，流入缓冲器负载输入电阻的电流就是从集电极或漏极流出的电流。从这个角度看，输入电流 i_{in} 在输入源电阻 R_S 和电阻 R_I 上产生电压，R_I 由 g_m 和 r_o 提供。流经 R_I 的电流到达负载 R_{LOAD} 形成输出电压降 v_o。换句话说，A_{R0} 代表了 R_I 吸收了多少电流形成 R_{LOAD} 上的电压降 v_o：

$$A_{R0} = \left(\frac{v_{in}}{i_{in}}\right)\left(\frac{i_o}{v_{in}}\right)\left(\frac{v_o}{i_o}\right) = (R_S \parallel r_\pi \parallel R_I)\left(\frac{1}{R_I}\right)R_{LOAD} \tag{4.44}$$

其中，R_{LOAD}是R_I中$1/g_m$的负载。至于二端口模型，$r_\pi \parallel R_I$描述了R_{IN}和$1/R_I$强化了G_M和R_0的影响，两者结合产生相同的结果。

4.5.3 频率响应

如图4.18所示结构，该电路包含两组电容：输入端的C_S和C_π，以及输出端的C_{LOAD}和C_μ。虽然这两组电容可能同样高，但与它们并联的电阻通常不一样。事实上，晶体管的输入电阻R_{IN}通常较低，在$1/g_m$的量级，R_S和r_π使晶体管基极-发射极电压衰减，并把集电极电阻R_C提高到比r_o大得多的值。结果，C_{LOAD}和C_μ通常在输出极点p_O处首先分流R_C和R_{LOAD}：

$$\left.\frac{1}{s(C_\mu + C_{LOAD})}\right|_{p_O = \frac{1}{2\pi(R_C \parallel R_{LOAD})(C_\mu + C_{LOAD})}} \equiv R_C \parallel R_{LOAD} = [r_o + g_m r_o (r_\pi \parallel R_S) + (r_\pi \parallel R_S)] \parallel R_{LOAD} \tag{4.45}$$

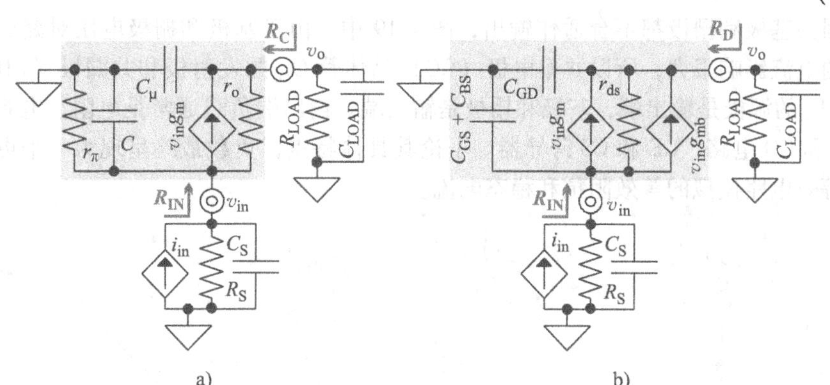

图4.18 a）CB和b）CG电流缓冲器晶体管宽频谱小信号模型

这里，R_C不是晶体管等效二端口输出电阻R_0，因为R_0是短路参数，短路消除了R_0和r_π的负反馈效应。和之前一样，对于FET，r_π消失，用g_m+g_{mb}替换g_m。

因为电流缓冲器的R_{IN}通常较低，接下来就是在极点p_{IN}处，C_S和C_π分流R_S和R_{IN}：

$$\left.\frac{1}{s(C_S + C_\pi)}\right|_{p_{IN} \approx \frac{1}{2\pi(R_S \parallel \frac{1}{g_m})(C_S + C_\pi)}} \equiv R_S \parallel R_{IN} = R_S \parallel r_\pi \parallel \left(\frac{r_o + Z_{LOAD}}{1 + g_m r_o}\right) \approx R_S \parallel \frac{1}{g_m} \tag{4.46}$$

这里R_{LOAD}消失是因为在超过p_O后p_O的电容分流了R_{LOAD}，因此在极点p_{IN}处Z_{LOAD}小于R_{LOAD}，所以R_{IN}减少到$1/g_m$。此外，由于工程师通常在这个结构中确保R_S适度高，R_S的影响消失。因此，p_{IN}对电路频率响应的影响通常在超过p_O之后的高频区域。再次注意，对于 FET，用 $g_{m}+g_{mb}$ 替换 g_{m}，C_{BS} 添加到 C_{S} 和 C_{GS}。

4.5.4 基极负反馈

虽然不是出于常规目的，图 4.15 中用于偏置共基极晶体管 Q_{CB} 的电压源 V_{Bias} 引入基极电阻 R_{B} 与图 4.16～图 4.18 中的 NPN BJT 的基极串联。结果是，r_{π} 和 R_{B} 对 v_{in} 分压，v_{in} 只有一部分加在基极－发射极电压 v_{be} 上。换句话说，R_{B} 在基极衰减了 v_{be}，并且对于 v_{in}，本节所有先前的 CB 推导中的 g_{m} 被较低的有效跨导 g'_{m} 取代：

$$g'_{m}=\frac{g_{m}r_{\pi}}{r_{\pi}+R_{B}}<g_{m} \tag{4.47}$$

这意味着 g'_{m} 比 g_{m} 低，结果是，R_{I} 和 R_{IN} 变高，R_{C} 变低，相应的 p_{IN} 变低而 p_{O} 变高。R_{B} 也对 C_{π} 限流并影响其引入的左半平面零点 z_{B}。并且，R_{B} 是寄生电阻，通常比 r_{π} 低一个数量级，所以 R_{B} 的衰减效应通常很小，在实际中 z_{B} 是很高的以至于可以忽略。

4.6 共集电极/共漏极电压跟随器

因为基极和栅极都不合适作输出，图 4.19 中，由于基极和栅极电压对漏极和集电极的电流影响很大，所以共集电极（CC）晶体管 Q_{CC} 的发射极和共漏极（CD）晶体管 M_{CD} 的源极是输出端，基极和栅极是输入端。输出端负载通常是电阻、电容、其他 CC 和 CD 电路、CE 和 CS 跨导器。不论其具体特点，负载最终呈现为一个可以用诺顿等效电路模拟的等效阻抗和稳态电流。

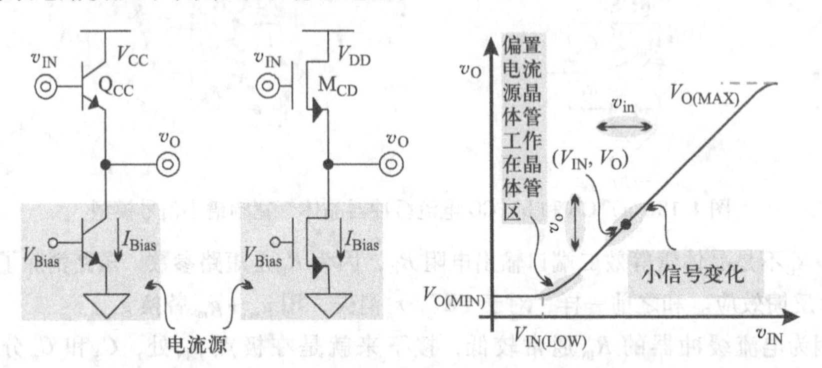

图 4.19 CC 和 CD 电压跟随器和对应的大信号响应

4.6.1 大信号工作

当基极和栅极输入电压 v_{IN} 为低时，晶体管关断，所以偏置负载电流 I_{Bias} 将输出 v_{O} 拉向地。当 v_{IN} 爬升，晶体管电流上升，负载电压降增加，但只有当电流接近和超过 I_{Bias}，换句话说，输入电压在 $V_{IN(LOW)}$ 以上，输出才开始上升，$V_{IN(LOW)}$ 对应于维持 I_{Bias} 所必要的最小稳态输入电压。超过之后，额外的电流流过负载将 v_{O} 拉向正电源 V_{CC} 或

V_{DD}电压。然而，基极 - 发射极电压 v_{BE}和栅极 - 源极电压 v_{GS}，通常会下降 0.4 ~ 1V，这限制了 v_O可上升到的程度。另一方面，v_O可下降到什么程度最终取决于负载。如图所示的 CE 和 CS 电流源负载，当 Q_{CC}和 M_{CD}都关闭，v_O等于零，当 v_{IN}接近正电源电压，v_O距离 $V_{CC}(V_{DD})$在 v_{BE}或 v_{GS}之内。注意，不管 v_{IN}是低和高，v_O都是低的，这相当于说基极到发射极和栅极到源极信号同相不反转。

由于集电极 - 发射极电压和漏极 - 源极电压变化在集电极和漏极引起的电流变化非常小，所以在输入电压 v_{IN}的范围内，维持偏置电流 I_{Bias}所必要的基极 - 发射极电压和栅极 - 源极电压几乎不变。这意味着当 Q_{CC}和 M_{CD}导通时 v_{IN}和 v_O的电压差也是常数，所以 v_O的上升与下降与 v_{IN}保持一致。这就解释了为什么工程师把这些晶体管叫作发射器跟随器和源极跟随器、电压跟随器或缓冲器，因为 v_O跟随 v_{IN}变化增益接近 1。

4.6.2　小信号模型

在大多数模拟应用中，设计者将晶体管偏置在大信号范围内的某个点上以产生最大增益。对于 CC 和 CD 晶体管，当 v_O在 $V_{O(MIN)}$和 $V_{O(MAX)}$之间时，最高增益几乎是 1。模拟电路设计师因此偏置 Q_{CC}和 M_{CD}在此范围内某处。因为 v_O不能超过基极偏置以下一个基极 - 发射极电压，或者栅极偏置以下一个栅极 - 源极电压，所以在单电源系统中，集电极 - 发射极电压和漏极 - 源极电压绝不会低到使 Q_{CE}进入饱和区或使 M_{CS}进入线性区。这意味着叠加在直流输入偏置电压 V_{IN}上的输入小信号 v_{in}产生了叠加在输出偏置电压 V_O上的近似线性的输出变化 v_o。

为了确定该区域的增益，考虑晶体管小信号低频模型，以及它们如何映射到 4.1 节中的常用二端口电路，电路显示在图 4.20 中。有趣的是，电压跟随器的输入与射极

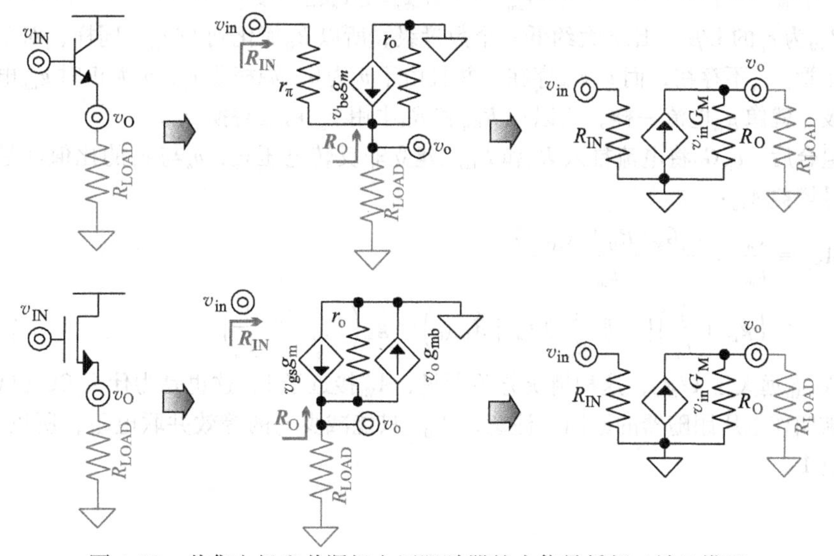

图 4.20　共集电极和共漏极电压跟随器的小信号低频二端口模型

负反馈CE晶体管类似，除了负载电阻R_{LOAD}和晶体管的输出电阻r_o充当退化电阻R_{DEG}。换句话说，CC的R_{IN}等于

$$R_{IN} = r_\pi + (1 + g_m r_\pi)(R_{LOAD} \parallel r_o) \tag{4.48}$$

注意到R_{LOAD}是R_{IN}的负载，这就是说图4.20所示二端口等效电路中R_{LOAD}会影响R_{IN}。与之前一样，从场效应晶体管栅极看进去电阻为无穷大，所以CD晶体管的R_{IN}趋近于无穷大，与R_{LOAD}和r_o无关。

推导G_M的测试条件是将v_o短接到地，这样R_{LOAD}和r_o的影响就消失了，并且只有r_π和g_m电流对G_M有贡献。所以，基极电流和g_m电流流向v_0，图4.20所示二端口模型中的G_M电流也流向v_0，G_M为：

$$G_M\bigg|_{v_o=0} = \frac{i_o}{v_{in}} = \frac{\dfrac{v_{be}}{r_\pi} + v_{be}g_m}{v_{be}} = \frac{1}{r_\pi} + g_m \approx g_m \tag{4.49}$$

但是，因为$1/r_\pi$是g_m的$1/\beta_0$，G_M简化为g_m。对于场效应晶体管，r_π不存在，而体效应电流$v_{bs}g_{mb}$存在，而且因为体效应电压v_b是0，源极电压是v_o，推导G_M时v_o为0，所以$v_{bs}g_{mb}$也为0。结果，场效应晶体管中的G_M简化为g_m。

输出电阻R_0是另外一个短路参数，除了此时是v_{in}短接到地。这意味着R_0为r_o、$v_{be}g_m$的R_{GM}和r_π的并联：

$$R_0\bigg|_{v_{in}=0} = r_o \parallel R_{GM} \parallel r_\pi = r_o \left\| \frac{1}{g_m} \right\| r_\pi \approx \frac{1}{g_m} \tag{4.50}$$

因为将v_{in}短接到地意味着v_{be}电压降为$-v_o$，g_m电流不仅响应正电压v_o流入发射极，它也是其两端电压的线性函数，就像一个电阻，所以R_{GM}等于$1/g_m$：

$$R_{GM} = \frac{v_o}{i_{gm}} = \frac{v_e}{-v_{be}g_m} = \frac{v_e}{v_e g_m} = \frac{1}{g_m} \tag{4.51}$$

R_{GM}为r_π的$1/\beta_0$，比r_o大约低一个数量级，所以R_0简化到$1/g_m$。同样，对于场效应晶体管，r_π不存在，而$v_{bs}g_{mb}$存在，并且由于v_b为0，源极是v_o，v_o为正时g_{mb}电流流入源极，就像g_m电流一样，所以在R_{GM}和R_0中用g_m+g_{mb}替换g_m。

组合后，$v_{in}G_M$将电流推入R_0和R_{LOAD}建立非反转电压v_o，v_o与v_{in}的比值就是低频小信号增益A_{V0}：

$$\begin{aligned} A_{V0} &\equiv \frac{v_o}{v_{in}} = \frac{v_{in}G_M(R_0 \parallel R_{LOAD})}{v_{in}} \\ &= \left(g_m + \frac{1}{r_\pi}\right)\left(r_o \parallel \frac{1}{g_m} \parallel r_\pi \parallel R_{LOAD}\right) \approx g_m\left(R_{LOAD} \parallel \frac{1}{g_m}\right) \end{aligned} \tag{4.52}$$

如果R_{LOAD}远大于$1/g_m$，这种情况并不罕见，A_{V0}接近于1，这也是为什么CC和CD晶体管被叫作电压跟随器的原因。注意，R_{LOAD}只能减少v_o的等效并联电阻，所以A_{V0}不会超过1。

[例4.5]　确定图4.21中CC NPN管的低频小信号跨阻增益v_o/i_{in}。

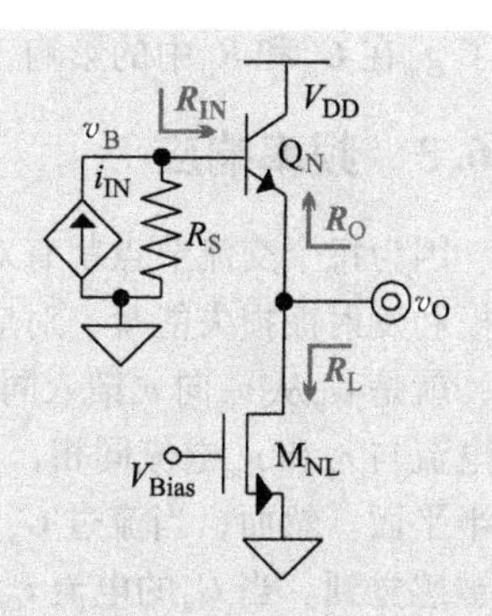

图4.21　CC发射极跟随器实例

解：输入小信号Δi_{IN}在基极产生电压波动Δv_B，引起发射极电流变化Δi_E，经过M_{NL}的输出电阻R_L或$r_{ds(NL)}$和Q_N的共集电极输出电阻$R_{O(CC)}$转换为输出电压波动Δv_O。因此输入信号经过以下小信号电流－电压转换：

$$\Delta i_{IN} \to \Delta v_B \to \Delta i_E \to \Delta v_O = i_{in} \to v_b \to i_e \to v_o$$

转换成跨阻增益就是：

$$A_{R0} \equiv \frac{v_o}{i_{in}} = \left(\frac{v_b}{i_{in}}\right)\left(\frac{i_e}{v_b}\right)\left(\frac{v_o}{i_e}\right)$$

这里，R_S和Q_N的CC输出电阻$R_{IN(CC)}$将i_{in}转换为v_b，M_{NL}的输出电阻R_L或$r_{ds(NL)}$和Q_N的r_o通过发射极负反馈提高$R_{IN(CC)}$，使得低到中等阻值的R_S都可以占主导地位：

$$\begin{aligned}\frac{v_b}{i_{in}} &= R_S \parallel R_{IN(CC)} = R_S \parallel [r_\pi + (1+\beta_0)(R_L \parallel r_o)] \\ &= R_S \parallel [r_\pi + (1+\beta_0)(r_{ds(NL)} \parallel r_o)] \approx R_S\end{aligned}$$

然后，Q_N的CC跨导$G_{M(CC)}$或g_m将v_b转换为i_e。之后，Q_N的$R_{O(CC)}$和M_{NL}的R_L或$r_{ds(NL)}$接收并将i_e转换为v_o，除了$R_{O(CC)}$中的$1/g_m$远小于r_π、r_o和R_L或$r_{ds(NL)}$，$1/g_m$占主导：

$$\frac{v_o}{i_e} = R_{O(CC)} \parallel R_L = \left(r_\pi \parallel \frac{1}{g_m} \parallel r_o\right) \parallel r_{ds(NL)} \approx \frac{1}{g_m}$$

换句话说，A_{R0}约等于R_S：

$$A_{R0} \equiv \frac{v_o}{i_{in}} = \left(\frac{v_b}{i_{in}}\right)\left(\frac{i_e}{v_b}\right)\left(\frac{v_o}{i_e}\right) \approx (R_S)(g_m)\left(\frac{1}{g_m}\right) \approx R_S$$

这里Q_N的基极－发射极电压增益v_o/v_b约为1。

直接变换　不用二端口模型分析电压跟随器可深入揭示电路的内部机制。在这种情况下，等效负载通过发射极或源极负反馈晶体管建立直接流入负载的电流。从这个角度来看，受负载电阻R_{LOAD}和晶体管r_o负反馈影响的跨导$G_{M(DEG)}$产生电流并经过R_{LOAD}和r_o形成电压降v_o。换句话说，A_{V0}就是$G_{M(DEG)}$电流在R_{LOAD}和r_o上产生了多少电压降：

$$A_{V0} \equiv \frac{v_o}{v_{in}} = G_{M(DEG)}(r_o \parallel R_{LOAD}) = \left[\frac{g_m + \dfrac{1}{r_\pi}}{1 + \left(g_m + \dfrac{1}{r_\pi}\right)(r_o \parallel R_{LOAD})}\right](r_o \parallel R_{LOAD}) \tag{4.53}$$

其中，v_{be}/r_π对g_m电流的贡献可以忽略不计，i_c接近i_e。在这个解释过程中，$G_{M(DEG)}$合

并了 g_m在 G_M和 R_O中的影响，并得到了与二端口模型相同的结果。

4.6.3 频率响应

因为每个交流节点都有对地寄生电容，如图 4.22 所示的宽频模型，输入信号在基极和发射极损失能量，对应于输入极点和输出极点。有一点第一眼看上去不是很清楚，就是 C_π从 v_{in}向 v_o馈入同相信号，引入一个左半平面零点。与之前一样，由于 C_π的电流与 r_π和 g_m电流同相，帮助 r_π和 g_m驱动 v_o，零点的影响相对比较温和，并位于左半平面。然而，当流过 C_π的电流能够取代 g_m和 r_π合并的贡献时，零点的影响就可以被感觉到。当 C_π的电流 $i_{C\pi}$刚好等于 g_m电流 i_{gm}与 r_π电流 i_b的和时：

$$i_{C\pi} = v_{be}sC_\pi \Big|_{z_{LHF} \approx \frac{g_m}{2\pi C_\pi}} \equiv i_{gm} + i_b = v_{be}\left(g_m + \frac{1}{r_\pi}\right) \approx v_{be}g_m \tag{4.54}$$

这里左半平面零点 z_{LHP}简化为 $g_m/2\pi C_\pi$，因为基极电流 i_b为 $v_{be}g_m$的 $1/\beta_0$。对于金属 - 氧化物 - 半导体（MOS），r_π的影响消失，所以 z_{LHP}同样简化为 $g_m/2\pi C_{GS}$。

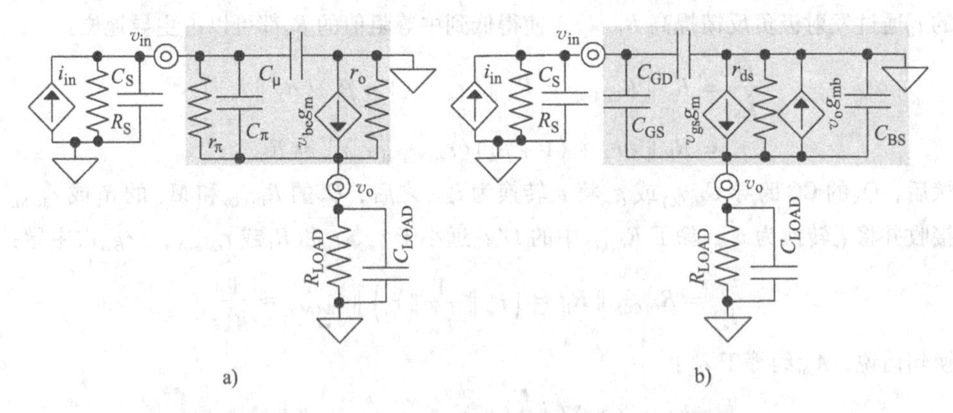

图 4.22 a）CC 和 b）CD 跟随器宽频小信号模型

在继续分析之前，首先考虑 C_μ和 C_{GD}加到源电容 C_S，C_{BS}加到负载电容 C_{LOAD}，所以图 4.23 中的输入电容 C'_{IN}和输出电容 C'_O表示它们的组合影响。而且，由于体端 - 源端电压 v_{bs}等于 $-v_o$，当 v_o升高时，g_{mb}电流流入发射极或源极，并且 g_{mb}电流与 v_o呈线性关系，这意味着 g_{mb}对于 v_o就是一个等于 $1/g_{mb}$的负载电阻 R_{mb}。换句话说，对于 CD FET，r_π消失，$r_{ds} \parallel (1/g_{mb})$替换 r_o。有了这些内容，接下来的分析就大致和 CC 和 CD 电路类似了。

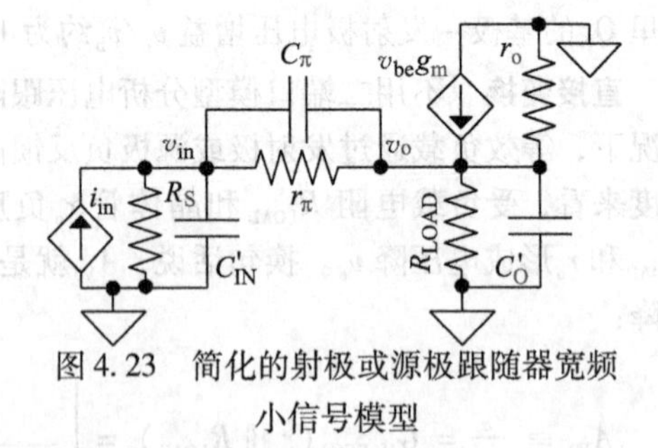

图 4.23 简化的射极或源极跟随器宽频小信号模型

由于所有这 3 类电容可能是同一数量级的，所以总是由它们的并联电阻来决定哪一类电容首先分流。举个例子，C'_{IN}两端的电阻 R_{CIN}等于 R_S与基极输入端电阻 R_B的并联，R_B受R_{LOAD}和r_o发射极负反馈影响：

$$R_{CIN} = R_S \| R_B = R_S \| [r_\pi + (1+\beta_0)(R_{LOAD} \| r_o)] \approx R_S \tag{4.55}$$

如果R_S接近或低于r_o，这种情况并不少见，R'_{IN}简化为R_S。另一方面，C'_O两端的电阻R_{CO}等于三者的并联：R_{LOAD}、r_π与R_S的串联、g_m和r_o构成的R_I：

$$R_{CO} = R_{LOAD} \left|\right| (r_\pi + R_S) \left|\right| R_I \approx R_I = \frac{r_o}{1+g'_m r_o} = \frac{1}{g'_m} = \frac{r_\pi + R_S}{g_m r_\pi} = \frac{r_\pi + R_S}{\beta_0} \tag{4.56}$$

注意到，R_I等于 CB 晶体管的发射极电阻$1/g_m$，集电极没有电阻负载，基极有R_S负反馈。换句话说，R_I通常足够低以至于可以分流R_{LOAD}，以及r_π与R_S的串联，这意味着R_{CO}可能会很低。最后一个需要考虑的是与C_π并联的电阻。这个电阻是r_π与下面组合的并联，从v_o到地的电阻和从地到v_{in}的电阻串联，从之前的叙述两个电阻可简化为R_I和R_S：

$$R_{C\pi} = r_\pi \left|\right| [R_S + (R_I \| R_{LOAD})] \approx r_\pi \left|\right| \left[R_S + \left(\frac{r_\pi + R_S}{g_m r_\pi}\right)\right] \tag{4.57}$$

通常，R_S较高且接近r_o，而C_S较低且接近C_μ，C_{LOAD}较高，约为几个C_μ。这意味着，R_{CIN}较高且接近r_o，R_{CO}为r_π和R_S的$1/\beta_0$，$R_{C\pi}$接近r_π，比r_o大约低一个数量级。由于C_π和C_{LOAD}两端的电阻很低，C'_{IN}首先分流并建立输入极点p_{IN}：

$$\left.\frac{1}{s(C_S + C_\mu)}\right|_{p_{IN} = \frac{1}{2\pi R_S(C_S+C_\mu)}} \equiv R_S \left|\right| [r_\pi + (1+\beta_0)(R_{LOAD} \| r_o)] \approx R_S \tag{4.58}$$

在C'_{IN}分流之后去除R_S，C_π和约为几个C_π的C_{LOAD}接下来在p_O分流：

$$\left.\frac{1}{s\{C_{LOAD} + [C_\pi \oplus (C_S + C_\mu)]\}}\right|_{p_O \approx \frac{g_m}{2\pi(C_{LOAD}+C_\pi)}} \equiv R_{LOAD} \| R_I \| Z_\pi \approx \frac{Z_\pi + Z_{CIN}}{g_m Z_\pi} \| Z_\pi \approx \frac{1}{g_m} \tag{4.59}$$

其中，Z_π中的r_π和C_π，Z'_{IN}中的C_μ和C_S通过基极负反馈影响g_m，但鉴于C_S较低，所以影响不大。注意，同相前馈零点z_{LHP}，为$g_m/2\pi C_\pi$，高于p_O的$g_m/2\pi$（$C_\pi + C_{LOAD}$），因为$C_\pi + C_{LOAD}$比C_π高，特别是当C_{LOAD}包含几个C_π时。

另一方面，如果R_S较低，接近$1/g_m$，那么R_{CIN}、R_{CO}和$R_{C\pi}$都较低，且它们建立的极点频率都相应地较高。换句话说，不考虑R_S，如果C_{LOAD}包含多个C_π，p_O通常在高频，但低于z_{LHP}。由于C_π和C_{GS}的影响是短路基极－发射极电压v_{be}和栅极－源极电压v_{gs}，g_m电流在更高频率时下降。这意味着发射极和源极电阻$1/g_m$随着频率上升而上升，就像电感一样。这就解释了为什么工程师说发射极和源极在高频时变成电感性。

4.7 小信号概括和近似

4.7.1 功能

模拟集成电路设计取决于深入理解和近似。理解基本概念是关键，因为每个晶体管有 5 ~ 6 个低频和高频方程，所以基于这些方程来设计包含 10 ~ 100 个晶体管的运算放大器、电压基准、线性稳压器和其他模拟模块几乎是不可能的。设计这些多晶体管电路唯一有效的方法是理解晶体管如何处理电压和电流，以及为什么会这样。例如，CE 和 CG 晶体管根本上都是跨导，因为它们将电压转换为电流。另一方面，CB 和 CG 器件缓冲电流，是因为它们的输入电阻吸收并将几乎所有的输入电流引导流入负载。CC 和 CD 晶体管缓冲电压，因为在准恒定电流的条件下，它们的输出电压跟随它们的输入，输入电压与输出电压之间电压差保持恒定，这毫不奇怪，因为被它们的负载退化后的输入电压产生电流，该电流又流经这同一个负载从而重建了它们的输入电压。

4.7.2 电阻

上述这些结论的得出很大程度上是因为 $1/g_m$ 电阻比 r_π 和 $1/g_{mb}$ 低很多，相应地又比 r_o 和 r_{ds} 低很多，那些类似的电阻比负反馈状态下的值低，如 $g_m r_\pi r_o$ 或 $\beta_0 r_o$、$g_m r_{ds} r_o$、$g_m r_{ds}{}^2$ 和 $g_m r_o{}^2$。但是对于通过这种方式联系起来的电阻来说，工程师们必须抓住电流、沟道宽度和长度以及端口电压对晶体管行为的影响。举个例子，更高的偏置电流可以提高 g_m 并降低 r_π 和 r_o，更高的沟道宽长比可以提高 g_m 和 C_{GS}。只有当集电极 - 发射极电压和漏极 - 源极电压比它们各自对应的最小电压 $V_{CE(MIN)}$ 和 $V_{DS(SAT)}$ 更大时，r_o 和 r_{ds} 才很大。有了这些概念，设计师就可以操作晶体管像本章中所描述的一样工作，并与其他晶体管组合实现构成微电子系统的功能模块。

有了这些假设，CB 和 CG 电流缓冲器的射极和源极输入电阻足够低以吸收几乎所有的输入电流，而输出电阻足够高以引导电流直接进入负载。CC 和 CD 电压跟随器的射极和源极电阻同样要低，以确保可以将从基极和栅极输入端接收的电压驱动和加载到任何负载阻抗上。类似地，CE 和 CS 跨导器要依靠较高的集电极和漏极输出端电阻来建立实用的电压增益。

[例 4.6] 假设 $1/g_m$ 比 r_π 低很多，r_π 也类似地比 r_o 和 r_{ds} 低，r_o 和 r_{ds} 同样比 $g_m r_\pi r_o$ 或 $\beta_0 r_o$ 低，使用“直接转换”来确定由图 4.17 和图 4.21 中的 CS FET M_{CS}、CB NPN Q_{CB} 和 CC NPN Q_{CC} 组合而成的电路的跨阻增益 v_o/v_{in}。组合电路显示在图 4.24 中。

解：跨导器 M_{CS} 的 $g_{m(CS)}$ 首先将 i_{in} 经过 R_S 产生的电压转化为电流 $i_{d(CS)}$。电流缓冲器 Q_{CB} 中的由 $g_{m(CB)}$ 和 $r_{o(CB)}$ 构成的输入电阻 $R_{I(CB)}$ 吸收并引导 $i_{d(CS)}$ 直接流入负载电阻中，负载电阻由偏置晶体管 M_{PL} 的 $r_{sd(PL)}$ 和电压缓冲器 Q_{CC} 的经过发射极负反馈的输入电阻 $R_{IN(CC)}$ 提供：

$$\frac{v_{o1}}{i_{in}} = (R_S)(-g_{m(CS)})\left(\frac{r_{ds(CS)} \parallel r_{\pi(CB)} \parallel R_{I(CB)}}{R_{I(CB)}}\right)(r_{sd(PL)} \parallel R_{IN(CC)}) \approx -R_s g_{m(CS)} r_{sd(PL)}$$

这里 Q_{CB} 的 $R_{I(CB)}$ 简化为 $2/g_{m(CB)}$ 吸收大部分 $g_{m(CS)}$ 电流，$R_{IN(CC)}$ 为 M_{NL} 和 Q_{CC} 的 $r_{o(CC)}$ 所提供的 $r_{ds(NL)} \parallel r_{o(CC)}$ 的 $\beta_{0(CC)}$ 倍，所以 $r_{ds(NL)}$ 分流 $R_{IN(CC)}$：

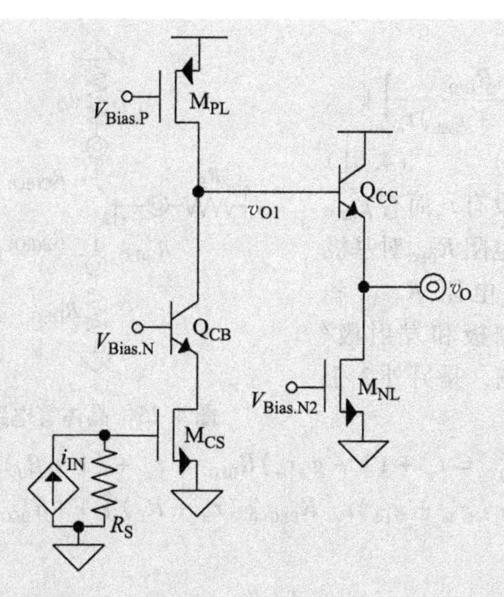

图 4.24 级联 CS 跨导器、CB 电流缓冲器和 CC 电压跟随器

$$R_{I(CB)} = \frac{r_{o(CB)} + r_{sd(PL)}}{1 + g_{m(CB)} r_{o(CB)}} \approx \frac{2}{g_{m(CB)}}$$

和

$$R_{IN(CC)} = r_{\pi(CC)} + (1 + g_{m(CC)} r_{\pi(CC)})(r_{ds(NL)} \parallel r_{o(CC)})$$
$$= r_{\pi(CC)} + (1 + \beta_{0(CC)})(r_{ds(NL)} \parallel r_{o(CC)})$$

输入电压 v_{o1} 和受 Q_{CC} 负载电阻 $r_{ds(NL)} \parallel r_{o(CC)}$ 退化的跨导产生电流，电流流过同一个负载重建 v_{o1} 和 v_o：

$$\frac{v_o}{v_{o1}} = \left[\frac{g_{m(CC)}}{1 + g_{m(CC)}(r_{ds(NL)} \parallel r_{o(CC)})}\right](r_{ds(NL)} \parallel r_{o(CC)}) \approx 1$$

换句话说，电路总的跨阻增益对应着刚刚导出的两个增益乘积，简化为约 $-R_S g_{m(CS)} r_{sd(PL)}$。

虽然这些近似对最初建立电路的概念非常重要，但它们往往缺乏预测非理想特性和微调性能所必要的精度。值得庆幸的是，因为晶体管本质上是三端器件，输入和输出电阻和跨导都是可以建模的，所以负反馈和负载对 BJT、MOSFET 和 JFET 电阻的影响通常是类似的。因此，工程师只需要少数几个方程来预测和优化性能。

位于 BJT 基极的串联电阻，如图 4.25 中的 R_B，如何劣化发射极跨导 g'_m 是一个基本关系，就像集电极和漏端的电阻 $R_{C/D}$ 如何影响发射极和源极等效电阻 $R_{E/S(EQ)}$：

$$g'_m = \frac{g_m r_\pi}{r_\pi + R_B} \tag{4.60}$$

和

$$R_{E/S(EQ)} = \left[\frac{r_o + R_{C/D}}{1 + (g'_m + g_{mb})r_o}\right] \parallel (r_\pi + R_B) \qquad (4.61)$$

对于场效应晶体管，没有 r_π 而有 g_{mb}。发射极和源极负反馈电阻 R_{DEG} 对基极和集电极/漏极等效电阻 $R_{B(EQ)}$ 和 $R_{C/D(EQ)}$，以及基极/栅极和发射极/源极跨导 $G_{M(EQ)}$ 的影响，是另外 3 个常见关系：

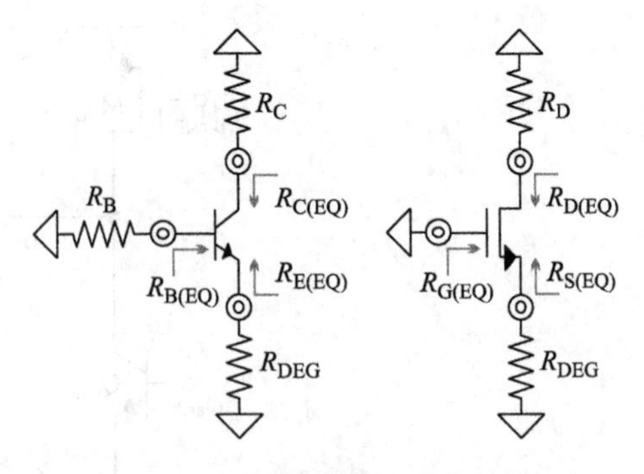

图 4.25　晶体管电路中的相关电阻

$$R_{B(EQ)} = r_\pi + (1 + g_m r_\pi)R_{DEG} = r_\pi + (1 + \beta_0)R_{DEG} \qquad (4.62)$$

$$R_{C/D(EG)} = r_o + (g'_m + g_{mb})r_o[R_{DEG} \parallel (r_\pi + R_B)] + [R_{DEG} \parallel (r_\pi + R_B)] \qquad (4.63)$$

和

$$i_{c/d/s} = v_{be/gs}G_{M(EQ)} \approx \frac{v_{b/g}g_m}{1 + (g_m + g_{mb})R_{DEG}} = v_{e/s}(g'_m + g_{mb}) \approx i_e \qquad (4.64)$$

这里，从场效应晶体管栅极看进去的等效电阻 $R_{G(EQ)}$ 接近于无穷大，因为几乎没有电流流入栅极。然而，记住这些方程式并不能免除工程师获取对电路的洞悉和直觉。例如，体效应跨导 g_{mb} 的影响在体端和源端相连接时消失，这样的结果是因为小信号体－源电压 v_{bs} 为 0。再举一个例子，当具有负反馈电阻 R_{DEG} 时，CS 跨导器的二端口等效电路的漏极电阻为 $R_{D(EQ)}$，而对于 CG，漏极电阻为 r_{ds}，因为这种情况下的短路测试要求消除源极串联电阻的影响。

4.7.3 频率响应

也许确定电路的频率响应最具挑战性的方面在于相同的电容但具有不同的电容值而产生的变化的数目。因此，除了米勒关系，记住方程并不会增加什么价值。重点要认识到的是，电容在低频时开路，在高频时分流与之并联的电阻，转折点发生在电容阻抗值等于相应的电阻值时，转折点对应极点。当前馈电容的电流等于或超过被它们旁路的电流时，也会引入零点。如果电流同相，它们所产生的零点是无害的，有时甚至是有益的（例如在左半平面），反之，当它们异相时（例如在右半平面）则是有害的。

一个有效地应用这些概念的方法是思考电路是如何随频率发生改变。例如，去掉所有电容简化电路，这样能使工程师更容易确定低频增益。之后，最低频率极点对应于第一个对并联电阻分流的电容。去掉被分流的电阻之后，下一个分流电容建立下一个极点，如此反复。从这方面来说，如果可行的话，米勒分离有助于简化电路。

如何确定哪个电容首先分流在于找到具有最大电容－电阻乘积的那个电容，这无非就是它的时间常数。在这方面，由于基极－发射极电容 C_π 和栅极－源极电容 C_{GS}、特意添加的非寄生电容，以及由它们建立的负载电容 C_{LOAD}，通常在电路中是最高的，一般这些电容首先分流，但这种情况只发生在当它们的电阻也相应较高，比如是 r_o、r_{ds}或更高，也可以是 r_π，如果没有其他时间常数更高的话。因此，工程师扫描电路寻找节点，其电阻接近或超过 r_o和 r_{ds}，以及电容接近或大于 C_π和 C_{GS}。比如 CS 跨导器，跨接在 C_{GS}和 C_{GD}米勒等效电容 C_{MI}两端的电阻可能比较高，因此由此产生的栅极极点可能位于非常低的频率。相反，CB 电流缓冲器的发射极电阻常常较低，所以它建立的极点通常位于高频。

4.8　总结

模拟系统通常依赖于晶体管准线性小信号响应实现预定的功能，于是工程师将电路建模并简化为等效二端口线性网络。排除电容进一步简化了网络以及推导或建立低频增益所需要的分析，从设计师的角度来看，用“建立”更合适。在这里重要的是，跨导如何将电压转换为电流，以及电阻如何将电流转换为电压，从这点上看，首先对并联电阻分流的电容建立最低频率极点，然后，去除电阻和接连的分流电容描述了电路在更高的频率如何工作，这让设计师更直观地确定电路的高频响应。

模拟电路最终分解成一系列的单晶体管基本单元。因为晶体管基本功能是一个具有第三控制端的两端电阻，单晶体管可行的连接方式遵从 3 种可能结构之一。这些结构中，CE 和 CS 晶体管从根本上说是跨导器，因为它们将电压转换成电流。CB 和 CG 电路则引导大部分接收的电流到它们的输出，所以它们的行为更像电流缓冲器。因为恒定的偏置电流建立起基本不变的基极 - 发射极和栅极 - 源极电压，CC 和 CD 的发射极和源极输出跟随它们的基极和栅极变化，就如电压跟随器一样。

有趣的是，与基极、发射极或源极串联的电阻衰减了输入电压在基极 - 发射极和栅极 - 源极上的电压降，所以它们不仅提高了基极、集电极或漏极等效电阻，降低了相应的极点，它们也降低了跨导。而且，发射极或源极电阻通常较低，在 $1/g_m$附近，集电极或漏极电阻较高，等于或大于 r_o和 r_{ds}。因此，发射极和源极极点常常在更高的频率，集电极和漏极极点则在较低的频率。表 4.2 总结了这些倾向对所有单晶体管基本单元的影响。

表 4.2　单晶体管基本单元的定性比较

CE/CS 跨导器		CB/CG 电流缓冲器	CC/CD 电压跟随器
V_o 摆幅	高	低	中等
相关增益	$A_{V0} = -G_M$ $(R_{OUT} \parallel R_{LOAD})$	$A_{I0} \approx (R_S \parallel R_{IN})(g_m + 1/r_o)$ $A_{R0} = A_{I0}(R_{OUT} \parallel R_{LOAD})$	$A_{A0} \approx g_m(1/g_m \parallel r_o \parallel R_{LOAD})$
R_O	高	高	低
R_{IN}	r_S或∞	低	高或∞
输入极点 p_{IN}	低（如果 R_S 高） 高（如果 R_S 低）	高	低（如果 R_S 高） 高（如果 R_S 低）

（续）

CE/CS 跨导器		CB/CG 电流缓冲器	CC/CD 电压跟随器
输入极点 p_O	高（如果 R_S 高） 低（如果 R_S 低）	低	高
退化	发射极/源极	基极	基极
	提高 R_{IN} 和 R_O 降低 p_{IN}、p_O 和 G_M	提高 R_{IN} 降低 p_{IN} 和 G_M	降低 p_O
独特性	右半平面零点	发射极/源极是电感性的	左半平面零点 发射极/源极是电感性的

这些单晶体管基本单元的特定组合构成了能执行范围广泛的更高级功能的复杂模拟系统的基石，其中与教材最相关的是规则。为此，开发流程的下一步就是构建大多数模拟电路中所使用的基本的 2 ~ 10 个晶体管的模拟功能块。因此第 5 章将会评论和描述电流镜、差分对、差分放大器，以及它们的结构变化和组合是如何操作和响应输入信号的。

4.9 复习题

1. 陈述用于提取二端口模型输出跨导的测试条件?
2. 接地电容对输入信号有什么影响?
3. 反相前馈电容有什么影响?
4. 同相前馈电容有什么影响?
5. 和接地电容串联的电阻对输入信号有什么影响?
6. 右半平面零点的影响通常是无害的吗？为什么?
7. 当电容分流时，随着频率升高，电路中什么元件会消失?
8. 在结型场效应晶体管中哪些端口适合做输入端?
9. 哪些晶体管结构会反转输入信号?
10. MOSFET 的源极负反馈电阻的影响是什么?
11. 哪些方式下 CB BJT 最实用？为什么?
12. 典型情况下，CG MOSFET 的输入极点是在低频还是高频？为什么?
13. CG BJT 的基极负反馈有什么影响?
14. CC BJT 包含零点吗？为什么?
15. 通常电路中哪些电阻的阻值最低?
16. 通常电路中哪些电阻的阻值是中等大小?
17. 通常电路中哪些电阻的阻值最大?
18. 通常哪些电容建立低频主极点?

第5章　模拟电路基本单元

模拟集成电路设计是一种在掺杂半导体、多晶硅材料、金属和二氧化硅的图层上架构实用模拟系统的艺术。在设计过程中，理解目标系统的要求是第一步。第二步是了解可用的器件如电阻、电容、二极管和晶体管等，了解它们是如何导通电流和降落电压的以及导通电流和降落电压的大小。在有了这些目标和概念之后，本章的任务是将第4章中讨论的单个晶体管基本单元融入进电路单元中，构成具有实际功能、通用的电路单元。这种电路设计的思想是将整体电路分解成一些1~10个晶体管电路能实现的简单的功能单元。

模拟电路执行的最基本的操作是放大和缓冲信号，这些可以使用共射极/共源级跨导放大器、共基极/共栅极电流缓冲器和共集极/共漏极电压跟随器来实现。接下来要做的事情就是镜像电流和处理差分信号。差分处理的原因是噪声和调整的需要，因为仅仅处理两路信号的差值，就可以消除这两路信号的共模噪声；反馈控制也依赖两个信号的差分信号来减小其误差，从而建立一个与工作条件变化几乎无关的输出。毫无疑问，电流镜、差动对以及它们实现的差动放大级普遍存在于模拟电路中。

在本章和其他章节中，请记住一个很重要的概念——N型晶体管和P型晶体管的对偶性，两者唯一的功能差异是电流方向，前者的电流从发射极或源极流出，而后者的电流流入发射极或源极。因此，P型器件可以实现N型电路，反之亦然。实际上，P型电路和N型电路呈镜像关系。所以，基于本章的目标，之后的讨论重点研究模拟电路基本单元的结构基础，为了更加清晰和深入，本章将持续讨论和开发N型电路单元，但仍然会讨论和示例用开发N型电路时所采用的概念来实现的P型电路。

另一个要考虑的方面是晶体管的工艺。幸运的是，虽然双极型晶体管（BJT）的电流与基极－发射极电压呈指数变化关系，而场效应晶体管（FET）的电流与栅－源电压呈二次方变化关系，但是它们的小信号响应都是线性的。所以，它们的小信号模型实际上是相同的。它们的等效模型唯一的区别是：BJT中含有基极－发射极电阻r_π，金属氧化物半导体场效应晶体管（MOSFET）中含有体效应跨导g_{mb}，后者只在体端和源端没有连在一起时出现，而且g_{mb}通常为g_m的1/10~1/5。因此，本章将重点研究电路构建的基本原则，仅对BJT和FET的可能变体所产生的差异进行讨论。

5.1　电流镜

5.1.1　工作原理

因为在正向有源区和轻饱和区时，集电极电流受基极－发射极电压v_{BE}强控制，而集电极－发射极电压 v_{CE} 对其影响较小，所以图5.1所示的共享基极－发射极连接的BJT上通过的电流近似相等：

$$i_C = I_S\left[\exp\left(\frac{v_{BE}}{V_t}\right)-1\right]\left(1+\frac{v_{CE}}{V_A}\right) \approx I_S\left[\exp\left(\frac{v_{BE}}{V_t}\right)-1\right] \approx i_{IN} \approx i_O \qquad (5.1)$$

类似地，当FET的栅极－源极电压 v_{GS} 匹配时，即使它们的漏极－源极电压 v_{DS} 变化，它们的饱和电流近似相等：

$$i_D = \left(\frac{W}{L}\right)K'(v_{GS}-v_T)^2(1+\lambda v_{DS}) \approx \left(\frac{W}{L}\right)K'(v_{GS}-v_T)^2 \approx i_{IN} \approx i_O \qquad (5.2)$$

然而，上述结论的前提是：v_{CE} 和 v_{DS} 足够大以保证BJT处在正向有源区或轻饱和区，FET处在饱和区。举个例子，在基本电流镜电路中，输出电压 v_O 必须超过 Q_2 的 $V_{CE(MIN)}$ 和 M_2 的 $V_{DS(SAT)}$，它们的输出电流 i_O 才等于 Q_1 和 M_1 的输入电流 i_{IN}。我们注意到，输入晶体管 Q_1 和 M_1 分别自动处于正向有源区和饱和区，因为它们的 v_{CE} 也是 v_{BE}、v_{DS} 也是 v_{GS}，默认情况下，它们比 $V_{CE(MIN)}$ 和 $V_{DS(SAT)}$ 高。

1. 增益

因为BJT的反向饱和电流 I_S 和晶体管的发射极面积 A_E 呈正比，因此，镜像晶体管采用与 A_E 匹配并呈比例放大或缩小的发射极面积就可以得到呈比例放大或缩小的集电极电流。举例来说，在图5.1中，如果 Q_2 的发射极面积 A_E 是 Q_1 发射极面积的两倍，那么，i_O 是 i_{IN} 的两倍。类似地，FET的漏极电流与它沟道的宽长比 W/L 是呈比例的，所以更大的宽长比相应地会产生更大的电流。

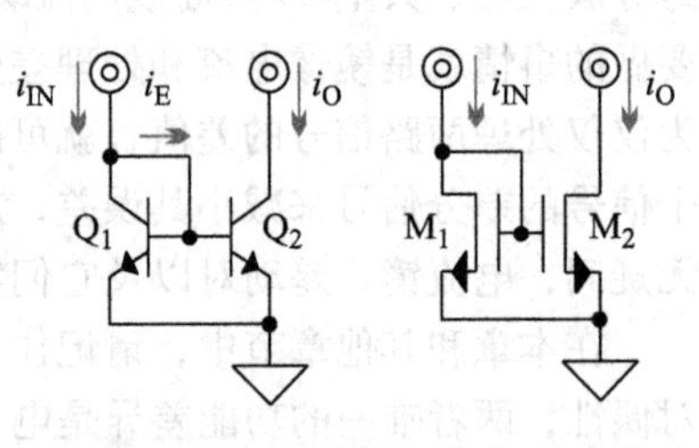

图5.1 BJT电流镜和FET电流镜

既然具有较大的 A_E 的 Q_2 和具有较大的 W/L 的 M_2 可以有效地放大 i_{IN}，那么较小的 A_E 和较小的 W/L 则会衰减 i_{IN}。

[**例5.1**] 图5.2所示的BJT电流镜的电流倍增系数是多少？

解：因为所有的晶体管流过同等大小的集电极电流 i_C，所以输入电流 i_{IN} 分成相同的3份流入3个晶体管。这意味着，每一个晶体管的集电极均传输1/3的 i_{IN}，而且由于有两个输出晶体管吸收输出电流 i_O，因此，i_O 是 i_C 的两倍，是 i_{IN} 的2/3：

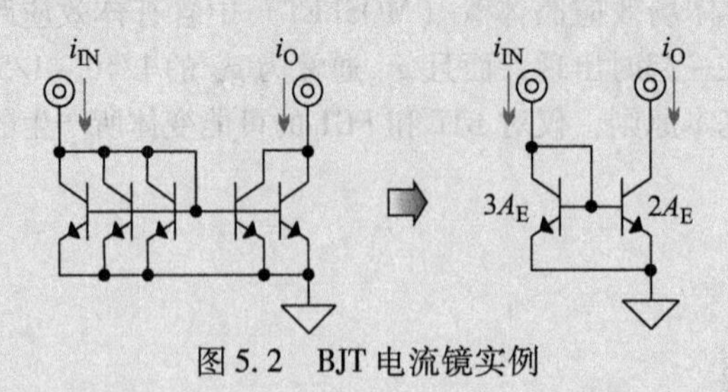

图5.2 BJT电流镜实例

［**例 5.2**］　图 5.3 所示的 MOSFET 电流镜的电流倍增系数是多少？

解：因为所有的晶体管导通同等大小的漏极电流 i_D，而且输入晶体管的输入电流为 i_{IN}，每一个漏极传输电流的大小为 i_{IN}，并且由于有两个输出晶体管吸收输出电流 i_O，因此，i_O 是 i_D 的两倍，也是 i_{IN}的两倍：

$$i_O = 2i_D = 2i_{IN}$$

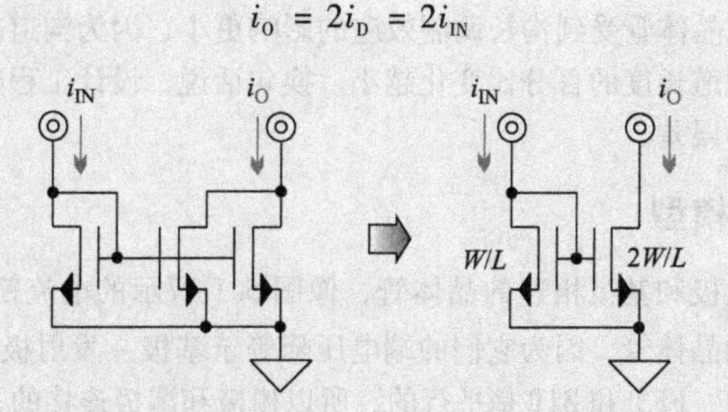

图 5.3　MOSFET 电流镜实例

2. 基极电流误差

虽然 BJT 的基极电流为 i_{IN}的 $1/\beta_0$，但其基极还是会从输入电流 i_{IN}中引导电流。这意味着图 5.1 中的输入晶体管 Q_1 的集电极电流 i_{C1}要比 i_{IN}小一个基极电流，这是一个误差电流，命名为 i_E。由于电流镜是根据它的电流增益 A_I 在 i_O 中复制产生 i_{C1}，i_O 包含这个误差电流的增益转换：

$$i_O = A_I i_{C1} = A_I(i_{IN} - i_E) \approx A_I\left[i_{IN} - \left(\frac{i_{IN}}{\beta_0} + \frac{i_O}{\beta_0}\right)\right] \tag{5.3}$$

当有更多的输出或者更大的增益 A_I 时，误差电流 i_E 会随之增加，这是因为基极电流的大小会随着输出晶体管的增加而增加。幸运的是，FET 的栅极传导极少的电流甚至不传导电流，所以 FET 没有这种误差。

3. 电压误差

尽管影响较小，但是在镜像晶体管中，BJT 的集电极 - 发射极电压 v_{CE}和 MOSFET 的漏极 - 源极电压 v_{DS}之间的失配会在输出电流 i_O 中产生误差。用厄尔利（Early）电压 V_A 来建模的基区宽度调制效应，会在 BJT 中产生如下失调：

$$A_I = \frac{i_{C2}}{i_{C1}} = \frac{I_{S2}\left[\exp\left(\frac{v_{BE}}{V_t}\right) - 1\right]\left(1 + \frac{v_O}{V_A}\right)}{I_{S1}\left[\exp\left(\frac{v_{BE}}{V_t}\right) - 1\right]\left(1 + \frac{v_{IN}}{V_A}\right)} = \left(\frac{A_{E2}}{A_{E1}}\right)\left(\frac{1 + \frac{v_O}{V_A}}{1 + \frac{v_{BE}}{V_A}}\right) \tag{5.4}$$

式中，I_{S2}/I_{S1}相当于 A_{E2}/A_{E1}，输入电压 V_{IN}是镜像晶体管的基极 - 发射极电压。用 λ 建模的沟长调制效应，在 FET 中也会产生和 BJT 相似的效果：

$$A_I = \frac{i_{D2}}{i_{D1}} = \frac{i_O}{i_{IN}} = \frac{\left(\frac{W}{L}\right)_2 K'(v_{GS}-v_T)^2(1+\lambda v_O)}{\left(\frac{W}{L}\right)_1 K'(v_{GS}-v_T)^2(1+\lambda v_{IN})} = \left(\frac{S_2}{S_1}\right)\left(\frac{1+\lambda v_O}{1+\lambda v_{GS}}\right) \quad (5.5)$$

式中，S_1和 S_2分别是$(W/L)_2$和$(W/L)_1$。

然而，长沟道晶体管受到沟长调制效应的影响更小，因为沟道越长，其被调制的沟道长度占整个沟道长度的百分比变化越小。换句话说，设计工程师可以通过增加沟道长度来减小这种误差。

5.1.2 小信号模型

将 BJT 的集电极和基极相连的晶体管，像图 5.1 所示的电流镜中的 Q_1那样，被称为二极管连接的晶体管，因为它们的端电压降等于基极－发射极 PN 结的二极管电压。在模拟电路中，FET 和 BJT 是平行的，所以栅极和漏极连接的 FET 也具有相同的名称。二极管连接的晶体管表现出一些值得注意的特性，首先，给二极管连接的晶体管注入电流，它的端电压会不断上升，直到整个器件的电压能够维持这个电流。在第 6 章中会详细解释，这是一个负反馈的实例，因为晶体管会自动调节 V_{BE}直到 i_C和输入电流 i_{IN}匹配；另外一个特点是晶体管的小信号电阻 R_D，是由 r_π、g_m 的倒数 R_{gm}和 r_O 的并联：

$$R_D = r_\pi \parallel R_{gm} \parallel r_o = r_\pi \parallel \frac{1}{g_m} \parallel r_o \approx \frac{1}{g_m} \quad (5.6)$$

电流 $v_{be}g_m$ 是它的两个终端的电压 v_{be}的线性转换，由于$1/g_m$ 的存在，FET 中 r_π 的影响很小可以忽略。换句话说，二极管连接的器件的电阻为$1/g_m$，通常很低。

因为电流镜的输入包括一个二极管连接的晶体管，所以电流镜的输入电阻 R_{IN}通常会减少到$1/g_m$，具体到所示电路图中，就是$1/g_{m1}$。这个电路的等效短路跨导 G_M和输出电阻 R_O 就是 Q_2 的 g_m 和 r_{o2}。基本上，这意味着输入端的源电阻 R_S 会从 R_{IN}中吸走电流，同时 R_O 也会从电流镜驱动的负载电阻 R_{LOAD}中吸走电流。换句话说，R_S和 R_O 会将电流镜的有效低频电流增益 A_{I0}减少至：

$$\begin{aligned} A_{I0} &\equiv \frac{i_{load}}{i_{in}} = \left(\frac{v_{in}}{i_{in}}\right)\left(\frac{i_{gm2}}{v_{in}}\right)\left(\frac{v_o}{i_{gm2}}\right)\left(\frac{i_{load}}{v_o}\right) \\ &= (R_S \parallel R_{IN})(-G_M)(R_O \parallel R_{LOAD})\left(\frac{1}{R_{LOAD}}\right) \\ &\approx \left(R_S \parallel \frac{1}{g_{m1}}\right)(-g_{m2})\left(\frac{r_{o2} \parallel R_{LOAD}}{R_{LOAD}}\right) \end{aligned} \quad (5.7)$$

因此，理想条件是高的 R_S 和低的 R_{LOAD}值。或者说，好的电流镜会表现出低的输入电阻 R_{IN}和高的输出电阻 R_O。

5.1.3　带基极电流校正的电流镜

1. 基极电流补偿

在 BJT 电流镜中，基极电流的根本影响就是减小输出电流 i_O。从这个角度看，首先，补偿误差相当于将输入电流 i_{IN}减少的那部分电流也即基极电流利用电流镜增益转换来增加 i_O。一种解决办法是提高 Q_2的基极 - 发射极电压 v_{BE2}，幸运的是，Q_1 的基极电流 i_{B1} 流入了它的基极，所以，在 Q_1 的基极串联一个电阻 R_β，如图 5.4 所示，使 v_{BE2}相对于 Q_1 的 v_{BE1}升高了电阻 R_β 上的电压降 v_R 即 $i_{B1}R_\beta$，Q_1 的 v_{BE1}传输的电流为 $i_{IN}-i_E$，这样，由于 BJT 的基极电流远小于集电极电流，因此它们可以归类于小信号变化，当 R_β为$(1+A_I)/g_{m2}$时，Q_2的 g_{m2}使 V_R转化得到 i_O 中的增量，它等于 Q_1的 i_{B1}加上 Q_2的 i_{B2}：

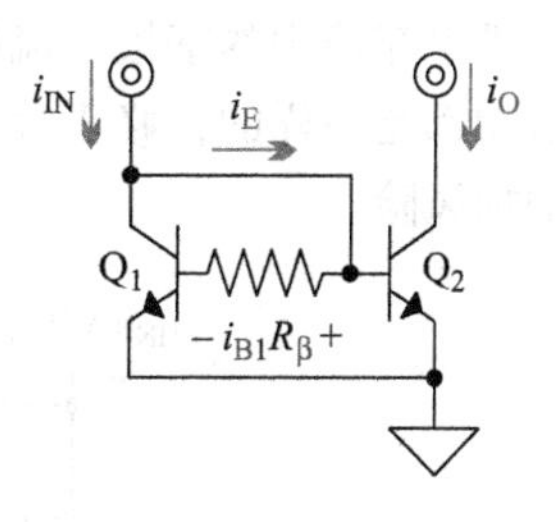

图 5.4　基极补偿 BJT 电流镜

$$\Delta i_O \approx v_R g_{m2} = i_{B1}R_\beta g_{m2}\Big|_{R_\beta \equiv \frac{1+A_I}{g_{m2}}} \equiv i_E = i_{B1} + i_{B2} = i_{B1}(1+A_I) \tag{5.8}$$

式中，A_I是电流镜的增益；R_β是用来调节 i_O的设计变量。

尽管不是完全无用，不过存在着几个因素让这个方法并不完美。第一，v_R不能跟踪 v_{BE2}随温度的变化；第二，g_{m2}会随着 Q_2的偏置而变化，所以，v_R不能跟踪 g_{m2}随宽范围的输出电流变化而产生的变化；第三，R_β随工艺有 ±20% 的误差变化，所以在没有修调的情况下，i_O的校正结果不能跟踪 i_E随工艺的变化。然而，尽管有这么多缺陷，R_β仍然能够减小 i_{IN}和 i_O之间的误差，这一点在具有高增益的电流镜中意义深远，因为相对于低增益电流镜，高增益电流镜的初始误差更高。

2. 减小误差电流和消除误差电流

减轻基极电流对 i_O影响的一种更有效的方法是首先减小从 i_{IN}中抽取的电流。例如，图 5.5 中的电压跟随器 Q_B，能够将基极电流对 i_{IN}的影响减小为$1/(1+\beta_0)$。不幸的是，用消流偏置 Q_B来产生这两个基极电流会减小 Q_B的 g_m，并因此极大地提高发射极电阻 $1/g_m$，使得 Q_B速度减慢，这意味着电流镜不能对 i_{IN}的改变以及注入到电路的噪声做出迅速反应，这也是设计者们通常在这个求和节点上添加一个偏置电流 I_{Bias} 以提高 g_m并减小 $1/g_m$的原因。这样，误差电流 i_E变成

$$i_E \approx \frac{\frac{i_{IN}}{\beta_0} + \frac{i_O}{\beta_0} + I_{Bian}}{1+\beta_0} \approx \frac{i_{IN}(1+A_I)}{\beta_0^2} + \frac{I_{Bias}}{\beta_0} \tag{5.9}$$

比减小误差电流 i_E更有效的方法就是消除误差电流，图 5.5 中的 FET 就有这样的作用，当然，这是以所使用的工艺中有可利用的 FET 器件为前提的，在这种情况下，将整个 BJT 电流镜用 FET 电流镜来替换也是一种选择。

在设计的世界里，要想获得某些性能的提升就必然要牺牲一些性能。在上述方法

中，不仅电路需要消耗更多静态功耗，而且现在输入电压 v_{IN} 包含两个二极管电压或者一个二极管电压和一个栅极 - 源极电压 v_{GS}，这意味着，v_{IN} 取决于工作温度范围以及 FET，可能需要高达 0.8 ~ 2.5V，当然，输入电压并不总是一个问题。类似地，基本 BJT 电流镜中的基极电流误差在一些常见应用中也可能不是问题。换句话说，所有的事物都是一样的，修正没有彻底损坏的事物有时是徒劳的，不仅没有任何助益，还会增加风险。

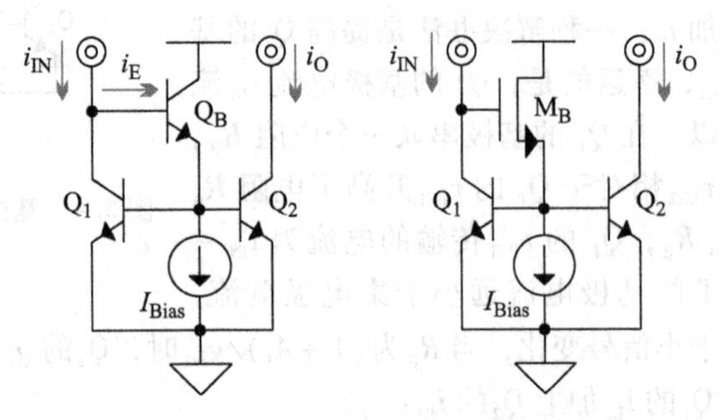

图 5.5　带有 β 辅助晶体管的 BJT 电流镜

5.1.4 电压校正共源共栅/共射共基（Cascode）电流镜

电流镜中不同的集电极 - 发射极电压 v_{CE} 和漏极 - 源极电压 v_{DS} 会产生一个误差，这个误差虽然在可接受范围内，但是会限制电流镜的精度。消除这个误差等价于匹配图 5.1 中的 v_{CE} 和 v_{DS}，这也是图 5.6 中 Q_3 和 Q_4 以及 M_3 和 M_4 的目的。因为这些 Cascode 晶体管传输同样大小的电流密度，所以它们的基极 - 发射极电压 v_{BE} 和栅极 - 源极电压 v_{GS} 相匹配。正因如此，它们将 Q_1 和 M_1 上的电压强制到 Q_2 和 M_2 上，这样，两者的 v_{CE} 都为 v_{BE1}，而 v_{DS} 都为 v_{GS1}。

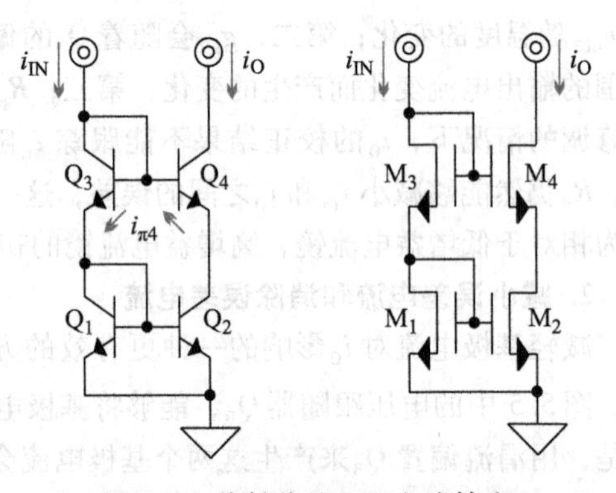

图 5.6　共射共基 BJT 电流镜和共源共栅 MOSFET 电流镜

与上述修正基极电流误差时的情况一样，增加 Cascode 晶体管也不是一个理想的解决方案。首先，现在输入端降落两个二极管电压或栅极 - 源极电压而不是一个。其次，现在输出电压必须保持在 Q_4 的 $V_{CE4(MIN)}$ 和 Q_2 的 v_{BE1} 之上或 M_4 的 $V_{DS4(SAT)}$ 和 M_2 的 v_{GS1} 之上，以保持 Q_4 工作在正向有源区或轻饱和区、M_4 工作在饱和区。换句话说，现在电路的最小输出电压提高了一个二极管电压或一个栅极 - 源极电压。不幸的是，提高这两个电压会限制信号源以及负载处理的信号相对于它们电源的净空，而在使用电池的工作环境下，电源可能低至0.9~2.7V。

另外，现在输入电阻R_{IN}更高了。更确切地讲，R_{IN}等于Q_4的等效基极电阻R_{B4}与R_{C3}并联，R_{C3}代表Q_1和Q_3的串联电阻。有趣的是，Q_4的基极电流i_{b4}是Q_2的集电极电流的β_0转换，而Q_2的集电极电流是Q_1和Q_3的电流i_{c3}的镜像复制，这也就意味着R_{B4}是R_{C3}的（β_0+1）倍：

$$R_{B4} \equiv \frac{v_{in}}{i_{b4}} = v_{in}\left(\frac{1+\beta_0}{i_{c3}}\right) \approx R_{C3}(1+\beta_0) \quad (5.10)$$

因此，R_{C3}主导R_{IN}中的R_{B4}，将R_{IN}减小到两个二极管连接的晶体管的串联电阻。

$$R_{IN} = R_{C3} \parallel R_{B4} = R_{C3} \parallel [R_{C3}(1+\beta_0)] \approx R_{C3} = \frac{1}{g_{m3}} + \frac{1}{g_{m1}} \quad (5.11)$$

显然，Cascode电流镜的R_{IN}比没有Cascode晶体管时提高了，虽然提高得不多。

然而，通过Cascode校正电压来提高电流镜的镜像精度依旧是不完美的。事实上，Cascode晶体管上通过的电压不一定匹配，所以，虽然输出电流i_0很大程度上与输入电流i_{IN}匹配，输出电压的变化仍然会使得输出电流i_0改变，虽然只是很小的改变，这是电流镜的有效输出电阻R_0有限的另一种说法。更准确地说，R_0是带发射极负反馈的晶体管Q_4的输出电阻，这种情况下，Q_2的g_{m2}镜像Q_4的$r_{\pi4}$电流$i_{\pi4}$建立了一个负反馈电阻R'_{DEG4}，它等于$r_{\pi4} /\!/ r_{\pi4} /\!/ r_{o2}$：

$$\begin{aligned} R'_{DEG4} &= \frac{v_{e4}}{i_{r\pi4} + i_{gm2} + i_{ro2}} = \frac{v_{e4}}{2i_{r\pi4} + i_{ro2}} \\ &= \left[\left(\frac{1}{2}\right)\left(r_{\pi4} + \frac{1}{g_{m3}} + \frac{1}{g_{m1}}\right)\right] \parallel r_{o2} \approx r_{\pi4} \parallel r_{\pi4} \parallel r_{o2} \end{aligned} \quad (5.12)$$

上式中，$r_{\pi4}$远大于Q_3和Q_1的二极管连接电阻$1/g_{m3}$和$1/g_{m1}$。因此，被退化的输出电阻R_0[⊖]在BJT中简化为$0.5\beta_0 r_{o4}$，而在FET中为$g_{m4}r_{ds4}r_{ds2}$：

$$R_0 = r_{o4} + R'_{DEG4} + g_{m4}r_{o4}R'_{DEG4} \approx g_{m4}r_{o4}R'_{DEG4} \approx g_{m4}r_{o4}(r_{o2} \parallel r_{\pi4} \parallel r_{\pi4}) \quad (5.13)$$

上式中，BJT情况下$g_{m4}r_{\pi4}$为β_0，FET情况下没有$r_{\pi4}$。无论哪种情况，R_0都是r_{o2}和r_{ds2}的50~100倍，这意味着Cascode电流镜由于输出电阻有限而导致的镜像的不完美通常是可以忽略的。

5.1.5 低电压Cascode电流镜

1. 独立的偏置

一种可以减小电流镜中Cascode晶体管的电压开销而仍然保证其输出电流精确的方法是将共源管/共射管和Cascode晶体管单独偏置，如图5.7所示。这种结构仍然镜像了电流，因为Q_3是一个共基极的晶体管，它缓冲Q_1的电流并将它馈入Q_1的基极，也就是说，Q_3用另一种方式实现了将集电极-基极短路的反馈连接，形成二极管连接的

⊖ 被退化的输出电阻：指的是晶体管的源极/发射极带有负反馈电阻也称为退化电阻时，从晶体管的漏极/集电极看到的电阻。——译者注

器件。这也意味着，v_{IN}只降落一个二极管电压或一个栅极－源极电压，R_{IN}等于$1/g_{m1}$。

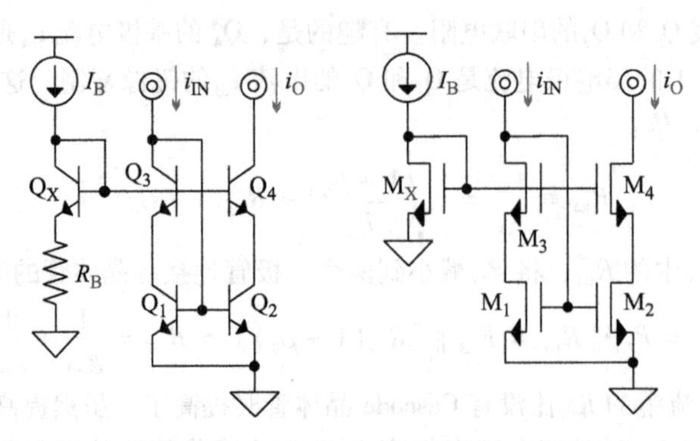

图 5.7 单独偏置的 BJT 和 MOSFET 低电压 Cascode 电流镜

回到主题上来，低电压 Cascode 的根本目的是减小镜像晶体管 Q_1、Q_2和 M_1、M_2上的电压。在 BJT 中，因为大部分情况下，Cascode 晶体管和偏置晶体管 Q_X的基极－发射极电压是匹配的，Q_X、Q_3和 Q_4强制 Q_1和 Q_2集电极－发射极电压 v_{CE1}和 v_{CE2}等于R_B上的电压 I_BR_B，所以为了 Q_1和 Q_2保持在轻饱和区，I_BR_B必须大于 $V_{CE(MIN)}$，但是，不幸的是，I_BR_B不会随电流、温度或工艺的变化跟随 $V_{CE(MIN)}$，所以工程师们通常需要加入足够的余量以保证 I_BR_B 在工作温度范围内和各种工艺角下始终保持大于$V_{CE(MIN)}$，这最终意味着，v_O能够接近但不能降至两倍的 $V_{CE(MIN)}$。

幸运的是，MOSFET 提供了一个吸引人的替代方案。在图 5.7 所示的例子中，通过镜像晶体管 M_1和 M_2上的电压是偏置晶体管 M_X的栅极－源极电压与 Cascode 晶体管M_3和 M_4的栅极－源极电压之差，也就是说，若体端连接到它们各自的源极，则 M_X的v_{GSX}中的阈值电压 v_{TN}与 Cascode 晶体管 M_3和 M_4中的对应项相互抵消了，因此，M_1和M_2上的电压被强制到它们的饱和电压 $V_{DSX(SAT)}$和 $V_{DS4(SAT)}$之差：

$$v_{DS1}=v_{DS2}=v_{GSX}-v_{GS4}\approx V_{DSX(SAT)}-V_{DS4(SAT)}>V_{DS1(SAT)}=V_{DS2(SAT)} \quad (5.14)$$

所以设置一个足够大的 $V_{DSX(SAT)}$ 可以保证 v_{DS1} 和 v_{DS2} 维持在 $V_{DS1(SAT)}$之上或者$V_{DS2(SAT)}$之上（因为它们是匹配的，$V_{DS1(SAT)}$与 $V_{DS2(SAT)}$相等）。这样做的好处是阈值电压抵消了，而且跨导参数 K'_N以同样的方式影响 $V_{DSX(SAT)}$和 $V_{DS4(SAT)}$，使得它们的差值能够更好地跟随 $V_{DS1(SAT)}$，最终结果是不需要太多的设计余量，因此，相对于 BJT 中v_O接近 2 个 $V_{CE(MIN)}$的程度，v_O能够更接近于两倍的饱和电压。

2. 自偏置

上述这两个低电压电路的一个缺点是 Q_X和 M_X需要一个偏置电流 I_B，这不仅消耗功率，还会使 i_{IN}失配。一种规避这种单独偏置要求的办法就是在电流镜中包含偏置产生器。举例来讲，因为 Q_1和 M_1的二极管连接产生了基极－发射极电压 v_{BE1}和栅极－源极电压 v_{GS1}，这些电压能够跟踪它们的 Cascode 晶体管的基极－发射极电压和栅极－源极电压，在这个二极管连接中插入一个串联电阻，如图 5.8 所示，这样，在

v_{BE1}和 v_{GS1}电压基础上电阻上又产生一个电压，从而可以保证 Q_1、Q_2保持在轻饱和区，M_1、M_2保持在饱和区。与前述一样，R_B上的电压 $i_{IN}R_B$不会随电流、温度或工艺的变化而跟随 $V_{CE(MIN)}$或 $V_{DS(SAT)}$变化，所以必须设计足够的余量，好的方面是，它们像 $V_{DS(SAT)}$一样随 i_{IN}增大而升高，$V_{CE(MIN)}$也会升高但程度要小一些。不考虑这些细微差别，这项技术使 v_O的最小值开销减少了，但几乎没有额外增加成本、功耗或复杂度等。

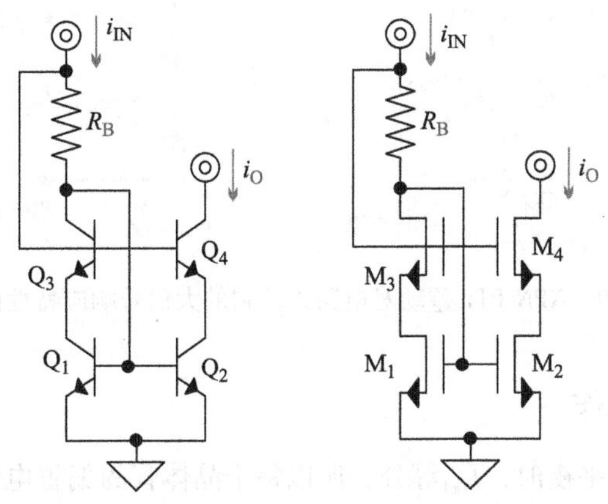

图 5.8　自偏置 BJT 和 MOSFET 低电压 Cascode 电流镜

5.2　差动对

BJT 和 FET 对小信号的处理很相似，所以适用于其中一种器件的模拟电路技术也适用于另外一种，也许两种技术间最显著的不同是 BJT 的 r_π 和 FET 的 g_{mb}的存在，当体端和源极相连时，后者（即 g_{mb}）也不存在了。幸运的是，像第 4 章所讨论的，将 BJT 的所有关系式中去掉 r_π 并且加入 g_{mb}的效应，就可以轻松地将 BJT 的推导公式直接转换到 FET 中。更进一步分析，因为 N 型晶体管和 P 型晶体管之间唯一的区别是它们传导的电荷载流子类型不同（其净效应是产生相反方向流动的电流），所以，P 型电路是 N 型电路的垂直镜像。因此，为了简单、清晰和一致性，以下讨论中使用 NPN 晶体管来说明差动对是如何工作的。为了避免遗留未被解释的事项，本节仍然只对 FET 实现电路进行讲评，而下一节会改变策略，虽然专注于 FET 电路，但也会对 BJT 电路进行讲评。

如前所述，差动对很重要，因为它能抑制共模噪声，并且能够生成被反馈环路控制和调整电压的误差信号。其核心是，差动对是由匹配晶体管构成的发射极或源极耦合对，通过将耦合在一起的发射极或源极节点上连接一个偏置电流将两个对管的偏置电流之和固定在一个恒定的电流上。这样，图 5.9 所示电路中，当基极电压相匹配时，偏置尾电流 I_{Tail}等量分配到 Q_1 和 Q_2 中。这样做的好处是，同时提高或降低两个基极电压的值不改变偏置电流 I_{Tail}的分配。另一方面，升高一个晶体管的基极 - 发射极电压，同时等量地降低另一个晶体管的基极 - 发射极电压，将会建立对称的非平衡电流，换句话说，输入共模电压 v_{IC} 和噪声对电路几乎没有影响，而差分输入电压 v_{ID} 产生了线性和对称的变化电流。

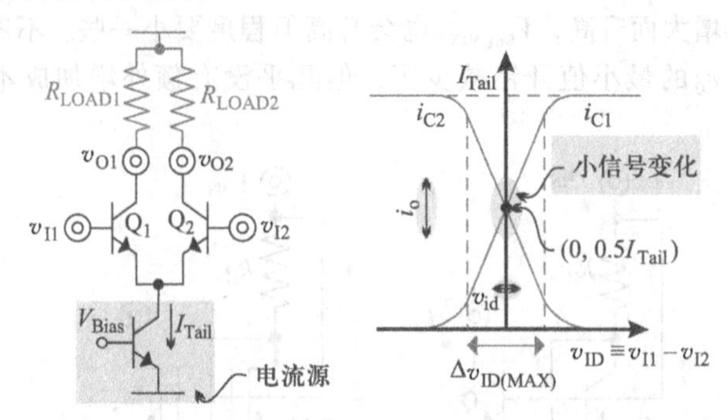

图 5.9　NPN BJT 差动对电路以及它的大信号响应特性曲线

5.2.1　大信号工作

前面已经提到，平衡时，I_{Tail} 等分，所以每个晶体管的偏置电流是一半的尾电流。由于基极 - 发射极两端的电压降为一个二极管电压，然而，它们的共模电压 v_{ID} 不能无限降低以维持建立尾电流 I_{Tail} 的电压，这就意味着，v_{IC} 至少要比负电源 v_{EE} 高一个基极 - 发射极电压和一个维持 I_{Tail} 的最小电压：

$$v_{EE} + V_{Tail(MIN)} + v_{BE1} < v_{IC} < v_{CC} - v_{LOAD} - V_{CE1(MIN)} + v_{BE1} \tag{5.15}$$

同样地，v_{IC} 也不能太高，太高会导致差动对中的一个或两个晶体管进入深度饱和，换句话说，v_{IC} 应该至少比正电源电压和一个基极 - 发射极电压低一个负载电压降和一个最小集电极 - 发射极电压。这个范围内，BJT 仍然工作在正向有源区或轻饱和区，FET 工作在饱和区，这个范围被称作输入共模范围（Input Common - Mode Range，ICMR）。

FET 作为差动对的情况下，v_{IC} 同样必须超过负电源 v_{SS} 一个最小电压，即一个栅极 - 源极电压和一个维持偏置尾电流源的最小电压：

$$v_{IC} > v_{SS} + V_{Tail(MIN)} + v_{GS1} = v_{SS} + V_{Tail(MIN)} + v_{TN1} + V_{DS1(SAT)} \tag{5.16}$$

这里所不同的是，v_{GS1} 是阈值电压 v_{TN1} 和 $V_{DS1(SAT)}$ 之和。在另一端，v_{IC} 应该保持足够低，至少应比正电源电压和一个栅极 - 源极电压低一个负载电压降和一个饱和电压：

$$v_{IC} < v_{DD} - v_{LOAD} - V_{DS1(SAT)} + v_{GS1} = v_{DD} - v_{LOAD} + v_{TN1} \tag{5.17}$$

然而，这里 v_{GS1} 的 $V_{DS1(SAT)}$ 抵消了另外一个 $V_{DS1(SAT)}$，从而免除了饱和电压对 v_{IC} 上限的限制。

无论采用什么类型的晶体管，一个通过输入端的差分电压 v_{ID} 使得一个晶体管比另一个传导更多的电流，而且只要 v_{IC} 保持在 ICMR 的范围内，电流的总和仍然保持不

变即 I_{Tail}。所以，如图 5.9 所示，当 v_{ID} 或 $v_{I1}-v_{I2}$ 为负且幅度很大时，Q_1 关断，Q_2 流过全部 I_{Tail} 电流。升高 v_{ID} 直到 Q_1 开始导通之前，这种状况都不会改变，随着 v_{ID} 进一步升高，Q_1 导通，Q_1 的电流 i_{C1} 升高，Q_2 的电流 i_{C2} 减小，直到 v_{I2} 远低于 v_{I1}，Q_2 关断，i_{C1} 含有全部 I_{Tail}。换句话说，导致 i_{C1} 和 i_{C2} 分别从 0 到 I_{Tail} 变化的 v_{ID} 的范围就是 v_{ID} 的最大线性范围 $\Delta v_{ID(MAX)}$。

将输入电压 v_{I1} 和 v_{I2} 分解成共模分量和差模分量有助于确定差动对抑制共模信号 v_{IC} 以及放大差分信号 v_{ID} 的能力。为此，两个输入端的共模电压是它们的平均值 $0.5(v_{I1}+v_{I2})$，正输入差分电压 $+0.5v_{ID}$ 减去负差分输入电压 $-0.5v_{ID}$ 产生差动对输入信号 v_{ID}，它独立于 v_{IC}，所以，$v_{I1}=v_{IC}+0.5v_{ID}$，$v_{I2}=v_{IC}-0.5v_{ID}$，也就是说每个输入端口都携带共模电压 v_{IC} 和正负相对的半差分电压 v_{ID}。

5.2.2　差分信号

当偏置得当，v_{IC} 和 v_{ID} 的稳态值 V_{IC} 和 V_{ID} 分别处在电路的输入共模电平范围 ICMR 和线性范围 $\Delta v_{ID(MAX)}$ 内。另外，当仅考虑小的差分信号时，v_{IC} 的小信号成分是零，v_{ID} 只包括小信号 v_{id}。换句话说，如图 5.10 所示，v_{I1} 简化为 $0.5v_{id}$，v_{I2} 简化为 $-0.5v_{id}$。

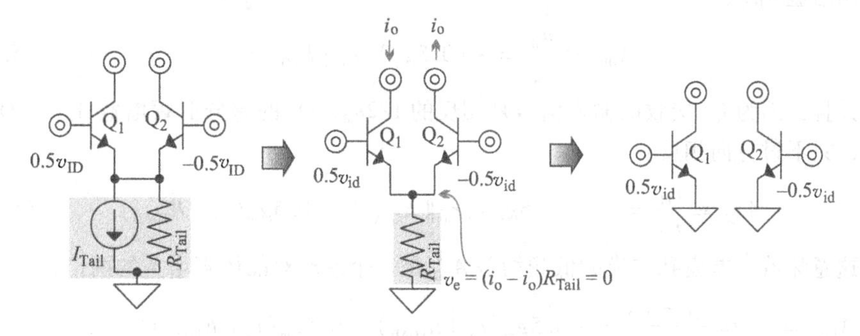

图 5.10　差动对的小信号半边电路等效

因为电流不变，用以建模尾电流 I_{Tail} 的诺顿等效电路中的恒流源就从小信号等效电路中消失了。这意味着，Q_1 和 Q_2 的小信号电流最终流过尾电流的输出电阻 R_{Tail}，但是，由于 Q_1 的输入电压和 Q_2 的输入电压大小相等而相位相反，所以它们的电流大小相等而方向相反，因此，R_{Tail} 上没有电流流过，从而压降为 0。因此，Q_1 和 Q_2 共射节点上的交流电压为 0，所以，这两个差动对晶体管可以简化为两个共射跨导放大器，输入信号电压分别为 $0.5v_{id}$ 和 $-0.5v_{id}$。这一变换只在差动对晶体管放大幅度相等但是方向相反的半差分电压时（即排除了共模分量时）成立。

用以建模差动对的二端口电路的差模输入电阻 R_{ID} 描述的是小信号电压 v_{id} 在输入端上产生的电流 i_{id} 的大小。由于每个 BJT 的 r_π 只接收 v_{id} 信号的一半，所以，R_{ID} 等于两倍的 r_π：

$$R_{\mathrm{ID}} \equiv \frac{v_{\mathrm{id}}}{i_{\mathrm{id}}} = \frac{v_{\mathrm{id}}}{\left(\frac{0.5v_{\mathrm{id}}}{r_{\pi}}\right)} = 2r_{\pi} \tag{5.18}$$

但是，因为 FET 中的栅极电流为零，所以，FET 的 R_{ID} 接近无穷大。类似地，差模输出电阻 R_{OD} 指的是输出小信号电压 v_{od} 产生的 i_{od} 的大小。因为每个输出端输出 v_{od} 的一半，所以 R_{OD} 等于 r_{o} 的两倍：

$$R_{\mathrm{OD}} \equiv \frac{v_{\mathrm{od}}}{i_{\mathrm{od}}} = \frac{v_{\mathrm{od}}}{\left(\frac{0.5v_{\mathrm{od}}}{r_{\mathrm{o}}}\right)} = 2r_{\mathrm{o}} \tag{5.19}$$

另外，因为 Q_1 和 Q_2 的输入信号大小相等（即均为 v_{id} 的一半）但方向相反，所以，它们之间电流差是 $0.5v_{\mathrm{id}}$ 在每个晶体管中产生的电流的两倍，所以差分跨导 G_{D} 是 $0.5g_{\mathrm{m}}$ 的两倍：

$$G_{\mathrm{D}} \equiv \frac{i_{\mathrm{o1}} - i_{\mathrm{o2}}}{v_{\mathrm{id}}} = \frac{i_{\mathrm{o1}}}{v_{\mathrm{id}}} - \frac{i_{\mathrm{o2}}}{v_{\mathrm{id}}} = \frac{(-0.5v_{\mathrm{id}}g_{\mathrm{m}})}{v_{\mathrm{id}}} - \frac{0.5v_{\mathrm{id}}g_{\mathrm{m}}}{v_{\mathrm{id}}} = -g_{\mathrm{m}} \tag{5.20}$$

然而，当只考虑 Q_1 的输出时，因为 Q_1 接收的输入信号是 1/2 输入信号，所以差分低频增益 A_{D10} 是：

$$A_{\mathrm{D10}} \equiv \frac{v_{\mathrm{o1}}}{v_{\mathrm{id}}} = -(0.5g_{\mathrm{m}})(r_{\mathrm{o}} \parallel R_{\mathrm{LOAD}}) \tag{5.21}$$

并且，因为 Q_2 接收的输入信号是相反的 $1/2v_{\mathrm{id}}$，Q_2 的差分低频增益 A_{D20} 与 Q_1 的类似，只不过方向相反：

$$A_{\mathrm{D20}} \equiv \frac{v_{\mathrm{o1}}}{v_{\mathrm{id}}} = -(-0.5g_{\mathrm{m}})(r_{\mathrm{o}} \parallel R_{\mathrm{LOAD}}) = 0.5g_{\mathrm{m}}(r_{\mathrm{o}} \parallel R_{\mathrm{LOAD}}) \tag{5.22}$$

这意味着，差模到差模的低频增益 A_{DD0} 是每个差动对晶体管增益的两倍：

$$\begin{aligned} A_{\mathrm{DD0}} &\equiv \frac{v_{\mathrm{od}}}{v_{\mathrm{id}}} \equiv \frac{v_{\mathrm{o1}} - v_{\mathrm{o2}}}{v_{\mathrm{id}}} = -0.5g_{\mathrm{m}}(r_{\mathrm{o}} \parallel R_{\mathrm{LOAD}}) - 0.5g_{\mathrm{m}}(r_{\mathrm{o}} \parallel R_{\mathrm{LOAD}}) \\ &= -g_{\mathrm{m}}(r_{\mathrm{o}} \parallel R_{\mathrm{LOAD}}) \end{aligned} \tag{5.23}$$

如前所述，差动对电路的最大线性范围是产生全范围电流变化（$0 \sim I_{\mathrm{Tail}}$）的差分电压 $\Delta V_{\mathrm{ID(MAX)}}$。有趣的是，在 BJT 中，$\Delta V_{\mathrm{ID(MAX)}}$ 被 G_{D} 减小到 $2V_{\mathrm{t}}$，在 FET 中，被减小到 $V_{\mathrm{DS(SAT)}}$：

$$\Delta v_{\mathrm{ID(MAX)}}\Big|_{\mathrm{BJT}} \equiv \frac{\Delta i_{\mathrm{C(MAX)}}}{G_{\mathrm{D}}} \approx \frac{I_{\mathrm{Tail}}}{g_{\mathrm{m}}} = \frac{I_{\mathrm{Tail}}V_{\mathrm{t}}}{0.5I_{\mathrm{Tail}}} = 2V_{\mathrm{t}} \tag{5.24}$$

和

$$\begin{aligned} \Delta v_{\mathrm{ID(MAX)}}\Big|_{\mathrm{FET}} &\equiv \frac{\Delta i_{\mathrm{D(MAX)}}}{G_{\mathrm{D}}} \approx \frac{I_{\mathrm{Tail}}}{g_{\mathrm{m}}} = \frac{I_{\mathrm{Tail}}}{\sqrt{2(0.5I_{\mathrm{Tail}})K'\left(\frac{W}{L}\right)}} \\ &= \sqrt{\frac{2(0.5I_{\mathrm{Tail}})}{K'\left(\frac{W}{L}\right)}} = V_{\mathrm{DS(SAT)}} \end{aligned} \tag{5.25}$$

这意味着，为了使差动对保持线性度，BJT 差动对的输入电压不能够超出 $2V_t$，室温下为 52mV；FET 差动对的输入电压不能超过 $V_{DS(SAT)}$，通常会依据尾电流的大小将差动对晶体管的宽长比 W/L 设置为满足 $\Delta V_{ID(MAX)}$ 为 100 ~ 500mV。FET 具有更宽的线性范围，其根本原因是 FET 的跨导更低，因为电流随栅极 - 源极电压呈二次方关系上升，而随基极 - 发射极电压则呈指数关系上升。

5.2.3　共模信号

当偏置合适并且只考虑共模小信号时，v_{IC}的稳态值 V_{IC}处于电路的共模输入范围 ICMR 之内，v_{ID}是零，所以，v_{I1}和 v_{I2}均简化为 v_{ic}，如图 5.11 所示。与差分情况类似，因为 I_{Tail}是恒定的，所以 I_{Tail}消失了，Q_1 和 Q_2 的小信号电流流过尾电流的输出电阻 R_{Tail}。然而，这里的在 v_{ic}两个晶体管的基极建立了等量的基极 - 发射极电压，从而产生了大小相等且方向相同的电流，因此，电流汇合并流过 R_{Tail} 建立的电压为 $(2i_O)R_{Tail}$，相当于单个晶体管电流流过两倍的 R_{Tail}产生的电压。换句话说，当只考虑共模小信号电压时，差动对等效于两个独立的带射极退化电阻 $2R_{Tail}$的共射跨导放大器。

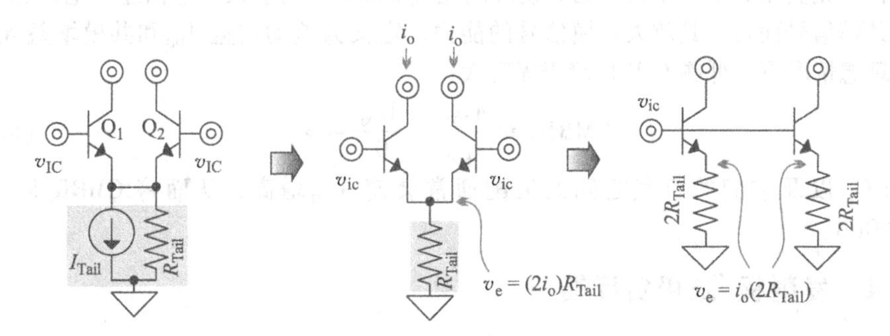

图 5.11　差动对的共模小信号半边等效电路

因为电路的共模输入电阻 R_{IC}是两个带射极负反馈电阻的共射极跨导放大器的并联，所以，R_{IC}是每个被负反馈放大后的基极电阻的一半，近似等于 $\beta_0 R_{Tail}$：

$$R_{IC} \equiv R_{B1} \parallel R_{B2} = 0.5R_B = 0.5[r_\pi + (1+\beta_0)(2R_{Tail})] \approx \beta_0 R_{Tail} \tag{5.26}$$

其中，R_{Tail}通常较高为 r_o 或者 r_{ds}或者更大，对于 FET 差动对而言，R_{IC}接近于无穷大，因为栅极电流为 0。类似地，负反馈电阻 $2R_{Tail}$使得共模输出电阻 R_{OC1}和 R_{OC2}升高到大约为 $\beta_0 r_o$：

$$R_{OC1} = R_{OC2} = r_o + g_m r_o(2R_{Tail} \parallel r_\pi) + (2R_{Tail} \parallel r_\pi) \approx g_m r_o(2R_{Tail} \parallel r_\pi) \approx \beta_0 r_o \tag{5.27}$$

其中，对于 FET 差动对而言，没有 r_π 的负反馈效应，R_{OC1}和 R_{OC2}上升到 $2g_m r_{ds} R_{Tail}$。不出所料，$2R_{Tail}$也使 Q_1 和 Q_2 的跨导减小到

$$G_{C1} = G_{C2} \equiv \frac{i_{o1}}{v_{ic}} = \frac{i_{o2}}{v_{ic}} \approx \frac{g_m}{1+2R_{Tail}g_m} \tag{5.28}$$

然而，因为两个输出电流是相等且同相的，与差分信号输出不同的是，这里差分输出

是0。换句话说，共模信号不影响差分输出 v_{od}，所以共模到差模的跨导 G_{CD} 是0：

$$G_{CD} \equiv \frac{i_{od}}{v_{ic}} \equiv \frac{i_{o1} - i_{o2}}{v_{ic}} = \frac{i_{o1}}{v_{ic}} - \frac{i_{o2}}{v_{ic}} = G_{C1} - G_{C2} = 0 \tag{5.29}$$

因为两个半边电路相互镜像，到 Q_1 和 Q_2 输出端的共模低频电压增益 A_{C10} 和 A_{C20} 相等，且较低：

$$A_{C10} \equiv \frac{v_{o1}}{v_{ic}} = \frac{v_{o2}}{v_{ic}} \equiv A_{C20} \approx -\left(\frac{g_m}{1 + 2R_{Tail}g_m}\right)(R_{OC1} \parallel R_{LOAD}) \tag{5.30}$$

这个增益仅仅是电路差模到差动增益 A_{DD0} 被源极/发射极负反馈后的增益。但是，因为差模输出处理的是差动对晶体管输出的电压差，所以，由于两个输出端的共模输出电压相同，差模输出信号相互抵消，共模到差模低频增益 A_{CD0} 为零：

$$A_{CD0} \equiv \frac{v_{od}}{v_{ic}} \equiv \frac{v_{o1} - v_{o2}}{v_{ic}} = \frac{v_{o1}}{v_{ic}} - \frac{v_{o2}}{v_{ic}} = 0 \tag{5.31}$$

换句话说，差动对可以抑制共模信号。

当然，这种抵消的前提是假设晶体管完美匹配，实际上这是不可能的。工程师衡量这种不完美用到了一个被称为共模抑制比（CMRR）的参数，它描述了电路相对于放大共模信号而言，其放大差模信号的能力，定义为差动增益 A_{DD} 和共模增益 A_{CD} 的比，理想情况下，低频CMRR趋于无穷大：

$$\text{CMRR}_0 \equiv \frac{A_{DD0}}{A_{CD0}} = \frac{A_{DD0}}{0} \to \infty \tag{5.32}$$

Q_1 和 Q_2 以及它们的负载之间的失配通常会使 A_{CD0} 增高，从而将 CMRR_0 降低到60~80dB。

5.2.4 发射极/源极负反馈

BJT差动对的线性范围 $\Delta v_{ID(MAX)}$ 通常较低，在室温下仅为52mV，设计者常常采用退化它们的跨导的方法[⊖]来扩大其线性范围。因为BJT差动对的差分电压增益通常较高，可比要求值高50~60dB，因此，它们承受得起发射极负反馈导致的增益衰减。为此，图5.12示出了匹配电阻 R_{DEG1} 和 R_{DEG2} 是如何对 Q_1 和 Q_2 进行发射极负反馈的。在第一种情况下，I_{Tail} 在 R_{DEG1} 和 R_{DEG2} 之间分配，从而确定通过 R_{DEG1} 和 R_{DEG2} 上的直流电压和小信号电压。在第二个例子中，匹配的偏置电流 $0.5I_{Tail}$ 分别直接从 Q_1 和 Q_2 的发射极拉电流，因为这里的 R_{DEG1} 和 R_{DEG2} 上的直流电压是0，所以它们不传导直流电流，因此没有直流压降。

注意到恒定电流不会影响小信号，因此，这两个例子虽然拓扑结构不同，但小信号等效电路却相同。这就是说，这两个差动对都可以被简化为带发射极负反馈的共射跨导器，如图5.12所示。如此，被 R_{DEG}（R_{DEG1} 和 R_{DEG2} 匹配，用 R_{DEG} 表示）发射极负反馈后差动对晶体管的跨导 G'_D 为

⊖ 退化跨导：也常被译为简并跨导，指的是将晶体管的发射极或源极接负反馈电阻（也称为退化电阻）后晶体管的等效跨导，退化跨导相比原晶体管的跨导其值会降低。——译者注

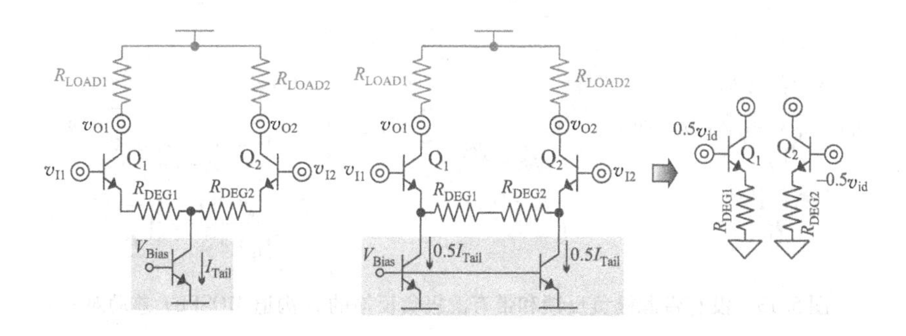

图 5.12　带发射极负反馈的差动对及小信号等效电路

$$G'_D \approx \frac{g_m}{1 + g_m R_{DEG}} \tag{5.33}$$

并且，由于 G'_D 衰减为 $1/(1 + g_m R_{DEG})$ 倍，线性范围 $\Delta v_{ID(MAX)}$ 变为原来的 $(1 + g_m R_{DEG})$ 倍：

$$\Delta v'_{ID(MAX)} \equiv \frac{\Delta i_{O(MAX)}}{G'_D} \approx \frac{I_{Tail}(1 + g_m R_{DEG})}{g_m} = \Delta v_{ID(MAX)}(1 + g_m R_{DEG}) \tag{5.34}$$

虽然这两个电路被发射极负反馈后，跨导相同，但是，包括两个 $0.5I_{Tail}$ 电流源的第二个电路例子中，需要拉两路电流，这意味着为了保持电路平衡，两个偏置电流源必须匹配，换句话说，这个例子包含了更多的电路元件，它们之间的不匹配会导致电路的寄生不平衡，然而，第二个电路的优点在于它的 ICMR 更高，因为通过 R_{DEG1} 和 R_{DEG2} 上的电压对第一个电路的 ICMR 有贡献而对第二个电路没有。

5.2.5　CMOS 差动对

正如本节前面已提到的，差动对是一种大多数晶体管都可以实现的结构，例如，图 5.13 所示的是用 N 沟道 MOSFET 实现的没有带源极负反馈和带有源极负反馈的差动对。它们和 BJT 结构根本的区别是：BJT 和 FET 的 g_m 大小不同，另外，FET 中不存在 r_π 对性能的影响而 BJT 中不存在 g_{mb} 的影响，这些都不会影响功能。例如，FET 的电压增益更低，线性范围更宽，这是因为 FET 是平方律器件，而 BJT 是指数关系器件，因此在相同尺寸和电流下，EFT 的 g_m 比 BJT 的低。FET 的输入电阻接近无穷，因为栅极电流为 0。虽然 FET 的栅极 - 源极电压与饱和电压之间的关系比 BJT 的基极 - 发射极电压与最小集电极 - 发射极电压之间的关系更明确，差动对结构中的晶体管都以同样的方式影响 ICMR。总之，BJT 和 FET 电路的差异仅仅是数值上的，对于功能而言实际上是无关紧要的。

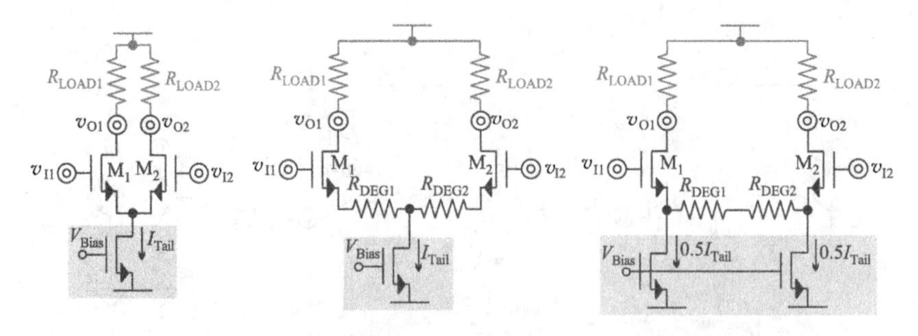

图 5.13　没有带源极负反馈和带有源极负反馈的 N 沟道 MOSFET 差动对

5.3　基极/栅极耦合对

发射极/源极耦合对可以处理差分信号，这是因为在相同的发射极或者源极下，基极或者栅极电压的大小将决定一个晶体管与另一个晶体管导通电流的相对大小。同理，基极/栅极耦合对中的发射极/源极电压也可以产生差分输出电流，如图 5.14 中晶体管 Q_1、Q_2 所示。这意味着，基极/栅极耦合对也可以实现差分输入级。

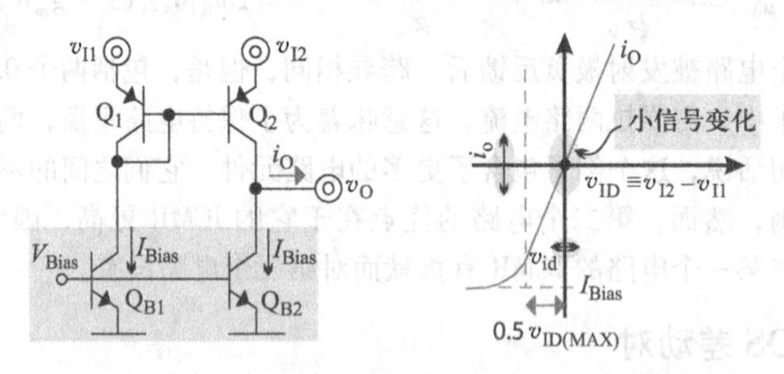

图 5.14　PNP BJT 基极耦合对电路及大信号响应

5.3.1　大信号工作

在图 5.14 所示的基极耦合对中，晶体管 Q_1 的输入决定了晶体管 Q_2 的基极工作电压。具体而言，晶体管 Q_1 要维持导通偏置电流 I_{Bias} 必须在其发射极 - 基极之间降落一个电压，如果晶体管 Q_1、Q_2 匹配，并且晶体管 Q_2 的发射极输入电压 v_{I2} 等于 Q_1 的输入电压 v_{I1}，那么 Q_2 也导通电流 I_{Bias}，并且输出电流 i_O 为零。但是，当晶体管 Q_2 的输入电压 v_{I2} 高于这个电压，即当差分输入电压 $v_{I2} - v_{I1}$ 即 v_{ID} 上升到大于零时，Q_2 的导通电流 i_{C2} 将会上升，进而使得输出电流 i_O 上升，不再为零；反过来，当差分输入电压 v_{ID} 为负时，Q_2 的导通电流 i_{C2} 将会下降，低于电流 I_{Bias}，因而输出电流 i_O 将会反向。此外，当 Q_2 的输入电压 v_{I2} 远低于 v_{I1} 时，Q_2 被关断，输出电流 i_O 将会达到饱和电流 $-I_{Bias}$。但是，当 Q_2 的输入电压 v_{I2} 远高于 v_{I1}，也即差分输入电压 v_{ID} 远高于零时，类似情况并不会出现。不管怎样，差分输入电压 v_{ID} 上一个小的变化将会在 i_{C2} 和 i_O 上产生近似线性的变化，从这个角度来看，输出电流 i_O 在负方向上达到饱和电流 I_{Bias} 将会限制电路的线性工作范围，使得 Δv_{ID} 只能达到 $\pm v_{ID(MIN)}$，即：

$$\Delta v_{ID(MAX)} = 2v_{ID(MIN)} = 2\left(\frac{i_{O(MIN)}}{G_D}\right) = 2\left(\frac{I_{Bias}}{G_D}\right) \tag{5.35}$$

式中，G_D 是电路的等效二端口跨导。

1. 共模输入范围

图 5.14 电路中的共模输入电压 v_{IC} 必须足够高，以提供晶体管 Q_1 的发射极 - 基极电压 v_{EB1} 以及偏置晶体管的最小电压 $V_{Bias(MIN)}$，此处 $V_{Bias(MIN)}$ 即偏置晶体管 Q_{B1} 的电压 $V_{CE(MIN)}$，该电压是在负电源电压 v_{EE} 之上的一个电压值以维持偏置晶体管不进入低压工作区（即维持其工作在正向有源区或轻饱和区的电压值），因此：

$$v_{IC} > v_{EE} + V_{Bias(MIN)} + v_{EB1} = v_{EE} + V_{CE(MIN)} + v_{EB1} \tag{5.36}$$

幸运的是，共模输入电压 v_{IC} 在反方向上除了受限 PN 结击穿电压外是没有其他任何限制的。事实上，ICMR 能够高于电路的正电源电压是此电路最吸引人的特性之一。对于 MOSFET 来说，具有类似的优点：

$$v_{IC} > v_{SS} + V_{Bias(MIN)} + v_{SG1} = v_{SS} + V_{DS(SAT)} + |v_{TP}| + V_{SD(SAT)} \tag{5.37}$$

式中，栅极 - 源极电压 v_{SG} 分解为阈值电压 v_{TP} 以及饱和源极 - 漏极电压 $V_{SD(SAT)}$ 两部分。因此，只要保证电路的共模输入电压 v_{IC} 高于它的最低限制，电路的输出电流 i_O 将始终是差分输入电压 v_{ID} 的函数。

2. 输出摆幅

为了保证偏置晶体管 Q_{B2} 始终工作在轻饱和区或者正向有源区，输出电压 v_O 不能低于负电源的上一个最小集电极 - 发射极电压 $V_{CE(MIN)}$：

$$v_{EE} + V_{CE(MIN)} < v_O < v_{IC} - V_{CE(MIN)} \tag{5.38}$$

同时，输出电压 v_O 必须比共模输入电压 v_{IC} 低一个最小集电极 - 发射极电压 $V_{CE(MIN)}$，这样才能保证晶体管 Q_2 工作在高增益区内。幸运的是，在实际应用中，电路的共模输入电压 v_{IC} 通常较高，因此电路输出电压 v_O 的上限并不是需要主要考虑的问题。

3. 转换速率

电路的输出电流 i_O 以及它所驱动的电容，从根本上限制了输出电压 v_O 上升和下降的快慢。在这方面，虽然包含在等效电容 C_{EQ} 中的 v_O 处的寄生基极 - 集电极电容和集电极 - 衬底电容不能被禁用，但是基极 - 发射极电容、负载电容以及特意添加的电容有可能被禁用。由于负载电容 C_{LOAD} 通常包含一个或者多个基极 - 发射极电容，甚至还有额外添加的电容，因此负载电容 C_{LOAD} 很大，会限制电路的响应，这是因为输出电流 i_O 对 C_{EQ} 和 C_{LOAD} 的充放电时间将导致 v_O 以一定的速率上升或下降转换：

$$SR \equiv \frac{\Delta v_O}{\Delta t} = \frac{dv_O}{dt} = \frac{i_O}{C_{LOAD} + C_{EQ}} = \frac{i_2 - I_{Bias}}{C_{LOAD} + C_{EQ}} \tag{5.39}$$

式中，SR 为转换速率（Slew Rate），单位是 V/s。

一般而言，SR描述的是大信号事件下，比如晶体管完全打开或者完全关闭时，电路的输出变化快慢。在电路中存在的所有电容中，通常最大的电容首先转换，然后其他电容再跟着转换。在这个电路中，降低 v_{I2} 可以关断 Q_2，所以 i_O 提供高达 I_{Bias} 的沉入电流，但不能比 I_{Bias} 大。幸运的是，当 v_{I2} 上升时，没有偏置电流限制 Q_2 能够提供的电流多少，所以 Q_2 除了提供给偏置电流 I_{Bias} 以外，还可以提供足够高的电流给负载。这意味着，一般情况下，下降转换速率 SR^- 即 I_{Bias}/C_{LOAD} 比上升转换速率 SR^+ 即 $(i_{2(MAX)}-I_{Bias})/C_{LOAD}$ 所受限制会更大些。

更重要的是，Q_2 是整个电路中唯一能提供比 I_{Bias} 还要多电流的晶体管，所以 Q_2 的电流是决定转换速率快慢的关键。事实上，通过镜像 Q_2 的电流也能提高电路的转换速率，例如，图5.15所示的电路中，由于 Q_{B1} 和 Q_1 共用发射极和基极，Q_1 镜像 Q_{B1} 的偏置电流 I_{Bias}，Q_4-Q_3 吸收和镜像 Q_2 的电流 i_2。由于 Q_1 和 Q_2 也共基极，当 v_{I1} 等于 v_{I2} 时，电流平衡，没有输出电流产生，差分电压产生不平衡电流时，产生 i_O。通过这种方式，Q_2 通过 Q_4-Q_3 将负转速速率 SR^- 设置为 $(i_{2(MAX)}-I_{Bias})/C_{LOAD}$，$Q_1$ 将正转换速率 SR^+ 限制为 I_{Bias}/C_{LOAD}，所以 SR^- 有可能远大于 SR^+。给出这个电路的目的是想简单地说明通过基极/栅极耦合对既可以提高正转换速率也可以提高负转换速率。

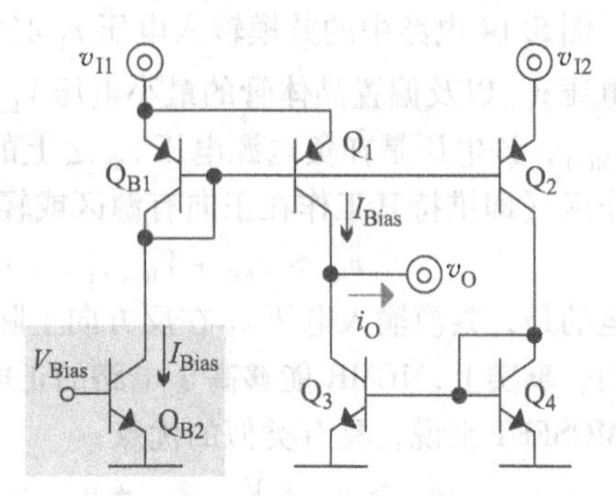

图5.15 折叠式PNP BJT基极耦合对电路

5.3.2 小信号响应

1. 小信号模型

因为偏置电流不携带小信号，并且电路的电源电压也不会随着电流的变化而变化，因此，当进行小信号分析时，图5.14中的晶体管 Q_{B1} 和 Q_{B2} 构成的电流源消失，负电源电压成为交流地。此外，由于二极管连接的晶体管的电阻大约为 $1/g_m$，所以，图5.16所示的小信号等效电路中用一个 $1/g_m$ 电阻来模拟晶体管 Q_1 的小信号作用。事实上，电阻 $1/g_m$ 相对于晶体管 Q_{B1} 的电阻 r_{oB1} 和晶体管 Q_2 的基极电阻 R_{B2} 来说非常小，因此，实际上电压 v_{b2} 是跟随 v_{i1} 的：

$$v_{b2}=\frac{v_{i1}(r_{oB1}\parallel R_{B2})}{R_{I1}}=\frac{v_{i1}(r_{oB1}\parallel R_{B2})}{\dfrac{1}{g_{m1}}+(r_{oB1}\parallel R_{B2})}\approx\frac{v_{i1}(r_{oB1}\parallel R_{B2})}{r_{oB1}\parallel R_{B2}}=v_{i1} \tag{5.40}$$

式中，R_{I1} 为晶体管 Q_1 的输入电阻，该结果意味着 Q_1 的输入电压 v_{i1} 本质上是用来驱动晶体管 Q_2 的基极的。

以上分析的结论同样适用于FET，因为FET中没有电阻 $r_{\pi2}$，因此，在FET电路中，电压 v_{b2} 中完全没有电阻 R_{B2} 的影响。

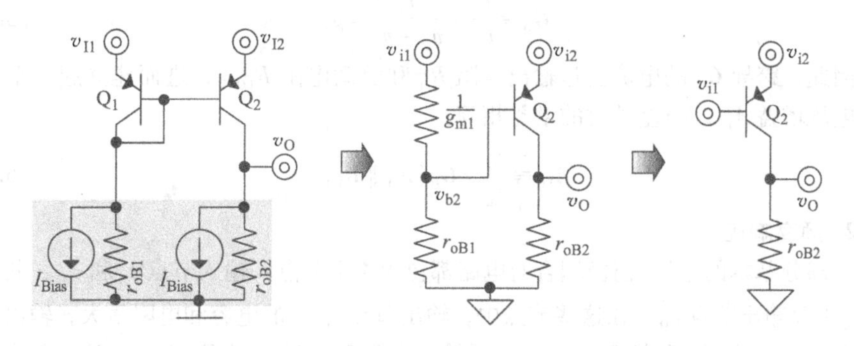

图5.16　基极耦合对电路的小信号等效电路变换

晶体管 Q_1 的输入电阻 R_{I1} 是，晶体管 Q_{B1} 的电阻 r_{oB1} 和晶体管 Q_2 的基极电阻 R_{B2} 并联后与 Q_1 的 $1/g_{m1}$ 电阻相串联：

$$R_{I1} = \frac{1}{g_{m1}} + (r_{oB1} \parallel R_{B2}) \approx r_{oB1} \parallel R_{B2} = r_{oB1} \parallel [r_{\pi2} + (1 + g_{m2}r_{\pi2})R_{SI2}] \quad (5.41)$$

上式中再一次利用了前面的分析，电阻 $1/g_{m1}$ 相对于 Q_{B1} 的电阻 r_{oB1} 和 Q_2 的基极电阻 R_{B2} 来说很小，可以忽略不计，因此输入电阻 R_{I1} 式中省略了阻抗 $1/g_{m1}$。但需要注意的是，v_{I2} 的源电阻 R_{SI2} 出现在了上述 R_{I1} 公式中，这是因为 R_{SI2} 是晶体管 Q_2 的发射极负反馈电阻。换句话说，电阻 r_{oB1}、$r_{\pi2}$ 与电阻 R_{SI2} 一起使输入电阻 R_{I1} 增大，使之达到中等或者更高的电阻水平，有可能为 $r_{\pi2}$ 到 r_{oB1} 之间的任何值，这取决于电阻 R_{SI2} 的大小。请注意，图5.15所示的折叠式耦合电路中，输入电阻 R_{I1} 也比较高，这是因为晶体管 Q_1 的基极 - 发射极电压被固定到 Q_{B1} 的基极 - 发射极电压，这样就避免了 Q_1 的电流随着输入电压 v_{I1} 变化而变化。

晶体管 Q_2 的输入电阻 R_{I2} 则完全不同，它的发射极电阻 R_{E2} 对 Q_2 的 $r_{\pi2}$、Q_1 的 $1/g_{m1}$、v_{I1} 的源电阻 R_{SI1}、Q_{B1} 的 r_{oB1} 分流，从而将 Q_2 的输入电阻 R_{I2} 降低到 R_{E2}，近似等于 $\frac{2}{g'_{m2}}$：

$$R_{I2} = \left\{r_{\pi2} + \left[r_{oB1} \left\| \left(\frac{1}{g_{m1}} + R_{SI1}\right)\right.\right]\right\} \parallel R_{E2} \approx R_{E2} = \frac{r_{o2} + r_{oB2}}{1 + g'_{m2}r_{o2}} \approx \frac{2}{g'_{m2}} \quad (5.42)$$

上式中，$1/g_{m1}$ 和 R_{SI1} 基极退化 g_{m2} 到 g'_{m2}。在FET情况下，输入电阻 R_{I1} 中没有大小为 $r_{\pi2}$ 的 R_{B2} 的电阻，R_{I1} 简化为 r'_{oB1}；求输入电阻 R_{I2} 时，将 $r_{\pi2}$ 开路，这样 R_{I2} 近似为 $2/g_{m2}$。无论采用何种工艺，R_{I1} 总是较高而 R_{I2} 总是较低。

输出电阻 R_O 是 Q_{B2} 的 r_{oB2} 与从 Q_2 的集电极看到的被 Q_2 的发射极负反馈退化后的电阻 R_{C2} 的并联，通常 r_{oB2} 远小于 R_{C2}，R_O 近似等于 r_{oB2}：

$$R_O = r_{oB2} \parallel R_{C2} \approx r_{oB2} \quad (5.43)$$

所以，由于图5.16中的晶体管 Q_2 的发射极 - 基极电压最终是 $v_{i2} - v_{i1}$，即差分输入电压 v_{id}，因此差分跨导 G_D 就是 Q_2 的跨导 g_{m2}：

$$G_D \equiv \frac{i_o}{v_{id}} = \frac{i_o}{v_{i2} - v_{i1}} = g_{m2} \tag{5.44}$$

因此，跨导 G_D 的电流流过输出电阻 R_O 和负载电阻 R_{LOAD}，进而建立起一个低频差分电压增益 A_{D0}，与差动对的增益相等：

$$A_{D0} \equiv \frac{v_O}{v_{id}} = G_D(R_O \parallel R_{LOAD}) \tag{5.45}$$

2. 频率响应

大部分基本的基极/栅极耦合对电路都包含4个节点：输入节点 v_{I1} 和 v'_{I2}、共基节点 V'_{B2} 以及输出节点 v_O。在这些节点中，输出节点 v_O 上的电容和电阻最大，输出节点 v_O 上的寄生电容 C_{EQ} 和负载电容 C_{LOAD} 对输出电阻 R_O 和负载电阻 R_{LOAD} 分流，首先产生输出极点 p_O：

$$\left.\frac{1}{s(C_{LOAD} + C_{EQ})}\right|_{p_O \approx \frac{1}{2\pi(R_O \parallel R_{LOAD})(C_{LOAD}+C_{EQ})}} \equiv R_O \parallel R_{LOAD} \tag{5.46}$$

Q_1 的寄生电容对 R_{I1} 分流，产生下一个极点 p_{I1}，但是通常情况下 v_{I1} 的 R_{SI1} 比较小，这使得极点 p_{I1} 出现在较高频率处。同样的，Q_2 的寄生电容对 R_{I2} 分流，产生一个高频极点，这是因为 Q_2 的发射极使得 R_{I2} 比较小。晶体管 Q_1 的电容 $C_{\pi1}$ 会在 v_{B2} 处产生同相零点抵消 v_{B2} 处的寄生电容产生的极点。总之，以上这些零极点都出现在高频区域，因为晶体管 Q_1 的二极管连接电阻 $1/g_{m1}$ 比较小。

5.3.3 输入参考失调和噪声

1. 失调

当完美匹配时，通过基极/栅极耦合对输入端的电压为零时，在 Q_2 上产生的电流与 Q_{B2} 的偏置电流 I_{Bias} 精确匹配。不幸的是，晶体管无法做到完美匹配，所以在 Q_1 和 Q_2、Q_{B1} 和 Q_{B2} 的基极-发射极电压相同的情况下，它们的电流并不是精确相等的。另外，Q_1 与 Q_2、Q_{B1} 与 Q_{B2} 的集电极-发射极电压 Δv_C，如图5.17所示，也产生了一个非平衡电流。最终的结果就是一个有限大小的非零失调电压 V_{OS} 施加在输入端时，能够让电路处在平衡状态，就像完美匹配条件下输入端施加零电压时的情况一样。

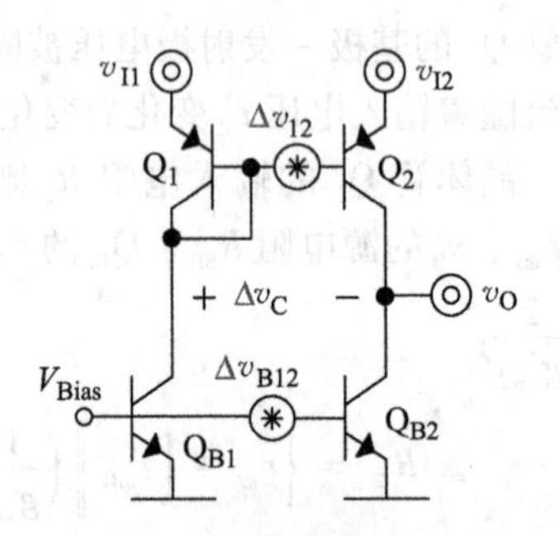

图5.17 基极耦合对失配产生的失调

在BJT和FET中，基极和栅极的3σ参考电压失配分别为1~3mV和5~15mV，这电压足够小，对电路的作用是线性的，就像小信号一样。为了让电路对差分输入电压 v_{ID} 呈线性响应，v_O 必须在一定的范围内，以确保 Q_2 和 Q_{B2} 处于轻饱和区或者正向有源区，这相当于 Q_1 和 Q_2 的基极有一个能够产生 Δv_C 的小信号电压。换言之，基极/栅极耦合对的等效小信号模型能够用一个基极参考失调电压 Δv_{12} 来预测 Q_1 和 Q_2 失配导致的影响，用基极参考失调电压 Δv_{B12} 和集电极失调电压 Δv_C 来预测 Q_{B1} 和失 Q_{B2} 配导致的影响。

虽然基极和栅极参考失配是随机的，但是集电极和漏极电压的差却不是随机的。这意味着 V_{OS} 包含随机性失调和系统性失调。具有统计意义的结果是，系统性变化加上随机性变化的二次方和的二次方根。所以，输入参考失调电压 V_{OS} 包含集电极产生的系统性失调电压 $V_{OS(S)}$，$V_{OS(S)}$ 被差分电压增益 A_D 即 $g_{m2}(r_{oB2} \parallel R_{LOAD})$ 放大后刚好抵消 Δv_C：

$$V_{OS} = V_{OS(S)} \pm V_{OS}^* \approx \frac{\Delta v_C}{g_{m2}(r_{oB2} \parallel R_{LOAD})} \pm \sqrt{\Delta v_{12}^2 + \left(\frac{\Delta v_{B12} g_{mB2}}{g_{m2}}\right)^2} \tag{5.47}$$

类似地，随机失调部分 V_{OS}^* 包含电压是：一个电压乘以集电极耦合对跨导 g_{m2}、然后除以 Q_{B1} 和 Q_{B2} 的跨导 g_{mB2} 后刚好等于 Q_{B1} 和 Q_{B2} 的初始失配电压 Δv_{B12}，而另一个电压 Δv_{12} 不需要进行增益的转化，因为 Q_1 和 Q_2 的失配电压 Δv_{12} 已经穿过了基极耦合对的输入端。所有这些意味着，高的增益 A_V 和高的耦合对晶体管相对偏置晶体管的跨导比 g_{m2}/g_{mB2}，可以减小失配电压 Δv_C 和 Δv_{B12} 的影响，使输入参考失调电压 V_{OS} 更低。当然，更为根本的是要尽量使 Q_1 与 Q_2、Q_{B1} 与 Q_{B2} 以及集电极电压相互匹配，这也是工程师的第一道防线。

2. 噪声

MOSFET 沟道表面的不规则性会让一部分移动电子困住，导致电流有轻微的变化。幸运的是，当电流的工作频率提高时，受到这种影响的电子会更少，所以它们产生的噪声也会相应下降。有趣的是，P 型 MOSFET 比 N 型 MOSFET 具有更小的 $1/f$ 噪声。并且，由于 BJT 和 JFET 的电流刚好在硅表面的下面流动，所以它们不会受到 $1/f$ 噪声的干扰。然而，PN 结中电荷的碰撞会产生散粒噪声（Shot Noise）。类似地，温度激励会驱动 BJT 的电阻性材料的电荷和 FET 的沟道电荷相互碰撞，从而产生热噪声。散粒噪声和热噪声相当于白噪声，它们在整个频率范围内显示出相同的值。

设计电路时，工程师首先需要考察这些噪声对晶体管的基极和栅极的影响。因为这些输入参考信号大约为 $\mathrm{nV}/\sqrt{\mathrm{Hz}}$ 数量级，所以它们相当于小信号变量，可以用小信号模型来建模。因此，为了分析它们对电路的影响，工程师们用基极/栅极参考噪声电压来表示所有的噪声源。

对于基极耦合对而言，Q_1、Q_2、Q_{B1} 和 Q_{B2} 的基极产生噪声。Q_{B2} 的跨导 g_{mB2} 将 Q_{B1} 和 Q_{B2} 的联合噪声电压 v_{B12}^* 转换成电流，而 Q_1 和 Q_2 的跨导 g_{m2} 意味着这个噪声电流返回到输入端的噪声电压 $v_{B12}^* g_{mB2}/g_{m2}$。由于 Q_1 和 Q_2 的联合贡献 v_{12}^* 已经在输入端，所以基极/栅极耦合对的总输入参考噪声 v_N^* 简化为 v_{12}^* 和 $v_{B12}^* g_{mB2}/g_{m2}$ 二次方和的二次方根。

$$v_N^* = \sqrt{(v_{12}^*)^2 + \left(\frac{v_{B12}^* g_{mB2}}{g_{m2}}\right)^2} \tag{5.48}$$

我们注意到，由于是用小的基极/栅极参考信号来建模晶体管中的噪声以及器件的失配，所以，电路中的噪声和失调的输入参考效应以相似的方式体现。

5.4 差动级

如前所述，FET 和 BJT 能够用相同的电路结构实现绝大部分模拟电路，因为它们以相似的方式处理小信号。P 型电路和它对应的 N 型电路呈镜像关系，因为它们之间物理上唯一的不同是电流方向相反。所以，与前节一样，接下来将讨论用 MOSFET 实现的差动级电路的大信号和小信号行为。对 BJT 实现的差动级电路，只重点介绍它与 MOSFET 实现电路的差异。另外，在本节最后，有一个例子示例了如何将一个 N 型输入级电路映射成一个 P 型输入级电路。

这里要讨论的差动级电路是前面章节中讨论的电流镜和差动对相结合的产物。电流镜和差动对这些基本电路单元自身很大程度上是不完整的，因为它们处理的电流和电压没有来源和去向。电流镜的最重要用途是镜像电流，而差动对则是将差分电压转换成差分电流。但是，产生差分电流之后再做什么呢？将它们输入到电流镜中，像图 5.18 所示那样，将一个支路的电流折叠到另一个支路中去，两条支路的电流合并去负载由电流镜和差动对晶体管联合产生的很大的负载电阻，从而产生一个输出电压，该电压将远大于电路的输入差分电压 v_{ID}。换言之，带电流镜负载的差动对将双端差分信号放大并且转换成单端输出信号。

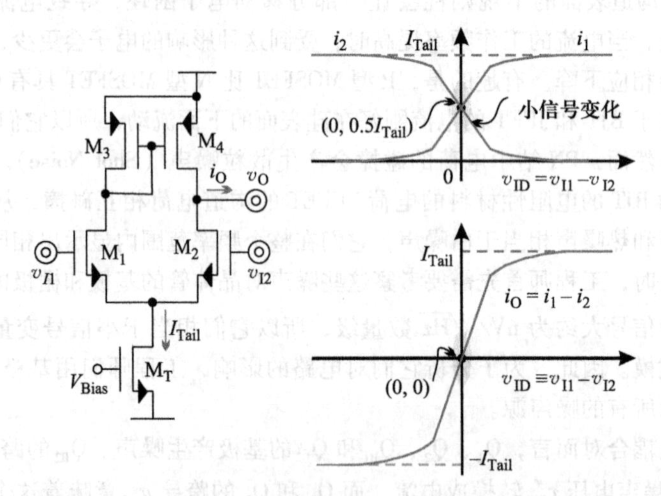

图 5.18 NMOS 输入差动级电路和相应的大信号模型

对于单个模块而言，按照要求，它们的构成晶体管必须匹配：差动对中的 M_1 和 M_2，电流镜中的 M_3 和 M_4。注意，这里的电流镜有几个作用：第一，为了整个电路输出差分信号，电流镜复制并折叠 M_1 的电流到 M_2 上，这很重要，因为现在只用一个输出电流 i_0 就代表了原来要用两个晶体管电流 i_1 和 i_2 来表示的差分信号。第二，电流镜也从自身得到了偏置差动对的偏置电流。通过这种方式，电流镜提供刚好满足

尾电流源 I_{Tail} 的电流。第三，电流镜作为差动对的负载，将总电流 i_O 转换成电压 v_O。也许，电流镜最为显著的目的就是将双端差分信号转换成单端差分信号。

5.4.1　大信号工作

在差动对中，因为两个晶体管的电流和等于尾电流 I_{Tail}，所以差分输入电压 v_{ID} 会导致一个晶体管导通更多的电流而另一个晶体管导通的电流会等量减少。因此，一个大的负电压 v_{ID} 会关断 M_1，M_2 导通全部尾电流 I_{Tail}。提高 v_{ID} 的值，M_1 开始导通，而 M_2 流过的电流减小，直到 M_1 的电流 i_1 到达峰值 I_{Tail}，而 M_2 关断。差动级和差动对的根本差别是 i_O，i_O 是 i_1 与 i_2 的差值，从 $-I_{Tail}$ 上升到 $+I_{Tail}$，其变化范围是 i_1 与 i_2 任意一个电流单独变化范围的两倍。

1. 共模输入范围

只要电路有足够的净空产生尾电流 I_{Tail}，尾电流 I_{Tail} 就在 M_1 和 M_2 之间分配。所以，如前所述，共模输入电压 v_{IC} 必须足够高，以在负电源电压 v_{SS} 之上提供 M_1 的栅极 - 源极电压 v_{GS1} 和尾电流源 M_T 的饱和电压 $V_{DST(SAT)}$：

$$v_{IC} > v_{GS1} + V_{Tail(MIN)} + v_{SS} = v_{TN1} + V_{DS1(SAT)} + V_{DST(SAT)} + v_{SS} \tag{5.49}$$

v_{IC} 也必须足够小，以使得在正电源电压 v_{DD} 与低于 v_{IC} 一个栅极 - 源极电压 v_{SG1} 的电压之间可以提供电流镜的源极 - 栅极电压 v_{SG3} 和差动对的 $V_{DS1(SAT)}$：

$$v_{IC} < v_{DD} - v_{SG3} - V_{DS1(SAT)} + v_{GS1} = v_{DD} - |v_{TP3}| - V_{SD3(SAT)} + v_{TN1} \tag{5.50}$$

上式中，v_{GS1} 中的 $V_{DS1(SAT)}$ 和另一个 $V_{DS1(SAT)}$ 相抵消了。总之，只要 v_{IC} 在 ICMR 内，尾电流 I_{Tail} 就保持为常数，并且在 M_1 和 M_2 之间分配。

2. 输出摆幅

为了使电路中所有晶体管保持工作在高增益区域内，输出 v_O 不能上升到超过了正电源电压 v_{DD} 下一个饱和电压 $V_{SD4(SAT)}$：

$$v_{IC} - v_{GS2} + V_{DS2(SAT)} = v_{IC} - v_{TN2} < v_O < v_{DD} - V_{SD4(SAT)} \tag{5.51}$$

同样，v_O 也必须足够高以保证 M_2 饱和，M_2 的源极电压比 v_{IC} 低一个栅极 - 源极电压 v_{GS2}，所以，从这方面来看，M_2 的 $V_{DS2(SAT)}$ 并不是约束条件，从另一方面来看，v_{IC} 是 v_O 的约束条件，这不是我们想要的，我们希望输入 ICMR 很大很宽且与其他约束无关。

3. 转换速率

无论有多么快的晶体管来传输大电流或小电流，尾电流 I_{Tail} 限制了输出电压 v_O 响应电容的上升和下降速度。在这方面，虽然栅极 - 漏极电容和漏极 - 体极电容不能被禁用，但是栅极 - 源极电容、负载电容以及特意添加的电容有可能被禁用。由于差动级中负载电容 C_{LOAD} 通常包含一个或者多个栅极 - 源极电容，甚至还有额外添加的电容，因此负载电容 C_{LOAD} 可能很大，会限制电路的响应。因为 M_2 能够吸收的电流以及 M_4 能够镜像并提供的电流不能超过被驱动到最大值的尾电流 I_{Tail}，所以 I_{Tail} 对 C_{LOAD} 的充放电程度将决定 v_O 以一个速率上升或下降转换：

$$\mathrm{SR} \equiv \frac{\mathrm{d}v_{\mathrm{O}}}{\mathrm{d}t} = \frac{I_{\mathrm{Tail}}}{C_{\mathrm{LOAD}} + C_{\mathrm{EQ}}} \tag{5.52}$$

式中，转换速率 SR 的单位是 V/s，而 C_{EQ} 是在 v_{O} 处的等效寄生电容。

5.4.2 差分信号

1. 小信号模型

当偏置适当并且只考虑差分小信号时，v_{IC} 和 v_{ID} 的直流值 V_{IC} 和 V_{ID} 分别处于电路的 ICMR 和线性范围 $\Delta v_{\mathrm{ID(MAX)}}$ 内，v_{IC} 的小信号部分为 0，v_{ID} 只包括小信号 v_{id}。另一方面，如前所述，如图 5.19 所示的差动级电路化简为共源极跨导对，其两端的输入电压分别为 $0.5v_{\mathrm{id}}$ 和 $-0.5v_{\mathrm{id}}$。由于电源电压基本不随电流变化而变化，这也可以说电源电压上并没有产生小信号电压，对于小信号来说可以看成是接地。这意味着，图 5.19 所示的小信号等效电路中电流镜实际上是从地抽取电流的。

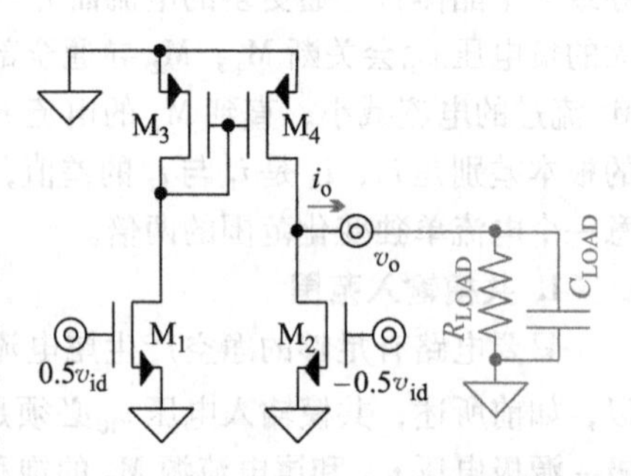

图 5.19 差动级的差分小信号等效电路

在差动对的二端口等效电路中，其差分输入电阻 R_{ID} 对 FET 而言为无穷大，对 BJT 而言为 $2r_{\pi}$。输出电阻 R_{O} 为 M_2 和 M_4 的电阻的并联：

$$R_{\mathrm{O}} = r_{\mathrm{ds2}} \parallel r_{\mathrm{sd4}} \tag{5.53}$$

短路跨导 G_{M} 是当输出电压 v_{O} 为 0 时，i_{o}（即 M_1 输出电流 i_1 和 M_2 输出电流 i_2 的差值）与 v_{id} 的比值。因为 M_1 输入 $+1/2v_{\mathrm{id}}$，M_2 输入 $-1/2v_{\mathrm{id}}$，所以两个一半值结合成 g_{m1}：

$$G_{\mathrm{M}} \equiv \frac{i_{\mathrm{o}}}{v_{\mathrm{id}}} = \frac{i_1 - i_2}{v_{\mathrm{id}}} = \frac{i_1}{v_{\mathrm{id}}} - \frac{i_2}{v_{\mathrm{id}}} = \frac{0.5v_{\mathrm{id}}g_{\mathrm{m1}}}{v_{\mathrm{id}}} - \frac{(-0.5v_{\mathrm{id}})g_{\mathrm{m2}}}{v_{\mathrm{id}}} = g_{\mathrm{m1}} \tag{5.54}$$

式中，与前述一样，M_1 和 M_2 的电流平衡且匹配，所以 g_{m1} 等于 g_{m2}。因此，电路的低频电压增益 A_{V0} 为

$$A_{\mathrm{V0}} \equiv \frac{v_{\mathrm{O}}}{v_{\mathrm{id}}} = G_{\mathrm{M}}(R_{\mathrm{O}} \parallel R_{\mathrm{LOAD}}) = g_{\mathrm{m1}}(r_{\mathrm{ds2}} \parallel r_{\mathrm{sd4}} \parallel R_{\mathrm{LOAD}}) \tag{5.55}$$

R_{LOAD} 等于 r_{ds} 或者更高，低频增益为 20 ~ 40dB。

A_{V0} 没有反相的原因是这里的 v_{ID} 为 $v_{\mathrm{I1}} - v_{\mathrm{I12}}$。更具体来说，$\mathrm{M}_2$ 是共源级放大器，可以将 M_2 的输入 v_{I2} 反相输出到 v_{O}，同样地，M_1 也反相它的输入 v_{I1}，但是电流镜 M_4 又将信号反相。换句话说，v_{I1} 经过 M_1 反相一次又经过 M_4 再反相一次，所以最终，v_{I1} 是放大器的同相输入端，而 v_{I2} 是反相输入端。

[例5.3]　假设阈值电压为0.5V，N型和P型晶体管的跨导参数分别为100μA/V²和40μA/V²，沟长调制效应1/λ是50V，所有器件的宽长比均为1，那么，偏置电流为10μA时，带负电源供电的NMOS电流镜负载的PMOS差动对的低频差动增益是多少？

解：

$$A_{V0} \equiv \frac{v_o}{v_{id}} = G_M(r_{ds2} \parallel r_{sd4}) = g_{m1}(0.5r_{ds2}) = \sqrt{2(0.5I_{Tail})K'_P\left(\frac{W}{L}\right)}\left(\frac{0.5}{0.5I_{Tail}\lambda}\right)$$

$$= \sqrt{2(5\mu A) \times (40\mu A/V^2) \times (1)}\left[\frac{0.5 \times (50V)}{5\mu A}\right] = 100V/V = 40dB$$

2. 频率响应

由于负载电容C_{LOAD}处通常包含一个或多个栅极，所以负载电容C_{LOAD}和栅极－源极电容C_{GS}会在较低频率下率先对跨接在其两端的电阻r_{ds}或者更高的电阻进行分流。所以，由于集成电路中典型情况下R_{LOAD}是r_{ds}或者是更高阻值，C_{LOAD}与在v_O处M_2和M_4的寄生电容一起对电阻$R_O \parallel R_{LOAD}$分流，首先建立了一个限制带宽的主极点即输出极点p_O：

$$\left.\frac{1}{s(C_{LOAD}+C_{GD2}+C_{DB2}+C_{GD4}+C_{DB4})}\right|_{p_O \approx \frac{1}{2\pi(R_O \parallel R_{LOAD})C_{EQO}}} \equiv R_O \parallel R_{LOAD} = r_{ds2} \parallel r_{sd4} \parallel R_{LOAD} \tag{5.56}$$

式中，C_{EQO}是在v_O处的等效电容。仅只有另外一组电容在电流镜的栅极处进行分流，产生镜像极点p_M，这是由M_3、M_4和M_1的寄生电容对二极管连接的M_3电阻$1/g_{m3}$与其他并联电阻分流得到的：

$$\left.\frac{1}{s(C_{GS3}+C_{GS4}+C_{GD4}+C_{GD1}+C_{DB3}+C_{DB1})} \approx \frac{1}{s(2C_{GS3})}\right|_{p_M \approx \frac{g_{m3}}{2\pi(2C_{GS3})}} \equiv \frac{1}{g_{m3}} \parallel r_{sd3} \parallel r_{ds1} \approx \frac{1}{g_{m3}} \tag{5.57}$$

式中，C_{GS}远大于栅极－漏极电容C_{GD}和漏极－体极电容C_{DB}，C_{GS3}等于C_{GS4}（因为M_3匹配M_4），并且$1/g_{m3}$远小于r_{sd3}与r_{ds1}，所以，即使$2C_{GS3}$相当大，但是，由于$1/g_{m3}$很小，镜像极点p_M通常位于高频处。

具体来说，镜像极点p_M的影响是减小M_1对跨导G_M中i_o的贡献，这意味着，i_o因而G_M在p_M处下降，如图5.20所示，这是因为i_o中的i_1下降了。然而，当i_o中的i_1下降到很低，以至于i_o下降到$-i_2$，i_o停止下降，这意味着存在一个同相零点。在两倍p_M频率处，G_M下降到M_2的$0.5g_{m2}$，产生左半平面镜像零点z_M：

$$G_M = \frac{0.5g_{m1}}{\left(1+\frac{s}{2\pi p_M}\right)} + 0.5\left|g_{m2}\right. = \frac{g_{m1}\left[1+\frac{s}{2\pi(2p_M)}\right]}{\left(1+\frac{s}{2\pi p_M}\right)} \equiv \frac{g_{m1}\left(1+\frac{s}{2\pi z_M}\right)}{\left(1+\frac{s}{2\pi p_M}\right)} \tag{5.58}$$

式中，与前述一样，g_{m1}匹配g_{m2}。上式意味着，电压增益A_V在带宽极点p_O处，从A_{V0}以-20dB每10倍频程的斜率下降，在镜像零点z_M之前，以-40dB每10倍频程的斜率通过镜像极点p_M，在z_M处，恢复相位并且下降斜率降低至-20dB每10倍频程。幸运的是，p_M通常比p_O高，并且过频率点p_M不久，z_M就恢复了p_M损失的相位。

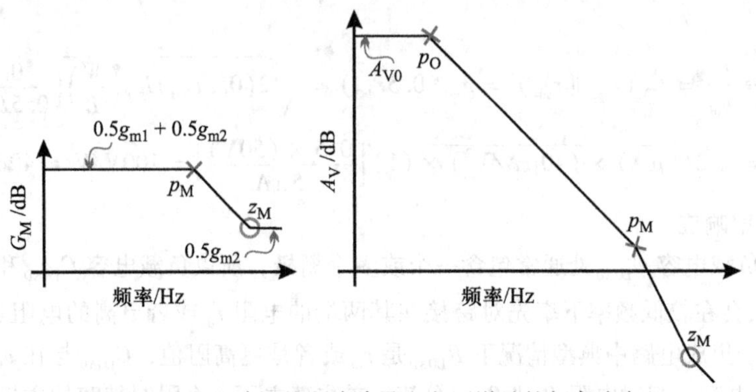

图5.20　差动级的电路跨导和电压增益的频率响应

5.4.3　共模信号

1. 小信号模型

当偏置适当并且只考虑共模小信号时，v_{IC}和v_{ID}的直流值V_{IC}和V_{ID}分别处于电路的ICMR和线性范围$\Delta v_{ID(MAX)}$内，v_{ID}小信号部分为0，v_{IC}只包括小信号v_{ic}。换句话说，差动级简化为输入信号是v_{ic}的带源极负反馈的共源极跨导对，如图5.21所示。这里，源极负反馈阻抗是两倍的尾电流源电阻即$2R_{Tail}$，以及1/2的尾电流源寄生电容即$0.5C_{Tail}$（如前所述，寄生电容同样地出现在每个源极耦合节点上）的并联。电路中包含这个电容是因为当晶体管的体端与源极相连时，M_1和M_2的体－衬底电容很大。与前述一样，电流镜实际上是从地抽取电流，因为电源电压几乎不随电流小信号变化而变化。

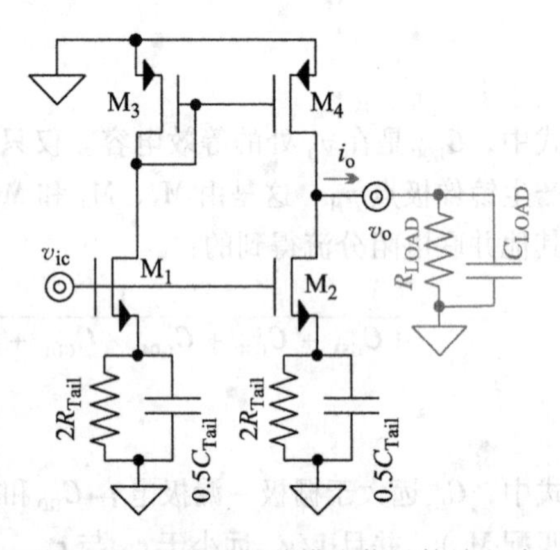

图5.21　差动级的共模小信号等效电路

差动对的二端口等效电路的共模输入电阻R_{IC}在FET中为无穷大，在BJT中近似为$\beta_0 R_{Tail}$。共模输出电阻R_{OC}为M_2和M_4的电阻相并联：

$$R_{OC} = R_{D2} \parallel r_{sd4} = (r_{ds1} + 2R_{Tail}g_{m1}r_{ds1} + 2R_{Tail}) \parallel r_{sd4} \approx r_{sd4} \tag{5.59}$$

其中，本例中$2R_{Tail}$为$2r_{dsT}$，当使用共源共栅电流源或者带源极负反馈的电流源时，其值会更高。而且，由于M_2被源极负反馈后的漏极电阻R_{D2}远大于M_4的r_{sd4}，因此r_{sd4}起主导作用。

短路共模跨导 G_C 是当输出电压 v_o 为 0 时，i_O 即 M_1 输出电流 i_1 和 M_2 输出电流 i_2 的差值，与 v_{ic}的比值。但是，因为 v_{ic}使 M_1 和 M_2 产生相同的电流，所以在 G_C 中它们的差值为零，然而，其前提是 i_1 和 i_2 完美匹配，实际上这是不可能的，举例来说，即使差动对 M_1 与 M_2 和电流镜 M_3 与 M_4 的栅极－源极电压都是匹配的，但是它们的漏－源电压 v_{DS}可能并不会匹配。因此，G_C 表示了 M_1 与 M_2 之间以及 M_3 与 M_4 之间 v_{DS}的失配产生的 i_1 因而 i_4 相对于 i_2 的误差：

$$G_C = \frac{\Delta i_O}{v_{ic}} = \frac{i_4 - i_2}{v_{ic}} = \left(\frac{1}{v_{ic}}\right)\left[i_2\left(\frac{i_1}{i_2}\right)\left(\frac{i_4}{i_1}\right) - i_2\right] = \frac{i_2}{v_{ic}}\left[\left(\frac{1 + \lambda v_{DS1}}{1 + \lambda v_{DS2}}\right)\left(\frac{1 + \lambda v_{SD4}}{1 + \lambda v_{SD3}}\right) - 1\right]$$

$$= G_{C2}E_\lambda = \left(\frac{g_{m2}}{1 + 2R_{Tail}g_{m2}}\right)E_\lambda \quad (5.60)$$

式中，G_{C2}是 M_2 的退化跨导；E_λ 描述了沟长调制效应导致的关于 i_2 的误差。因此，低频共模增益 A_{C0}也不会为零，并且也依赖于 E_λ：

$$A_{C0} \equiv \frac{v_o}{v_{ic}} = G_C(R_{OC} \parallel R_{LOAD}) = G_{C2}E_\lambda(R_{OC} \parallel R_{LOAD})$$

$$\approx \left(\frac{g_{m2}}{1 + 2R_{Tail}g_{m2}}\right)E_\lambda(r_{sd4} \parallel R_{LOAD}) \quad (5.61)$$

然而，我们注意到，不仅大小等于 $2r_{dsT}$的 $2R_{Tail}$会退化 g_{m2}，而且沟长调制效应参数 λ 低至 20 ~ 50mV^{-1}，以至于 E_λ 也很低。换句话说，虽然 G_C 和 A_{C0}不会为零，但是极低。

2. 频率响应

如前所述，因为 C_{LOAD}通常至少包含一个栅极－源极电容，所以在 v_O 处，C_{LOAD}和 M_2 与 M_4 的寄生电容并联 $R_{OC} \parallel R_{LOAD}$产生第一个极点 p'_O：

$$\left.\frac{1}{s(C_{LOAD} + C_{GD2} + C_{DB2} + C_{GD4} + C_{DB4})}\right|_{p'_O \approx \frac{1}{2\pi(R_{OC} \parallel R_{LOAD})C_{EQO}}} \equiv R_{OC} \parallel R_{LOAD}$$

$$\approx r_{ds4} \parallel R_{LOAD} \quad (5.62)$$

p'_O在输出极点 p_O 附近。和差分情况相似，M_3、M_4 和 M_1 的寄生电容，除了会降低在 i_o 中 i_4 的贡献从而导致从 $i_4 - i_2$ 到 $-i_2$ 的误差升高之外，它们对二极管连接的 M_3 的电阻 $1/g_{m3}$和其他并联电阻分流。事实上，如图 5.22 所示，在 p_M 频率处达到 i_2 时，这个误差是 3dB，这意味着 G_C 开始从镜像零点 z'_M处的 $G_{C2}E_\lambda$ 朝向 p_M 处的 G_{C2}上升。换句话说，z'_M是共模跨导开始从 $G_{C2}E_\lambda$ 朝向 p_M 处的 G_{C2}上升时的频率：

$$G_C = G_{C2}E_\lambda\left(1 + \frac{s}{2\pi z'_M}\right)\Bigg|_{f>>z'_M} \approx \frac{sG_{C2}E_\lambda}{2\pi z'_M}\Bigg|_{f=p_M} \equiv G_{C2} \quad (5.63)$$

所以，z'_M比 p_M 低，比例因子为 E_λ，即 z'_M等于 $E_\lambda p_M$。另一种推导这个关系式的方法是，注意到零点使跨导随频率线性增加，以比例因子 E_λ 将跨导 $G_{C2}E_\lambda$ 提高到 G_{C2}，意味着 z'_M以一个相等的比例因子对 p_M 施加影响，即 z'_M等于 $E_\lambda p_M$。注意，z'_M可能处于低频到中频处。

这个电路中出现的其他电容只有 C_{Tail}，$0.5C_{Tail}$对 $2R_{Tail}$分流产生一个零点 z_D，超

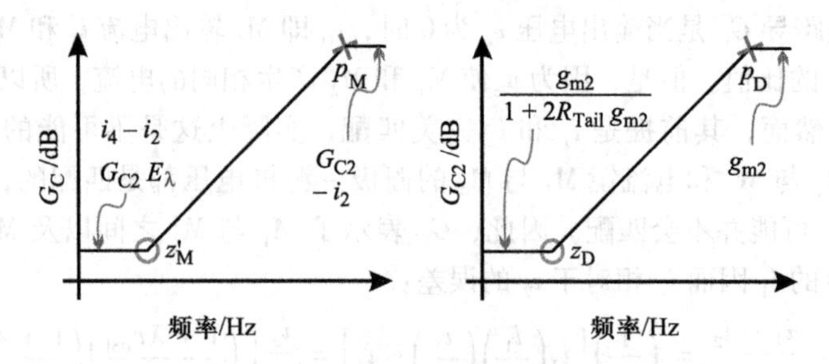

图 5.22　电流镜和尾电流对共模跨导的影响

过此频率后，R_{Tail}的退化作用从G_{C2}中消失：

$$\left.\frac{1}{s(0.5C_{Tail})}\right|_{z_D\approx\frac{1}{2\pi R_{Tail}C_{Tail}}}\equiv 2R_{Tail} \tag{5.64}$$

由于R_{Tail}通常很高，z_D一般出现在中频处。过了z_D频率后，G_{C2}开始上升并且在简并极点p_D处达到非简并时的跨导g_{m2}：

$$G_{C2}=\left.\left(\frac{g_{m2}}{1+2R_{Tail}g_{m2}}\right)\left(1+\frac{s}{2\pi z_D}\right)\right|_{f>>z_D}$$

$$\approx\left.\left(\frac{g_{m2}}{1+2R_{Tail}g_{m2}}\right)\left(\frac{s}{2\pi z_D}\right)\right|_{p_D=(1+2R_{Tail}g_{m2})z_D}\equiv g_{m2} \tag{5.65}$$

其中，p_D远高于z_D，所以s项远大于1。如前所述，因为零点导致跨导随频率线性增加，在p_D处G_{C2}变为原来的$(1+2R_{Tail}g_{m2})$倍，要求p_D为z_D的$(1+2R_{Taill}g_{m2})$倍。

如图 5.23 所示，考虑到所有的这些效应，共模增益A_C在p'_O处从A_{C0}开始下降，简并零点z_D和镜像零点z'_M在中频处不仅抑制而且反转了A_C的下降，超过镜像极点p_M频率后，A_C停止上升变得平坦。简并极点p_D比z_D要高很多，可能在频率超过了一个或多个晶体管的特征频率f_T后才开始施加影响，这意味着p_D常常高于我们关心的频率范围的上限。

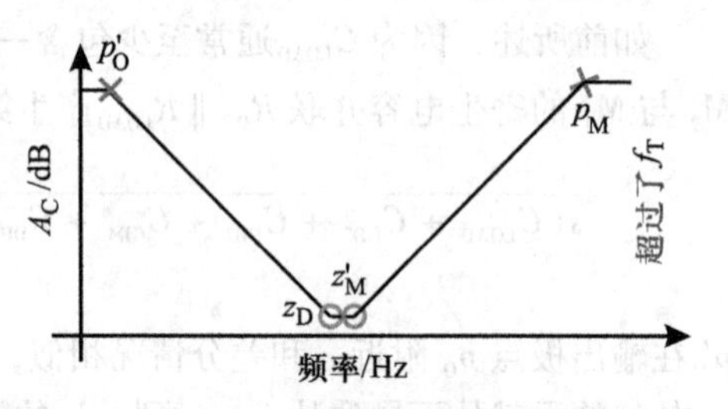

图 5.23　共模增益的频率响应

有意思的是，共模增益A_C中A_{C0}中的$g_{m2}(r_{sd4}\parallel R_{LOAD})$，与差动增益$A_V$中$A_{V0}$中的$g_{m2}(r_{ds2}\parallel r_{sd4}\parallel R_{LOAD})$大致相等，它们在共模抑制比（Common - Mode Rejection Ratio，CMRR）A_V/A_C中相互抵消：

$$\text{CMRR}\equiv\frac{A_V}{A_C}=\frac{A_{V0}\left(1+\frac{s}{2\pi z_M}\right)\left(1+\frac{s}{2\pi p'_O}\right)\left(1+\frac{s}{2\pi p_M}\right)\left(1+\frac{s}{2\pi p_D}\right)}{A_{C0}\left(1+\frac{s}{2\pi z_D}\right)\left(1+\frac{s}{2\pi z'_M}\right)\left(1+\frac{s}{2\pi p_O}\right)\left(1+\frac{s}{2\pi p_M}\right)}$$

$$\approx \frac{g_{m2}(r_{ds2} \parallel r_{sd4} \parallel R_{LOAD})\left(1+\frac{s}{2\pi z_M}\right)\left(1+\frac{s}{2\pi p_D}\right)}{\left[\frac{E_\lambda g_{m2}(r_{sd4} \parallel R_{LOAD})}{1+2R_{Tail}g_{m2}}\right]\left(1+\frac{s}{2\pi z_D}\right)\left(1+\frac{s}{2\pi z'_M}\right)}$$

$$\approx \frac{2R_{Tail}g_{m2}\left(1+\frac{s}{2\pi z_M}\right)\left(1+\frac{s}{2\pi p_D}\right)}{E_\lambda\left(1+\frac{s}{2\pi z_D}\right)\left(1+\frac{s}{2\pi z'_M}\right)}$$

$$= \frac{\mathrm{CMRR}_0\left(1+\frac{s}{2\pi z_M}\right)\left(1+\frac{s}{2\pi p_D}\right)}{\left(1+\frac{s}{2\pi z_D}\right)\left(1+\frac{s}{2\pi z'_M}\right)} \tag{5.66}$$

因此，如图 5.24 所示，低频共模抑制比 CMRR_0 简化为 $2R_{Tail}g_{m2}/E_\lambda$，可能高达 50～90dB。由于镜像极点 p_M 在 A_V 和 A_C 中都存在，共模抑制比 CMRR 中 p_M 被消除了。又由于 p'_O 中的 r_{sd4} 和输出极点 p_O 中的 $r_{ds2} \parallel r_{sd4}$ 很接近，p_O 和 p'_O 近似相抵消。但是，由于在 A_C 中，简并零点 z_D 和镜像零点 z'_M 比 A_V 中的镜像零点 z_M 和 A_C 中的简并极点 p_D 要低，所以，CMRR 在中频 z_D 和 z'_M 处开始下降，而在更高频率处，通常是接近或超过我们关心的频率处，A_V 中 z_M 最终会减慢 CMRR 的下降速度。

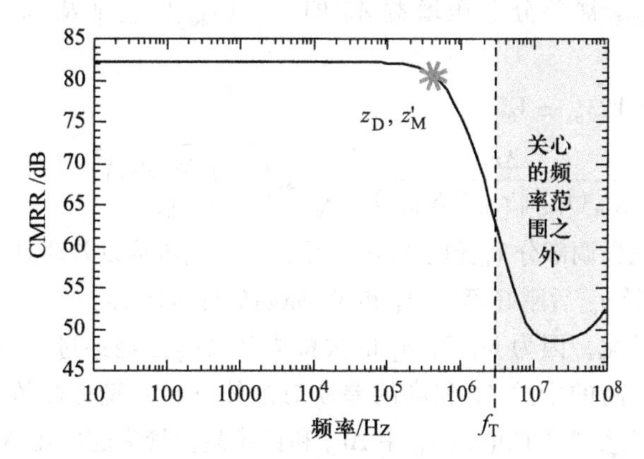

图 5.24　一个差动对电路样品的 CMRR 性能

5.4.4　输入参考失调和噪声

1. 失调

当差动级完美平衡时，给差动级输入零电压，尾电流 I_{Tail} 将在 M_1 和 M_2 之间均分。不幸的是，晶体管无法做到完美匹配，所以在 M_1 和 M_2、M_3 和 M_4 的栅 - 源电压相同的情况下，它们的电流并不是精确相等的。另外，M_1 与 M_2、M_3 与 M_4 之间的漏 - 源电压之差 Δv_D，如图 5.25 所示，也会产生一个非平衡电流。最终的结果就是一个有限大小的非零失调电压 V_{OS} 施加在输入端时，能够让电路处在平衡状态，就像完美匹配条件下输入端施加零电压时的情况一样。

在BJT和FET中，基极和栅极的3σ参考电压失配分别为1～3mV和5～15mV，这电压足够小，对电路的作用是线性的，就像小信号一样。为了使电路对差分输入电压v_{ID}呈线性响应，v_O必须在一定的范围内，以确保M_2和M_4工作在饱和区，从而通过M_1和M_4栅极的小信号电压可以产生Δv_D。换言之，差动对的等效小信号模型能够用一个栅极参考失调电压Δv_{12}来预测M_1和M_2失配导致的影响，用栅极参考失调电压Δv_{34}和漏极失调电压Δv_D来预测M_3和M_4失配导致的影响。

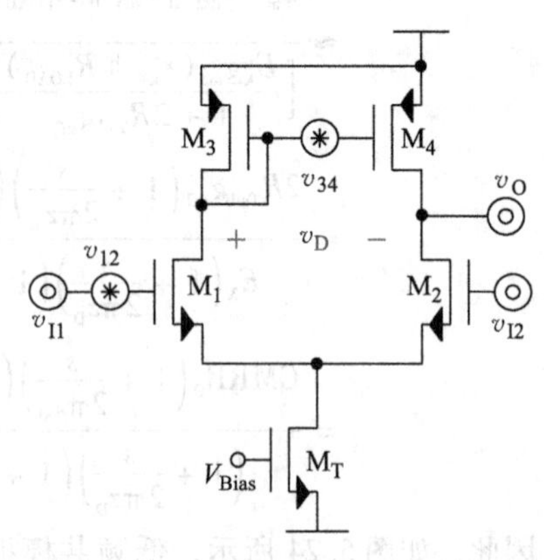

图5.25　差动级中的失配产生的失调

虽然基极和栅极参考失配是随机的，但是漏极电压差却不是随机的。这意味着V_{OS}包含随机性失调和系统性失调。具有统计意义的结果是，系统性变化加上随机性变化的二次方和的二次方根。所以，输入参考失调电压V_{OS}包含漏极产生的系统性失调电压$V_{OS(S)}$，$V_{OS(S)}$被差分电压增益A_V即$g_{m1}(r_{ds2}\parallel r_{sd4}\parallel R_{LOAD})$放大后刚好抵消$\Delta v_D$：

$$
\begin{aligned}
V_{OS} &= V_{OS(S)} \pm V_{OS}^* \\
&= \frac{\Delta v_D}{g_{m1}(r_{ds2}\parallel r_{sd4}\parallel R_{LOAD})} \pm \sqrt{\Delta v_{12}^2 + \left(\frac{\Delta v_{34} g_{m4}}{g_{m1}}\right)^2}
\end{aligned} \tag{5.67}
$$

类似地，随机失调部分V_{OS}^*包含的电压是：一个电压乘以差动对跨导g_{m1}、然后除以M_3和M_4的跨导g_{m4}后刚好等于M_3和M_4原始失配电压Δv_{34}，而另一个电压Δv_{12}不需要进行增益的转化，因为M_1和M_2的失配电压Δv_{12}已经穿过了差动级的输入端。所有这些意味着，高的增益A_V和高的差动对晶体管相对镜像晶体管的跨导比g_{m1}/g_{m2}，可以减小输入参考失调电压V_{OS}中Δv_D和镜像晶体管失配电压Δv_{34}的影响，使输入参考失调电压V_{OS}更低。当然，更为根本的是要尽量使M_1与M_2，M_3以M_4及漏极电压相互匹配，这也是工程师的第一道防线。

[例5.4]　假设阈值电压为0.5V，N型和P型的跨导分别为100和40μA/V²，沟长调制效应1/λ是100V，所有器件的宽长比均为1，3σ栅极参考失调电压为10mV，并且漏极电压失配为1V，那么，偏置电流为10μA时，带负电源供电的NMOS电流镜作负载的PMOS差动对的输入参考失调电压是多少？

解：

$$
V_{OS(S)} = \frac{\Delta v_D}{g_{m1}(r_{ds2}\parallel r_{sd4})} = \frac{1\text{V}}{\sqrt{2\times(5\mu\text{A})\times(40\mu\text{A/V}^2)\times(1)}\left[\frac{0.5\times(100\text{V})}{5\mu\text{A}}\right]}
$$

$$= \frac{1\text{V}}{200\text{V/V}} = 5\text{mV}$$

$$V_{\text{OS}}^* = \sqrt{\Delta v_{12}^2 + \left(\frac{\Delta v_{34} g_{\text{m4}}}{g_{\text{m1}}}\right)^2}$$

$$= \sqrt{(10\text{mV})^2 + \left[(10\text{mV}) \times \left(\frac{\sqrt{100\mu\text{A/V}^2}}{\sqrt{40\mu\text{A/V}^2}}\right)\right]^2} \approx 19\text{mV}$$

$$V_{\text{OS}} = V_{\text{OS(S)}} \pm V_{\text{OS}}^* \approx 5\text{mV} \pm 19\text{mV}$$

2. 噪声

对于差动级而言，除了 M_T 的噪声电流平均分流给 M_1 和 M_2，从而对差分信号几乎没有影响外，M_1、M_2、M_3、M_4 和 M_T 的栅极都会产生噪声。M_4 的跨导 g_{m4} 将 M_3 和 M_4 的联合噪声 v_{34}^* 转换成电流，而 M_1 和 M_2 的跨导 g_{m1} 意味着这个噪声电流返回到输入端的噪声电压为 $v_{34}^* g_{m4}/g_{m1}$。由于 M_1 和 M_2 的联合噪声贡献 v_{12}^* 已经在输入端了，所以差动级的总输入参考噪声 v_N^* 简化为 v_{12}^* 和 $v_{34}^* g_{m4}/g_{m1}$ 二次方和的二次方根：

$$v_N^* = \sqrt{(v_{12}^*)^2 + \left(\frac{v_{34}^* g_{\text{m4}}}{g_{\text{m1}}}\right)^2} \tag{5.68}$$

5.4.5　电源抑制

今天，微电子系统中包含多种不同的功能，如放大、调整、转换、传输、处理和驱动信号给片上部件或片外部件比如另一个芯片、滤波器和天线。许多电路不仅要按要求做出响应，而且会以千赫兹、兆赫兹甚至千兆赫兹频率周期性地开启与关断。为了完成规定的工作，这些系统可能要从电源中抽取数百毫瓦甚至数瓦的功率，但也并非总是如此，因为不是所有的子系统都在连续不断地工作，事实上，在休眠状态下，依然是这些系统可能只需要消耗几个纳瓦功耗；执行部分功能时消耗的功耗可能是几百个微瓦。电路状态是如此多样，若负载也是变化的或不可预测的，那么系统将会从不完美的电源中抽取大范围的、周期性的、异步的电流，不完美的电源是指在处理过程中电源电压上会产生千赫兹至兆赫兹的纹波。因此，深刻理解模拟电路是如何应对噪声电源的十分重要。

从这点来看，电源抑制（Power - Supply Rejection，PSR）指的是一个电路抑制电源上的波动的能力，换个方式来说，指的是电路不放大电源纹波的能力，这就是 PSR 是电源增益 A_{SUPPLY} 即 s_O/v_{SUPPLY} 的倒数的原因：

$$\text{PSR} \equiv \frac{1}{A_{\text{SUPPLY}}} \equiv \frac{v_{\text{SUPPLY}}}{s_O} \tag{5.69}$$

这里的输出信号 s_O 可能是电压、电流或者时间，而 v_{SUPPLY} 可能是电路中的任意正电源或负电源如 v_{DD}、v_{SS}、v_{CC} 或者 v_{EE}。虽然不相同但类似地，电源抑制比（Power - Supply Rejection Ratio，PSRR）指的是电路放大信号的能力超过放大电源纹波的程度，即

前向增益 A_{FWD} 与电源增益 A_{SUPPLY} 的比：

$$\text{PSRR} \equiv \frac{A_{FWD}}{A_{SUPPLY}} = \left(\frac{S_O}{S_I}\right)\left(\frac{v_{SUPPLY}}{S_O}\right) \tag{5.70}$$

这里，输入信号 s_I 也可以是电压、电流或者时间。有趣的是，电源设计者有时用电源纹波抑制来指代 PSR，这是不幸的，因为这个缩写与电源抑制比的缩写无法区分。因此，本书中 PSR 指电源抑制，PSRR 指电源抑制比。

为了深入洞察电路，有时计算电源增益 A_{SUPPLY} 比计算 PSR 或者 PSRR 更为简单和直观，从这个角度来看，最终决定有多大比例的电源纹波到达 s_O 的是输出级。对于差动级而言，电流镜起重要作用，因为它在其输入通道上复制电源纹波。例如，考虑图 5.26 所示的 MOSFET 实现的差动级实例，正电源上有电压纹波 v_{dd}。由于电源增益 A_{VDD} 描述的是在没有输入信号 v_{I1} 和 v_{I2} 的情况，v_{dd} 是如何影响输出 v_O 的，所以 v_{I1} 和 v_{I2} 置零。由于只考虑零伏的共模小信号，差动级可以进一步分解成两个源极简并的 MOSFET。

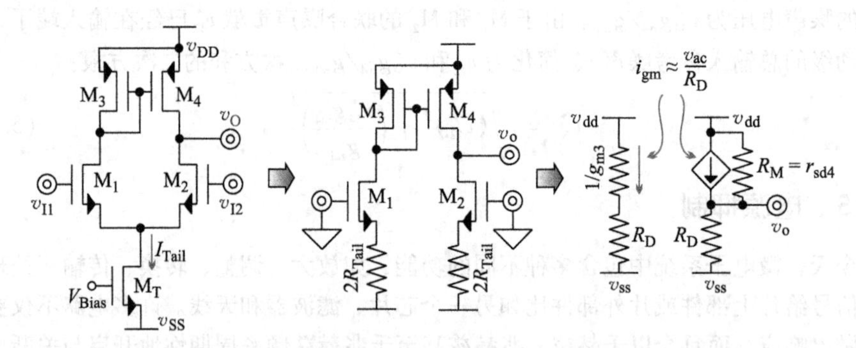

图 5.26 考虑电源噪声时，正电源供电的带 P 型电流镜负载的差动对的小信号分解模型[⊖]

由于二极管连接的晶体管的小信号电阻约为 $1/g_m$，镜像晶体管复制它的输入电流，所以 M_3 简化为 $1/g_{m3}$，M_4 等效为一个跨导电流 i_{gm} 与 M_4 的 r_{sd4} 并联，其中 i_{gm} 等于 M_3 的电流。为了简单和通用，此处用 R_M 代表 M_4 的镜像电阻 r_{sd4}，用 R_D 代表匹配的源极简并 MOSFET 的电阻。这样，应用叠加原理，不考虑 i_{gm} 和 v_{SS} 时，由于 R_M，v_{dd} 对 v_o 的影响是分压比 $v_{dd}R_D/(R_D+R_M)$，所以

$$A_{VDD} \equiv \frac{v_o}{v_{dd}} = \frac{\left(\dfrac{v_{dd}R_D}{R_D+R_M}\right) + [i_{gm}(R_D \parallel R_M)]}{v_{dd}}$$

$$\approx \frac{\left(\dfrac{v_{dd}R_D}{R_D+R_M}\right) + \left[\left(\dfrac{v_{dd}}{R_D}\right)(R_D \parallel R_M)\right]}{v_{dd}} = 1 \tag{5.71}$$

⊖ 图 5.26 中，i_{gm} 应近似等于 v_{dd}/R_D，原文图中写为：i_{gm} 近似等于 v_{ac}/R_D，此处 v_{ac} 就是 v_{dd}，为了更明确，译文直接修正过来。——译者注

这里电源增益为1意味着电源纹波 v_{dd} 全部传输到 v_o 中。由于 $1/g_{m3}$ 远远小于 R_D，M_3 的电流约为 v_{dd}/R_D，应用叠加原理，不考虑 v_{dd} 和 v_{SS} 时，R_M 连接到小信号地，所以 M_4 将电流 v_{dd}/R_D 送入 v_o 的电阻 R_D 和 R_M。因此，R_M 和 i_{gm} 都施加部分电源噪声到 v_o 中，它们一起将 v_{dd} 复制到 v_o 中。

有趣的是，当 v_{dd} 不存在时，对于负电源纹波 v_{ss} 而言，i_{gm} 即 v_{SS}/R_D 以相反的方向流动从而抑制通过 R_D 注入到输出端的噪声，结果，i_{gm} 把 v_{SS} 从 v_o 中完全根除了。

$$A_{VSS} \equiv \frac{v_o}{v_{SS}} = \frac{\left(\frac{v_{SS}R_M}{R_D+R_M}\right) - [i_{gm}(R_D \parallel R_M)]}{v_{SS}}$$

$$\approx \frac{\left(\frac{v_{SS}R_M}{R_D+R_M}\right) - \left[\left(\frac{v_{SS}}{R_D}\right)(R_D \parallel R_M)\right]}{v_{SS}} = 0 \tag{5.72}$$

换言之，正电源供电的P型电流镜会复制正电源纹波，而消除负电源纹波。相似地，负电源供电的N型电流镜会复制负电源纹波，而消除正电源纹波。例如，图5.27所示的是与图5.26所示电路成镜像对称的电路，采用P型差动对和N型电流镜，电流镜从 v_o 中下拉电流 v_{dd}/R_D 从而消除了 v_o 中的 v_{dd}，电流镜将 v_{SS}/R_D 注入到 v_o 中并与 M_4 的 R_M 一起将 v_{ss} 复制到 v_o 中。

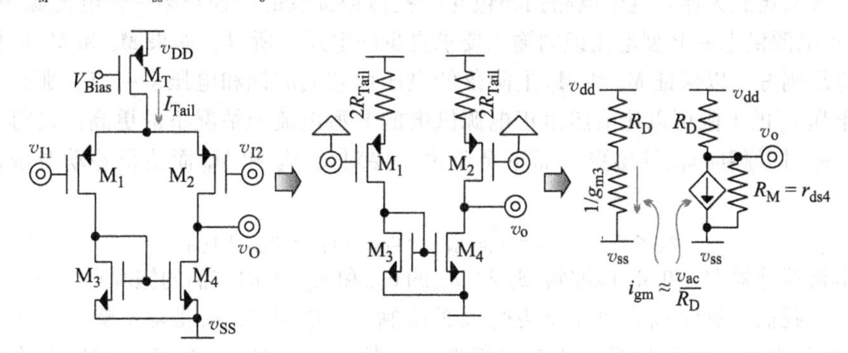

图5.27 考虑电源噪声时，负电源供电的带N型电流镜负载的差动对的小信号分解模型

总之，电流镜一般能促进它们的电源的纹波，而抑制相反电源的纹波。这意味着工程师可以设计电路来抑制正电源纹波或负电源纹波。例如，在电池供电系统中，接地部分的噪声比电池电压噪声要低，所以设计人员通常构建能够抑制更多正电源噪声的电流镜。

5.4.6 折叠式 Cascode

1. 大信号工作

N型差动对不必总是驱动正电源供电的P型电流镜。实际上，如图5.28所示，由于差动对的输出是电流，P型共栅电流缓冲器 M_5 和 M_6 能够引导并折叠差动对电流 i_1 和 i_2 到负电源供电的N型电流镜中。然而，为此，必须增加两个电流源 M_9 和 M_{10}

以提供足够的电流来驱动差动对以及通过M_5和M_6来驱动电流镜。为了保证电流缓冲器和电流镜晶体管不会因为缺少电流而进入线性区，M_9和M_{10}通常要提供1.5倍尾电流I_{Taill}的电流。通过这种方式，即使是i_1和i_2下降到零，无论是缓冲器还是电流镜晶体管都不会完全关断。这很重要，因为重新导通已关断的晶体管需要额外的时间。由于电流镜会相互抵消M_9和M_{10}提供的共模电流，并且差动对中的每个晶体管都可以携带全部的I_{Tail}，所以在转换时，这个结构能够折叠并提供给负载电容C_{LOAD}的电流同它可以从负载电容中吸收的电流一样多，也即正转换速率和负转换速率都是$I_{Taill}/(C_{LOAD}+C_{EQ})$。

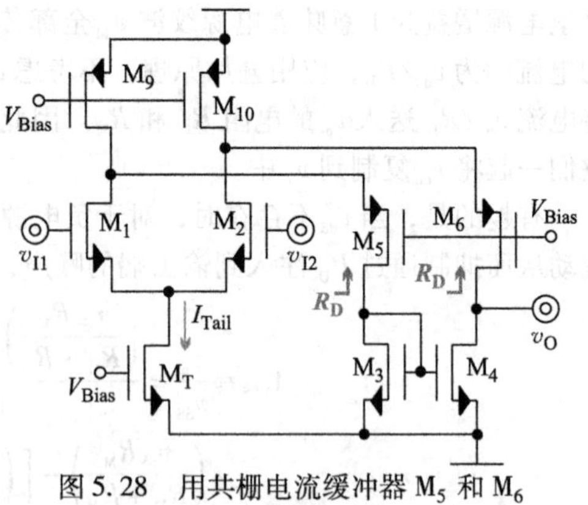

图5.28　用共栅电流缓冲器M_5和M_6来折叠差分电流

因为折叠电流缓冲器M_6在v_O处的输出电阻是一个源极退化的共源共栅晶体管的电阻，所以IC工程师经常将这种结构以及由这种差动级衍生而来的结构都称之为折叠式共源共栅放大器。这个电路拓扑包含一些值得提及的特性：第一，电流源M_9和M_{10}比正电源供电的P型电流镜的输入要求更少的电压。所以，如果M_5和M_6的栅极偏置电压刚好足以保证M_9和M_{10}上降落的电压比它们的饱和电压多一点，那么共模输入电压v_{IC}的上限可以比前述由正电源供电的P型电流镜情况下的更高。说得具体一些，v_{IC}可以朝向v_{DD}升得更高而不至于由于要对抗M_9和M_{10}而使得差动对进入线性区：

$$v_{IC}<v_{DD}-v_{SD9}-V_{DS1(SAT)}+v_{GS1}=v_{DD}-v_{SD9}+v_{TN1} \tag{5.73}$$

这里电流缓冲器M_5和M_6能够将M_9和M_{10}的v_{SD9}和v_{SD10}推向它们的饱和点附近。顺便说一句，我们注意到v_O的摆幅不再受v_{IC}的限制，在本例中，v_O能够下降至v_{SS}上一个M_4的饱和电压，而且如果处于最佳偏置，v_O能够上升到v_{DD}下M_6和M_{10}两个饱和电压：

$$v_{SS}+V_{DS4(SAT)}<v_O<v_{DD}-v_{SD10}-V_{SD6(SAT)} \tag{5.74}$$

2. 小信号模型

折叠结构的小信号输出电阻R_O是非折叠结构的两倍左右，这是因为简并的电流缓冲器M_6的漏极电阻R_{D6}比电流镜晶体管r_{ds4}要高得多，从而使得后者占主导：

$$R_O=R_{D6}\parallel r_{ds4}=[r_{sd6}+g_{m6}r_{sd6}(r_{sd10}\parallel r_{sd2})+(r_{sd10}\parallel r_{sd2})]\parallel r_{ds4}\approx r_{ds4} \tag{5.75}$$

这意味着，电路的低频增益A_{V0}相应地升高两倍，即6dB，因为差分电流i_1和i_2通过M_5和M_6流入到M_3和M_4从而得到$[0.5g_{m1}-(-0.5g_{m2})](R_O\parallel R_{LOAD})$即$g_{m1}(R_O\parallel R_{LOAD})$的增益。幸运的是，如图5.29所示那样，在电流镜中插入共源共栅晶体管M_7和M_8，可以把电流镜的输出电阻从r_{ds4}提高到约为$g_{m8}r_{ds8}r_{ds4}$，通过这种方式，R_O和A_{V0}都能够提高到足够高，分别为10~10MΩ和60~80dB。

3. 电源抑制

假定电路是对称的，则图 5.28 和图 5.29 所示电路等效为一个等效电阻 R_D 接入到由 M_3 和 M_4 构成的负电源供电 N 型电流镜中。这意味着，M_3 和 M_4，如在图 5.27 中一样，会消除 v_{dd} 纹波，而加强 v_{SS} 纹波，在 v_O 中复制 v_{SS} 纹波。换言之，正电源 PSR 和 PSRR 接近于无穷大，而负电源 PSR 和 PSRR 分别减小到 1 和 A_V。

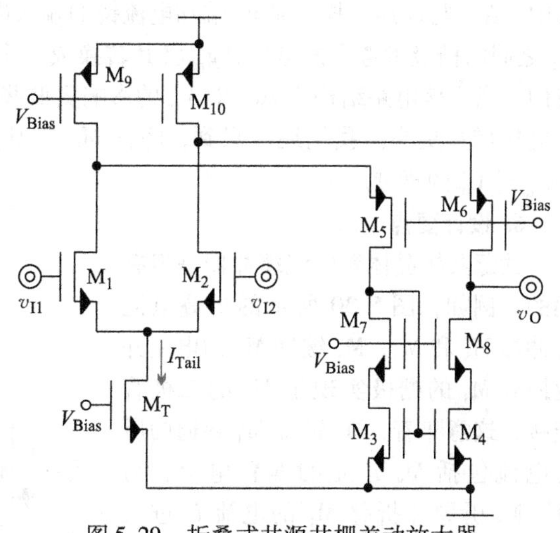

图 5.29　折叠式共源共栅差动放大器

4. 频率响应

在输出节点 v_O、M_3 的镜像栅极节点 v_{G3} 以及 M_5 和 M_6 的源极节点 v_{S5} 和 v_{S6}，由于并联电容的分流作用均会产生极点。但是，由于 v_{S5} 和 v_{S6} 分别输入一半的差分信号，所以它们对整个增益总共产生一个极点。由于 v_O 的电阻 R_O 和负载电容 C_{LOAD} 都很高，而且，二极管连接的 M_3 的电阻以及 M_5 和 M_6 的源极。

电阻均为 $1/g_m$，而对它们分流的电容等于或小于负载电容 C_{LOAD}，所以输出极点 p_O 通常很低，是主极点，约为 $1/2\pi R_O(C_{LOAD}+C_{EQ})$，其中 C_{EQ} 是在 v_O 处的寄生电容。由于包含两个栅极 - 源极电容，镜像极点 p_M 通常是第 2 极点，近似为 $g_{m3}/2\pi(2C_{GS})$。与前述一样，当 M_4 镜像的 M_1 和 M_5 的电流很低，以至于电路只输出由 M_6 所传输的 M_2 的电流时，相当于输出电流只是差分电流的一半，这样就会产生一个位于 $2p_M$ 处的镜像零点 z_M，该零点可以提高相位裕度。而且，因为在更高的频率处 C_{LOAD} 会短路 v_O 对 M_6 的 $1/g_{m6}$ 的负载效应，所以，一个栅极 - 源极电容对 M_5 和$_{M6}$ 的 $1/g_{m6}$ 分流，产生接近 z_M 的极点 $p_{S5,6}$ 即 $g_{m6}/2\pi C_{GS6}$。

5. 输入参考失调

折叠式共源共栅电路的一个缺点是电路中包含更多的晶体管，它们的失配会提高输入参考失调电压 V_{OS}。不过，图 5.29 中的 M_1、M_2、M_9 和 M_{10} 与 M_3 和 M_4 源极退化了共源共栅电流缓冲器 M_5 和 M_6 与 M_7 和 M_8，所以后者的栅极参考失配比前者的产生了低得多的失调电流。换句话说，M_1 与 M_2、M_3 与 M_4 以及 M_9 与 M_{10} 之间的失配主导 V_{OS} 的随机部分 V_{OS}^*：

$$V_{OS}=V_{OS(S)}\pm V_{OS}^*$$

$$\approx\frac{\Delta v_D}{g_{m1}(R_O\parallel R_{LOAD})}\pm\sqrt{\Delta v_{12}^2+\left(\frac{\Delta v_{34}g_{m4}}{g_{m1}}\right)^2+\left(\frac{\Delta v_{9/10}g_{m9}}{g_{m1}}\right)^2}\qquad(5.76)^{\ominus}$$

⊖　原公式中根号内最后一项书写错误，少了一个平方符号，译文中已修正。——译者注

式中，Δv_D 与前述一样，是 v_O 端和电流镜的输入端之间的漏极电压差；$\Delta v_{9/10}$ 是 M_9 与 M_{10} 之间的栅极参考失配电压；g_{m9} 将其转换成一个电流；g_{m1} 又将其等效回到输入端。我们注意到该电路结构中 Δv_D 对 V_{OS} 的影响更低些，因为这里的电压增益比前述电路的电压增益更高。我们还注意到，降低 M_9 和 M_{10} 的跨导 g_{m9} 会减小它们的失配电压 $\Delta v_{9/10}$ 对 V_{OS}^* 的贡献。

6. 设计要点

共源共栅晶体管电流缓冲器是很有用的。例如，图 5.30 所示的折叠电流缓冲器 M_5 和 M_6，M_5 缓冲 M_3 的电流并返回到 M_3 的栅极实现了 M_3 的二极管连接，这意味着，M_4 镜像 M_3 导通的所有电流包括 M_9 建立的偏置电流，另外，M_5 引导并折叠 M_1 的电流 i_1 进入 M_3 和 M_4 电流镜的输入端，因此，M_4 向输出 v_O 提供电流 i_1，M_2 从 M_6 抽取电流 i_2，从而流入 v_O 的电流是二者的差值 $0.5v_{id}g_{m1}-(0.5v_{id})g_{m2}$ 即 $v_{id}g_{m1}$，图 5.18、图 5.25 ~ 图 5.29 所示的差动级电路最终流入到输出 v_O 的电流都是如此。这种拓扑结构与图 5.18 所示的非折叠结构相比，其优势是扩大了共模输入电压范围，原因是，这里的 M_3 上只降落一个源极 - 漏极电压，而在非折叠结构中，M_3 上降落一个源极 - 栅极电压。

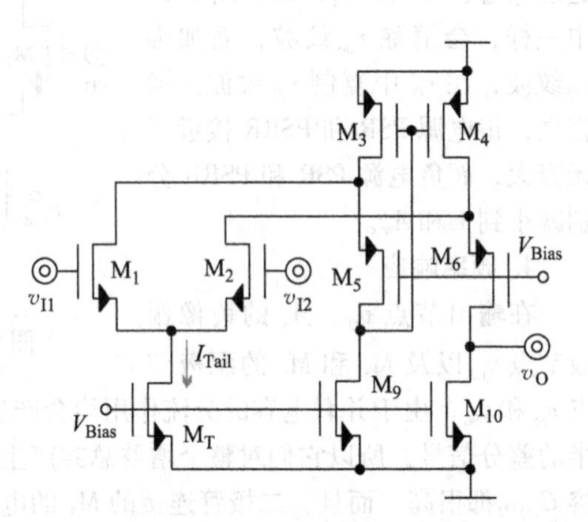

图 5.30 用电流缓冲器将 N 型差分电流折叠到一个 P 型电流镜中

［例 5.5］ 参考图 5.31 所示的 P 型差动对，N 型共栅极晶体管将差动对的电流缓冲并折叠到一个正电源供电的 P 型电流镜中，请求出输入共模范围、输出摆幅限制、正电源纹波增益和负电源纹波增益。

解：

1）ICMR：$v_{SS}+v_{SD9}-|v_{TP}|<v_{IC}<v_{DD}-V_{SDT(SAT)}-|v_{TP}|-V_{SD1(SAT)}$

2）v_O 的摆幅：$v_{SS}+v_{DS10}+V_{DS6(SAT)}<v_O<v_{DD}-V_{SD4(SAT)}$

其中 $v_{DS9,10}=V_{Bias2}-v_{GS6}-v_{SS}=V_{Bias2}-v_{TN}-V_{DS6(SAT)}-v_{SS}\geqslant V_{DS9,10(SAT)}$

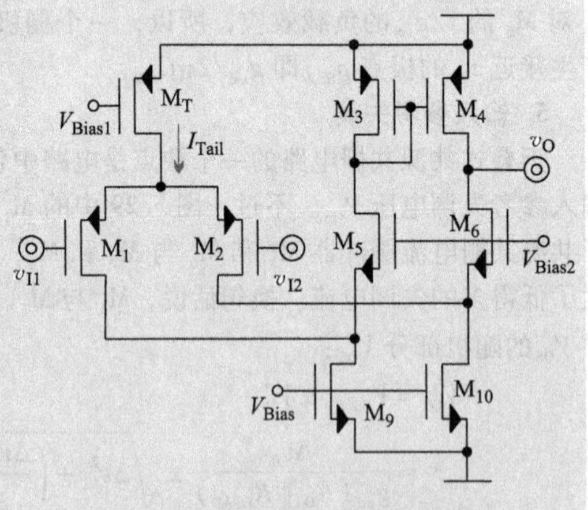

图 5.31 用 N 型电流缓冲器将 P 型差分电流折叠到一个 P 型电流镜中

3）A_{VDD}：

$$A_{VDD}=\frac{\left(\frac{v_{dd}R_{D6}}{R_{D6}+r_{sd4}}\right)+\left[i_{gm}(R_{D6}\parallel r_{sd4})\right]}{v_{dd}}\approx\frac{\left(\frac{v_{dd}R_{D6}}{R_{D6}+r_{sd4}}\right)+\left[\left(\frac{v_{dd}}{R_{D5}}\right)(R_{D6}\parallel r_{sd4})\right]}{v_{dd}}=1$$

式中，R_{D5}和R_{D6}是M_5和M_6与v_{SS}之间的电阻，它们相互匹配。

4）A_{VSS}：

$$A_{VSS}=\frac{\left(\frac{v_{SS}r_{sd4}}{R_{D6}+r_{sd4}}\right)-\left[i_{gm}(R_{D6}\parallel r_{sd4})\right]}{v_{SS}}\approx\frac{\left(\frac{v_{SS}r_{sd4}}{R_{D6}+r_{sd4}}\right)-\left[\left(\frac{v_{SS}}{R_{D5}}\right)(R_{D6}\parallel r_{sd4})\right]}{v_{SS}}=0$$

5.5　总结

可以说，IC 设计中最常用的基本单元是电流镜和差动对。电流镜是重要的模拟电路基本单元，因为它们可以感测、复制、放大、折叠和传输电流，是模拟电路处理和传递信息的基本媒介。差动对极为常用，因为它们最重要的特点是抑制衬底噪声和耦合噪声，共用同一个硅衬底的混合信号系统常常会遭受这些噪声的影响；通过反馈环路它们也可以产生误差信号并经常被用来控制和调节电压和电流。实际上，差动对和电流镜一起构成的差动级不仅可以放大模拟信号、抑制共模噪声，而且也可以将差分电流折叠到一个易于处理的输出端。毫不奇怪，这些电路在模拟系统中几乎无所不在，从运算放大器、线性稳压器、偏置电路到数据转换器、DC－DC 开关变换器、能量收集充电器和电源。

然而，与其他任何事物一样，这些电路也不是完美的。例如，电流镜的缺点是：基极电流与电压失配以及晶体管失配会产生误差。幸运的是，虽然并非总是必要，基极调整电阻和晶体管以及电压校正 Cascode 结构可以将这些非理想因素降低到可忽略的程度。发射极/源极耦合差分对和基极/栅极耦合差分对，以及由它们和电流镜一起构成的差动级，同样有以下缺陷：有限的 ICMR、输出电压摆幅、转换速率、差动增益、线性范围、带宽限制极点、CMRR、输入参考失调电压和噪声以及 PSR 和 PSRR。不过，必要时，采用发射极/源极负反馈电阻和折叠电流缓冲器能够分别扩展它们的线性范围和 ICMR，应用 Cascode 结构能够提高差动增益。此外，由于电流镜能够消除相反电源的纹波，工程师可以调整电路设计，使之能够抑制来自噪声最大的电源的噪声。

总之，模拟系统可以分解为本章介绍的模拟电路基本单元和第 4 章中讨论的单晶体管基本单元，这是因为设计工程师就如同画家一样，借助一些基本电路结构，并辅以第 3 章介绍的集成电阻、电容、二极管和互补 BJT 晶体管、MOS 管以及 JFET 等器件来构成他们的作品。不过，要实现更高层次功能的电路，比如调整电路，需要负反馈基础，因此，第 6 章将介绍负反馈环路并讲述了它们的工作原理。通过应用微电子器件、单晶体管电路、模拟电路基本单元和反馈概念，工程师能够设计出偏置电路、运算放大器、线性稳压器、数据转换器、开关 DC - DC 电源以及其他一些相对复杂的模拟系统。

5.6 复习题

1. 一个输入端有 5 个晶体管、输出端有 4 个晶体管的 BJT 电流镜的电流增益是多少？假设所有晶体管的尺寸均相同。

2. 如果一个基极校正 BJT 电流镜的 $\beta_0 = 50$，输入电流是 10μA，请问第 1 题所画电流镜中的晶体管的基极电流是多少？

3. 忽略基极电流误差并且假设基极 - 发射极电压是 0.7V，厄尔利电压是 50V，并且第 1 题中的电流镜的输出连接在 5V 的电源上，请问第 1 题中电流镜的增益误差是多少？

4. 在 BJT 电流镜中，工程师如何降低基极电流误差？

5. 在 MOSFET 电流镜中，工程师如何减小电压失配误差？

6. BJT 差动对的线性范围是多少？

7. MOSFET 差动对的线性范围是多少？

8. 在什么条件下，一个 BJT 差动对可以简化为一对非简并的共射极晶体管？

9. 工程师如何扩展 JFET 差动对的线性范围？

10. 对于一个基本非折叠 BJT 差动级而言，当它们的共模输入电压超过 ICMR 时，通常哪些晶体管进入深饱和区？

11. 对于一个非折叠负电源供电的 N 型电流镜作负载、P 型差动对作输入级的差动级而言，是什么因素限制其输出相对于正电源能够升高到多高而不至于将晶体管推入到晶体管区？

12. 什么因素决定一个电路的响应时间？

13. 差动级中的电流镜有什么作用？

14. 在一个差动级中，通常哪一个极点设置带宽限制极点？

15. 电流镜是如何影响差动级的频率响应的？

16. 一个 MOSFET 差动对在源极耦合节点的寄生电容对差动级的共模增益有何影响？

17. 如果一个 MOSFET 差动级的输入对管及电流镜负载均完美匹配，它的共模跨导增益是多少？

18. 哪些极点和零点会影响共模抑制比 CMRR？

19. MOSFET 的噪声机制是什么？

20. 负电源供电的 N 型电流镜作负载的 P 型差动对的电源抑制是多少？

21. 在一个差动级中，哪些晶体管能通过电流缓冲器将电流折叠进入一个 Cascode 电流镜而不会显著恶化电路的输入参考失调电压？

第 6 章　负　反　馈

负反馈可能是揭示这个物理世界如何运转的最普遍和最深刻的规律之一。对人类来说，如果没有对外界频繁变化环境的感知和反应，就不能避免伤害并生存下来。比如说，一个人在门前停下来，就需要大脑在接受一个表明门已经很近了的视觉信号时，产生停止继续前进的信号。促使大脑停止这种行为所输入的图像、声音和气味等构成了"负反馈"。当人的身体离门很近时，如果是正反馈命令的话，那么就会促使身体加速前进并导致撞到门。类似地，控制人的手去书写、绘画、喷涂、驾驶和完成几乎任何富有想象力的任务时，都需要手指响应大脑指令的反馈信息。因此，模拟电路的设计者们似乎都会用反馈电路来调整电压和电流，还有一些他们要控制的内部和外部参数，从温度、湿度到机械系统的运动。

本章将第 4、5 章中讨论的单晶体管基本单元和模拟电路基本单元结合起来，来实现反馈电路的设计，这样的反馈电路可以调节电压和电流来维持对输入的反馈。负反馈不仅可以控制和保持信号，而且可以改变阻抗、带宽和噪声。但是，为了能及时响应和维持控制，反馈环路必须设法避免振铃效应以防止其最终导致电路进入不稳定工作环境中。本章讨论以下问题：负反馈的特性，负反馈电路的分析和设计，工程师们设计线性低压差稳压器等模拟系统的准则。

6.1　反馈环路

6.1.1　环路构成

反馈最基本的存在形式就是图 6.1a 所示的信号处理环路。环路本身并没有什么意义，但是，当需要处理一个输入信号或者需要输出一个信号到其他电路中时，反馈环路是非常有用的。在这里，注入点把输入信号（如图 6.1a 所示的 s_{I1} 和 s_{I2}）叠加到环路中，提取点感应信号（如图中的 s_{O1} 和 s_{O2}）使得外部电路或器件可以处理或监控它们。

反馈环路只有和其他电路中的一个或者几个采样信号一起工作时才能发挥作用。虽然像振荡器这样的正反馈电路，并不总是需要接收输入信号，但是，负反馈电路一定要有输入信号，所以它们都包含有叠加器，如图 6.1b 所示，叠加器将输入信号 s_I 和从输出端得到的反馈信号 s_{FB} 叠加。从叠加器到采样器的增益构成了前向开环增益 A_{OL}，它与被叠加的信号以及被采样的信号都有关。类似地，β_{FB} 指的是采样器和叠加器之间的反馈系数。将前向开环增益与反馈系数合在一起就是环路增益 A_{LG}，指的是整个环路的增益，即 $A_{OL}\beta_{FB}$。

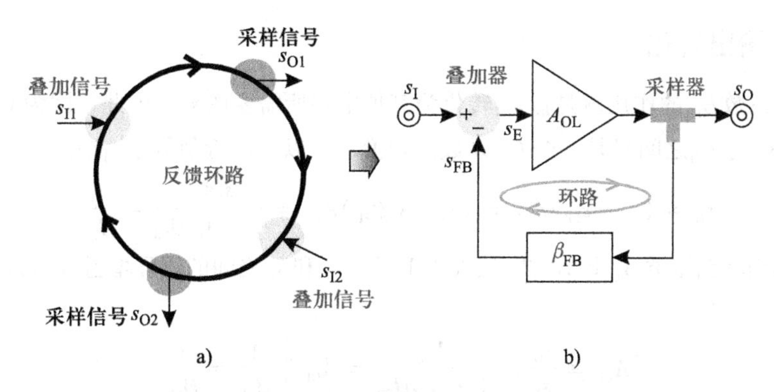

图 6.1 a）反馈环路的理论示意图和 b）反馈环路的符号示意图

要与信号 s_I 叠加的环路信号 s_{FB} 必须与 s_I 是同种类型的信号，也就是说，如果 s_I 是电流信号，s_{FB} 也必须是电流信号，s_I 是电压信号，s_{FB} 也必须是电压信号。因为这里的环路构成了负反馈，所以环路增益是反相的，这就是当 A_{OL} 和 β_{FB} 同为正或者同为负时，叠加器应包含一个反相，当 A_{OL} 与 β_{FB} 有一个是负时，负的信号会变成正的。虽然并非所有的反馈环路都是负反馈，但是当它们用于调整器时总是要求负反馈。由于负反馈在模拟电路中应用广泛，对运算放大器和稳压器电路来说更是如此，因此本章将重点讨论负反馈。

6.1.2 调整

负反馈在宇宙中无处不在的重要原因是能够控制行动，而这是基于环路具有反相和放大的功能，反相使环路能够抵制扰动，而增益决定了抗干扰的能力。例如，如图 6.1b 所示，高环路增益意味着，系统稳定时输入信号 s_I 和反馈信号 s_{FB} 的差，即误差信号 s_E 接近于零，否则，环路会将信号 s_E 放大和反相，其净效应是进一步将 s_E 放大，并再次反相，如此下去直到系统达到饱和，环路失去增益。系统稳定时，环路会反抗外部变化对 s_{FB} 带来的影响，直到 s_E 很小以至于实际上 s_{FB} 成为 s_I 的镜像。换句话说，环路增益 A_{LG} 会监测和放大 s_I 和 s_{FB} 之间的小误差，直到 s_{FB} 保持接近于 s_I。

从量化的角度来看，因为 s_E 是 s_I 与 s_{FB} 的差值，而且 s_{FB} 为 s_E 的 $A_{OL}\beta_{FB}$（即 A_{LG}）倍，s_E 为 s_I 的约 $1/A_{LG}$：

$$s_E = s_I - s_{FB} = s_I - s_E A_{OL}\beta_{FB} = s_I - s_E A_{LG} = \frac{s_I}{1 + A_{LG}} \approx \frac{s_I}{A_{LG}} \to 0 \qquad (6.1)$$

环路增益 A_{LG} 很高，达到 100 ~ 1000，或者更高时，s_E 会小到可以忽略的程度。所以 A_{LG} 当远大于 1 时，s_{FB} 实际上就等于 s_I：

$$s_{FB} = s_E A_{OL}\beta_{FB} = s_E A_{LG} = (s_I - s_{FB})A_{LG} = \frac{s_I A_{LG}}{1 + A_{LG}} \approx s_I \qquad (6.2)$$

这意味着 s_{FB} 实际上就是 s_I 的镜像。

6.1.3 输出转化

反馈系数β_{FB}的作用就是让s_{FB}转化为其他电路所需要的s_O。因此，因为s_{FB}接近于s_I，而且s_O与s_{FB}之间只是一个β_{FB}系数的转换，所以，s_O近似等于s_I/β_{FB}：

$$s_O = (s_I - s_{FB})A_{OL} = (s_I - s_O\beta_{FB})A_{OL} = \frac{s_I A_{OL}}{1 + A_{OL}\beta_{FB}} \approx \frac{s_I}{\beta_{FB}} \tag{6.3}$$

这意味着当环路增益A_{LG}即$A_{OL}\beta_{FB}$远大于 1 时，s_O和s_I之间的闭环增益A_{CL}可以简化为$1/\beta_{FB}$：

$$A_{CL} \equiv \frac{s_O}{s_I} = \frac{A_{OL}}{1 + A_{OL}\beta_{FB}} = A_{OL} \parallel \frac{1}{\beta_{FB}} \approx \frac{1}{\beta_{FB}} \tag{6.4}$$

有趣的是，若把A_{OL}认为是s_I到s_O的前向转换增益，s_I和s_O之间的有效增益近似等于A_{OL}和$1/\beta_{FB}$中较小的一项，等效于把它们看成并联阻抗。

我们注意到β_{FB}的不精确或者波动最终会出现在s_O中。导致这种非理想效应的原因是高环路增益只是用来保证s_{FB}镜像s_I的。这就是产生反馈系数的电路模块几乎总是精确和高带宽的原因，与在电流缓冲晶体管、电压分压器和电流镜像等电路中的情况一样。

6.2 反馈效应

6.2.1 灵敏度

环路调整s_{FB}使其保持近似等于s_I，说明环路具有降低外部变化对s_{FB}的影响的作用，即降敏作用。换句话说，负反馈使s_{FB}对系统里的干扰变得不敏感。为了定量计算这种效应，首先考虑前向开环增益A_{OL}的灵敏度，定义为A_{OL}相对于额定值的变化：

$$S_{A_{OL}} \equiv \frac{\Delta A_{OL}}{A_{OL}} = \frac{dA_{OL}}{A_{OL}} \tag{6.5}$$

式中，ΔA_{OL}和dA_{OL}是A_{OL}的变化量和微分。闭环增益A_{CL}的灵敏度与A_{OL}的类似，除了A_{CL}比A_{OL}的环路增益倍小以外。因此，将A_{CL}的微分量dA_{CL}除以A_{CL}计算得到的A_{CL}的灵敏度也比对应的A_{OL}的灵敏度减小了环路增益倍：

$$S_{A_{CL}} \equiv \frac{dA_{CL}}{A_{CL}} = \frac{d\left(\dfrac{A_{OL}}{1+A_{OL}\beta_{FB}}\right)}{\left(\dfrac{A_{OL}}{1+A_{OL}\beta_{FB}}\right)} = \frac{\dfrac{(1+A_{OL}\beta_{FB})dA_{OL} - (A_{OL})\beta_{FB}dA_{OL}}{(1+A_{OL}\beta_{FB})^2}}{\dfrac{A_{OL}}{1+A_{OL}\beta_{FB}}}$$

$$= \frac{dA_{OL}}{A_{OL}(1+A_{OL}\beta_{FB})} = \frac{S_{A_{OL}}}{1+A_{OL}\beta_{FB}} = \frac{S_{A_{OL}}}{1+A_{LG}} \tag{6.6}$$

换句话说，对于外界的扰动，A_{CL}的灵敏度为A_{OL}的$1/A_{LG}$。这种不敏感正是工程师们应用负反馈来设计精确的放大器的原因，精确的放大器被用于需要可预测的、可靠的、稳定的增益的应用中。

［**例 6.1**］ 用灵敏度为3.3%的20dB的增益级去设计一个灵敏度小于0.1%增益为20dB的放大器。

解：使用负反馈来将增益灵敏度减小到0.1%。因为负反馈也会减小前向开环增益A_{OL}，级联足够多的20dB增益级能够将A_{OL}增大到足够大使A_{CL}达到10即20dB：

$$A_{CL}=\frac{A_{OL}}{1+A_{LG}}=\frac{A_{OL}}{1+A_{OL}\beta_{FB}}=\frac{A_V^N}{1+A_V^N\beta_{FB}}=\frac{10^N}{1+10^N\beta_{FB}}\equiv 10$$

式中，A_V代表每个增益级的增益；N是增益级的级数。

因为$A_{OL(MAX)}$等于$A_{V(MAX)}^N$，$A_{V(MAX)}$，是$A_V+\Delta A_V$或$A_V(1+S_V)$，所以，$A_{OL(MAX)}$是$A_V^N(1+S_V)^N$，A_{OL}的灵敏度S_{OL}是

$$S_{OL}=\frac{\Delta A_{OL}}{A_{OL}}=\frac{A_{OL(MAX)}-A_{OL}}{A_{OL}}=\frac{{A_{OL(MAX)}}^N-A_V^N}{A_V^N}$$

$$=\frac{A_V^N(1+S_V)^N-A_V^N}{A_V^N}=(1+S_V)^N-1$$

因此，要减小S_{OL}到小于0.1%，环路增益A_{LG}即$A_{OL}\beta_{FB}$必须相对较高：

$$S_{CL}=\frac{S_{OL}}{1+A_{OL}\beta_{FB}}=\frac{S_{OL}}{1+A_{LG}}=\frac{(1+S_V)^N-1}{1+A_{LG}}\leqslant 0.001$$

如果采用2级电路，A_{OL}是100，要保证A_{CL}是10，A_{LG}必须是9，所以S_{CL}是0.67%，比目标值高。如果采用3级电路，A_{OL}是1000，A_{LG}必须是99，所以S_{CL}是0.1%，满足要求。如果是4级电路，A_{OL}是10000，A_{LG}必须是999，所以S_{CL}是0.01%，效果更好。

6.2.2 阻抗

电阻，或者更普遍的说法，阻抗本质上表明了电压的变化引起多少电流的变化，或者反过来说，电流的变化导致电压的变化大小。从这一点来看，调整一个信号的电压或电流可以改变它的阻抗特性，这意味着负反馈可以改变环路所包含的每一个外部信号的阻抗，也就是说所有的叠加器输入信号s_I和采样器输出信号s_O的阻抗。

1. 电压叠加

要实现电压相加或相减，必须将它们串联。因此，要从图6.1中的反馈环路的输入电压v_I中减去反馈电压v_{FB}，误差电压v_E必须和v_{FB}串联，如图6.2所示。因为负反馈能够保证v_I的变化出现在v_{FB}中，所以流过开环阻抗$Z_{I.OL}$的电流几乎

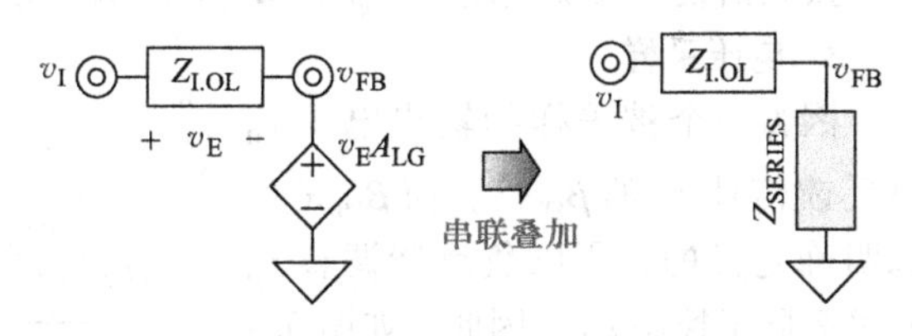

图6.2 电压叠加时的阻抗情况

不随 v_I 的变化而变化。欧姆定律指出阻抗是电压的变化量对电流的变化量之比，因此，这意味着带串联反馈的闭环输入阻抗 $z_{I\ CL}$，比不带负反馈时的开环阻抗 $Z_{I\ OL}$大，因为有反馈时输入电流的变化小。

为了计算反馈环路将开环输入阻抗 $Z_{I\ OL}$提高了多少，分析环路增益 A_{LG}是怎样放大 v_E 以建立 v_{FB}的。$Z_{I\ CL}$是 v_I/i_{IN}，$Z_{I\ OL}$是 v_E/i_{IN}，v_{FB}是 v_E 乘以环路增益，因此，$Z_{I\ CL}$是 $Z_{I\ OL}$的（$1+A_{LG}$）倍：

$$
\begin{aligned}
Z_{I\ CL} &\equiv \frac{v_I}{i_{IN}} = \frac{v_E + v_{FB}}{i_{IN}} = \frac{v_E + v_E A_{LG}}{i_{IN}} = \left(\frac{v_E}{i_{IN}}\right)(1 + A_{LG}) \\
&= Z_{I\ OL}(1 + A_{LG}) = Z_{I\ OL} + Z_{SERIES}
\end{aligned} \tag{6.7}
$$

换句话说，负反馈引入了一个串联阻抗 Z_{SERIES}到输入端，它是 $Z_{I\ OL}$的 A_{LG}倍。

2. 电流叠加

要实现电流相加或相减，必须将它们并联。因此，为了将图6.1中的反馈环路中的输入电流 i_I 减去反馈电流 i_{FB}，误差电流 i_E 必须和 i_{FB}并联，如图6.3所示。因为负反馈能够保证 i_I 的变化出现在 i_{FB} 中，因此，一个很小的电流 i_E 通过电路中的开环阻抗 $Z_{I\ OL}$建立的电压几乎不随 i_I 的改变而改变。欧姆定律指出阻抗是电压的变化量对电流的变化量之比，因此，这意味着带有并联反馈的闭环输入阻抗 $Z_{I\ CL}$比没有并联反馈时的开环阻抗 $Z_{I\ OL}$小，因为有反馈时输入电压的变化更小。

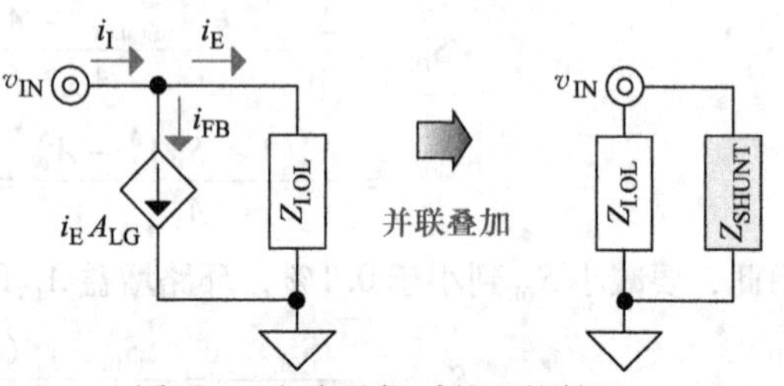

图6.3 电流叠加时的阻抗情况

为了计算有反馈时开环输入阻抗 $Z_{I\ OL}$会减小多少，要分析环路增益 A_{LG}是怎样放大 i_E 以建立电流 i_{FB}的。$Z_{I\ CL}$是输入电压 v_{IN}与 i_I 的比值，$Z_{I\ OL}$是 v_{IN}与 i_E 的比值，i_{FB}是 i_E 乘以环路增益，因此，$Z_{I\ CL}$是 $Z_{I\ OL}$的 $1/(1+A_{LG})$：

$$
\begin{aligned}
Z_{I\ CL} &\equiv \frac{v_{IN}}{i_I} = \frac{v_{IN}}{i_E + i_{FB}} = \frac{v_{IN}}{i_E + i_E A_{LG}} = \left(\frac{v_{IN}}{i_E}\right)\left(\frac{1}{1 + A_{LG}}\right) \\
&= \frac{Z_{I\ OL}}{1 + A_{LG}} = Z_{I\ OL} \parallel Z_{SHUNT}
\end{aligned} \tag{6.8}
$$

换句话说，负反馈用一个阻抗 Z_{SHUNT}对输入分流，Z_{SHUNT}是 $Z_{I\ OL}$的 $1/A_{LG}$。

3. 电压采样

因为一个被采样的输出电压 v_O 是反馈信号 s_{FB} 的 β_{FB} 倍，而 β_{FB} 是可以明确定义的，所以负反馈调整 v_O 几乎等同于控制 s_{FB}。因此，如图6.4所示，环路可以提供或吸收电流使 v_O 保持在其目标值附近，就像一个

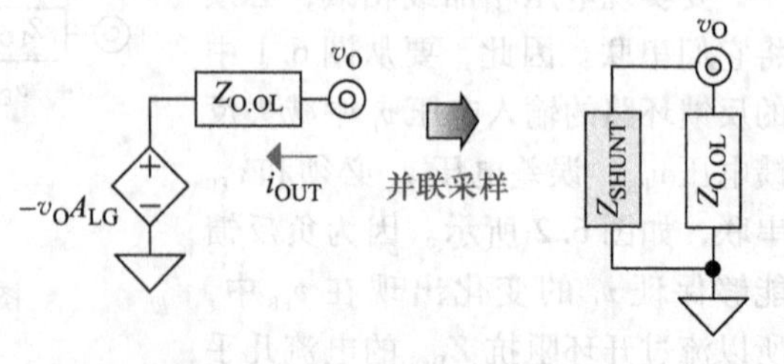

图6.4 电压采样时的阻抗情况

电压源一样。换句话说，不管电路接收或提供的输出电流 i_{OUT} 有多大，v_O 都几乎不变。欧姆定律指出阻抗是电压的变化量对电流的变化量之比，因此，这意味着带并联反馈的闭环输出阻抗 $Z_{O.CL}$ 比没有并联反馈时的开环输出阻抗 $Z_{O.OL}$ 小，因为有反馈时输出电压的变化更小。

为了计算环路能将开环输出阻抗 $Z_{O.OL}$ 减少多少，分析环路增益 A_{LG} 是怎样采样和放大 v_O 并将 v_O 经过一个环路增益变换施加到 $Z_{O.OL}$ 上的。注意到图6.4的模型中，电压源的极性和 v_O 是同相的，这是因为正的误差信号 s_E 能使 v_O 增大。因为 v_O 是 i_{OUT} 流过 $Z_{O.OL}$ 建立起来的电压与 v_O 经反相环路增益放大的电压 $-v_OA_{LG}$ 的叠加，所以 v_O 为

$$v_O = i_{OUT}Z_{O.OL} - v_OA_{LG} = i_{OUT}\left(\frac{Z_{O.OL}}{1+A_{LG}}\right) \tag{6.9}$$

因为 $Z_{O.CL}$ 是 v_O 与 i_{OUT} 的比值，所以 $Z_{O.CL}$ 为 $Z_{O.OL}$ 的 $1/(1+A_{LG})$：

$$Z_{O.CL} \equiv \frac{v_O}{i_{OUT}} = \frac{Z_{O.OL}}{1+A_{LG}} = Z_{O.OL} \parallel Z_{SHUNT} \tag{6.10}$$

换句话说，负反馈用一个阻抗 Z_{SHUNT} 对输出信号分流，Z_{SHUNT} 为 $Z_{O.OL}$ 的 $1/A_{LG}$。注意，就像一个电压计一样，对电压采样需要 β_{FB} 模块与之并联。

4. 电流采样

因为反馈输出电流 i_O 是反馈信号 s_{FB} 的 β_{FB} 倍，而 β_{FB} 又是可知的和可控的，所以负反馈可以调节 i_O，就像它可以控制 β_{FB} 一样。如图6.5所示，环路因此也可以提供所需的电流 i_{LG} 来保持 i_O 接近目标值，就像一个电流源一样。换句话说，不管输出电压 v_{OUT} 如何变化，i_O 都几乎不变。由欧姆定律可知，阻抗是电压的变化率比电流的变化率。这意味着闭环输出阻抗 $Z_{O.CL}$ 要比没有串联反馈时的 $Z_{O.OL}$ 大，因为带有反馈时，输出电流的变化量减小了。

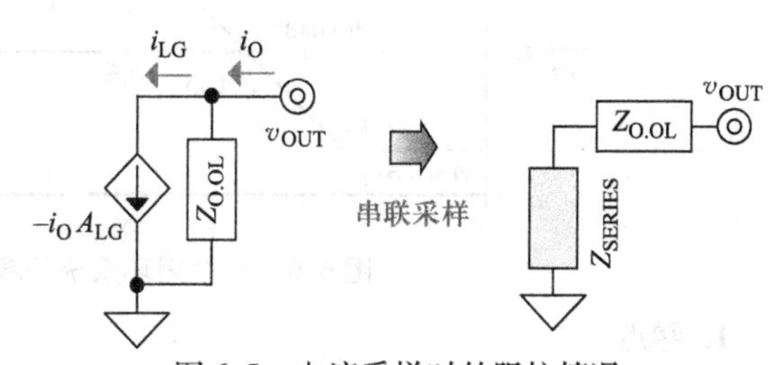

图6.5 电流采样时的阻抗情况

为了计算环路能将开环输出阻抗 $Z_{O.OL}$ 提高多少，分析环路增益 A_{LG} 是怎样采样和放大 i_O 来吸收环路增益电流 i_{LG} 的。注意到图6.5模型中的 A_{OL} 会从 v_{OUT} 中吸收 i_{LG}，因为一个正的误差信号 s_E 能将 i_O 增大，而 i_O 又会流入电路中。因为 v_{OUT} 是 i_O 和 i_{LG} 流过 $Z_{O.OL}$ 建立的电压，i_{LG} 是 i_O 乘以反相环路增益，所以 v_{OUT} 是

$$v_{OUT} = (i_O - i_{LG})Z_{O.OL} = [i_O - (-i_OA_{LG})]Z_{O.OL} = i_O(1+A_{LG})Z_{O.OL} \tag{6.11}$$

因为 $Z_{O.CL}$ 是 v_{OUT} 与 i_O 的比值，所以 $Z_{O.CL}$ 是 $Z_{O.OL}$ 的 $(1+A_{LG})$ 倍：

$$Z_{O.CL} \equiv \frac{v_{OUT}}{i_O} = Z_{O.OL}(1+A_{LG}) = Z_{O.OL} + Z_{SERIES} \tag{6.12}$$

换句话说，负反馈引入了一个串联阻抗 Z_{SERIES} 到输出端，Z_{SERIES} 是 $Z_{O.OL}$ 的 A_{LG} 倍。同时记住，就像一个电流表一样，对电流采样需要 β_{FB} 模块与之串联。

6.2.3 频率响应

分析一个负反馈电路的频率响应最终就是对它的灵敏度的分析。从这一点来说，不管前向开环增益如何变化，只要环路增益 A_{LG}大于 1，闭环增益 A_{CL}都近似等于反馈系数的倒数即 $1/\beta_{FB}$。然而，当 A_{LG}下降到 1 以下时，相应的 A_{CL}也会下降到 $1/\beta_{FB}$以下，反馈信号 s_{FB}也会失去它对误差信号 s_E 的作用，所以 s_E 近似等于 s_I，A_{CL}近似等于 A_{OL}。比如说在图 6.6 的例子中，在 $p_{CL(L)}$ 与 $p_{CL(H)}$ 频率之间，因 A_{OL} 比 $1/\beta_{FB}$ 大，所以 A_{CL}近似等于 $1/\beta_{FB}$。在频率小于 $p_{CL(L)}$ 或大于 $p_{CL(H)}$ 的频率范围，A_{OL}下降到 $1/\beta_{FB}$之下，这时 A_{CL}近似等于 A_{OL}。换句话说，当 A_{OL} 比 $1/\beta_{FB}$ 大时，A_{OL} 的零点和极点对 A_{CL}几乎没有影响，但 A_{OL}的零点和极点决定 A_{OL}在哪个频率点穿过 $1/\beta_{FB}$，并因此决定 A_{CL}在 A_{OL} 和 $1/\beta_{FB}$之间变化的转折点频率。

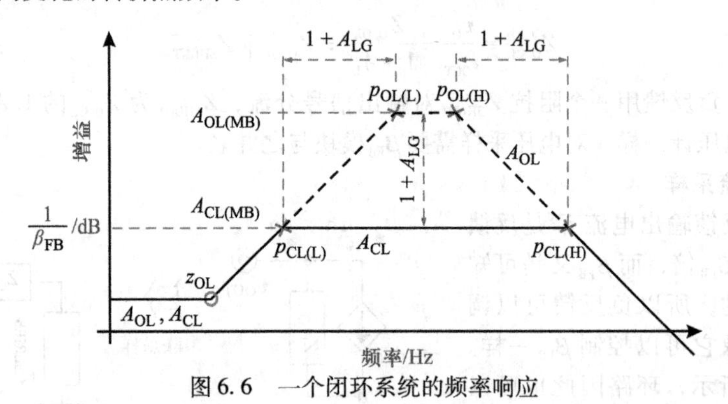

图 6.6　一个闭环系统的频率响应

1. 零点

当环路增益 A_{LG}远大于 1 时，闭环增益 A_{CL}近似等于 $1/\beta_{FB}$，前向开环增益 A_{OL}的零点 z_{OL}对闭环增益 A_{CL}几乎没有影响：

$$A_{CL}=\frac{A_{OL}}{1+A_{LG}}=\frac{A_{OL}}{1+A_{OL}\beta_{FB}}=\frac{A_{OL0}\left(1+\frac{s}{2\pi z_{OL}}\right)}{1+\left[A_{OL0}\left(1+\frac{s}{2\pi z_{OL}}\right)\right]\beta_{FB}}\Bigg|_{A_{OL}\beta_{FB}>>1}\approx\frac{1}{\beta_{FB}} \quad (6.13)$$

这里，A_{OL0}是 A_{OL}的低频增益。然而，当 A_{LG}下降到 1 以下时，环路增益（$1+A_{LG}$）趋近于 1，因此 A_{CL}也会靠近 A_{OL}，所以 A_{OL}的零点对 A_{LG}没有影响。换句话说，如图 6.6 中的零点 z_{OL}，当 A_{LG}小于 1 时，A_{OL}的零点仍存在于 A_{CL}中，而当 A_{LG}上升到大于 1 时，A_{OL}的零点不会出现在 A_{CL}中。

2. 极点

通过环路增益来降低 A_{OL}等于说负反馈可以降低阻抗，使 A_{OL}在特定的频率范围内减小为 $1/(1+A_{LG})$。因为极点出现在电容对电阻分流时，所以极点出现之前阻抗降低为 $1/(1+A_{LG})$可以改变对方阻抗起主导作用时的频率，换句话说，负反馈使得极点频率也外移（$1+A_{LG}$）倍。

3. 分流电容

当电容 C_S 通过终端电阻 R_P 对并联电阻分流时，分流极点 $p_{OL(H)}$ 会上升，因为在 $p_{OL(H)}$ 出现之前是 R_P 为主导，负反馈会将 R_P 减小为原来的 $1/(1+A_{LG})$，而 $1/sC_S$ 对被环路增益减小后的电阻分流，因此极点频率将出现在更高的频率上，如图6.6所示，闭环极点 $p_{CL.H}$ 为相应的开环极点 $p_{OL(H)}$ 的（$1+A_{LG}$）倍：

$$\left.\frac{1}{sC_S}\right|_{p_{CL(H)}=\frac{1}{2\pi\left(\frac{R_P}{1+A_{LG}}\right)C_S}=p_{OL(H)}(1+A_{LG})}=\frac{R_P}{1+A_{LG}} \tag{6.14}$$

为了验证这一点，分析前向开环增益 A_{OL} 的开环极点 ω_{OL}（单位是 rad/s）是怎样影响系统的闭环增益 A_{CL} 的：

$$A_{CL}=\frac{\dfrac{A_{OL0}}{1+s/\omega_{OL}}}{1+\left(\dfrac{A_{OL0}}{1+s/\omega_{OL}}\right)\beta_{FB}}=\frac{A_{OL0}}{1+\dfrac{s}{\omega_{OL}}+A_{OL0}\beta_{FB}}$$

$$=\frac{\dfrac{A_{OL0}}{1+A_{OL0}\beta_{FB}}}{1+\dfrac{s}{\omega_{OL}(1+A_{OL0}\beta_{FB})}}=\frac{A_{CL0}}{1+\dfrac{s}{\omega_{CL}}} \tag{6.15}$$

式中，A_{OL0}、A_{CL0} 分别是 A_{OL}、A_{CL} 的低频增益。

负反馈的效应就是增大了开环响应的带宽。

4. 耦合电容

不足为奇，负反馈对耦合电容 C_C 的最终影响是相同的，尽管这个过程的机理稍有不同。在这个例子里，相对于输出串联低频电阻 R_O 来说，$1/sC_C$ 占主导作用。因此，负反馈也将 $1/sC_C$ 减小为 $1/(1+A_{LG})$，等价于把 C_C 提高相同的倍数，因此，R_O 开始主导一个被环路增益降低了的阻抗时出现的极点将位于更低的频率处，记为拐点处极点频率 $p_{CL(L)}$，$p_{CL(L)}$ 为相应的开环极点 $p_{OL(L)}$ 的 $1/(1+A_{LG})$，如图6.6中所示。

$$\left.\frac{1}{sC_C(1+A_{LG})}\right|_{p_{CL(L)}=\frac{1}{2\pi R_O C_C(1+A_{LG})}=\frac{p_{OL(L)}}{1+A_{LG}}}=R_O \tag{6.16}$$

为了验证这一点，首先注意到通过耦合电容的电压增益在低频时实际上是可以忽略的，它随着频率的上升而上升，最后，频率过开环极点 $p_{OL(L)}$（对应的单位为 rad/s 的角频率，记为 $\omega_{OL(L)}$）时增益变得平坦并稳定在 $A_{OL(HF)}$：

$$A_{OL}=\frac{A_{OL(HF)}\left(\dfrac{s}{2\pi p_{OL(L)}}\right)}{\left(1+\dfrac{s}{2\pi p_{OL(L)}}\right)}=\frac{A_{OL(HF)}\left(\dfrac{s}{\omega_{OL(L)}}\right)}{\left(1+\dfrac{s}{\omega_{OL(L)}}\right)} \tag{6.17}$$

因此，系统的闭环增益 A_{CL} 为

$$A_{\mathrm{CL}}=\frac{\left[\frac{A_{\mathrm{OL(HF)}}(s/\omega_{\mathrm{OL(L)}})}{1+s/\omega_{\mathrm{OL(L)}}}\right]}{1+\left[\frac{A_{\mathrm{OL(HF)}}(s/\omega_{\mathrm{OL(L)}})}{1+s/\omega_{\mathrm{OL(L)}}}\right]\beta_{\mathrm{FB}}}=\frac{A_{\mathrm{OL(HF)}}\left(\frac{s}{\omega_{\mathrm{OL(L)}}}\right)}{1+\left(\frac{s}{\omega_{\mathrm{OL(L)}}}\right)+A_{\mathrm{OL(HF)}}\beta_{\mathrm{FB}}\left(\frac{s}{\omega_{\mathrm{OL(L)}}}\right)}$$

$$=\frac{A_{\mathrm{OL(HF)}}\left(\frac{s}{\omega_{\mathrm{OL(L)}}}\right)}{1+\frac{s(1+A_{\mathrm{OL(HF)}}\beta_{\mathrm{FB}})}{\omega_{\mathrm{OL(L)}}}}=\frac{\left(\frac{A_{\mathrm{OL(HF)}}}{1+A_{\mathrm{OL(HF)}}}\right)\left[\frac{s(1+A_{\mathrm{OL(HF)}})}{\omega_{\mathrm{OL(L)}}}\right]}{1+\frac{s(1+A_{\mathrm{OL(HF)}})}{\omega_{\mathrm{OL(L)}}}}=\frac{A_{\mathrm{CL(HF)}}\left(\frac{s}{2\pi p_{\mathrm{CL(L)}}}\right)}{1+\frac{s}{2\pi p_{\mathrm{CL(L)}}}} \tag{6.18}$$

这说明，$p_{\mathrm{CL(L)}}$ 为 $p_{\mathrm{OL(L)}}$ 的 $1/(1+A_{\mathrm{LG}})$。与前述一样，负反馈能扩展开环系统的带宽。

5. 带通响应

将反馈的概念扩展到带通响应也能得到类似的结论。在这个例子中，因为低频时，低频耦合电容 C_{C} 占主导作用，负反馈能够减小 $1/sC_{\mathrm{C}}$。如图6.6所示，等效输出电阻 R_{O} 开始主导 C_{C} 被环路增益降低后的阻抗时出现的极点将位于比相应的开环极点 $p_{\mathrm{OL(L)}}$ 更低的频率 $p_{\mathrm{CL(L)}}$ 处，如图6.6中所示。类似地，因为过了 $p_{\mathrm{CL(L)}}$ 频率点后，R_{O} 起主导作用，直到 $1/sC_{\mathrm{S}}$ 下降到 R_{O} 被环路增益减小后的值时，高频分流电容 C_{S} 才会建立极点 $p_{\mathrm{CL(H)}}$，所以 $p_{\mathrm{CL(H)}}$ 比相应的开环极点频率 $p_{\mathrm{OL(H)}}$ 高。与前述一样，极点漂移和增益下降为 $1/(1+A_{\mathrm{LG}})$，最终的效果是扩展了带宽。

6.2.4 噪声

因为嵌入到输入信号的带内噪声与实际信号难以区分开来，因此，输入信号必须超过噪声基底，系统才能处理信息。不幸的是，微电子系统中的供电电源和元件会对信号流注入噪声。这意味着，图6.7中的放大器的输出不仅包含有放大后的输入信号 $s_{\mathrm{I}}A_{\mathrm{X}}$，还包含有噪声 s_{N}。因为放大器对 s_{I} 进行放大，而输出信噪比（SNR）是衡量系统能使输入信号超过噪声的程度的一个度量，所以这里的输出信噪比就是放大器的前向增益 A_{X}：

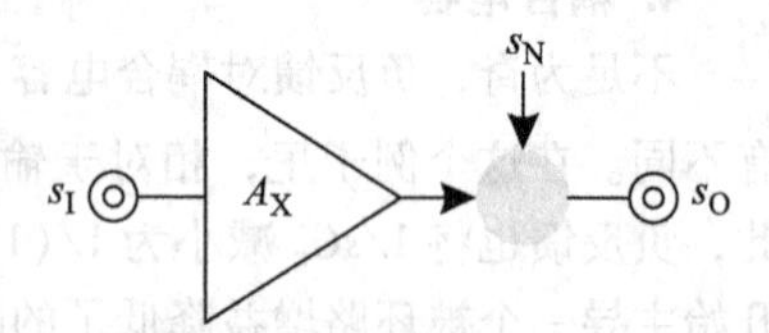

图6.7　在一个开环系统中的输出噪声

$$\mathrm{SNR}_{\mathrm{OL}}\equiv\frac{A_{\mathrm{I}}}{A_{\mathrm{N}}}=\frac{A_{\mathrm{X}}}{1}=A_{\mathrm{X}} \tag{6.19}$$

式中，A_{I} 和 A_{N} 分别是系统对 s_{I} 和 s_{N} 的放大倍数，其中 A_{N} 等于1。

因为负反馈会减小前向开环增益 A_{OL}，如图6.8所示，为了实现闭环增益 A_{CL} 与 A_{X} 相等，前向开环增益 A_{OL} 必须是 A_{X} 的（$1+A_{\mathrm{LG}}$）倍：

$$A_{\mathrm{CL}}=\frac{A_{\mathrm{OL}}}{1+A_{\mathrm{OL}}\beta_{\mathrm{FB}}}\equiv A_{\mathrm{X}} \tag{6.20}$$

有鉴于此，把噪声信号 s_{N} 注入到 s_{O} 中相当于把 s_{N} 加入到环路中，这意味着从 s_{N} 到 s_{O} 的前向开环增益即 $A_{\mathrm{OL(N)}}$ 是1，因此，其闭环增益为其 $1/(1+A_{\mathrm{LG}})$：

$$A_{CL(N)} \equiv \frac{s_O}{s_N} = \frac{A_{OL(N)}}{1 + A_{LG}} = \frac{1}{1 + A_{LG}} \tag{6.21}$$

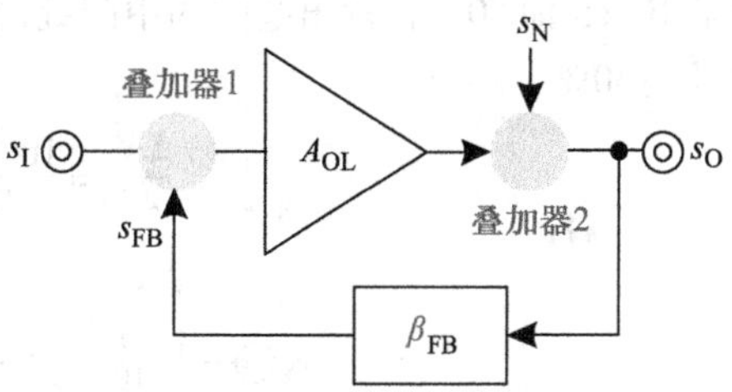

因此，闭环信噪比 SNR_{CL} 简化为 A_{OL}，它是 A_X 的开环信噪比 SNR_{OL} 的（$1 + A_{LG}$）倍：

图 6.8　在一个闭环系统中的输出噪声

$$SNR_{CL} \equiv \frac{A_I}{A_N} = \frac{A_{CL}}{A_{CL(N)}} = \frac{\left(\frac{A_{OL}}{1 + A_{LG}}\right)}{\left(\frac{1}{1 + A_{LG}}\right)}$$

$$= A_{OL} = A_X(1 + A_{LG}) = SNR_{OL}(1 + A_{LG}) \tag{6.22}$$

换句话说，负反馈能够有效地抑制输出噪声，将其变为以前的 $1/(1 + A_{LG})$。

6.2.5　线性度

归根结底，线性度是指外部变化对输出的影响。因此，负反馈在调整反馈信号 s_{FB} 时，通过 β_{FB} 的转换，相当于调整输出信号 s_O，从而对抗 s_{FB} 和 s_O 失真带来的影响。比如说，增益会随着信号强度的变化而变化，更为严重的是增益会达到饱和。BJT 工作在弱饱和区时，场效应晶体管工作在饱和区时，电路呈现出最高的增益。不幸的是，输出电压的摆幅可能会太大，从而驱使晶体管进入到晶体管工作区，导致增益降低。增益的变化将导致失真，如图 6.9 所示，当输出信号 s_O 在其输出范围中间值时，开环放大器能够将 s_I 放大 A_{OL} 倍，当输出信号在其输出范围的极值处即 $S_{O(MAX)}$ 和 $S_{O(MIN)}$ 时，增益饱和为 $A_{OL(SAT)}$，结果是增益会随着信号强度的变化而变化：

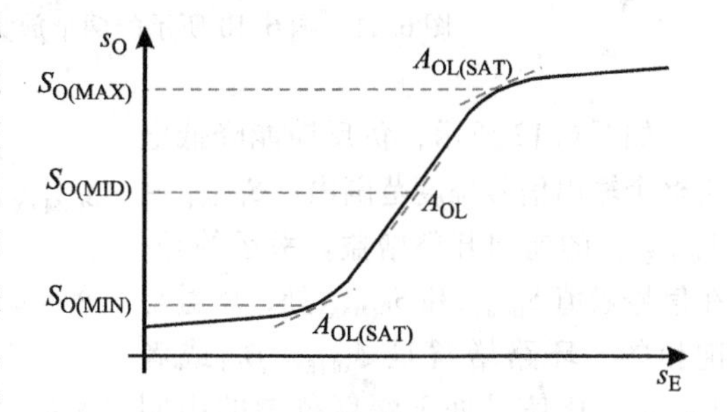

图 6.9　一个开环放大器在整个输出范围内的增益变化

$$\frac{\Delta A_{OL}}{A_{OL}} = \frac{A_{OL} - A_{OL(SAT)}}{A_{OL}} \tag{6.23}$$

缩小系统的工作范围可以提高线性度，但这样做也会导致输出信噪比降低，而这是我们不期望的。

[例 6.2]　如图 6.10 所示的两个级联的 10× 放大器，当工作在输出范围的极值处时放大器的增益降低一半，请计算电压增益的变化率。

解：因为第二级放大器 A_2 的输出电压 v_{O2} 是第一级的输出电压 v_{O1} 的 10 倍，所以 v_{O2} 的摆幅也是 v_{O1} 的 10 倍。所以当 v_{O2} 饱和时，v_{O1} 为它的 1/10，因此 v_{O1} 在第一级放大器的输出范围之内，如图 6.11 所示。换句话说，系统在 v_{O2} 的输出范围的极值处的增益是 10×5 即 50，在输出范围的中间处的增益是 10×10 即 100，这意味着增益的变化量是 50%：

$$\frac{\Delta A_V}{A_V}=\frac{100-50}{100}=50\%$$

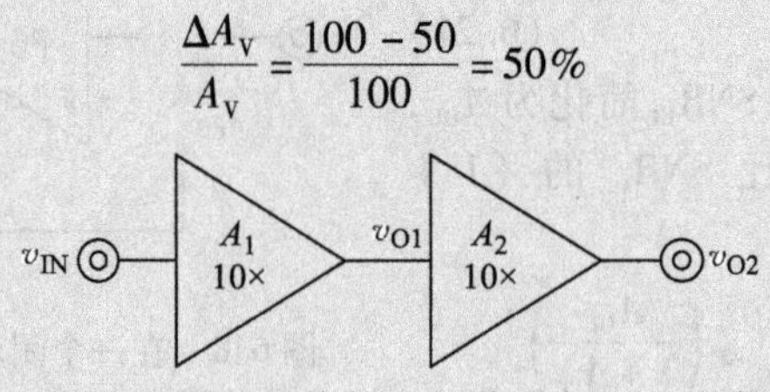

图 6.10　将两个在输出范围的极值处饱和增益为 5 的 10 倍增益放大器级联

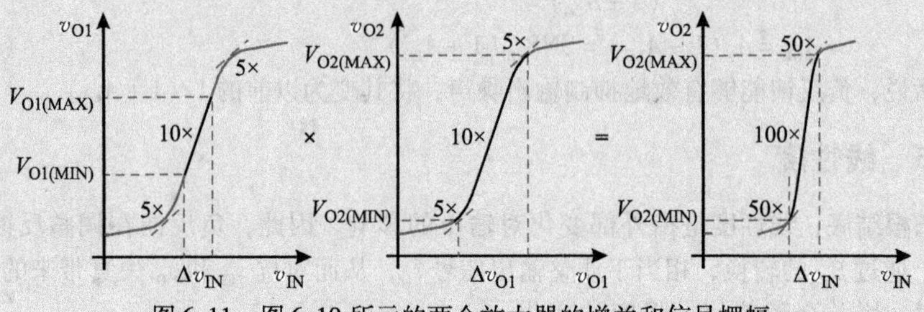

图 6.11　图 6.10 所示的两个放大器的增益和信号摆幅

如图 6.12 所示，负反馈能降低电路整个输出信号幅度范围内（$S_{O(MIN)}$ ~ $S_{O(MAX)}$）的前向开环增益。幸运的是，在信号极值 $S_{O(MIN)}$ 和 $S_{O(MAX)}$ 处，增益是饱和的，环路增益是 $A_{OL(SAT)}\beta_{FB}$ 或者 $A_{LG(SAT)}$，比信号处于幅度范围的中间值处的环路增益 $A_{OL}\beta_{FB}$ 或 A_{LG} 小，这意味着负反馈对中间幅度信号的增益 A_{OL} 的减少量要比它对饱和增益 $A_{OL(SAT)}$ 的减少量多。因此，两个闭环增益 A_{CL}、$A_{CL(SAT)}$ 的差也为开环情况下的 $1/(1+A_{LG(SAT)})$：

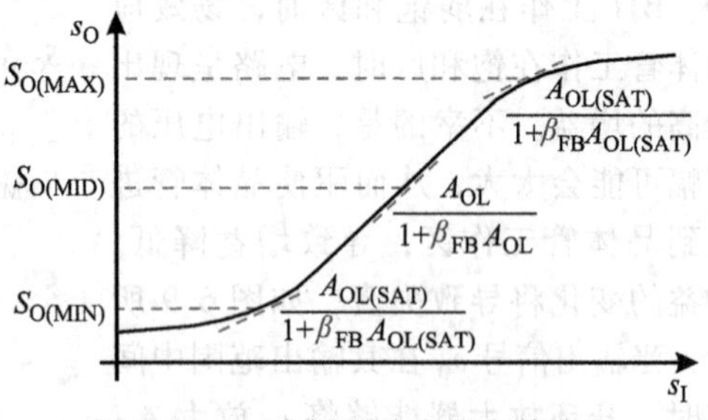

图 6.12　一个闭环放大器在其输出范围内的增益变化情况

$$\frac{\Delta A_{CL}}{A_{CL}}=\frac{\left(\dfrac{A_{OL}}{1+A_{OL}\beta_{FB}}\right)-\left(\dfrac{A_{OL(SAT)}}{1+A_{OL(SAT)}\beta_{FB}}\right)}{\left(\dfrac{A_{OL}}{1+A_{OL}\beta_{FB}}\right)}=\frac{\left(\dfrac{A_{OL}-A_{OL(SAT)}}{A_{OL}}\right)}{1+A_{OL(SAT)}\beta_{FB}}=\frac{\left(\dfrac{\Delta A_{OL}}{A_{OL}}\right)}{1+A_{OL(SAT)}\beta_{FB}}\tag{6.24}$$

换句话说，负反馈使得增益饱和导致的失真变为 $1/(1+A_{LG(SAT)})$。

［**例6.3**］　使用负反馈实现100×电压放大系统，以减小各个放大器由于饱和增益是额定增益的一半所导致的失真。

解：输出级采用负反馈能够减小一个运放系统由于增益饱和导致的失真。只要输出信号降到信号极值的100~300mV，增益就能够上升到中间幅度信号的增益水平，使用负反馈将图6.13中的10×放大器A_2分成2×放大器，保持前级放大器A_1的输出信号摆幅在放大器A_2的输出信号摆幅的2倍以下，就正好在饱和极限值之内，如图6.14所示。为了实现一个闭环增益为2×，全部环路增益为100×的放大器，反馈系数β_{FB}应该为0.4：

$$A_{CL2}=\frac{A_2}{1+A_2\beta_{FB}}=\frac{10}{1+10\beta_{FB}}\equiv 2$$

A_1应该为50×。这样，饱和环路增益$A_{LG(SAT)}$是5×0.4，它对应的不饱和环路增益A_{LG}是10×0.4，所以，对应于A_2的额定增益10，负反馈使得其闭环额定增益降低到2，而A_2的饱和增益是5，负反馈使得其饱和增益A_{CL2}降低到1.67。换句话说，在信号边界处整个放大系统的增益为50×1.67即83.3，而在信号中间值时是50×2即100，这意味着增益变化了16.7%，这为例6.2中增益50%的变化的$1/[1+A_{LG(SAT)}]$：

$$\frac{\Delta A_V}{A_V}=\frac{100-83.3}{100}=16.7\%$$

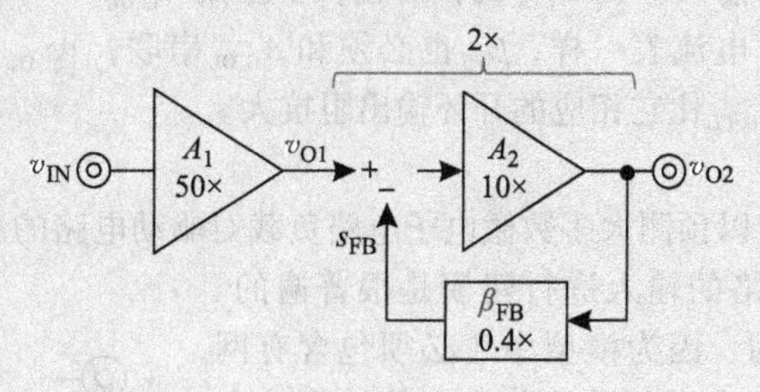

图6.13　带负反馈的100×放大器系统

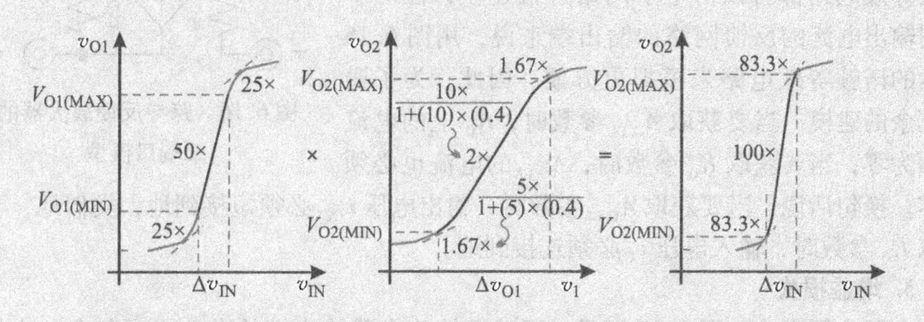

图6.14　图6.13所示的100×放大器系统的增益和信号摆幅情况

6.3 负反馈结构

负反馈能够把环路中的每一个输入输出以一种特殊的方式连接起来。比如说，负反馈可以将电压叠加并对电流采样，实现跨导放大器的功能。类似地，电压－电压、电流－电流、电流－电压反馈网络可以实现电压、电流和跨阻放大。理解环路中叠加和采样的信号是哪一个信号很重要，因为反馈网络、驱动源和负载对它们的影响是不同的。下节将对不同的叠加和采样方式组成的不同结构进行建模，这些模型描述了驱动和负载是如何影响增益的。

6.3.1 跨导放大器

1. 连接关系

叠加输入电压 v_I 和采样输出电流 i_O 的反馈网络将后者与前者通过一个闭环跨导增益 $A_{G.CL}$ 联系起来。因为网络中的前向开环跨导增益 $A_{G.OL}$ 放大和 v_I 反馈信号 v_{FB} 的差，其中 v_{FB} 是由反馈系数 β_{FB} 产生的，因此，v_I、$A_{G.OL}$ 和 β_{FB} 必须串联，如图6.15所示。这也就解释了为什么闭环输入阻抗 $Z_{I.CL}$ 要比相应的开环输入阻抗 $Z_{I.OL}$ 大，而且，要控制 $A_{G.OL}$ 的电流 i_O，就像一个电流表一样，β_{FB} 也必须和 $A_{G.OL}$ 串联，所以闭环输出阻抗 $Z_{O.CL}$ 比它相应的开环输出阻抗大。

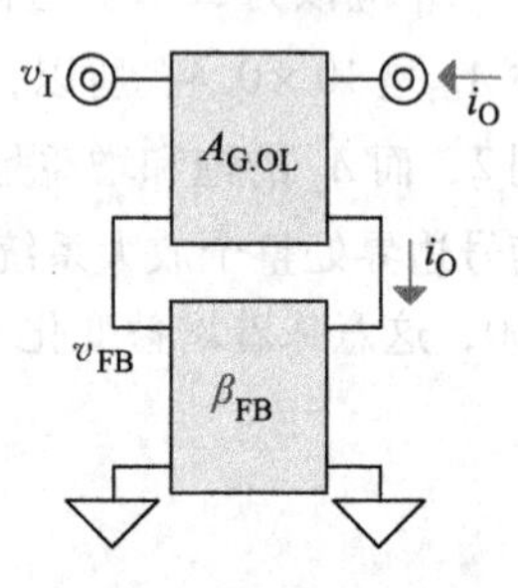

图6.15 电压叠加、电流采样反馈放大器

2. 二端口模型

因为电阻通常足以预测大多数微电子电路负载对驱动电路的影响，所以仅用一个电阻 R_I 来对反馈网络的输入进行建模是很普遍的。对输出则不是这样的，因为模型中还必须包含有网络的增益，从这一点来说，虽然戴维南等效电路和诺顿等效电路都可以对电子网络进行建模，但对于控制输出电流的反馈网络的输出端来说，用图6.16所示的诺顿等效电路来模拟更方便。因此，为了避免冗余的建模，当要获取 $A_{G.CL}$ 参数时，R_O 上的电流必须为零；当要获取 R_O 参数时，$A_{G.CL}$ 的电流也必须为零。换句话说，当要获取 $A_{G.CL}$ 参数时，输出电压 v_{OUT} 必须短接到地，类似地，当要获取 R_O 参数时，输入电压 v_I 必须连接到地。

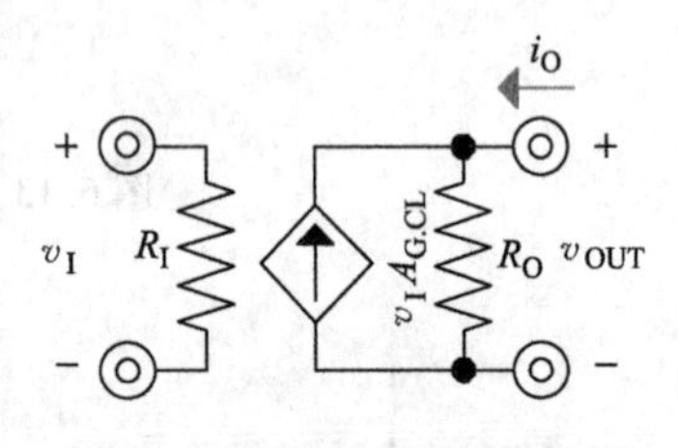

图6.16 跨导反馈放大器的二端口模型

3. 增益损失

实际应用中，如图6.17所示，驱动反馈放大器输入端的电路必须包含一个等效的源电阻 R_S。不幸的是，这个电阻上通常会降低一部分输入电压 v_{IN}，留给反馈网络输入电压 v_I 的只是输入信号电压 v_{IN} 的一个分压。类似地，反馈网络驱动的负载也呈现出一个电阻 R_L，环路的输出电阻 R_O 会将 R_L 的电流分流一部分，所以，像 R_S 一

样，R_O 也会减小整个系统的跨导增益 A_G：

$$A_G = \frac{i_{OUT}}{v_{IN}} = \left(\frac{R_I}{R_S + R_I}\right) A_{G.CL} \left(\frac{R_O \parallel R_L}{R_L}\right) = \left(\frac{R_I}{R_S + R_I}\right) A_{G.CL} \left(\frac{R_O}{R_O + R_L}\right) \qquad (6.25)$$

然而，如果环路增益很高的话，串联叠加将输入电阻增大到足够高，串联采样将输出电阻增大到足够高，以致大多数的 v_{IN} 都将落在 R_I 上，很少一部分电流流过 R_O，使得实际工作环境中的系统的增益 A_G 近似等于环路的闭环增益 $A_{G.CL}$。

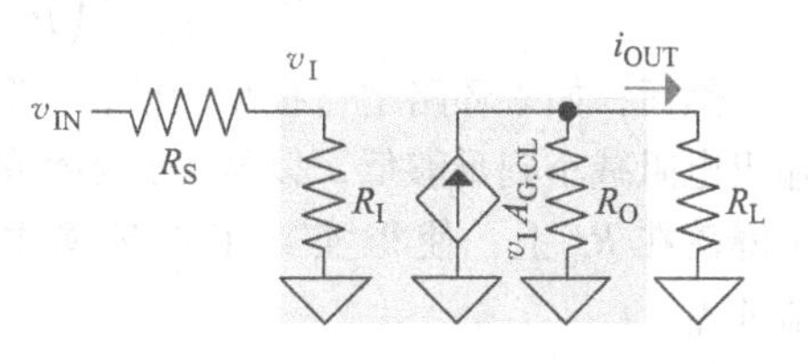

图 6.17　实际工作环境下的跨导反馈放大器

6.3.2　电压放大器

1. 连接关系

叠加输入电压 v_I 和采样输出电压 v_O 的反馈环路能将后者与前者通过一个闭环电压增益 $A_{V.CL}$ 联系起来。因为网络中的前向开环电压增益 $A_{V.OL}$ 放大 v_I 和反馈电压 v_{FB} 的差，其中 v_{FB} 是由 β_{FB} 产生的，因此，v_I、$A_{V.OL}$ 和 β_{FB} 必须串联，如图 6.18 所示。这就解释了闭环输入阻抗 $z_{I.CL}$ 比相应的开环输入阻抗大的原因。而且，要控制 $A_{V.OL}$ 的 v_O，β_{FB} 就像一个电压表一样，必须和 $A_{V.OL}$ 并联，所以闭环输出阻抗 $z_{O.CL}$ 要比它相应的开环输出阻抗低。

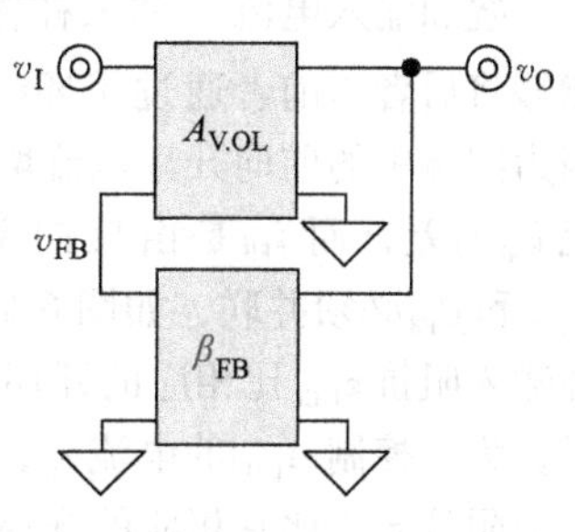

图 6.18　电压叠加、电压采用反馈放大器

2. 二端口模型

如前面讨论的，电阻通常足以预测大多数微电子电路负载对驱动电路的影响，所以仅用一个电阻 R_I 来对反馈网络的输入进行建模是很普遍的。对输出则不是这样的，要模拟电路是如何调整输出电压的，用图 6.19 所示的戴维南等效电路来建模更方便。因此，为了避免冗余的建模，当要获取 $A_{V.CL}$ 参数时，R_O 上的电压必须为零；当要获取 R_O 参数时，$A_{V.CL}$ 上的电压也必须为零。换句话说，当要获取 $A_{G.CL}$ 参数时，输出端不带负载，类似地，当要获取 R_O 参数时，输入电压 v_I 必须短接到地。

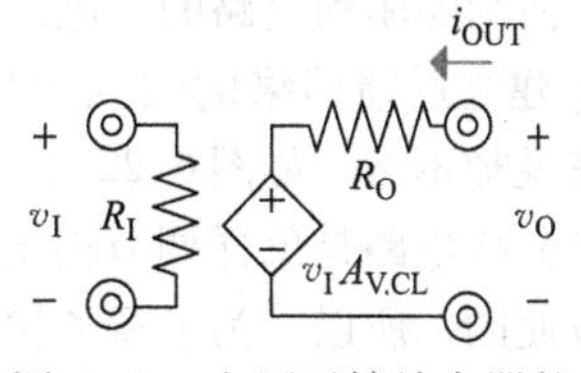

图 6.19　电压反馈放大器的二端口模型

3. 增益损失

实际应用中，如图 6.20 所示，驱动反馈放大器输入端的电路必须包含一个等效的源电阻 R_S。不幸的是，这个电阻上通常会降落一部分输入电压 v_{IN}，留给反馈网络输入电压 v_I 的只是输入信号电压 v_{IN} 的一个分压。类似

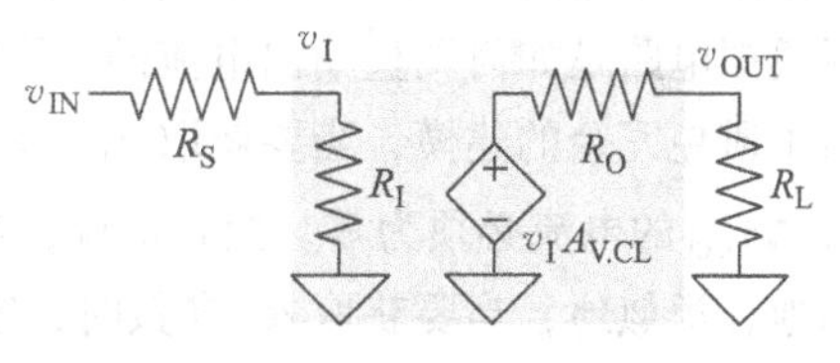

图 6.20　实际工作环境下的电压反馈放大器

地，反馈网络驱动的负载也呈现出一个电阻 R_L，环路的输出电阻 R_O 上会降落一部分 $A_{V.CL}$产生的电压，所以，像 R_S 一样，R_O 也会减小整个系统的电压增益 A_V：

$$A_V = \frac{v_{OUT}}{v_{IN}} = \left(\frac{R_I}{R_S + R_I}\right) A_{V.CL} \left(\frac{R_L}{R_O + R_L}\right) \tag{6.26}$$

然而，如果环路增益很高的话，串联叠加将输入电阻增大到足够高，并联采样将输出电阻减小到足够低，以至于大多数的 v_{IN}都将落在 R_I 上，$A_{V.CL}$产生的电压大部分都降落在 R_L 上，使得实际工作环境中的系统的增益 A_V 近似等于环路的闭环增益 $A_{V.CL}$。

6.3.3 电流放大器

1. 连接关系

叠加输入电流 i_I 和采样输出电流 i_O 的反馈环路能够将后者与前者通过闭环电流增益 $A_{I.CL}$联系起来。因为网络中的前向开环电流增益 $A_{I.OL}$放大 i_I和反馈电流 i_{FB}的差，而 i_{FB} 是由反馈系数 β_{FB} 产生的，因此，$A_{I.OL}$和 β_{FB}必须并联，如图 6.21 所示。这就解释了闭环输入阻抗 $z_{I.CL}$ 比相应的开环输入阻抗小的原因。而且，为了控制 $A_{I.OL}$的电流 i_O，β_{FB}就像一个电流计一样，必须和 $A_{I.OL}$串联，因此闭环输出阻抗 $z_{O.CL}$ 比它相应的开环输出阻抗高。

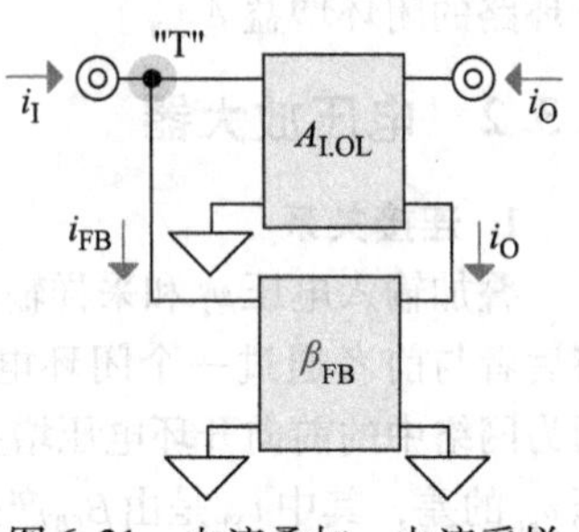

图 6.21 电流叠加、电流采样反馈放大器

2. 二端口网络

就像前面分析的，为了预测一个微电路中的负载是如何影响驱动电路的，电阻应该足够大，仅用一个电阻 R_I 建立反馈网络的输入模型是常见的。然而对于输出来说却不然，如图 6.22 中的输出模型包含有诺顿网络，在分析电路是怎样调节输出电流时，诺顿等效电路是很方便的。所以，为了避免模型冗余，当驱动 $A_{I.CL}$时，R_O 的电流必须为零，当上拉 R_O 时，$A_{I.CL}$的电流必须为零。换句话说，当驱动 $A_{V.CL}$时，输出电压 v_{OUT}必须短接到地，当上拉 R_O 时，输入电流 i_I 必须为零。

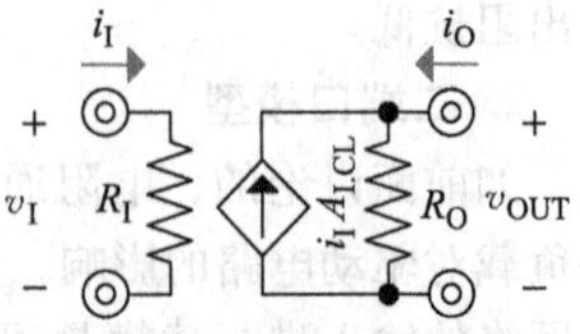

图 6.22 电流反馈放大器的二端口模型

如前面讨论的，电阻通常足以预测大多数微电子电路负载对驱动电路的影响，所以仅用一个电阻 R_I 来对反馈网络的输入进行建模是很普遍的。对输出则不是这样的，要模拟电路是如何调整输出电流的，用图 6.22 所示的诺顿网络来建模更方便。因此，为了避免冗余的建模，当要获取 $A_{I.CL}$参数时，R_O 的电流必须为零；当要获取 R_O 参数时，$A_{I.CL}$的电流必须为零。换句话说，当要获取 $A_{I.CL}$㊀参数时，输出电压 v_{OUT}必须短接到地，类似地，当要获取 R_O 参数时，输入电流 i_I 必须为零。

㊀ 原文中误写为 $A_{V.CL}$——译者注

3. 增益损失

实际应用中，如图 6.23 所示，驱动反馈放大器输入端的电路必须包含一个等效的源电阻 R_S。不幸的是，这个电阻通常会从反馈网络的输入端分流。类似地，反馈网络驱动的负载也呈现出一个电阻 R_L，环路的输出电阻 R_O 也会从 R_L 中分流，所以，像 R_S 一样，R_O 也会减小整个系统的电流增益 A_I：

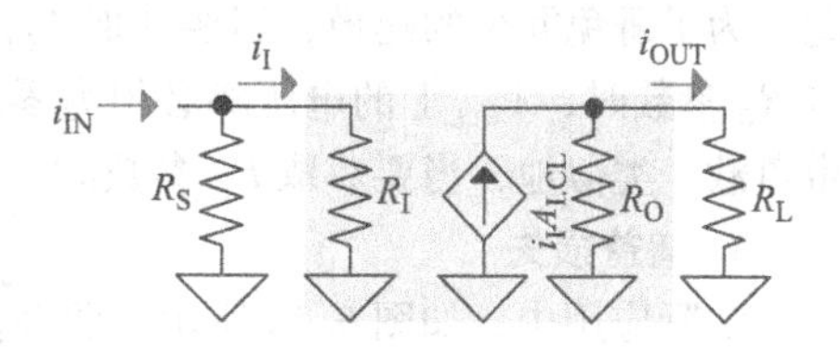

图 6.23　实际工作环境下的电流反馈放大器

$$A_I = \frac{i_{OUT}}{i_{IN}} = \left(\frac{R_S \parallel R_I}{R_I}\right) A_{I.CL} \left(\frac{R_O \parallel R_L}{R_L}\right) = \left(\frac{R_S}{R_S + R_I}\right) A_{I.CL} \left(\frac{R_O}{R_O + R_L}\right) \tag{6.27}$$

然而，如果环路增益很高的话，并联叠加将输入电阻降低到足够低，串联采样将输出电阻升高到足够高，以致 i_{IN} 都流入 R_I，$A_{I.CL}$ 的大部分输出电流都流入 R_L，使得实际工作环境中的系统的增益 A_I 近似等于环路的闭环增益 $A_{I.CL}$。

6.3.4　跨阻放大器

1. 连接关系

叠加输入电流 i_I 和采样输出电压 v_O 的反馈环路将后者与前者通过闭环跨阻增益 $A_{Z.CL}$ 联系起来。因为网络中的前向开环跨阻增益 $A_{Z.OL}$ 放大 i_I 和反馈电流 i_{FB} 的差，其中 i_{FB} 是由反馈系数 β_{FB} 产生的，因此 $A_{Z.OL}$ 和 β_{FB} 必须并联，如图 6.24 所示。这也就解释了输入阻抗 $Z_{I.CL}$ 比它对应的开环输入阻抗低的原因。而且，为了控制 $A_{Z.OL}$ 的输出电压 v_O，β_{FB} 就像一个电压表，必须和 $A_{Z.OL}$ 并联，所以闭环输出阻抗 $Z_{O.CL}$ 比它对应的开环输出阻抗低。

2. 二端口网络

如前面讨论的，电阻通常足以预测大多数微电子电路负载对驱动电路的影响，所以仅用一个电阻 R_I 来对反馈网络的输入进行建模是很普遍的。对输出则不是这样的，要模拟电路是如何调整输出电压的，用图 6.25 所示的戴维南网络来建模更方便。因

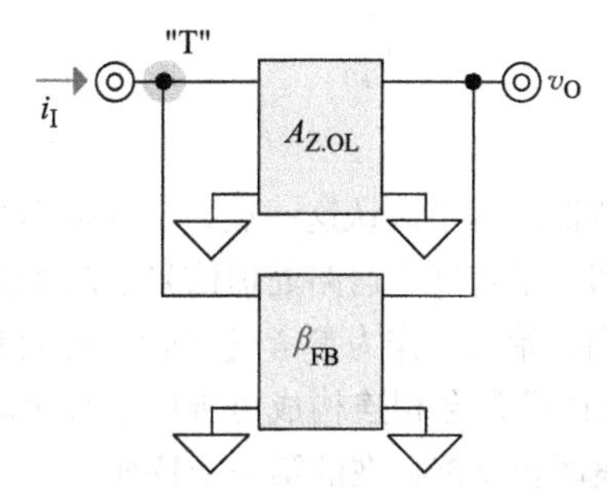

图 6.24　电流叠加、电压采样反馈放大器

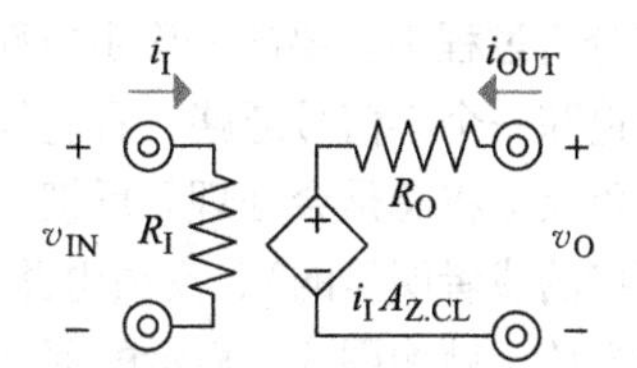

图 6.25　跨阻反馈放大器的二端口模型

此，为了避免冗余的建模，当要获取 $A_{Z.CL}$ ㊀参数时，R_O 上的电压降必须为零；当要获取 R_O 参数时，$A_{Z.CL}$上的电压降必须为零。换句话说，当要获取 $A_{Z.CL}$参数时，必须不带负载，类似地，当要获取 R_O 参数时，输入电流 i_I 必须为零。

3. 增益损失

实际应用中，如图 6.26 所示，驱动反馈放大器输入端的电路必须包含一个等效的源电阻 R_S。不幸的是，这个电阻通常会从反馈网络的输入端分流。类似地，反馈网络驱动的负载也呈现出一个电阻 R_L，环路的输出电阻 R_O 上也会降落一部分 $A_{Z.CL}$ 产生的电压，所以，像 R_S 一样，R_O 也会减小整个系统的跨阻增益 A_Z：

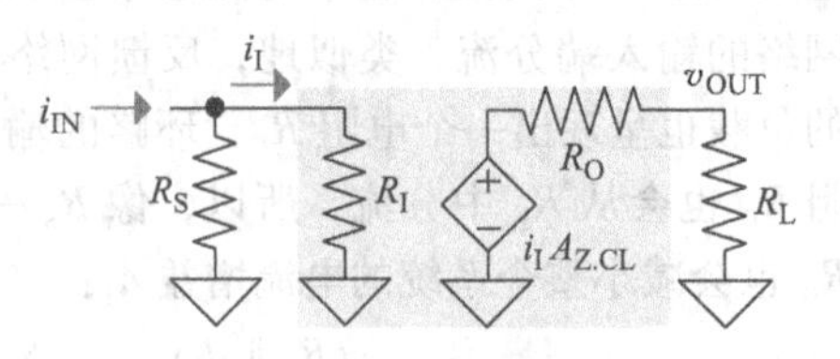

图 6.26 实际工作环境下的跨阻反馈放大器

$$A_Z = \frac{v_{OUT}}{i_{IN}} = \left(\frac{R_S \parallel R_I}{R_I}\right) A_{Z.CL} \left(\frac{R_I}{R_O + R_L}\right) = \left(\frac{R_S}{R_S + R_I}\right) A_{Z.CL} \left(\frac{R_L}{R_O + R_L}\right) \qquad (6.28)$$

然而，如果环路增益很高的话，并联叠加将输入电阻降低到足够低，并联采样将输出电阻也降低到足够低，以至于 i_{IN} 大部分都流入 R_I，$A_{Z.CL}$ 的输出电压大部分都降落在 R_L 上，使得实际工作环境下的系统的增益 A_Z 近似等于环路的闭环增益 $A_{Z.CL}$。

6.4 分析

分析包含有负反馈的电路有很多种方式，从严格的代数分析到部分代数分析、部分直观分析、完全直观分析。特别地，本书和本节尝试用直观分析的方法得出实用的结论，并推导出负反馈环路工作和性能极限的定量表达式。因此，接下来的讨论我们会描述和证明一些工程师们在分析跨导反馈电路、电压反馈电路、电流反馈电路和跨阻反馈电路时用到的一些分析和论证过程。沿着这条思路，本章也着重强调并解释了第 4 章中讲述的一些单个晶体管基本单元中包含的反馈元件。

6.4.1 分析过程

1. 单个环路

在分析过程中首要的是确定电路中存在反馈环路。为了确认这一点，工程师们会在电路中追踪一个小信号通路，看它能否沿环路返回，不管这个通路处理信号的起始点在哪里，负反馈将总是会处理并反馈一个小信号回到起始点。作为参考（尽管这可能并非总是正确的或者明显的），反馈电路图中的电子元件通常会相连构成可视的、甚至时常扭曲的环路，就像图 6.1 显示的那样，这是通常表明负反馈存在的第一个特征。

第二步就是看这个环路是否是反相的。折返环路并跟踪整个环路反相的次数可以

㊀ 原文误写为 $A_{I.CL}$——译者注

揭示环路是否反相，因为负反馈只能包括奇数次的反相。记住绝大多数的反相都出现在差分放大器的基极 - 集电极、栅极 - 漏极和反相输入 - 输出端之间。

2. 识别

接下来就是识别叠加元件和采样元件。因为沿着反馈环路，在很多节点上都可以叠加和输出，这里重要的是确认是哪一个叠加器接收了输入，哪一个采样器检测了输出。这就是识别过程是从电路网络的输入端和输出端开始的原因。逐个追踪环路中的终端可以揭示出是哪一个器件最终将输入信号和一个环路信号叠加、哪一个器件采样被一个或多个外部电路使用的输出信号。最终，叠加器接收和采样器输出的信号类型可以表明这个反馈环路构成什么类型的放大器。

3. 开环参数

因为闭环响应总是描述输入信号 s_I 是如何影响整个系统的，因此，在提取开环参数时，输入信号 s_I 应该为零。首先，前向开环增益 A_{OL}是从误差信号 s_E 到输出信号 s_O 的增益，即 s_E/s_O。注意到A_{OL}的输入是 s_I 和反馈信号 s_{FB}的差值，通常应尽量避免在这一点断开环路，因为若在此点断开环路，就会因排除了或者近似了电路中本来的阻抗而引入误差。记住 A_{OL}是一个二端口网络的一部分，所以当要计算 A_{OL}时，如果 A_{OL}驱动一个电流，则输出必须短接到地；如果 A_{OL}是提供一个电压的话，则不能接负载。反馈系数 β_{FB}是从 s_O 到反馈电压 s_{FB}的增益，即 s_{FB}/s_O。

开环输入 $R_{I.OL}$和输出电阻 $R_{O.OL}$是当馈入到 s_I和 s_O 的环路信号为零时两处的阻抗。在这一点上，最精确的排除环路信号的方法就是将一个诺顿电流源的电流置零，或者将一个戴维南电压源的电压置零。这样的话，$R_{I.OL}$和 $R_{O.OL}$就包含了电路网络中所有电阻的效应。碰巧的是，由于同样的原因，用这种方法排除环路信号也是最好的断开反馈环路的方法。顺便说一句，因为 $R_{O.OL}$是诺顿电路或戴维南电路的一部分，所以计算 $R_{O.OL}$时要使诺顿电流或戴维南电压为零。

4. 闭环模型

接下来就是建立反馈网络的二端口等效模型，这个二端口等效电路用闭环增益 A_{CL}、闭环输入电阻 $R_{I.OL}$和输出电阻 $R_{O.OL}$来描述，其中，A_{CL}指的是从 s_I 到 s_O 的增益，为 A_{OL}的 $1/(1+A_{LG})$。类似地，并联叠加电流和并联采样电压的电阻也为它们开环时相对应的电阻的 $1/(1+A_{LG})$。相反，串联叠加电压和串联采样电流的电阻为开环系统中它们相应的电阻（$1+A_{LG}$）倍。

这整个过程中最重要的部分就是由此得到的结论。如果环路增益 A_{LG}（等效为 $A_{OL}\beta_{FB}$）远大于 1，则 s_{FB}和 s_I镜像，s_O不仅是 s_{FB}，而且是 s_I 的 $1/\beta_{FB}$。如果反馈系数 β_{FB}很精确且带宽很宽，这意味着环路可以调节 s_{FB}和 s_O使之不受一些外部因素比如电源电压波动、噪声注入、增益饱和以及其他一些因素的影响。

[例 6.4] 请从一个反馈网络中得出闭环结论，这个反馈网络有很高的环路增益，叠加电压 v_A 和 v_B，对电流 i_C 采样，这个 i_C 电流流过电阻 R_D 建立电压 v_B。

解：叠加电压和采样电流表明这个网络是串联叠加电压和串联采样电流的网络，所以这个环路实现的是一个跨导反馈放大器。因为环路增益很高，v_B 镜像 v_A。因为

R_D 把 i_C 转化成 v_B，而 v_B 实际上就是 v_A，所以 i_C 近似等于 v_A/R_D。闭环输入输出电阻很高，因为反馈网络的输入和输出与前向电路是串联的。

5. 总响应

既然一个简单的二端口电路就可以对一个反馈环路建模，那么分析一个网络对系统的影响就相对直接了。这个系统主要就是把它接收到的输入信号转化成反馈环路处理的信号，把从环路中采样来的信号转化成最终输出的信号。由此，请注意系统的输入端 s_{IN} 和输出端 s_{OUT} 并非总是反馈电路的 s_I 和 s_O。另外，围绕环路的源电阻 R_S 和负载电阻 R_L 会减小环路增益，但是只能减小到 $R_{I.CL}$ 和 $R_{O.CL}$ 允许的程度。

6. 嵌入式反馈环路

在一个较大的环路内嵌入反馈环路并不少见。默认情况下，接收和采样系统的 s_I 和 s_O 信号的环路是外环路，如图6.27所示。因此，内环路最终影响前向开环增益 A_{OL} 或者反馈系数 β_{FB}。从这一点来说，首先分析内环路要比直接得到 A_{OL} 和 β_{FB} 更简单和直观。因此，A_{OL} 和 β_{FB} 就变成了内环路和其他增益级综合在一起的闭环增益。例如，在图6.27的例子里，A_{OL} 是 $A_XA_{CL.I1}$，β_{FB} 是 $A_{CL.I2}\beta_X$。注意，与外环共用叠加器或采样器但并不同时共用两者的环路仍然是前向路径中的内环路。

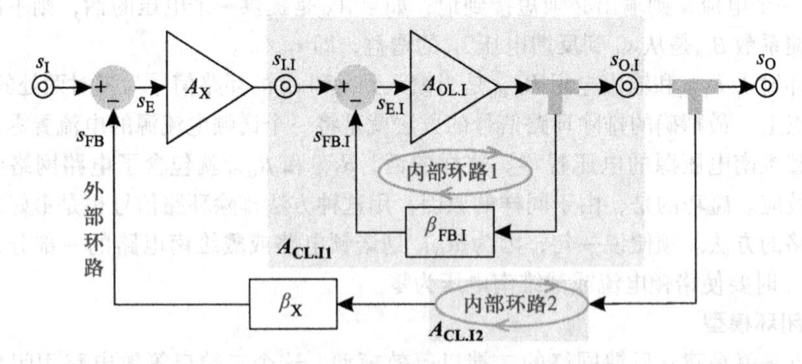

图6.27 带有嵌入式内反馈环路的反馈系统

7. 并行反馈环路

如图6.28所示，在并行反馈环路中，最强的反馈信号常常比最弱的反馈信号强很多，以致弱反馈环路失效。这意味着，最高环路增益通常主导和决定哪一个反馈信号镜像输入信号 s_I 以及输出信号 s_O 和输入信号 s_I 的关系。但是为了更精确，认为是叠加器从 s_I 中减去所有反馈信号得到误差信号 s_E。因为每一个反馈信号都是由 s_E 通过环路增益转换而来，所以 s_E 最终比 s_I 低1加上所有并行环路增益的总和倍：

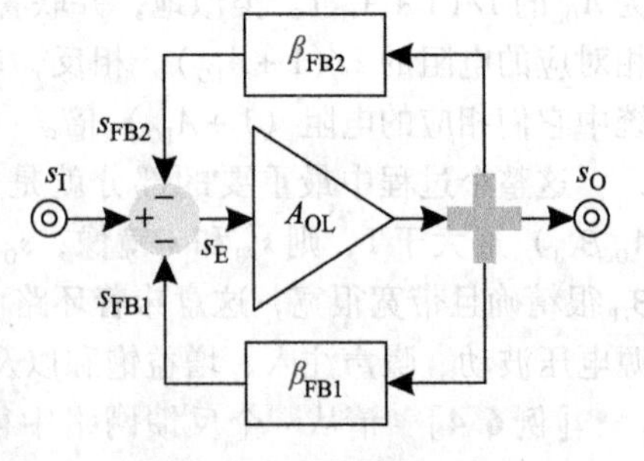

图6.28 带有并行反馈环路的反馈系统

$$s_E = s_I - s_{FB1} - s_{FB2} = s_I - s_E A_{OL}\beta_{FB1} - s_E A_{OL}\beta_{FB2}$$
$$= \frac{s_I}{1 + A_{OL}(\beta_{FB1} + \beta_{FB2})} = \frac{s_I}{1 + A_{LG1} + A_{LG2}} \tag{6.29}$$

因此，因为 s_O 是 s_E 的前向增益的转换，所以，类似地，闭环增益 A_{CL} 为相应的开环增益 A_{OL} 的 1/(1 加上所有并行环路增益的总和)：

$$s_O = s_E A_{OL} = \frac{s_I A_{OL}}{1 + A_{OL}(\beta_{FB1} + \beta_{FB2})} = \frac{s_I A_{OL}}{1 + A_{LG1} + A_{LG2}} = s_I A_{CL} \tag{6.30}$$

但是，如果有一个环路增益，或者等效地说其中的一个反馈信号，比其他的都大得多，那么最大的环路增益将决定 A_{CL} 和系统中所有其他的闭环参数。

6.4.2 叠加器

1. 电压叠加器

电压叠加器的作用是从输入电压 v_I 中减去反馈电压 v_{FB}。从这一点来看，任何处理两个电压差的电路部件都可以称之为叠加器。比如说，运算放大器可以完成这项功能，这种能力最终就是由发射极/源极或基极/栅极耦合对实现的放大器输入级来完成的。实际上，因为栅极 - 源极电压或基极 - 发射极电压决定着晶体管导通电流的大小，像运算放大器这样的晶体管也可以作为电压叠加器。所以，图 6.29 中所示的运算放大器、差分对和晶体管，只要是通过它们的输入端接收输入信号和反馈信号的都是电压叠加器。差分对和晶体管的唯一差别就是晶体管中的电流只随小信号电压线性变化，不能随大信号电压线性变化。这意味着，运算放大器和差分对既可以叠加和镜像小信号电压，又可以叠加和镜像大信号电压，而晶体管只能叠加和镜像小信号电压。

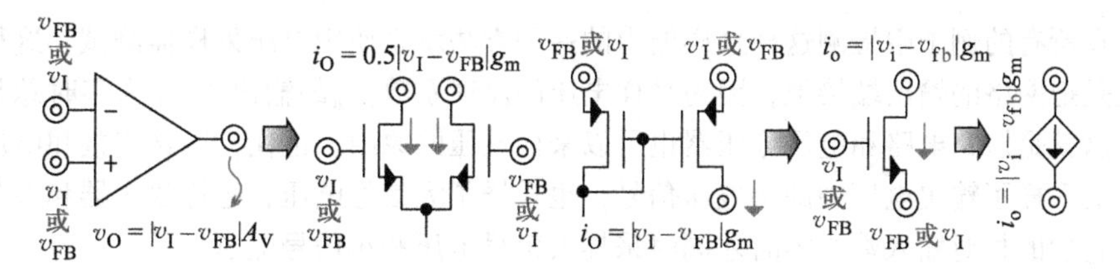

图 6.29　电压叠加器

因为开环参数必须将电路网络中的所有阻抗都考虑进来，所以图 6.1b 中的反馈模型中的叠加器是一个无阻抗的元件。这意味着，实际的叠加器需用诺顿等效电流源或戴维南等效电压源来建模叠加器的增益。例如，在晶体管的情形中，源极跨导 g_m 就是一个基本的叠加器，它可以把 v_{FB} 从 v_I 中减去。

2. 电流叠加器

类似地，电流叠加器的作用就是从输入电流 i_I 中减去反馈电流 i_{FB}。有趣的是，因为流入一个结的所有电流总和为零，因此，接收两个电流的 T 形连接的第三端输出的就是这两个电流的和或差。在负反馈的情形下，i_{FB}是误差电流 i_E的反相转换，因此也是 i_I的反相转换，所以连接 i_I和 i_{FB}的三端结会输出它们的差。这意味着，一般来说 T 形连接可以作电流叠加器，因此，识别电流叠加器相当于定位 T 形连接，如图 6.21 和图 6.24 所示的那样。但是在得出环路是并联叠加电流的结论之前，先排除电压叠加器的存在是不错的做法。顺便说一下，记住，T 形连接既可以叠加 i_I的小信号电流，也可以叠加它的大信号电流。

6.4.3 采样器

1. 电压采样器

任何一个可以输出与输入电压呈一定关系的信号的元件，都可以与输出并联并采样输出电压。实际上，电压叠加器可以采样电压。电压叠加器与电压采样器的差别就是叠加器是处理两个电压的差，而采样器不是。所以，图 6.30 所示的运算放大器、发射极/源极和基极/栅极耦合差分对、晶体管和跨导器都是采样器，因为它们只接收 v_O 而不接收任何其他的环路信号作为输入。换言之，栅极、源极、基极和发射极都可以采样电压，但它们的其他输入端不能传输环路信号。

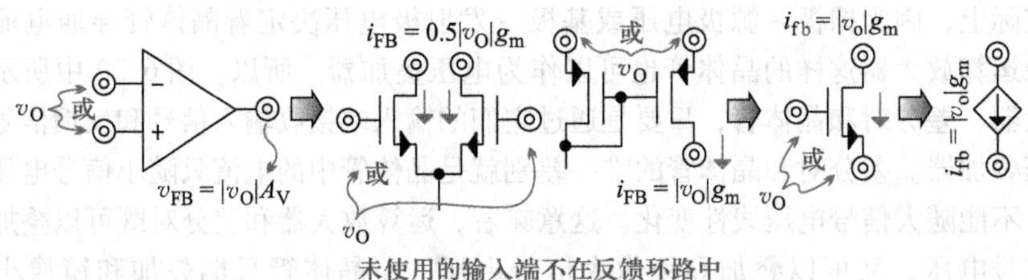

图 6.30 电压采样器

在所有的例子中检测这种采样能力的一种方法就是使用电压采样器测试。这种测试就是把网络的输出端接地，因为采样电压的反馈系数 β_{FB}的输出当 v_O 为零时总是为零。这就是短路电路和电压分压器也可以采样电压的原因。记住，短路连接和电压分压器既采样了输出电压中的小电压信号，也采样了大信号电压，运算放大器和差分对仅当它们的相对输入端为零时才同时采样大信号电压和小信号电压。

2. 电流采样器

任何一个可以接收和输出电流的元件都可以与输出串联来采样输出电流。因此，电流镜也可以采样电流。而且，漏极、源极、集电极和发射极也都可以采样电流，因为它们都可以与它们的相对输入端串联连接并且传输同一个电流。尽管如此，如图 6.31 所示，它们的输出电流必须被反馈系数 β_{FB} 接收到才能建立

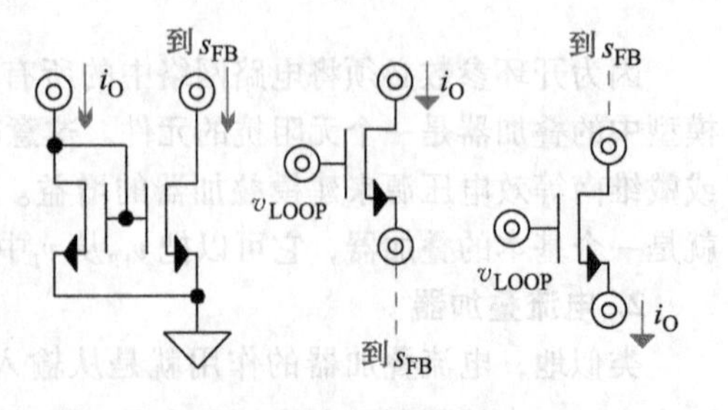

图 6.31 电流采样器

与输入信号 s_I 叠加的反馈信号 s_{FB}。一般而言，电流镜和晶体管同时采样输出电流的小信号和大信号部分。

有趣的是，源极和发射极既可以采样电压又可以采样电流，在这些情况下，检测它们是否采样了电压可以揭示它们感测的是什么信号。换句话说，如果把源极或发射极接地，不会强制反馈系数 β_{FB} 的输出为零，则被测试的端口采样的是电流信号。这就是源极和发射极只有在下述情况下才能采样电流的原因，即只有当栅极和基极携带环路信号（如图6.31中所示的 v_{LOOP}），并且漏极和集电极电流最终被 β_{FB} 接收去建立反馈信号 s_{FB} 的情况下，源极和发射极才能采样电流信号。

6.4.4 跨导放大器

1. 发射极/源极负反馈晶体管

尽管不是显而易见，第四章中的源极/发射极退化晶体管也包含负反馈。为了认识这一点，考虑图6.32所示的电路，集电极电流 i_O 的增加会使发射极电压 v_{FB} 增加，这使得基极－发射极电压降低，因此降低集电极电流 i_O。或者更通俗和简单地说，晶体管会反抗 i_O 的变化，这意味着发射极/源极退化晶体管电路是负反馈电路。

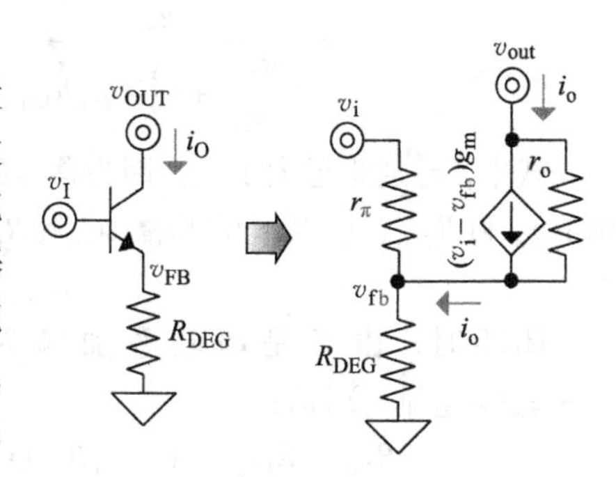

图6.32 发射极负反馈晶体管及其小信号等效电路

为了找到叠加器，我们追踪进入到电路的输入信号，发现一个接收信号的晶体管的基极，因为其相对的发射极端口信号是环路信号 v_{FB}，因此，晶体管的跨导 g_m 将基极电压 v_i 串联叠加到环路中。类似地，为了找到采样器，沿着输出进入到这个反馈网络，发现了一个集电极，因为集电极只能检测电流，这里的电流构成了反馈信号 v_{FB}，也就是说集电极串联采样输出电流 i_O。换句话说，这个反馈环路实现了一个跨导放大器。

前向开环跨导增益 $A_{G.OL}$ 是当输入 v_i 和输出 v_{out} 为零时，从串联叠加的误差信号 v_e 即 $v_i - v_{fb}$ 到串联采样输出电流 i_O 的诺顿等效增益转换。如图6.32所示的小信号电路中，g_m 和 r_π 的电流流入到 r_o 和退化电阻 R_{DEG}，R_{DEG} 在 v_{fb} 处建立了 v_{fb} 和 g_m 的电流，v_{fb} 通过 r_o 引入的电流是包含在电流 i_o 中的电流，所以 $A_{G.OL}$ 是

$$A_{G.OL}\big|_{v_{out}\equiv 0} \equiv \frac{i_O}{v_e} = \frac{v_e g_m - \dfrac{v_{fb}}{r_o}}{v_e} = \frac{v_e g_m - \dfrac{v_e\left(g_m + \dfrac{1}{r_\pi}\right)(R_{DEG} \parallel r_o)}{r_o}}{v_e} \approx \frac{g_m (R_{DEG} \parallel r_o)}{R_{DEG}} \tag{6.31}$$

反馈系数 β_{FB} 是当输入 v_i 为零时从输出 i_O 到反馈 v_{fb} 的增益。因为 i_O 流入集电极，

i_O 的基极转换电流 i_O/β_0 流入发射极，v_{fb}是这些电流流过 R_{DEG}建立的电压：

$$\beta_{FB}|_{v_i=0} \equiv \frac{v_{fb}}{i_o} = \frac{i_o\left(1+\frac{1}{\beta_0}\right)R_{DEG}}{i_o} \approx R_{DEG} \tag{6.32}$$

因此，闭环增益 $A_{G.CL}$为 $A_{G.OL}$的 1/(1 加上环路增益 $A_{G.OL}\beta_{FB}$)，即 $1/[1+g_{m1}(R_{DEG} \parallel r_o)]$：

$$A_{G.CL} = \frac{A_{G.OL}}{1+A_{G.OL}\beta_{FB}} \approx \frac{g_m\left(\frac{R_{DEG}\parallel r_o}{R_{DEG}}\right)}{1+g_m(R_{DEG}\parallel r_o)} = \frac{g_m}{\left(\frac{R_{DEG}}{R_{DEG}\parallel r_o}\right)+g_m R_{DEG}}$$

$$= \frac{g_m}{\left(\frac{R_{DEG}}{r_o}+1\right)+g_m R_{DEG}} = \frac{g_m}{1+\left(\frac{1}{r_o}+g_m\right)R_{DEG}} \approx \frac{g_m}{1+g_m R_{DEG}} \tag{6.33}$$

式中，r_o 通常远大于 r_π。因为移走跨导 g_m 也就是消除了提供输入的反馈源，只剩下 r_π 和 R_{DEG}，所以，开环输入电阻 $R_{I.OL}$是

$$R_{I.OL} \approx r_\pi + R_{DEG} \tag{6.34}$$

闭环时，由于是串联叠加输入，所以，闭环输入电阻 $R_{I.CL}$ 是 $R_{I.OL}$ 的 $[1+g_m(R_{DEG}\parallel r_o)]$倍：

$$R_{I.CL} = R_{I.OL}(1+A_{G.OL}\beta_{FB}) \approx (r_\pi + R_{DEG})[1+g_m(R_{DEG}\parallel r_o)] \tag{6.35}$$

类似地，当输入电压 v_I 为零时，移走跨导 g_m，也就是消除了提供输出的反馈源，这表明诺顿等效开环输出电阻 $R_{O.OL}$是 r_O 与 r_π、R_{DEG}并联之后的串联：

$$R_{O.OL}|_{v_i=0} = r_o + (r_\pi \parallel R_{DEG}) \tag{6.36}$$

闭环时，由于是串联采样输出，所以，闭环输出电阻 $R_{O.CL}$是 $R_{O.OL}$的$[1+g_m(R_{DEG}\parallel r_O)]$倍：

$$R_{O.CL} = R_{O.OL}(1+A_{G.OL}\beta_{FB}) \approx [r_o + (r_\pi \parallel R_{DEG})][1+g_m(R_{DEG}\parallel r_o)] \tag{6.37}$$

不出所料，所有这些闭环的结果都和第4章中得出的结论类似。

2. 电压控制调整型 Cascode 电流源

一种建立电流的普遍方法就是把一个用户定义的输入电压 v_I 加在电阻 R_I 上。在图 6.33 的例子中，差分放大器 A_G 和晶体管 M_O 构成一个反馈环路，把电压 v_I 强制施加在 R_I 上。这里，M_O 的目的就是采样 R_I 的电流 v_I/R_I，也就是输出电流 i_O，它作为一个电流源，从负载中吸收电流 i_O。因为 v_I 和 R_I 建立的电流 i_O 实际上是不受负载影响的，所以这个网络实现了一个压控电流源。

连接栅极电压 v_G 和反馈电压 v_{FB}的反馈环路是反相的，因为在环路的所有组成部分中，A_G 是唯一的反相器。有趣的是，M_O 作为一个源极退化晶体管，也构成了一个负反馈电路。但是，在这两个反馈环路中，包含有 A_G 的反馈环路是电路网络中唯一与输入和输出都相连的反馈环路，这意味着 M_O 是一个嵌入式环路，它的闭环响应会影响外环路的开环参数。

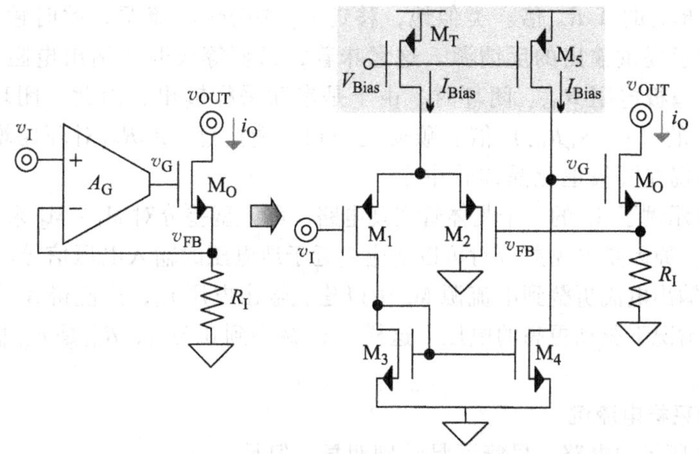

图 6.33　电压控制调整型共源共栅电流源

为了找到叠加器，我们追踪进入到电路的输入信号，发现了一个接收信号的差分放大器 A_G。因为 A_G 的反相输入端是环路信号 v_{FB}，A_G 把输入端电压 v_I 中的小信号成分和大信号成分同时串联叠加到环路中。类似地，沿着输出进入到这个反馈网络，发现采样器就是 M_O 的漏极，因为漏极只能检测电流，而这里的电流又能建立反馈信号 v_{FB}，所以漏极串联采样输出电流 i_O 中的小信号电流成分和大信号电流成分。换句话说，反馈环路实现了一个跨导放大器。

在继续分析之前，记住开环参数必须将内部源极退化晶体管的闭环响应包括进来。前向开环跨导增益 $A_{G.OL}$是当输入 v_i 和输出 v_{out} 为零时，从串联叠加的误差信号 v_e 即 $v_i - v_{fb}$到串联采样输出电流 i_O 的诺顿等效增益转换。在这里，A_G 将 v_e 放大并输出一个电流，这个电流流经 A_G 的输出电阻 R_{OA}建立栅电压 v_g，M_O 的源极退化闭环跨导 G_{MO}最终将其转换成 i_O：

$$A_{G.OL}\big|_{v_{out}=0} \equiv \frac{i_O}{v_e} = \left(\frac{v_g}{v_e}\right)\left(\frac{i_O}{v_g}\right) = (A_G R_{OA})G_{MO} \approx \frac{A_G R_{OA} g_{mO}}{1 + g_{mO}(R_I \parallel R_{ID})} \tag{6.38}$$

式中，R_{ID}是 A_G的差分输出电阻；R_I和 R_{ID}是 M_O的源极退化电阻；g_{mO}是 M_O的跨导。

反馈系数 β_{FB}是当输入 V_i为零时从输出 i_O到反馈 v_{FB}的增益。因为从漏极流入的电流 i_O最终全部流入源极，所以 V_{FB}是电流 i_O流过 R_I和 R_{ID}建立的电压：

$$\beta_{FB}\big|_{v_I=0} \equiv \frac{v_{FB}}{i_O} = R_I \parallel R_{ID} \tag{6.39}$$

因此，闭环增益 $A_{G.CL}$为 $A_{G.OL}$的 $1/(1 + A_{G.OL}\beta_{FB})$。当 $A_{G.OL}\beta_{FB}$远大于 1 时，M_O 和 A_G线性转换 i_O和 v_I中的小信号成分和大信号成分，所以，v_O 是 V_{FB}或 v_I 的 $1/\beta_{FB}$，即 $v_I/(R_I \parallel R_{ID})$。这里，移走 A_G 的诺顿电流源，也就是消除了提供输入的反馈源。记住，M_O 是内部环路，在开环输入电阻 $R_{I.OL}$中，R_I 和 $1/g_{mO}$是并联的然后再与 R_{ID}串联，即 $R_{I.OL}$等于 $R_{ID} + (R_I \parallel 1/g_{mO})$。闭环时，由于是串联叠加输入，闭环输入电阻 $R_{I.CL}$是 $R_{I.OL}$的（$1 + A_{G.OL}\beta_{FB}$）倍，当 g_{mo}（$R_I \parallel R_{ID}$）远大于 1

时，$R_{L.CL}$是$R_{L.OL}$的A_GR_{OA}倍。类似地，移走A_G的诺顿电流源，此时输入v_i为零，也就是消除了提供输出的反馈源。这意味着，诺顿等效开环输出电阻$R_{O.OL}$是M_O的闭环退化漏极电阻R_{DO}。闭环时，由于是串联采样输出，因此，闭环输出电阻$R_{O.CL}$是$R_{O.OL}$的（$1+A_GR_{OA}$）倍。顺便说一句，请注意，A_GR_{OA}对环路增益的倍乘效应已经体现在源极退化晶体管中了。

图6.33示例了A_G的一个晶体管实现电路，用P型差分对M_1-M_2来串联叠加输入电压信号，原因是P型差分对可以适应接近于地电压的输入电压信号。将M_1-M_2其中的一个输出电流折叠到电流源M_5中以建立输出电压v_G，这使得A_G可以在不影响输入对的情况下驱动更高的电压。这样，A_G减小到$0.5g_{m1}$，R_{OA}是$r_{ds4}\parallel r_{sd5}$，R_{ID}趋近无穷大。

3. 源极采样电流沉

图6.34所示的电路，尽管不是特别明显，但是可以发现它是与图6.33中的漏极采样电流源相对应的源极采样电流电路。为了做对比，首先我们看到，两个例子中都是由差分放大器A_G和晶体管M_O构成反馈环路并强制施加电压v_I到电阻R_I上；类似地，M_O采样R_I的电流i_O，并从负载中吸收电流i_O，所不同的是，这里是M_O的源极采样i_O。

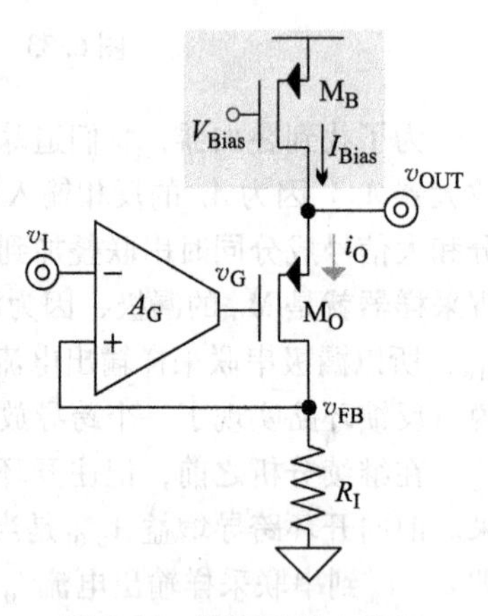

图6.34 源极采样电流沉

连接栅极电压V_G和反馈电压v_{FB}的反馈环路是反相的，因为在环路的所有部件中，M_O是唯一的反相器。与在前述电路中一样，M_O作为源极退化晶体管，也构成了一个负反馈电路。但是在这两个环路中，包含有A_G的环路是唯一与输入和输出均相连的环路，这意味着，M_O是嵌入式反馈环路，它的闭环响应会影响外部环路的开环参数。

为了找到叠加器，我们追踪进入到电路的输入信号，发现了一个接收信号的差分放大器A_G。因为A_G的相对输入端是环路信号v_{FB}，A_G将输入电压v_I的小信号和大信号成分同时串联叠加输入到环路中。类似地，沿着输出进入到这个反馈网络，发现采样器就是M_O的源极，因为一个栅极携带有环路信号v_G的源极只能检测电流，而且这个电流建立了反馈信号v_{FB}，所以，源极串联采样了输出电流i_O中的小信号成分和大信号成分。换句话说，这个反馈环路构成了一个跨导放大器。

在继续分析之前，记住开环参数必须将内部源极退化晶体管的闭环响应包括进来。前向开环跨导增益$A_{G.OL}$是当输入v_i和输出v_{out}为零时，从串联叠加的误差信号v_e即v_i-v_{fb}到串联采样输出电流i_O的诺顿等效增益转换。在这里，A_G将v_e放大并输出一个电流，这个电流流经A_G的输出电阻R_{OA}建立栅电压v_g，M_O的源极退化闭环跨导G_{MO}最终将其转换成i_O：

$$A_{\mathrm{G.OL}}\Big|_{v_{\mathrm{out}}\equiv 0}\equiv\frac{i_{\mathrm{o}}}{v_{\mathrm{e}}}=\left(\frac{v_{\mathrm{g}}}{v_{\mathrm{e}}}\right)\left(\frac{i_{\mathrm{o}}}{v_{\mathrm{g}}}\right)=(-A_{\mathrm{G}}R_{\mathrm{OA}})(-G_{\mathrm{MO}})\approx\frac{A_{\mathrm{G}}R_{\mathrm{OA}}g_{\mathrm{mO}}}{1+g_{\mathrm{m0}}r_{\mathrm{sdB}}}\tag{6.40}$$

式中，g_{m0}是 M_O 的跨导；M_B 的 r_{sdB}是 M_O 的源极退化电阻。

反馈系数β_{FB}是当输入 V_i 为零时从输出 i_O 到反馈 v_{FB}的增益。因为流入 M_O 源极的电流 i_O 全部流到漏极，所以 v_{FB}是 i_O 流过 R_I 和 A_G 的差分输入电阻 R_{ID}建立的电流：

$$\beta_{\mathrm{FB}}\Big|_{v_{\mathrm{I}}\equiv 0}\equiv\frac{v_{\mathrm{FB}}}{i_{\mathrm{O}}}=R_{\mathrm{I}}\parallel R_{\mathrm{ID}}\tag{6.41}$$

因此，闭环增益 $A_{\mathrm{G.CL}}$为 $A_{\mathrm{G.OL}}$的 $1/(1+A_{\mathrm{G.OL}}\beta_{\mathrm{FB}})$。当 $A_{\mathrm{G.OL}}\beta_{\mathrm{FB}}$远大于 1 时，$M_O$ 和 A_G 线性转换 i_O 和 v_I 中的小信号成分和大信号成分，所以，v_O 是 V_{FB}或 v_I 的 $1/\beta_{\mathrm{FB}}$，即 $v_I/$ $(R_I\parallel R_{\mathrm{ID}})$。这里，移走 A_G 的诺顿电流源，也就是消除了提供输入的反馈源。记住，M_O 是内环路，在开环输入电阻 $R_{\mathrm{I.OL}}$中，R_I 和 M_O 的源极退化漏电阻 $R_{\mathrm{DO(DEG)}}$并联，然后再和 R_{ID}串联，这意味着，$R_{\mathrm{I.OL}}$是 $R_{\mathrm{ID}}+R_I\parallel R_{\mathrm{DO(DEG)}}$。闭环时，由于是串联叠加输入，闭环输入电阻 $R_{\mathrm{I.CL}}$是 $R_{\mathrm{I.OL}}$的$(1+A_{\mathrm{G.OL}}\beta_{\mathrm{FB}})$倍，当 $g_{\mathrm{mo}}r_{\mathrm{sdB}}$远大于1时，$R_{\mathrm{I.CL}}$是 $R_{\mathrm{I.OL}}$的 A_GR_{OA}倍。类似地，当输入电压 v_I 为零时，移走 A_G 的诺顿电流源，也就是消除了提供输出的反馈源，这表明诺顿等效开环输出阻抗 $R_{\mathrm{O.OL}}$是 M_O 的源极电阻 R_{SO}，其中 R_I和 R_{ID}相并联的电阻是 M_O 的负载：

$$R_{\mathrm{O.OL}}\Big|_{v_{\mathrm{i}}\equiv 0}=R_{\mathrm{SO}}=\frac{r_{\mathrm{sdO}}+(R_{\mathrm{I}}\parallel R_{\mathrm{ID}})}{1+g_{\mathrm{mO}}r_{\mathrm{sdO}}}\tag{6.42}$$

闭环时，由于是串联采样输出，所以，闭环输出电阻 $R_{\mathrm{O.CL}}$约为 $R_{\mathrm{O.OL}}$的 A_GR_{OA}倍。通过这些分析，我们注意到，当环路增益很高时，$A_{\mathrm{G.CL}}$和前述图 6.33 所示例子的 $A_{\mathrm{G.CL}}$相等，但是 $R_{\mathrm{O.OL}}$不相等，这是因为此电路中电流采样器是 M_O 的源极，而不是 M_O 的漏极。

6.4.5 电压放大器

1. 同相运算放大器

图 6.35 中的同相运算放大器是负反馈的一个经典例子。为了认识这一点，考虑如下情况：输出电压 v_O 的上升会导致反相输入电压 v_{FB}的上升，它的作用反过来又使得输出电压 v_O 减小。换句话说，放大器会阻碍 v_O 的变化，这意味着，同相运算放大器结构构成了一个负反馈电路。

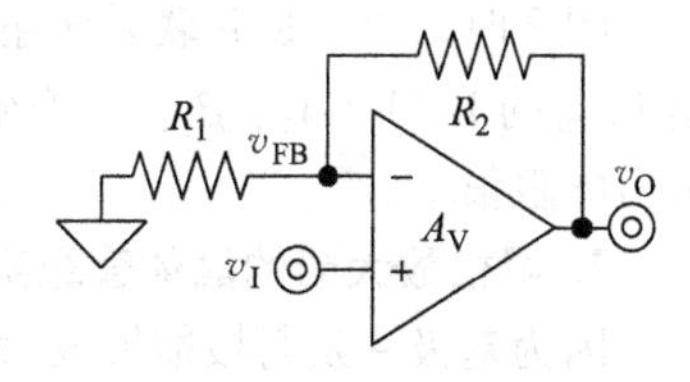

图 6.35 同相运算放大器结构

为了找到叠加器，我们追踪进入到电路的输入信号，发现了一个接收信号的差分放大器 A_V。因为 A_V 的相对输入端是环路信号 v_{FB}，A_V 将输入电压 v_I 的小信号和大信号成分同时串联叠加输入到环路中。类似地，沿着输出进入到这个反馈网络，发现采样器就是 A_V 的输出端和 R_2，因为 A_V 的输出端无法采样，R_2 把 v_O 分压得到 A_V 的反相输入信号，与 A_V 的反相端相对的输入端没有携带环路信号，因此，R_2 作为缓冲，A_V 最终同时采样输出电压 v_O 中的小信号成分和大信号成分。换句话说，这个反馈环路实现了一个电压放大器。

前向开环电压增益$A_{V.OL}$是当输入v_i为零，输出不带负载时，从串联叠加的误差信号v_e即v_i-v_{fb}到并联采样输出v_O的戴维南等效增益转换。在这个例子中，A_V放大v_E并把其中的一部分电压降落在A_V的输出电阻R_{OA}上，另外一部分电压降落在反馈电阻R_2和R_1与A_V的差分输入电阻R_{ID}相并联的电阻上，因此，开环电压增益$A_{V.OL}$是

$$A_{V.OL}\Big|_{i_{OUT}=0}\equiv\frac{v_O}{v_E}=\frac{v_O}{v_I-v_{FB}}=\frac{A_V[R_2+(R_1\parallel R_{ID})]}{R_{OA}+R_2+(R_1\parallel R_{ID})}\approx A_V \tag{6.43}$$

其中，A_V的R_{OA}虽然并不总是很小，但常常是非常小的。反馈系数β_{FB}是当输入v_I为零时从输出v_O到反馈v_{FB}的增益，它是R_2、R_1和A_V的差分输入电阻R_{ID}所建立的电压分压比：

$$\beta_{FB}\Big|_{v_I=0}\equiv\frac{v_{FB}}{v_O}=\frac{R_1\parallel R_{ID}}{(R_1\parallel R_{ID})+R_2}\approx\frac{R_1}{R_1+R_2} \tag{6.44}$$

其中，R_{ID}通常远大于R_I。

因此，闭环增益$A_{V.CL}$为$A_{V.OL}$的$1/(1+A_{V.OL}\beta_{FB})$。由于电阻分压器和A_G线性处理v_O和v_I中的小信号成分和大信号成分，所以当$A_{V.OL}\beta_{FB}$远大于1时，v_O是v_{FB}和v_I的$1/\beta_{FB}$，即v_O是$v_I(R_1+R_2)/R_1$，这也符合教科书中得出的普遍结论。在这里，将A_V的戴维南电压源短接，也就是消除了提供输入的反馈源，电路中就只留下了R_{ID}和R_I与R_2+R_{OA}相并联的电阻，所以，开环输入电阻$R_{I.OL}$为

$$R_{I.OL}=R_{ID}+[R_1\parallel(R_2+R_{OA})] \tag{6.45}$$

闭环时，由于是串联叠加输入，闭环输入电阻$R_{I.CL}$是$R_{I.OL}$的$(1+A_{V.OL}\beta_{FB})$倍。类似地，当输入电压v_I为零时，将A_V的戴维南电压源短接，也就消除了提供输出的反馈源，这表明戴维南开环输出等效电阻$R_{O.OL}$是R_2和$R_1\parallel R_{ID}$相串联再与A_V的R_{OA}并联：

$$R_{O.OL}\Big|_{v_I=0}=R_{OA}\parallel[R_2+(R_1\parallel R_{ID})] \tag{6.46}$$

闭环时，由于是并联采样输出，闭环输出电阻$R_{O.CL}$是$R_{O.OL}$的$1/(1+A_{V.OL}\beta_{FB})$。换句话说，输入电阻很大，输出电阻很小。

2. 同相放大器的晶体管级实现

因为基极－发射极能够放大两个电压的差，图6.36所示电路就是图6.35所示的同相运算放大器结构的晶体管级实现电路。这里，晶体管Q_1和M_2组成了放大器，其中Q_1能对流入到M_2栅极的电流进行缓冲，并建立电压v_{g2}，然后M_2再对其放大。这个环路是反相的，因为在环路的三级Q_1、Q_2和R_2-R_1中，M_2是唯一的反相级。换句话说，这个环路会阻碍外部变化的影响，这意味着，这个网络是一个负反馈环路。

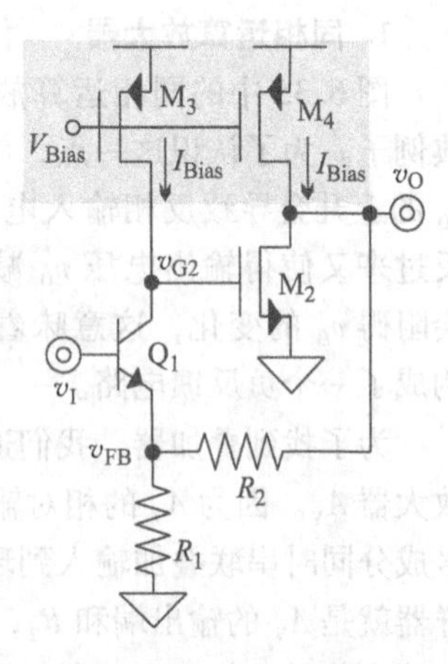

图6.36　同相放大器的晶体管级电路

有趣的是，因为Q_1是一个发射极退化晶体管，Q_1

也构成了反相反馈电路。然而，在两个反馈环路中，包含有 M_2 的环路是唯一与输入和输出都相连的环路，这意味着，Q_1 是嵌入式环路，它的闭环响应会影响外环路的开环参数。

类似地，分析网络的输出电压，发现采样器是 M_2 的漏极和 R_2。因为 M_2 的漏极不能检测电压，而且它的电流全部流入到地，R_2 把 v_O 分压到 Q_1 的发射极，Q_1 的发射极反向输入端不带有环路信号。所以 R_2 作为缓冲，Q_1 最终采样输出电压 v_O 的小信号成分。换句话说，反馈环路构成了电压放大器。

为了找到叠加器，我们追踪进入到电路的输入信号，发现 Q_1 的基极接收信号，因为 Q_1 的相对输入端发射极的输入信号是环路信号 v_{FB}，Q_1 把输入电压 v_I 的小信号和大信号成分同时串联叠加输入到环路中。类似地，沿着输出进入到这个反馈网络，发现采样器就是 M_2 的漏极和 R_2，因为 M_2 的漏极不能检测电压，而且它的电流全部流入到地，R_2 把 v_O 分压，得到 Q_1 的发射极输入信号，与 Q_1 的发射极相对的输入端没有携带环路信号，所以，R_2 作为缓冲，Q_1 最终并联采样输出电压 v_O 的小信号成分。换句话说，这个反馈环路实现了一个电压放大器。

与前述一样，记住开环参数必须将内部源极退化晶体管的闭环响应包括进来。前向开环电压增益 $A_{V.OL}$ 是当输入 v_i 为零，输出不带负载时，从串联叠加的误差信号 v_e 即 $v_i - v_{fb}$ 到并联采样输出 v_O 的戴维南等效增益转换。这里，Q_1 的跨导 g_{m1} 将 v_e 放大，输出电流 i_{c1}，i_{c1} 并联流过 M_3 的输出电阻 r_{sd3} 和 Q_1 的发射极退化输出电阻 R_{C1}，建立电压 v_{g2}，M_2 再将 v_{g2} 放大，产生电流 i_{d2}，i_{d2} 流过 M_2 的输出电阻 r_{ds2}、M_4 的输出电阻 r_{ds4}、R_2、R_1 和 Q_1 的发射极电阻 R_{E1} 最终产生输出电压 v_O：

$$A_{V.OL}\big|_{i_{out}=0} \equiv \frac{v_o}{v_e} = g_{m1}(r_{sd3} \parallel R_{C1})g_{m2}[r_{ds2} \parallel r_{sd4} \parallel [R_2 + (R_1 \parallel R_{E1})]] \tag{6.47}$$

其中，$r_{\pi1}$ 加载到 Q_1 的发射极，r_{sd3} 加载到 Q_1 的 $1/g_{m1}$ 电阻，当 r_{sd3} 和 r_{o1} 一样高时，R_{E1} 简化为 $2/g_{m1}$：

$$R_{E1} = \left(\frac{r_{sd3} + r_{o1}}{1 + g_{m1}r_{o1}}\right) \parallel r_{\pi1} \approx \frac{2}{g_{m1}} \tag{6.48}$$

反馈系数 β_{FB} 是当输入 v_i 为零时，从输出 v_O 到反馈电压 v_{fb} 的增益。它是 R_2、R_1 和 R_{E1} 建立的电压分压比：

$$\beta_{FB}\big|_{v_i=0} \equiv \frac{v_{fb}}{v_O} = \frac{R_1 \parallel R_{E1}}{(R_1 \parallel R_{E1}) + R_2} \tag{6.49}$$

因此，闭环增益 $A_{V.CL}$ 是 $A_{V.OL}$ 的 $1/(1 + A_{V.OL}\beta_{FB})$。因为 Q_1 只能线性叠加 v_I 的小信号成分，所以，当 $A_{V.OL}\beta_{FB}$ 远大于 1 时，只有小信号输出电压 v_o 是 v_{fb} 和 v_i 的 $1/\beta_{FB}$。这里，移走 M_2 的跨导 g_{m2}，也就消除了提供输入的反馈源，只剩下 Q_1 的基极电阻 R_{B1}，在电阻 R_{B1} 中，R_2 和 $r_{ds2} \parallel r_{ds4}$ 相串联然后再与 R_1 并联得到的电阻作为 Q_1 的源极退化电阻，所以开环输入电阻 $R_{I.OL}$ 是

$$R_{I.OL} = R_{B1} = r_{\pi1} + (1 + g_{m1}r_{\pi1})\{R_1 \parallel [R_2 + (r_{ds2} \parallel r_{sd4})]\} \tag{6.50}$$

闭环时，由于是串联叠加输入，闭环输入电阻 $R_{I.CL}$ 是 $R_{I.OL}$ 的 $(1 + A_{V.OL}\beta_{FB})$ 倍。

类似地，当输入电压 v_i 为零时，移除 M_2 的 g_{m2} 就消除了提供输出的反馈源，这表明戴维南等效开环输出电阻 $R_{O.OL}$ 是 M_2 的 r_{ds2}、M_4 的 r_{ds4}、R_2 和 R_1 及 Q_1 的 R_{E1} 构成的电阻网络：

$$R_{O.OL}\Big|_{v_i=0} = r_{ds2} \parallel r_{sd4} \parallel [R_2 + (R_1 \parallel R_{E1})] \tag{6.51}$$

闭环时，由于是并联采样输出，因此，闭环输出电阻 $R_{O.CL}$ 是 $R_{O.OL}$ 的 $1/(1+A_{V.OL}\beta_{FB})$。换句话说，如果合适地替换图 6.35 中的 A_V，图 6.36 中的电路参数 $A_{V.CL}$、$R_{I.CL}$ 和 $R_{O.CL}$ 的关系与图 6.35 中运算放大器的这些参数的关系类似。

3. 栅极耦合对放大器

图 6.37 所示的放大器中，M_2 将从 v_O 输出的电流缓冲，然后 M_3 和 A_G 再将其放大，驱动 M_4 并重新返回到 v_O，所以 M_2、M_3 和 A_G 以及 M_4 构成了一个反馈环路。这个环路是反相的，因为在它的 3 个构成级中，M_4 是唯一的反相级。有趣的是，这个环路把两个信号 v_I 和 V_B 叠加进入环路。尽管在这两个信号中，只有 v_I 带有小信号信息，所以 V_B 的目的就是通过反馈给 M_3 的漏极建立偏压。实际上，在有足够大的环路增益时，A_G 将 V_B 与 M_3 的漏极电压串联叠加，并驱动误差信号使 M_3 的漏极保持为电压 V_B。

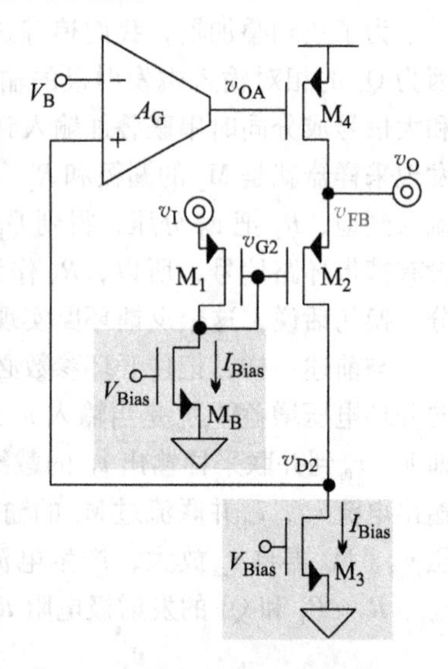

图 6.37 栅极耦合对电压放大器

为了找到叠加器，我们追踪进入到电路的输入信号 v_I，发现栅极耦合对 M_1-M_2 的一个源极接收信号，因为 M_1-M_2 的相对输入端源极的输入信号是环路信号 v_O，所以，M_1-M_2 将输入端的电压 v_I 的小信号成分和大信号成分串联叠加输入到环路中。在这个例子中，注意 v_O 既是输出电压，又是反馈电压 v_{FB}。类似地，沿着输出进入到这个反馈网络，发现采样器就是 M_4 的漏极到 M_2 源极的一段短路线。因为 M_4 的漏极不能感测电压，而且它的电流全部流入电源，与其相对的栅极不在环路中，到 M_2 的这段短路线采样 v_O 中的小信号电压成分和大信号电压成分，然后再用来驱动 A_G。换句话说，这个反馈环路实现了一个电压放大器。

因为 M_2 是一个源极退化晶体管，开环参数必须将它的闭环响应包括进来。请记住，前向开环电压增益 $A_{V.OL}$ 是当输入 v_i 为零，输出不带负载时，从串联叠加的误差信号 v_e 即 $v_i - v_{fb}$ 到并联采样输出 v_o 的戴维南等效增益转换。这里，M_1 的二极管连接电阻 $1/g_{m1}$ 和 M_B 的 r_{dsB} 将输入电压 v_i 分压，得到 M_2 的栅电压 v_{g2}，由于 $1/g_{m1}$ 比 r_{dsB} 小很多，v_{g2} 会跟随 v_i 的变化，因此，$v_{fb} - v_{g2}$ 等于 $v_{fb} - v_i$ 即 $-v_e$，M_2 的跨导 g_{m2} 将 $v_{fb} - v_{g2}$ 放大，输出一个小信号电流 i_{d2}，这个电流流经 M_3 的 r_{ds3}、A_G 的 R_{IA} 和 M_2 的源极退化漏电阻 R_{D2} 降落一个电压 v_{d2}。A_G 和 A_G 的输出电阻 R_{OA} 将 v_{d2} 放大为 v_{oa}，M_4 将 v_{oa} 转化为电流 i_{d4}，i_{d4} 流经 M_2 的源极电阻 R_{S2} 和 M_4 的 r_{sd4} 建立输出电压 v_o：

$$A_{V.OL}\Big|_{i_{out}\equiv 0} \equiv \frac{v_o}{v_e} = g_{m2}(r_{ds3} \parallel R_{IA} \parallel R_{D2})A_G R_{OA} g_{m4}(R_{s2} \parallel r_{sd4})$$

$$\approx g_{m2} r_{ds3} A_G R_{OA} g_{m4} R_{s2} \tag{6.52}$$

式中，R_{D2}通常远大于r_{ds3}，r_{ds4}远大于R_{S2}，r_{ds3}和R_{IA}加载到M_2的$1/g_{m2}$电阻上，使得R_{S2}为

$$R_{S2} = \frac{(r_{ds3} \parallel R_{IA}) + r_{sd2}}{1 + g_{m2} r_{sd2}} \approx \frac{2}{g_{m2}} \tag{6.53}$$

因为反馈系数β_{FB}是从输出v_O到反馈v_{FB}的增益，而且在这个例子中v_O就是v_{FB}，所以，增益β_{FB}为1。

因此，闭环增益$A_{V.CL}$是$A_{V.OL}$的$1/(1+A_{V.OL}\beta_{FB})$。因为这个短电路电压采样器和M_1-M_2能线性处理v_O和v_I中的小信号和大信号成分，所以，当$A_{V.OL}\beta_{FB}$远大于1时，v_O是v_{FB}和v_I的$1/\beta_{FB}$，即v_O是v_{FB}和v_I的单位增益转换。这里，移走M_4的跨导g_{m4}就消除了最终提供输入的反馈源，因此导致的差分输入电阻是M_1的二极管连接电阻和M_2的栅极-源极电阻的串联，这意味着开环输入电阻$R_{I.OL}$和闭环输入电阻$R_{I.CL}$都接近无穷大。类似地，当输入v_i为零时，移走g_{m4}就消除了提供输出的反馈源，这表明戴维南等效开环输出电阻$R_{O.OL}$是M_4的r_{sd4}和M_2的源极电阻R_{S2}的并联，即$r_{sd4} \parallel R_{S2}$。闭环时，由于是并联采样输出，因此，闭环输出电阻$R_{O.CL}$是$R_{O.OL}$的$1/(1+A_{V.OL}\beta_{FB})$。

6.4.6 电流放大器

1. 调整型 Cascode 电流镜

电流镜中的Cascode晶体管的根本作用就是减小集电极和漏极电压不匹配产生的误差。换一种说法，它的目的就是减小输出电流随输出电压变化的灵敏度，这也体现在有更高的输出电阻上。实际上，Cascode电路能提高输出电阻，是因为电流镜是Cascode的退化管，因此在电路中引入了电流采样反馈环路。但是，当输出电阻不是特别大时，设计者可以通过增大有效环路增益使其变大，这就是图6.38中放大器A_G

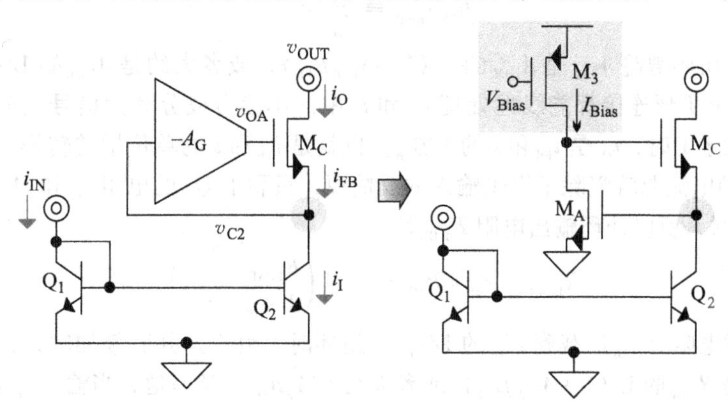

图6.38 调整型 Cascode 电流镜

的作用。由于放大器构成的反馈环路围绕着 Cascode 器件，因此，工程师们把这些晶体管称为调整型 Cascode 晶体管。这个反馈环路是反相的，因为在环路的两级电路中，A_G 是唯一反相的。

为了找到叠加器，我们追踪进入到电路的输入信号，发现 Q_2 的基极接收信号，但是由于 Q_2 的相对输入端源极不在环路中，所以 Q_2 不是一个电压叠加器。继续追踪这个输入信号，它通过 Q_2 后进入到 A_G 的输入端和 Cascode 器件 M_C 的源极，由于 A_G 没有其他的输入电压和 Q_2 的集电极电压叠加，A_G 也不是一个电压叠加器。虽然 M_C 的相对输入端栅极携带环路信号 v_{OA}，这是环路网络流往 Q_2 的输出信号，但 Q_2 是把信号从输入端运送到 v_{OA} 时的器件，这意味着，v_{OA} 并不是反馈信号，所以 M_C 也不是电压叠加器。排除这些电压叠加的可能性之后，我们发现由 Q_2、A_G 和 M_C 构成的 T 形电路是一个真正的叠加器，Q_2 注入输入电流 i_I 到叠加器。类似地，为了找到采样器，沿着输出进入到这个反馈网络，我们发现 M_C 的漏极接收信号，因为漏极可以采样电流，而输出电流 i_O 流经 M_C 建立了反馈电流 i_{FB}，i_I 再与其叠加，M_C 串联采样 i_O 中的小信号和大信号成分。换句话说，这个反馈环路实现一个电流放大器。

因为 M_C 是源极退化晶体管，所以，开环参数必须将它的闭环响应包括进来。请记住，前向开环电流增益 $A_{I.OL}$ 是当 Q_2 的跨导 g_{m2} 注入的电流 i_i 为零，并且输出电压 v_{out} 也为零时，从并联叠加的误差信号 i_e 即 $i_i - i_{fb}$ 到串联采样输出 i_o 的诺顿等效增益。这里，i_e 流经 Q_2 的电阻 r_{o2} 建立一个电压，A_G 再将其放大。被 r_{o2} 退化的 M_C 的有效跨导 G_{MC} 把 A_G 的输出电压 v_{oa} 变成电流 i_o，从而设定 $A_{I.OL}$ 大致为 $A_G R_{OA}$：

$$A_{I.OL}\Big|_{v_{out}=0} \equiv \frac{i_o}{i_e} = (-r_{o2})(-A_G)R_{OA}G_{MC} = r_{o2}A_G R_{OA}\left(\frac{g_{mC}}{1+g_{mC}r_{o2}}\right) \approx A_G R_{OA} \quad (6.54)$$

注意 $1/g_{mC}$ 并不是电流 i_e 的负载，因为 g_{mC} 携带部分 i_{FB} 电流。反馈系数 β_{FB} 是当输入 i_I 为零时，从输出电流 i_O 到反馈 i_{FB} 的增益，由于 M_C 只是将 i_O 缓冲到 i_{FB}，所以 β_{FB} 为 1：

$$\beta_{FB}\Big|_{i_I=0} \equiv \frac{i_{FB}}{i_O} = 1 \quad (6.55)$$

因此，闭环增益 $A_{I.CL}$ 是 $A_{I.OL}$ 的 $1/(1+A_{I.OL}\beta_{FB})$，或者大约是 $A_{I.OL}$ 的 $1/A_G R_{OA}$。因为 M_C 和这个 T 形连接都能线性处理 i_O 和 i_I 中的小信号成分和大信号成分，所以当 $A_{I.OL}\beta_{FB}$ 远大于 1 时，i_O 是 i_{FB} 和 i_I 的 $1/\beta_{FB}$，也就是 i_{FB} 和 i_I 的单位增益转换。这里，移走 A_G 的诺顿电流源就消除了提供输入的反馈源，只剩下 Q_2 的电阻 r_{o2} 和 M_C 的负载源电阻 R_{SC} 并联，所以开环输出电阻 $R_{I.OL}$ 是

$$R_{I.OL} = r_{o2} \parallel R_{SC} = r_{o2} \parallel \left(\frac{R_{LOAD}+r_{dsC}}{1+g_{mC}r_{dsC}}\right) \quad (6.56)$$

式中，负载电阻 R_{LOAD} 加载到 M_C 的 $1/g_{mC}$。闭环时，由于是并联叠加输入，闭环输入电阻 $R_{I.CL}$ 是 $R_{I.OL}$ 的 $1/(1+A_{I.OL}\beta_{FB})$ 或者大约 $1/A_G R_{OA}$。类似地，当输入 i_i 为零时，移走 A_G 的诺顿电流源就消除了提供输出的反馈源，这表明诺顿等效开环输出电阻 $R_{O.OL}$ 是被 Q_2 的 r_{o2} 退化的的 M_C 漏极电阻 R_{DC}：

$$R_{\mathrm{O.OL}}\big|_{i_{\mathrm{I}}=0} = R_{\mathrm{DC}} = r_{\mathrm{dsC}} + r_{\mathrm{o2}} + g_{\mathrm{mC}} r_{\mathrm{dsC}} r_{\mathrm{o2}} \tag{6.57}$$

闭环时，由于是串联采样输出，因此，开环输出电阻 $R_{\mathrm{O.CL}}$ 是 $R_{\mathrm{O.OL}}$ 的（$1 + A_{\mathrm{I.OL}}\beta_{\mathrm{FB}}$）倍或大约 $A_{\mathrm{G}}R_{\mathrm{OA}}$ 倍，这也是采用调整型 Cascode 晶体管的驱动力所在。注意，反馈网络只是全部电路的一部分，所以全部的电流增益是由 Q_1、Q_2 的发射区 A_{E1}、A_{E2} 所设定的电流镜的增益以及电流叠加器和电流采样网络的闭环增益 $A_{\mathrm{I.CL}}$ 结合而成：

$$\frac{i_{\mathrm{O}}}{i_{\mathrm{IN}}} = \left(\frac{i_{\mathrm{I}}}{i_{\mathrm{IN}}}\right)\left(\frac{i_{\mathrm{O}}}{i_{\mathrm{I}}}\right) \approx \left(\frac{A_{\mathrm{E2}}}{A_{\mathrm{E1}}}\right)A_{\mathrm{I.CL}} \approx \frac{A_{\mathrm{E2}}}{A_{\mathrm{E1}}} \tag{6.58}$$

2. 741 的尾电流源

741 运算放大器是一个经典的模拟电路设计的例子，因为它运用了很多模拟电路部件和概念，从单个晶体管放大器、电流镜、差分对到负反馈。图 6.39 所示的只是它的输入级，包含差分对 $Q_1 - Q_2$、电流缓冲晶体管 Q_3 和 Q_4、发射极退化电流镜 $Q_{\mathrm{M1}} - Q_{\mathrm{M2}}$、由 $Q_1 - Q_2$ 和 $Q_3 - Q_4$ 和电流镜 $Q_5 - Q_6$ 构成的反馈环路。这里，反馈环路的目的就是建立 $Q_1 - Q_2$ 的尾电流，即 Q_5 的电流。

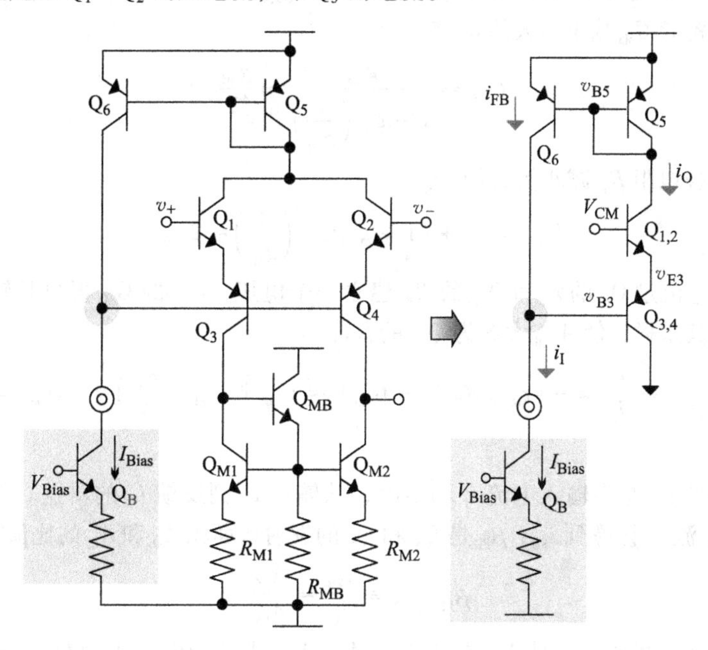

图 6.39 741 运算放大器的输入级

为了更清楚地分析电路，首先考虑在反馈结构中接入这个运算放大器，通常会在 Q_1 和 Q_2 的基极输入 v_+ 和 v_- 之间建立“虚短”连接。所以，对于内部环路来说，v_+ 和 v_- 构成了带有共模偏压 V_{CM} 的终端，因此，$Q_1 - Q_3$ 和 $Q_2 - Q_4$ 是等效的、并联的，这就是图 6.39 中用 $Q_{1,2}$ 和 $Q_{3,4}$ 对它们建模的原因。就此而论，$Q_{1,2}$ 缓冲并馈入 $Q_{3,4}$ 的电流到电流镜 $Q_5 - Q_6$，它的输出又流入到 $Q_{3,4}$ 的基极，从而构成环路。这个环路是反相的，因为 Q_6 是环路中唯一反相的晶体管。因为这个环路的目的就是使用偏置电流

I_{Bias}来建立 $Q_1 - Q_2$ 的尾电流，所以，这个环路的输入是 I_{Bias}，输出是 Q_5 的电流。

为了找到叠加器，我们追踪进入到电路的输入信号，发现 $Q_{3,4}$的基极接收信号，因为 $Q_{3,4}$的相对输入端发射极的电压 v_{E3}是环路信号，所以 $Q_{3,4}$可以将电压叠加，然而，在这个例子中，在 I_{Bias}到达 $Q_{3,4}$的发射极之前，这个网络的输出循环回到输入，所以 $Q_{3,4}$的发射极信号不是反馈信号，这意味着 $Q_{3,4}$不是电压叠加器。排除了电压叠加的可能性之后，我们认识到由 Q_B、$Q_{3,4}$、Q_6构成的 T 形连接偏置产生器才是真正的叠加器，I_{Bias}把输入电流 i_I 注入其中。类似地，为了找到采样器，沿着 Q_5 的输出进入这个网络，发现电流镜 $Q_5 - Q_6$接收信号，因为电流镜可以采样电流，Q_5的输出电流 i_O 流过 Q_5建立 Q_6的反馈电流 i_{FB}，与 i_I 叠加，Q_5串联采样 i_O中的小信号成分和大信号成分。换句话说，这个反馈环路实现一个电流放大器。

因为 $Q_{1,2}$发射极退化 $Q_{3,4}$，所以，开环参数必须将 $Q_{3,4}$的闭环响应包括进来。前向开环电流增益 $A_{L OL}$是当输入 i_i和输出电压 v_{b5}都为零时，从并联叠加的误差信号 i_e即 $i_i - i_{fb}$到串联采样输出 i_o 的诺顿等效增益转换。$Q_{3,4}$的跨导被 $Q_{1,2}$的发射极电阻 $1/g_{m1}$退化，使其跨导 G_{M3}减小为大约 0，$5g_{m3}$：

$$G_{M3} \approx \frac{g_{m3}}{1 + g_{m3}\left(\frac{1}{g_{m1}}\right)} \approx \frac{g_{m3}}{2} \tag{6.59}$$

并且基极电阻 R_{B3}减小为大约 $2r_{\pi3}$：

$$R_{B3} = r_{\pi3} + (1 + g_{m3}r_{\pi3})\left(\frac{1}{g_{m1}}\right) \approx 2r_{\pi3} \tag{6.60}$$

因此，i_e 流过 Q_6 的 r_{o6}和 $Q_{3,4}$的 R_{B3}建立一个电压，$Q_{3,4}$的 G_{M3}再将其转化成电流 i_o，Q_5 再对其采样，使 $A_{L OL}$大约为 $Q_{3,4}$的 β_{o3}：

$$A_{L OL}\big|_{v_{b5}=0} \equiv \frac{i_o}{i_e} = -(r_{o6} \parallel R_{B3})(-G_{M3}) \approx (r_{o6} \parallel 2r_{\pi3})\left(\frac{g_{m3}}{2}\right) \approx r_{\pi3}g_{m3} = \beta_{03} \tag{6.61}$$

反馈系数 β_{FB}是当输入电流 i_I 为零时，从输出 i_O 到反馈 i_{FB}的增益。因为电流镜 $Q_5 - Q_6$ 将电流 i_O 镜像到 i_{FB}，β_{FB}是 Q_6 和 Q_5 的发射区面积 A_{E6}和 A_{E5}的比值：

$$\beta_{FB}\big|_{i_I=0} \equiv \frac{i_{FB}}{i_O} \approx \frac{A_{E6}}{A_{E5}} \tag{6.62}$$

因此，闭环增益 $A_{L CL}$是 $A_{L OL}$的 $1/(1 + A_{L OL}\beta_{FB})$或者 $1/\beta_{o3}$。因为 $Q_5 - Q_6$ 和 T 形连接能线性处理 i_O 和 i_I 中的小信号成分和大信号成分，所以，当 $A_{L OL}\beta_{FB}$远大于 1 时，i_O 是 i_{FB}的 $1/\beta_{FB}$，或 i_{FB}和 i_I的镜像增益即 $i_I A_{E6}/A_{E5}$。换句话说，i_O 是 $I_{Bias}A_{E5}/A_{E6}$，Q_1 和 Q_2 将 I_{Bias}分流以对 741 运算放大器的输入级进行偏置。移走 Q_6 的诺顿电流源就消除了提供输入的反馈源，只剩下 Q_6 的 r_{o6}与被退化的 $Q_{3,4}$的基极电阻 R_{B3}并联，所以开环输入电阻 $R_{L OL}$是

$$R_{L OL} = r_{o6} \parallel R_{B3} \approx r_{o6} \parallel 2r_{\pi3} \approx 2r_{\pi3} \tag{6.63}$$

闭环时，由于是并联叠加输入，闭环输入电阻 $R_{L OL}$是 $R_{L OL}$的 $1/(1 + A_{L OL}\beta_{FB})$ 或

者 $1/\beta_{o3}$。类似地，当输入 v_i 为零时，移走 Q_6 的诺顿电流源就消除了提供输出的反馈源，这表明诺顿等效开环输出电阻 $R_{O.OL}$是 Q_5 的二极管连接电阻 $1/g_{m5}$ 与被发射极退化了的 $Q_{1,2}$ 的集电极电阻 R_{C1} 相并联，前者分流走后者的电流，使 $R_{O.OL}$ 简化为 $1/g_{m5}$：

$$R_{O.OL}\big|_{i_i=0} = \frac{1}{g_{m5}} \parallel R_{C1} \approx \frac{1}{g_{m5}} \tag{6.64}$$

闭环时，由于是串联采样输出，因此，闭环输出电阻 $R_{O.CL}$ 是 $R_{O.OL}$ 的 $(1+A_{L\,OL}\beta_{FB})$ 倍或者 β_{o3} 倍。

3. 电流放大器

图 6.40 给出了一个可能更为普遍、更为实用的电流放大器的实现电路。在这个例子中，晶体管 M_1 和 M_3，还有电流镜 M_4 - M_5 构成了一个环路来实现反相反馈电路。这个环路是反相的，因为 M_5 是这个网络中唯一反相的晶体管。

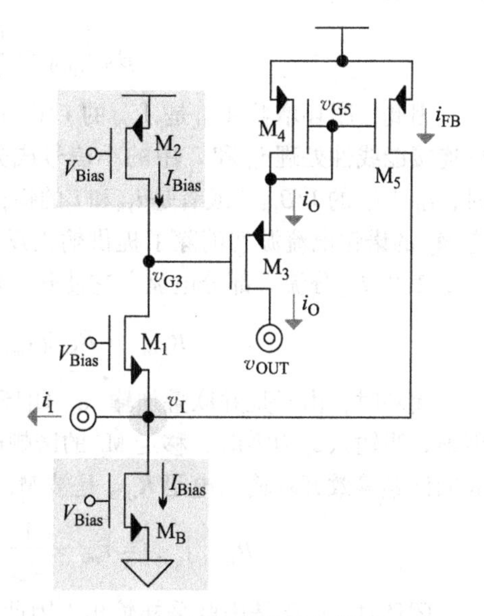

图 6.40 电流放大器

为了找到叠加器，我们追踪进入到电路中的输入信号，发现 M_1 的源极接收信号，但由于 M_1 的栅极不在环路中，所以 M_1 不是电压叠加器。排除了这个电压叠加的可能性之后，再排除漏极，因为它们不能叠加电压，我们认识到由 M_B、M_1 和 M_5 构成的 T 形连接偏置产生器才是真正的叠加器，输入电流 i_I 流入其中。类似地，为了找到采样器，沿着输出进入这个网络，发现 M_3 的漏极接收信号，因为漏极只能采样电流，M_3 的输出电流流入电流镜 M_4 - M_5 输出反馈电流 i_{FB}，与 i_I 叠加，所以 M_3 串联采样 i_O 中的小信号成分和大信号成分。换句话说，这个反馈环路实现一个电流放大器。

因为 M_B 和 M_5 源极退化 M_1，类似地，M_4 源极退化 M_3，所以开环参数必须将 M_1 和 M_3 的闭环响应包含进来。记住，前向开环电流增益 $A_{L\,OL}$是当输入 i_i 和输出电压 v_{out} 都为零时，从并联叠加的误差信号 i_e 即（$i_i - i_{fb}$）到串联采样输出 i_o 的诺顿等效增益转换。这里，M_3 的跨导被 M_4 的二极管连接电阻 $1/g_{m4}$ 退化，使其跨导为 G_{M3}：

$$G_{M3} \approx \frac{g_{m3}}{1 + g_{m3}\left(\dfrac{1}{g_{m4}}\right)} \tag{6.65}$$

另外，偏置晶体管 M_2 加载到 M_1 的 $1/g_{m1}$ 上，使 M_1 的源极电阻为

$$R_{S1} = \frac{r_{ds1} + r_{sd2}}{1 + g_{m1}r_{ds1}} \approx \frac{2}{g_{m1}} \tag{6.66}$$

因此，i_e 流过 M_1 的源极电阻 R_{S1} 和 M_B 的电阻 r_{dsB} 以及 M_5 的 r_{sd5} 产生一个电压降，

该电压建立一个流入 R_{S1} 的电流，并经 M_1 缓冲流入到 M_3 的栅极，然后，这个电流流经 M_2 的电阻 r_{sd2} 产生一个电压降，M_3 的 G_{M3} 再将其转化成电流 i_o，设置 $A_{L.OL}$ 为

$$A_{L.OL}\big|_{v_{out}=0} \equiv \frac{i_o}{i_e} = -\left(\frac{r_{dsB} \parallel R_{S1} \parallel r_{sd5}}{R_{S1}}\right) r_{sd2}(-G_{M3}) \approx r_{sd2} G_{M3} \tag{6.67}$$

式中，R_{S1} 的 $2/g_{m1}$ 电阻分流 r_{dsB} 和 r_{sd5}。反馈系数 β_{FB} 是当输入 i_I 为零时，从输出 i_O 到反馈 i_{FB} 的增益。因为 M_4-M_5 将 i_O 镜像为 i_{FB}，所以 β_{FB} 是 M_5 和 M_4 的宽长比 $(W/L)_5$ 和 $(W/L)_4$ 的比值：

$$\beta_{FB}\big|_{i_I=0} \equiv \frac{i_{FB}}{i_O} \approx \frac{(W/L)_5}{(W/L)_4} \tag{6.68}$$

因此，闭环增益 $A_{L.CL}$ 是 $A_{L.OL}$ 的 $1/(1+A_{L.OL}\beta_{FB})$ 或者 $1/G_{M3}r_{sd2}$。因为 M_4-M_5 和 T 形连接能线性处理 i_O 和 i_I 中的小信号成分和大信号成分，所以，当 $A_{L.OL}\beta_{FB}$ 远大于 1 时，i_O 是 i_{FB} 的 $1/\beta_{FB}$，或者是 i_{FB} 和 i_I 的镜像增益转换，即 i_O 是 $i_I(W/L)_5/(W/L)_4$。移走 M_5 的诺顿电流源就消除了提供输入反馈源，只剩下 M_1 的 R_{S1}、M_B 的 r_{dsB} 和 M_5 的 r_{sd5}，其中 R_{S1} 分流大部分电流，它使开环输入电阻 $R_{L.OL}$ 减小到约为 $2/g_{m1}$：

$$R_{L.OL} = R_{S1} \parallel r_{dsB} \parallel r_{sd5} \approx R_{S1} \approx \frac{2}{g_{m1}} \tag{6.69}$$

闭环时，由于是并联叠加输入，闭环输入电阻 $R_{L.CL}$ 是 $R_{L.OL}$ 的 $1/(1+A_{L.OL}\beta_{FB})$。类似地，当输入 i_i 为零时，移走 M_5 的诺顿电流源就消除了最终提供输出的反馈源，这表明诺顿等效开环输出电阻 $R_{O.OL}$ 是被 M_4 的 $1/g_{m4}$ 退化的 M_3 的漏极电阻 R_{D3}：

$$R_{O.OL}\big|_{i_i=0} = r_{sd3} + \frac{1}{g_{m4}} + \frac{g_{m3}r_{sd3}}{g_{m4}} \approx r_{sd3}\left(1+\frac{g_{m3}}{g_{m4}}\right) \tag{6.70}$$

闭环时，由于是串联采样输出，因此，闭环输出电阻 $R_{O.CL}$ 是 $R_{O.OL}$ 的 $(1+A_{L.OL}\beta_{FB})$ 倍。注意到，反馈将已经很低的输入电阻 $R_{L.OL}$（大小为 $2/g_{m1}$）进一步降低，并将已经很高的输出电阻 $R_{O.OL}$（近似等于 r_{sd3}）进一步升高，这意味着，位于反馈网络输入端的源电阻以及位于反馈网络输出端的负载电阻对 $A_{L.CL}$ 几乎没有影响，这就是这个电路非常实用的原因。

6.4.7 跨阻放大器

1. 二极管连接的晶体管

有趣的是，二极管连接的晶体管也是一种反相反馈电路。为了更清楚地认识这一点，可以这样来看，假设图 6.41 中二极管连接的晶体管的基极电压 v_O 增大，那么这将会导致该晶体管的集电极电流增大，它的作用反过来又使得电压 v_O 下降。换句话说，二极管连接的晶体管会阻碍基极电压变化的影响，这是另外一种观察电

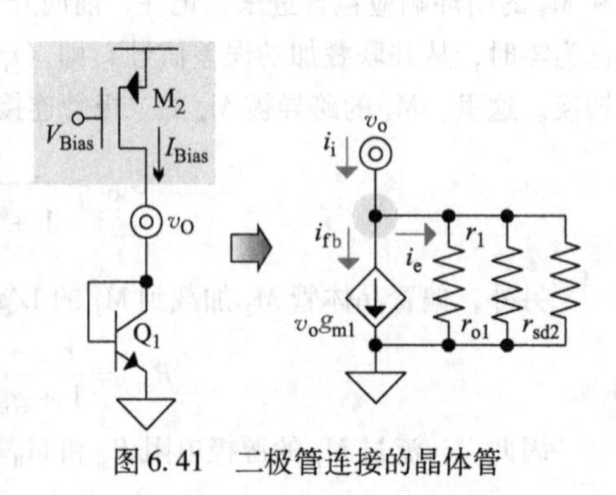

图 6.41　二极管连接的晶体管

路是否应用了负反馈的方式。

为了找到叠加器，我们追踪进入到电路的输入信号，发现 Q_1 的基极接收信号，但是由于其相对输入端发射极不在环路中，所以 Q_1 不是电压叠加器。排除了电压叠加的可能性后，我们认识到偏置晶体管 M_2、Q_1 的跨导 g_{m1} 和电路中的电阻构成的 T 形连接才是真正的叠加器，一个外部源将输入电流 i_i 注入到这个叠加器中。因为 v_O 是这个电路中的唯一节点，所以 v_O 既是电路的输入端也是电路的输出端，从这个角度讲，为了找到采样器，沿着输出进入到这个网络，发现 Q_1 的基极接收信号，由于其相对输入端发射极不在环路中，而且它的基极设置与 i_i 叠加的反馈电流 i_{fb}，所以，Q_1 并联采样 v_O 中的小信号成分。换句话说，这个反馈环路实现了一个跨导放大器。

因此，前向开环跨导增益 $A_{Z.OL}$ 是当输入 i_i 为零且输出不带负载时，从并联叠加的误差信号 i_e 即 $i_i - i_{fb}$ 到并联采样输出 v_O 的戴维南等效增益转换。在这个例子中，i_e 流过 Q_1 的 $r_{\pi 1}$ 和 r_{o1} 以及 M_2 的 r_{sd2}，产生电压降 v_O，使 $A_{Z.OL}$ 等于

$$A_{Z.OL}\big|_{i_{out}=0} \equiv \frac{v_o}{i_e} = r_{o1} \parallel r_{\pi 1} \parallel r_{sd2} \approx r_{\pi 1} \tag{6.71}$$

其中，$A_{Z.OL}$ 降至 $r_{\pi 1}$。反馈系数 β_{FB} 是当输入 i_i 等于零时，从输出电压 v_o 到反馈电流 i_{fb} 的增益。因为 Q_1 的跨导 g_{m1} 乘以 v_o 建立电流 i_{fb}，所以 β_{FB} 是 g_{m1}：

$$\beta_{FB}\big|_{i_i=0} \equiv \frac{i_{fb}}{v_o} = g_{m1} \tag{6.72}$$

因此，闭环增益 $A_{Z.CL}$ 为 $A_{Z.OL}$ 的 $1/(1 + A_{Z.OL}\beta_{FB})$，或者，大约为 $1/g_{m1}r_{\pi 1}$ 即 $1/\beta_{o1}$ 倍。在这个例子中，因为 Q_1 的 g_{m1} 只能线性处理 v_o 的小信号成分，所以当 $A_{Z.OL}\beta_{FB}$ 远大于 1 时，只有 v_o 是 i_{fb} 和 i_i 的 $1/\beta_{FB}$ 即 $1/g_{m1}$。这里，移走 Q_1 的诺顿电流源就消除了同时提供输入和输出的反馈环路源，只剩下了 Q_1 的 $r_{\pi 1}$ 和 r_{o1} 以及 M_2 的 r_{sd2}，所以，开环输入电阻 $R_{I.OL}$ 和输出电阻 $R_{O.OL}$ 是相等的：

$$R_{I.OL} = R_{O.OL}\big|_{i_i=0} = r_{o1} \parallel r_{\pi 1} \parallel r_{sd2} \approx r_{\pi 1} \tag{6.73}$$

这个值降低到 $r_{\pi 1}$。闭环时，由于是并联叠加输入，并联采样输出，所以，闭环输入电阻 $R_{I.CL}$ 和输出电阻 $R_{O.CL}$ 为 $R_{I.OL}$ 和 $R_{O.OL}$ 的 $1/(1 + A_{Z.OL}\beta_{FB})$，或者，大约为 $1/g_{m1}r_{\pi 1}$，即 $R_{I.CL}$ 和 $R_{O.CL}$ 大约等于 $1/g_{m1}$。换句话说，二极管连接的阻抗是 $1/g_{m1}$，这是第 5 章在电流镜这一节中得出的结论，第 5 章和本章之后还将用这一结论来分析其他电路。

2. 反相运算放大器

尽管不是特别明显，但是图 6.42 所示的反相运算放大器是一个经典的跨导负反馈放大器的例子。这里，电阻 R_{FB} 反馈输出信号到运算放大器的反相输入端从而建立起负反馈环路。当然，这个环路是反相的，因为运算放大器是这个环路中唯一的反相器。

为了找到叠加器，我们追踪进入到电路的输入信号，发现输入电阻 R_{IN} 作为缓冲器，不能叠加电压信号，放大器 A_V 的一个输入端可以接收信号，由于其相对的输入端不在环路中，所以 A_V 不是电压叠加器。排除了电压叠加的可能性后，我们认识到

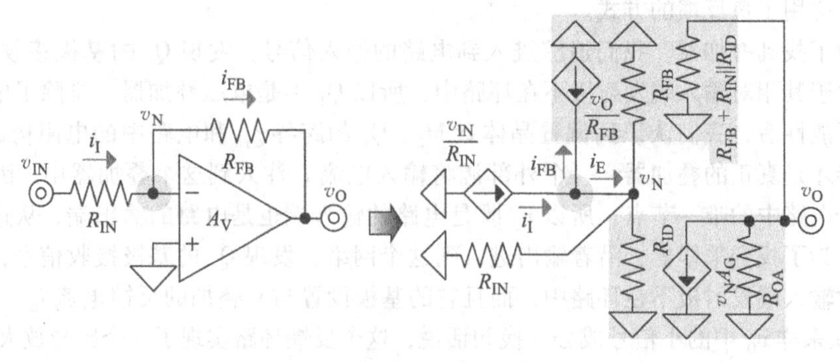

图 6.42 反相运算放大器结构

R_{IN}、A_V和反馈电阻R_{FB}构成的 T 形连接才是真正的叠加器，电阻R_{IN}往这个节点中注入电流i_I。类似地，沿着输出进入到这个网络，我们发现采样器就是缓冲器R_{FB}，因为流过R_{FB}的电流是与i_I叠加的反馈电流I_{FB}，R_{FB}把输出电压v_O转化成i_{FB}，这意味着，R_{FB}同时采样v_O中的小信号和大信号。换句话说，这个反馈环路构成了一个跨导放大器。

在继续分析之前，记住前文中已讲述过，开环参数必须将电路中所有阻抗的影响都包括进来。基于此，电路中把信号转换成进入环路叠加器的电流信号和电压信号的所有电阻都要分解成二端口等效电路。例如，图 6.42 所示的小信号模型，R_{IN}的诺顿等效电阻是当输入v_{IN}为零时从A_V的反相输入v_N到R_{IN}的电阻，也为R_{IN}，R_{IN}的诺顿等效电流是当v_N等于零时，R_{IN}到v_N的电流，即v_{IN}/R_{IN}。类似地，R_{FB}的诺顿等效输出电阻是当v_O为零时，从R_{FB}到v_N的电阻，就是R_{FB}，R_{FB}的跨导电流是当v_N为零时，从R_{FB}到v_N的电流，即v_O/R_{FB}。最后，R_{FB}的输入电阻是从v_O到R_{FB}的电阻，即$R_{FB}+(R_{IN}\|R_{ID})$，其中，A_V的差分输入电阻R_{ID}很高，所以$R_{IN}\|R_{ID}$近似等于R_{IN}。

用二端口模型代替的话，前向开环跨阻增益$A_{Z.OL}$是当输入i_I为零且输出不带负载时，从并联叠加的误差信号i_E即i_I-i_{FB}到并联采样输出v_O的戴维南等效增益转换。在这个例子中，i_E流过R_{IN}、R_{FB}和A_V的R_{ID}产生一个电压降，然后A_V再将其放大，A_V的反相诺顿等效跨导A_G从A_V的输出电阻R_{OA}和R_{FB}的输入电阻$R_{FB}+(R_{IN}\|R_{ID})$中拉电流，使$A_{Z.OL}$为

$$A_{Z.OL}\big|_{i_{OUT}=0}\equiv\frac{v_O}{i_E}=(R_{IN}\|R_{FB}\|R_{ID})(-A_G)\{R_{OA}\|(R_{FB}+(R_{IN}\|R_{ID}))\}\tag{6.74}$$

反馈系数β_{FB}是当输入i_I为零时从输出v_O到反馈i_{FB}的反馈系数。因为R_{FB}的二端口跨导乘以v_O建立电流i_{FB}，但是是反相的，如图 6.42 所示，所以，β_{FB}是$-1/R_{FB}$：

$$\beta_{FB}\big|_{i_I=0}\equiv\frac{i_{FB}}{v_O}=-\frac{1}{R_{FB}}\tag{6.75}$$

因此，闭环增益$A_{Z.CL}$是$A_{Z.OL}$的$1/(1+A_{Z.OL}\beta_{FB})$。因为这个电压分压器和这个 T

形连接均线性处理 v_O 和 i_I 中的小信号成分和大信号成分，所以，当 $A_{Z.OL}\beta_{FB}$ 远大于1时，v_O 是 i_{FB} 和 i_I 的 $1/\beta_{FB}$。移走 A_V 的诺顿电流源 A_G 就消除了最终提供输入的反馈源，只剩下电阻 R_{IN}、R_{FB} 和 A_V 的 R_{ID}，所以，开环输入电阻 $R_{I.OL}$ 是它们的并联：

$$R_{I.OL} = R_{IN} \parallel R_{FB} \parallel R_{ID} \tag{6.76}$$

闭环时，由于是并联叠加输入，闭环输入电阻 $R_{I.CL}$ 是 $R_{I.OL}$ 的 $1/(1+A_{Z.OL}\beta_{FB})$。类似地，当输入 i_I 为零时，移走 A_V 的诺顿电流源 A_G 就消除了提供输出的反馈源，这表明诺顿等效开环输出电阻 $R_{O.OL}$ 是 A_V 的 R_{OA} 和 R_{FB} 的 $R_{FB}+R_{IN} \parallel R_{ID}$ 的并联：

$$R_{O.OL}\big|_{i_I=0} = R_{OA} \parallel [R_{FB} + (R_{IN} \parallel R_{ID})] \tag{6.77}$$

闭环时，由于是并联采样输出，因此，闭环输出电阻 $R_{O.CL}$ 是 $R_{O.OL}$ 的 $1/(1+A_{Z.OL}\beta_{FB})$。尽管如此，在很多采用此结构的应用中，人们更多关注的不是通过反馈电路的跨导，而是通过整个网络的电压增益，该电压增益指的是从 v_{IN} 到 i_I 的诺顿转换以及从 v_O 到 i_I 的反馈转换：

$$\frac{v_O}{v_{IN}} = \left(\frac{i_I}{v_{IN}}\right)\left(\frac{v_O}{i_I}\right) = \left(\frac{1}{R_{IN}}\right)A_{Z.CL} \approx \left(\frac{1}{R_{IN}}\right)\left(\frac{1}{\beta_{FB}}\right) = -\frac{R_{FB}}{R_{IN}} \tag{6.78}$$

当然了，与此电路相关联的最常用的参数就是这个反相电压增益。

3. 反相晶体管放大器

基极 - 发射极终端能放大两个电压之间的差，图6.43所示的电路是图6.42所示的反相运算放大器结构的晶体管级小信号实现电路。这里，晶体管 Q_1 构成了放大器 A_V，它的反相跨导 A_G 是小信号跨导 g_{m1}，输出电阻 R_{OA} 是 Q_1 的 r_{o1} 和偏置晶体管 M_2 的 r_{sd2} 的并联，差分输入电阻 R_{ID} 是 $r_{\pi1}$。因此，当环路增益足够大时，这个电路的小信号电压增益可以简化为大约 $-R_{FB}/R_{IN}$。

4. 米勒电容

虽然毫不奇怪，但是很有趣的是，第4章所讨论的米勒效应仅仅是负反馈所导致的。为了认识这一点，可以这样来看，与在反相运算放大器结构中一样，图6.44所示电路中的放大器 A_G 反相，米勒电容 C_M 馈入一个同相信号到 A_G 的输入端，它们合在一起构成了一个通过 A_G 反相一次的反馈环路。

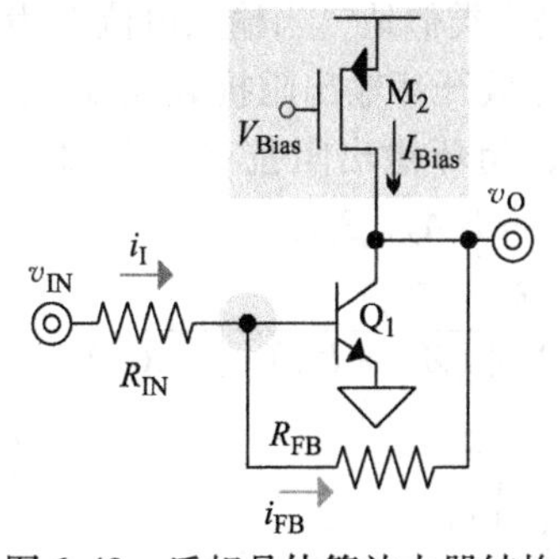

图6.43 反相晶体管放大器结构

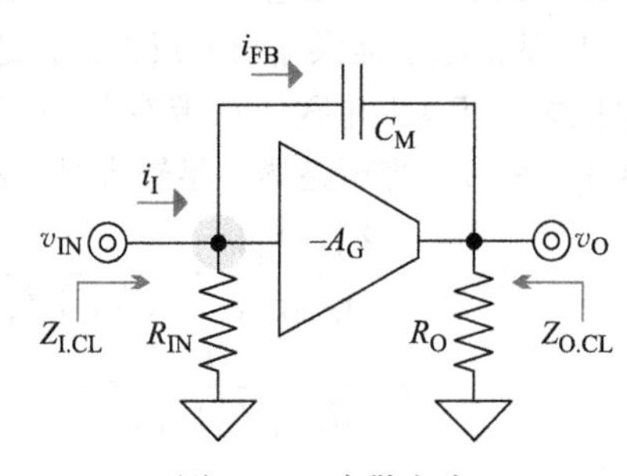

图6.44 米勒电容

为了找到叠加器，我们追踪进入到电路的输入信号，发现放大器 A_G 的一个输入端接收信号，但是它没有相对的输入端输入电压以叠加电压信号。排除了电压叠加的可能性后，我们认识到输入电压 i_I、米勒电容 C_M 和输入电阻 R_{IN}构成的 T 形连接才是真正的叠加器，电流 i_I 流入叠加器中。类似地，沿着输出进入到这个网络，可以发现采样器就是 C_M 的阻抗 Z_M，即 $1/sC_M$，它是输出电压 v_O 的缓冲器。换句话说，这个反馈环路构成一个跨导放大器。

与前述一样，电路中把信号转换成进入环路叠加器的电流信号和电压信号的所有电阻都要分解成二端口等效电路。因此，C_M 的诺顿等效输出阻抗是当 v_O 为零时，从输入 v_{IN}到电容 C_M 的阻抗，即 $1/sC_M$，它的诺顿等效跨导电流是当 v_{IN}为零时，C_M 流到 v_{IN}的电流，即 $v_O sC_M$。最后，C_M 的输入阻抗是从 v_O 到 C_M 的阻抗，即 $1/sC_M + R_{IN}$。

用 C_M 的二端口网络模型替换，前向开环跨阻增益 $A_{Z.OL}$是当输入 i_I 为零且输出不带负载时，从并联叠加的误差信号 i_E 即 $i_I - i_{FB}$到并联采样输出 v_O 的戴维南等效增益转换。在这个例子中，i_e流过 R_{IN}和 Z_M产生一个压降，A_G将其转化成电流，然后通过输出电阻 R_O和 C_M的输入阻抗 $1/sC_M + R_{IN}$上的电压把 $A_{Z.OL}$置为

$$A_{Z.OL}\Big|_{i_{OUT}=0} \equiv \frac{v_O}{i_E} = (R_{IN} \parallel Z_M)(-A_G)[R_O \parallel (Z_M + R_{IN})] \tag{6.79}$$

反馈系数 β_{FB}是当输入 i_I 为零时，从输出 v_O 到反馈 i_{FB}的增益。C_M 的二端口跨导乘以 v_O 建立电流 i_{FB}，但是是反相的，如图 6.44 所示，所以，β_{FB}是 $-sC_M$：

$$\beta_{FB}\Big|_{i_I=0} \equiv \frac{i_{FB}}{v_O} = -\frac{1}{Z_M} = -sC_M \tag{6.80}$$

移走 A_G 就消除了最终提供输入的反馈源，只留下了 R_{IN}和 C_M 的阻抗 Z_M，所以，开环输入阻抗 $Z_{I.OL}$是 $R_{IN} \parallel Z_M$。带有并联叠加输入时，闭环输入阻抗 $Z_{I.CL}$为 $Z_{I.OL}$的 $1/(1 + A_{Z.OL}\beta_{FB})$，当环路增益足够大时，$Z_{I.CL}$为 $Z_{I.OL}$的 $1/A_{Z.OL}\beta_{FB}$：

$$Z_{I.CL} \approx \frac{Z_{I.OL}}{A_{Z.OL}\beta_{FB}} = \frac{R_{IN} \parallel Z_M}{(R_{IN} \parallel Z_M)(-A_G)[R_O \parallel (Z_M + R_{IN})](-sC_M)} = \frac{1}{s(A_V C_M)} \tag{6.81}$$

式中，A_V 是电压增益 v_O/v_{IN}，即 $A_G[R_O \parallel (Z_M + R_{IN})]$。

换句话说，$Z_{I.CL}$是电容的阻抗，它是 C_M的 A_V倍。类似地，当输入电流 i_I 为零时，移走 A_G 就消除了提供输出的反馈源，这表明诺顿等效开环输出阻抗 $Z_{O.OL}$是 R_O 和 C_M 的阻抗 $Z_M + R_{IN}$ 的并联。在带有并联采样输出时，闭环输出阻抗 $Z_{O.CL}$为 $Z_{O.OL}$的 $1/(1 + A_{Z.OL}\beta_{FB})$，当环路增益足够大时，$Z_{O.CL}$为 $Z_{O.OL}$的 $1/A_{Z.OL}\beta_{FB}$：

$$\begin{aligned} Z_{O.CL} &\approx \frac{Z_{O.OL}\Big|_{i_I=0}}{A_{Z.OL}\beta_{FB}} = \frac{R_O \parallel (Z_M + R_{IN})}{(R_{IN} \parallel Z_M)(-A_G)[R_O \parallel (Z_M + R_{IN})](-sC_M)} \\ &= \frac{1}{(R_{IN} \parallel Z_M)A_G(sC_M)} = \frac{1}{\left(\frac{sC_M R_{IN}}{1 + sC_M R_{IN}}\right)A_G} \end{aligned} \tag{6.82}$$

高频时，$Z_{O.CL}$简化为 $1/A_G$。总的来说，这些反馈的分析说明，若输入给 v_{IN}引入了大电容，在分流之后，v_O的有效输出电阻很低。换句话说，低频时，$Z_{I.CL}$对外部输

入电阻分流；高频时，外部输出电阻对 $Z_{O.CL}$ 分流，这与第4章中得到的米勒极点分裂的结论一致。

6.5 稳定性

6.5.1 频率响应

在实际中，反馈环路的增益不可能随频率变化而一直恒定不变。实际上，一个电路的小信号路径上的每一个节点都包含把信号分流到地的电容，这意味着节点会引入极点，从而限制环路增益 A_{LG} 即 $A_{OL}\beta_{FB}$ 的带宽。即使是实现 A_{LG} 的最简单环路也会包含一个节点，将 A_{LG} 的带宽限制在极点频率 p_{BW}，如图6.45所示，有趣的是，曲线以20dB每10倍频程下降，或者等效的，以每10倍频率10倍速率下降，这意味着，通过极点 p_{BW} 时，A_{LG} 会下降，而且增益下降的值和频率上升的值相同，因此在通过极点频率 p_{BW} 时，增益带宽积（GBW），即 $A_{LG}p_{BW}$ 是一个常量：

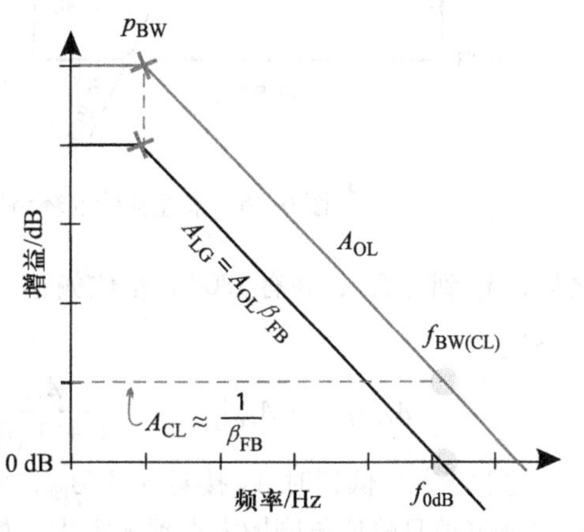

图6.45 环路增益 A_{LG}、前向开环增益 A_{OL} 和闭环增益 A_{CL} 的频率响应

$$GBW = A_{LG}p_{BW} = A_{OL}\beta_{FB}p_{BW} = f_{0dB}\big|_{\text{One Pole}} \tag{6.83}$$

换句话说，A_{LG} 是1时的频率就是GBW。或者换一种表述，单极点系统的单位增益的频率 f_{0dB} 就是GBW。

因为放大后的输出最终会等于输入的精确的反馈转换，所以反馈系数 β_{FB} 通常是精确的，而且它的带宽极点频率很高或者至少比前向开环增益 A_{OL} 的高，而且因为闭环增益 A_{CL} 或 $1/\beta_{FB}$ 不可能比 A_{OL} 大，$1/\beta_{FB}$ 也比 A_{OL} 小，但是，通常情况下它远大于1或者等于1，这样才可以放大或者缓冲输入信号，因此，β_{FB} 通常比1小或者与1相等，这意味着，A_{LG} 即 $A_{OL}\beta_{FB}$ 为 A_{OL} 的 $1/\beta_{FB}$。另外，如图6.45所示，频率超过 A_{OL} 的低频主极点频率 p_{BW} 后，A_{LG} 开始下降。实际上，在 A_{LG} 的 f_{0dB} 处，A_{OL} 和它的闭环增益 A_{CL} 比 A_{LG} 的 $1/\beta_{FB}$ 倍，这意味着 A_{CL} 的闭环带宽 $f_{BW(CL)}$ 是 A_{LG} 的单位增益频率 f_{0dB}。

1. 补偿前系统的频率响应

因为电路中的每一个节点都会产生一个极点，为了放大信号，电路通常包含有不止一个节点，一个电路中有两个或三个极点是很常见的，而且，增益通常都来自于将跨导电流馈入到高阻抗节点，所以，极点出现在电容给高电阻分流时，换句话说，在 A_{LG} 到达 f_{0dB} 之前，在 A_{LG} 中找到两个或更多极点也是合理的，如图6.46所示。

不幸的是，A_{LG} 的相位在每个极点之后10倍频率处下降90°。因此，在两个极点

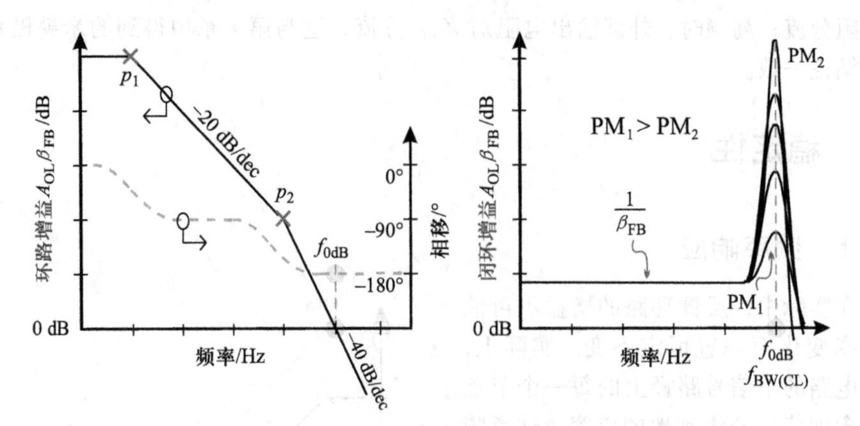

图 6.46　未经补偿的环路增益和闭环增益频率响应

之后，A_{LG}到达f_{0dB}，并有 180°的相位偏移，所以闭环系统在f_{0dB}处的增益A_{CL}趋于无穷大：

$$A_{CL}\big|_{f_{0dB}} = A_{CL}\big|_{f_{BW(CL)}} = \left.\frac{A_{OL}}{1 + A_{OL}\beta_{FB}}\right|_{A_{OL}\beta_{FB}=1\angle 180^\circ} = \frac{A_{OL}}{1-1} \to \infty \tag{6.84}$$

这意味着，低频时A_{CL}接近于$1/\beta_{FB}$，而且在A_{LG}的f_{0dB}处，也是A_{CL}的$f_{BW(CL)}$处，A_{CL}达到峰值且峰值急剧增大直到无穷大，如图 6.46 所示。换句话说，闭环系统会在f_{0dB}处将噪声放大很大，以至于使得环路失去对输出的控制，这是不期望的。

2. 补偿后系统的频率响应

幸运的是，随着第二个极点p_2朝向f_{0dB}方向升高，在f_{0dB}处电路的相移会减小，结果，在f_{0dB}处，$A_{OL}\beta_{FB}$降低到 0 到 −1 之间，换句话说，更低的相移能够在f_{0dB}时抑制A_{CL}的峰值。一般来说，稳定判据是：环路增益A_{LG}达到单位增益时，即处于f_{0dB}时，相移小于 180°。相位裕度（PM）指的是A_{LG}在f_{0dB}处的相移与 180°相移之间的相位余量。增益裕度（GM）指的是A_{LG}从f_{0dB}到$f_{180°}$（相移达到 180°时的频率）时增益的减少量。

最常用的补偿策略是将A_{LG}的第二个极点p_2移到靠近或者超过f_{0dB}的位置，从而保证相位裕度为 45°或者大于 45°，如图 6.47 所示，其另外一种表述方式是当A_{LG}到达f_{0dB}时A_{LG}以 20dB 每 10 倍频下降。基于此，A_{LG}在f_{0dB}之前可以允许有多个零极点对p_X和z_X，它们的相移相互抵消，但只允许有一个额外的极点p_1。

在 90°的相位裕度下，闭环系统能对输入信号的瞬时阶梯上升变化做出响应，它会单调增大s_O到目标值s'_O。在 60°的相位裕度下，如图 6.48 所示的时域响应，s_O首先单调增大并超过s'_O，然后下冲到小于s'_O，并最终稳定在s'_O附近几个百分点的值上。更糟糕的情况是，在 45°的相位裕度下，s_O会几次过冲超过s'_O，需要经历 3 个振荡才会最终稳定在s'_O附近。一般来说，若带宽限制是$f_{BW(CL)}$，其时间常数τ_{BW}等于$1/2\pi f_{bW(CL)}$，s_O一般经历 3～10 个时间常数之后收敛到s'_O。

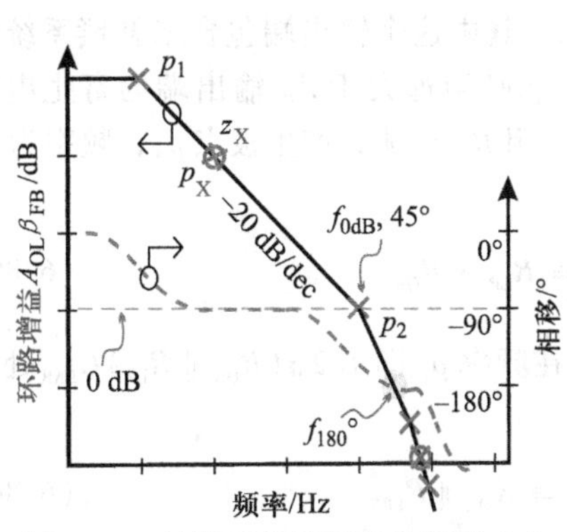

图 6.47 补偿后环路增益的频率响应

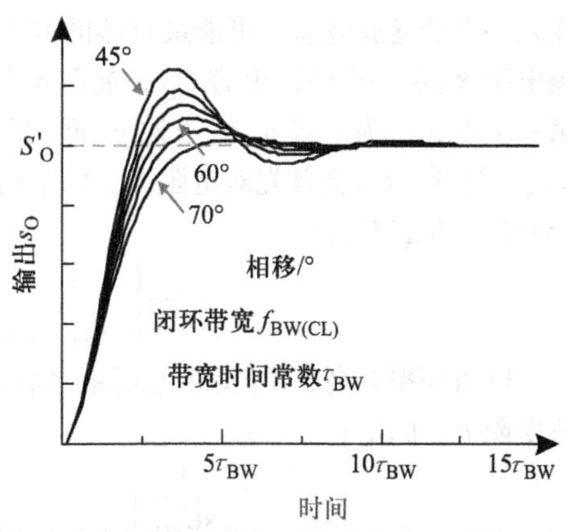

图 6.48 补偿后系统对阶跃输入的时域响应

6.5.2 补偿

频率补偿指的是保证反馈网络满足稳定判据所采取的措施。它的基本目的是使环路增益 A_{LG}达到单位增益频率f_{0dB}时有超过45°的相位裕度，也即 A_{LG}到达f_{0dB}时以 20dB 每10倍频程速率下降，或者更直观地说，此时只受到一个单极点的影响，为了达到这个目的，A_{LG}中需要努力建立一个低频主极点。

补偿后具有更高单位增益频率的反馈环路能够在更高的工作频率下维持对增益、跨导、线性度、灵敏度和其他一些参数的负反馈效应。换句话说，更高的带宽可以使系统处理更高频率的信号。不幸的是，接下来的讨论证明，要保证在一个极点的情况下 A_{LG}到达f_{0dB}，系统的带宽通常会比补偿前降低。补偿降低f_{0dB}的程度以及功耗增加的程度可以说明这种补偿方法相对于其他方法的优势。

1. 引入低频主极点

也许补偿一个负反馈网络最简单的但并非总是最好的方法是，给 A_{LG}增加一个极点 p_A。但是，为了满足 A_{LG}到达补偿单位增益频率$f_{0dB.A}$时以 20dB 每 10 倍频程速率下降，系统中的下一个极点 p_1 必须位于$f_{0dB.A}$或者$f_{0dB.A}$之上的位置，如图 6.49 所示。如此，p_A 必须足够低以保证$f_{0dB.A}$不超过p_1。这意味着$f_{0dB.A}$等于或者小于 p_1，因此它将远低于未补偿时的f_{0dB}。

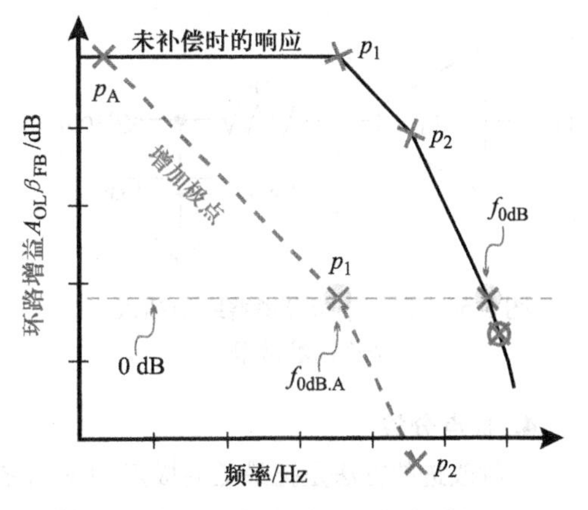

图 6.49 引入低频主极点补偿后系统的频率响应

2. 低通滤波器

增加一个极点 p_A 相当于在环路中

插入一个低通滤波器。可能最直接的方法就是在跨导增益级 A_G 的输出端插入一个去耦电阻 R_{LP}和一个滤波电容 C_{LP}，如图 6.50 所示，其中这个输出端包含未补偿系统的第一极点 p_1。为了将 p_A 置于比 p_1 低的位置，C_{LP}必须远大于 A_G 输出端的寄生电容 C_{PAR}。这样，C_{LP}会首先对电阻 R_{LP}和 A_G 的输出电阻 R_{OA}分流，产生极点 p_A，频率为 $1/2\pi(R_{LP}+R_{OA})C_{LP}$：

$$\left.\frac{1}{sC_{LP}}\right|_{p_A\approx\frac{1}{2\pi(R_{LP}+R_{OA})C_{LP}}} \equiv R_{LP}+R_{OA} \tag{6.85}$$

随着频率升高，C_{LP}实际上短路之后，C_{PAR}在频率 p_1 即 $1/2\pi(R_{OA}\parallel R_{LP})C_{PAR}$处分流电阻 $R_{OA}\parallel R_{LP}$：

$$\left.\frac{1}{sC_{PAR}}\right|_{p_1\approx\frac{1}{2\pi(R_{OA}\parallel R_{LP})C_{PAR}}} \equiv R_{OA}\parallel R_{LP} \tag{6.86}$$

3. 主极点平移

一种更好的建立低频主极点的方法就是将系统中频率最低的极点平移到频率更低的位置，如图 6.51 中的极点 p_1。这样，要以 20dB 每 10 倍频程下降速率到达补偿后新的单位增益频率 $f_{0dB.S}$，p_1 必须足够低以保证 $f_{0dB.S}$位于或低于系统的第二极点频率 p_2，或比 p_2 小。这种方法相对于前述方法的优点在于带宽更高，因为 $f_{0dB.S}$比原来的 p_1 大，而 p_1 正是前述方法中增加一个主极点后 $f_{0dB.A}$所处的位置。幸运的是，将一个中等大小频率的极点 p_1 平移到更低的频率处，只需要在最初引入极点 p_1 的节点上增加一个电容即可，而这是很简单的。然而，这只有在这个节点是可访问的情况下才能实现，因此，这种情况适用于集成电路设计，而对于系统设计来说并非总是具有这种可能性。

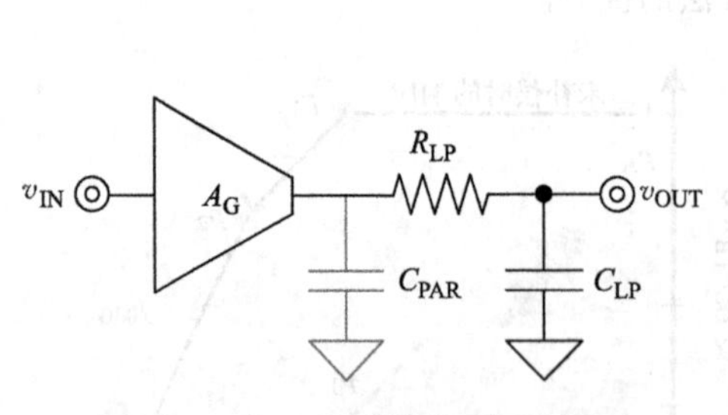

图 6.50 向一个跨导增益级中插入一个低通滤波器

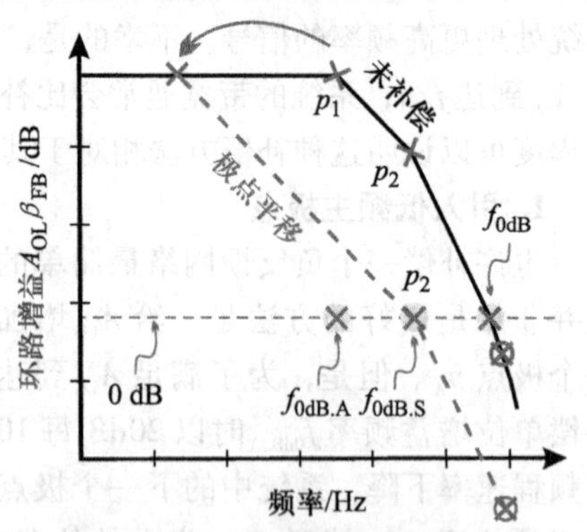

图 6.51 将系统的最低频率极点平移到更低频率补偿后系统的频率响应

4. 极点分裂

一种改进的方法是把最低的极点频率 p_1 拉到更低的频率处，同时把系统的第二极点频率 p_2 推到更高的频率处。这样，补偿后新的单位增益频率 $f_{0dB.M}$就有可能比之前的 p_2 大，如图 6.52 所示。幸运的是，图 6.44 中在产生 p_1 和 p_2 的反相增益级上增加的米勒电容 C_M 就可以实现这个功能。前面已经讨论过，C_M 所实现的反馈环路可以在输入级呈现很高的电容，而在输出级则呈现很低的电阻，所以，前者在低频时对输入电阻分流，而在高频时，输出电容对后者分流。换句话说，C_M 能分裂输入和输出极点 p_1 和 p_2。

这种解决方法的漂亮之处就在于图 6.44 所示电路的输入和输出电阻在低频时都可以很高，这意味着，可以将极点 p_2 推到更高的频率而不需要牺牲低频环路增益。它的不足之处是第 4 章中讨论过的，C_M 提供了一个与跨导通道信号反相的前馈信号通道，产生一个右半平面零点 z_M。因为 z_M 的作用是提高环路增益，同时降低相位，因此，它会减小系统的相位裕度，所以，z_M 必须位于 $10f_{0dB.M}$ 以上，如果可能的话，将其置于更高频率处。

5. 引入同相零点

如图 6.53 所示，用一个同相零点 z_{LHP} 来抵消第二极点 p_2 的影响，补偿效果会更好，因为补偿后新的单位增益频率 $f_{0dB.Z}$ 有可能靠近系统的第三极点 p_3。然而，请注意高频极点通常情况下是寄生电容分流电阻 $1/g_m$ 的结果，这意味着一个电路中有可能包含几个这样的靠近 p_3 或者甚至靠近 p_2 的极点。幸运的是，提高 $1/g_m$ 器件的静态电流可以将这些极点平移到更高的频率处，但是会增加额外的功率消耗。

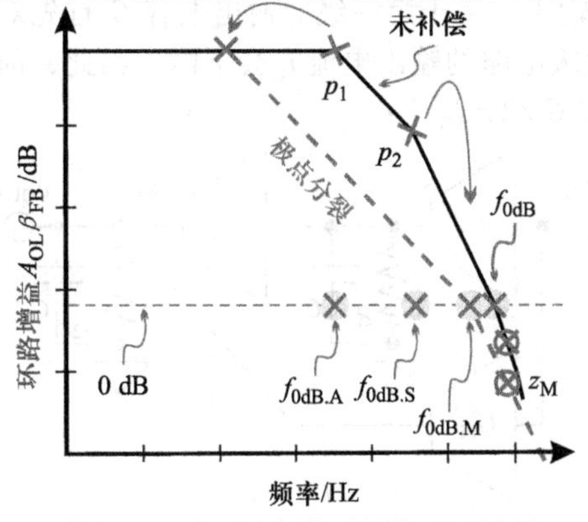

图 6.52　引入极点分裂补偿后系统的频率响应

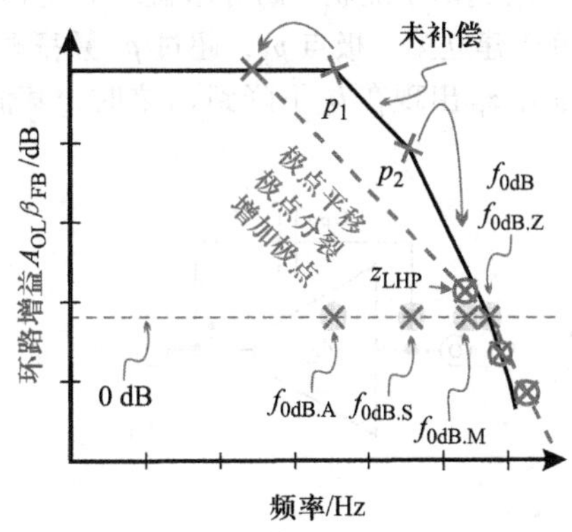

图 6.53　引入了极点分裂和同相零点补偿后系统的频率响应

（1）限流电阻

一种插入同相零点的方法就是给将第一个极点平移到更低频率时所增加的电容加一个限流电阻，如图 6.54 示例中的 R_Z 和 C_1。这样，C_1 首先分流跨导 A_G 的输出电阻 R_{OA} 和 R_Z，建立第一极点 p_1，频率 $1/2\pi(R_Z+R_{OA})C_1$：

$$\left.\frac{1}{sC_1}\right|_{p_1\approx\frac{1}{2\pi(R_Z+R_{OA})C_1}} \equiv R_Z + R_{OA} \tag{6.87}$$

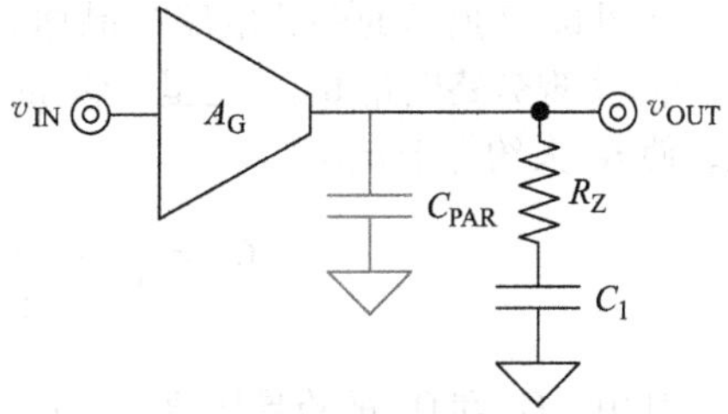

图 6.54　给 C_1 加一个限流电阻 R_Z（C_1 是将第一个极点平移到更低频率时所增加的电容）

然后，电阻 R_Z 对 C_1 限流，当 $1/sC_1$ 下降到 R_Z 时，产生零点 z_R：

$$\left.\frac{1}{sC_1}\right|_{z_R \approx \frac{1}{2\pi R_Z C_1}} \equiv R_Z \tag{6.88}$$

（2）旁路电容

在包含系统第一极点 p_1 的同相增益级 A_G 的两端跨接一个旁路电容，可以前馈一个同相信号，从而在更高频率处产生一个零点，如图 6.55 中的电容 C_{FF}。这里，当通过 C_{FF} 的电流 i_C 超过 A_G 的输出电流 i_O 时，零点开始作用。为了弄清楚零点 z_C 的位置，注意到 A_G 的输出电容 C_1 首先对 A_G 的输出电阻 R_{OA} 分流，建立极点 p_1。这意味着，在更高的接近于 z_C 的频率处，输出电压 v_{OUT} 趋近于零。因此，因为 z_C 是 i_C 穿过 i_O 的过渡频率，所以 z_C 简化为 $A_G/2\pi C_{FF}$：

$$i_C = (v_{IN} - v_{OUT})sC_{FF} \approx (v_{IN} - 0)sC_{FF}\Big|_{z_C \approx \frac{A_G}{2\pi C_{FF}}} \equiv i_O = v_{IN}A_G \tag{6.89}$$

（3）旁路电路

类似地，在包含系统第一极点 p_1 的同相增益级 A_G 的两端跨接一个旁路电路，也可以前馈一个同相信号，从而建立一个零点。在图 6.56 所示的例子中，G_{FF} 提供前向电流 i_{FF} 到两个级联的跨导增益级 G_1 和 G_2 的输出。由于第一级的输出电容 C_1 首先对 R_1 分流建立第一极点 p_1，超过 p_1 频率时，两级电路的输出电流 i_O 会下降。因此，前馈零点 z_{FF} 出现在 i_O 下降到 i_{FF} 之时，其值为 $G_1G_2/2\pi G_{FF}C_1$：

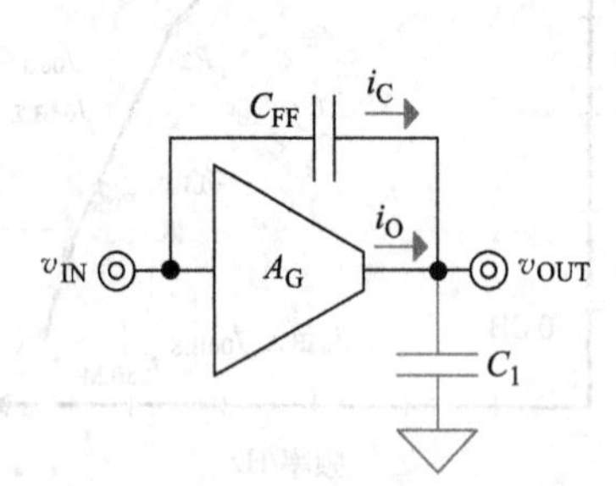

图 6.55　在一个同相增益级的两端跨接一个旁路电容

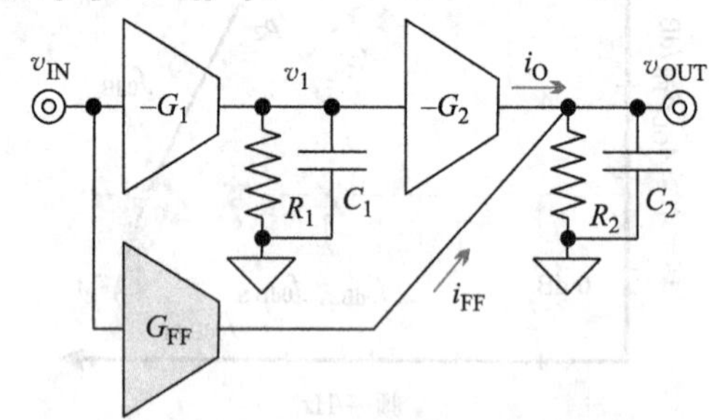

图 6.56　在一个同相放大级的两端插入一个旁路电路

$$i_O = v_{IN}G_1\left(R_1 \parallel \frac{1}{sC_1}\right)G_2\Big|_{f \gg \frac{1}{2\pi R_1 C_1}} \approx \frac{v_{IN}G_1G_2}{sC_1}\Bigg|_{z_{FF} = \frac{G_1G_2}{2\pi G_{FF}C_1}} \equiv i_{FF} = v_{IN}G_{FF} \tag{6.90}$$

在图 6.57 所示的旁路电路的晶体管级实现电路中，Q_1 和 M_2 实现增益级 G_1 和 G_2，Q_{FF} 实现旁路电路 G_{FF}。这里，Q_{FF} 的带载发射极电阻 $2/g_{mFF}$ 是 Q_1 的发射极退化电阻，使 G_1 大约等于 $g_{m1}/3$：

$$G_1 = \frac{i_1}{v_{in}} \approx \frac{g_{m1}}{1 + g_{m1}\left(\dfrac{2}{g_{mFF}}\right)} = \frac{g_{m1}}{3} \tag{6.91}$$

其中，Q_1 和 Q_{FF} 的跨导比值 g_{m1}/g_{mFF} 为 1，因为 Q_1 和 Q_{FF}[㊀] 是匹配的，这样，Q_1 将

㊀ 原文误写为 Q_1 和 Q_2——译者注

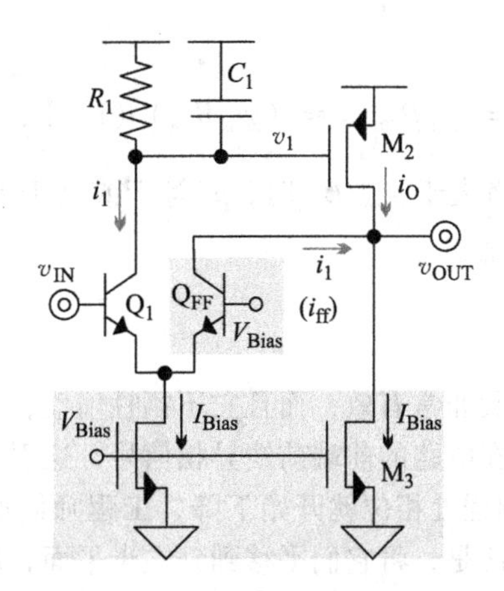

图 6.57　旁路电路的晶体管级实现电路

v_{IN}转化成电流 i_1，电流流过 R_1 产生一个压降 v_1，从而得到增益。然后 M_2 的跨导 g_{m2} 把 v_1 转化成输出电流 i_O，i_O 流过 M_2 的 r_{sd2}和偏置晶体管 M_3 的 r_{ds3}来产生更大的增益。有趣的是，Q_{FF}接收和缓冲 Q_1 的电流 i_1 到输出端，所以 G_{FF}等于 G_1，所以，由此导致的前馈零点 Z_{FF}简化为 $g_{m2}/2\pi C_1$：

$$z_{FF} = \frac{G_1 G_2}{2\pi G_{FF} C_1} = \frac{G_1 g_{m2}}{2\pi G_1 C_1} = \frac{g_{m2}}{2\pi C_1} \tag{6.92}$$

［例 6.5］　在何种情况下，图 6.38 所示的调整型 Cascode 电流镜的晶体管实现电路达到稳定，并至少有 45°的相位裕度？

解：因为源极退化 Cascode 晶体管 M_C 只包含一个节点，因此，它只有一个极点，M_C 所建立的内环路是稳定的。外环路包含两个极点，一个在 M_C 的栅极，另一个在它的源极。因为 M_A 的 r_{dsA}和 M_B 的 r_{sdB}都很高，r_{dsA}和 r_{sdB}还有 M_C 的栅极电容 C_{GC}建立了一个低频极点 p_1：

$$\left.\frac{1}{sC_{GC}}\right|_{p1\approx\frac{1}{2\pi R_{OA}C_{GC}}} \equiv R_{OA} = r_{dsA} \parallel r_{sdB}$$

式中，R_{OA}是 M_A 的联合输出电阻。

然后 M_A 的栅极电容 C_{GA}在高频时对 M_C 的源极电阻 R_{sc}分流，产生极点 p_2，当负载电阻 R_{LOAD}等于 r_o 或者更低时，R_{SC}近似等于 $2/g_{mC}$，这是很常见的：

$$\left.\frac{1}{sC_{GA}}\right|_{p2\approx\frac{0.5g_{mC}}{2\pi C_{GA}}} \equiv r_{o2} \parallel R_{SC} \approx R_{SC} = \frac{R_{LOAD} + r_{dsC}}{1 + g_{mC} r_{dsC}} \approx \frac{2}{g_{mC}}$$

因为反馈系数是 1，前向开环增益 $A_{L\,OL}$大约是 $g_{mA}(r_{dsA} \parallel r_{sdB})$或者 $g_{mA}R_{OA}$，假设 p_2 等于或大于f_{0dB}，单位增益频率 f_{0dB}大约为 $g_{mA}/2\pi C_{GC}$：

$$A_{L\,OL}\big|_{v_{out}=0} \equiv \frac{i_o}{i_e} = (-r_{o2})(-g_{mA})R_{OA}\left(\frac{g_{mC}}{1 + g_{mC} r_{o2}}\right) \approx g_{mA} R_{OA}$$

和

$$f_{0dB}\big|_{\text{One Pole}}=\text{GBW}=A_{\text{L OL}}\beta_{\text{FB}}p_{\text{BW}}\approx(g_{\text{mA}}R_{\text{OA}})(1)\left(\frac{1}{2\pi R_{\text{OA}}C_{\text{GC}}}\right)=\frac{g_{\text{mA}}}{2\pi C_{\text{GC}}}$$

当 $0.5g_{\text{mc}}/C_{\text{GA}}$ 等于或者大于 $g_{\text{mA}}/C_{\text{GC}}$ 时，p_2 等于或高于 f_{0dB}，这时这个电路有 45° 或更高的相位裕度，电路稳定。

6.5.3 反相零点

米勒电容用于极点分裂非常有效，而且它不牺牲增益，所以很多反馈环路都用它来做补偿。但其缺点是会在电路的前端前馈异相信号，这引入了右半平面的零点。因为在这些零点之前 10 倍频程处相位就开始下降，工程师们通常将这些零点平移到更高频率处，或者更好的办法是，将它们平移到到左半平面，以抵消极点的影响，有时工程师们甚至会消除它们。

1. 平移右半平面零点

产生反相零点 z_M 的罪魁祸首是米勒电容 C_M 提供给输出的电流 i_C。事实上，当 i_C 超过 C_M 旁路的运算放大器 A_G 的输出电流 i_A 时，z_M 出现。这意味着，与一个更高的电流 i_C 相比，较低的电流 i_C 只有在更高的频率下才能升高到超过 i_A，所以，如图 6.58 所示，用串联电阻来限制 C_M 的电流 i_C 就会阻碍这个过程，从而将 z_M 平移到更高的频率上。为了认识这一点，首先我们知道，z_M 出现在 i_C 等于 i_A 从而抵消 i_A 时，所以在 z_M 频率处，A_G 的输出电阻 R_{OA} 上的电压降为零，因此，v_{OUT} 等于零，R_M 有减小等效电阻的作用，将等效电阻降至 $(1/A_G)-R_M$，而这个等效电阻是确定零点 z_M 的电阻，这是另外一种说 R_M 提高了 z_M 的理解方式：

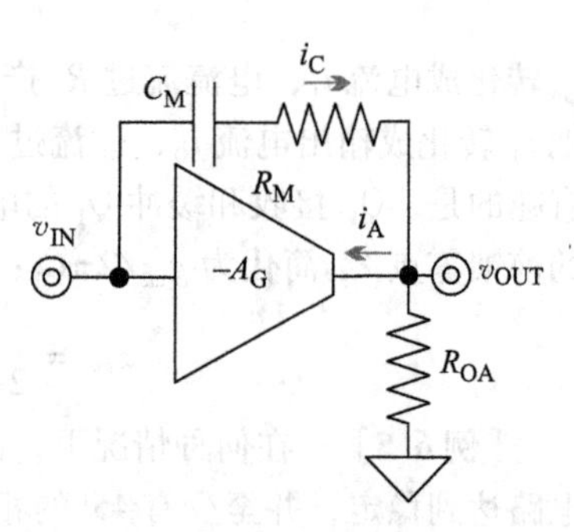

图 6.58 对米勒电容上的电流进行电流限制

$$i_C=\frac{v_{IN}-v_O}{\frac{1}{sC_M}+R_M}=\frac{v_{IN}-0}{\frac{1}{sC_M}+R_M}\Bigg|_{z_M=\frac{1}{2\pi C_M\left(\frac{1}{A_G}-R_M\right)}}\equiv i_A=v_{IN}A_G \qquad (6.93)$$

而且，使 R_M 等于 $1/A_G$ 会使 z_M 平移到无穷大的高频上。尽管在所有温度和工艺角下，使 R_M 和 $1/A_G$ 完美匹配是不现实的，但是使 $1/A_G$ 减小 80% 以上从而使得 z_M 频率足够高却是很容易的事情。

2. 将右半平面零点平移到左半平面

有趣的是，增大 R_M 到超过 $1/A_G$ 会使零点的极性反转。换句话说，当 R_M 比 $1/A_G$ 大时，z_M 会变成同相零点。通过进一步分析，注意到，提高电阻 R_M 使得 C_M 的电流 i_C 绝对不会超过 i_A 基本上可以将这个右半平面零点移走。另外，进一步提高电阻 R_M 会限制从输入中抽取的电流 i_C，这种效应就是用一个同相限流零点抵消输入极点影响的效应，最后的结果就是 R_M 将右半平面的零点平移到了左半平面。

3. 消除右半平面零点

当米勒电容 C_M 的电流 i_C 超过其所跨接的反相放大器 A_V 的电流时，将引入一个反相零点 z_M，因此，要消除米勒电容 C_M 引入的反相零点 z_M 等同于要阻碍前馈电流 i_C。当 C_M 的电流旁路放大器 A_V 时。因为米勒电容分裂一个增益级中的输入和输出极点是反馈的结果，所以阻碍前馈信号并不会使 C_M 的这种补偿电路的作用减弱。问题是怎样在不建立前馈信号通道的情况下，使反馈信号回到输入端。换句话说，C_M 必须仍然可以使电路的输出电压 v_O 转化成反馈电流 i_{FB}，并流入到输入级。

（1）电压缓冲器

一种阻碍前馈信号的方法就是对输出电压 v_O 进行缓冲，如图 6.59 所示。当保持 C_M 接收的用于建立反馈电流 i_{FB} 的电压时，缓冲器的低阻抗输出会使前向信号分流。这种缓冲器的一种简单的晶体管级别的应用就是源极跟随器或者发射极跟随器，如图 6.59 中的 M_1。

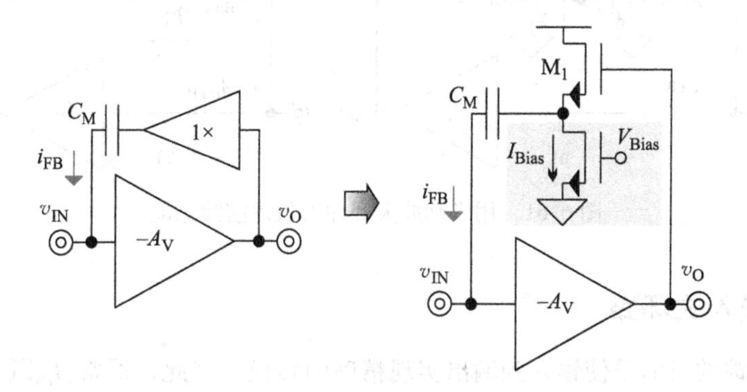

图 6.59　用一个电压缓冲器阻碍前馈电流

（2）电流缓冲器

另一种阻碍前馈信号的方法就是缓冲 C_M 建立的反馈电流，如图 6.60 所示。通过这种方式，缓冲器的高输出阻抗会阻碍前馈电流。这个电流缓冲器的一种简单的晶体管级电路实现就是一个共栅极晶体管或共基极晶体管，如图 6.60 中的 M_1。

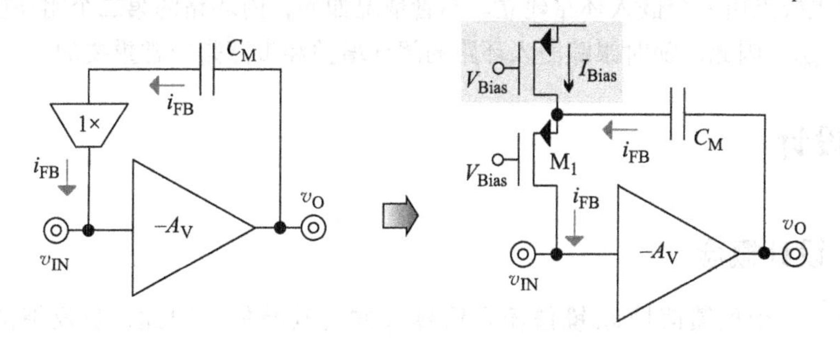

图 6.60　用一个电流缓冲器阻碍前馈电流

（3）米勒放大电流缓冲器

用一个电流放大器 A_I 代替这个电流缓冲器，不仅能够阻碍前馈电流而且还可以放大产生米勒效应的电容电流，这样，会提高反馈系数 β_{FB}，并因此提高环路增益 A_{LG}，导致输入电容大约以 A_I 倍升高到 $A_IA_VC_M$，输出电阻大约以 A_I 倍下降到 $1/A_IA_G$。例如，在图 6.61a 所示的实现电路中，两个电流镜实现了放大器 A_I，因为每一个电流镜的栅极 - 漏极反相转换的 C_M 反馈信号，因此，同相 β_{FB} 和反相放大器 A_V 将环路反相一次以实现负反馈。类似地，在反馈通道的一个电流镜将由一个同相放大器实现的环路反相，如图 6.61b 中所示的 A_V。一般而言，反馈电容与一个或两个放大电流镜串联可以进一步分裂反相放大器或同相放大器的输入和输出极点。

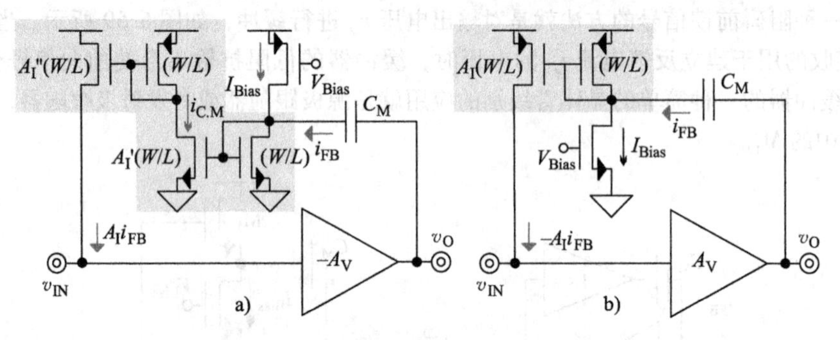

图 6.61　用米勒放大缓冲器阻碍前馈电流

6.5.4　嵌入式环路

因为反馈的目的是使输入到输出实现精确的转换，因此，通常 β_{FB} 既精确又带宽很宽，这意味着前馈开环放大器 A_{OL} 通常包含低频主极点 p_1，使得环路增益 A_{LG} 以 20dB 每 10 倍频程下降速率通过单位增益频率 f_{0dB}，且相移为 90°，因此，不能有多于 1 个的额外极点位于补偿后系统的单位增益频率 f_{0dB} 处以保持系统的相移不超过 135°。

在这些条件下，嵌入在 β_{FB} 和 A_{OL} 的环路的闭环带宽通常高于 f_{0dB}，这简化分析，因为内环路的闭环增益对外环路来说是恒定的，不随频率变化。唯一例外的情况是系统的低频主极点由一个嵌入环路建立。不管情况如何，内环路的第二个闭环极点几乎总是高于 f_{0dB}。因此，随时跟踪嵌入环路的闭环增益和带宽是非常重要的。

6.6　设计

6.6.1　设计概念

最终，一个反馈信号 s_{FB} 镜像输入信号 s_I 并与其叠加。因此，负反馈的作用是对抗外部因素对调整行为的影响。反馈系数将 s_{FB} 转换为输出 s_O，因为 s_{FB} 与目标值

s_O 并非总是同样的类型或同样的大小。因此，系统调整 s_O 的精度与 β_{FB} 的精度相同，然而，只有在系统的环路增益 A_{LG} 即反馈系数 β_{FB} 和前向开环增益 A_{OL} 的乘积足够大即远大于 1 时，才能保证精度，并且，由于 s_O 的小信号成分和大信号成分都是 s_I 的反馈系数转换，所以，叠加器和 β_{FB} 都必须能够同时处理小信号和大信号成分。

一般而言，并联反馈网络的输入或输出端，使得闭环输入或输出阻抗为开环阻抗的 $1/A_{LG}$。另一方面，串联反馈导致闭环阻抗为开环阻抗的大约 A_{LG} 倍。这也就是说，只要有足够的环路增益，并联叠加的输入阻抗和并联叠加的输出阻抗都很低，而串联叠加的输入阻抗和串联采样的输出阻抗都很高。

差分对和跨导晶体管仅当它们的相对输入端也携带环路信号时才能作为叠加器串联叠加输入信号。它们也可以采样输出电压，但是仅当它们的相对输入端不在环路中时。T 形连接可以并联叠加输入电流，集电极、发射极、漏极和源极可以采样输出电流。然而，发射极和源极仅当它们相应的基极和栅极携带环路信号时才能采样电流，否则，它们采样电压。顺便说一句，请注意，如果将输出端短路到地，s_{FB} 变成零，那么采样器监测的是电压。

开环阻抗必须包含网络中所有的阻抗。因此，断开一个反馈环路相当于在反馈通道上短路一个电压源或者移除一个电流源。然而，内环路不应被断开，因此，在嵌入环路中的电压源和电流源仍然是完整的。最后，反馈系统的设计取决于非线性晶体管、电路和相互交织的环路的线性化近似环路增益转换。

6.6.2 系统结构设计

设计总是从应用目标开始，更具体来说，总是从系统的性能要求开始。虽然设计过程从来不是唯一的，但输入和输出通常都是第一个考虑因素。下面我们将对这种方法示例说明。

首先，确定被叠加的输入和输出信号，从所需的输入—输出转换中确定被采样的信号。如果输出电流必须是输入电流的准确转换，反馈网络要实现电流放大器，换言之，环路必须并联叠加和串联采样电流。

为被叠加的输入信号 s_I 确定最合适的输入阻抗。例如，低输入电阻会吸收大部分输入电流，所以，馈入误差电流到发射极或源极的 T 形连接是好的选择。换言之，前向开环放大器 A_{OL} 的输入可以是一个共基极或共栅极电流缓冲器。另一方面，高输入电阻上会降低大部分输入电压，所以，A_{OL} 用基极或栅极做输入比较好。在这个过程中，要记住，T 形连接和差分对可以叠加输入的小信号和大信号分量，而基极 - 发射极以及栅极 - 源极只能叠加小信号电压。

类似地，为被采样的输出 s_O 确定最佳输出阻抗。例如，输出电压应该几乎不随电流变化而变化，所以输出电阻必须很低，因此，A_{OL} 用发射极和源极做输出比较好。

换言之，A_{OL}可以用发射极或源极跟随器来驱动输出。相反，输出电流不应该随电压变化而变化，所以输出电阻必须很高，因此，A_{OL}用共射极和共源极晶体管的集电极和漏极做输出比较好。

接着，考虑反馈系数β_{FB}，在这方面，对于电压－电压转换采用电压分压器较好，因为电阻的匹配性好，因此小信号和大信号转换都很精确。共基极或共栅极电流缓冲器和电流镜用作电流放大器比较好。无论是跨导转换还是跨阻转换，电阻都是很好的选择。

再下一步工作就是，用第 4 章和第 5 章中介绍的单个晶体管基本单元或模拟电路基本单元，构建从叠加输入端到采样输出端的前向放大器 A_{OL}的前向增益。先设计增益级，然后设计偏置电路和补偿电路。请记住，与同事进行讨论以及进行广泛的文献调研，可以利用本领域内他人的经验，从而有助于完成更好的电路设计和技术。

6.6.3 频率补偿

反馈系统补偿的一般方法是在前向开环增益 A_{OL}中建立一个低频主极点。要确保相位裕度不低于 45°，第二主极点应该位于或高于系统的单位增益频率f_{0dB}。因为相移起始于一个极点频率之前 10 倍频率处，所以，其他所有的极点应至少高于f_{0dB}10 倍频率。不幸的是，许多寄生极点的相移叠加起来，可能会导致在f_{0dB}附近相移雪崩式增加，由于f_{0dB}会随温度和工艺的变化而变化，系统也可能超负荷工作，这可能会导致系统不稳定。将这些寄生极点移动到更高频率处和添加同相零点到这个区域有助于减轻这个雪崩效应。用一个同相零点来抵消第二极点的影响也可以提高f_{0dB}，但只能在一定程度上提高f_{0dB}，因为受限于两者的匹配程度，扩展f_{0dB}使其接近几个寄生极点频率可能最终会损失相位裕度。在这方面，反相零点只会减少相位裕度，与寄生极点一样，它们应该位于至少高于f_{0dB}10 倍频率处。

6.7 总结

反馈系统调整与环路输入信号相叠加的反馈信号，这意味着一个精确的反馈系数转换同样地控制采样输出，这就是负反馈在宇宙中无处不在、在微电子领域中十分流行的原因。反馈的好处还包括降低灵敏度、提高线性度、扩宽带宽，以及根据环路叠加信号的方式和电路采样的方式不同而增大或减小阻抗。例如，并联反馈会减小阻抗，而串联反馈会增大阻抗。

有趣的是，在第 4 章中分析的发射极/源极退化晶体管就是一个跨导反馈放大器的例子。而且，同样地，由二极管连接的晶体管、米勒电容和反相运算放大器构成的闭环系统是跨阻反馈电路的典型例子。也许最不令人惊讶的电路是本章探讨的同相运算放大器结构，这是一个电压放大器的例子。

反馈系统要保持稳定，环路增益必须只在一个极点的综合作用下即以每 10 倍频程 20dB 的下降速率达到单位增益频率。要实现这一点，设计师通常在前向增益中建立一个低频主极点，并确保其他所有极点位于或高于系统的闭环带宽处。用米勒电容来分裂极点，用限流电阻或旁路电容和旁路电路来引入同相零点，都有助于保持反馈系统稳定。然而，米勒电容导致的反相零点却是有害无益的，所以设计师通常把它们移到高频处，或者将其转换成同相零点，或者消除它们。

最后，对电路的洞察力是设计的关键。所以理解器件、晶体管、电路以及它们实现的反馈系统的工作原理势在必行。第 3 ~ 6 章旨在培养设计者对模拟集成电路设计的洞察力和直觉，接下来的章节将示例如何将这些概念应用到常见的模拟系统如线性稳压器的设计中。

6.8　复习题

1. 一个反馈系统的基本功能部件有哪些？
2. 负反馈环路最有吸引力和最有用的特性是什么？
3. 反馈对灵敏度的影响是什么？
4. 并联采样对输出阻抗的影响是什么？
5. 并联采样输出的反馈环路采样的是什么类型的信号？
6. 串联叠加对输入阻抗的影响是什么？
7. 并联叠加输入信号的反馈环路叠加的信号类型是什么？
8. 当环路增益远大于 1 时，反馈对前向增益通道上的零点的影响是什么？
9. 反馈对前向增益通道上的高通滤波器的影响是什么？
10. 放大信号时，增益失真的根源是什么？
11. 在驱动一个跨导反馈放大器时，输入信号的源内阻的影响是什么？
12. 当驱动一个负载时，电流反馈放大器的输出电阻的影响是什么？
13. 晶体管的哪些端口可以被用来叠加电压，其叠加电压的条件是什么？
14. 晶体管的哪些端口可以被用来采样电压，其采样电压的条件是什么？
15. 晶体管的哪些端口可以被用来采样电流，其采样电流的条件是什么？
16. 如何区分和识别电流叠加器？
17. 当要导出前向开环跨导增益时，需要施加什么测试条件？
18. 当要导出前向开环跨阻增益时，需要施加什么测试条件？
19. 当要导出电压反馈放大器的反馈系数时，需要施加什么测试条件？
20. 当要导出电流反馈放大器的输出阻抗时，需要施加什么测试条件？
21. 请推导出下面电路的开环参数。

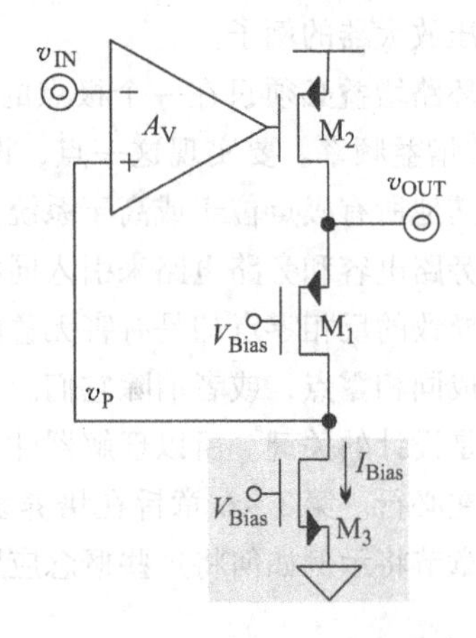

22. 请推导出下面电路的开环参数和整个电路的电压增益。

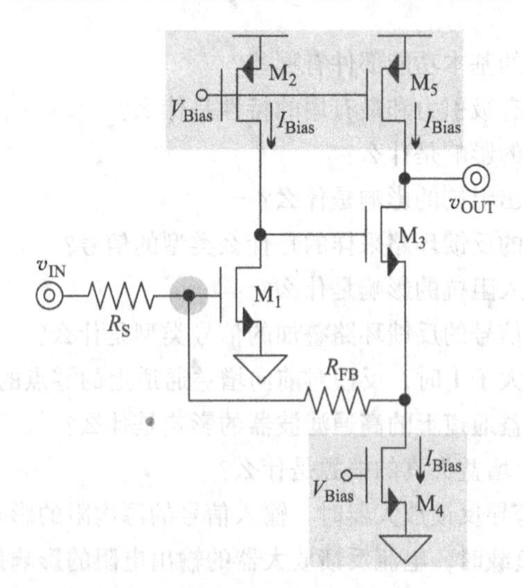

23. 请阐述稳定性判据。
24. IC 工程师如何将一个极点平移到低频处？
25. IC 工程师如何将一个反相增益级的输入和输出极点分裂？
26. IC 工程师如何引入同相零点？
27. IC 工程师如何将一个异相前馈电容引入的右半平面零点平移到高频？
28. IC 工程师如何将一个异相前馈电容引入的右半平面零点消除掉？
29. 正确或错误：反馈系数通常是精确的，而且带宽较宽。

第7章 偏置电流和基准电路

大多数情况下，系统中的模拟元件需要偏置电路，其根本原因是：当温度、电源、工艺角等变化时，要确保晶体管工作在预期状态，比如工作在三极管区或其他状态，需要一个可靠的偏置基准。此外，模拟系统的精度与基准电路也紧密相关。这就是传感器接口电路、模-数转换电路、数-模转换电路、恒温器、锁相环、线性和开关电源以及能量利用微电子等很多电路都需要偏置电流和基准电路的原因。

毫不奇怪，几乎所有的模拟电路单元的设计都是从偏置电路开始的。本章旨在介绍偏置电流和基准电路的基本概念以及支配其发展的电路。由于基准电压的产生依赖于偏置电流，所以本章首先介绍偏置电流产生电路，将讨论偏置电流产生电路的温度依赖性和温度补偿、启动、频率补偿、电源噪声抑制问题。然后，本章将介绍带隙基准。同时，本章将介绍怎样用PN结二极管代替BJT，从而实现和CMOS工艺兼容的解决方案。

7.1 电压基元

工程师一般用可预测的电压来产生电流。二极管正向导通电压v_D为0.6~0.7V，它是一个不错的选择，基于如下两个根本原因：一是二极管在室温下的初始电压误差只有±2%；二是二极管的对数伏安特性抑制了电流变化对电压造成的影响，具体来说，因为二极管电流i_D随v_D呈指数关系上升：

$$i_D = I_s\left(e^{\frac{v_D}{V_t}} - 1\right) \approx I_S e^{\frac{v_D}{V_t}} \tag{7.1}$$

v_D和i_D就是对数关系：

$$v_D \approx V_t \ln\left(\frac{i_D}{I_S}\right) = \frac{KT}{q}\ln\left(\frac{i_D}{I_S}\right) \tag{7.2}$$

由于相似的原因，也可以使用二极管的击穿电压V_{BD}，它的初始误差稍高，为±2%~±4%。和v_D相似，雪崩击穿和齐纳击穿抑制了电流变化，从而产生了类似对数关系的效果，但V_{BD}的缺点是其幅值较大。典型的BJT中发射结PN结二极管的击穿电压为6.8~7V，这对于供电电压通常在1~5V范围内的消费类电子产品来说太高了。

还有一种选择是使用MOS管的栅源电压v_{GS}。当MOS管工作在强反型和饱和状态时，电流i_{DS}随v_{GS}呈二次方关系上升：

$$i_{DS} \approx 0.5\left(\frac{W}{L}\right)K'(v_{GS} - v_T)^2 \tag{7.3}$$

上式意味着 v_{GS} 可以表示为阈值电压 v_T 和过饱和电压 $V_{DS(SAT)}$ 之和，后者是 i_{DS}、宽长比 W/L 和跨导参数 K' 的二次方根：

$$v_{GS} = v_T + \sqrt{\frac{2i_{DS}}{K'(W/L)}} \equiv v_T + V_{DS(SAT)} \tag{7.4}$$

由于 v_T 的初始误差大约是在（0.4~0.6V）上的 ±50~±100mV，K' 的是 ±20%，所以 v_{GS} 的误差为 ±5%~±10%。尽管不像 v_D 那样电流—电压呈对数关系，v_{GS} 的二次方根关系也抑制了 i_{DS} 变化。一般而言，误差和电流导致的 v_{GS} 变化都要比 v_D 高。即使 MOS 管工作在亚阈值导通状态时，对数关系抑制了 i_{DS} 导致的 v_{GS} 变化，但此时 v_T 的变化起了主要作用：

$$i_{DS(SUB)} \approx \left(\frac{W}{L}\right) I_{ST} e^{\frac{v_{GS}-v_T}{nV_t}} \tag{7.5}$$

式中，n 是 1.5~3 的常数。

总而言之，二极管电压比栅极 - 源极电压变化小，而击穿电压对于消费类应用来说太高了。因为将这些电压转变为电流的元件是电阻，因此参考电流的误差和精度也取决于片上电阻。由于多晶硅电阻的误差通常为 ±20%，比扩散电阻低，故很常用。因此，由正向偏置的 PN 结电压和多晶硅电阻产生的电流通常是最精确的。然而，要得到精度高于 ±20% 的电流，需要在工艺流程后调整电阻。幸运的是，可从二极管中得到排除了电阻误差后的电压，因此可以更加精确，若在工艺后再进行修调，结果会更好，这些将会在随后的章节中讨论。

在大多数的工艺技术中，二极管是容易获得的。然而，采用 BJT（采用其基极 - 发射极电压即发射结电压）能最终实现更紧凑的电路，因为可以享受第三端（集电极）带来的附加好处。事实上，当偏置电流和基准电压是由二极管得到时，双极型（Bipolar）工艺和 CMOS 工艺的唯一区别是 BJT 提供了一个集电极端口，给电路设计带来了灵活性。因此，为满足大多数工艺技术，本章既开发基于 BJT 的也开发基于二极管的偏置与基准电路。

7.2 PTAT 电流

实际中，几乎所有的电子特性都会随温度漂移。在电路设计中，消除变化未必比预测变化更重要，热电压 V_t 就是一个很好预测变化的电压，其在绝对零度（0K）时降为 0，且随着绝对温度 T 线性变化：

$$V_t = \frac{KT}{q} \tag{7.6}$$

式中，K 是玻尔兹曼常数，$K = 1.38 \times 10^{-23}$；q 是电子电荷，$q = 1.6 \times 10^{-19}$。

V_t 在绝对温度 300K 或 27℃ 时为 25.9mV。换言之，V_t 随绝对温度正比例变化（Proportional To Absolute Temperature，PTAT）。V_t 很有吸引力，因为其 PTAT 特性是

可预测、可靠的，并且在很宽的温度变化范围内都是线性的。用 PTAT 电流偏置二极管、BJT 和亚阈值导通 MOS 管，可以消除它们在小信号跨导 g_m 中出现的 V_t 的影响，变成 I_{PTAT}/V_t。

V_t 经常在半导体理论中出现。实际上，由于二极管电压 v_D 与其电流 i_D 呈对数关系，两个二极管的电压差 Δv_D 变为 V_t 与其各自电流密度 i_{D1}/A_{D1} 和 i_{D2}/A_{D2} 比值的自然对数的乘积：

$$\Delta v_D = v_{D1} - v_{D2} \approx V_t \ln\left(\frac{i_{D1} I_{S2}}{I_{S1} i_{D2}}\right) = V_t \ln\left(\frac{i_{D1} A_{D2}}{A_{D1} i_{D2}}\right) = v_{PTAT} \tag{7.7}$$

其中，反向饱和电流 I_S 和 PN 结结面积 A_D 成比例。如果两个二极管的结面积和电流匹配并且其比例大于 1，Δv_D 进一步趋近于 V_t，或者说，两个二极管的电压差是 PTAT 电压。

由于 MOSFET 的亚阈值电流是栅极－源极电压的指数函数，故和二极管表现出相似特性：

$$\Delta v_{GS} = v_{GS1} - v_{GS2} \approx nV_t \ln\left[\frac{i_{DS1}\left(\frac{W}{L}\right)_2}{\left(\frac{W}{L}\right)_1 i_{DS2}}\right] = v_{PTAT} \tag{7.8}$$

和前面相似，如果两个 MOSFET 的电流和宽长比匹配并且比例大于 1，Δv_{GS} 进一步趋近于 V_t，或者说，两个亚阈值 MOSFET 栅极－源极电压的差值是 PTAT 电压。

二极管电压在较宽的电流范围内都和电流呈对数关系，而栅极－源极电压却不是，而且阈值电压的高误差使这个问题更加恶化，因为包括了阈值电压误差后的裕度进一步限制了这个范围。此外，由于要涉及 MOSFET 从亚阈值区过渡到强反型区的过程建模，在亚阈值区的仿真便不够精确，这是二极管比 MOSFET 更适合作基准源的另一个原因。

最终，PTAT 电流 i_{PTAT} 由 V_t 通过电阻转换而来，具体来说，i_{PTAT} 和 V_t 成正比，和一个电阻 R_P 成反比，这意味着，转换电阻 R_P 随温度的漂移决定了 i_{PTAT} 的漂移，故电阻的漂移越小越好。

7.2.1　交叉耦合四管单元

既然 V_t 可以从两个匹配的二极管电压差得来，四个匹配的二极管电压差也可以产生 V_t。如图 7.1 所示，四个交叉耦合 BJT 利用这一特性产生了 PTAT 电流，这里，Q_1、Q_2、Q_3、Q_4 利用它们发射结电压差 Δv_{BE} 和 R_P 产生电流 i_R：

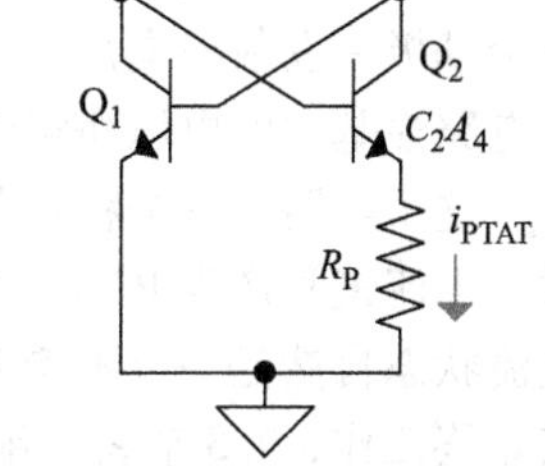

$$i_R = \frac{\Delta v_{BE}}{R_P} = \frac{v_{BE1} + v_{BE4} - v_{BE3} - v_{BE2}}{R_P}$$

图 7.1　交叉耦合四管单元 PTAT 电流产生电路

$$= \frac{V_t}{R_P}\ln\left(\frac{i_1 i_4 A_3 A_2}{A_1 A_4 i_3 i_2}\right) \approx \frac{V_t}{R_P}\ln(C_2 D_3) = i_{PTAT} \tag{7.9}$$

由于 Q_3 的发射极面积 A_3 是 Q_1 的 D_3 倍，Q_2 的 A_2 是 Q_4 的 A_4 的 C_2 倍，相同的电流流过 Q_1 和 Q_3，Q_2 和 Q_4 也同样如此，对数关系中的电流和面积变为恒值 C_2D_3，所以 i_R 是 PTAT 电流，当然这是基于假设 R_P 几乎不随温度漂移。

这个电路的特点是交叉耦合的对称消除效应。由于 Q_1 和 Q_3 的发射结电压匹配并且在二极管环路中相减，当电源电压变化时，通过偏置电阻 R_B 这条支路流入 Q_1 和 Q_3 的电流变化相互抵消，这意味着电路对于供电电压不敏感。此外，因为 Q_1 和 Q_2 分别是 Q_3 和 Q_4 的发射极退化晶体管，匹配情况下，Q_3 和 Q_4 迫使 Q_1 和 Q_2 的集电极电压相等，因此，该电路几乎不受基区宽度调制的影响。

然而，该结构并不是没有缺点。例如，Q_4 和 Q_1 的基极电流不匹配，且 Q_2 叠加了一个基极电流通过 R_P。结果，Q_4 的输出电流 i_O 和 Q_2 集电极电流 i_{C2} 不相等，i_{C2} 小于 R_P 的 i_{PTAT}。换言之，该电路受到基极电流 β_0 误差的影响。而且，该电路需要供电电压高于两个二极管电压以建立通过 R_B 继而流过 Q_1 和 Q_3 的电流，因此，电压净空（Headroom）不低，电压净空指的是一个电路所允许的最小供电电源电压。

7.2.2 锁存单元

用电流镜代替交叉耦合结构可以简化基极 - 发射极环路，从而缓解电压净空的要求。例如，在图 7.2 中，两个 BJT Q_{P1} 和 Q_{P2} 将它们的发射结电压差 Δv_{BE} 通过电阻 R_P 产生电流 i_R：

$$i_R = \frac{\Delta v_{BE}}{R_P} = \frac{V_t}{R_P}\ln\left(\frac{i_{P1} A_{P2}}{A_{P1} i_{P2}}\right) \approx \frac{V_t}{R_P}\ln(C) = i_{PTAT} \tag{7.10}$$

由于 Q_{P2} 的发射极面积 A_{P2} 是 Q_{P1} 面积 A_{P1} 的 C 倍，同时由 M_{M1} 和 M_{M2} 构成的电流镜保证了流过 Q_{P1} 和 Q_{P2} 的电流相等，因此对数关系中的电流与面积的比例变为常数 C，意味着 i_R 是 PTAT 电流，如前述一样，这里我们假设 R_P 几乎不随温度漂移。这个结构的主要优点是 M_{M1} 和 Q_{P1} 只需要一个源极 - 漏极电压 v_{SD} 和一个基极 - 发射极电压 v_{BE} 就可以工作，这是模拟集成电路最基本的电压净空限制了。

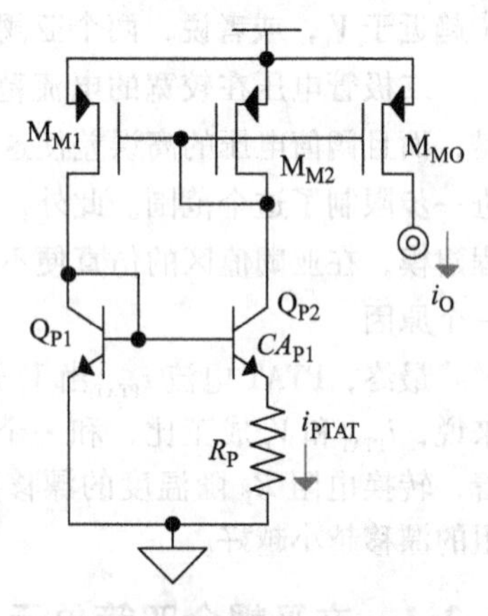

图 7.2 锁存型 BJT PTAT 单元

这个电路的一个特点是电路有两个稳态。具体来说，当 i_R 为 i_{PTAT} 电流或者为 0 时，电流镜和产生 PTAT 电流的晶体管都能达到平衡。对于一个电流产生器来说，零电流状态自然是一个不希望的状态，因此工程师在该电路中加入一个启动电路以确保其始终工作，7.5 节将详细介绍这部分内容。

这个电路的另一个特点是锁存 PTAT 单元存在正反馈。Q_{P2} 驱动 M_{M2} 和 M_{M1} 的栅极，反过来 M_{M2} 和 M_{M1} 也驱动 Q_{P1} 和 Q_{P2} 的基极，从而构成一个反馈环路，这个环路是正反馈的，因为 M_{M1} 的栅极 - 漏极和 Q_{P2} 的基极 - 集电极引入了两次反相。有趣的是，在这里正反馈是有利的，因为当有外部干扰时，电路的趋势是锁存到其稳定状态之一。实际上，启动电路也依赖这个特性来启动该单元。而且，这个特性也是 PTAT 产生电路对电源波动不敏感的原因。

然而，这个电路也不是没有缺点。例如，当电源电压变化时，Q_{P1} 和 Q_{P2} 的集电极电压以及 M_{M1} 和 M_{M2} 的漏极电压不匹配，因此，晶体管将受到基区宽度调制效应和沟道长度调制效应的影响。此外，Q_{P1} 和 Q_{P2} 从 Q_{P1} 的集电极抽取了两个基极电流，从而造成了集电极电流的不平衡，即该电路也受到基极电流 β_0 误差影响。

[例 7.1]　当匹配晶体管的发射极面积比是 8 时，室温下，欲使锁存 BJT PTAT 单元产生 5μA 的电流，需要多大的电阻 R_P？

解：

$$R_P = \frac{V_t}{i_{PTAT}}\ln(C) = \left(\frac{26m}{5\mu}\right)\ln(8) = 10.8\text{k}\Omega$$

1. MOS 实现方式

由于亚阈值导通的 MOSFET 电流是其栅极 - 源极电压的指数函数，用 MOSFET 代替图 7.2 中的 BJT 并确保 MOSFET 工作在亚阈值状态也可以产生 PTAT 电流。例如，在图 7.3 中，M_{P1} 和 M_{P2} 将它们的栅极 - 源极电压差 Δv_{GS} 通过电阻 R_P 产生电流 i_R：

$$i_R = \frac{\Delta v_{GS}}{R_P} \approx \frac{nV_t}{R_P}\ln\left[\frac{i_{P1}\left(\frac{W}{L}\right)_{P2}}{\left(\frac{W}{L}\right)_{P1} i_{P2}}\right] = \frac{nV_t}{R_P}\ln(C) = i_{PTAT} \tag{7.11}$$

由于 M_{P2} 的宽长比（W/L）P2 是 M_{P1} 宽长比（W/L）P1 的 C 倍，由 M_{M1} 和 M_{M2} 构成的电流镜保证了流过 M_{P1} 和 M_{P2} 的电流匹配，对数关系中的电流与宽长比的比例变为恒定值 C，从而 i_R 是 PTAT 电流。

和前面提到的锁存 PTAT 单元一样，R_P 随温度的漂移会改变输出电流的 PTAT 特性，电流镜将电压净空要求降到了最低限度，电路有两个稳态，正反馈减弱了电路对供电电压波动的敏感性，漏极电压的差异造成了沟长调制效应误差。唯一的不同点是 MOS 管的栅极不抽取电流，因此基极电流误差可以消除。然而前面提到过，相比于基于二极管的实现方式，工作在亚阈值状态的 MOSFET 电流范围较小，且误差较高。

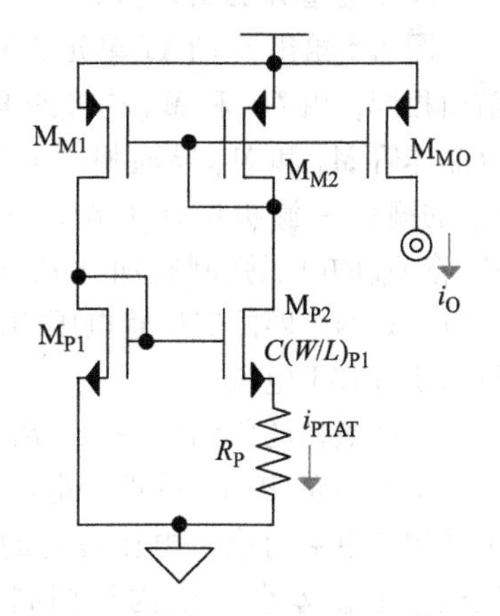

图 7.3　锁存型 MOS PTAT 单元

2. 误差补偿的 BJT 单元

图 7.4 中的电路改进了图 7.2 和图 7.3 中的电流镜，从而消除了基区宽度调制效应和沟道长度调制效应以及基极电流造成的误差。为了便于理解，首先要知道图 7.2

和图7.3中的M_{M2}通过二极管连接建立了负反馈从而使电流镜像，从这里入手，用一个同相电流来缓冲M_{M2}的栅极、漏极连接可以获得相似的效果。图7.4中的偏置晶体管Q_{B1}和M_{B2}的作用就是通过反馈使M_{M1}镜像M_{M2}的电流。该环路是反相的，因为Q_{P1}和Q_{B1}的基极－集电极和M_{M2}的栅极－漏极将信号反相了三次。注意到，M_{M1}和Q_{B1}、M_{B2}一起仍然建立了正反馈，从而将电路锁存到它的稳定状态之一。

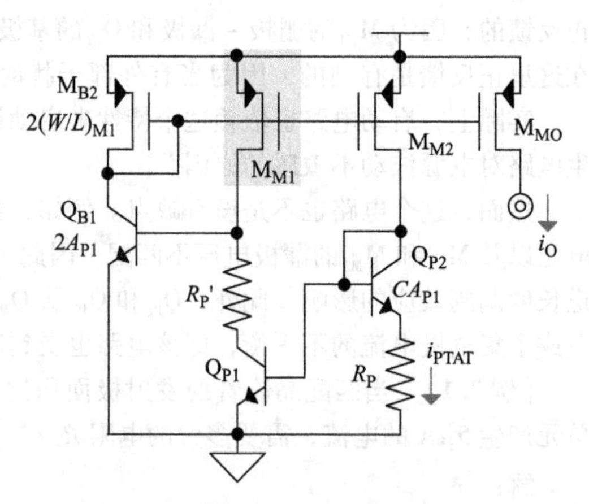

图7.4 误差补偿的BJT PTAT单元

改变M_{M2}周围的反馈连接的目的是弥补原来BJT单元的缺陷。首先，由于Q_{B1}的导通电流是Q_{P1}和Q_{P2}各自导通电流的两倍，故Q_{B1}从Q_{P1}集电极抽取的基极电流和Q_{P1}和Q_{P2}一起从Q_{P2}集电极抽取的电流相等，因此从Q_{P1}和Q_{P2}集电极抽取的基极电流相等。此外，由于R'_P、R_P、Q_{B1}、Q_{P1}、Q_{P2}匹配，从而在Q_{P1}和Q_{P2}的集电极－发射极以及M_{M1}和M_{M2}的源极－漏极建立了相等的电压，故消除了基区宽度调制效应和沟道长度调制效应带来的误差。换言之，误差补偿PTAT单元有前面电路所有的优点，同时弥补了缺点，其唯一的缺点是存在负反馈和正反馈环路的交叉和管理问题，这个问题将在下一节中讨论。

3. 二极管电路实现方式

图7.5给出了PTAT单元的另一种实现方式。和前面相同，由M_{M1}和M_{M2}构成的电流镜保证了栅极耦合晶体管M_{B1}和M_{B2}导通相同的电流。因此，M_{B1}和M_{B2}的栅极－源极电压匹配，M_{B1}采样D_{P1}的电压，M_{B2}将D_{P1}的电压强制施加到R_P和D_{P2}上，结果，R_P上电压是两个匹配二极管电压的差，意味着R_P的电流i_R是PTAT电流。

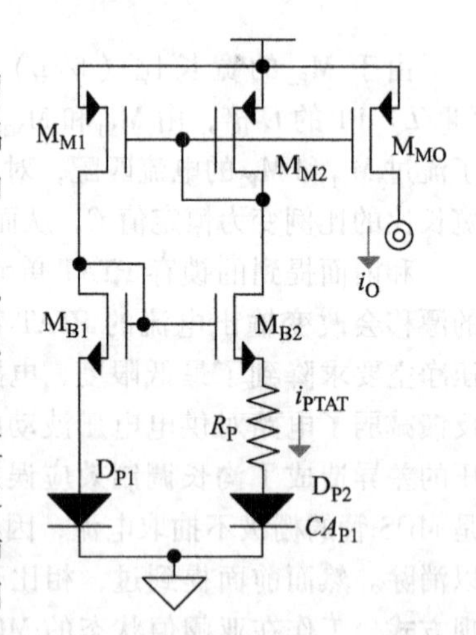

图7.5 锁存型二极管PTAT单元

与在最初的单元中一样，R_P随温度的漂移会改变输出电流的PTAT特性，电路有两个稳态，正反馈抑制了电路对供电电压波动的敏感度，电流镜漏极电压的误差会产生沟长调制效应误差。与采用MOS管实现方式一样，不存在基极电流误差。这个电路的缺点是电路工作的供电电压必须超过D_{P1}的二极管电压v_{DP1}、M_{B1}的栅极－源极电压v_{GSB1}和M_{M1}的源极－漏极电压v_{SDM1}，从而造成电压净空比前面两种电路高。相比MOS电路的实现方式，该电路的优点是，二极管产生PTAT电流的范围更宽，初始误差比MOS管实现方式低、与BJT实现方式的相当。

4. 误差补偿二极管单元

图7.6中的电路是图7.5中二极管实现电路的一种更普遍的形式。这样类比的原因是：图7.5中的M_{B1}和M_{B2}，和图7.6中的差分放大器A_G一样都是将D_{P1}的电压强制施加到R_P和D_{P2}上。实际上，A_G不仅将D_{P1}的电压与R_P和D_{P2}上的电压串联叠加，还建立了负反馈通道，在图7.5中负反馈通道由二极管连接的M_{M2}来完成。换言之，A_G的输入端电压相等，M_{M1}镜像M_{M2}的电流从而确保二极管电流匹配。

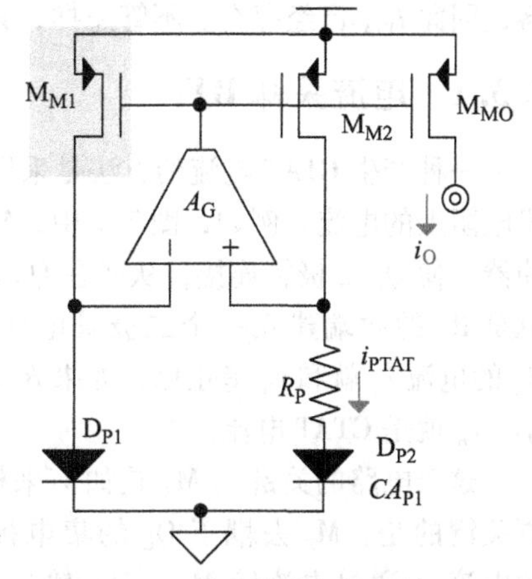

图7.6 误差补偿二极管单元

这个电路的主要优点是电流镜的漏极电压匹配，因此没有了沟长调制效应误差。另一个优点是A_G解除了二极管电压与镜像的栅极电压之间的耦合关系，使得它们不再结合在一起限制电压净空，在这个电路中，电路能够工作的最低电源电压或者受限于D_{P1}的二极管电压和A_G的输入共模电压范围，或者受限于M_{M2}的源极－栅极电压和A_G的输出电压摆幅。换言之，误差补偿二极管单元有最初的二极管单元的所有优点，同时弥补了缺点。与在补偿BJT单元中一样，其唯一的缺点是M_{M2}和M_{M1}周围存在负反馈和正反馈环路的交叉与管理问题，这个问题将在7.6节中讨论。

7.3 CTAT电流

因为随温度线性下降的电流和PTAT特性相反，工程师把这种特性叫作CTAT（Complementary To Absolute Temperature），即与绝对温度呈互补关系。CTAT电流的基本目的是消除诸如热电压V_t和PTAT电流等参数的PTAT特性。从这个方面来说，二极管电压v_D又变得很有用，因为它随着温度大概以－2.2mV/℃的速度下降。尽管v_D随温度下降的线性度不如V_t随温度升高的线性度好，但v_D的一阶线性项比其高阶成分大很多，占主导地位。

如一个边注中所述，MOS管的阈值电压V_T和跨导参数K'通常也表现出CTAT特性。然而，与v_D相比，提取V_T和K'的电路很复杂，这样提升了风险、功耗和硅片面积。而且，MOS器件的初始误差更高，因此v_D更可靠。

和PTAT相似，产生CTAT电流需要将一个二极管电压v_D强制施加到一个电阻R_C上。这样，R_C的电流i_R是v_D和R_C的比：

$$i_R = \frac{v_D}{R_C} = \frac{V_t}{R_C}\ln\left(\frac{i_D}{I_S}\right) = i_{CTAT} \tag{7.12}$$

和前面相似，v_D分解成二极管电流i_D与反向饱和电流I_S之比的对数函数。但和前面不同的是，i_R的电压不是两个二极管的电压差，因此v_D中的I_S包含了温度对迁移率、扩散和其他参数的影响，与V_t电压一起产生一个随温度升高而线性下降的二极管电压。实际上，i_D 通常是一个PTAT偏置电流 I_{PTAT}，因为PTAT电流能够补偿对数关系中 I_S 造成的非线性效应，更重要的是，通常系统中会包含一个PTAT电流发生器，因此 I_{PTAT} 已经存在。不管怎样，只要 R_C 随温度的漂移较小，i_R 就是CTAT电流。

7.3.1 电流采样BJT

一种产生CTAT电流的方法是采样流过连接在一个BJT的基极与发射极之间的偏置电阻上的电流。例如，图7.7中，M_S 是电压跟随缓冲器，使 Q_C 二极管连接，从而在 Q_C 的基极-发射极也是 R_C 的两端建立一个二极管电压 v_D。这样的话，R_C 的电流 i_R 就和 v_D 呈正比，如果 R_C 随温度的漂移很小，i_R 就是CTAT电流。

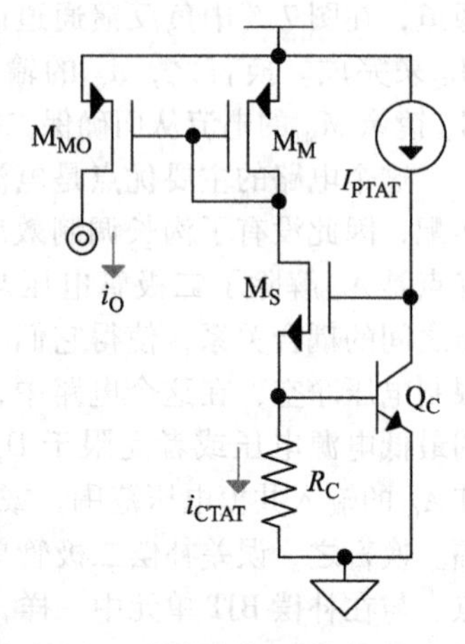

图7.7 电流采样BJT CTAT电流产生器

这个电路的关键是 M_S 是如何采样 Q_C 的电流的。更关键的是，M_S 去耦了 Q_C 的集电极和基极，将 R_C 的电流 i_R 通过电流镜 M_M-M_{MO} 输出一个 i_R 的镜像。偏置 Q_C 和 M_S 栅极的电流 I_{PTAT} 是PTAT电流，如前面已经提到过的原因，其一是 I_{PTAT} 可能已经产生，另一个是PTAT电流能够补偿 v_D 的对数关系中 I_S 产生的非线性效应。这个电路的一个缺点是电压净空，因为供电电压必须提供 M_M 的源极-栅极电压 v_{SG}、M_S 的漏-源电压 v_{DS} 和 Q_C 的基极-发射极电压 v_{BE}，这样就比模拟集成电路的基本的电压限制要高一个 v_{SG} 或 v_{BE}。

7.3.2 电压采样二极管

没有BJT的情况下，在电阻两端强制施加一个二极管电压的一种更通常的方法是利用一个差分放大器的反馈作用。在图7.8的例子中，差分放大器 A_G 和镜像管 M_M 建立了一个负反馈环路，将 D_C 的二极管电压 v_D 和 R_C 上的电压串联叠加。这里，M_M 将 A_G 的输出从 R_C 上去耦，从而采样 i_R 全部的电流。这样，A_G 确保了 R_C 的电压镜像 v_D 且 M_M 的输出晶体管 M_{MO} 输出 i_R 的镜像。

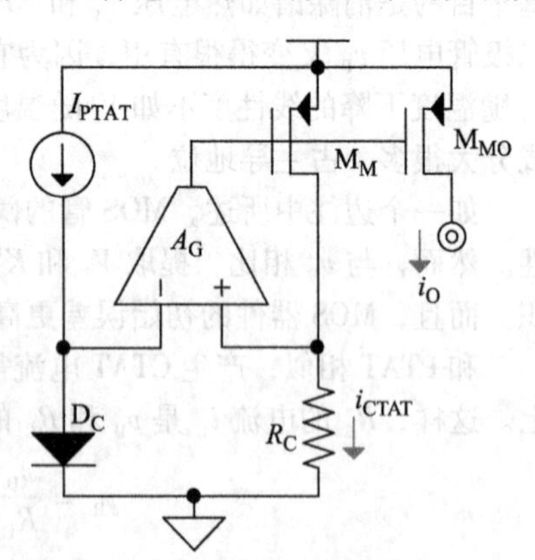

图7.8 电压采样二极管CTAT电流产生器

与前面一样，用PTAT电流 I_{PTAT} 偏置二极管 D_C 是基于两个原因：一个是系统中PTAT电流产生器已经可得，另一个是PTAT电流能够补偿 D_C 的 v_D 对数关系中 I_S 产生的非线性效应。此外，因为 A_G 将 v_D 从 M_M 的栅极-源极电压上解耦，所以 A_G 的输入共模电平范围和输出电压摆幅最终决定这个电路的最小电压净空限制。我们也注意到，i_R 和 i_O 只有在 R_C 几乎不随温度漂移时才是 CTAT 电流。

7.4　温度补偿

由于微电子器件的所有电气参数都会随着温度漂移，所以只有当这些参数的温度依赖效应互相抵消时才能实现与温度无关。从这个角度看，将任意两个温度漂移效应相反且匹配的部件结合起来能够产生独立于温度的特性。但考虑到精度，只有可预测和可靠的电压或电流能够产生精确的结果。

也许最可重复和最可靠的电压信号就是热电压 V_t，可以通过两个互相匹配的二极管的电压差 Δv_D 来获得。拥有大约 ±2% 初始误差的二极管电压 v_D 很可能是第二个最精确的电压。之后是二极管击穿电压 V_{BD}，初始误差为 ±2 ~ ±4%，只是由于通常它高达 6 ~ 7V，所以在消费电子产品中很少用。MOS 的栅极 - 源极电压由于 ±5 ~ ±10% 的初始误差再次之。幸运的是，上述电压中的前两个的温度漂移特性正好相反，因此将它们按合适的比例结合后可以实现温度无关性。

由于 V_t 是线性的而 v_D 不是，所以 V_t 只能抵消 v_D 的线性部分。换言之，当 V_t 和 v_D 平衡时，v_D 中的非线性部分显露出来。为了观察这些非线性，将 v_D 中对数部分进行泰勒展开，v_D 简化为一个硅的带隙电压 V_{BG}、一个温度 T 的一次项和一个包含 $T\ln T$ 的高阶温度项之和：

$$v_D \approx V_{BG} - \left(\frac{V_{BG} - v_{D(ROOM)}}{T_{ROOM}}\right)T^1 - (\eta - x)V_t\ln\left(\frac{T}{T_{ROOM}}\right) \tag{7.13}$$

其中 V_{BG} 大约为 1.2V，T_{ROOM} 是室温，$v_{D(ROOM)}$ 是在室温下的 v_D，η 是一个工艺常数，大约等于 4，x 是流过二极管以建立 v_D 的电流的温度阶数，如果这个电流是 PTAT 电流，与 T^1 成正比，那么 T^x 中的 x 就是 1。

从这个关系式首先可以看出，0K 时 v_D 为 V_{BG}。其次，v_D 的一次项 T^1 的温度系数是负的，其斜率是温度从 0K 变化到 T_{ROOM} 时，v_D 从 V_{BG} 变到 $v_{D(ROOM)}$。同时，注意到对数部分 $T\ln T$ 的温度系数也是负的，因此高温时，v_D 随温度降低得更快。此外，一个 PTAT 电流可以减小对数项 $T\ln T$ 的影响，因为从 η 的 4 中要减去 1（x 是 1）。

为了产生一个一阶温度无关的电流 i_{REF}，一个由 V_t 产生的 PTAT 电流 i_{PTAT} 的正温度系数必须与由 v_D 产生的 CTAT 电流 i_{CTAT} 的一次项的负温度系数相互抵消，因此，i_{CTAT} 和 i_{PTAT} 必须按合适的比例叠加才能产生 i_{REF}：

$$\begin{aligned} i_{REF} &= i_{CTAT} + i_{PTAT} = \frac{v_D}{R_C} + \frac{\Delta v_D}{R_P} = \frac{v_D}{R_C} + \frac{V_t}{R_P}\ln(C) \\ &\equiv \frac{V_{BG}}{R_C} - \left[\frac{(\eta - 1)V_t}{R_C}\right]\ln\left(\frac{T}{T_{ROOM}}\right) \approx \frac{V_{BG}}{R_C} \end{aligned} \tag{7.14}$$

其中一个 PTAT 电流流过一个二极管来产生 v_D。i_{REF} 变为恒值 V_{BG}/R_C 和由 $T\ln T$ 产生的非线性部分的和。为了更加形象，考虑图 7.9 中的 i_{PTAT} 是如何和 i_{CTAT} 的线性部分相抵消从而产生一个随温度变化基本平坦的电流和 i_{REF} 的。实际上，$T\ln T$ 的非线性随温度下降的趋势造成了 i_{REF} 的凸曲率。

因为从 0K 开始的温度无关性是不必要的，设计者应将基准的零温度漂移点置于系统要求的温度范围的中心。图 7.9 中，从 T_{MIN} 到 T_{MAX} 温度范围内，i_{REF} 的上升值比下降值小，因此需要更多的 i_{PTAT} 电流以使新的 i'_{REF} 置于温度范围的中心，这导致 i'_{REF} 比 i_{REF} 稍大，换言之，最佳参考电流的幅度不仅随温度变化，而且比带隙电压导出电流 V_{BG}/R_C 高。然而，i'_{REF} 仍然接近 V_{BG}/R_C，V_{BG} 大约等于 1.2V，室温下的 i_{PTAT} 记作 $i_{PTAT(ROOM)}$ 大约等于带隙电压导出电流 V_{BG}/R_C 减去二极管导出电流 i_{CTAT} 在室温下的值 $v_{D(ROOM)}/R_C$：

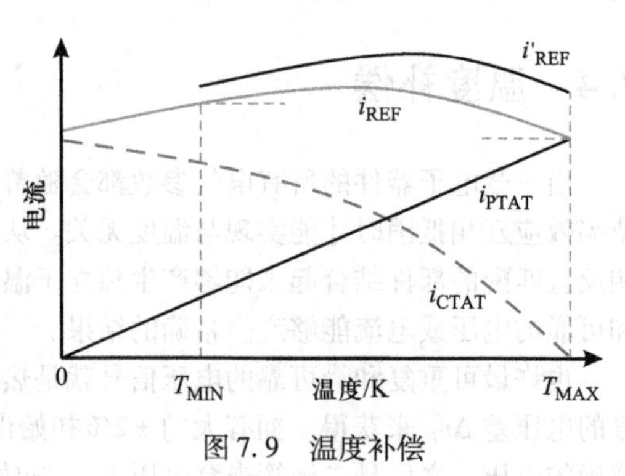

图 7.9　温度补偿

$$i_{PTAT(ROOM)} = \frac{V_{t(ROOM)}}{R_P}\ln(C) \approx \frac{V_{BG}}{R_C} - \frac{v_{D(ROOM)}}{R_C} \tag{7.15}$$

其中，$V_{t(ROOM)}$ 是 V_t 在室温下的值，这意味着 R_C/R_P 的值大约等于

$$\frac{R_C}{R_P} \approx \frac{V_{BG} - v_{D(ROOM)}}{V_{t(ROOM)}\ln(C)} \tag{7.16}$$

其中，$v_{D(ROOM)}$ 通常为 0.6～0.7V。因此，当 C 为 8 时，R_C 应该比 R_P 大约 10 倍。

［例 7.2］　通过 PTAT 和 CTAT 电流产生电路产生温度补偿的 5μA 参考电流，求需要多大的 PTAT 和 CTAT 产生电阻？已知室温下二极管的电压约为 0.62V，匹配二极管的面积比为 8。

解：

$$\frac{R_C}{R_P} \approx \frac{V_{BG} - v_{D(ROOM)}}{V_{t(ROOM)}\ln(C)} \approx \frac{1.2 - 0.62}{(26m)\ln(8)} = 10.73$$

因为：

$$R_C \approx \frac{V_{BG}}{i_{REF}} = \frac{1.2}{5\mu} = 240\text{k}\Omega$$

$$R_P \equiv R_C\left(\frac{R_P}{R_C}\right) = (240\text{k})\left(\frac{1}{10.73}\right) = 22.4\text{k}\Omega$$

故，

设计过程是：首先借助手算近似，然后再辅以计算机仿真调整 R_P 或 R_C 的值直到 i_{REF} 在整个温度范围内变得平坦。

7.4.1　带误差补偿的 BJT 电流基准源

在 BJT 电路中集成 CTAT 电流的方法是在 BJT 的基极和发射极之间加入电阻，例如，图 7.10（其前身是图 7.4 所示的误差补偿 BJT PTAT 单元）中，电阻 R_{C1} 和 R_{C2} 产生的 CTAT 电流叠加到 Q_{P1} 和 Q_{P2} 产生的 PTAT 电流上，建立 M_{M2} 电流的反馈回路接收并且镜像这个温度补偿的电流和，M_{MO} 输出参考电流 i_{REF}：

$$i_{REF} \approx \frac{v_{BE}}{R_C} + \frac{\Delta v_{BE}}{R_P} = i_{CTAT} + i_{PTAT} \tag{7.17}$$

其中 Q_{B1} 的发射结电压 v_{BEB1} 和 Q_{P1} 的发射结电压 v_{BEP1} 匹配，等于 v_{BE}，R_{C1} 和 R_{C2} 匹配且等于 R_C。这个电路的关键特征是：除了增加两个电阻 R_{C1} 和 R_{C2} 外，不需要修改电路的其他部分。

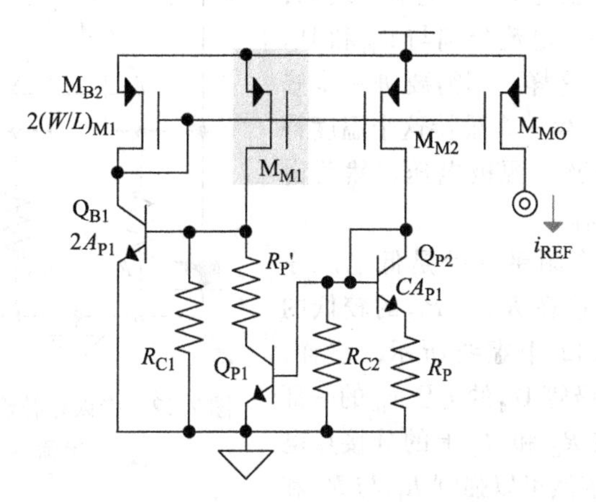

图 7.10　带误差补偿的 BJT 电流基准源

7.4.2　基于二极管的电流基准源

将 CTAT 电流集成到二极管电路中与上述集成到 BJT 电路中的方法是类似的。例如，为了将图 7.5 所示的二极管 PTAT 单元中加入 CTAT 电流，将电阻 R_{C1} 和 R_{C2} 加到 MOS 管的源极以采样和反映二极管 D_{P1} 的电压 v_{D1}，如图 7.11 所示，这样，电压 v_{D1} 通过电阻 R_{C1} 和 R_{C2} 导通 CTAT 电流。又因为 M_{B2} 的源极电压仍然是 v_{D1}，通过 R_P 的电压仍然是两个二极管的电压差，故流过 R_P 的电流是 PTAT 电流。因此不需要进一步修改电路，R_{C1} 和 R_{C2} 的匹配 CTAT 电流分别与 D_{P1} 和 D_{P2} 的 PTAT 电流叠加，M_{B1} 和 M_{B2} 将结合到一起的温度补偿电流缓冲输入到 MOS 电流镜，M_{MO} 输出参考电流 i_{REF}：

$$i_{REF} \approx \frac{v_D}{R_C} + \frac{\Delta v_D}{R_P} = i_{CTAT} + i_{PTAT} \tag{7.18}$$

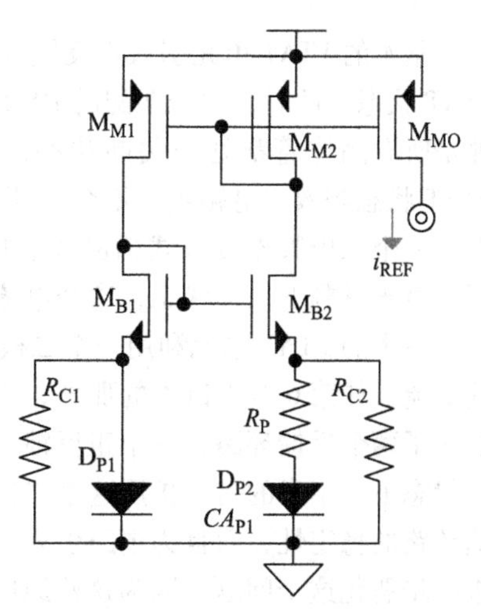

图 7.11　基于二极管的电流基准源

7.4.3 带误差补偿的基于二极管的电流基准源

在图 7.6 所示的误差补偿二极管 PTAT 单元中，加入电阻 R_{C1} 和 R_{C2} 接在放大器输入端以采样和反映二极管 D_{P1} 的电压 v_{D1}，如图 7.12 所示，这样，在电阻 R_{C1} 和 R_{C2} 上建立起了 CTAT 电流。由于 A_G 建立的反馈电路确保了放大器同相输入端的电压是 v_{D1}，所以 R_P 上的电压仍然是两个二极管的电压差，故流过 R_P 的电流是 PTAT 电流。结果，R_{C1} 和 R_{C2} 的匹配 CTAT 电流分别与 D_{P1} 和 D_{P2} 的 PTAT 电流叠加，这样，不需要进一步修改电路，A_G 和 M_{M2} 产生一个维持这个温度补偿的和值电流的栅极 - 源极电压，然后由 M_{MO} 输出参考电流 i_{REF}。

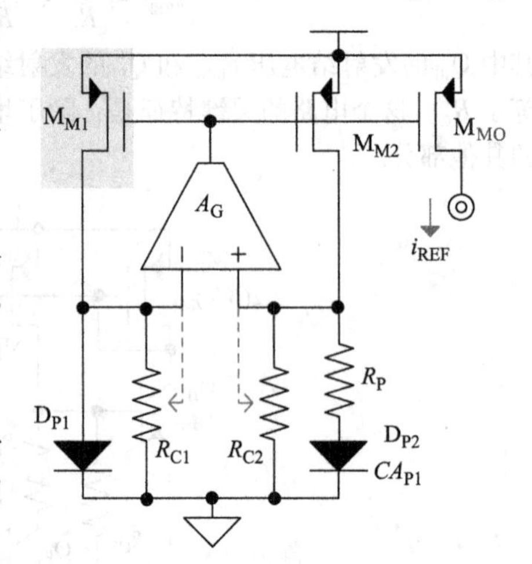

图 7.12 带误差补偿的基于二极管的电流基准源

这个电路的一个附带好处是低电压净空。这里，A_G 可以接在 R_{C1} 和 R_{C2} 的较低的电位点上，如图 7.12 中虚线所示，这样，A_G 只是串联叠加二极管 D_{P1} 的电压 v_{D1} 的一部分。只要保证 A_G 在 R_{C1} 和 R_{C2} 上的分接点电压匹配，反馈环路依然可以强制 R_{C2} 与 R_P 和 D_{P2} 上的电压为 v_{DP1}，电路的功能不变。这种连接的好处是 A_G 的输入共模电平仅仅需要低电压，于是 A_G 的电压净空限制较小。

7.5 启动电路

基本的 PTAT 单元引入正反馈环路将电路锁定到两种可能状态中的一种。一个是 PTAT 状态，此时，两个匹配的 PN 结的电压差产生了晶体管携带的 PTAT 电流。另一种是所有晶体管都处于关断状态，当然这是不希望出现的状态。确保电路锁定到 PTAT 状态等效于电路绝对不会关断。一个排除关断状态的常用方法是在正反馈环路中向一个二极管连接方式的晶体管中注入一个小电流，这样，这个晶体管就不会关断，由于只剩下一种状态，这个电流激发正反馈通路再生并锁定到 PTAT 状态。

基本的 PTAT 单元利用一个二极管连接方式的晶体管使其他相匹配的晶体管镜像其电流。如第 6 章中讨论的那样，二极管连接实现了负反馈环路，这意味着锁存单元引入了两个反馈环路，一个正反馈，一个负反馈，并且电路稳定在两个可能状态中一个状态下。不幸的是，扩展这个二极管连接以包括更多的电路级数，不仅会损失负反馈环路的稳定性，而且为电路引入了其他稳定状态，显然，给电路增加更多的环路会进一步恶化这个问题。因为这些原因，工程师尽可能采用更少、更简单的环路。

当多于两个稳定状态存在时，在电路中的多个节点注入电流并用 RC 滤波器延迟选择环路都会帮助摆脱简并状态。尽管如此，启动一个有多个稳定状态的电路仍然很麻烦，因此，诉诸于反复的计算机仿真的试错过程在工业界很常见。到目前为止，最好的方法是消除或者简化反馈环路。

基本上，启动电路通常采用两个基本形式中的一种。一种是向正反馈通路中的二极管连接方式的晶体管中连续注入或者抽取电流。另一种是采样电路的状态并且仅在需要时向二极管连接方式的晶体管中注入或者抽取电流。

7.5.1　连续导通启动电路

因为 PTAT 单元很可能是系统中的初始电流发生器，因此并没有预备好的电流提供给启动功能使用，故唯一的选择是需要产生一个粗略电流。然而，引入一个误差为 ±50% 的电流会损害 PTAT 电流的精度，因此，为了防止误差累积，在温度范围和工艺角下，启动电路的电流精度一般比电路中其他电流的低一个数量级。

建立一个粗略电流的一种方法是在供电电压下接入一个电阻，在 PTAT 单元的例子中，这个电阻是通过正反馈环路中一个二极管连接方式的晶体管连接到电源的。为了降低这个电流，电阻值必须很高，可选择低掺杂的半导体层（例如扩散阱和基极区域）来做这个电阻；用相反掺杂的半导体层夹在一起，也就是用制造 JEFT 的方法，可以制造出更高阻值的电阻。现代 CMOS 工艺中的光刻技术已经很成熟，沟道长而窄的 MOS 晶体管表现出更高的阻抗，而且，因为空穴的迁移率小于电子的迁移率，故常用 P 型器件作这种用途的电阻。

在图 7.13 的例子中，两个二极管连接方式的晶体管，一个最小宽度的长沟道 PFET 管 M_{LONG} 和镜像输入管 M_{M2} 连接到电源上，建立一个启动电流 i_{ST}，因为 M_{LONG} 管的沟道足够长而窄，i_{ST} 很小，但足以启动正反馈环路。因为 Q_{P1} 也在环路中，如果启动电流足够高的话，将一个二极管连接方式的长而窄沟道 PFET 或者 JFET 从电源连接到 Q_{P1} 也能启动电路。

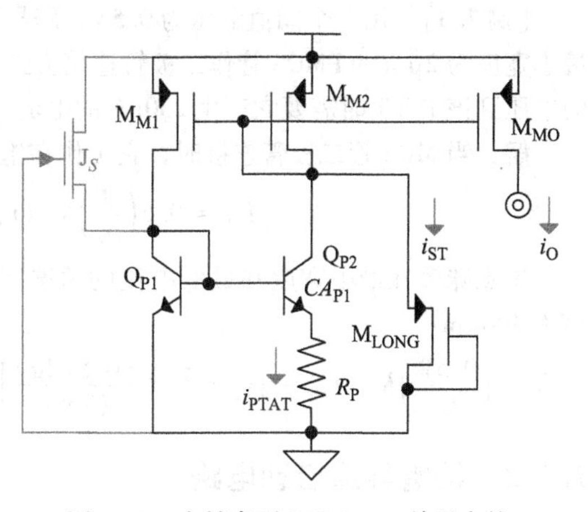

图 7.13　在锁存型 BJT PTAT 单元中的连续导通启动电路

无论采用何种方式实现，一个连续导通的启动电流 i_{ST} 通常会在电路中引起不平衡，从而导致 PTAT 电流产生误差。尽管在 PTAT 单元的另一边插入一个平衡启动电流是可能的，但两者的失配通常会比电路中其他匹配器件的失配大得多。消除 i_{ST} 影响的最好方法是让 i_{ST} 远离匹配的 PN 结及其相应的镜像晶体管。

在图 7.14 中的误差补偿 BJT PTAT 单元中，M_{LONG} 从实现 M_{M2} 二极管连接的中间缓冲级中抽取电流 i_{ST}。这样，M_{M1} 只给 Q_{P1} 提供电流，M_{M2} 只给 Q_{P2} 提供电流，因此电流相互匹配。但是因为 M_{B2} 的电流镜像 M_{M1} 和 M_{M2} 的电流，而 M_{LONG} 从 M_{B2} 抽取了 i_{ST}，因此 Q_{B1} 通过的电流比理想情况下应该通过的电流小。结果，Q_{B1} 既没有抽取相同的基极电流也没有建立相同的基极－发射极电压来完全匹配 Q_{P1} 和 Q_{P2}。幸运的是，Q_{B1} 的 β_0 和指数关系抑制了这种差异，尽管如此，确保 i_{ST} 很小仍很重要，以使得由 i_{ST} 导致的 PTAT 电流 i_{PTAT} 误差可以忽略不计。而且，i_{ST} 电流必须远小于 M_{B2} 的 i_{PTAT}，以防止 Q_{B1} 的电流供应不足。

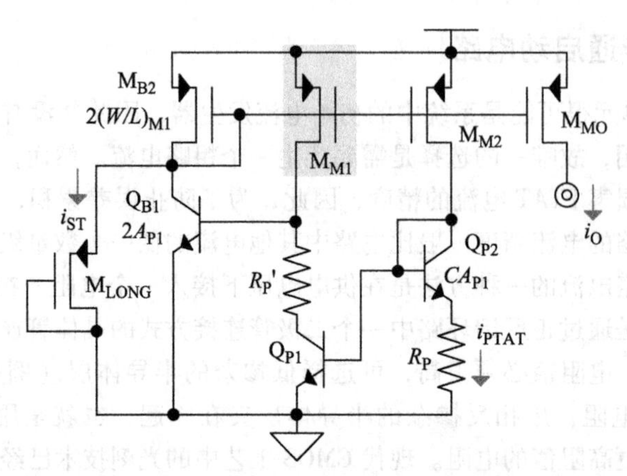

图 7.14　带误差补偿的 BJT PTAT 单元中的连续导通启动电路

［例 7.3］　用一个阈值电压为 0.5V、跨导参数为 25μA/V²、最小长度为 0.5μm，最小宽度为 2μm 的 PMOS 管作二极管连接方式的 PFET，在室温下强制施加一个 2.5V 的电压到该 PFET 时需要它产生 250nA 的电流，请问该 PMOS 的宽度和长度取多少？

解：当 MOS 管二极管连接时，它工作在饱和区，因此，

$$i_{SD} \approx 0.5\left(\frac{W}{L}\right)K'_P(v_{SG} - |v_{TP}|)^2$$

这意味着在最小宽度和最低电流的情况下，为了产生 250nA 电流，沟道长度应该为 400μm：

$$L \approx \left(\frac{0.5W}{i_{SD}}\right)K'_P(v_{SG} - |v_{TP}|)^2 = \left[\frac{0.5(2\mu)}{(250n)}\right](25\mu)[(2.5) - (0.5)]^2 = 400\mu m$$

7.5.2　按需导通启动电路

一种消除启动误差的方法是插入只在需要时响应的启动电路。为了只在需要时注入或抽取电流 i_{ST}，启动电路必须采样 PTAT 单元的工作状态。幸运的是，在关断状态下，PTAT 电流以及二极管连接的晶体管上的电压都为零，因此它们能反映电路的状态。所以如果电路是关断的，一个启动器件能够注入电流到正反馈环路中的二极管连接的晶体管中。

1. 电压模式

获取电路状态的一种方式是将 PTAT 单元中的一个二极管电压 v_D 和一个参考电压比较。例如，在图 7.15 所示的锁存 PTAT 单元中，一个二极管连接的长而窄沟道 PFET 管 M_{LONG} 和二极管连接的 Q_{SR} 相互连接到电源上，从而产生了电流以及一个参考电压即二极管电压 v_{DSR}。Q_{S1} 和 Q_{S2} 构成的差分对比较 Q_{P1} 的二极管电压 v_{DP1} 和 Q_{SR} 的电压 v_{DSR}，如果 v_{DP1} 远小于 v_{DSR}，接近于零，则 Q_{S2} 从二极管连接的晶体管 M_{M2} 吸出启动电流 i_{ST}；如果 v_{DP1} 接近 v_{DSR}，电阻 R_{SB} 建立的尾电流的大部分都流过 Q_{S1} 的发射极，因为 Q_{S1} 的发射极面积是 Q_{S2} 的 D 倍。同时注意到 R_{SB} 上的电压是 Q_{SR} 和 Q_{S2} 基极 - 发射极电压差，因此 Q_{S1} - Q_{S2} 的尾电流可以很低。尽管当电路处于 PTAT 状态时 i_{ST} 并非精确为零，i_{ST} 也已经足够低到造成的 PTAT 电流 i_{PTAT} 误差可以忽略不计了。

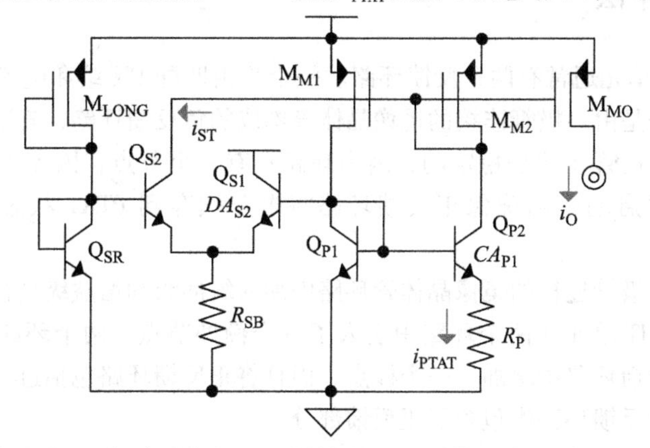

图 7.15　锁存型 BJT PTAT 单元中的电压模式按需启动电路

2. 电流模式

也许一种更直接的方式是将 PTAT 电流 i_{PTAT} 与一个粗略的参考电流比较。例如，在图 7.16 所示的锁存 PTAT 单元中，M_{MB} 镜像 i_{PTAT} 到二极管连接的长而窄 PFET 管

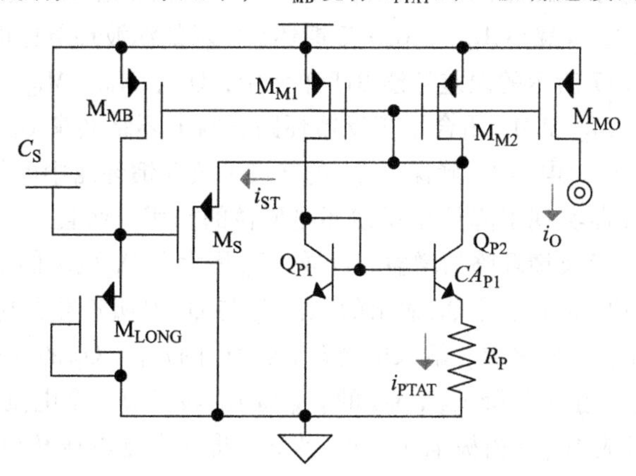

图 7.16　锁存型 BJT PTAT 单元中电流模式按需启动电路

M_{LONG}，这样，当 i_{PTAT} 为零时，M_{LONG} 将启动晶体管 M_S 的栅极电压拉到零，结果，二极管连接的晶体管 M_{M2} 和 M_S 的栅极－源极电压建立了一个启动电流 i_{ST}。由于 M_{LONG} 的电阻很高，只要电路导通，处于 PTAT 状态，M_{MB} 的 i_{PTAT} 电流就会将 M_S 的栅极电压推高到 M_S 关断。

这个电路的一个严重问题是噪声敏感性，产生这个问题的罪魁祸首是 M_{LONG} 连接到 M_{MB} 的 r_{sdB} 上从而造成的高阻抗节点，进入到 M_S 高阻抗栅极的噪声能量可以很容易地使 M_S 导通，结果，扰乱了 PTAT 单元和整个系统的工作。加上电容 C_S 的目的就是防止 M_S 的栅极电压突变，将噪声能量移出 M_S 的栅极。

7.6 频率补偿

锁存 PTAT 单元通常有两个反馈环路。一个是由匹配 PN 结和电流镜建立的正反馈环路。另一个是由二极管连接的镜像晶体管构成的负反馈环路，若这个电路是一个短电路，这个二极管连接是稳定的，因为环路只有一个节点，因此不会超过一个极点。因此，只要启动电路确保正反馈环路将电路锁存到 PTAT 状态，电路就是稳定的。

然而，在二极管连接的镜像晶体管环路中加入缓冲级和增益级会损害稳定性。例如，误差补偿 BJT 单元在两个环路中引入了一个额外节点，两个环路共享此额外节点，不仅在负反馈环路中增加了一个极点，而且将正反馈环路包括进入到负反馈环路中，也就是说负反馈环路中包含了正反馈部分。

一种观察两个环路交叉关系的方法是考虑它们的共同节点。从这个观点看，两个环路是平行的，有最高增益的环路决定了这个共同节点怎样叠加信号，这意味着稳定负反馈环路等效于确保在 A_{LG-} 单位增益频率 f_{0dB} 处，负反馈环路增益 A_{LG-} 比正反馈环路增益大。幸运的是，包含二极管连接方式晶体管的环路通常有更多级，因此 A_{LG-} 可以比 A_{LG+} 大。同时，虽然不是必要的，可以把 R_P 放在靠近 BJT 或者二极管的地方，这样可以增大 A_{LG-} 或者减小 A_{LG+}。在正反馈环路中增加滤波环节也可以抑制 A_{LG+}。

例如，在图 7.17 所示的误差补偿 BJT 单元中，Q_{B1}、M_{B2}、M_{M2}、Q_{P2} 和 Q_{P1} 闭合了负反馈环路；Q_{B1}、M_{B2} 和 M_{M1} 闭合了正反馈环路。两个环路共享 Q_{B1} 的基极，这是其中唯一的高阻抗节点。电容 C_C 确保了 Q_{B1} 的基极是负反馈环路中的低频主极点 R_F 和 C_F 构成的低通滤波器实现了降低正反馈环路增益的作用。而且，R_P 放在 Q_{P2} 而不是 Q_{P1} 下面，可以增大负反馈环路的增益。这样，R_P 增大了 Q_{P1} 两端的电压。

负反馈环路的增益 A_{LG-} 是 Q_{P1} 输出的电流 i_{p1} 与 Q_{B1} 基极产生的输入电流 i_i 之比。为了量化这个增益，这样来看，输入电流 i_i 通过 Q_{B1} 的 $r_{\pi B1}$、Q_{P1} 的（$r_{oP1}+R_P$）、M_{M1} 的 r_{sdM1} 和 C_C 的 $1/sC_C$ 产生电压降 v_{bB1}，Q_{B1} 的 g_{mB1} 将 v_{bB1} 转换成一个电流，M_{B2} 的 $1/g_{mB2}$ 电阻将这个电流转换成 M_{M2} 的栅极电压，M_{M2} 的 g_{mM2} 将这个栅电压转换成一个电流，该电流通过 Q_{P2} 的 $1/g_{mP2}$ 和 R_P 产生一个基极电压去驱动 Q_{P1} 的 g_{mP1}，然后输出 i_{p1}：

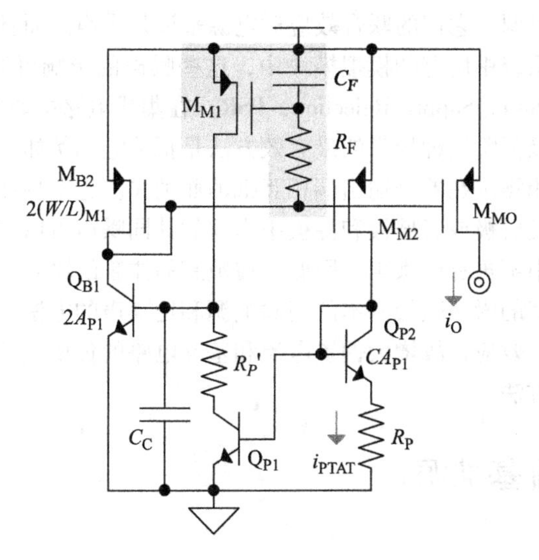

图 7.17　稳定的带误差补偿的 BJT PTAT 单元

$$A_{LG-} \equiv \frac{i_{p1}}{i_i} \approx \left[r_{\pi B1} \parallel (r_{oP1} + R'_P) \parallel r_{sdM1} \parallel \left(\frac{1}{sC_C}\right)\right] g_{mB1}\left(\frac{1}{g_{mB2}}\right) g_{mM2}\left(\frac{1}{g_{mP2}} + R_P\right) g_{mP1} \tag{7.19}$$

其中，$1/g_{mB2}$远小于 R_F，因此 $1/g_{mB2}$分流了 R_F 和 C_F 的作用。

正反馈环路增益 A_{LG+}同样从 Q_{B1}的基极开始，通过相同的初始路径 Q_{B1}和 M_{B2}，因此开始的几项和 A_{LG-}是相同的。差别是 M_{M2}的栅极通过滤波网络 R_F 和 C_F 连接到 M_{M1}，M_{M1}的 g_{mM1}产生 A_{LG+}的输出电流 i_{m1}：

$$A_{LG+} \equiv \frac{i_{m1}}{i_i} \approx \left[r_{\pi B1} \parallel (r_{oP1} + R'_P) \parallel r_{sdM1} \parallel \left(\frac{1}{sC_C}\right)\right] g_{mB1}\left(\frac{1}{g_{mB2}}\right)\left(\frac{1}{1 + R_F C_F s}\right) g_{mM1} \tag{7.20}$$

可以看出，A_{LG-}与 A_{LG+}之比中未相互抵消的三项的前两项的积大于 1，最后一项随频率升高而增大：

$$\frac{A_{LG-}}{A_{LG+}} \approx \frac{g_{mM2}}{g_{mM1}}\left(\frac{1}{g_{mP2}} + R_P\right) g_{mP1}(1 + R_F C_F s) = \left(\frac{1}{g_{mP2}} + R_P\right) g_{mP1}(1 + R_F C_F s) \tag{7.21}$$

其中，g_{mM1}和 g_{mP1}分别与 g_{mM2}和 g_{mP2}相等，因为它们对应于匹配的晶体管对。换言之，对于用 R_P 提高 A_{LG-}和用 R_F、C_F 降低 A_{LG+}两种方法，电路设计中更倾向于前者。

7.7　电源噪声抑制

如今，一颗芯片上集成了大量的系统单元，从偏置电流和基准电路、放大器、稳压器、数据转换器到存储器和数字信号处理器（Digital Signal Processor，DSP）。在唤醒和响应事件或命令时，这些模块会抽取瞬态功率。不幸的是，如此多的同步和非同步负载共用同一个电源，它们的联合效应对电源来说是噪声。而且，由于偏置电流和基准电路几乎用于系统中所有的模拟模块中，这些噪声的影响可能会造成严重后果。因此，电源抑制（Power Supply Rejection，PSR）在集成电路中非常重要。

或许在晶体管级消除这种噪声的最有效方法是抵消它。例如，在差分对中，在两个输入端出现的同相噪声在差分输出端相互抵消而消失。这个特征可以扩展到晶体管中，因为在基极和发射极或者栅极和源极中出现的共同噪声可以相减抵消，从而由跨导产生的输出电流中不再有此噪声。因此，在敏感晶体管的输入端插入共模电容，通过它耦合输入端之间的噪声是最基本的消除电源和地噪声的方法。由于负反馈会削弱系统中的干扰产生的效应，故增大偏置电流和基准电路的负反馈环路带宽是抑制这种类型噪声的另一种方法。

7.8 带隙电流基准源

7.8.1 基于 BJT 的带隙电流基准源

图 7.18 中的基于 BJT 的电流基准融入了本章所提出和讨论的所有概念。Q_{P1}、Q_{B1} 和 M_{M2} 与连接的以及 M_{M1}、M_{MO} 一起镜像电路中的电流。Q_{P1} 和 Q_{P2} 以及 R_P 环路将匹配 PN 结的电压差强制加到 R_P 上，该电压差为 $V_t \ln C$，因此通过的电流是 PTAT 电流。因为 R_{C1} 和 R_{C2} 上的电压降分别匹配 Q_{B1} 和 Q_{P1} 中的二极管电压，故通过 R_{C1} 和 R_{C2} 上的匹配电流是 CTAT 电流。结果，M_{B2}、M_{M1} 和 M_{MO} 镜像了 R_P 和 R_C 的电流和，该电流和是温度补偿的电流，记作参考电流 i_{REF}。因为消除二极管电压的温度依赖部分会得到带隙电压 V_{BG}，故有些工程师把这种电流产生电路称为带隙基准。

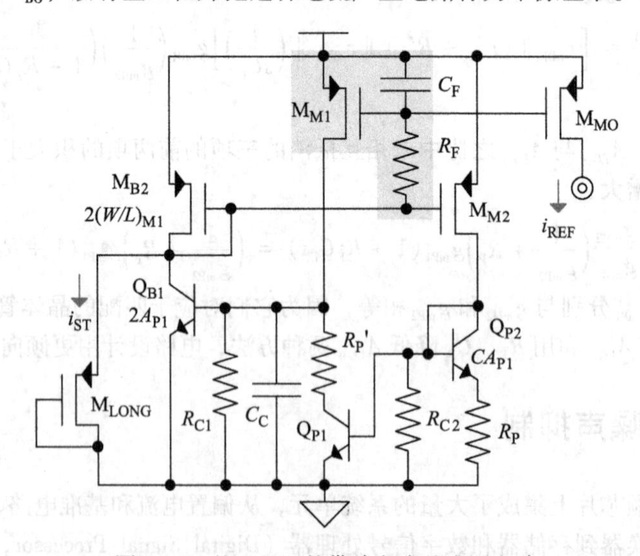

图 7.18　基于 BJT 的带隙电流基准源电路

长而窄沟道 MOSFET M_{LONG}从二极管连接的 M_{B2}抽取电流 i_{ST}从而确保 M_{B2}及其控制的晶体管永不关断，这样，Q_{B1}、M_{B2}和 M_{M1}的正反馈环路将电路锁定到开状态。由于 R_P、R'_P 和 Q_{B1}、Q_{P2}的基极 - 发射极结在 M_{M1}和 M_{M2}的漏极以及 Q_{P1}和 Q_{P2}的集电极上建立了相似的电压，因此 R_P 的 PTAT 电流不受沟长调制和基区宽度调制误差的影响。注意到，M_{LONG}并不从 M_{M1}或 M_{M2}的漏极抽取电流 i_{ST}，因此 i_{ST}不会造成 Q_{P1}和 Q_{P2}二者电流的失调。因为 Q_{B1}导通的电流是 Q_{P1}和 Q_{P2}各自导通电流的两倍，所以 Q_{B1}从 Q_{P1}集电极抽取的基极电流与 Q_{P1}和 Q_{P2}从 Q_{P2}集电极抽取的电流相同。

在 M_{M2}的二极管连接通路上唯一的高阻抗节点处加入电容 C_C 建立环路低频主极点。但是为了扩展环路的带宽以便尽可能多地抑制噪声，C_C 只要高到能确保在环路的单位增益频率 f_{0dB}前没有其他极点出现就可以了。在 BJT 下面的电阻 R_P 用来提升负反馈环路的增益，R_P 不在正反馈环路中。出于相同的目的，R_F 和 C_F 削弱了 M_{M1}的正反馈增益。

将 C_F 连接到电源而不是地的原因是为了将 M_{M1}源极上的电源噪声耦合到 M_{M1}的栅极上，M_{MO}从 M_{M1}的栅极上得到自己的栅极电压，因为 C_F 将电源噪声耦合到 M_{MO}的栅极上，这样，M_{MO}的 g_{mMO}消除了共模电源纹波从而减小了 M_{MO}电流 i_{REF}中的噪声电流。

7.8.2　基于二极管的带隙电流基准源

因为二极管没有第三个端口，图 7.19 中所示的基于二极管的电流基准源与图 7.18 中所示的基于 BJT 的电流基准源相比有更多的器件。放大器 A_G 将 M_{M2}连接成二极管连接方式，M_{M2}和 M_{M1}、M_{MO}、M_{MB}一起镜像电路中的电流。A_G 串联叠加通过 $R'_{C1}-R''_{C1}$和 $R'_{C2}-R''_{C2}$的电压，从而确保它们的电压互相匹配。相应地，A_G 将 D_{P1}的二极管电压 v_D 强制加到 R_P 和 D_{P2}上，因此 R_P 两端的电压是两个匹配二极管的电压差即 $V_t\ln C$，通过 R_P 的电流是 PTAT 电流。因 $R'_{C1}+R''_{C1}$和 $R'_{C2}+R''_{C2}$上电压降是 v_D，它们的电流是 CTAT 电流。最终，M_{M1}、M_{MB}和 M_{MO}镜像的电流是 R_P 和 R_C 的电流和，该和值电流是温度补偿的电流，即参考电流 i_{REF}。

M_S 的栅极将 M_{MB}的电流 i_{REF}与长而窄 MOSFET M_{LONG}的电流进行比较，从而确定电路是处于导通状态还是关断状态。如果 i_{REF}较高，电路是导通的，则 M_S 的栅极电压上升从而关断 M_S；反之，当 i_{REF}为零时，M_{LONG}把 M_S 的栅极拉到地；因此，M_S 从电流镜中的二极管连接方式的器件中抽取一个启动电流 i_{ST}来启动电路并把电路锁定到开状态。注意到，因为 $R'_{C1}-R''_{C1}$和 $R'_{C2}-R''_{C2}$两端的电压都是 v_D，M_{M1}和 M_{M2}的漏端电压匹配，故 M_{M1}和 M_{M2}不受沟长调制效应影响。而且因为 A_G 的输入电压可以比一个二极管电压低很多，所以由 A_G 的输入共模电平所决定的电压净空限制较低。

在 M_{M2}的二极管连接通路上唯一的高阻抗节点处加入电容 C_C 建立环路低频主极点。但是为了扩展环路的带宽以便尽可能多地抑制噪声，C_C 只要高到能确保在环路的单位增益频率 f_{0dB}前没有其他极点出现就可以了。在这个环路的二极管 D_{P2}之上的电阻 R_P 用来提升它的反相增益，另一方面，R_F 和 C_F 过滤和削弱 M_{M1}和 A_G 的同相增益。

将 C_F 连接到电源而不是地的原因是为了将 M_{M1}源极上的电源噪声耦合到 M_{M1}的栅

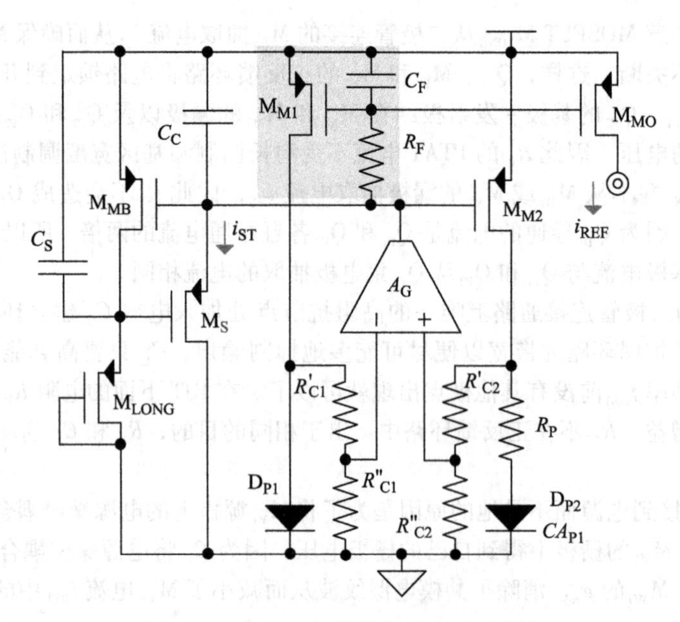

图 7.19　基于二极管的带隙电流基准源

极上。类似地，C_S 连接到电源以将电源噪声耦合到 M_S 的栅极上，从而避免 M_S 受到电源噪声的影响。M_{MO} 从 M_{M1} 的栅极上得到自己的栅极电压，因为 C_F 以及 C_C 通过 R_F 将电源噪声耦合到 M_{MO} 的栅极上，两者间，C_F 可以比 C_C 更高，因为 C_C 的取值应该只高到系统稳定就可以了。注意到，将 C_S 连接到地有可能会打开启动电路，因为 C_C 和 C_F 耦合到 M_S 源极的噪声不会出现在 M_S 的栅极，这样造成的 M_S 栅极 - 源极电压会促使 M_S 开启并吸出电流 i_{ST}，同时由这些噪声导致的启动行为会通过电子网络传播，可能使系统不稳定。

7.9　带隙电压基准源

7.9.1　电流 - 电压转换

电压基准源通常将随温度漂移效应相互抵消的电压相加，而不是电流。大多数电路将一个 CTAT 电压和一个 PTAT 电压相加来产生电压源 v_{REF}，当这两个电压平衡时，v_{REF} 就基本上与温度无关：

$$v_{REF} = v_{CTAT} + v_{PTAT} = v_D + i_{PTAT}R_{PTAT} = v_D + \left(\frac{\Delta v_D}{R_P}\right)R_{PTAT} \tag{7.22}$$
$$= v_D + \left(\frac{R_{PTAT}}{R_P}\right)V_t\ln(C) \approx V_{BG}$$

在电路中实现上式等效于建立一个 PTAT 电压 v_{PTAT}，并将其叠加到一个二极管上，因

为二极管电压 v_D 天生就是 CTAT 电压。幸运的是，PTAT 单元将两个匹配二极管的电压差 Δv_D 强制施加到一个电阻 R_P 上以产生并且镜像一个等于 $(V_t \ln C)/R_P$ 的 PTAT 电流 i_{PTAT}。因此，让 i_{PTAT} 馈入一个与 R_P 匹配的电阻 R_{PTAT} 就产生了一个 PTAT 电压降 v_{PTAT}，当这个电压和 v_D 串联时，就产生了需要的温度补偿电压和 v_{REF}，因为这个和值电压抵消了 v_D 中随温度漂移的部分，剩下的是带隙电压 V_{BG}，v_{REF} 通常变为 V_{BG}，因此，称这些电路为带隙基准电路。

有趣的是，在图 7.4、图 7.14 和图 7.17 所示的带误差补偿的 BJT PTAT 单元中，由 M_{B2}、M_{M1} 和 M_{M2} 构成的电流镜确保电路导通的 PTAT 电流恰好为 $4i_{PTAT}$，因此可以很容易地产生参考电压 v_{REF}，如图 7.20 所示那样，在 PTAT 单元和地之间插入电阻 R_{PTAT} 后，不仅在电阻 R_{PTAT} 上产生了 $4i_{PTAT}R_{PTAT}$ 的 v_{PTAT} 电压，而且在 v_{PTAT} 上叠加了 Q_{P1} 的基极 - 发射极电压 v_{BEP1}，从而在 Q_{P1} 的基极上获得参考电压 v_{REF}。大多数带隙基准电路都将一个 PTAT 电流产生器产生的电流馈入一个电阻中，并将这个电阻与一个二极管串联。像其他许多电路一样，这个特定的实例也可以从镜像晶体管引出一个 PTAT 电流来给系统中的其他单元电路提供偏置。

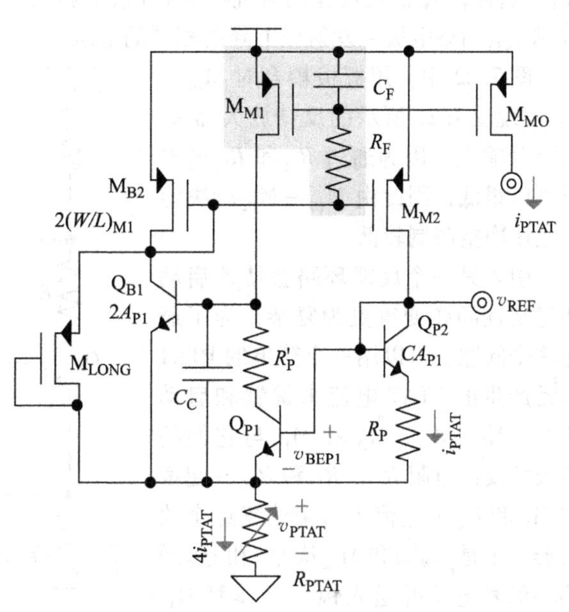

图 7.20 基于 BJT 的带隙电压基准源电路

7.9.2 输出电压调整

高度集成的系统通常包含有高功率电路单元，这些单元会产生大量的噪声并耦合进入衬底。例如，开关稳压器和功率放大器驱动的功率很大，因此会向衬底注入极大的噪声能量。衬底噪声的问题是它会通过芯片并最终耦合到 v_{REF} 中，然后通过 v_{REF} 馈入并影响系统的其他部分。当噪声过大时，工程师通过并联反馈来解决问题。他们通常调整 PTAT 单元中电流镜的负反馈环路，使之可以采样并调整 v_{REF}，在此过程中，还可以对抗外部施加到 v_{REF} 的有害影响。而且，通过并联反馈还可以使得 v_{REF} 的输出阻抗较低。

1. 基于 BJT 的带隙电压基准源

在 PTAT 单元中实现电流镜像最常见的做法是用两个电阻和一个放大器，放大器串联叠加这两个电阻的电压从而确保其上导通相同的电流，如图 7.21 所示的那样。

基于 BJT 实现的情况下，将放大器反馈回到匹配晶体管对的基极是很方便的。放大器的电压增益 A_V 以确保负载电阻 R_{L1} 和 R_{L2} 上的电压降相同这种方式来调节 Q_{P1} 和 Q_{P2} 的基极电压 v_{REF}。因此，R_{L1} 和 R_{L2} 将镜像电流送入 Q_{P1} 和 Q_{P2} 中，结果将匹配二极管的电压差强制施加到 R_P 上产生一个 PTAT 电流 i_{PTAT}。将 Q_{P1} 和 Q_{P2} 的电流送入一个与 R_P 匹配的电阻 R_{PTAT} 中产生 PTAT 电压 v_{PTAT}，它与 Q_{P1} 的发射结二极管电压 v_{BEP1} 结合来设置 v_{REF}。这样，A_V 的反馈作用对抗噪声对 v_{REF} 的影响。和前面相似，R'_P 与 R_P 匹配，使得 Q_{P1} 和 Q_{P2} 的集电极 - 发射极上降落相同的电压。

图 7.22 中，用栅极耦合对 M_{D1} - M_{D2} 实现图 7.21 所示的反馈放大器 A_V 的差分输入，因为通过 R_{L1} 和 R_{L2} 的电压可以很低，因此由 M_{D1} - M_{D2} 所决定的电压净空限制较低。

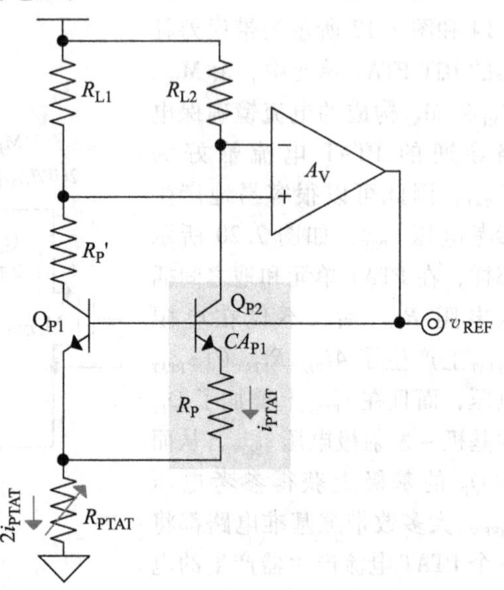

图 7.21 带调整功能的基于 BJT 的带隙系统

引入另一个反馈环路会使得启动和稳定性问题变得更为复杂，为了避免这个问题，可以用一个简单的 PTAT 单元产生的 PTAT 电流来偏置和启动这个电路。M_{D1}、M_{D2} 和 M_{BO} 与它们的源极负反馈电阻 R_{L1}、R_{L2} 和 R_{BO} 一起镜像 M_B 和 R_B 的电流 I_{PTAT} 来偏置这个放大器。于是，M_{D1} 和 M_{D2} 从 Q_{P1} 和 Q_{P2} 缓冲小信号电流并送入镜像晶体管 Q_{M1} 和 Q_{M2} 从而产生一个增益，然后通过电压缓冲器 M_O 驱动 v_{REF}，形成一个环路。

Q_{P1} 和 Q_{P2} 像一个发射极耦合差分对那样接受并处理 v_{REF}，只是 R_P 是 Q_{P2} 的发射极退化（emitter - degenerate）电阻，因此 Q_{P2} 的跨导比 Q_{P1} 的小，原因是 Q_{P2}、M_{D2}、Q_{M2}、Q_{M1} 和 M_O 将反馈信号反相了两次，从而构成了正反馈通路。为了增大 Q_{P1}、M_{D1}、Q_{M1} 和 M_O 的负反馈增益，R_{MF} 和 C_{MF} 以及 R_{IF} 和 C_{IF} 过滤和衰减正反馈信号。因为 Q_{P2} 的基极电流在 R_{IF} 上产生电压降，R_{BP1} 的目的是匹配这个电压以避免失调产生。

因为 M_O 的栅极不仅在两个环路中出现，而且是电路中唯一的高阻抗节点，所以补偿电容 C_C 确保了在这个栅极建立系统的低频主极点。为了扩展环路的带宽以便尽可能多地抑制噪声，C_C 只要高到确保环路稳定所必须的值即可。至于噪声，C_{MF}、C_C 和 C_{IF} 连接到地从而将 Q_{M1} 和 Q_{P2} 的发射极与 M_O 的源极的噪声耦合到相应的基极和栅极上。因为共模信号互相抵消，以此方法耦合噪声可以将噪声对电路的影响移除。

2. 基于二极管的带隙电压基准源

基于二极管的带隙电压基准源与基于 BJT 的很相似，两者唯一的区别是二极管没有第三端，因而没有 BJT 灵活。与图 7.6、图 7.12 和图 7.19 所示的一样，图 7.23 所

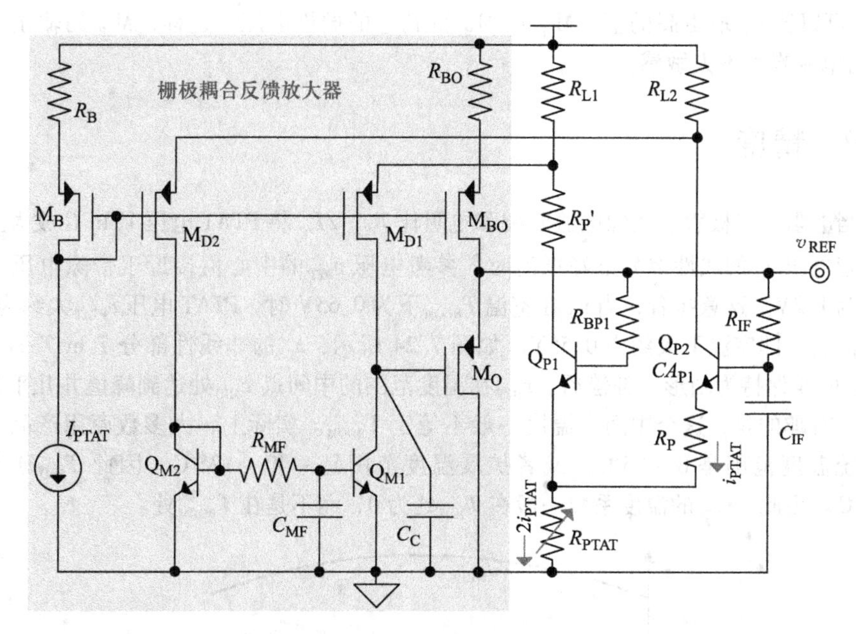

图 7.22　带调整功能的基于 BJT 的带隙电压基准源电路

示的带调整功能的基于二极管的带隙电压基准源电路中，放大器 A_G 将 M_{M2} 连接成二极管连接方式，以确保 M_{M1} 镜像 PTAT 电流 i_{PTAT}，i_{PTAT}是由两个匹配二极管 D_{P1} 和 D_{P2} 的电压差通过电阻 R_P 产生的。将 D_{P1} 和 D_{P2} 的电流结合并送入与 R_P 匹配的电阻 R_{PTAT}产生了值为 $2i_{PTAT}R_{PTAT}$ 的 PTAT 电压。将这个电压叠加到 D_{P1} 的二极管电压 v_{DP1} 上就产生出要求的温度补偿电压 v_{REF}。

为了使包含二极管连接方式的环路强于正反馈环路，R_P 被放在二极管上面以提升 A_G 和 M_{M2} 的增益；R_F 和 C_F 过滤和衰减 A_G 和 M_{M1} 的正反馈增益。补偿电容 C_C 确保电路中唯一的高阻抗节点即 M_{M2} 的栅极建立系统中的低频主极点。为了扩展环路的带宽以便尽可能多地抑制耦合噪声，C_C 只要高到确保环路稳定所必须的值即可。至于噪声，C_F 和 C_C 连接到电源上以将 M_{M1} 和 M_{M2} 的源极的噪声耦合到相应的栅极上。因

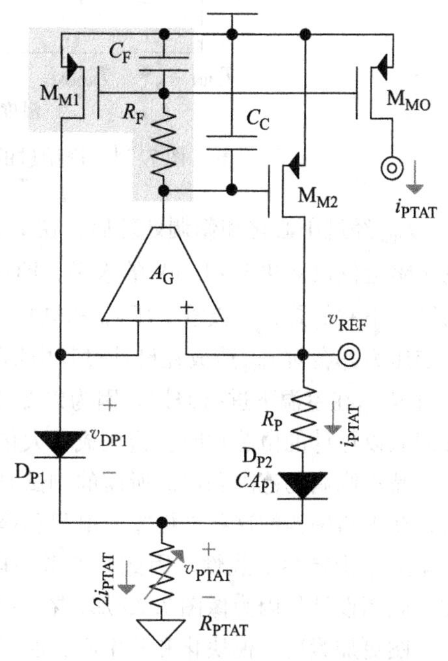

图 7.23　带调整功能的基于二极管的带隙电压基准源电路

为 C_F 可以比 C_C 取更高的值，M_{MO}从 M_{MI}得到它的栅极电压，这样，M_{MO}的输出电流 i_{PTAT}对电源噪声不太敏感。

7.10 精度

当电阻、二极管、镜像电流匹配和电阻比 R_{PTAT}/R_P 将 PTAT 电压 $V_t \ln C$ 放大到与二极管电压 v_D 的线性部分正好抵消时，参考电压 v_{REF} 的中心值接近于带隙电压 V_{BG}，大约为 1.2V。这意味着，当 v_D 在室温 T_{ROOM} 下为 0.65V 时，PTAT 电压 v_{PTAT}大约为 $V_{BG} - v_{D(ROOM)}$，即室温下大约为 0.55V。如图 7.24 所示，v_D 的非线性部分 $T \ln T$ 仍然会使 v_{REF}曲线保持为凸形。补偿后，v_{REF}在温度范围的中间点 T_{MID}处达到峰值并几乎是平坦的。有趣的是，这个中间点温度一般不等于 T_{ROOM}。实际上，大多数商用产品工作的传统温度范围是 0 ~ 85℃，或者扩展温度范围是 -40 ~ 125℃，因此 T_{MID} 通常为 42.5℃。因此，v_{REF}的温度系数一般在 T_{MID}处为 0，而不是在 T_{ROOM}处。

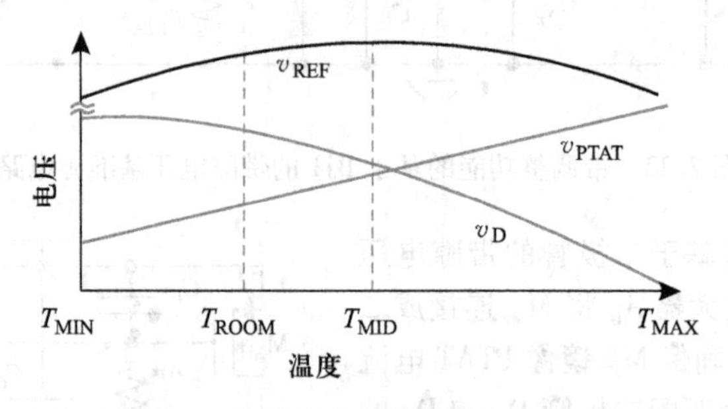

图 7.24 修调过的一阶带隙电压基准源

v_{REF}经过中心化和修调处理后，在 125℃ 温度范围和工艺角下，可以达到在 1.2V 电压附近仅仅变化 3 ~ 15mV 的水平，即在 3σ 变量下达到 $20 \times 10^{-6} \sim 100 \times 10^{-6}$/℃ 的精度。不幸的是，二极管电压 v_D 和电阻的误差；二极管、镜像电流和电阻的不匹配；封装压力都会对 v_{REF}造成在设计过程中不可预测的变化。因此，通常在制造完成后还要对 R_{PTAT}在室温下进行修调。因为以此方式来调整 R_{PTAT}的值需要测试时间，当需要修调数以亿计的微芯片时会造成成本大幅上升，这是令人遗憾的。

减小修调的范围和修调所需的测试时间相当于降低参考电压的整体误差指标。因此，在电路中匹配这些二极管、电阻和镜像晶体管非常重要，特别是考虑到失调会在 v_{PTAT}和 v_D 上产生非线性。因此，参考源电路中常采用紧凑、模块化、交叉耦合和共质心版图设计。因为像图 7.25 那样在一个 3×3 阵列中用 8 个器件围绕一个器件可以使版图更加紧凑、模块化和共中心，所以产生 PTAT 电流的二极管或者 BJT 的面积比 C 通常设计为 8。让匹配器件上方的空间没有金属通路也是有益的，因为金属导线在封装应力作用下会产生局部应力场。尽管起初并不明显，仍然要注意，R_P 的误差以及 R_P 的阻值随温度的漂移会改变建立二极管电压 v_D 的电流的 PTAT 特性，从而会在

v_D 上附加一个变量。

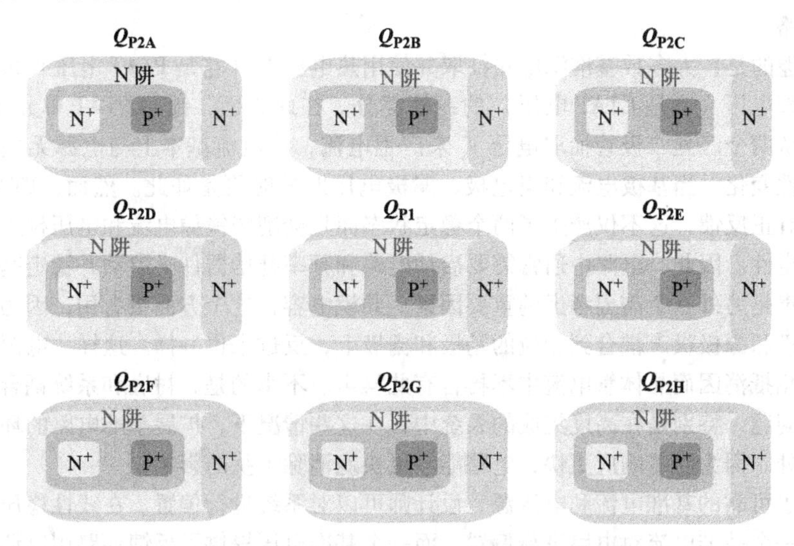

图 7.25　产生一个 PTAT 的器件对的常见版图布局

可以通过曲率校正（curvature correction）将修调后的基准电压的变化减小到 $5\times10^{-6}\sim20\times10^{-6}$/℃。不幸的是，改善通常是渐进的，因为修调一个额外的元件来调整非线性项以校正曲率，以及在多个温度点下修调，在大规模生产时费用高得惊人。因此，无需验证，为了精度的很小改善而补偿非线性项 $T\ln T$ 会给设计和描述电路带来额外的风险和开销。

二极管电压比栅极－源极电压误差小并且 BJT 的匹配性比 MOSFET 好，因此，全双极型带隙基准源通常比 MOS 基准源的性能好。当 BJT 不可得时，基于二极管的 CMOS 基准源是下一个最佳选择。更高的静态电流会扩展带宽并提高信噪比（Signal－to－Noise Ratio，SNR），因此，高功率基准源比低功率基准源抑制噪声能力更强。

最后要说明的是，电路中不匹配产生的失调的温度依赖性会改变基准源的温度特性。实际上，基于不同的电路拓扑、物理版图和制造工艺，温度分布是独一无二的，这意味着每一个设计都会有不同的表现，因此，在温度范围和工艺角下产生的修调过的最小变化值，随设计、版图和工艺技术而改变。换言之，每个新的设计产生新的特征量，这也是经常重复使用一个已验证设计的原因，因为这样既节省时间也节省成本。

7.11　总结

在大多数可商用的半导体技术的可得电压中，二极管电压的误差最低，并且随温度、电流密度和制造批次变化时最可靠。另外，BJT 比 MOSFET 的匹配性更好，并且相比二极管，其第三个端口提供了更多设计选择，所以 BJT 电路比二极管电路更加精确、紧凑。但是，当 BJT 不可得时，二极管也可以用来构建可靠的偏置电流和电压基准源电路。

有趣的是，大多数基准源电路抽取并使用热电压 V_t（它是 PTAT 电压）来抵消一个二极管电压（它是 CTAT 电压）的线性部分。在此方面，锁存 PTAT 单元很常见，因为它从两个匹配二极管抽取电压 V_t 来产生电流，该电流基本上与电源无关并且随温度线性变化，当基极电流和集电极、漏极电压匹配时更是如此。然而，PTAT 单元中包含有正反馈，这不仅产生了两个稳定状态而且会削弱镜像电流和电压校正反馈网络的稳定性。因此，电路中通常需要启动电路和频率补偿器件来启动并稳定基准源。

噪声是另外一个需要考虑的重要因素。共模电容在这个方面很有用，因为它们会将发射极和源极噪声耦合到相应的基极和栅极上，反过来也一样。这样，电源噪声的影响互相抵消因而晶体管电流中不再含有此噪声。不幸的是，衬底和系统耦合噪声也会是个问题，特别是在高度集成的系统中，在这些情况下，扩展基准电路的环路带宽很有好处，因为随着响应更快，电路能够更快地消除干扰的影响。

有了可靠的基准电流和电压源，设计师可以对系统进行偏置。在线性稳压器的例子中，一个基准电流对电路进行偏置，而一个基准电压提供了反馈环路用以调制输出的参考电压。但是在用晶体管实现稳压器电路之前，很有必要更好地理解系统的反馈要求，因此，第 8 章的目的就是探讨线性稳压器中负载如何影响反馈环路的小信号动态特性，以及在这些情况下电源纹波是如何在输出产生噪声的。

7.12 复习题

1. 偏置电流和基准电路通常用哪些现成的电压来实现功能？
2. 问题 1 答案中所有的电压中，哪个电压随温度、电流密度和制造批次变化最可预测和最精确？
3. PTAT 的含义是什么？
4. 哪种 PTAT 电压最常用在偏置电流和基准电路中？
5. 交叉耦合四管单元（cross - coupled quad）的特征是什么？
6. 锁存型 PTAT 单元的 MOS 实现方式用了 MOSFET 的哪些特性来产生 PTAT 电流？
7. 基本的 PTAT 单元受到哪些系统误差影响？
8. 大多数基于二极管的 PTAT 单元是如何校正问题 7 答案中这些误差的？
9. 列举典型半导体技术中 CTAT 电压的例子。
10. 基准电路通常结合哪个电压部分来实现温度无关？
11. 哪种关系能最好地描述二极管电压随温度变化的非线性？
12. 启动电路怎样确保 PTAT 单元锁存到 PTAT 状态？
13. 大多数电流模按需启动电路是怎样采样 PTAT 单元的状态的？
14. 什么情况下不需要考虑 PTAT 单元中包含二极管连接方式的电流镜所在环路

的稳定性问题？

15. 对于可能不稳定的反馈情形，哪些技术可以使系统稳定？
16. 基准电路如何抑制电源和地噪声？
17. 带隙电路怎样使用 PTAT 单元？
18. 带隙电压基准源如何分流耦合噪声？
19. 什么决定一个带隙电压基准源的修调范围？
20. 为什么产生 PTAT 电压的匹配二极管的面积比通常为 8？
21. 为什么在工业中曲率校正不像一阶校正那样常见？

第8章　小信号响应

电源电路的根本目的是将输出电压控制在用户定义的目标值附近，线性稳压器利用负反馈来抵消负载和电源电压变化、负载突变以及电源和衬底噪声对输出电压的影响，从而达到此目的。通常如图8.1所示，误差放大器A_E串联叠加参考电压v_{REF}和负反馈信号电压v_{FB}以产生误差电压，该误差电压通过环路放大又以v_{FB}返回到叠加器，如果环路增益足够大，v_{FB}会镜像v_{REF}，反馈系数β_{FB}将v_{REF}的镜像v_{FB}的值转换成输出电压v_O。因此，v_O上的变化直接出现在v_{FB}上，A_E的反馈动作将放大v_{FB}相对于v_{REF}的误差，以此来抵消开始时导致这个误差的v_O上的波动。

遗憾的是，环路不能立即响应v_O的变化，因此通常在输出端加滤波电容C_{Filter}，C_{Filter}的目的是在系统响应时防止v_O过度漂移。因为系统通常要为负载提供大量的功率，故反馈环路还包含一个大体积的器件S_O。由于这个传输器件[⊖]S_O将输入v_{IN}和负载串联起来，所以工程师把它们称为线性稳压器。

线性稳压器的环路动态响应很难控制，尽管看起来很简单。一个原因是，现代消费电子产品的负载变化范围很大，从待机时的1～10μA到重负载时的1～500mA，这个变化范围会造成传输器件的增益和输出阻抗变化，而温度、工艺角、电容误差和老化会加剧这个变化。此外，武断地减小带宽来适应增益和输出极点波动会使系统变慢，结果，当负载突变时，v_O的漂移会增大。

输入电压v_{IN}不能改善这种情况。一个原因是，v_{IN}通常为多个单元供电，因此同步和异步负载电流会在v_{IN}上产生宽带噪声，而且，v_{IN}通常是开关稳压器的输出电压，而开关动作会在v_{IN}上产生额外的噪声。实际上，线性稳压器的目的就是要抑制这种噪声。本章将阐释怎样控制并设计系统的环路动态特性使反馈系统稳定并且抑制电源噪声。

8.1　小信号等效电路

建立小信号等效电路对分析系统的小信号动态特性很有用。在线性稳压器的例子中，图8.2给出了误差放大器A_E、传输器件S_O、输出滤波电容C_{Filter}和反馈网络β_{FB}的小信号模型。这里，A_E的输入电容C_{IE}作为反馈电压v_{fb}的负载，反馈电压v_{fb}是A_E用来叠加到参考电压v_{ref}之上的电压。A_E的跨导G_E和输出电阻R_{OE}建立了A_E的低频增益，

⊖ 传输器件（Pass device）：该器件位于线性稳压器电路中功率传输通道上，做功率传输用，故文中也大量使用功率器件（power device）或功率晶体管（power transistor）来称呼这个器件，国内文献中也常直接称呼该器件为PASS器件）。——译者注

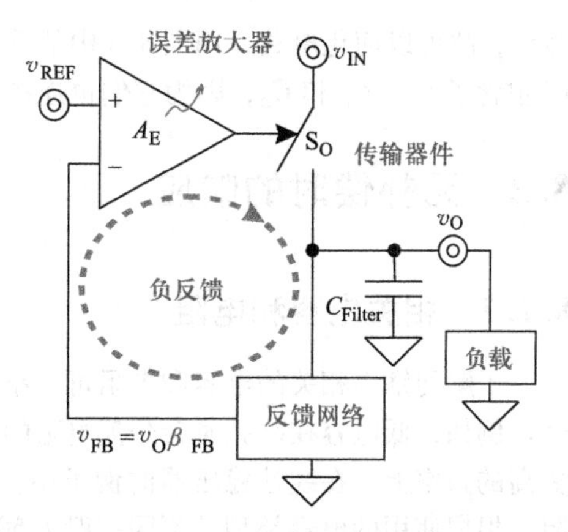

图 8.1 带有负载的线性稳压器

A_E 的输出电容 C_{OE} 在高频时将使这个增益降低。S_O 的跨导 G_P 把 A_E 的输出电压 v_{oe} 转变成用来驱动输出电压 v_O 的电流。S_O 的等效模型中还包含一个电阻 R_P 和一个电容 C_P 来连接输入 v_{in} 和输出 v_O。为了闭合环路，通常由两个很好匹配的电阻 R_{FB1} 和 R_{FB2} 组成的分压器实现反馈因子 β_{FB}。

因为负载突变可能很大，可能从 1 ~ 200mA 变化，滤波器通常包含一个高达几个毫法拉的输出电容 C_O，如此大的电容器件，其等效串联电阻 R_{ESR} 也会很大，因此用户有时用低 ESR 的旁路电容 C_B 来转移

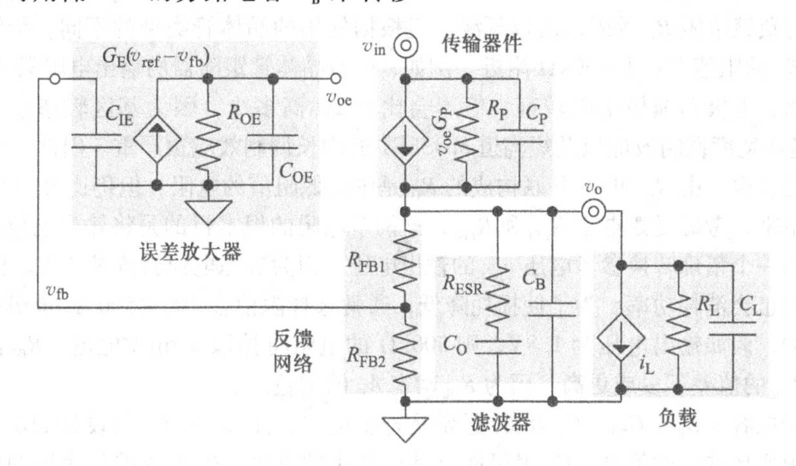

图 8.2 小信号等效电路

R_{ESR} 上的电压降。负载等效模型包含了其自身的负载电容 C_L 和电阻 R_L 以及产生负载突变的电流 i_L。

因为电流变化对输入电源的影响极小，v_{in} 对小信号来说相当于地；类似地，在图 8.3 中，i_L 从小信号等效电路中消失了，这是因为环路信号通常不会影响 i_L，也就是说 i_L 对反馈环路来说是独立源，这些调整将 R_P 和 R_L

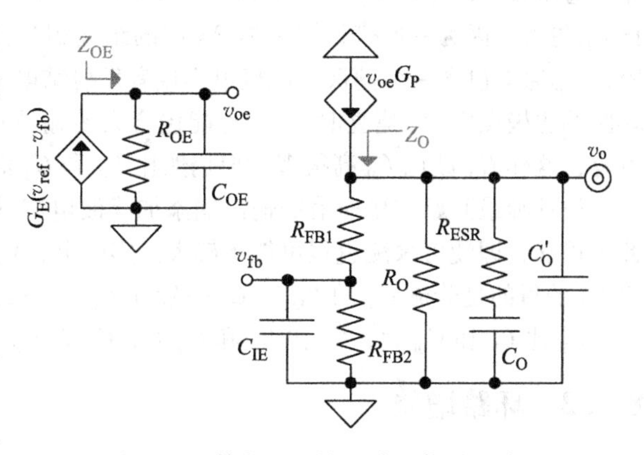

图 8.3 简化的反馈环路小信号电路

短路，故可以简化电路，用图 8.3 中的等效输出电阻 R_O 表示它们。同样，输出电容 C'_O包含了 C_P、C_L 和 C_B，因为它们也连在一起。

8.2 无补偿时的响应

8.2.1 相关电容和电阻

了解网络中相关的电容和电阻可以帮助了解这些元件何时影响电路增益的频率特性。例如，低电容在高频时会分流电阻的影响，若电阻值很小，则这种影响将发生在更高的频率上。在线性稳压器的例子中，C_O 的串联电阻 R_{ESR}通常是电路中最小的电阻，根据使用的电容类型的不同一般为 50～500mΩ。实际中，钽电容器的 R_{ESR} 比较高而多层片式陶瓷电容的比较小。

尽管负载电阻 R_L 的阻值难以预测，但根据使用的晶体管类型的不同，传输器件的电阻 R_P 的阻值在 0.1～50kΩ 附近。例如，N 型晶体管跟随器的输出电阻只有 100Ω 左右，而集电极和漏极电阻较高，但不会比 50kΩ 高多少，因为基区轻掺杂的横向 BJT 的基区宽度调制效应以及短沟道 MOSFET 的沟长调制效应很严重。因此，无论 R_L 的阻值是多少，由 R_L 和 R_P 并联构成的 R_O 是中到低阻值的电阻，但仍比 R_{ESR}大很多。

接下来，考虑反馈电阻 R_{FB1} 和 R_{FB2}，这两个电阻的根本目的是将输出电压进行分压以得到一个精确转换参考电压 v_{REF}的输出电压。因为静态电流会流过了 R_{FB1} 和 R_{FB2}，因此它们也会消耗功率。为了使损耗降低，通常选择阻值在 100～500kΩ 量级的高电阻，例如，假如输出电压为 1.8V，则 500kΩ 的电阻将抽取 3.6μA 电流。R_{OE}的值与 R_{FB1} 和 R_{FB2}的值差不多或更高，因为 R_{OE}确定 A_E 的增益。

至于电容，C_{IE}、C_{OE}、C_P 和 C_L 通常是寄生电容，而 C_O 和 C_B 是设计的电容，且后者的值要比前者的值高。C_{IE}很可能是其中最小的电容，因为误差放大器的输入晶体管通常较小。尽管 C_P 在 BJT 和 NMOSFET 中可以近似忽略，但在 PMOSFET 中可能比 C_{IE}更大，因为一般来说漏－体 PN 结的结面积都比较大。因为 C_{OE}是 R_{OE}的负载电容，C_{OE}通常包含一个栅极－源极电容或者发射结电容，因此和 C_{IE}差不多或更大。当环路的主极点由 C_{OE}建立时，C_{OE}可能包含大传输器件的栅极－源极电容或者发射结电容，这样 C_{OE}就比 C_{IE}高很多，但仍然比 C_O 和 C_B 低。

设计师最开始在稳压器的输出端添加滤波电容的原因是：因为 C_L 不可预测，因此不可靠，即使可预测也很可能不够大。实际上，包含 C_O 的原因是一般 C_L 较小。因为 C_B 的目的是分流 C_O 的 R_{ESR}，C_B 一般比 C_O 小一到两个数量级，换言之，C_O 比 C_B 大，C_B 比 C_L 和 C_{OE}大，C_L 比 C_P 和 C_{IE}大，C_{OE}在 C_P、C_{IE}和 C_L 之间。

8.2.2 环路增益

环路的稳定性取决于环路在单位增益频率（Unity - gain Frequency）f_{0dB}处的增益情况。实际上，稳定性准则规定在f_{0dB}频率处环路增益（Loop Gain）A_{LG}的相移应该小于 180°，也就是两个极点的相移，因此，确定环路增益是十分必要的。

顾名思义，环路增益是前向开环增益（Forward Open - loop Gain）A_{OL}和反馈系数β_{FB}的乘积，其中，A_{OL}是放大v_{ref}和v_{fb}的差值到v_o的增益，β_{FB}是v_o对v_{fb}的增益。至于A_{OL}，A_E的跨导G_E把v_{ref}和v_{fb}的电压差转变成电流流入由R_{OE}和C_{OE}构成的等效阻抗Z_{OE}中，然后传输器件的G_P把Z_{OE}上的电压转变成电流，该电流流过由R_{FB1}、R_{FB2}、C_{IE}、R_O、R_{ESR}和C_O构成的等效输出阻抗Z_O产生输出电压降v_o，如此就建立了A_{OL}。R_{FB2}和C_{IE}与R_{FB1}对输出电压v_o分压得到v_{fb}，如此就设置了β_{FB}。有了A_{OL}和β_{FB}，就可以得到A_{LG}：

$$A_{LG}=A_{OL}\beta_{FB}=\left(\frac{v_o}{v_{ref}-v_{fb}}\right)\left(\frac{v_{fb}}{v_o}\right)=(G_E Z_{OE} G_P Z_O)\left(\frac{Z_{FB2}}{R_{FB1}+Z_{FB2}}\right) \tag{8.1}$$

1. 低频增益

低频时电容的阻抗很高以至于电容实际上从电路中消失了。这意味着，Z_{OE}变成R_{OE}，Z_O变成R_O和R_{FB1}、R_{FB2}的并联。因为R_O中的R_P比R_L和R_{FB1}、R_{FB2}的结合都小，低频增益A_{LG0}通常简化为

$$\begin{aligned}A_{LG0}&=G_E R_{OE} G_P[(R_{FB1}+R_{FB2})\parallel R_O]\left(\frac{R_{FB2}}{R_{FB1}+R_{FB2}}\right)\\&\approx G_E R_{OE} G_P R_P\left(\frac{R_{FB2}}{R_{FB1}+R_{FB2}}\right)\end{aligned} \tag{8.2}$$

2. 频率响应

随着工作频率上升，电容将从与其并联的电阻中分流，从而改变电路的增益特性。短接的电容也会影响网络中其他电容的阻抗，因此电容的交互也会影响增益。幸运的是，C_{OE}和它的并联电阻R_{OE}并没有和其他电容或电阻相连，因此C_{OE}对环路增益A_{LG}的影响独立于其他电容，因此，C_{OE}和R_{OE}一起建立了误差放大器的极点p_E：

$$\left.\frac{1}{sC_{OE}}\right|_{p_E=\frac{1}{2\pi R_{OE}C_{OE}}}\equiv R_{OE} \tag{8.3}$$

不幸的是，电路中的其他电容并没有这种独立性。除了推导出不具有电路直观性的抽象关系式，分析一个有互联电容的系统的最好方法是观察它们的分流效果随频率的变化，在这方面，了解如何比较电阻和电容是很有用的，例如，在低频时，低电容消失，只有高电容对高电阻分流；在较高频率时，高电容会短路低电阻；在更高频率时，低电容也会分流阻抗。

在线性稳压器中，C_O和R_O是网络中最高的互联电容和电阻。因此，C_O、C_B、C_L和C_P（因为R_{ESR}低频时可忽略），与电阻R_L、R_P、R_{FB1}和R_{FB2}一起建立输出极点p_O：

$$\left.\frac{1}{s(C_O+C'_O)}\right|_{p_O=\frac{1}{2\pi[(R_{FB1}+R_{FB2})\parallel R_L\parallel R_P](C_O+C_B+C_L+C_P)}}\equiv(R_{FB1}+R_{FB2})\parallel R_O \tag{8.4}$$

R_L和R_P通常比R_{FB1}和R_{FB2}低，C_P比C_O、C_B和C_L低，因此R_{FB1}、R_{FB2}和C_P基本不影响p_O。

因为C_O比C'_O(C_B、C_L和C_P并联）大很多，随着频率的增加，C_O的阻抗最先下

降到 R_{ESR}，限制了 C_O 的阻抗。换言之，R_{ESR} 用同相零点（即左半平面零点）z_{ESR} 来限制 C_O 的电流以抵消极点 p_O 的影响：

$$\left.\frac{1}{sC_O}\right|_{z_{ESR}=\frac{1}{2\pi R_{ESR}C_O}} \equiv R_{ESR} \tag{8.5}$$

包含在 C'_O 中的 C_B、C_L 和 C_P 合起来比 C_{IE} 大很多，因此 C'_O 与 R_{ESR} 构成旁路极点 p_B：

$$\left.\frac{1}{sC'_O}\right|_{p_B=\frac{1}{2\pi R_{ESR}(C_B+C_L+C_P)}} \equiv R_{ESR} \tag{8.6}$$

并且 C_B 和 C_L 一般比 C_P 大很多以至于 C_P 对 p_B 的影响很小。随着频率进一步升高，剩下的电容只有 C_{IE}，C'_O 把 v_o 短路到地，C_{IE} 与并联电阻 R_{FB1} 和 R_{FB2} 建立反馈极点 p_{FB}：

$$\left.\frac{1}{sC_{IE}}\right|_{p_{FB}=\frac{1}{2\pi(R_{FB2}\parallel R_{FB1})C_{IE}}} \equiv R_{FB2}\parallel R_{FB1} \tag{8.7}$$

在这些影响中，误差放大器极点 p_E 和输出极点 p_O 出现在低到中频，如图 8.4 所示，因为 p_E 中包含了网络中最大的电阻 R_{OE}，p_O 中包含了最大的电容 C_O，具体这两个极点哪一个在前取决于设计者以及应用和技术对系统的限制。接下来是 ESR 零点 z_{ESR}，然后是旁路极点 p_B。实际上，因为 R_{ESR} 既设定 z_{ESR} 也设定 p_B，且 C_O 比 C'_O（C_B、C_L 和 C_P 之和）大，所以 p_B 总是按设定它们的电容比追踪 z_{ESR} 的位置：

$$\frac{p_B}{z_{ESR}}=\frac{2\pi R_{ESR}C_O}{2\pi R_{ESR}C'_O}=\frac{C_O}{C'_O}=\frac{C_O}{C_B+C_L+C_P} \tag{8.8}$$

总之，A_{LG} 中有 4 个极点和 1 个零点：

$$A_{LG}\approx\frac{A_{LG0}\left(1+\frac{s}{2\pi z_{ESR}}\right)}{\left(1+\frac{s}{2\pi p_E}\right)\left(1+\frac{s}{2\pi p_O}\right)\left(1+\frac{s}{2\pi p_B}\right)\left(1+\frac{s}{2\pi p_{FB}}\right)} \tag{8.9}$$

其中，p_E 和 p_O 处在低到中频，p_B 滞后于 z_{ESR}，这意味着在到达单位增益频率 f_{0dB} 时，电路不一定总是受到少于两个极点效应的联合影响，特别是当 R_{ESR} 很低以至于 z_{ESR} 的相位补偿作用消失时。

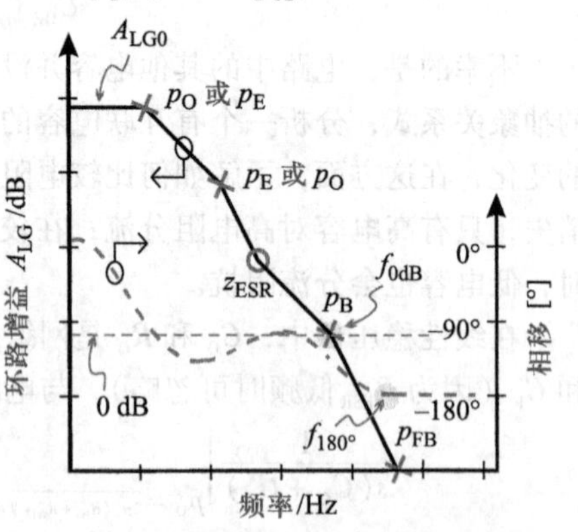

图 8.4　未经补偿的环路增益的频率响应

3. 验证

为了验证电容 C_O、C_B、C_L 和 C_P 之间的互联是怎样影响 A_{LG} 的，考虑当 C_{IE} 与其他 Z_O 中电容相比很低以至于可以忽略时的输出阻抗 Z_O。直接从网络中推导出 Z_O 表达式：

$$Z_O=\frac{R_O'(1+sR_{ESR}C_O)}{s^2R_O'R_{ESR}C_OC_O'+s(R_O'+R_{ESR})C_O+sR_O'C_O'+1} \tag{8.10}$$

其中，R_O'结合了 R_{FB1}、R_{FB2}和 R_L 的作用。从这个结果可看出，Z_O 的分子包含了 ESR 零点 z_{ESR}。为了分析分母上的二阶多项式，考虑低频时，包含了两个电容乘积的 s^2 项比 s 项和 1 小很多，因此，可以忽略 s^2 项，而 R_{ESR} 比 R_O'低很多，结合 s 项可以得出输出极点 p_O。因为 s^2 项和 s 项在高频时比 1 大很多，忽略 1，并因式分解 s、R_O'和 C_O（R_O'远大于 R_{ESR}）可以得出旁路极点 p_B。换言之，Z_O 的推导过程证实了前面用直观方法推导的 z_{ESR}、p_O 和 p_B 是有效的。

［例 8.1］ 当输出、旁路、负载和传输管的电容分别为 4.7μF、0.3μF、0.2μF 和 0.05μF，且传输管、负载、反馈和 ESR 的电阻分别为 100Ω、10000Ω、500000Ω 和 0.1Ω 时，求出相关极点和零点的位置？

解：

$$p_O=\frac{1}{2\pi[(R_{FB1}+R_{FB2})\parallel R_L\parallel R_P](C_O+C_B+C_L+C_P)}$$

$$=\frac{1}{2\pi[(500k\Omega)\parallel(10k\Omega)\parallel(100\Omega)](4.7+0.3+0.2+0.05\mu F)}\approx 300Hz$$

$$z_{ESR}=\frac{1}{2\pi R_{ESR}C_O}=\frac{1}{2\pi(0.1\Omega)(4.7\mu F)}\approx 340kHz$$

和 $$p_B=\frac{1}{2\pi R_{ESR}\ (C_B+C_L+C_P)}=\frac{1}{2\pi\ (0.1\Omega)\ (0.3+0.2+0.05\mu F)}\approx 2.9MHz$$

8.3 频率补偿

乍看之下，似乎 ESR 零点 z_{ESR}提供了相位裕度，然而，实际中 z_{ESR}的位置是不可预测的，因此是不可靠的。原因是 ESR 电阻 R_{ESR}随温度和工艺的变化幅度可能高达 ±50% ~ ±100%，而且，ESR 的特征数据通常不可靠，因此仿真模型通常不够准确。因此，z_{ESR}可能位于稳压器的带宽内，也可能在带宽外。增加 C_O 的串联电阻以使 z_{ESR}在单位增益频率 f_{0dB}附近也不是一个可行的选择，因为负载瞬态响应和电源抑制（Power - Supply Rejection，PSR）会随着 R_{ESR}的增大而恶化，这些将在后续内容中介绍。当然，旁路极点 p_B 也不好，除非 C_B、C_P 和 C_L 比 C_O 小，以至于 p_B 对环路增益在 f_{0dB}处的恶化作用消失。

通常，高功率面包板和印制电路板（Printed Circuit Board，PCB）会使零点 z_{ESR}和极点 p_B 在稳压器的带宽内，因为大部分高功率负载需要承受大的负载突变，这意味着需要高的输出电容因而 ESR 也很大，也意味着本地负载点（Point of Load，POL）也需要高的低 ESR 旁路电容。相反，低功耗水平且负载突变较小的 SiP（System in Package）和 SoC（System on Chip）需要的电容较小。另外，在高集成度系统中，线性稳压器更加靠近负载，因此对本地 PoL 旁路电容的要求不那么苛刻。然而，即使

z_{ESR}和p_B都不存在，甚至将反馈极点p_{FB}和误差放大器A_E的其他寄生极点也都排除在外（而事实证明在低功耗的限制下，将误差放大器A_E的其他寄生极点移至高频处是很困难的），输出极点p_O和误差放大器极点p_E也会造成反馈系统不稳定。

所有这些意味着要确保反馈系统稳定需要仔细审视并采取措施。为了维持系统稳定的条件，一般的做法是建立一个低频主极点，并把第二个极点放在单位增益频率f_{0dB}附近。在线性稳压器中，这两个极点是输出极点p_O和误差放大器极点p_E。在确定了哪一个极点应该是主极点后，补偿的目的就是理解系统中所有可能的干扰，并且保证环路在f_{0dB}处的相移在温度和工艺角变化下都不超过140°，更进一步，要保证系统的相移达到180°时的频率$f_{180°}$距离f_{0dB}10倍频程远，这有助于避免系统第一次启动或休眠后重启时过渡过程不稳定。

8.3.1 输出端补偿

线性稳压器的输出端补偿指的是低频主极点位于输出端。这通常发生在负载突变很大以至于需要较大输出电容的高功率系统中。在没有其他极点和零点的情况下，增益随频率呈20dB每10倍频程下降，所以增益带宽积（Gain－Band Width product，GBW）$A_{LG0}p_O$在穿越输出极点p_O时其值是恒定的。换言之，如果没有其他极点和零点干扰，低频增益A_{LG0}下降多少，则主极点频率p_O上升多少，单位增益频率f_{0dB}等于p_OA_{LG0}，或等价于GBW频率f_{GBW}：

$$f_{GBW} \equiv GBW = A_{LG0}p_O = \frac{G_E R_{OE} G_P[(R_{FB1}+R_{FB2}) \parallel R_O]\beta_{FB}}{2\pi[(R_{FB1}+R_{FB2}) \parallel R_O](C_O+C_B+C_L+C_P)} = \frac{A_E G_P \beta_{FB}}{2\pi(C_O+C_B+C_L+C_P)} \tag{8.11}$$

有趣的是，在输出端补偿系统设置f_{GBW}的参数中，传输管的跨导G_P通常是唯一一个对负载电流i_L敏感的量，注意到这个依赖性很重要，因为在现代系统中i_L变化范围很大，从几微安到几百毫安几个量级的变化，因此G_P对i_L的敏感性会造成f_{GBW}因而f_{0dB}变化很大，当考虑带宽和功耗时，f_{0dB}波动的影响的重要性便显现出来。从这个角度看，即使系统最坏情况下带宽处于最低的f_{0dB}处，所有寄生的极点仍然必须在可能的最高的f_{0dB}以上，缩小f_{0dB}的最大值与最小值范围可以节省功耗，因为寄生极点频率越高，要求晶体管的静态电流越高。

把误差放大器A_E的寄生极点推到高频处很有挑战性，原因是负反馈系统的高环路增益可以抑制外部因素对输出产生的副作用，而负反馈系统的高环路增益主要是由A_E的高增益而得，不幸的是，增益通常是中等大小的跨导电流和高电阻的乘积，而这个高电阻也建立了一个中到低频的极点。在输出端补偿稳压器的例子中，极点p_E是寄生的，为了稳定性把p_E推到高频会降低环路增益。这就是通常把线性稳压器的环路增益保持在50～60dB，最坏情况下单位增益频率在10～500kHz之间的原因。

1. PMOS

在传输器件是P沟道MOSFET的例子中，G_P服从MOS管的二次方关系，其跨

导 $g_{m.MOS}$：

$$g_{m.MOS}=\sqrt{2i_LK'_P(W/L)_O} \tag{8.12}$$

式中，K'_P是跨导参数；$(W/L)_O$是传输器件的宽长比。

幸运的是，G_P 与负载电流 i_L 的二次方根关系抑制了 i_L 变化对f_{GBW}的影响。因此，如图 8.5 所示，在没有 z_{ESR}和 p_B 的情况下，A_{LG}以 20dB 每 10 倍频程从 p_O 下降到f_{0dB}即f_{GBW}处，i_L 的变化改变f_{0dB}，但是仅仅是以二次方根关系来改变。类似地，由于沟道长度调制（调制系数 λ_L），传输器件的输出电阻 r_{ds}对电流 i_L 的敏感：

$$r_{sd}=\frac{1}{i_L\lambda_L} \tag{8.13}$$

虽然 R_P 对负载电流的这种敏感性会传递并导致 R_O 的变化，结果造成A_{LG}和 p_O 的变化，f_{GBW}受到的影响仍然是 R_O 对 A_{LG}和 p_O 造成的影响共同作用的结果。

不幸的是，R_{ESR}有可能大也有可能小，因此 ESR 零点 z_{ESR}和旁路极点 p_B 在 A_{LG}到达f_{0dB}前有可能干扰系统也有可能不干扰，这意味着 z_{ESR}能把f_{0dB}扩展到 p_B 允许的值，变化因子是 p_B/z_{ESR}，即 C_O/C'_O或者 $C_O/(C_B+C_L+C_P)$。换言之，f_{GBW}中的 i_L 以二次方根关系影响f_{0dB}，而 z_{ESR}和 p_B 以另外的因子影响f_{0dB}：

$$\begin{aligned}\frac{f_{0dB(MAX).PMOS}}{f_{0dB(MIN).PMOS}}&=\left(\frac{f_{GBW(MAX)}}{f_{GBW(MIN)}}\right)\left(\frac{p_B}{z_{ESR}}\right)=\left(\frac{A_EG_{P(MAX)}\beta_{FB}}{A_EG_{P(MIN)}\beta_{FB}}\right)\left(\frac{p_B}{z_{ESR}}\right)\\&\approx\left(\sqrt{\frac{i_{L(MAX)}}{i_{L(MIN)}}}\right)\left(\frac{C_O}{C_B+C_L+C_P}\right)\end{aligned} \tag{8.14}$$

作为参考，看看这个例子，在输出和旁路电容分别为 1μF 和 0.1μF 情况下，1～100mA 的负载变化会使f_{0dB}的最大值与最小值之比达到 100∶1，这个范围意味着，对于一个f_{0dB}目标值为$f_{0dB(MIN)}$的系统，系统中的寄生极点频率必须等于或者大于$f_{0dB(MAX)}$。

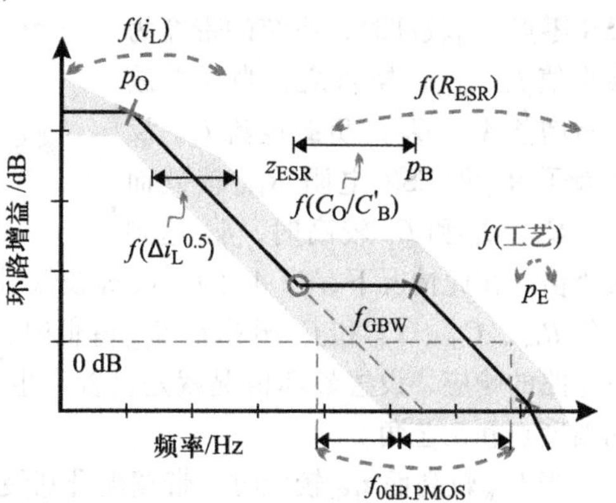

图 8.5　PMOSFET 作传输管的输出端补偿线性稳压器的频率响应

2. PNP

不幸的是，相比 MOSFET，PNP 的 G_P 对 i_L 更加敏感，因为 BJT 的跨导 $g_{m.BJT}$是 i_L 的线性函数：

$$g_{m.BJT}=\frac{i_L}{V_t} \tag{8.15}$$

这意味着，如图 8.6 所示，i_L 的变化不受限制地出现在 G_P 以及f_{GBW}和f_{0dB}中。和 FET 一样，由于基区宽度调制 V_A，传输器件的输出电阻 r_O 也对电流 i_L 敏感：

$$r_O=\frac{V_A}{i_L} \tag{8.16}$$

R_P 对电流 i_L 的敏感性也会在 R_O 以及 A_{LG}和 p_O 中出现。有趣的是，R_O 对 i_L 的依

赖关系抵消了A_{LG}的G_PR_O中G_P对i_L的依赖关系，因此A_{LG}不随i_L变化而变化。然而，p_O仍然随R_O变化，f_{GBW}受到的影响是R_O对A_{LG}和p_O造成的影响共同作用的结果，因此f_{GBW}仍然对i_L敏感。

如前述一样，ESR零点z_{ESR}和旁路极点p_B在A_{LG}到达f_{0dB}前有可能干扰系统也有可能不干扰，因此，z_{ESR}能把f_{0dB}扩展到p_B允许的值，变化因子是p_B/z_{ESR}即$C_O/(C_B+C_L+C_P)$。

$$\frac{f_{0dB(MAX).PNP}}{f_{0dB(MIN).PNP}} = \left(\frac{f_{GBW(MAX)}}{f_{GBW(MIN)}}\right)\left(\frac{p_B}{z_{ESR}}\right) = \left(\frac{A_E G_{P(MAX)}\beta_{FB}}{A_E G_{P(MIN)}\beta_{FB}}\right)\left(\frac{p_B}{z_{ESR}}\right) \tag{8.17}$$

$$\approx \left(\frac{i_{L(MAX)}}{i_{L(MIN)}}\right)\left(\frac{C_O}{C_B+C_L+C_P}\right)$$

这里，在输出和旁路电容分别为1μF和0.1μF情况下，1~100mA的负载变化会使f_{0dB}的最大值与最小值之比达到1000:1，是采用MOS管作传输管时的10倍。这样巨大的变化是不幸的，因为对于给定的最小带宽，电路需要足够大的功耗来把寄生极点推到最高可能的带宽以上。

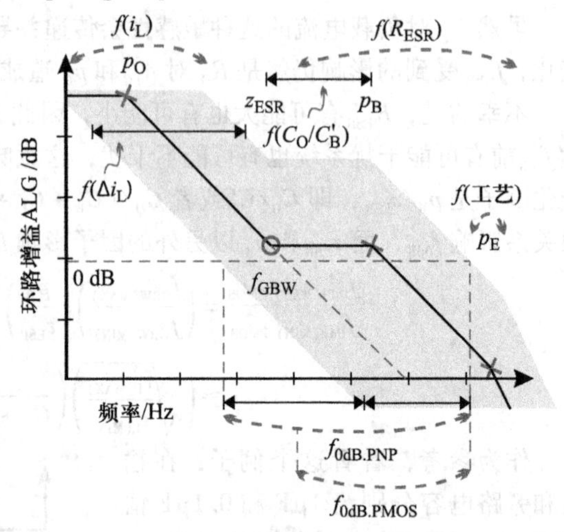

图8.6 PNP BJT作传输管的输出端补偿线性稳压器的频率响应

3. 最坏情况

当增益带宽频率f_{GBW}较低且ESR零点z_{ESR}较高时，系统的带宽为最小值$f_{0dB(MIN)}$。换言之，当误差放大器增益A_E、G_P的负载电流i_L、反馈因子β_{FB}和ESR电阻R_{ESR}较低而C_O、C_B、C_L和C_P较高时，f_{0dB}达到最小值。在此情况下，当A_E的极点p_E较低时，更难满足稳定性准则。当温度和工艺角使R_{OE}、C_{OE}、C_O和C_B升高且R_{ESR}降低时，情况更糟。因此，必须要仿真最坏情况下电路的响应，设置最坏情况就是设置产生R_{OE}、C_{OE}、C_O、C_B最大值和R_{ESR}最小值的温度点和工艺角。

当f_{GBW}较高而z_{ESR}较低时，带宽提升到最大值$f_{0dB(MAX)}$，这发生在误差放大器增益A_E、G_P的负载电流i_L、反馈因子β_{FB}和ESR电阻R_{ESR}较高而C_O、C_B、C_L和C_P较低时。在此情况下，当低频环路增益A_{LG0}较高而p_E较低时，最难满足稳定性准则。当温度和工艺角使R_{OE}、C_{OE}、R_{ESR}升高且C_O和C_B降低时，情况更糟。因此，必须要仿真最坏情况下电路的响应，设置最坏情况就是设置产生增益、R_{OE}、C_{OE}、R_{ESR}最大值和C_O、C_B最小值的温度点和工艺角。

8.3.2 内部补偿

线性稳压器的内部补偿指的是系统的低频主极点在反馈环路内部，也就是说不在稳压器的输出端。这意味着，输出极点 p_O 是第二低频极点因而是寄生极点。当为低功率系统设计线性稳压器时，工程师通常采用内部补偿，因为低功率系统的负载突变一般较小，因而稳压器需要的输出电容和旁路电容也较小。因为环路增益最终取决于高阻抗的贡献，因此，这个内部低频主极点通常位于误差放大器 A_E 中，是 p_E。

不幸的是，确保输出极点保持在单位增益频率 f_{0dB} 以上并不容易。一个原因是，负载突变即使较小，也仍然需要考虑，因此输出电容 C_O 仍然在几百 pF 甚至 nF 量级。第二个原因是电源噪声，问题是负反馈只能抑制频率在 f_{0dB} 以内的电源噪声，而输入电源 v_{IN} 的纹波频率可能在 0.1 ~ 10MHz，高于典型的 f_{0dB} 的频率范围（10 ~ 500kHz）。当遇到超过 f_{0dB} 频率、兆赫兹的纹波时，C_O 是唯一能分流它们的元件了，如下节所示。

R_P 对负载电流 i_L 的敏感性恶化了这个问题，因为低功率应用中的 i_L 从 1 ~ 10μA 到 1 ~ 10mA 几个数量级变化。因为 MOSFET 和 BJT 的 R_P 都随 i_L 线性变化，因此 p_O 也随 i_L 线性变化同样多的数量级。这意味着，可能的最低 p_O 会非常低，而最低 p_O 会限制 f_{0dB} 的最高值。这也解释了为什么在实际中，在内部补偿稳压器系统中，f_{0dB} 很难超过 500kHz。

幸好，f_{0dB} 通常与 i_L 无关。为了理解这一点，首先考虑在没有其他极点和零点的情况下，在主极点频率以上，增益随频率以 20dB 每 10 倍频程下降。因此，增益带宽积（GBW）或 $A_{LG0}p_E$ 在穿越频率 p_E 时是恒定的。换言之，如果没有其他极点和零点，低频增益 A_{LG0} 下降多少，则主极点频率 p_E 上升多少，单位增益频率 f_{0dB} 等于 $p_E A_{LG0}$，或等价于 GBW 频率 f_{GBW}：

$$f_{GBW} = A_{LG0}p_E = \frac{G_E R_{OE} G_P[(R_{FB1} + R_{FB2}) \parallel R_O]\beta_{FB}}{2\pi R_{OE} C_{OE}} \approx \frac{G_E G_P R_O \beta_{FB}}{2\pi C_{OE}} \approx \frac{G_E A_P \beta_{FB}}{2\pi C_{OE}} \tag{8.18}$$

式中，A_P 是通过传输器件的增益，大小为 $G_P R_O$；R_O 是 R_P 和 R_L 的并联结合，R_P 通常很低以至于 R_P 与 R_L 以及 R_{FB1} 和 R_{FB2} 的并联项近似等于 R_P。也许不是很明显，但可以通过求解得出：在内部补偿系统中 A_P/C_{OE} 对 i_L 不敏感。

1. N 型跟随器

除了减少输出电容，保持 p_O 在高频的唯一办法是降低输出电阻。为了实现这一目的，没有比用 N 型跟随器作传输器件更好的了。这样，R_P 降低为 $1/g_m$ 且 p_O 降低为 $g_m/2\pi$（$C_O + C_B + C_L + C_P$）。另外，增益接近 1，因为有效负载电阻 R_{LOAD} 是传输器件的退化电阻，传输器件的跨导电流通过这个退化负载电阻 R_{LOAD} 重建它的输入电压使其输入电压降低：

$$A_{P.Follower} = G_{M(DEG)} R_{LOAD} = \left(\frac{g_m}{1 + g_m R_{LOAD}}\right) R_{LOAD} \approx 1 \tag{8.19}$$

其中，R_{LOAD} 由 R_O 中的 R_{FB1}、R_{FB2}、R_L 和 R_P 构成。幸运的是，如图 8.7 所示，A_P 与 i_L 的无关性带入到了 f_{GBW}，因而也带入到了 f_{0dB} 中。

2. P型米勒晶体管

当传输器件是P型晶体管时，另一种减小输出阻抗的方法是在传输器件上接一个米勒电容 C_M。这样，米勒电容 $(1+g_mR_{LOAD})C_M$ 成为 C_{OE} 的主要部分进而控制 p_E，而且 C_M 在高频时分流使稳压器的输出阻抗降为 $1/g_m$，其中 g_m 是传输器件的跨导。频率超过 p_E 后，R_P 基本上变成了 $1/g_m$，因此，借助跟随器，在 p_O 处，C_O、C_B、C_L 和 C_P 与 $1/g_m$ 并联，p_O 变成了 $g_m/2\pi(C_O+C_B+C_L+C_P)$。因为传输器件的增益是 g_mR_{LOAD}，A_P 和 C_{OE} 中的 g_mR_{LOAD} 实际上在 A_P/C_{OE} 中抵消了：

$$\frac{A_{P.\,Miller}}{C_{OE}}=\frac{g_mR_{LOAD}}{(1+g_mR_{LOAD})C_M}\approx\frac{1}{C_M} \tag{8.20}$$

换言之，由 i_L 引起的 A_P 的变化和 p_E 的变化相互抵消，从而产生了如图8.8所示的 f_{GBW}，结果，f_{0dB} 对 i_L 不敏感。

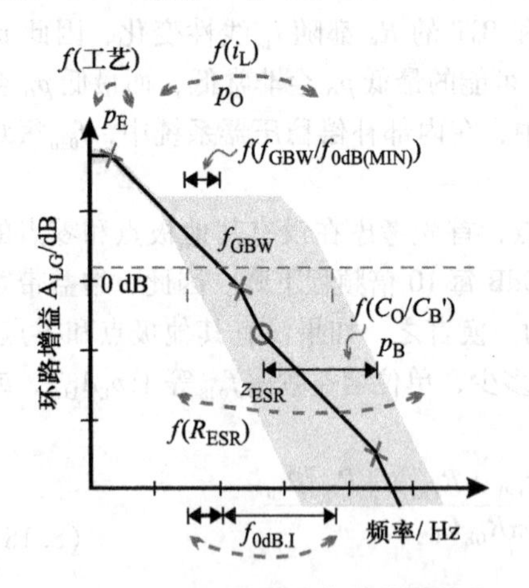

图8.7　用N型跟随器作传输器件的内部补偿线性稳压器的频率响应

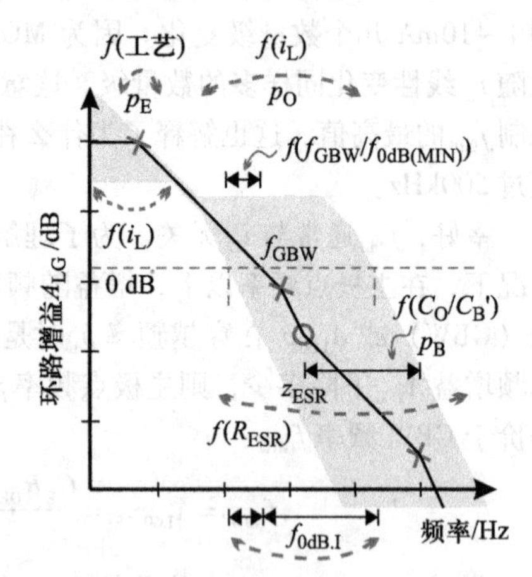

图8.8　用米勒补偿P型晶体管作传输器件的内部补偿线性稳压器的频率响应

3. 最坏情况变化

不幸的是，R_P 对 i_L 的敏感性会直接体现在 p_O 中。在最坏情况下，p_O 可能很低，以至于为了维持一个实际带宽，设计师允许 p_O 低至 f_{0dB} 以下，但是为了保证相移小于180°，p_O 不能比 f_{0dB} 的1/10还小。当然，让 p_O 穿过 f_{0dB} 会有效地扩展 f_{0dB} 的低频范围。因为 A_{LG} 以40dB每10倍频程下降，$f_{0dB(MIN)}$ 不应比 f_{GBW} 的1/5或 $1/10^{1/2}$（p_O 为 f_{GBW} 的1/10时，$f_{0dB(MIN)}$ 为 f_{GBW} 的 $1/10^{1/2}$）还小。

并非所有情况下都是如此。因为在一些系统中，R_{ESR} 足够高以至于把ESR零点 z_{ESR} 拉到 f_{0dB} 以下。这意味着，z_{ESR} 可以把 f_{0dB} 扩展到 p_O 允许的范围，在最坏情况下，p_O 不出现在高频，则以因子 p_B/z_{ESR} 或 $C_O/(C_B+C_L+C_P)$ 把 f_{0dB} 扩展到 p_B 允许的范围。换言之，虽然 $p_{O(MIN)}$ 能够把 f_{0dB} 拉到 f_{GBW} 的 $10^{1/2}$ 以下，但 z_{ESR} 和 p_B 可以把 f_{0dB} 推到更高的频率，比例因子是 $C_O/(C_B+C_L+C_P)$：

$$\frac{f_{0dB(MAX)}}{f_{0dB(MIN)}} = \left(\frac{f_{GBW}}{f_{0dB(MIN)}}\right)\left(\frac{p_B}{z_{ESR}}\right) = \left(\frac{f_{GBW}}{f_{0dB(MIN)}}\right)\left(\frac{C_O}{C_B + C_L + C_P}\right) < (\sqrt{10})\left(\frac{C_O}{C_B + C_L + C_P}\right) \quad (8.21)$$

幸运的是，在高度集成的低功率系统中，R_{ESR}、C_B、C_L 和 C_P 可以很低以至于这个范围降低到可控水平。当然，p_O 仍然受到关注，因为 p_O 设置 f_{0dB} 的上限。

4. 最坏情况

当负载电流 i_L 和 R_{ESR} 较低而 C_O、C_B、C_L 和 C_P 较高时，导致误差放大器极点 p_E 和输出极点 p_O 较低而 ESR 零点 z_{ESR} 较高，系统的带宽处于最低值 $f_{0dB(MIN)}$。当温度和工艺角使 R_{OE}、C_{OE}、R_P、C_O、C_B 升高且 R_{ESR} 降低时，满足稳定性准则更加困难。因此，必须要仿真最坏情况下电路的响应，设置最坏情况就是设置产生 R_{OE}、C_{OE}、R_P、C_O、C_B 最大值和 R_{ESR} 最小值的工艺角和温度点。

当 R_{ESR} 较高，导致 p_E 较高而 z_{ESR} 较低时，带宽提升到最大值 $f_{0dB(MAX)}$。当 i_L 较低而 C_O、C_B、C_L 和 C_P 较高时，导致 p_O 较低，满足稳定性准则更加困难。当温度和工艺角使 R_{OE}、C_{OE} 降低且 C_O、C_B、R_{ESR} 升高时，满足稳定性准则更加困难。因此，必须要仿真最坏情况下电路的响应，设置最坏情况就是设置产生 R_{OE}、C_{OE} 最大值和 C_O、C_B、R_{ESR} 最小值的工艺角和温度点。

8.4 电源抑制

电源抑制（PSR），或称为电源纹波抑制（工业界众所周知的称呼），或简称为纹波抑制，指的是电路抑制电源中小信号波动对输出造成的影响的能力。因此，PSR 是电源注入的倒数，等价于电源增益 A_{IN} 的倒数，这里 A_{IN} 是输入电源的小信号变化 ∂v_{IN} 或 v_{in} 引起的输出电压变化 ∂v_O 或 v_O：

$$\text{PSR} \equiv \frac{1}{A_{IN}} = \frac{\partial v_{IN}}{\partial v_O} \equiv \frac{v_{in}}{v_O} \quad (8.22)$$

相似地，但是针对的是稳态信号，线性调整率（Line Regulation，LNR）指的是低频时的电源增益 A_{IN}。换言之，LNR 指的是 v_{IN} 的稳态变化 ΔV_{IN} 引起的 v_O 的稳态变化 ΔV_O。但是因为 LNR 应用于稳压器的线性工作区，v_O 对 ΔV_{IN} 表现出线性关系，像 v_o 对 v_{in} 的关系一样，这意味着，LNR 基本等于低频时的 A_{IN}，也等于低频时 PSR 的倒数：

$$\text{LNR} \equiv \frac{\Delta V_O}{\Delta V_{IN}} \approx \frac{\partial v_O}{\partial v_{IN}} = A_{IN0} = \frac{1}{\text{PSR}_0} \quad (8.23)$$

式中，A_{IN0} 和 PSR_0 是 A_{IN} 和 PSR 的低频值。

可惜的是，电源纹波抑制（Power - Supply Ripple Rejection）和电源抑制比（Power - Supply Rejection Ratio，PSRR）的缩写相同，后者常用于放大器中而不是稳压器中，尽管两者在很多方面相似，但不尽相同，例如，后者指的是电路能够克服电源变化对输出的影响处理多大的输入信号变化量的能力，因此 PSRR 是前向输入 - 输

出电压增益 A_V 与电源 - 输出增益 A_{DD} 的比值：

$$\mathrm{PSRR} \equiv \frac{A_V}{A_{DD}} = A_V \mathrm{PSR} \tag{8.24}$$

而电源纹波抑制，即 PSR，是电源 - 输出增益的倒数，在这个例子中是 $1/A_{DD}$，在线性稳压器中是 $1/A_{IN}$。换言之，PSRR 是前向增益 A_V 和 PSR 的积。

有趣的是，将电源纹波应用到单位增益结构的运算放大器中与线性稳压器相似。实际上，这是一种推算运算放大器 PSRR 的有效方法，因为 A_{DD} 把电源纹波 v_{dd} 转移到 v_o 而环路增益 A_V 抑制它。因此，v_o 是 A_{DD} 和 A_V 双重作用的结果：

$$v_o = v_{dd}A_{DD} + v_{id}A_V = v_{dd}A_{DD} - v_o\beta_{FB}A_V \tag{8.25}$$

其中，单位增益结构中反馈因子 β_{FB} 是 1，A_V 放大差分输入电压 v_{ID}，即 $v_{REF} - v_o$，其中 v_{REF} 不包含小信号成分，因此 v_{ID} 变成 $-v_o$，故：

$$\frac{v_{dd}}{v_o} = \left.\frac{A_{DD}}{1 + A_V\beta_{FB}}\right|_{\beta_{FB}=1} = \left.\frac{A_{DD}}{1 + A_V}\right|_{A_V \gg 1} \approx \frac{A_{DD}}{A_V} = \frac{1}{\mathrm{PSRR}} \tag{8.26}$$

然而，这个 PSRR 的近似结果只在前向增益 A_V 远大于 1 时成立，换言之，PSRR 在单位增益频率 f_{0dB} 之前等于 v_o/v_{dd}，在单位增益频率 f_{0dB} 之后，PSRR 就不等于 PSR 了，因为超过 f_{0dB} 后 v_o/v_{dd} 精确等于 PSR。为了避免混淆，本书中只使用缩写 PSR，指的是纹波抑制性能也就是电源抑制（Power - Supply Rejection）。

8.4.1 分压器模型

因为 PSR 是输入电源增益 A_{IN} 的倒数，获取 PSR 的性能等效于计算输入电源 v_{in} 到输出 v_o 的小信号增益，记住了这一点，认识到传输器件 S_O，反馈网络 β_{FB}，输出滤波电容 C_{Filter} 和负载构成了一个从 v_{in} 到 v_o 的分压器是很有帮助的，因为图 8.9 中 S_O 的输出电阻 R_P 和电容 C_P 把 v_{in} 和 v_o 连接起来，它们一起构成了上端阻抗网络 Z_T；类似地，β_{FB} 的 R_{FB1} 和 R_{FB2}，C_{Filter} 的 C_O，R_{ESR} 和 C_B、C'_B 的 C_L 构成了下端阻抗 Z_B，从这个角度看，因为当 A_{IN} 低时 PSR 高，所以当大部分 v_{in} 降落在 S_O 上，或者说，当 β_{FB}、C_{Filter} 和负载转移尽可能多的电源噪声而 S_O 耦合的尽可能少时，可以获得好的 PSR 性能。

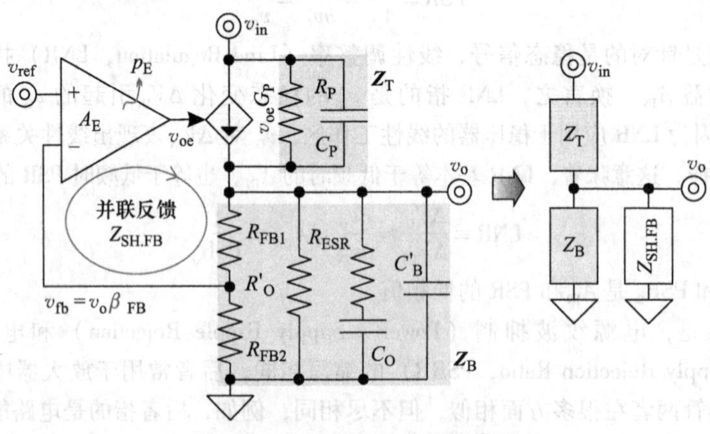

图 8.9 分析 PSR 的分压器模型

传输器件的跨导 G_P 从两个方面影响 A_{IN}。首先，G_P 是电源噪声通过误差放大器 A_E 到达 v_o 的媒介。这个噪声如何影响 v_o 取决于传输器件的特性，将在下一小节讨论。暂时忽略馈通效应，G_P 也是闭合反馈环路的元件，这意味着 G_P 可以抑制电源纹波对输出的影响，这种情况下，因为 R_{FB1} 和 R_{FB2} 并联采样 v_o，当采样输出电压时，G_P 出现在由负反馈建立的分流阻抗 $Z_{SH.FB}$ 中。

不诉诸反馈理论，$Z_{SH.FB}$ 基本上是 G_P 的输出阻抗 v_o/i_{GP}，其中 i_{GP} 是 v_o 的 $\beta_{FB}A_EG_P$ 倍。这样，$Z_{SH.FB}$ 简化为 $1/\beta_{FB}A_EG_P$，等价于等效反馈跨导 G_{FB} 的倒数：

$$Z_{SH.FB} \equiv \frac{v_o}{i_{GP}} = \frac{v_o}{v_o\beta_{FB}A_EG_P} \equiv \frac{1}{G_{FB}} = \frac{Z_T \parallel Z_B}{\beta_{FB}A_EG_P(Z_T \parallel Z_B)} = \frac{Z_{O.OL}}{\beta_{FB}A_{OL}} = \frac{Z_{O.OL}}{A_{LG}} \tag{8.27}$$

作为参考，通过把上面关系式的分子和分母同时乘以这个网络的开环输出阻抗 $Z_T \parallel Z_B$，可以看出分母 $\beta_{FB}A_EG_PZ_{O.OL}$ 是环路 A_{LG} 的增益，这个比值就是反馈理论所预测的阻抗。就 PSR 而言，$Z_{SH.FB}$ 的作用是从 v_o 中分流噪声能量，因此 $Z_{SH.FB}$ 使 A_{IN} 减小，PSR 增大。

8.4.2　馈通噪声

1. 共模概念

前文提到，传输器件的跨导 G_P 将误差放大器 A_E 输出端 v_{OE} 上的电源噪声馈入到输出端 v_O。至于馈通多大程度的噪声最终取决于传输管。例如，如图 8.10 所示，在 N 型器件的情况下，电源噪声通过它们的负载传递到 v_{OE} 上，由晶体管构成的电压跟随器会复制 v_{OE} 上接收到的噪声，v_{OE} 携带的全部噪声都出现在 v_O 上。因此，在驱动 N 型传输器件时，误差放大器 A_E 应尽可能地抑制电源噪声。

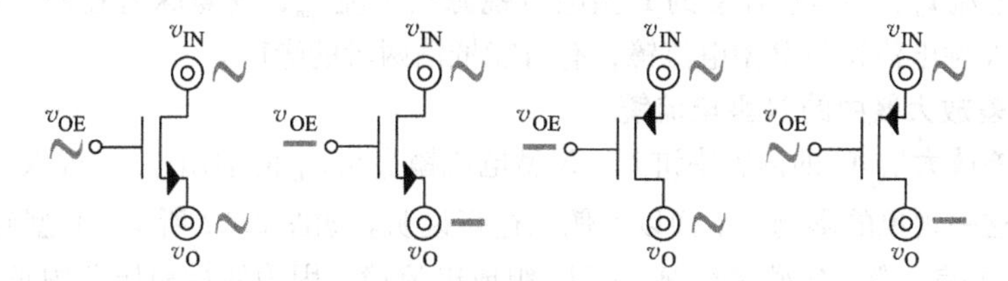

图 8.10　在 N 型和 P 型晶体管中共模概念的示意图

有趣的是，消除 v_{OE} 上的电源噪声并不总是最好的办法。原因是 P 型晶体管的源极和发射极直接与电源输入 v_{IN} 相连，如图 8.10 所示，在栅极和基极没有电源噪声的情况下，源极－栅极电压以及发射极－基极电压会随着 v_{IN} 波动，因为漏极和集电极的小信号电流是源极－栅极电压和发射极－基极电压的跨导转换，因此，即使 v_{OE} 上没有噪声，P 型晶体管也会向输出端 v_O 注入噪声。因此，在 v_{OE} 上重建电源噪声，可以移除源极－栅极间以及发射极－基极间的小信号差别。总之，为了消除馈通噪声，在驱动 P 型传输器件时，A_E 应该将电源上的纹波噪声复制到 v_{OE} 上。

本节讨论的基本主题是共模的概念。因为晶体管，比如差分放大器，放大两个输入端的差分小信号电压，却消除两个输入端的共模噪声。因此，为了抑制噪声，必须复制源极或发射极上的小信号到栅极或基极上，反之亦然。在线性稳压器中，必须由误差放大器 A_E 来复制和驱动传输功率管源极或发射极上已经吸收的噪声。

2. 电流镜

正如人们所料，电流镜克隆源电流。为了理解这一表述的意义，在此考虑 N 型和 P 型电流镜中小信号的转化情况，如图 8.11 所示，因为输入电源 v_{IN} 通过电流源 I_{Bias} 与电流镜中二极管连接方式的输入晶体管相连，因此电源纹波 v_{in} 通过它们的电阻 R_{EQ} 和 $1/g_m$ 产生小信号电流 i_{in}：

$$i_{in}=\frac{v_{in}}{R_{EQ}+\frac{1}{g_m}}\approx\frac{v_{in}}{R_{EQ}} \tag{8.28}$$

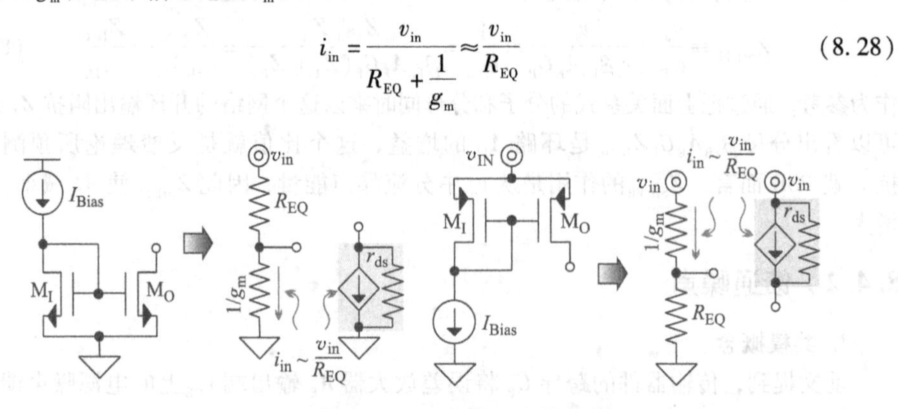

图 8.11 N 型和 P 型电流镜的小信号转换

由于 $1/g_m$ 比 R_{EQ} 小很多，因此 i_{in} 近似等于 v_{in}/R_{EQ}。电流镜中输出晶体管的跨导将这个电源纹波电流 i_{in} 镜像到输出端上。然而，值得注意的是，与地连接的 N 型电流镜沉入电流 i_{in}，与电源连接的 P 型电流镜源出电流 i_{in}，这意味着在同一电路中合理地运用 N 型电流镜与 P 型电流镜，有可能抵消两者的噪声。

3. 误差放大器中的 N 型电流镜

在误差放大器 A_E 的内容中讲到，N 型电流镜会从 A_E 的输出端 v_{OE} 沉入电源纹波。为了明确这一现象的影响，下面以实例来进行说明。如图 8.12 所示，P 型对管 $M_{I1}-M_{I2}$ 组成输入差动级，N 型对管 $M_{M3}-M_{M4}$ 组成电流镜。因为线性稳压器中负反馈的作用是将 A_E 的一个输入端强制与另一输入端“虚短”，v_{I1} 与 v_{I2} 相等，因此，输入端上小信号作用为零。实际上，因为分流阻抗 $Z_{SH.FB}$ 已经建模了负反馈对整个系统的作用，所以这里再将负反馈的这些作用包括进去是多余的。因此，M_{I1} 和 M_{I2} 的栅极上没有小信号，它们将由 v_{in} 经过尾电流源 M_T 注入的电源纹波电流直接缓冲注入到 N 型电流镜中。

与在图 8.11 中所示的基本电流镜一样，图 8.12 中，M_T 和 M_{I1}、M_T 和 M_{I2} 的等效电阻为 R_{EQ}，二极管连接的晶体管 M_{M3} 的阻抗为 $1/g_{m3}$，电流镜输出晶体管 M_{M4} 的阻抗 R_M 为 r_{ds4}，电路等效为电源通过 R_{EQ} 连接到 $1/g_{m3}$ 以及通过 R_{EQ} 连接到 r_{ds4} 的两条电路。又因为阻抗 R_{EQ} 比 M_{M3} 的阻抗 $1/g_{m3}$ 大很多，所以 v_{in} 注入到电流镜的纹波电流 i_{in} 近似等于 v_{in}/R_{EQ}。从输出电压 v_{oe} 的角度来讲，R_{EQ} 源出电源纹波，M_{M4} 沉入电源纹波。换言

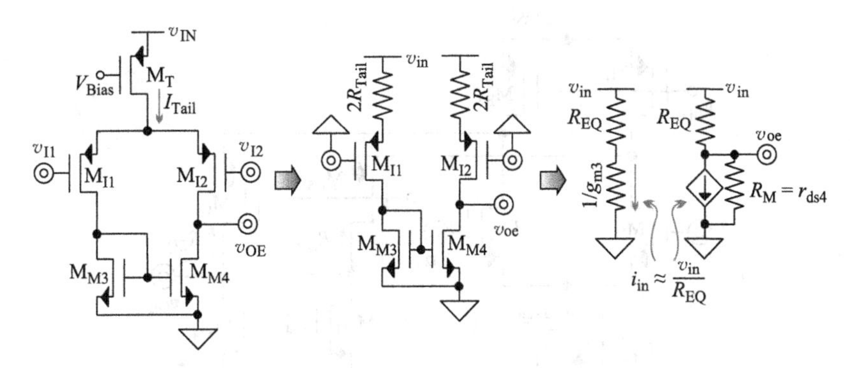

图 8.12　带 N 型电流镜的 P 型差动对和它的小信号转换

之，M_{M4}与 R_{EQ}的作用正好相反。为了量化它们对 v_{oe}的共同作用，首先应单独考虑它们对 v_{oe}的作用，然后进行叠加，从这个角度分析，首先不考虑 M_{M4}的跨导，此时电阻 R_{EQ}和 R_M 对 v_{in}分压得到 v_{oe}，然后不考虑 v_{in}即 v_{in}为 0，此时 M_{M4}从 R_{EQ}和 R_M 的并联电路上拉电流 i_{in}：

$$A_{IN(N.MIR)} = \frac{v_{oe}}{v_{in}} = \frac{\left(\frac{v_{in}R_M}{R_{EQ}+R_M}\right) - [i_{in}(R_{EQ} \parallel R_M)]}{v_{in}}$$
$$\approx \frac{\left(\frac{v_{in}R_M}{R_{EQ}+R_M}\right) - \left[\left(\frac{v_{in}}{R_{EQ}}\right)(R_{EQ} \parallel R_M)\right]}{v_{in}} = 0 \tag{8.29}$$

有趣的是，电路的对称性确保了 R_{EQ}和 M_{M4}的作用是相等的和对立的，因此它们对 v_{oe}的纹波贡献相互抵消。当然这个结论成立的前提是假设 $1/g_{m3}$的值远远小于 R_{EQ}，通常情况下这个前提是满足的，但是，如果这个假设不成立，则 M_{M4}的实际灌电流为 $v_{in}/(R_{EQ}+1/g_{m3})$，只能抵消由 R_{EQ}注入的纹波电流中的一部分：

$$A_{IN(N.MIR)} \equiv \frac{v_{oe}}{v_{in}} = \frac{\left(\frac{v_{in}R_M}{R_{EQ}+R_M}\right) - [i_{in}(R_{EQ} \parallel R_M)]}{v_{in}}$$
$$\approx \left(\frac{R_M}{R_{EQ}+R_M}\right) - \left(\frac{R_{EQ} \parallel R_M}{R_{EQ}+\frac{1}{g_{mM3}}}\right) \tag{8.30}$$

这种相互抵消的作用适用于所有从电源到一个 N 型电流镜对称连接的电路。例如，在图 8.13 所示的折叠共源共栅放大器中，$M_{M3}-M_{M4}$组成 N 型电流镜会沉入并抵消来自输入电源中的纹波电流。在这种情况下，N 型输入对管 $M_{I1}-M_{I2}$输出差分电流，经共栅晶体管 $M_{C5}-M_{C6}$缓冲，折叠流入 N 型电流镜。从电流镜的角度观察，M_{C5}和 M_{C6}组成对称结构与输入电源 v_{IN}相连，对电源噪声 v_{in}来说，M_{C5}和 M_{C6}的等效阻抗都为 R_{EQ}。因此，电路可以简化成相同的等效电路，如图 8.12 所示。这就意味着，R_{EQ}注入的电源纹波会被 N 型电流镜移出，使输出不受噪声干扰。

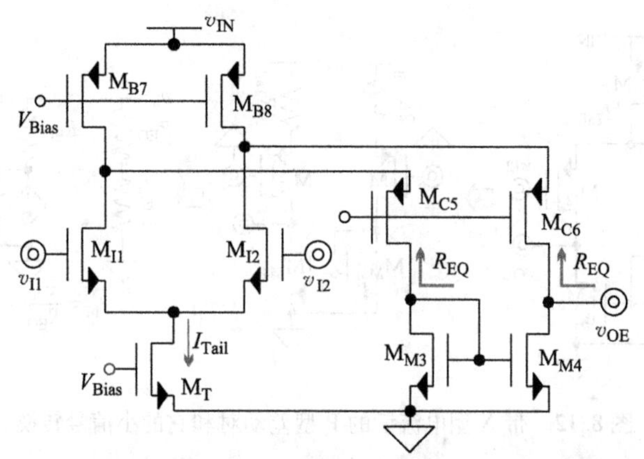

图 8.13　N 型输入对管和 N 型电流镜作负载的折叠式共源共栅放大器

在含有 N 型电流镜的电路中，若从输入电源到电流镜都为对称结构，那么任何的变化都会产生与上述相同的结果。例如，图 8.14 所示的低电压共源共栅拓扑中，$M_{I1}-M_{I2}$ 组成的 P 型差分输入对管产生的差分电流，经共栅晶体管 $M_{C5}-M_{C6}$ 缓冲，折叠流入 $M_{M3}-M_{M4}$ 组成的 N 型电流镜，电流缓冲器 M_{C5} 将 M_{M3} 连接成二极管连接方式，这样，镜像晶体管 M_{M3} 和 M_{M4} 接收 M_{B7} 和 M_{B8} 提供的偏置电流以及 M_{I1} 和 M_{I2} 提供的差分电流。从电流镜的角度观察，对电源来说，M_{B7} 和 M_{B8} 呈现出相同的等效阻抗 R_{EQ}，M_{I1} 和 M_{I2} 向电流镜提供相同的纹波电流，因此，M_{I1} 的纹波电流会全部流入 M_{M3} 中，而 M_{M4} 会镜像 M_{M3} 中的电流以此抵消 M_{I2} 的相应作用。与前文相似，N 型电流镜会消除 M_{B8} 的等效阻抗 R_{EQ} 注入的纹波电流，使输出不受噪声干扰。

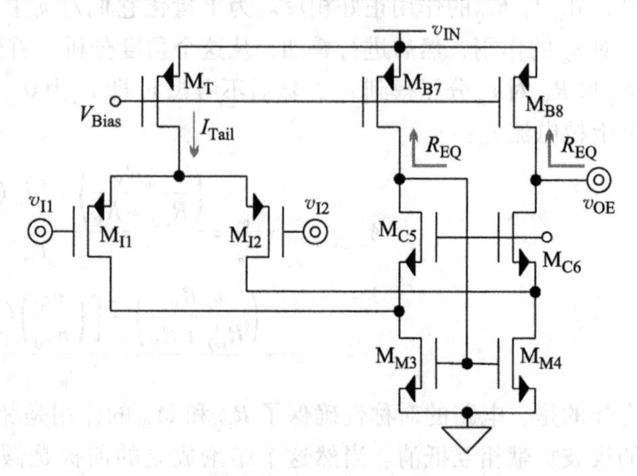

图 8.14　P 型输入对管和 N 型电流镜作负载的折叠式共源共栅放大器

[例 8.2]　一个带 N 型电流镜的误差放大器，假设晶体管的跨导是 50μS，电阻是 500kΩ，请计算这个放大器的电源增益。

解：

$$A_{IN}\equiv\frac{v_{oe}}{v_{in}}\approx\left(\frac{R_M}{R_{EQ}+R_M}\right)-\left(\frac{R_{EQ}\parallel R_M}{R_{EQ}+\frac{1}{g_{mM3}}}\right)\approx\left(\frac{0.5\text{M}\Omega}{0.5\text{M}\Omega+0.5\text{M}\Omega}\right)-\left(\frac{0.5\text{M}\Omega\parallel 0.5\text{M}\Omega}{0.5\text{M}\Omega+\frac{1}{50\mu\text{S}}}\right)$$

$$=0.5-\left(\frac{0.25\text{M}\Omega}{0.5\text{M}\Omega+\frac{1}{50\mu\text{S}}}\right)\approx 19\text{mV/V}=-34\text{dB}$$

4. 误差放大器中的 P 型电流镜

在误差放大器 A_E 的内容中讲到，P 型电流镜会源出电源纹波到 A_E 的输出端 v_{OE}。为了明确这一现象的影响，下面以实例来进行说明。如图 8.15 所示，N 型输入对管 M_{I1} - M_{I2}组成差动级，P 型晶体管 M_{M3} - M_{M4}组成电流镜。因为线性稳压器中负反馈的作用是将 A_E 的一个输入端强制与另一输入端“虚短”，v_{I1}与 v_{I2}相等，因此它们的小信号作用为零。因为分流阻抗 $Z_{SH.FB}$已经建模了负反馈对整个系统的作用，所以这里再将负反馈的这些作用包括进去是多余的。因此，M_{I1}和 M_{I2}的栅极上没有小信号，它们建立了从 P 型电流镜一直到地的对称连接。

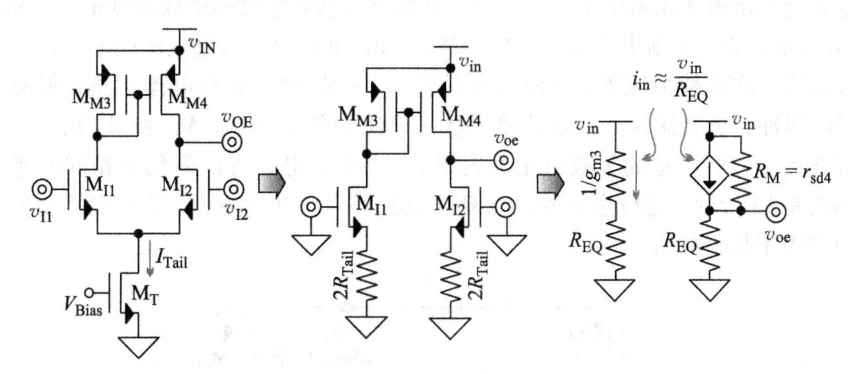

图 8.15　带 P 型电流镜的 N 型差动对和它的小信号转换

与在图 8.11 中所示的基本电流镜一样，图 8.15 中，M_T 和 M_{I1}、M_T 和 M_{I2}的等效电阻为 R_{EQ}，二极管连接的晶体管 M_{M3}的阻抗为 $1/g_{m3}$，电流镜输出晶体管 M_{M4}的阻抗 R_M 为 r_{ds4}，电路等效为电源通过 R_{EQ}连接到 $1/g_{m3}$以及通过 R_{EQ}连接到 r_{ds4}的两条电路。又因为阻抗 R_{EQ}比 M_{M3}的阻抗 $1/g_{m3}$大很多，所以 v_{in}注入到电流镜的纹波电流 i_{in}近似等于 v_{in}/R_{EQ}。从输出电压 v_{oe}的角度来讲，R_M 和 M_{M4}的跨导 g_{m4}都源出电源纹波，换言之，在产生 v_{oe}上噪声方面，R_M 和 g_{m4}的作用是相互增强的。为了量化它们对 v_{oe}的共同影响，首先应单独考虑它们对 v_{oe}的作用，然后进行叠加。为了量化它们对 v_{oe}的共同作用，应单独考虑它们对 v_{oe}的作用，然后进行叠加，从这个角度分析，首先不考虑 M_{M4}的跨导，此时电阻 R_{EQ}和 R_M 对 v_{in}分压得到 v_{oe}，然后不考虑 v_{in}即 v_{in}为 0，此时 g_{m4}推入电流 i_{in}到 R_{EQ}和 R_M 的并联电路上：

$$A_{IN(P.MIR)} = \frac{v_{oe}}{v_{in}} = \frac{\left(\dfrac{v_{in}R_{EQ}}{R_{EQ}+R_M}\right) + \left[i_{in}(R_{EQ} \parallel R_M)\right]}{v_{in}} \approx \frac{\left(\dfrac{v_{in}R_{EQ}}{R_{EQ}+R_M}\right) + \left[\left(\dfrac{v_{in}}{R_{EQ}}\right)(R_{EQ} \parallel R_M)\right]}{v_{in}} = 1 \tag{8.31}$$

有趣的是，在复制输入纹波 v_{in}到输出 v_{oe}方面，电路的对称性确保了 R_M 和 g_{m4}的作用不仅是相匹配的而且是相互增强的。当然这个结论成立的前提是假设 $1/g_{m3}$的值

远远小于 R_{EQ}，通常情况下这个前提是满足的，但是，如果这个假设不成立，则 M_{M4} 的实际源出电流为 $v_{in}/(R_{EQ}+1/g_{m3})$，帮助 R_M 在 v_{oe} 上多产生一部分噪声：

$$A_{IN(P.MIR)} \equiv \frac{v_{oe}}{v_{in}} = \frac{\left(\frac{v_{in}R_{EQ}}{R_{EQ}+R_M}\right) + \left[i_{in}(R_{EQ} \parallel R_M)\right]}{v_{in}} \approx \left(\frac{R_{EQ}}{R_{EQ}+R_M}\right) + \left(\frac{R_{EQ} \parallel R_M}{R_{EQ}+\frac{1}{g_{mM3}}}\right) \tag{8.32}$$

这种同相增强作用适用于所有从一个 P 型电流镜到地对称连接的电路。例如，在图 8.16 所示的折叠共源共栅放大器中，$M_{M3}-M_{M4}$ 组成的 P 型电流镜向输出提供和强化纹波电流。在这种情况下，P 型输入对管 $M_{I1}-M_{I2}$ 输出差分电流，经共栅晶体管 $M_{C5}-M_{C6}$ 缓冲，折叠流入 P 型电流镜。从电流镜的角度观察，M_{C5} 和 M_{C6} 建立了到地的对称连接，它们对地的等效电阻都为 R_{EQ}。因此，电路可以简化成相同的等效电路，如图 8.15 所示。这就意味着，在复制电源噪声到输出方面，P 型电流镜的跨导和电阻的作用是相加的。

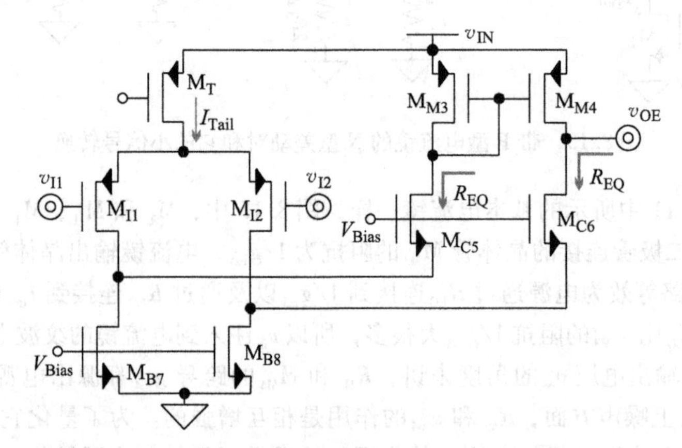

图 8.16　P 型输入对管和 P 型电流镜作负载的折叠式共源共栅放大器

在含有 P 型电流镜的电路中，若从电流镜到地都为对称结构，那么任何的变化都会产生与上述相同的结果。例如，图 8.17 所示的低电压共源共栅拓扑中，$M_{I1}-M_{I2}$ 组成的 N 型差分输入对管产生的差分电流，经共栅晶体管 $M_{C5}-M_{C6}$ 缓冲，折叠流入 $M_{M3}-M_{M4}$ 组成的 P 型电流镜。电流缓冲器 M_{C5} 将 M_{M3} 连接成二极管连接方式，这样，镜像晶体管 M_{M3} 和 M_{M4} 为 M_{B7} 和 M_{B8} 提供偏置电流，为 M_{I1} 和 M_{I2} 提供差分电流。从电流镜的角度观察，M_{B7} 和 M_{B8} 对地呈现出相同的等效阻抗 R_{EQ}。电流镜向 M_{I1} 和 M_{I2} 提供相同的纹波电流，因此，M_{I1} 的纹波电流源于 M_{M3}，而 M_{M4} 会镜像 M_{M3} 提供的电流以此抵消 M_{I2} 的相应作用。与前文相似，在复制电源噪声到输出方面，P 型电流镜的跨导和电阻的作用是相加的。

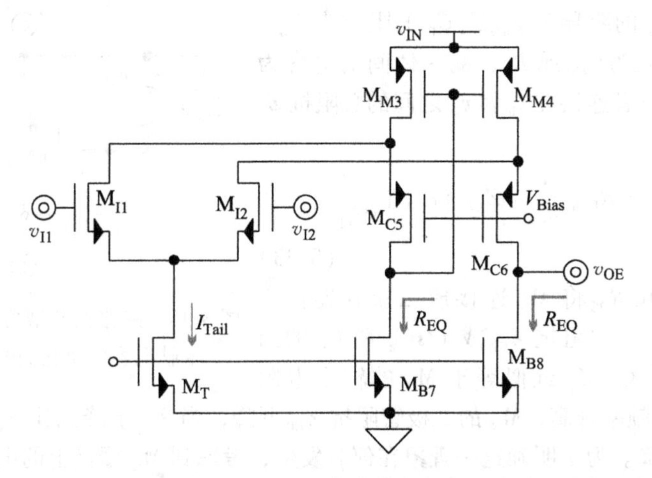

图 8.17　N 型输入对管和 P 型电流镜作负载的折叠式共源共栅放大器

[例 8.3]　一个带 P 型电流镜的误差放大器，假设晶体管的跨导是 50μS，电阻是 500kΩ，请计算这个放大器的电源增益。

解：

$$A_{IN} \equiv \frac{v_{oe}}{v_{in}} \approx \left(\frac{R_{EQ}}{R_{EQ}+R_M}\right) + \left(\frac{R_{EQ} \parallel R_M}{R_{EQ}+\frac{1}{g_{mM3}}}\right) \approx \left(\frac{0.5\text{M}\Omega}{0.5\text{M}\Omega+0.5\text{M}\Omega}\right) + \left(\frac{0.5\text{M}\Omega \parallel 0.5\text{M}\Omega}{0.5\text{M}\Omega+\frac{1}{50\mu\text{S}}}\right)$$

$$= 0.5 + \left(\frac{0.25\text{M}\Omega}{0.5\text{M}\Omega+\frac{1}{50\mu\text{S}}}\right) \approx 0.98\text{V/V} = -0.17\text{dB}$$

5. 总结

在此强调几个结论：①晶体管可以消除共模噪声，因此，N 型器件当其栅极和基极无噪声时，不会传播电源噪声；而对 P 型晶体管而言，当它们的栅极或基极电压上具有与电源同相位的噪声时，也会得到同样的结果。②N 型电流镜吸收电源纹波，P 型电流镜源出电源纹波，当它们和负载对称连接时，N 型电流镜可以抵消电源纹波，而 P 型电流镜则复制电源纹波。综上所述，当驱动 N 型功率管时，线性稳压器中的误差放大器应该选用 N 型电流镜，否则，选用 P 型电流镜。这样，功率管 G_P 的跨导不会将电源噪声馈入到稳压器的输出端。

8.4.3　米勒电容

跨接在 P 型功率器件上的一个米勒电容，如图 8.18 所示电路中 C_M 和 M_0，改变了电源和输出之间的动态特性。这里，C_M 和误差放大器的输出电阻 R_{OE} 构成了一个电压分压器，将 M_0 连接成二极管连接方式。高频时，相对于 R_{OE} 来说 C_M 近似短路，M_0 的二极管连接方式的等效电阻 $1/g_{m0}$ 将输入电压 v_{in} 和输出电压 v_o 相连，不幸的是，这样虽然可以减小 v_{in} 和 v_o 之间电阻，但也将高频电源噪声耦合到输出端。

总之，M_O 的跨导为 g_{mO} 或 G_P 的阻抗为 Z_{GP}，M_O 的输出电阻为 r_{sdO} 或 R_P，漏 - 体间的电容为 C_{DB} 或 C_P，此三者连接在 v_{in} 和 v_O 之间的总阻抗 Z_T 为

$$Z_T = Z_{GO} \parallel R_P \parallel \frac{1}{sC_P} = Z_{GP} \parallel r_{sdO} \parallel \frac{1}{sC_{DB}} \tag{8.33}$$

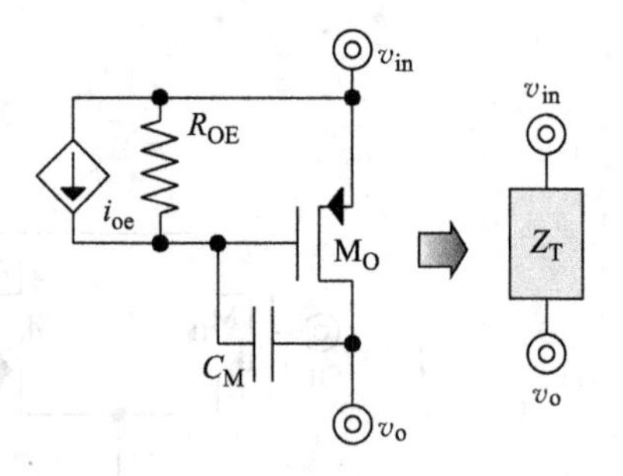

图 8.18 跨接在 P 型功率晶体管上的米勒电容以及它们的合并阻抗

尽管 C_M 和 R_{OE} 将 M_O 连接成二极管连接方式，低频时，C_M 的阻抗 Z_{CM} 或 $1/sC_M$ 和 C_P 的阻抗 $1/sC_P$ 都很大，Z_T 近似等于 M_O 的输出电阻 R_P。随着工作频率升高，M_O 的二极管阻抗 Z_{GP} 下降，当 Z_{GP} 下降到比 R_P 小时，Z_T 开始随着 Z_{GP} 下降。为了明确这一现象在何时发生，考虑到 M_O 栅极上的电压是由 C_M 和 R_{OE} 将 v_O 分压所得，则二极管连接方式的阻抗 $1/g_m$ 中的 g_m 就是 G_P 上的分压比：

$$Z_{GP} = \frac{1}{\left(\frac{G_P R_{OE}}{R_{OE} + Z_{CM}}\right)} \approx \frac{R_{OE} + \frac{1}{sC_M}}{G_P R_{OE}}\Bigg|_{\frac{1}{sC_M} >> R_{OE}} \approx \frac{1}{sC_M G_P R_{OE}}\Bigg|_{p_M \approx \frac{1}{2\pi R_{OE}(G_P R_P C_M)}} \equiv R_P \tag{8.34}$$

但是，因为 C_M 的阻抗 $1/sC_M$ 依旧很大，远大于 R_{OE}，与第 4 章和第 6 章讨论的米勒极点 p_M 一样，有效电容 $G_P R_P C_M$ 与电阻 R_{OE} 建立一个米勒极点，当工作频率高于此极点时，Z_{GP} 下降到比 R_P 小。从另一方面来看，Z_T 是误差放大器 A_E 的负载，所以，当工作频率高于米勒极点 p_M 时，A_E 的增益随着 Z_T 下降而减小。

随着频率进一步升高，Z_T 随着 Z_{GP} 继续减小直到相对 R_{OE} 来说 C_M 相当于短路，此时，Z_{GP} 因而 Z_T 随频率变化的曲线变成平坦的直线，其值为二极管连接的晶体管电阻 $1/G_P$。这个转折点发生在阻抗 $1/sC_M$ 的大小与 R_{OE} 相等时，因此零点 z_{GP} 等于 $1/2\pi R_{OE}C_M$：

$$\frac{1}{sC_M}\Bigg|_{z_{GP} = \frac{1}{2\pi R_{OE} C_M}} \equiv R_{OE} \tag{8.35}$$

因为 C_M 通常是特意设置的，而 C_P 是寄生参数，只有当工作频率很高达到极点 $p_{CP} = G_P/2\pi C_P$ 时，$1/sC_P$ 才会与 $1/G_P$ 分流。

$$\frac{1}{sC_P}\Bigg|_{p_{CP} = \frac{G_P}{2\pi C_P}} \equiv \frac{1}{G_P} \tag{8.36}$$

总的来说，在低频时，Z_T 等于 R_P；当工作频率上升到米勒极点 p_M 时，Z_T 开始下降；当频率上升到零点 z_{GP} 时，Z_T 保持不变；当频率上升到 C_P 的极点 p_{CP} 时，Z_T 又开始下降。

$$Z_T = \frac{R_P\left(1 + \frac{s}{2\pi z_{GP}}\right)}{\left(1 + \frac{s}{2\pi p_M}\right)\left(1 + \frac{s}{2\pi p_{CP}}\right)} \tag{8.37}$$

8.4.4 分析

电源纹波 v_{in} 究竟有多少传输到输出端 v_o 上取决于与 v_o 相连的元件。这就是电路的输出级是如此重要的原因，因为它通过分压将 v_{in} 传输到 v_o 上。一方面，功率器件 S_O 的作用就是尽可能将全部的电源纹波 v_{in} 降落在其自身，换种表述，就是说 v_o 上几乎不耦合电源噪声 v_{in}。另一方面，并联反馈将会对 v_{in} 分流。但是，当工作频率超过单位增益带宽 f_{0dB} 时，负反馈将会失去作用，而输出滤波电容 C_{Filter} 却对 v_{in} 继续分流。不幸的是，C_{Filter} 并不是理想的也没有足够大，当工作频率接近 f_{0dB} 时，C_{Filter} 的效果就没有频率远低于 f_{0dB} 时明显。这就是线性稳压器的电源增益 A_{IN} 在频率 f_{0dB} 附近达到峰值，而 PSR 在 f_{0dB} 附近达到谷值的原因。

尽管如此，如图 8.19 所示，S_O 的可能的二极管连接方式阻抗 Z_{GP}、输出阻抗 R_P 和输出电容 C_P 应该降落 v_{in} 的大部分。相反地，并联反馈阻抗 $Z_{SH.FB}$ 与 C_O 和 R_{ESR} 的混合阻抗以及 C_{Filter} 中的 C_B 应该足够小去分流来源于反馈因子为 β_{FB} 的反馈回路中的电阻 R_{FB1} 和 R_{FB2} 以及负载电阻 R_L 和输出电阻 R_O。负载电容 C_L 在这方面起到了一定的作用，因此将 C_L 包含在 C_B 中。总的来说，Z_{GP}、R_P、C_P 构成了上部阻抗 Z_T；$Z_{SH.FB}$、R_O、C_O、R_{ESR} 和 C_B 构成了下部阻抗 Z_B，这两个电阻将 v_{in} 分压得到 v_o，并将 A_{IN} 和 1/PSR 设置为

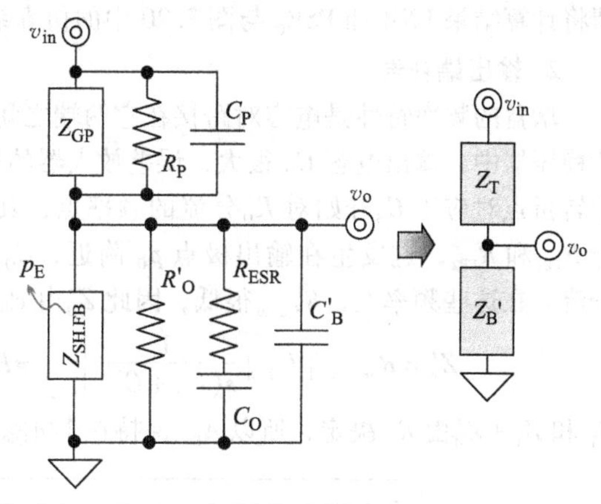

图 8.19　线性稳压器的分压器模型

$$A_{IN} \equiv \frac{1}{PSR} = \frac{v_o}{v_{in}} = \frac{Z'_B}{Z_T + Z'_B} \tag{8.38}$$

我们继续探讨这些阻抗之间的联系以及它们随频率的变化。回忆上文，在这个电路网络中，C_O 一般是最大的电容，C_B 次之，C_L 和 C_P 最小；同样 R_{OE}、R_{FB1} 和 R_{FB2} 一般是最大的电阻，R_{ESR} 和 $Z_{SH.FB}$ 的等效低频电阻 $R_{SH.FB}$ 最小。

1. 低频

低频时，电路中所有电容的作用消失。G_P 的二极管连接方式将因此不成立，这就意味着阻抗 Z_{GP} 将不复存在，v_o 通过反馈传递到 G_P 的电流通过 β_{FB}、A_E 的低频增益 A_{E0} 和 G_P 将 $Z_{SH.FB}$ 的等效电阻 $R_{SH.FB}$ 设置为 $1/G_{FB}$ 或 $1/\beta_{FB}A_{E0}G_P$。事实上，反馈增益使 $R_{SH.FB}$ 减小到如此之低，以至于它不仅会分流阻抗 Z_B 中的电阻 R_O，而且与阻抗 $Z_T + Z_B$ 中的电阻 R_P 相比也可忽略不计，因此低频电源增益 A_{IN0} 将减小到 $R_{SH.FB}/R_P$：

$$A_{IN0} = \frac{1}{PSR_0} = \frac{R'_O \parallel R_{SH.FB}}{R_P + (R'_O \parallel R_{SH.FB})} \approx \frac{R_{SH.FB}}{R_P} = \frac{1}{\beta_{FB}A_{E0}G_PR_P} \approx \frac{1}{A_{LG0}} \approx LNR \tag{8.39}$$

有趣的是，$R_{SH.FB}/R_P$ 近似等于环路低频增益 A_{LG0} 的倒数。换言之，环路增益以 A_{IN0} 确定线性调整率 LNR，以 $1/A_{IN0}$ 确定低频电源抑制比 PSR_0。

［例 8.4］ 一个线性稳压器的反馈系数为 0.5V/V，误差放大器的增益为 440V/V，传输器件的跨导和阻抗分别为 50mA/V 和 100Ω 时，请计算低频线性调整率以及电源抑制比。

解：

$$\text{LNR} = A_{IN0} = \frac{1}{PSR_0} \approx \frac{R_{SH.FB}}{R_P} = \frac{1}{\beta_{FB} A_{E0} G_P R_P}$$

$$\approx \frac{1}{(0.5\text{V/V})(440\text{V/V})(50\text{mA/V})(100\Omega)} \approx 0.9\text{mV/V} = -61\text{dB}$$

请将计算结果 LNR 和 PSR_0 与图 8.20 中的仿真结果相比较。

2. 输出端补偿

增益的频率特性是电容对跨接在它两端之间的电阻分流引起的结果。在输出端补偿稳压器中，输出电容 C_O 很大，误差放大器的极点 p_E 频率很高，所以，增益的第一个转折点对应于 C'_B 开始对 R'_O 分流的频率点，其中 C'_B 包括 C_O、C_B 和 C_L，R'_O 包括 R_L 与 R_{FB1} 和 R_{FB2}，这发生在输出极点 p_O 附近，C_O、C_B、C_L、C_P 对 R_P、R_L、R_{FB1} 和 R_{FB2} 分流。在这些频率上，$R_{SH.FB}$ 很低，因此 Z'_B 由 $R_{SH.FB}$ 决定：

$$Z'_B = R_{SH.FB} \parallel R'_O \parallel \frac{1}{s(C_O + C'_B)}\bigg|_{f > p_O} \approx R_{SH.FB} \parallel \frac{1}{s(C_O + C'_B)} \approx R_{SH.FB} \tag{8.40}$$

Z_T 和 $Z_T + Z'_B$ 由 R_P 决定，所以 A_{IN0} 保持在 $1/A_{LG0}$，如图 8.20 所示。

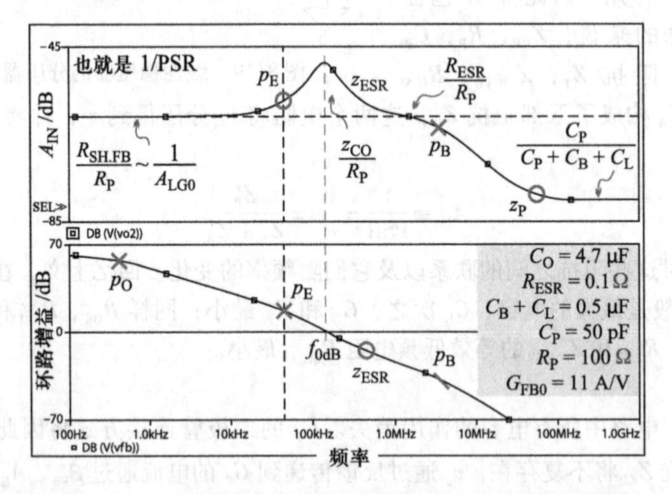

图 8.20 一个输出端补偿的线性稳压器的环路增益和电源增益

第二个转折点发生在极点 p_E 处，为了提高增益，误差放大器 A_E 的输出电阻 R_{OE} 通常很大，以至于可以在高达 f_{0dB} 频率附近 C_{OE} 才开始对 R_{OE} 分流。并联阻抗 $Z_{SH.FB}$ 由反馈环路中的 A_E 来设定，系统中极点 p_E 的作用是用来减小 A_E 的值：

$$Z_{SH.FB}=\frac{1}{\beta_{FB}A_E G_P}\approx\frac{\left(1+\frac{s}{2\pi p_E}\right)}{\beta_{FB}A_{E0}G_P}\equiv R_{SH.FB}\left(1+\frac{s}{2\pi p_E}\right) \quad (8.41)$$

这就意味着，当工作频率超过极点 p_E 时，阻抗 $Z_{SH.FB}$将从 $R_{SH.FB}$开始上升，又因为 Z'_B、R_P、Z_T、$Z_T+Z'_B$仍然由 $Z_{SH.FB}$所主导，A_{IN}的 $Z_{SH.FB}/R_P$ 则随着 $Z_{SH.FB}$而上升。

事实上，当工作频率超过系统的带宽f_{0dB}时，$Z_{SH.FB}$增加太多导致 C_O、C_B、C_L 开始从 $Z_{SH.FB}$分流。前文提到，$Z_{SH.FB}$是由 Z_T 和 Z_B 的环路增益转化来的，当工作频率超过极点 p_O 时，环路增益 A_{LG}中的阻抗 Z_B（包括电容 C_O、C_B、C_L 和 C_P）开始对 Z_T 的 R_P 分流：

$$Z_{SH.FB}=\frac{Z_B\parallel Z_T}{A_{LG}}\approx\left.\frac{Z_B\parallel R_P}{A_{LG}}\right|_{f>p_O}\approx\left.\frac{Z_B}{A_{LG}}\right|_{f_{0dB}}=Z_B$$
$$\approx\frac{1}{s(C_O+C_B+C_L+C_P)}\approx\frac{1}{s(C_O+C_B+C_L)} \quad (8.42)$$

当工作频率为f_{0dB}时，环路增益 A_{LG}下降为 1，且相对于 C_O、C_B 和 C_L 来说 C_P 小得忽略不计，因此，阻抗 $Z_{SH.FB}$等于 Z_B。当频率超过f_{0dB}时，在 A_{IN} 中这将导致 C_O、C_B 和 C_L 的下降阻抗 Z_{CO}主导阻抗 Z_B和 Z'_B，而且当频率超过极点 p_O 时，因为阻抗 Z_{CO}比 R_P 小，故 R_P 远大于 $Z_T+Z'_B$中的 Z'_B，A_{IN}将简化为 Z_{CO}/R_P：

$$A_{IN(0dB)}=\left.\frac{Z'_B}{Z_T+Z'_B}\right|_{f>f_{0dB}}\approx\frac{Z_{CO}}{R_P+Z_{CO}}\approx\frac{Z_{CO}}{R_P}=\frac{1}{s(C_O+C_B+C_L)R_P}<<1 \quad (8.43)$$

因此，A_{IN}在频率点f_{0dB}达到峰值 Z_{CO}/R_P，此后下降。又因为在频率点f_{0dB}上，Z_{CO}比 R_P 小很多，A_{IN}远小于 0dB，突出了 Z_{CO}中输出电容的作用。

作为最大电容，当频率超过 ESR 的零点 z_{ESR}时，R_{ESR}将会限制 C_O 的电流：

$$\left.\frac{1}{sC_O}\right|_{z_{ESR}\approx\frac{1}{2\pi R_{ESR}C_O}}\equiv R_{ESR} \quad (8.44)$$

在这些频率处，Z'_B简化为 R_{ESR}，$Z_T+Z'_B$保持为 R_P，因为 R_{ESR}通常比 R_P 小很多，所以在中等频率时，A_{IN}为 $A_{IN(MF)}$，等于 R_{ESR}/R_P：

$$A_{IN(MF)}=\left.\frac{Z'_B}{Z_T+Z'_B}\right|_{f>z_{ESR}}\approx\frac{R_{ESR}}{R_P+R_{ESR}}\approx\frac{R_{ESR}}{R_P} \quad (8.45)$$

这是一个重要的观察，因为它强调了 PSR 中 R_{ESR}的意义，它表明当工作频率超过f_{0dB}时，输出电容和并联反馈的好处将不复存在，PSR 的值由 R_P 和 R_{ESR}来决定和限制。

当工作频率超过了 z_{ESR}，达到极点 p_B 时，C'_B（包括 C_B 和 C_L）开始对 R_{ESR}分流：

$$\left.\frac{1}{sC'_B}\right|_{f=\frac{1}{2\pi R_{ESR}(C_B+C_L)}\approx p_B}\equiv R_{ESR} \quad (8.46)$$

因此，C_B 和 C_L 的下降阻抗将对阻抗 Z_B 中的 R_{ESR}分流，而 R_P 仍然主导着阻抗 Z_T+Z_B，最终导致 A_{IN}小于 $A_{IN(MF)}$。然而，最终 C_P 的阻抗会对 Z_T和 $Z_T+Z'_B$中的 R_P 分流，通过零点 z_P 来阻止 A_{IN}的减小：

$$\left.\frac{1}{sC_P}\right|_{z_P\approx\frac{1}{2\pi R_P C_P}}\equiv R_P \quad (8.47)$$

在此频率点，C_P 的阻抗 Z_{CP}主导阻抗 Z_T，C_B 和 C_L 的共同阻抗 Z_{CB}主导阻抗 Z'_B，因此 A_{IN}的高频增益 $A_{IN(HF)}$将减小至由 C_P、C_B 和 C_L 定义的分压比：

$$A_{IN(HF)} = \frac{Z'_B}{Z_T + Z'_B}\bigg|_{f>z_P} \approx \frac{Z'_{CB}}{Z_{CP} + Z'_{CB}} = \frac{C_P}{C_P + C'_B} = \frac{C_P}{C_P + C_B + C_L} \tag{8.48}$$

换言之，与 C_B 和 C_L 相反，C_P 对 R_{ESR}的分流限制了 A_{IN}的高频值。

综上所述，低频时，系统依赖并联反馈获得高的 PSR。然而，当超过极点 p_E 后，A_E 增益下降，导致反馈增益下降，PSR 相应地也下降。当工作频率达到系统的带宽 f_{0dB}时，反馈不再起作用，C_O 取代并联反馈去抑制电源纹波 v_{in}，C_O、C_B 和 C_L 独自分流通过 R_P 耦合进入 v_O 的噪声，此时，PSR 值最小。不幸的是，此频率之后，R_{ESR}限制了 C_O 对 v_{in}的分流能力。在更高的频率上，尽管 C_B 和 C_L 会从 R_{ESR}上分流，但是 C_P 开始将更多的电源噪声 v_{in}耦合到输出端 v_O 上。这意味着高频时，PSR 的值仅由 C_B、C_L 和 C_P 来确定。

［**例 8.5**］ 已知输出电容、旁路电容、负载电容、传输管电容分别为 4.7μF、0.3μF、0.2μF、0.05μF；传输管电阻、负载电阻、反馈电阻、ESR 电阻分别为 100Ω、10000Ω、500000Ω、0.1Ω，系统带宽为 100kHz。请分别计算在带宽频率处以及大于 ESR 零点频率时的电源抑制比。

解：

$$PSR_{0dB} = \frac{1}{A_{IN(0dB)}} \approx \frac{R_P}{Z_{CO}} = s(C_O + C_B + C_L)R_P$$
$$\approx 2\pi(100kHz)[(4.7 + 0.3 + 0.2\mu F)](100\Omega) \approx 330V/V \approx 50dB$$

和

$$PSR = \frac{1}{A_{IN}}\bigg|_{f>z_{ESR}} \approx \frac{R_P}{R_{ESR}} = \frac{100\Omega}{0.1\Omega} = 1kV/V = 60dB$$

请将 PSR 的计算结果与图 8.20 中的仿真结果相比较。

3. 内部补偿

增益的频率特性是电容对跨接在它两端之间的电阻分流引起的结果。在内部补偿稳压器中，误差放大器的极点 p_E 是低频主极点，增益的第一个转折点发生在误差放大器 A_E 的输出电容 C_{OE}开始从输出电阻 R_{OE}上分流时。因为极点 p_E 的作用是减小误差放大器 A_E 在 $Z_{SH.FB}$ 中的反馈效果，在工作频率超过极点 p_E 时，阻抗 $Z_{SH.FB}$ 开始从 $R_{SH.FB}$上升，又因为当工作频率超过极点 p_E 时，阻抗 Z'_B和 R_P 以及 Z_T与 $Z_T + Z'_B$仍然由 $Z_{SH.FB}$主导，因此，A_{IN}的值 $Z_{SH.FB}/R_P$随着 $Z_{SH.FB}$的增加而增加，如图 8.21 所示。

当工作频率超过系统单位增益频率 f_{0dB}时，环路增益 A_{LG}下降到 1 之下，阻抗 $Z_{SH.FB}$逐渐增加直至超过阻抗 $Z_T + Z'_B$中的 R_P：

$$Z_{SH.FB} = \frac{Z_B \parallel Z_T}{A_{LG}} \approx \frac{R_P}{A_{LG}}\bigg|_{f_{0dB}} = R_P \tag{8.49}$$

其中，Z_T 的 R_P 比由 C_O、C_B、C_L、C_P、R_{FB1}、R_{FB2}和 R_L 的联合构成的底部阻抗 Z_B 小。这意味着阻抗 $Z_{SH.FB}$不仅主导着阻抗 Z_B 中的 R_O，而且远大于阻抗 $Z_T + Z'_B$中的 R_P，因

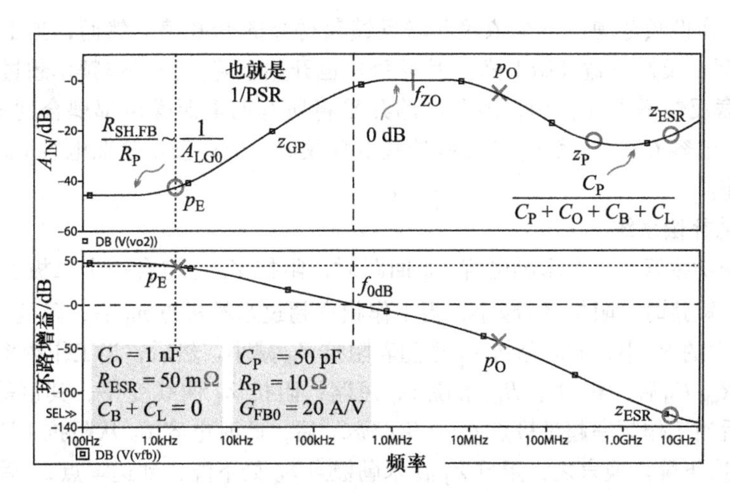

图 8.21 一个内部补偿的线性稳压器的环路增益和电源增益

此当工作频率超过系统单位增益频率f_{0dB}时，电源增益简化为$Z_{SH.FB}/Z_{SH.FB}$，等于 1：

$$A_{IN(0dB)} = \frac{Z'_B}{Z_T + Z'_B} = \frac{Z_{SH.FB}}{R_P + Z_{SH.FB}}\bigg|_{f>f_{0dB}} \approx \frac{Z_{SH.FB}}{Z_{SH.FB}} = 1 \tag{8.50}$$

事实上，当工作频率超过穿越频率f_{ZO}时，阻抗$Z_{SH.FB}$上升直至超过阻抗Z'_B中的R'_O，因此，Z'_B和$Z_T + Z'_B$仍然由R'_O主导，这意味着，中等频率时，A_{IN}仍然为 1：

$$A_{IN(MF)} = \frac{Z'_B}{Z_T + Z'_B} = \frac{R'_O}{R_P + R'_O}\bigg|_{f>f_{ZO}} \approx \frac{R'_O}{R'_O} = 1 \tag{8.51}$$

增益的第二个转折点发生在C_O和C'_B（包括C_B、C_L）开始从R'_O（包括R_{FB1}、R_{FB2}和R_L）中分流时：

$$\frac{1}{s(C_O + C'_B)}\bigg|_{f=\frac{1}{2\pi[R_L \| (R_{FB1}+R_{FB2})](C_O+C_B+C_L)} \approx p_O} \equiv R'_O \tag{8.52}$$

这发生在输出极点p_O附近，此时C_O、C_B、C_L和C_P从R_P、R_L、R_{FB1}和R_{FB2}中分流。此时，并联反馈不再有效，系统电源抑制比 PSR 依赖C_O、C_B和C_L。在接下来的零点z_P，C_P的阻抗将从阻抗Z_T中的R_P处分流。则C_P的阻抗Z_{CP}将主导阻抗Z_T，C_O、C_B、C_L的总阻抗Z_{CO}将主导阻抗Z'_B，因此A_{IN}的高频增益$A_{IN(HF)}$将减小至由C_P、C_O、C_B和C_L定义的分压比：

$$A_{IN(HF)} = \frac{Z'_B}{Z_T + Z'_B}\bigg|_{f>z_P} \approx \frac{Z_{CO}}{Z_{CP} + Z_{CO}} = \frac{C_P}{C_P + C_O + C'_B} = \frac{C_P}{C_P + C_O + C_B + C_L} \tag{8.53}$$

换言之，在从R_O处分流时，电容C_P起抑制作用，电容C_O、C_B和C_L起促进作用。如果C_O远大于C_B和C_L，则当工作频率超过零点z_{ESR}，C_O的R_{ESR}将会限制C_O的分流作用去阻止阻抗Z_B的下降，这同时也使得C_P的耦合作用会增大A_{IN}的值。因为在内部补偿的稳压器中C_O一般选用低等效串联电阻的电容，因此这通常发生在很高的频率处。

总之，在低频范围内系统依赖并联反馈获得高的 PSR 值。然而，当工作频率超过极点 p_E 后，反馈增益开始下降，因而 PSR 也开始下降。当工作频率超过系统带宽 f_{0dB}后，并联反馈不再起作用，因此电路几乎将所有的电源噪声都耦合到输出端上。幸运的是，电容 C_O、C_B 和 C_L 会吸收这些电源纹波，但也仅仅是在电容 C_P 的耦合作用生效之前。

4. 米勒补偿系统

当 P 型功率管有一个米勒电容 C_M 回路时，阻抗 Z_T 也包含一个二极管连接阻抗 Z_{GP}。当 C_M 短路时，阻抗 Z_{GP}减小，当工作频率超过米勒极点 p_M 后，阻抗 Z_{GP}减小到比阻抗 Z_T 中的 R_P 小，同时阻抗 Z_T 也随着阻抗 Z_{GP}减小。然后，当工作频率超过零点 $z_{GP} = 1/2\pi R_{OE}\ C_M$后，相对于 R_{OE}来说 C_M 短路，阻抗 Z_T 曲线变平，其值等于 Z_{GP} 的 $1/G_P$。最后当工作频率超过极点 $p_{CP} = G_P/2\pi C_P$ 后，此时电容 C_P 从阻抗 $1/G_P$处分流，阻抗 Z_T 再次下降。换言之，阻抗 Z_T 在米勒极点 p_M 处下降，到达零点 z_{GP}后开始保持不变，此后在极点 p_{CP}处又开始下降。

事实上，当工作频率超过极点 p_E 后，A_E 下降的原因是在极点 p_M 后 C_M 对 A_E 的负载的分流作用。这意味着极点 p_E 也就是极点 p_M，当工作频率超过极点 p_E 后，A_E 随着阻抗 Z_{GP}下降，当工作频率超过二极管连接零点 z_{GP}后，A_E 随着阻抗 Z_{GP}保持不变。有趣的是，当 C_M 对晶体管的输出电阻分流时，传输管的增益 A_P 在 z_{GP}处也遭遇一个极点。因此，从整个环路增益 A_{LG}来看，零点 z_{GP}对 A_E 和 A_P 的作用相互抵消。为了明确 C_M 的反馈对 PSR 的综合作用，回忆前文，环路的闭环阻抗 $Z_{SH.FB}$为 $Z_T \parallel Z_B/A_{LG}$，在低频范围内，阻抗 Z'_B下降到 $Z_{SH.FB}$，阻抗 $Z_T + Z'_B$下降到 Z_T，因此 $A_{IN(LF)}$变为 $Z_{SH.FB}/Z_T$。

$$A_{IN(LF)} = \frac{Z'_B}{Z_T + Z'_B}\bigg|_{f<f_{0dB}} \approx \frac{Z_{SH.FB}}{Z_T} = \left(\frac{Z_T \parallel Z_B}{A_{LG}}\right)\left(\frac{1}{Z_T}\right)\bigg|_{f>p_E} \approx \left(\frac{Z_T}{A_{LG}}\right)\left(\frac{1}{Z_T}\right) = \frac{1}{A_{LG}} \quad (8.54)$$

又因为当工作频率超过极点 p_E 后，Z_T 的二极管连接方式同时减小阻抗 Z_T 和 $Z_{SH.FB}$的 $Z_T \parallel Z_B$，因此 Z_T 对 $A_{IN(LF)}$ 的作用相互抵消，$A_{IN(LF)}$ 的值仅由 A_{LG}来决定。综上所述，如图 8.21 所示，工作频率在极点 p_E 和零点 z_{GP}之间时 A_{IN}升高。

在零点 z_{GP}之上，f_{0dB}到穿越频率 f_{ZO}之间负反馈的分流作用逐渐减弱，阻抗 $Z_{SH.FB}$增加直至大于 R'_O。然后，当工作频率在极点 p_O 附近，电容 C_O、C_B 和 C_L 对电阻 R'_O中的 R_L、R_{FB1} 和 R_{FB2}分流。当工作频率超过极点 p_{CP}（对应图 8.21 的零点 z_P）时，C_P 从 Z_T 的阻抗 $1/G_P$处分流。当工作频率超过零点 z_{ESR}后，R_{ESR}最终会限制流经电容 C_O 的电流。值得注意的是，此处讨论的所有对 A_{IN}的作用与前文描述的内部补偿系统一样，唯一的区别在于电容 C_P对 Z_T 的阻抗 $1/G_P$分流而不是电阻 R_P，因此米勒补偿电路中零点 z_P 的频率比其他内部补偿电路的高。

有趣的是，取代 P 型功率器件，将 C_M 和与地相连的 N 型晶体管组成环路，那么阻抗 $Z_T \parallel Z_B$将会随着 Z_B 下降，同样 $A_{IN(LF)}$ 将会减小到 $Z_B/A_{LG}Z_T$ 或 $Z_B/A_{LG}R_P$。如果是在线性稳压器中，C_M 对 Z_B 和 A_{LG} 的米勒效应将会相互抵消，过极点频率 p_E 后，$A_{IN(LF)}$不再随着 A_{LG}上升直到 Z_B 停止下降为止（此时处于零点频率 z_{GP}处）。换言之，

PSR 的带宽将会拓展至零点 z_{GP} 而不是极点 p_M。这一切都只是证实了这样的事实：到地的 C_M 的二极管连接会吸收电源纹波，反之，到电源的 C_M 的二极管连接则会耦合电源噪声。

8.4.5 结论

在此强调几个重要结论：PSR 是电源电压增益 A_{IN} 的一种体现，当然，我们期望其值越小越好。虽然 LNR 是大信号现象，但仍然是线性的，因此在低频范围内 A_{IN} 近似等于 LNR。因为负反馈作用能对抗外界因素的影响，所以 A_{IN}、LNR、PSR 得益于高的环路增益。事实上，低频 PSR 和 LNR 简化为低频环路增益，这意味着高环路增益是很有益的。

因为 PSR 最终代表输出端的纹波大小，其性能最终由线性稳压器输出级建立的分压器决定，在这方面，功率管将电源纹波耦合到输出端。幸运的是，在系统带宽范围内，负反馈会吸收这些噪声。超过带宽频率后，则依靠系统的输出滤波器吸收电源噪声。因此，当功率晶体管的电容 C_P 较低、电阻 R_P 较高时，C_P 和 R_P 的耦合作用较小，则 PSR 较高。当环路增益较高，滤波器中的 C_O、C_B 较大而 R_{ESR} 较小时，环路增益和输出滤波器将吸收大部分噪声，则 PSR 较高。换言之，高环路增益、大输出电容以及小的输出电容等效串联电阻是线性稳压器的重要属性。

并联反馈的良好效果取决于环路增益，环路增益将输出电压转换为由功率晶体管传送的电流，从这方面来看，拓宽这种转换的带宽对 PSR 有益，又因为内部补偿稳压器限制了这种转换的带宽，因此内部补偿稳压器的 PSR 比输出端补偿稳压器的低，米勒补偿电路在这方面没有优势。

这些结论都是建立在误差放大器不会通过传输器件馈通电源噪声的假设下。这种假设是合理的，因为这个放大器既不会复制也不会消灭噪声，例如，在 P 型功率晶体管的情况下，误差放大器中的 P 型电流镜负载会复制电源噪声，使得源极和栅极或发射极和基极上具有共模噪声，这样的话，晶体管的跨导将会抵消它们的影响产生无噪声的电流。当然，若驱动 N 型跟随器的误差放大器的输出信号不含噪声，那么 N 型跟随器也不会传播噪声。这意味着设计师能够通过设计误差放大器来保证传输器件的跨导不会向输出端馈入噪声。

或许本节中最重要的内容是如何破解 PSR 指标，在这方面，设法得到在系统输出端的包含了负反馈所体现的并联阻抗的分压器网络是关键，然后，通过追踪网络中的阻抗弄清楚 PSR 值如何随频率而改变。记住在这所有的一切之中，当频率达到系统带宽附近时，反馈作用消失，通过米勒电容二极管连接的晶体管要么与正电源相连将电源噪声耦合到输出端，要么与地相连进一步分流电源噪声。

8.5 补偿策略对比

输出端补偿稳压器的突出优点是拥有大的输出电容 C_O 和大的误差放大器带宽

p_E。大的输出电容 C_O 可以增强稳压器抑制宽范围的、快速的高功率负载突变的影响的能力。高的 p_E 能够将并联反馈对 PSR 的好处扩展到更高的频率。这里最基本的挑战是保证 p_E 高于系统带宽 f_{0dB} 以避免反馈的不稳定条件，其难点首先在于高增益是由中等的跨导电流流经大电阻获得的，并且，对于大电阻，电容在较低的频率时就会开始分流，其次功率导通晶体管一般很大，所以它给误差放大器的输出电阻提供了很大的负载电容，导致它们产生的极点处于低频。

采用内部补偿电路的驱动力是更小的输出电容 C_O，这能够满足如今许多消费类产品的集成要求。不幸的是，当遭遇大的负载突变时小电容会产生较大的电压偏移，正因如此，实际中，工程师必须保证 C_O 仍然有足够大的值。另外，在所有的工作条件、温度和工艺角下，负载电流引起的输出电阻变化如此之大，在此情况下要保持输出极点频率 p_O 大于系统带宽 f_{0dB} 具有挑战性。这就是内部补偿电路相比输出端补偿电路通常只能提供较小功率的原因，因为它们不能支持大的负载突变。作为参考，表 8.1 对这些比较结论进行了归纳。

表 8.1 两种补偿策略的对比

	输出端补偿	内部补偿
主极点	输出极点 p_O	误差放大器极点 p_E
C_O	更高	更低
集成	片外或集成封装 C_O	片内或集成封装 C_O
负载突变变化	更低	更高
稳定性要求	低 p_O 和高 p_E	低 p_E 和高 p_O
最坏情况下的稳定性	高 p_O 低 p_E 无 R_{ESR}	高 p_E 低 p_O 无 R_{ESR}
PSR 或 $1/A_{IN}$	带宽更宽	带宽更小
典型应用	高功率	低功率

为了延长电池寿命，降低静态功耗是非常重要的。不幸的是，在模拟电路中减小电流会增大电阻，这使得寄生极点的频率下降。又因为寄生极点会削弱反馈环路的稳定性，低频率的寄生极点将降低系统的带宽。更严重的是，ESR 零点和旁路极点可能将 f_{0dB} 展宽，而最坏情况下 f_{0dB} 的频率必须降低相同的数量。这意味着，为了在较低的频率上到达单位增益，环路增益必须更低。这就解释了为什么线性稳压器的环路增益一般只有 50~60dB，带宽一般在 0.05~1MHz 之间。

8.6 总结

负载电流 i_L 和输出电容的等效串联电阻 R_{ESR} 的变化可能是线性稳压器稳定性设计需要克服的两个最重要的障碍。例如在电池工作环境下，负载电流可能变化 5 个数量级，从轻载的 1μA 到重载的 100mA，因此输出极点 p_O 的频率也变化 5 个数量级，原因是极点 p_O 与传输器件的电阻成反比，因此与 N 型电压跟随器的电流 i_L 的二次方根成正比，与 P 型跨导器的电流 i_L 成正比。另外，R_{ESR} 随温度和工艺变化很大，可能在 1 ~500mΩ 之间，这个变化对稳定性的影响尽管没有达到与负载电流的影响同样的程度，但使情况变得更糟糕。这意味着，R_{ESR} 能使 ESR 零点 z_{ESR} 和旁路极点 p_B 高于或低于环路的单位增益带宽 f_{0dB}，换言之，R_{ESR} 能够将 f_{0dB} 拓展一到两个数量级，这取决于输出电容、旁路电容、负载电容、输出晶体管电容建立的极点 p_B 和零点 z_{ESR} 的比率。总之，f_{0dB} 的频率可能迁移 5 ~7 个数量级。

幸运的是，极点 p_O 的负载依赖性并不是改变 f_{0dB} 的唯一因素。在输出端补偿稳压器中 f_{0dB} 与增益和带宽都有关。因为 MOSFET 的跨导 g_m 与电流 i_L 的二次方根成正比，g_m 对 f_{0dB} 的增益 - 带宽作用与晶体管输出电阻的作用相互抵消，使得 f_{0dB} 与电流 i_L 的二次方根成正比，这使得 f_{0dB} 随电流 i_L 的变化有一个二次方根的抑制。遗憾的是，BJT 并不能享受这点益处，因为它们的跨导与电流 i_L 呈线性关系。内部补偿电路的 f_{0dB} 频率不会比输出端补偿电路的好，因为根据反馈稳定的要求，极点 p_O 的变化给 f_{0dB} 设定了一个上限。在此再次强调，MOSFET 的 $1/g_m$ 电阻与电流 i_L 的二次方根成反比，因此 MOS 晶体管可以减轻电流 i_L 的变化对极点 p_O 的影响，而 BJT 却不能。

输出电容可以抑制输出端瞬时电压偏移，反馈增益可以抑制负载和电源上的大信号和小信号波动的影响，因此大输出电容和高环路增益是非常可取的，但对于稳定性设计而言难度更大了，原因是大的输出电容会降低极点 p_O 的频率，高环路增益要求的大电阻会建立一个低到中频的极点 p_E。因此如果没有零点去补偿相位，在 f_{0dB} 之前环路相移就会达到 180°，这意味着环路增益应该变小，寄生极点频率应该变大。设计中的困难在于如何在有限的功率预算以及带载电容 C_O 或一个大功率器件引入了大电容的情况下，将极点 p_O 和极点 p_E 的频率推到高频。

PSR 也能显示负反馈和输出电容的作用。例如，环路增益决定了并联反馈抑制电源噪声传输到输出端上的程度，这种并联分流作用实际上是环路增益将输出电压转换成输出晶体管传输的电流的结果。因此当频率超过极点频率 p_E，误差放大器的增益下降，PSR 随之下降，当工作频率到达和超过系统带宽频率 f_{0dB}，环路增益消失，PSR 值最低，此时输出电容的分流作用变得意义重大。不幸的是，电容本身的 ESR 限制了电容对噪声的分流作用。所有这些意味着 PSR 依赖于高的环路增益、大带宽的误差放大器、大的输出电容和低的 ESR。

实际应用环境最终决定 PSR 中最重要的是什么。例如，用 2.7 ~4.2V 的锂离子电池给线性稳压器供电，供电电压的变化范围为 1.5V，这种类型的应用要求好的线性调整率，即要求在低频时高的 PSR。另一方面，当由开关频率为 1MHz 的 DC - DC 开关变换器供电时，在 1MHz 频率点上的 PSR 值更加重要。可以通过拓展误差放大器的带宽、增大输出电容和减小 ESR 来提升此频率范围内的 PSR。再举两例，数字信号处理器和功率放大器做负载时，会在输入电源上产生更高频率的噪声，在这些更高频率处，跨接在功率器件上的小耦合电容和输出电容的低 ESR 值很关键。

线性稳压器的晶体管级实现电路必须适应和符合由反馈稳定性和电源波动所强制要求的小信号约束。在这方面，拓扑的选择和它们的物理版图设计都很重要，因为看似很小的错误可以很容易地破坏整个系统。接下来的第9章我们将探索晶体管、电阻、电容以及它们构成的模拟电路单元将如何通过共同作用以产生高的环路增益、大的带宽和宽的稳定反馈条件，这些将很好地抑制负载和电源波动对输出的影响。

8.7 复习题

1. 线性稳压器的输出端可能负载什么电容？
2. 这些电容当中，哪个电容容值最大？
3. 线性稳压器的输出端负载什么电阻？
4. 这些电阻当中，哪个电阻阻值最大？
5. 建立输出极点的是哪些元件？
6. 如果有，哪些元件建立了一个同相零点？
7. 哪些元件建立了旁路极点？
8. 反馈环路包含了哪些其他极点？
9. 使用PMOS功率晶体管的输出端补偿稳压器中负载电流变化对单位增益频率f_{0dB}有什么影响？
10. 大变化范围的R_{ESR}对f_{0dB}有什么影响？
11. 当负载电流很大时，什么条件对输出端补偿电路的反馈稳定性损害最大？
12. 在补偿内部补偿稳压器时，哪个方面最具挑战性？
13. 米勒补偿稳压器中负载电流的变化对单位增益频率f_{0dB}有什么影响？
14. 在内部补偿稳压器中哪种类型的输出器件会使输出极点变化最大？
15. 哪些元件会将电源噪声耦合到稳压器的输出端？
16. 哪些元件会分流稳压器输出端的电源噪声？
17. 什么类型的基极信号会阻止NPN功率晶体管将电源噪声传播到稳压器的输出端？
18. 什么类型的栅极信号会阻止PMOS功率晶体管将电源噪声传播到稳压器的输出端？
19. 误差放大器是如何将电源噪声复制到输出端上的？
20. 什么类型的电流镜能够消除正电源上的电源噪声的影响？
21. 跨接在P型功率晶体管上的米勒电容，对电源和输出端之间的阻抗有什么作用？
22. 低频时，什么最能抑制电源噪声？
23. 低频时，哪个参数最能增大PSR值？
24. 哪个极点最先减弱反馈对PSR的作用？
25. 反馈作用消失的频率是多少？
26. 在系统带宽频率附近及超过系统带宽频率时，什么最能抑制电源噪声？
27. 当在系统带宽频率附近及超过系统带宽频率时，限制PSR性能的因素是什么？
28. 哪种补偿策略最能够扩展反馈辅助抑制的带宽？

第9章　集成电路设计

线性稳压器旨在产生并保持一个可为负载提供大量电流的独立、稳定、无噪声和可预测的输出电压。为此，稳压器通常采用负反馈。因此，图9.1所示的一个典型系统中包括输出电压 v_O 的并联采样，以及一个精确的参考电压 v_{REF} 和一个来自 v_O 的反馈信号 v_{FB} 的串联叠加，这样，差分放大器 A_E 和功率开关 S_O 放大 v_{REF} 与 v_{FB} 的差值，电阻网络 R_{FB1} 和 R_{FB2} 将这个放大的误差反馈回输入端。当环路增益足够大时，反馈系统会减少 v_{REF} 和 v_{FB} 之间的差值，结果，v_{FB} 镜像 v_{REF}，R_{FB1} 和 R_{FB2} 将 v_{FB} 对 v_{REF} 的强制镜像转换到 v_O 中，而且负反馈还会抑制负载和电源波动对 v_{FB} 和 v_O 的影响。

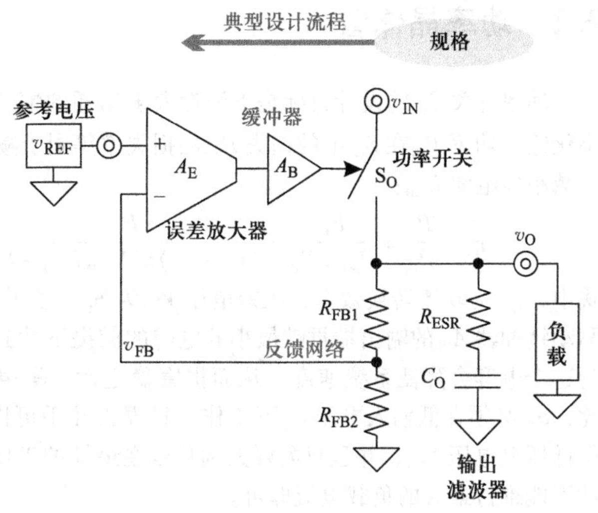

图9.1　线性稳压器系统

9.1　设计流程

和其他大多数的电子系统一样，线性稳压器的典型设计流程从其目标规格开始。具体来说，线性稳压器的设计从其负载和驱动负载的功率晶体管开始。首先，预定稳态输出电压值规定了反馈系数 β_{FB} 的大小，反馈电阻 R_{FB1} 和 R_{FB2} 必须将被强制镜像到参考电压 v_{REF} 上的电压 v_{FB} 转换成输出电压 v_O。接着，由稳态参数如输入电压 v_{IN}、负载电流 i_L 以及压差电压（Dropout Voltage）V_{DO} 确定功率器件 S_O 的基本工作要求。然后，由 i_L 和 v_{IN} 的波动来确定 S_O 必须具有多快的响应速度以抑制由于非理想滤波器的存在对 v_O 产生的影响。

由于工作指标通常要求 S_O 导通大电流，因此 S_O 的面积很大因而其输入控制端也是高电容性的。因此，必须有一个低阻抗缓冲电路 A_B 来驱动 S_O，该电路能够提供足够的电流和电压摆幅对大的寄生电容快速充放电。为此，误差放大器 A_E 除了需要满足被应用要求所规定的属性比如低输入参考失调、好的负载调整率和线性调整率、高信噪比、高电源抑制比等以外，还要满足 A_B 对其提出的一些电路特性要求。

了解了线性稳压器的设计，本章最根本的目的是把第1、2章中提出的系统级指标与实际的集成电路设计结合起来。首先就是把电路设计按照不同的功能划分成不同的单元：功率晶体管 S_O，缓冲器 A_B，误差放大器 A_E，并根据系统规格和它们之间相互依赖的要求进行设计。由于设计的目的是能够驱动特定的负载，所以设计流程一般从功率晶体管 S_O 的输出开始，由于纹波会通过系统反馈回来，所以将以误差放大器 A_E 的设计结束。针对实际的负载，本章的每一节都将讨论如何设计电路和版图，因为两者都会影响系统的效率和调整性能。

9.2 功率晶体管

功率开关 S_O 的设计目标是不消耗太多功耗的情况下为负载提供输出电流 i_O。最小化输入功率 P_{IN}在 S_O 上的损失 P_{SO}的损失率等同于减小在 v_{IN}和 v_O 之间 S_O 上的电压，并减小地电流 i_{GND}：

$$\eta_C \equiv \frac{P_O}{P_{IN}} = \frac{P_O}{P_{SO} + P_O} = \frac{P_O}{(v_{IN} - v_O)i_O + v_{IN}i_{GND} + P_O} \leqslant \frac{P_O}{V_{DO}i_O + v_{IN}i_{GND} + P_O} \tag{9.1}$$

式中，η_C 为功率转换效率；压差电压 V_{DO}为 S_O 上允许降落的最小电压。S_O 必须在其驱动缓冲器 A_B 的输出端贡献最小的电容的前提下达到功率损失率最小化的目标，因为这个电容会降低系统速度，从而损害稳定性、噪声性能和负载突变响应性能。因此，S_O 必须在低输入电压 v_{IN}下工作，只损失几乎可以忽略不计的地电流 i_{GND}就能获得低压差电压 V_{DO}，并且只需要大到足以在最坏的工作温度、工艺角和极端的工作条件下能维持最大的负载电流即可。

9.2.1 备选方案

功率器件 S_O 就是一个晶体管，这是因为反馈环路只需要调节它的输入端去控制 S_O 从 v_{IN}传输到 v_O 的电流大小。尽管结型场效应晶体管（JFET）可以满足这一条件，但在轻负载情况下，关断一个 JFET 使其只提供极小的电流或根本不提供电流是不容易的。另一方面，双极型晶体管（BJT）和金属－氧化物－半导体场效应晶体管（MOSFET）是常闭器件，并且可以在典型的电源轨下导通相当大的电流。因为升高或降低 N 型 BJT 和 MOSFET 的控制电压会产生相同的一般效果，而 P 型器件刚好相反，接下来的部分将分别讨论 N 型与 P 型器件，而不是 BJT 和 MOSFET。

1. N 型功率晶体管

在线性稳压器中，NPN 型 BJT 的集电极和 N 沟道 MOSFET 的漏极与 v_{IN}相连，发射极和源极与 v_O 相连，如图 9.2 所示。这种结构的内在优势就是输出阻抗低，大约为 $1/g_m$，这意味着功率晶体管 Q_{NO}和 M_{NO}对负载突变的响应会很迅速。因为集电极电流与发射结电压 v_{BE}呈指数关系，而漏电流与栅极－源极电压 v_{GS}呈二次方关系，故 BJT 的电阻 $1/g_m$ 更低，这有益于获得高带宽。

N 型晶体管的主要缺点是其压差电压较高。具体地说，在一个 NPN 型 BJT 中导通最大的输出电流 $i_{O(MAX)}$所需的最小电压降为 v_{BE}与驱动其基极的晶体管的最小发射

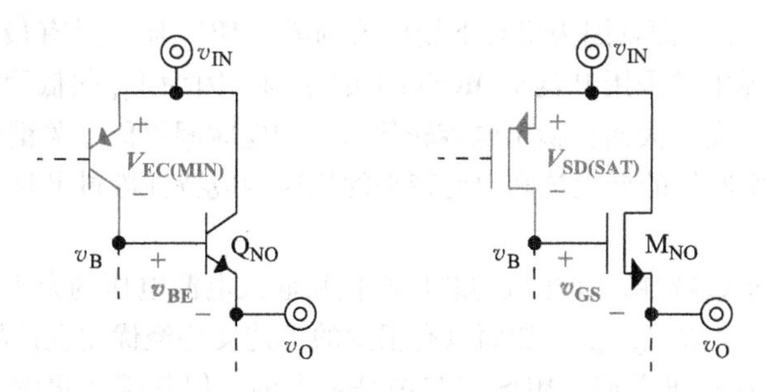

图 9.2　NPN 和 N 沟道功率晶体管

极－集电极电压 $V_{EC(MIN)}$ 之和。类似地，针对 MOSFET，当 v_{IN} 与 v_O 的电压差小于驱动晶体管的饱和电压 $V_{SD(SAT)}$ 与功率 MOSFET 的 v_{GS} 之和时，电路将失去调整能力。换言之，v_{IN} 与 v_O 的电压差必须比一个二极管电压高 0.2～0.3V 或者比 MOSFET 的阈值电压高 0.4～0.8V 来供应负载，这就相当于压差 V_{DO} 为 0.6～1.5V，高压差会导致低效率，幸运的是，有些情况下快速响应比效率更重要。顺便说一句，请注意 BJT 的基极电流最终将通过发射极流向输出，因此这个电路不会损失任何到地的电流 i_{GND}。

2. P 型功率晶体管

如图 9.3 所示，在 P 型结构中连接到 v_O 的源出电流端是集电极和漏极，这意味着相对于 N 型器件，它们的输出阻抗更高，分别是 r_O 和 r_{ds}。然而，v_{IN} 只需要比 v_O 高一个 $V_{EC(MIN)}$ 或 $V_{SD(SAT)}$ 就可以维持 $i_{O(MAX)}$，而不会使功率器件 Q_{PO} 或者 M_{PO} 进入欧姆区，这也说明与 N 型晶体管相比较其 V_{DO} 要低 0.2～0.4V。由这样一个低压差范围带来的更高的效率往往比低阻抗对一个系统更有意义，特别是当从那种很容易耗尽的小型电池中获取能量时。与 NPN 跟随器不同，PNP 晶体管的基极将电流流入到地而不是到 v_O，这是不幸的，因为地电流 i_{GND} 可以大到 $i_{O(MAX)}/\beta_{PO}$，尤其是在高温情况和较差工艺下 β_{PO} 很小。

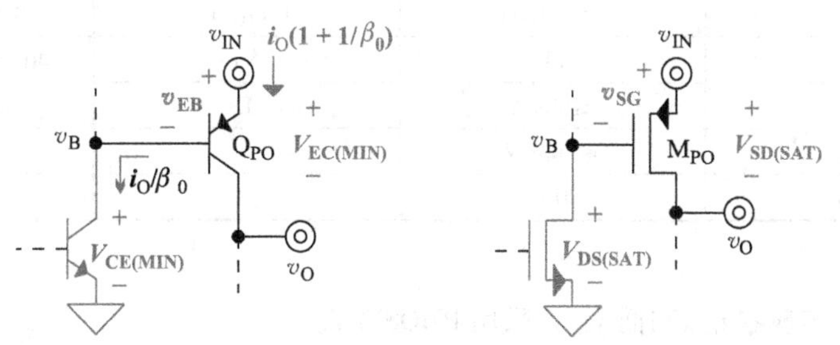

图 9.3　PNP 和 P 沟道功率晶体管

3. 折中（Trade Off）

与大多数设计一样，对于一个给定的应用选择最合适的功率器件充满了折中。在电池供电的微电子系统中为了延长电池寿命，在高功率应用中为了热管理，高效率性能的重要性和普遍性更加强调低的压差 V_{DO} 和小的地电流 i_{GND}。如表 9.1 所示，P 型晶

体管具有最低的 V_{DO}，而且因为稳态下栅电流为零，MOS 器件具有最小的 i_{GND}。这就是在当今的工业界中常采用 P 沟道 MOSFET 的原因，因为 V_{DO} 很低而且 i_{GND} 为零。尽管如此，当负载突变很大而且输出电容较低时，响应时间可能是关键指标。在后一种情况下，N 型功率器件的低阻抗和由此带来的快速响应特性胜过 P 型功率器件的效率优势。

由于它们的指数特性，在相似的芯片面积和输入电源电压约束下，BJT 可以提供比 MOSFET 更大的电流 $i_{O(MAX)}$。然而只有很少的工艺支持经优化设计的纵向 PNP 晶体管，而横向 PNP 在标准单阱 CMOS 工艺中是可得的，但其速度更慢、性能更弱。另外，建立一个栅驱动电压比提供一个基极驱动电流更可行。NMOS 相对于 PMOS 提供的电流较小，这是因为在 NFET 中 v_O 限制了其栅极驱动能力。当然，NMOS 跟随器的速度优势在一定程度上抵消了其高 V_{DO} 和低 $i_{O(MAX)}$ 性能的缺点。

表 9.1　功率晶体管的对比

参数	N 型晶体管		P 型晶体管	
	BJT	MOSFET	BJT	MOSFET
V_{DO}	$V_{EC(MIN)}+v_{BE}$	$V_{SD(SAT)}+v_{GS}$	$V_{EC(MIN)}$	$V_{SD(SAT)}$
Drive	$i_{O(MAX)}/\beta_N$	v_B-v_O	$-i_{O(MAX)}/\beta_P$	$v_{IN}-v_B$
$i_{O(MAX)}$	最高	Low 低	High 高	中等
i_{GND}	0A	0A	$i_{O(MAX)}/\beta_P$	0A
R_O	$1/g_{m(BJT)}$	$1/g_{m(MOS)}$	r_O	r_{sd}

[例 9.1]　请利用表 9.2 中给出的工艺参数设计一个功率晶体管，要求压差小于 200mV，没有地电流，可以提供高达 50mA 的负载电流，采用 0.9～1.6V NiMH 电池供电时保持输出电压为 1V。

表 9.2　例 9.1 中功率晶体管的预定指标和工艺参数

电路参数	规格	工艺参数	值
v_{IN}	0.9～1.6V	$\|V_{TPO}\|$	0.6±0.15V
v_O	1V	K'_P	$40\mu A/V^2$ ±20%
i_O	≤50mA	L	≥0.35μm
V_{DO}	≤200mV		
i_{GND}	0A		

解：

1）为了实现零 i_{GND} 和低 V_{DO}，采用 PMOSFET。

2）

$$V_{DO}\leqslant R_{DS(MAX)}i_{O(MAX)}\approx\frac{i_{O(MAX)}}{K'_{P(MIN)}\left(\frac{W}{L}\right)(v_{IN(MIN)}-|v_{TP(MAX)}|)}\leqslant 200\text{mV}^{\ominus}$$

⊖ 此处原文中有笔误，200mV 错写成了 100mV。——译者注

或者
$$\frac{W}{L} \geqslant \frac{50\text{m}}{(32\mu)\times(200\text{m})\times(0.9-0.75)} = 52083$$

所以 L 可以取最小值 $0.35\mu\text{m}$，W 可以为 18.3mm。

3）
$$V_{\text{DS(SAT)}} \leqslant \sqrt{\frac{2i_{\text{O(MAX)}}}{K'_{\text{P(MIN)}}\left(\frac{W}{L}\right)}} = \sqrt{\frac{2\times(50\text{m})}{(32\mu)\times\left(\frac{18300}{0.35}\right)}} \approx 244\text{mV}$$

故当压差区的 V_{DO} 为 200mV 时，v_{IN} 大约比 v_{O} 高 250mV 以内时晶体管开始进入压差区。

9.2.2 版图

为了保证电路的可靠性和工作性能，应精心设计功率晶体管的物理版图。例如，要减小高功率工作情况下的芯片面积，就需要将这些器件都限制在安全工作区（Safe Operating Area，SOA）内，若超过安全工作区，功率晶体管将被击穿。因此，器件的物理设计必须避免电迁移（Electron Migration）效应、引起芯片二次击穿（Secondary - breakdown）的热点（Hot Spots）效应、可能引起更多去偏置现象（De - biasing）的衬底去偏置（Substrate de - biasing）效应、热逃逸（Thermal Runaway）以及其他一些不良效应的产生。对于高功率的情况，需要考虑的典型情况包括电流密度限制（Current - density Limit）和电流集聚效应（Current - crowding Effect）。工程师们有时采用镇流电阻使电流均匀分布，其代价是增加了额外的功率消耗，否则的话，可能会使电流集聚并且使器件处于过应力状态。对于其他情况，低压差要求会导致功率器件的尺寸太大而无法达到电流密度限制。

降低压差的目的是减小功率导通路径中的寄生电阻，因为它们不仅消耗功率、增加压差电压，还会产生热量。实际中，芯片会引入一些寄生的对地电流通路，在高功率工作情况（大面积器件）以及高温下更加严重。地电流的泄漏会进一步降低功率效率，并通过公共衬底传递噪声，增加发生闩锁效应的概率。为了衰减这些不良效应，版图设计的通常方法是增加这些寄生通路的阻抗，相当于提供了一条到电源的低阻通路，也就是说尽量减少公共衬底上的电流流动。

由于目前可供选择的工艺非常多，而且几乎都可以提供掩膜板组合的不同方式，这就能实现一些特定用途的晶体管器件。采用 PN 结隔离的标准双极工艺、CMOS 工艺和基本 BiCMOS 工艺的优势是减少了一些版图设计的可选方法，只能提供一些通用器件：纵向 BJT、横向 BJT、衬底 MOSFET、独立阱 MOSFET。包含 P 型基区扩散的 CMOS 工艺和标准 P 衬底 N 外延的双极型工艺都可以提供纵向 NPN 和横向 PNP 结构。另一方面，完全互补双极型工艺提供纵向 NPN 和 PNP 晶体管，也提供横向 NPN 和 PNP 晶体管。同理，N 阱 CMOS 工艺提供衬底 N 型和独立阱 P 型晶体管，而相对应的 P 阱工艺提供衬底 P 型和独立阱 N 型晶体管。双阱工艺可以同时提供独立阱 N 型和 P 型器件，还可以提供衬底 NMOS 晶体管。考虑到这些工艺应用广泛，下面的内容将根据压差和地电流的要求，通过对基本结构的引用和讨论，强调对这 4 种基本版图结构需要进行的物理考虑。

1. 纵向 BJT

标准双极型工艺和基本 BiCMOS 工艺通常都支持纵向 NPN BJT，如图 9.4 所示。纵向 NPN BJT 中，电子的流动形成电流 i_O，从发射极 v_O 垂直流入本征集电极（即 N^+ 埋层），然后由侧面向上到外部的集电极端口（该端口连接到 v_{IN}）。为了减小电阻和这一通路上产生的串联电阻上的压差电压，发射极接触孔应靠近集电极接触孔。按照这种方式，载流子从 v_O 传输到 v_{IN} 的物理距离是最近的。深 N^+ 集电极环和 N^+ 埋层可以进一步降低这个电阻。

从俯视图来看，增加发射极的表面面积或者发射极条的数目可以增加发射结正向偏置时器件的电流承受能力。在发射极之间插入薄的基极条可以降低基区串联电阻。降低基区串联电阻可以提高晶体管的大信号响应速度，因为完全关断或者完全开启器件需要发射结电压有大幅度且均匀的改变，而电阻和寄生电容会以瞬时电压降的形式对抗这种变化。深 N^+ 集电极环和相应的集电极接触孔包围并环绕整个器件可以减少集电极串联电阻对压差的影响并使器件的集电结电压 $V_{CE(MIN)}$ 最小。

如图 9.4 所示的纵向 BJT 结构中，只显示了一个从集电极（该端口连接到 v_{IN}）到衬底的反向偏置二极管，除了传导反向饱和电流 I_S，几乎不引入额外的衬底电流。P 型基区、N 型集电区和 P 型衬底区域也构成一个衬底 PNP 晶体管，幸运的是，这一寄生纵向器件的影响很小，因为其发射结（对应于功率 NPN BJT 的集电结）典型情况下都是反向偏置的。尽管如此，考虑这一结构的高功率特性时，将 N^+ 埋层延伸到 N 阱边沿是不错的，因为用一个重掺杂的 N 型层与基区完全交叠，可以提供与寄生的少数载流子空穴复合的电子，最终的结果是只有极小的电流能到达衬底，这意味着衬底 PNP 型 BJT 的 β_P 降低。整个器件周围的重掺杂 P 型保护环收集并防止流入公共衬底的任何漏电流 I_S 流入芯片的其他地方。

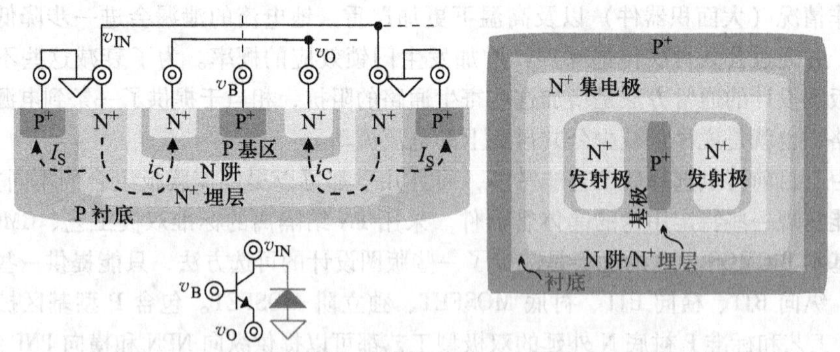

图 9.4 在 P 型衬底中的纵向 NPN BJT 的截面图和俯视图

2. 横向 BJT

横向 PNP BJT 中运送电流 i_O 的空穴从发射极到集电极横向穿过，如图 9.5 所示。因此，发射极扩散区的深度和周长决定了器件的电流流动面积，而不是其表面积。因此为了尽可能多地收集电流，接到 v_O 的集电极通常环绕在接到 v_{IN} 的发射极周围。不幸的是，P 型发射极和集电极端口、N 型基区、以及 P 衬底从和到地也形成了纵向 PNP 晶体管 Q_{DO} 和 Q_{SUB}。因为本征器件的集电结反向偏置，接到 v_O 上的寄生器件通常是关闭的。而连接到 v_{IN} 的寄生 BJT 的发射极和基极端口和本征 BJT 的对应端口是共用的，因此会产生电流 i_{SUB} 通过衬底流入地。

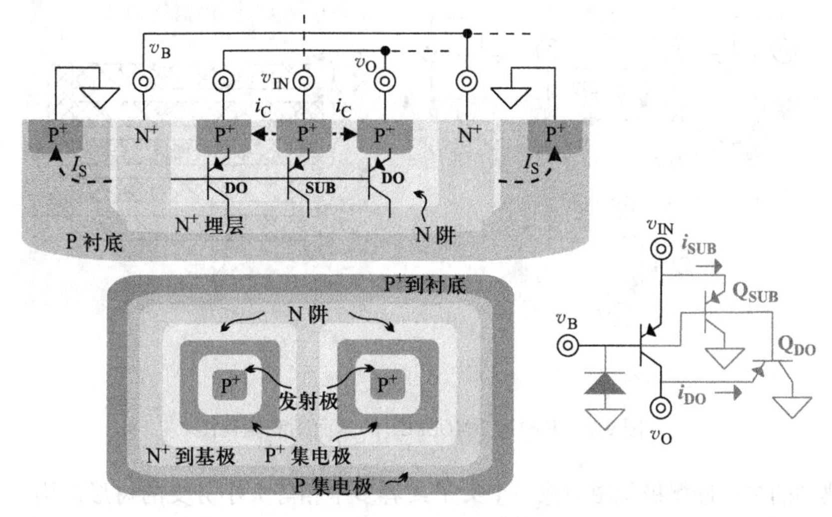

图 9.5　P 型衬底的横向 PNP BJT 的截面图和俯视图

减少一个单元发射极的表面积有助于本征横向电流 i_C 超过寄生的纵向电流 i_{SUB}。这就是并联许多小的发射点（emitter dot）可以提高横向晶体管额定功率的原因。N 阱中的 N^+ 掩埋层包围着横向 BJT，通过提供电子与寄生纵向少数载流子空穴复合，可以进一步减小 i_{SUB}。然而，工作在压差区期间，当横向晶体管的集电结正向偏置时，接到 v_O 上的寄生纵向器件也正向偏置，因此 Q_{DO} 携带额外的压差电流 i_{DO} 到地。尽管 N^+ 埋层有助于减小寄生 BJT 的增益及其导致的衬底电流，但这个埋层会使电流重新流回到横向 BJT 的基极，并通过缓冲驱动器成为地电流 i_{GND} 消失掉。因此，一般来说，PNP BJT 不适合用作电池供电设备的功率器件，因为它们的基极电流 i_O/β_P 会成为地电流损失掉，在最坏情况的温度条件及制造工艺角下这个电流可能非常大。

尽管寄生电流通路降低了功率效率，但是它们也会阻止电流的聚集，防止芯片上热点的形成，自然也就增加了器件的耐用性。在每个集电极－发射极点结合处环绕浅和深的 N^+ 基区扩散区可以减小器件的基极电阻，因而当负载突变很大时，可以改善电路的响应时间，在标准 CMOS 和基本 biCMOS 工艺，没有埋层的情况下，该环的存在特别重要。如先前一样，P^+ 衬底接触环绕整个器件的集电极收集反向电流 I_S 并将其从芯片的其余部分导走。

3. 衬底 MOSFET

如图 9.6 所示，传统的 MOSFET 横向导通漏极电流 i_D。因此源极－漏极之间的距离（即沟道长度）且导通扩散宽度（即沟道宽度）必须宽，以减小沟道电阻，并因此使压差电压最小化。从俯视图来看，源/漏每条分支的横向长度应该较长，但是也不可过长。分支的长度过长会增加晶体管的栅极串联电阻，这将减慢器件的大信号响应速度，因为栅极电阻和电容会降低每个分支条末端的漏极电流响应速度。

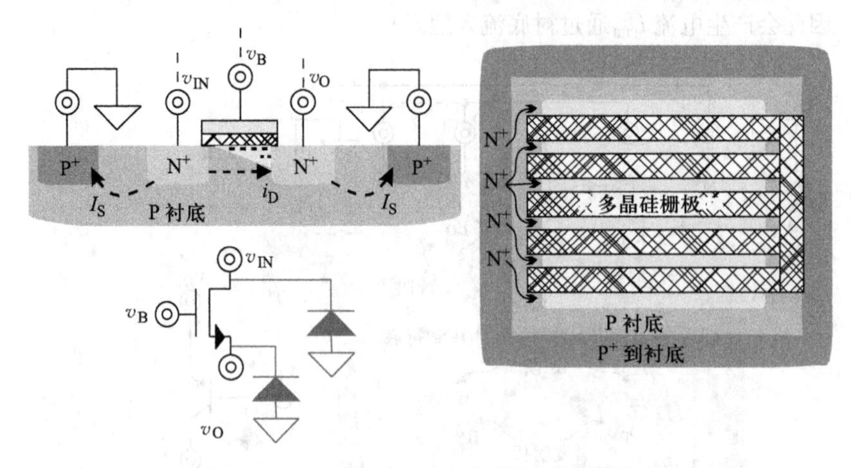

图 9.6　P 衬底 NMOSFET 的截面图和俯视图

典型的多晶硅栅极版图很像一个叉子或者多个相等大小分支的树形结构。然而，增加栅极面积会增大晶体管对其驱动缓冲器表现出来的寄生电容，这当然会减慢稳压器的响应速度，因此，叉子或树形结构的基底区域宽度不能太大。增加器件功率比的最好方法是使器件的每个分支尽可能长，只要不至于使其串联栅极电阻高于极限值，同时增加分支的数目来满足应用对器件功率的需求。如果需要大量的分支来实现，在多晶硅“基体”或者“脊椎”的另一边镜像分支，即构成脊椎状的栅结构，可以使整个器件的栅极电阻最小化。

该结构中唯一的寄生器件是到衬底的反向偏置的二极管。这些二极管除了传递反向饱和电流 I_S，几乎没有任何电流。尽管如此，考虑到器件的高功率情况，连接到衬底的 P^+ 接触孔区域通常环绕功率晶体管，将寄生电流 I_S 将直接导通到地，而不在公共衬底上继续流动。

4. 独立阱 MOSFET

如图 9.7 所示，独立阱 MOSFET 也是一个横向器件，因此如果源极 - 漏极扩散距离（即沟道长度）很短且扩散宽度（即沟道宽度）很长，那么其串联电阻就越小。从顶层来看时，多晶硅栅极应该也类似一个分叉或者树形结构以减少栅极电阻。衬底 MOSFET 和独立阱 MOSFET 的唯一区别就在于背栅，前者的背栅是衬底而后者的背栅是阱。

尽管看起来有些不同，但是将 PMOS 嵌入一个 N 阱中时也存在从源极和漏极通过阱（作为基底）扩散到衬底的寄生纵向 PNP 晶体管，这与横向 PNP BJT 的情况一样。与横向 PNP 器件不同的是，所有寄生 BJT 本身不是正向偏置的，而且连接到 v_O 的寄

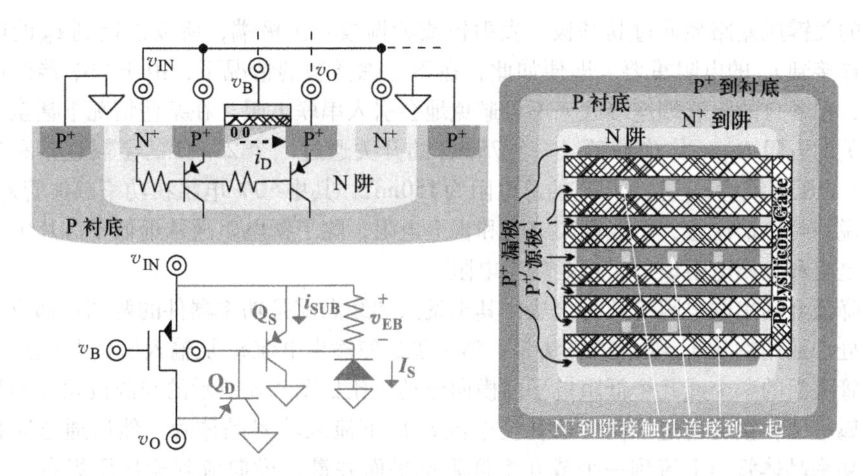

图 9.7　N 型独立阱 PMOSFET 的结构及俯视图

生晶体管是反向偏置的。不过，因为功率晶体管导通很大的电流，而且一个高阻阱连接到了寄生器件 Q_S（该器件连接到 v_{IN}）的发射极和基极端口，该阱很容易产生一个电压降使这个基极去偏置（de - biase），导致 Q_S 导通电流 i_{SUB} 到衬底。当功率晶体管较小时，去偏置电压还不够大，不足以产生问题。但是，当功率晶体管很大时，问题产生了，因为大的功率晶体管的反向饱和电流 I_S 足够大，它流过阱电阻产生足够大的压降使寄生晶体管正偏，因而导通衬底电流 i_{SUB}。

与横向 BJT 的情况一样，嵌入埋层可以降低寄生纵向晶体管的电流增益 β，但是标准 CMOS 工艺通常都不支持埋层工艺。另一种方法是降低 PNP 晶体管外部基极和内部基极之间的串联电阻，也就是 v_{IN} 及其 N^+ 接触区和紧挨环绕着 P^+ 源扩散区及以下的阱之间的电阻。通常，紧靠 P^+ 源端打上 N^+ 阱接触孔可以降低串联电阻。然而嵌入 N^+ 阱接触孔到高功率 PMOS 阵列的每一个源极分支需要相当大的芯片面积，这不仅增加成本而且也会给缓冲驱动器带来更大的电容。另外，如图 9.7 所示，将背栅接触孔集成到源极分支也可以降低串联电阻。虽然这样做会稍微增加栅极分支之间源极横向扩散长度，并且会造成版图设计工具产生警告信号，集成背栅接触孔可以节省很大的芯片面积，而对器件的性能和可靠性不会造成损害或损害微乎其微。

5. 金属化

功率器件和负载之间的串联金属电阻 R_M、引线框架（Lead Frame）和压焊点（Bond Pad）之间的压焊线电阻（Bond - wire Resistance）R_{BW} 会增加功率晶体管和 v_O 间的电阻，这样会增加稳压器的压差 V_{DO} 到：

$$V_{DO} = i_O R_{ON} = i_O (R_{SW} + R_M + R_{BW}) \tag{9.2}$$

式中，i_O 为输出电流；R_{SW} 为功率开关管的开态电阻（即开关管完全导通时的有效电阻）。类似地，v_{IN} 和器件输入端之间的 R_M 和 R_{BW} 也会增加 R_{ON}，这对 P 型晶体管影响更大，因为 P 型器件的关键压差路径经过发射极 - 集电极或者源极 - 漏极端。N 型晶体管的关键压差路径通过其基极 - 发射极或者栅极 - 源极端，所以连接到 v_{IN} 的电阻没有连接到 v_O 的电阻重要。即便如此，在不考虑类型的情况下，由于功率器件尺寸很大，把各自的电流端连接起来不可避免地会引入串联电阻，在某些情况下甚至会超过开关的电阻 R_{SW}。作为参考，一个 75mΩ 的开关通过一个 25mΩ 的金属连接和 2 根 25mΩ 的压焊线将 v_{IN} 与 v_O 相连的总电阻为 150mΩ，其中 50% 电阻在功率晶体管外面。顺便说一句，请注意，引线框架电阻和板上电阻，除了铜电阻通常远低于芯片中的半导体电阻和金属电阻以外，也是寄生电阻。

降低金属串联电阻有几种方法，其出发点和终点就是功率器件的两端：都位于接触点处。通用的从 v_{IN} 到 v_O 的方法是：第一步是使输出电流 i_O 从输入压焊点 v_{IN} 到功率晶体管上面的一个或几个低阻抗平面横向流动，比如图 9.8 所示的与源极相连的第二层金属平面；接着通过纵向的通孔使电流 i_O 向下流入功率晶体管；然后通过通孔使 i_O 从功率晶体管向上流到一个或几个低阻抗平面并最终横向流到输出压焊点 v_O。为了减小纵向电阻，第一层金属应覆盖每一个发射极、集电极、源极和漏极区域的整个欧姆接触表面。

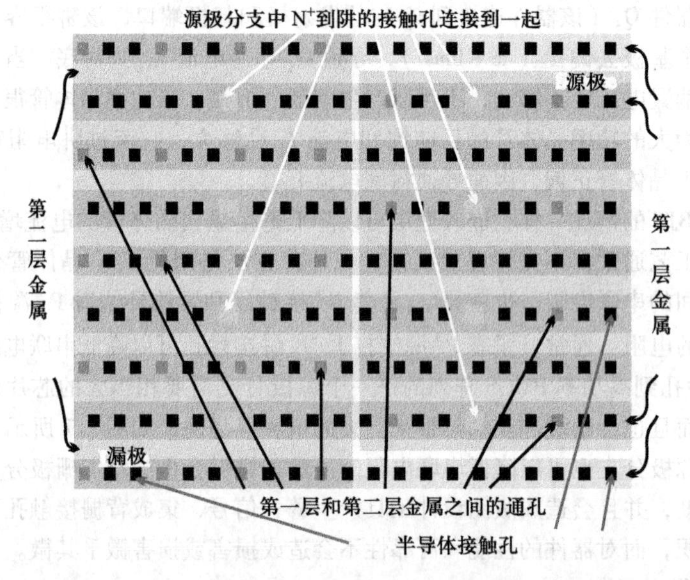

图 9.8　独立 N 阱 PMOSFET 的第一层到第二层金属化方案

把第一层到第二层金属之间的通孔连接到第一层金属分支上可以降低第一层到第二层金属的表面电阻。现在一些工艺允许通孔直接位于或者交叠在半导体金属接触孔上，这意味着把通孔连接到分支中几乎不会与半导体金属电阻之间产生冲突，因为通孔不会占据半导体接触孔的位置。请注意 PMOS 源极分支包含了集成的 N^+ 背栅/N 阱接触，降低了之前讨论过的 N 阱去偏置效应，这也是为什么源极分支的宽度比漏极分支的宽度要略宽的原因。源极扩散到背栅之间接触孔的数目比是与工艺相关的参数，将 4 个或者更多的扩散接触孔插入到每个阱接触孔中是一个还不错的方案，因为源极比阱能传递多得多的电流。

注意到横向金属穿过晶体管上方时会收集或分散通过芯片的电荷。例如，当功率晶体管的输出端提供电流到输出压焊点 v_O 时，随着传导电流的金属平板从其下方的半导体得到更多的电荷，电流将增加，如果这个横向金属平板的宽度是恒定的，则穿过该平板的电流密度是不一致的，这会导致电流聚集以及可用面积的利用率不高。因此，增加源出电流的金属平板的宽度是很好的方法，因为它收集电荷，同理，要减少接收电流的金属平板的宽度，因为它失去电荷到半导体中，如图 9.9 所示。根据压焊点的最终位置和可利用的金属层数目，电流可能在不同的方向上变大或减弱，功率晶体管的版图俯视图的几何形状为多个三角形，很少出现矩形，除非电流密度非常低，其产生的串联电压降小到可以忽略不计。

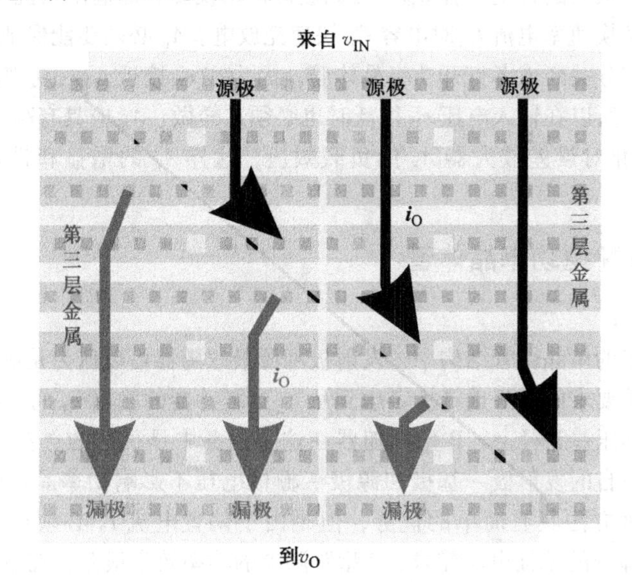

图 9.9　N 阱 PMOSFET 的顶层金属方案

功率器件应该放置在靠近输入和输出压焊点的地方，这是较为理想的方法，就像在大面积芯片的拐角一样，减少传递 i_O 的顶层金属平板的横向电阻。如果将器件放在紧靠压焊点的地方不可能实现，与顶层金属平板并行排放多层金属平板通常可以得到最低的电阻率，将电流导通到压焊点。如果工艺支持超过三层金属，应该将其他金属平板并行起来，降低串联电阻并且平衡电流以保证电流密度很低且在器件中分布均匀。类似地，把引脚框架中的芯片引脚放置在靠近其相应的压焊点的位置，并用多根压焊线和多压焊点来减小压焊线电阻 R_{BW}。

通过直接串联或并联电流感应器监控功率器件，可以实现过电流（即短路）保护。类似地，热关断特性也能间接地保护器件实现过电流保护。并联极小的功率晶体管是感应电流的常用方式，因为这不会给功率路径增加任何串联电阻。将这个晶体管感应器放置在大功率晶体管阵列的中间位置是非常重要的，这可以减少短沟道长度和器件之间的大范围波动造成的失配。这种方法通常会造成版图结构中的不连续，因为感应器的一个端口和功率晶体管的不同。然而，将感应器与功率器件相匹配的好处远超过走线方式可能造成的坏处。因为功率器件是稳压器芯片中的主要热源，虽然温度感应器应该靠近功率晶体管，但是不必要在阵列的中间位置，特别当感应器是不同类型的晶体管时。

9.3 缓冲器

缓冲器 A_B 的目的是用最小的功耗快速驱动功率开关 S_O。因为功率晶体管很大，为缓冲器提供了很大的寄生电容 C_{IP}，因此缓冲器不仅要有低输出阻抗 Z_{OB}，还要能够提供足够大的转换速率电流 I_{SR} 对电容 C_{IP} 快速充放电。A_B 必须要能保证其输出电压 v_B 摆幅足够宽以充分关断或者打开功率晶体管，因为在 v_{IN} 接近 v_O 时功率晶体管上的功率损失会降低，所以在输入电压 v_{IN} 很低时也必须这样做。A_B 应具有高阻抗 R_{IB} 和低电容 C_{IB}，以最小化对误差放大器 A_E 的负载效应，这样 A_E 的增益和带宽都可以保持很高。

9.3.1 驱动 N 型功率晶体管

1. NPN BJT

在所有可能的单晶体管结构中，发射极和源极跟随器可以认为是满足缓冲器高带宽和低输出阻抗要求的最好选择。考虑到从 v_{IN} 到缓冲器的输出 v_B 的电压降位于功率 NPN BJT 的关键压差路径上，P 型跟随器在这一任务中是很好的选择，如图 9.10 所示，因为它们各自的发射极 - 基极和源极 - 栅极电压不影响功率晶体管的压差 V_{DO}。尽管看起来这种方法具有简单的优势，但是由于偏置电流 I_B 必须很高以满足驱动 NPN 型功率晶体管的基极电流需求，P 型跟随器的功率效率很差，在重负载、低温和器件很弱（即要求最大的基极电流时，其值为 $i_{O(MAX)}/\beta_{N(MIN)}$）的情况下，其效率更差。

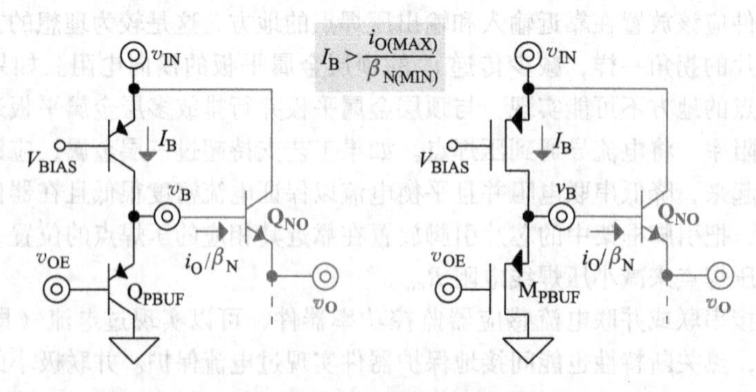

图 9.10　用 P 型跟随器驱动 NPN BJT

动态适应型驱动　设计一个动态适应性、随时满足需求的偏置电流可能是改善效率的最好方法。如图 9.11 所示，从这个跟随缓冲器到提供电流之间增加一条负反馈通路可以达到这个目的，因为反馈环路提供所有必要的源电流 i_{BUF} 以保证 v_B 随 A_E 的输出电压 v_{OE} 的变化而变化。这里，P 型跟随器 M_{PBUF} 串联叠加 v_{OE} 和 v_B 并用一个等于 1 的反馈系数并联采样 v_B，这意味着电路的输出电阻 R_{OB} 为 M_{PBUF} 的电阻 $1/g_{m.BUF}$ 除以环路增益：

$$R_{OB} \approx \frac{1}{g_{m.BUF} A_{LG}} \approx \frac{1}{g_{m.BUF}(r_{sd4} g_{m2})} \tag{9.3}$$

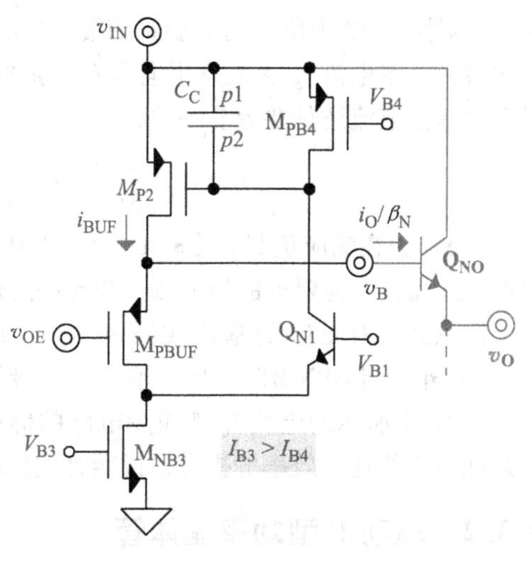

图 9.11　用一个动态适应型 P 型跟随器驱动 NPN BJT

M_{PBUF} 和 Q_{N1} 缓冲器将电流反馈到 M_{PB4} 的 r_{sd4}，M_{P2} 的 g_{m2} 将 r_{sd4} 上的电压降转换为 i_{BUF} 以建立环路增益 A_{LG}。请注意，用 NPN 和 PNP 代替 NMOS 和 PMOS，也是相同的结果，尽管电流和阻抗略有不同，但产生的效果很接近。

M_{NB3} 必须比 M_{PB4} 吸入更多的电流以偏置 M_{PBUF}。功率晶体管的基极连接到 M_{PUBF} 的源极，尽管 M_{PUBF} 的源极输出阻抗较低，但由于寄生电容 C_{IP} 很大，将 v_B 处的极点频率拉到接近具有高漏极阻抗的提供电流源的晶体管 M_{P2} 的栅极极点频率。补偿电容 C_C 的目的是把 M_{P2} 的栅极极点拉到低频处，这样就保证其仍然是反馈环路的低频主极点。

电容 C_C 的第一层多晶硅平板（简称为 poly1）与 v_{IN} 相连，把 poly1 端耦合的衬底噪声分流到 v_{IN}。这么做的原因是 poly1 平板比 poly2 平板更可能接收噪声，因为前者比后者更接近衬底。电容与 v_{IN} 相连，而不是与地相连，是为了将电源噪声耦合到 M_{P2} 的栅极，这样，C_C 复制了 M_{P2} 源极的电源噪声到 M_{P2} 的栅极，M_{P2} 的跨导可以消除这两个端口的共模噪声。M_{P2} 的最小栅驱动电压 $v_{SG2(MIN)}$ 依赖于 v_{IN} 和 Q_{N1} 的偏置电压 V_{B1}，它与 M_{P2} 的宽长比 W/L 一起最终决定电路能驱动多大电流到功率晶体管的基极：

$$i_{BUF} \geqslant 0.5K'_P\left(\frac{W}{L}\right)(v_{SG2(MIN)} - |v_{TP}|)^2 \geqslant \frac{i_{O(MAX)}}{\beta_{N(MIN)}} \tag{9.4}$$

这里最关键的优势在于，在轻负载的情况下，电路的静态电流可以低至几微安。换言之，i_{BUF} 只有在需要时才高，这意味着电路在其他情况下几乎不损失电流。提高效率的折中方法就是降低响应速度，因为为了负反馈的稳定性，C_C 减慢了缓冲器的小信号动态响应速度。

2. NMOSFET

功率 NMOS 器件与 NPN 器件相比，除了不再需要基极电流以外，其他要求类似。

因此，对图 9.10 中所示的 P 型跟随缓冲器的要求相对宽松。偏置电流 I_B 必须提供必要的转换速率电流 I_{SR} 为大寄生电容 C_{IP} 充放电，这非常重要，但是通常比提供最坏情况下的基极电流还是要容易一些：

$$I_B \geqslant C_{IP}\left(\frac{\Delta v_C}{\Delta t_C}\right) \approx C_{IP}\Delta v_{B(MAX)} f_{BW(MAX)} \equiv I_{SR} \tag{9.5}$$

式中，Δt_C 为在响应负载突变时 C_{IP} 上的电压变化 Δv_C 需要的时间；$\Delta v_{B(MAX)}$ 和 $f_{BW(MAX)}$（即 $1/\Delta t_{C(MIN)}$）为要求的最大 Δv_C 和允许的最小 Δt_C。

注意到具有足够的基极或栅极驱动，P 型跟随器能更容易得到转换速率电流 I_{SR-}。另外，与 NPN BJT 相同，增加一个像图 9.11 所示的反馈通路可以通过动态调整图 9.10 中所示的电流 I_B 来减少电路的静态电流，仅仅在需要时提供最大的电流。但是如前文所述，效率的提升是以牺牲响应时间为代价的。

9.3.2 驱动 P 型功率晶体管

1. PNP BJT

正如前面所提到的，发射极和源极跟随器的电学特性与驱动缓冲器 A_B 的要求相符合。图 9.12 所示的 P 型跟随器在实际中更加适合驱动 P 型功率晶体管，因为它们的输出可以上升到足够接近 v_{IN} 从而可靠地关断功率器件。N 型跟随器能将 v_B 提升到 v_{IN} 一个基极－发射极或者栅－源电压范围内，但是这不足以确保在所有温度和工艺角下能将大尺寸、有漏电的功率晶体管彻底关断，这在便携式应用中是特别麻烦的，因为泄漏电流将会使电池耗尽。缓冲器的其他主要稳态要求是能吸收 PNP BJT 的基极电流，在重负载、低温、弱晶体管（即基极电流达到峰值 $i_{O(MAX)}/\beta_{P(MIN)}$ 时）的情况下，该电流会很大。

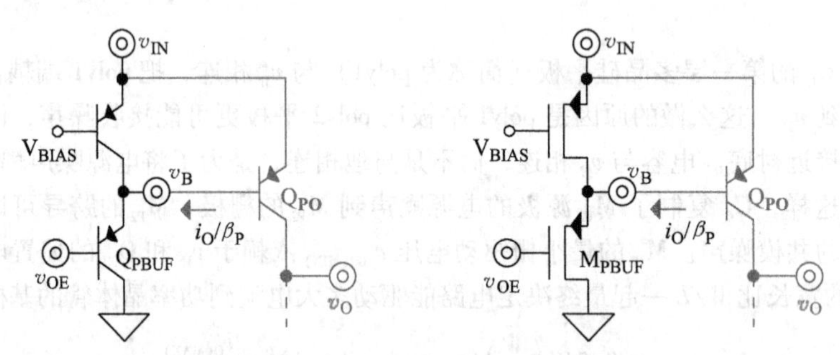

图 9.12　用 P 型跟随器驱动 PNP BJT

BJT 缓冲器将基极电流的需求传递回误差放大器 A_E。以 PNP 型跟随缓冲器为例，A_E 必须能够吸收大概 $i_{O(MAX)}/\beta^2_{P(MIN)}$ 大小的电流，比如，在 100mA 的负载下，当 β_P 为 15A/A 时这个电流大约为 444μA。当 A_E 的静态电流预算小于 10μA 时，吸收这么多电流是很难的。当受到低输入电压限制时，PMOS 跟随器也很难满足要求，因为要从 PNP BJT 中吸收 $i_{O(MAX)}/\beta_{P(MIN)}$ 大小的电流，需要建立一个足够高的源极－栅极电压，比如负载电流为100mA，β_P 为15A/A时，吸收9.7mA的基极电流需要栅极驱动电压高达1.5～3V。

（1）动态适应型驱动

与前述一样，围绕吸收电流的P型跟随缓冲器的反馈环路能从其他晶体管中获得额外的所需要的电流。例如，图9.13中缓冲器驱动器中的反馈晶体管 M_{N3} 只在需要时给PMOS跟随器 M_{PBUF} 补充足够的吸收电流。M_{PBUF} 只会吸收 M_{NB2} 的偏置电流 I_{B2}，而且当功率PNP晶体管 Q_{PO} 关断时 M_{N3} 吸收 M_{PB1} 的偏置电流 I_{B1} 剩下的部分电流。随着 Q_{PO} 的基极电流增加，v_{OE} 下降，并随之 v_B 下降，M_{N3} 吸收 M_{PBUF} 的电流 I_{B2} 不能吸收的部分。和前文一样，补偿电容 C_C 保证环路中低频主极点在 M_{N3} 的栅极。将 C_C 的第一层多晶硅平板连接到地可以将 M_{N3} 源极的衬底噪声耦合到其栅极，这样，M_{N3} 的跨导将消除栅极和源极的共模噪声。最后，也与前文相同，利用负反馈能够节省静态电流这一优点可以抵消由于补偿负反馈环路导致的响应速度变慢这一缺点。

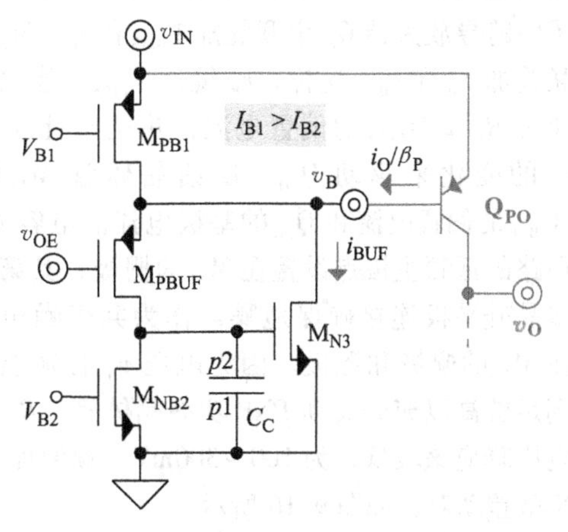

图9.13　用P型跟随器驱动PNP BJT

（2）本征NMOSFET

虽然并不总是可选，但更复杂的功率biCMOS工艺能够提供必要的掩膜组和工艺步骤实现隔离低阈值NMOS晶体管。图9.14示例说明了一个深 N^+ 环和交叠的 N^+ 埋层是如何隔离一个P型区域的，该区域可以用来做一个NFET器件的体区域（bulk）。

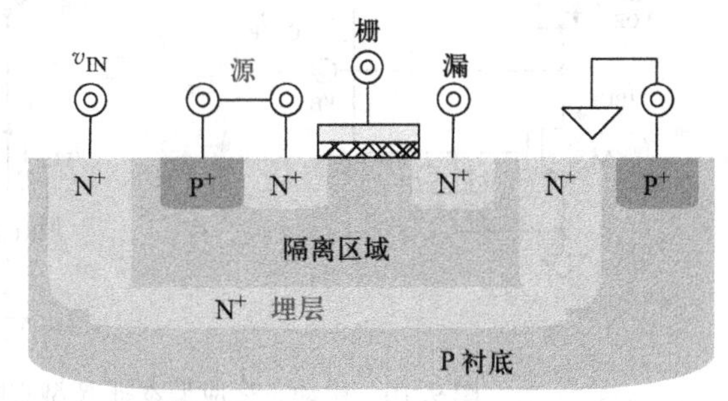

图9.14　在P型衬底中的隔离衬底NMOS晶体管

将隔离的体端（Bulk）连接到低阈值NFET的源端可以消除体效应，否则会使低阈值器件变得不可靠。好在衬底NMOS晶体管不会受阈值电压调节工艺流程的影响，体偏置（bulk-bias）电压为零时阈值电压 V_{TN0} 接近于零。当它们的隔离体端连接到相应的源端时，这些被称为自然或本征NFET的栅极-源极电压减小到一个饱和电压 $V_{DS(SAT)}$。

如图9.15所示，隔离本征NMOS晶体管用作源跟随器时，从其自身考虑，并没有克服需要吸收PNP功率晶体管的大基极电流的缺点。因此在重负载、低温和弱器件情况下，M_{NB} 的偏置电流 I_B 必须足够高，能吸收并维持 Q_{PO} 的基极电流。换句话说，I_B 必须能够吸收不小于 $i_{O(MAX)}/\beta_{P(MIN)}$ 大小的电流。

与前文一样，围绕跟随器的负反馈电路能帮助吸收额外的需要的电流。以图 9.16 为例，图中跨导放大器 G_{FB} 串联叠加 V_{BIAS} 和 v_R，M_{NBUF} 串联叠加 v_{OE} 和 v_B。这样，v_R 镜像 V_{BIAS}，建立一个通过 R_B 和 M_{NBUF} 的偏置电流，并且 v_B 上会产生 v_{OE} 的变化来驱动 Q_{PO}。反馈晶体管 M_{N1} 吸收 M_{NBUF} 的偏置电流和 Q_{PO} 的基极电流。电容 C_C 将环路的低频主极点设置在 M_{N1} 的栅极，其第一层多晶硅平板连接确保地噪声作为共模噪声出现在 M_{N1} 的栅极和源极。因为电压 v_B 必须能够升到足够高以充分关断 PNP 功率晶体管，R_B 上的电压降应该较低，为 100~300mV。顺便提一句，G_{FB} 应该为带 P 型恒流源负载 M_{PB} 的 N 型差动对，如图 9.16 所示。

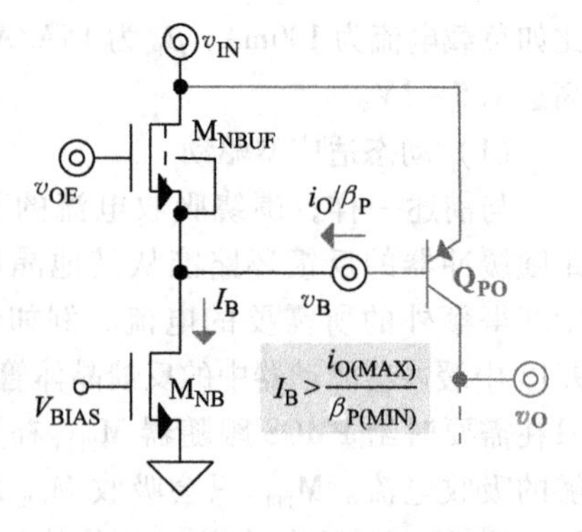

图 9.15 用本征 NMOS 跟随器驱动 PNP BJT

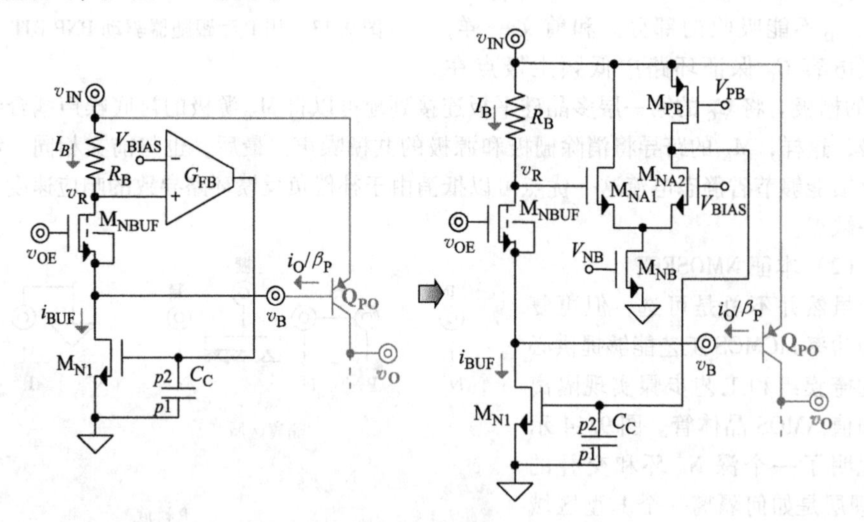

图 9.16 用动态适应型本征 N 型跟随器驱动 PNP BJT

2. PMOSFET

和 PNP 型器件一样，P 型 MOS 晶体管需要高栅极电压来关断，因此图 9.12 中的 P 型跟随器也可以在 PMOS 应用中工作。P 型跟随器的唯一问题是当输入电压 v_{IN} 较低时压差性能较差。其原因是功率 PMOSFET M_{PO} 上的压差电压 V_{DO} 与其栅极驱动电压 $v_{SG.O}$ 成反比。而且在 P 型跟随器中，跟随器的源极－栅极电压 v_{SG} 或发射极－基极电压 v_{EB} 会限制 M_{PO} 的栅极电压 v_B 相对于 v_{IN} 下降的程度：

$$V_{DO} = i_O R_{DO} \propto \frac{1}{v_{SG.O}} = \frac{1}{v_{IN} - v_B}\bigg|_{PBUF} = \frac{1}{v_{IN} - (v_{SG.BUF} + v_{OE})} \tag{9.6}$$

式中，R_{DO} 为 M_{PO} 的压差电阻；v_{OE} 为缓冲器的栅极驱动电压。从这方面来看，图 9.15

中的隔离本征 N 型跟随缓冲器 M_{NBUF} 比 P 型跟随器更有吸引力，因为它不仅可以关断功率 PMOS 晶体管，还能在压差区工作条件下将栅极驱动电压扩展大约一个源极－栅极电压或一个发射结电压：

$$V_{DO} = i_O R_{DO} \propto \frac{1}{v_{SG.O}} = \frac{1}{v_{IN} - v_B}\bigg|_{NBUF} = \frac{1}{v_{IN} - V_{DS(SAT)}} \tag{9.7}$$

式中，$V_{DS(SAT)}$ 为吸收电流的偏置晶体管 M_{NB} 上的电压。

（1）动态适应型驱动

和 NMOS 功率晶体管一样，不再存在驱动基极电流的问题，但是需要重点考虑对功率 PFET 栅极的大寄生电容充放电问题。从这个角度来分析，跟随缓冲器能在一个方向上提供大转换速率电流，但是在另一个方向上并不如此，因为受到了偏置电流 I_B 的限制。与前文一样，采用负反馈能弥补跟随器驱动能力的不足，只需损失较少的静态电流，就像图 9.16 中的 N 型跟随器 M_{NBUF} 和图 9.17 中的 P 型跟随器所示例的那样。这里，M_{PA1} 和 M_{PA2} 串联叠加 V_{BIAS} 和 v_R，而缓冲跟随器 M_{PBUF} 串联叠加 v_{OE} 和 v_B。因此，v_R 镜像 V_{BIAS}，用 R_B 的电流偏置 M_{PBUF}，并且 v_{OE} 中的变化也出现在 v_B 中从而驱动功率晶体管 M_{PO}。V_{BIAS} 应该足够低以确保 R_B 上的电压降不会在下降转换速率条件下将 M_{PBUF} 推到晶体管工作区，否则会提高 M_{PBUF} 的 v_{SG} 和 v_B。与前文一样，为了反馈的稳定性，补偿电容 C_C 降低了电路的速度。

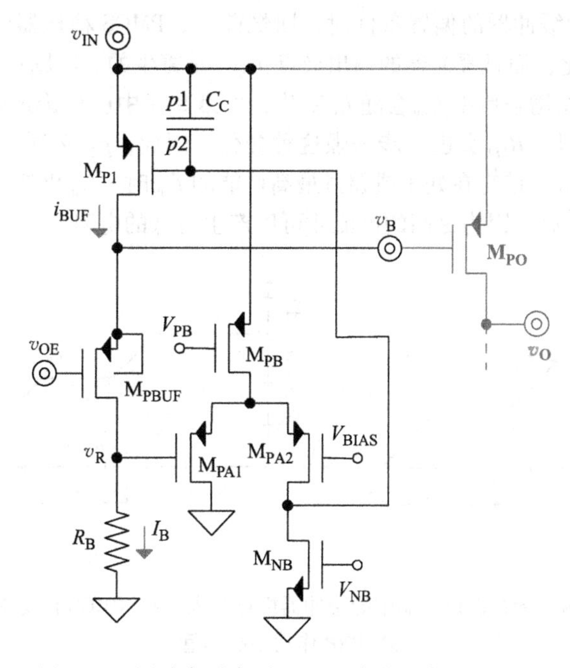

图 9.17　用动态适应型 P 型跟随器驱动 PMOSFET

（2）可再生驱动

负反馈中跟随缓冲器的动态调整驱动能力带来的好处并不总能充分弥补其速度的

限制，因而并不总是极具吸引力的解决方案，特别是在片上系统（SoC）应用中，当输出电容 C_O 较低且负载突变很大时。如图 9.18 所示的可再生电路（代替负反馈环路中的偏置晶体管）能加速并自举其转换速率限制的响应，而不会出现负反馈的带宽限制。

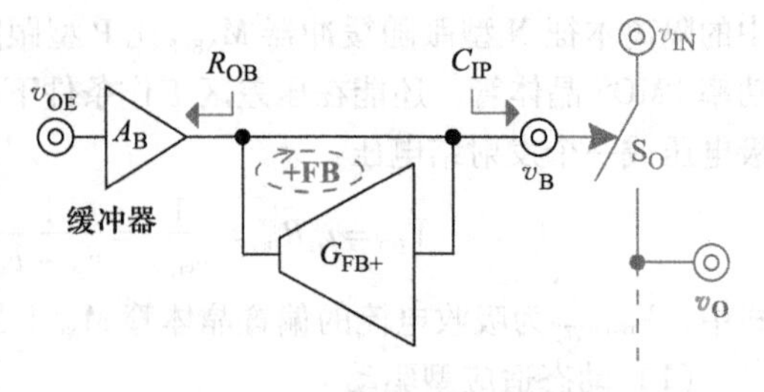

图 9.18　用可再生缓冲器驱动功率晶体管

正反馈的问题在于可能造成振荡和难以恢复的锁存情况。这也是环路增益 A_{LG+} 必须小于 1 的原因，在低频时这不是问题，因为控制稳压器输出电压的反馈环路也会通过系统的环路增益 A_{REG} 并联采样 v_B，这会减小缓冲器的输出电阻 R_{OB}：

$$A_{LG+} = G_{FB+} Z_{OB} = G_{FB+}\left(\frac{R_{OB}}{A_{REG}} \parallel \frac{1}{sC_{SW}}\right) < G_{FB+}\left(R_{OB} \parallel \frac{1}{sC_{SW}}\right) < 1 \tag{9.8}$$

然而在高频段，当处于或超过系统的单位增益频率 f_{0dB} 时，A_{REG} 不再起作用。A_{LG+} 必须在处于或超过 f_{0dB} 时仍然保持低于 1，因此 G_{FB+} 和 R_{OB} 建立的增益必须也保持低于 1，这意味着 R_{OB} 必须足够低以减弱可再生环路振荡和锁存的可能性。

（3）负载跟踪

当考虑到跟随缓冲器的偏置条件时，回忆前文，PMOS 稳压器的带宽 f_{0dB} 随输出电流 i_O 变化而变化，而且缓冲器的输出极点 p_{OB} 也是寄生的。问题在于输出极点 p_O 以及由 p_O 建立的单位增益频率 f_{0dB} 会随 i_O 变化，如第 8 章中已讨论过的和图 9.19 所示意的 p_{OB} 那样。另外，R_{ESR} 会进一步增强这种变化。因此，p_{OB} 必须一直保持高于 f_{0dB}，因而，R_{OB} 必须很低，使得在处于或超过最高可能的 f_{0dB} 时，C_{IP} 仍然不对 R_{OB} 分流。这当然会增大静态电流，因为更高的电流才可以产生更低的电阻。

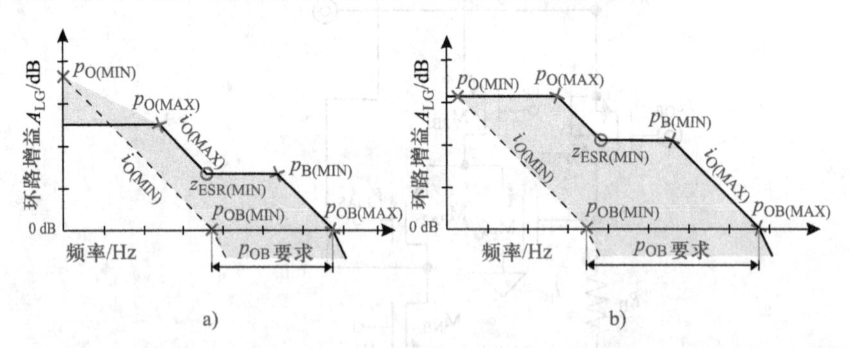

图 9.19　输出端补偿稳压器中的缓冲器极点要求：a）PMOS 作功率晶体管和 b）PNP 作功率晶体管

与动态调整的目的相同，考虑到在电池供电应用中高效率是最重要的，图 9.18 中所示的可再生环路包含有直流成分，将增大缓冲器的偏置电流，i_O 仍然是理想情况，因为 p_{OB} 会随 p_O 上升。图 9.20 中所示的电路正好实现这样的情况，利用正反馈

来加快 v_B 的瞬态响应并调整跟随缓冲器 M_{NBUF} 的直流偏置条件。这里，感应电路 $M_{PS}-Q_{P3}-Q_{P4}$ 为折叠电流镜 $M_{N1}-M_{N2}$ 提供偏置电流，该电流正比于 i_O，这为 M_{NBUF} 提供了一个随 i_O 增加而增加的偏置电流，这样，在同样的零负载偏置电流情况下，可再生环路能加速并调整 M_{NBUF} 的电流到这样一个程度，使响应时间从 60μs 降到 2~5μs。

M_{PS} 是一个比功率器件 M_{PO} 小很多的感应 PMOS 晶体管。M_{PS} 将通过电流缓冲器 Q_{P3} 导通 i_O 很小的部分进入电流镜 $M_{N1}-M_{N2}$，其输出将用一个 i_O 的镜像电流来偏置 M_{NBUF}。电流源 I_{B1} 通过 Q_{P3} 驱动一个小的偏置电流进入电流镜 $M_{N1}-M_{N2}$，反过来，在零到轻负载条件下，i_O 较低且 M_{PS} 几乎不提供电流，这时 I_{B1} 将提供 M_{NBUF} 的偏置电流。注意到绕过 Q_{P3} 和 $M_{N1}-M_{N2}$ 并将一个独立的偏置电流直接从 M_{NBUF} 的源极拉到地会在轻负载时（此时 M_{PS} 几乎不提供电流）耗尽 Q_{PE} 和 $M_{N1}-M_{N2}$ 的电流，这会延长环路的响应时间。从一阶分析来看，感应缓冲器 $Q_{P3}-Q_{P4}$ 的根本目的是强制 M_{PO} 和 M_{PS} 上的漏极电压相等，以防止 M_{PS} 与 M_{PO} 进入不同的工作区。在压差条件下，当 M_{PO} 进入晶体管区且 v_B 下降到接近地电位时，这种强制相等非常重要，如果没有 $Q_{P3}-Q_{P4}$，这些情况下，M_{PS} 将保持在饱和区，因此会导致其给电流镜提供一个不成比例的电流（比线性传感器提供的电流更高）。

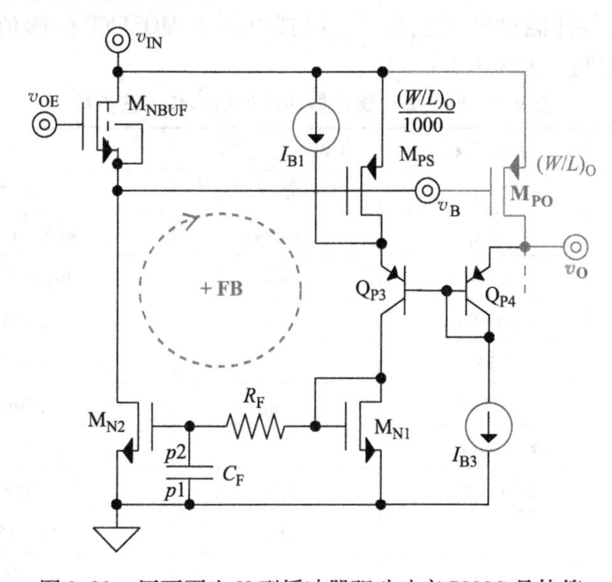

图 9.20 用可再生 N 型缓冲器驱动功率 PMOS 晶体管

当负载向上突变时，i_O 突然上升并通过降低 v_{OE} 使 A_E 迅速响应，v_B 下降，从而 M_{PS} 驱动更大的电流进入电流镜，结果，M_{N2} 从 v_B 中吸入更大的电流，C_{IP} 放电速率加快，v_B 下降速率提高。增大 M_{PS} 宽长比和 $M_{N1}-M_{N2}$ 的电流镜像增益可以提高正反馈环路的跨导增益 G_{FB+} 并放大它的“加速”作用，然而，这些值不能无限增大，需要与系统的反馈稳定性进行折中。因此，感应 PFET M_{PS} 宽长比应该较大且镜像晶体管 M_{N2} 的宽长比相比于 M_{PO} 和 M_{N1} 也应该更大，但是也不能太大，否则，在系统的最坏工作条件、温度和工艺角下，可能会引起长时间且大幅度的振荡。这种最坏的情况可能在很多情况下产生，如强 PMOSFET（M_{PS}等），弱 NMOSFET（M_{NBUF}等），低温（MOS 器件的跨导相应较高），输入电压 v_{IN} 较高（栅极驱动能力相应较强），i_O 较高且 C_O 较低（p_O 相应较高），R_{ESR} 高（z_{ESR}相应较低）。

正反馈通路中的低通滤波器 $R_{FB}-C_{FB}$有利于对正反馈环路中的直流偏置和交流动态性能去耦。为了效率最大化，当 i_O 较低时 M_{NBUF}的电流也应该较低，反之亦然，因此 M_{PS}和 $M_{N1}-M_{N2}$产生的电流增益应该适应这个范围，然而，这个增益与环路的反馈稳定性需要折中考虑，从这点也可以看出滤波器是如何起作用的，因为滤波器减弱了反馈增益，并以此来保证当频率接近或者超过 f_{0dB} 时 A_{LG+} 仍然低于 1。当然，滤波器也减慢了环路的加速作用，但是还不至于使加速作用消失。

[例 9.2] 参考表 9.3 中列出的设计指标和工艺参数，设计一个如图 9.20 所示的可再生负载跟踪缓冲器，用来驱动例 9.1 中设计的功率晶体管。在无负载和满负载 50mA 情况下，电路的带宽分别应该高于 0.1MHz 和 1MHz，无负载时静态电流小于 4μA，输出电压摆幅从 0.2V 到输入电压减去 PMOS 的阈值电压。缓冲器的电源是 0.9～1.6V NiMH 电池，其可用范围为 1.1～1.6V，因为在 0.9～1V 时电池里剩余的能量非常低，在各种温度和工艺角下，模拟电路中 MOSFET 的阈值电压为 0.6±0.15V，把净空限制在大约为 1～1.1V。

表 9.3 例 9.2 中缓冲器的设计指标和工艺参数

电路参数	设计指标	PMOS 工艺参数	值
v_{IN}	1.1～1.6V	$\lvert V_{TPO}\rvert$ & V_{TN0}	0.6±0.15V
v_O	1V	$V_{TN0.NAT}$	0±0.15V
i_O	≤50mA	K'_P	40μA/V² ±20%
f_{0dB} at 0A	≥100kHz	K'_N	100μA/V² ±20%
p_{OB} at 50mA	≥1MHz	L	≥0.35μm
I_Q at 0A	≤4μA	$\lambda_{L(MIN)}$	500mV⁻¹
$v_{BUF(MAX)}$	$v_{IN}-\lvert V_{TPO(MIN)}\rvert$	L_{OV}	35nm
$v_{BUF(MIN)}$	0.2V	C''_{OX}	5fF/μm²
		β_{PO}	50～150A/A
		V_A	15V

解：

结构设计

1）电流缓冲器 Q_{P3}：当 v_O 为 1V、$v_{GS.N1}$为 1V 时，Q_{P3}工作在深饱和区，因此如图 9.21 插入电平移位电阻 R_{DC} 来平移 Q_{P3} 的集电极电压，以确保 Q_{P3} 仅仅轻微饱和。这样，

$$v_{EC.P3}\approx v_O-(v_{GS.N1}-I_{B1}R_{DC})\geq 300\text{mV}$$

元件设计

2）位于 v_B 处的零负载寄生电容 $C_{IP(0)}$：

$$C_{IP(0)} \approx C_{SG.PO} \approx \frac{2}{3}C''_{OX}W_{PO}L_{PO} + C''_{OX}W_{PO}L_{OV}$$

$$\approx \frac{2}{3}(5f) \times (18.3k) \times (0.35) + (5f) \times (18.3k) \times (0.035) \approx 25pF$$

3）位于 v_B 处的等效满负载寄生电容 $C_{IP(50mA)}$：

$$C_{IP(50mA)} \approx C_{SG.PO} + C_{GD.PO(Miller)} \approx \frac{2}{3}C''_{OX}W_{PO}L_{PO} + C''_{OX}W_{PO}L_{OV}(g_{m.PO}r_{sd.PO})$$

$$\approx \frac{2}{3}C''_{OX}W_{PO}L_{PO} + C''_{OX}W_{PO}L_{OV}\left(\frac{\sqrt{2i_{O(MAX)}K'_P\left(\frac{W}{L}\right)_{PO}}}{i_{O(MAX)}\lambda_{L(MIN)}}\right)$$

$$\approx \frac{2}{3}(5f) \times (18.3k) \times (0.35) + (5f) \times (18.3k) \times (0.035)\left(\frac{\sqrt{2 \times (50m) \times (40\mu) \times \left(\frac{18.3k}{0.35}\right)}}{(50m) \times (500m)}\right)$$

$$\approx 80pF$$

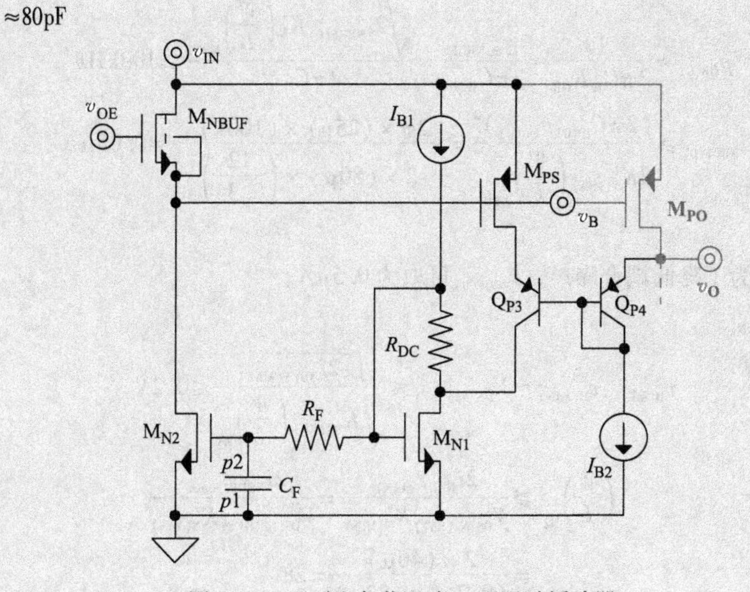

图 9.21　可再生负载跟踪 N 型跟随缓冲器

4）满负载带宽 $p_{OB(50mA)}$：

$$p_{OB(50mA)} \approx \frac{1}{2\pi C_{IP(50mA)}R_{OB}} \approx \frac{g_{m \cdot NBUF}}{2\pi C_{IP(50mA)}}$$

$$= \frac{\sqrt{2i_{NBUF(50mA)}K'_N\left(\frac{W}{L}\right)_{NBUF}}}{2\pi C_{IP(50mA)}} \geqslant 1MHz$$

$$i_{\text{NBUF(50mA)}}\left(\frac{W}{L}\right)_{\text{NBUF}} \geqslant \frac{(2\pi C_{\text{IP(50mA)}} p_{\text{OB(50mA)}})^2}{2K'_{\text{N(MIN)}}} = \frac{[(2\pi)\times(80\text{p})\times(1\text{M})]^2}{2\times(80\mu)}$$

$$\approx 1.6\text{mA}\left(\frac{\text{m}}{\text{m}}\right)$$

或

因此如果 W_{NBUF} 为 12μm，L_{NBUF} 要尽可能短，取为 0.35μm，$i_{\text{NBUF(50mA)}}$ 应该为 46μA。注意到 M_{NBUF} 越小，$A_{\text{LG+}}$ 越大，M_{NBUF} 越大，A_{E} 的寄生电容越大。所以当 $M_{\text{N1}}-M_{\text{N2}}$ 电流镜的比例为 1:1 时，即 $(W/L)_{\text{N1}}=(W/L)_{\text{N2}}$ 时，

$$\frac{i_{\text{O}}}{i_{\text{PS}}} = \frac{\left(\frac{W}{L}\right)_{\text{PO}}}{\left(\frac{W}{L}\right)_{\text{PS}}} = \frac{\left(\frac{18.3\text{k}}{0.35}\right)}{\left(\frac{W}{L}\right)_{\text{PS}}} \equiv \frac{50\text{mA}}{46\mu\text{A}}$$

所以 $(W/L)_{\text{PS}} \geqslant 48$，因此，$L_{\text{PS}}$ 可以取最小沟道长度 0.35μm，W_{PS} 则可取为 17μm。

5）零负载带宽 $p_{\text{OB(0)}}$：

$$p_{\text{OB(0)}} \approx \frac{1}{2\pi C_{\text{IP}} R_{\text{OB}}} \approx \frac{g_{\text{m. NBUF}}}{2\pi C_{\text{IP(0)}}} = \frac{\sqrt{2 i_{\text{NBUF(0)}} K'_{\text{N}}\left(\frac{W}{L}\right)_{\text{NBUF}}}}{2\pi C_{\text{IP(0)}}} \geqslant 100\text{kHz}$$

$$i_{\text{NBUF(0)}} \geqslant \frac{(2\pi C_{\text{IP(0)}} p_{\text{OB(0)}})^2}{2K'_{\text{N(MIN)}}\left(\frac{W}{L}\right)_{\text{NBUF}}} = \frac{[2\pi\times(25\text{p})\times(100\text{k})]^2}{2\times(80\mu)\times\left(\frac{12}{0.35}\right)} \approx 0.05\mu\text{A}$$

或

所以，为了降低耦合噪声，$i_{\text{NBUF(0)}}$ 可取为 0.5μA。

6）$v_{\text{B(MIN)}}$：

$$v_{\text{B(MIN)}}: v_{\text{B(MIN)}} \approx V_{\text{DS. N2(SAT)}} \leqslant \sqrt{\frac{2 i_{\text{NBUF(MAX)}}}{K'_{\text{K(MIN)}}\left(\frac{W}{L}\right)_{\text{N2}}}} \leqslant 0.2\text{V}$$

$$\left(\frac{W}{L}\right)_{\text{N2}} \geqslant \frac{2 i_{\text{NBUF(MAX)}}}{V^2_{\text{DS. N2(SAT)}} K'_{\text{N(MIN)}}} = \frac{2 i_{\text{NBUF(50mA)}}}{V^2_{\text{DS. N2(SAT)}} K'_{\text{N(MIN)}}}$$

$$= \frac{2\times(46\mu)}{(0.2)^2\times(80\mu)} = 28.7$$

或

因此，W_{N1} 和 W_{N2} 可以取为 30μm，将 L_{N1} 和 L_{N2} 取为 3 倍的 0.35μm 以减小沟长调制效应 λ_{L}。

7）正反馈滤波器 $R_{\text{FB}}-C_{\text{FB}}$：将反馈滤波器的极点 $f_{\text{P. FB}}$ 设置在 100kHz 以确保正反馈环路增益 $A_{\text{LG+}}$ 在 100kHz 时才开始下降：

$$p_{\text{FB+}} \approx \frac{1}{2\pi C_{\text{F}} R_{\text{F}}} \leqslant 100\text{kHz}$$

所以如果取 C_F 为 5pF（因为当 C''_{OX} 为 $5fF/\mu m^2$ 时，更大的电容需要超过 $32\mu m \times 32\mu m$ 的芯片面积，所以 C_F 不可以取太大），则

$$R_F \geqslant \frac{1}{2\pi C_F p_{FB+}} = \frac{1}{2\pi \times (5p) \times (100k)} \approx 320k\Omega$$

8）为了保证 Q_{P3} 不会进入深饱和区：

$$V_{EC.P3(MIN)} \approx v_O - (v_{GS.N1(MAX)} - I_{B1}R_{DC})$$

$$\approx v_O - v_{TN(MAX)} - \sqrt{\frac{2i_{NBUF(MAX)}}{K'_{N(MIN)}\left(\frac{W}{L}\right)_{N1}}} + I_{B1}R_{DC} \geqslant 0.3V$$

而且由于 M_{N1} 和 M_{N2} 组成了一个 1∶1 的电流镜且 $i_{NBUF(0)}$ 为 $0.5\mu A$，I_{B1} 应该也为 $0.5\mu A$ 且：

$$R_{DC} \geqslant \frac{V_{EC.P3(MIN)} - v_O + v_{TN(MAX)} + \sqrt{\frac{2i_{NBUF(MAX)}}{K'_{N(MIN)}\left(\frac{W}{L}\right)_{N1}}}}{I_{B1}}$$

$$\approx \frac{0.3 - 1 + 0.75 + \sqrt{\frac{2 \times (46\mu)}{(80\mu) \times \left(\frac{30}{1.05}\right)}}}{0.5\mu} = 501k\Omega$$

故 R_{DC} 可以取为 $500k\Omega$。

9）偏置电流 I_{B2}：选择 i_{P4} 为 $0.5\mu A$，

$$I_{B2(MIN)} \geqslant \frac{i_{P3(MAX)}}{\beta_{P0(MIN)}} + I_{P4} \approx \frac{46\mu}{50} + 0.5\mu = 1.4\mu A$$

因此，选择 I_{B2} 为 $2\mu A$，这样，允许 I_{B2} 有 ±30% 的偏差下，保证其值仍然大于设计目标 $1.4\mu A$。

设计验证

10）反馈稳定性：当 i_O 为 0 时，M_{PS} 关断，从 v_B 返回到 v_B 的环路增益 A_{LG+} 等于 0，因为 M_{PS} 断开了环路，故此时电路是稳定的。当 i_O 不等于 0 时，M_{PS} 闭合了环路，A_{LG+} 变为

$$A_{LG+} \equiv \frac{v_b}{v_b} = \left(\frac{v_{g.N1}}{v_b}\right)\left(\frac{v_b}{v_{g.N1}}\right) \approx \left[g_{m.PS}\left(\frac{1}{g_{m.N1}}\right)\left(\frac{1}{1 + R_F C_F s}\right)\right]$$

$$\left[g_{m.N2}\left(\frac{R_{OB}}{A_{REG}} \parallel \frac{1}{sC_{IP}}\right)\right] < g_{m.PS}R_{OB}$$

$$= \frac{g_{m.PS}}{g_{m.NBUF}} \approx \frac{\sqrt{2i_{PS}K'_P\left(\frac{W}{L}\right)_{PS}}}{\sqrt{2i_{PS}K'_N\left(\frac{W}{L}\right)_{NBUF}}} = \sqrt{\frac{K'_P\left(\frac{W}{L}\right)_{PS}}{K'_N\left(\frac{W}{L}\right)_{NBUF}}} = \sqrt{\frac{(40\mu) \times \left(\frac{17}{0.35}\right)}{(100\mu) \times \left(\frac{12}{0.35}\right)}} \approx 0.75 < 1$$

其中，R_{OB}等于$1/g_{m.NBUF}$且R_F-C_F和C_{IP}使A_{LG+}衰减，因此A_{LG+}近似等于0.75，不可能接近于1。对K'_P和K'_N的3σ极端最坏情况进行分析可能没什么必要。

11）缓冲器A_B的小信号增益：将M_{NBUF}的g_m分解为图9.22所示的栅源分量，可见可再生环路混合叠加了M_{NBUF}的v_{oe}－基于M_{N2}的反馈电流i_{fb}得到的电流i_i、M_{PS}的栅极并联采样电压v_b、M_{NBUF}的v_b产生的跨导与其源－漏电阻一起构成的电阻为$r_{ds.NBUF}\parallel(1/g_{m.NBUF})$（近似等于$1/g_{m.NBUF}$），因此开环跨阻增益$A_{ROL}$（即$v_b/i_e$）是$1/g_{m.NBUF}$。因此，$A_B$为$i_i$除以$v_{ea}$乘以闭环跨阻增益$A_{RCL}$，所以$A_B$的低频增益$A_{B0}$为

$$A_{B0}\equiv\frac{v_b}{v_{oe}}=\left(\frac{i_i}{v_{oe}}\right)\left(\frac{v_b}{i_i}\right)=\left(\frac{i_i}{v_{oe}}\right)A_{RCL0}=g_{m.NBUF}\left(\frac{A_{ROL0}}{1-A_{LG0}}\right)$$

$$\approx g_{m.NBUF}\left[\frac{1}{g_{m.NBUF}(1-0.75)}\right]\approx 4$$

其中环路增益是同相的，因此分母中包含一个负号，而且低频环路增益A_{LG0}是通过馈入M_{PS}的v_b得到的电流进入到M_{N1}的二极管连接并接收M_{N2}的跨导电流回到M_{NBUF}的R_{OB}（即$1/g_{m.NBUF}$）而得到的：

$$A_{LG0}\approx g_{m.PS}\left(\frac{1}{g_{m.N1}}\right)g_{m.N2}R_{OB}=g_{m.PS}\left(\frac{1}{g_{m.N1}}\right)g_{m.N2}\left(\frac{1}{g_{m.NBUF}}\right)$$

$$=\frac{g_{m.PS}}{g_{m.NBUF}}\approx 0.75$$

其值在前面已计算出来为0.75。因此，与图9.22所示的仿真结果一样，缓冲器的低频增益为4（即12dB），反馈将$p_{FB}+$移动到$(1-A_{LG0+})\,p_{FB+}$，即$0.25p_{FB+}$处，当反馈作用消失时引入一个位于p_{FB+}处的零点：

$$A_{RCL}=\frac{A_{ROL}}{1-\left(\dfrac{A_{LG0}}{1+\dfrac{s}{2\pi p_{FB+}}}\right)}=\frac{\left(\dfrac{A_{ROL}}{1-A_{LG0}}\right)\left(1+\dfrac{s}{2\pi p_{FB+}}\right)}{\left[1+\dfrac{s}{2\pi(1-A_{LG0})p_{FB+}}\right]}$$

$$=\frac{A_{ROL0}\left(1+\dfrac{s}{2\pi p_{FB+}}\right)}{\left[1+\dfrac{s}{2\pi(1-A_{LG0})p_{FB+}}\right]}$$

由于A_{LG0}小于1，当频率处于$p_{OB(0)}-p_{OB(50mA)}$之间时，R_F-C_F对A_{LG}滤波，当频率超过p_{FB+}和$p_{OB(0)}$时，对的作用消失，所以A_B减小到M_{NBUF}的跟随器增益（值为1，即0dB）：

$$A_{B(MF)}\equiv\frac{v_b}{v_{oe}}=\left(\frac{i_i}{v_{oe}}\right)\left(\frac{v_b}{i_i}\right)\Bigg|_{p_{FB+}<f<p_{OB(50mA)}}\approx g_{m.NBUF}\left(\frac{A_{ROL}}{1-A_{LG(MF)}}\right)$$

$$\approx g_{m.NBUF}A_{ROL}\approx\frac{g_{m.NBUF}}{g_{m.NBUF}}=1$$

而且，当稳压器轻载时，即 i_O 为 0 时，M_{PS} 关断，A_{LG} 等于 0，A_B 也会减小到 M_{NBUF} 的跟随器增益（值为 1，即 0dB）。

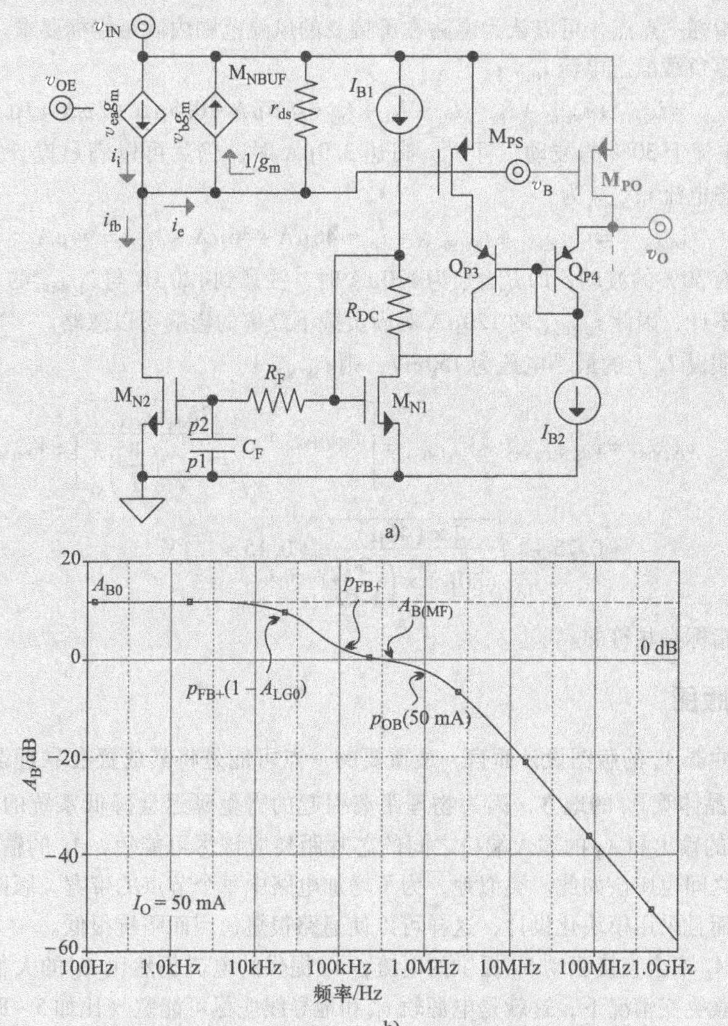

图 9.22　a）将跟随器 M_{NBUF} 的 g_m 分解为两个栅源分量；
b）输出电流为 50mA 时，可再生缓冲器的频率响应

12）假定 $v_{OE(MAX)}$ 为 $v_{IN}-0.3V$，$v_{B(MAX)}$：

$$v_{B(MAX)} > v_{OE(MAX)} - v_{GS.NBUF(0)} = v_{OE(MAX)} - \left[v_{TN.NAT(MAX)} + \sqrt{\frac{2i_{NBUF(0)}}{K'_{N(MIN)}\left(\frac{W}{L}\right)_{NBUF}}}\right]$$

$$\approx (v_{IN}-0.3) - \left(0.15 + \sqrt{\frac{2\times(0.5\mu)}{(80\mu)\times\left(\frac{12}{0.35}\right)}}\right) \approx v_{IN} - 0.47V < v_{IN} - |v_{TP0(MIN)}|$$

这个值低于设计指标一个很小的裕量。注意到这一关系式包含了 3σ 对 $v_{TN.NAT}$ 和 v_{TP} 的线性波动限制，这不切合实际，因此当利用这些不太可能的最坏工作情况时，仅仅超过指标一点点，可以认为电路在可接受的风险范围内满足指标要求。

13）零负载静态电流 $i_{Q(0)}$：

$$i_{Q(0)} = i_{N2(0)} + i_{N1(0)} + i_{P4} \approx I_{B1} + I_{B1} + I_{B2} = 0.5\mu A + 0.5\mu A + 2\mu A = 3\mu A$$

因此 $i_{Q(0)}$ 电流上 30% 的波动，即 $i_{Q(0)}$ 高达 3.9μA 时，仍然可以满足设计指标要求。满负载静态电流 $i_{Q(50mA)}$ 为

$$i_{Q(50mA)} = i_{N2(50mA)} + i_{N1(50mA)} + i_{P4} \approx 46\mu A + 46\mu A + 2\mu A = 94\mu A$$

当电流上有 30% 的波动，即 $i_{Q(50mA)}$ 为 120μA 时，注意到 120μA 与 $i_{O(MAX)}$ 的 50mA 相比可以忽略不计，因此 $i_{Q(50mA)}$ 的 120μA 对满负载下效率的影响可以忽略。

14）假设 I_{B1} 上的最小电压为 150mV，则 $v_{IN(MIN)}$：

$$v_{IN(MIN)} = v_{GS.N1(MAX)} + V_{B1(MIN)} = \left[v_{TN(MAX)} + \sqrt{\frac{2i_{NBUF(MAX)}}{K'_{N(MIN)}\left(\frac{W}{L}\right)_{N1}}} \right] + V_{B1(MIN)}$$

$$\approx 0.75 + \sqrt{\frac{2 \times (46\mu)}{(80\mu) \times \left(\frac{30}{1.05}\right)}} + 0.15 \approx 1.1V$$

这与设计指标是相符的。

9.3.3 版图

对缓冲器 A_B 的版图设计而言，最重要的一点可能是将其放置在靠近误差放大器 A_E 和功率晶体管 S_O 的地方，因为物理距离引起的寄生延迟会降低系统的带宽性能。因此，A_E 的输出和 A_B 的输入端口之间的芯片距离应该尽可能短，A_B 的输出和 S_O 的输入端口之间也应该如此。类似地，为了增加电路中每个节点的带宽，版图面积应该尽可能小而且采用模块化设计，这样可以使通路很短，因而阻抗很低。

尽管 A_B 不会直接驱动 S_O 提供的电流，A_B 提供的电流仍然比 A_E 的大很多，特别是在大负载突变情况下，这就是电源轨 v_{IN} 和地导线应尽可能宽（比如 5 ~ 8μm）而且尽量大面积分布的原因。在整个电路中，电源轨和地导线应均匀分布，实现与总线（bus）一样的功能，防止引起串联电压的不匹配从而导致发射极或者源极负反馈晶体管不匹配。尽管在这个电路中匹配这些器件不是最重要的，但是因为可靠性和性能一致性的要求，偏置晶体管、电流镜和差动对应该匹配。

9.4 误差放大器

功率效率和精度是误差放大器 A_E 设计中的关键参数。首先，与功率晶体管 S_O 和缓冲器 A_B 一样，A_E 最基本的要求是：在很低的电源电压 v_{IN} 下，此时通过 S_O 的电压

很低，A_E 仍可以正常工作，而且静态工作电流 i_Q 很低，以提高功率效率，延长电池的使用寿命。A_E 还必须能够快速响应，以抑制负载突变和电源纹波对调整输出信号 v_O 的不利影响。而且，像负载调整率、线性调整率和初始精度等稳态精度参数都取决于参考电压 v_{REF} 和误差放大器 A_E 的性能，A_E 的增益必须很高，但不能高到影响电路的稳定性。系统性的和随机性的输入参考失调电压 V_{OS} 也必须很低。从系统上来看，A_E 的输出级还必须考虑到 A_B 的电流和驱动电压要求。总之，A_E 应该具有低 $v_{IN(MIN)}$、低 i_Q、高带宽、高电源抑制比、高增益和低失调，而且其输出 v_{OE} 必须与 A_B 的驱动能力要求相适应。

9.4.1 净空

净空极限 $v_{IN(MIN)}$ 确定了一个电压，当 v_{IN} 进一步下降超出这个电压时，一个或多个高增益晶体管将被推入到其低增益工作状态即晶体管区。从这方面来看，v_{IN} 和地之间的所有电路通路都有一个最小电压要求，小于这个电压时，这些通路将不能维持预设的电流，或者换句话说，每个节点电压必须比 v_{IN} 低一个最小正向净空极限 V_{ROOM+}，比地高一个反向净空极限 V_{ROOM-}。因此 $v_{IN(MIN)}$ 为电路中最坏情况净空极限之和：

$$v_{IN(MIN)} = \text{Max}\{V_{ROOM+} + V_{ROOM-}\} \tag{9.9}$$

1. 差动对

参考电压 v_{REF} 也是 $v_{IN(MIN)}$ 的一个限制因素。例如，如图 9.23 所示，P 型差动对 $M_{D1}-M_{D2}$ 用一个 P 型单晶体管尾电流源 M_T 来偏置，这里，v_{REF} 必须比 v_{IN} 低很多。v_{REF} 对 v_{IN} 的正向净空极限 V_{ROOM+} 为 $M_{D1}-M_{D2}$ 的 v_{SG} 与 M_T 的 $V_{SD(SAT)}$ 之和，这对 v_{IN} 而言是一个受限制的约束，因为 v_{REF} 通常为一个 1.2V 的带隙基准电压：

$$v_{IN(MIN)} = V_{ROOM+} + v_{REF} = V_{SD(SAT)} + v_{SG} + v_{REF} = 2V_{SD(SAT)} + |v_{TP}| + v_{REF} \tag{9.10}$$

其中，v_{SG} 分解为阈值电压 $|v_{TP}|$ 和另一个饱和电压 $V_{SD(SAT)}$ 之和。考虑到 $|v_{TP}|$ 大约为 0.6V，$V_{SD(SAT)}$ 可为 0.15V，$v_{IN(MIN)}$ 不能低于 1.9V，在最坏的温度和工艺情况下，可能不能低于 2.2V。尽管得到一个更低的 v_{REF} 是可能的，但是，v_{REF} 越低，v_{REF} 中的噪声比例越高。最终，许多工程师不采用 P 型差分输入对，否则，必须对 $v_{IN(MIN)}$ 和信噪比（SNR）进行折中考虑，这是不期望的。

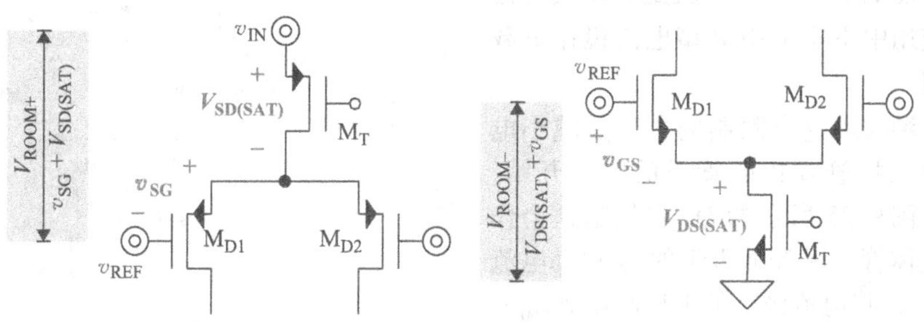

图 9.23　P 型和 N 型差动对的净空极限

这种情况在 N 型差动对中就发生了变化。如图 9.23 所示，N 型差动对 $M_{D1}-M_{D2}$ 用一个 N 型单晶体管尾电流沉 M_T 来偏置，这里，v_{REF} 必须比地电压高很多。A_E 到地的反向净空极限 V_{ROOM-} 是 v_{REF}，即 $M_{D1}-M_{D2}$ 的 v_{SG} 与 M_T 的 $V_{SD(SAT)}$ 之和：

$$v_{REF} > V_{ROOM-} = v_{GS} + V_{DS(SAT)} = v_{TN} + 2V_{DS(SAT)} \tag{9.11}$$

其中，v_{SG} 分解为阈值电压 $|v_{TP}|$ 和另一个饱和电压 $V_{SD(SAT)}$ 之和。这对输入对而言，更通常的说法是，对 A_E 的输入共模电压范围（ICMR）而言，是一个受限制的约束，而不会对 $v_{IN(MIN)}$ 造成限制。幸运的是，不需要总是担心这个问题，因为 v_{REF} 通常为 1.2V，这种情况下，v_{TN} 大约是 0.6V，$V_{DS(SAT)}$ 可为 0.15V，因此在 v_{REF} 和 V_{ROOM-} 之间，电路有 300mV 的余量以适应温度和工艺变化。这个余量以及 v_{REF} 和 V_{ROOM-} 不会对 $v_{IN(MIN)}$ 构成限制，是在 A_E 中采用 N 型差动对的两个重要原因。

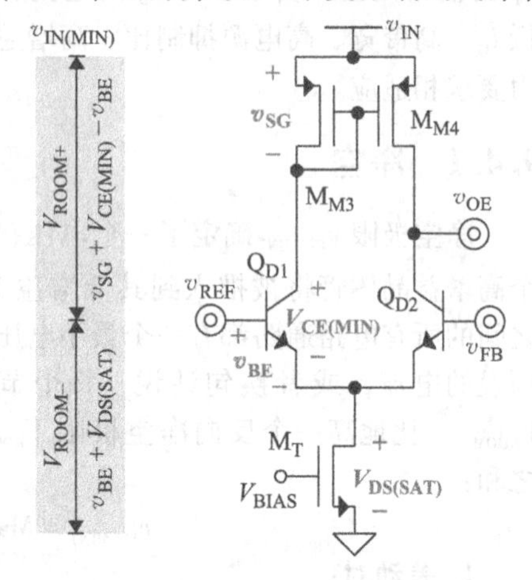

图 9.24　用一个基本的 P 型电流镜作负载的 N 型差动输入对

2. 电流镜负载

另外一个很重要的考虑是差动对的负载。N 型差分输入对用一个基本的 P 型电流镜作负载的情况下，如图 9.24 所示的那样，差动对 $Q_{D1}-Q_{D2}$ 的负载是电流镜 $M_{M3}-M_{M4}$，v_{IN} 不能低于一个极限值，这个极限值除了包含有其他元件的贡献外，其中包含有 v_{REF} 以及电流镜中的二极管连接贡献的 v_{SG}：

$$v_{IN(MIN)} = V_{ROOM+} + v_{REF} = v_{SG} + V_{CE(MIN)} - v_{BE} + v_{REF} \tag{9.12}$$

差动对在 $v_{IN(MIN)}$ 上强制 $V_{CE(MIN)}$ 和 v_{BE}，考虑到 v_{SG} 的 $|v_{TP}|$ 为 0.6V，$V_{SD(SAT)}$ 为 0.15V，$V_{CE(MIN)}$ 为 0.2V，v_{BE} 为 0.65V，v_{REF} 通常为 1.2V，$v_{IN(MIN)}$ 不能低于 1.55V，在最坏的温度和工艺情况下，可能不能低于 1.8V。这就是在现代电池供电应用中不宜采用 P 型电流镜作负载的原因。

一种减小这个限制的方法是减小电流镜中二极管连接的管子的电压开销，例如，图 9.25 所示的 Q_B 就是起这个作用的晶体管，用 NPN BJT 的 v_{BE} 移动电流镜的 v_{SG}，将电流镜上的电压减小到 $v_{SG}-v_{BE}$。因此，V_{ROOM+} 以及 $v_{IN(MIN)}$ 下降相同的数值。考虑到 v_{SG} 的 $|v_{TP}|$ 为 0.6V，

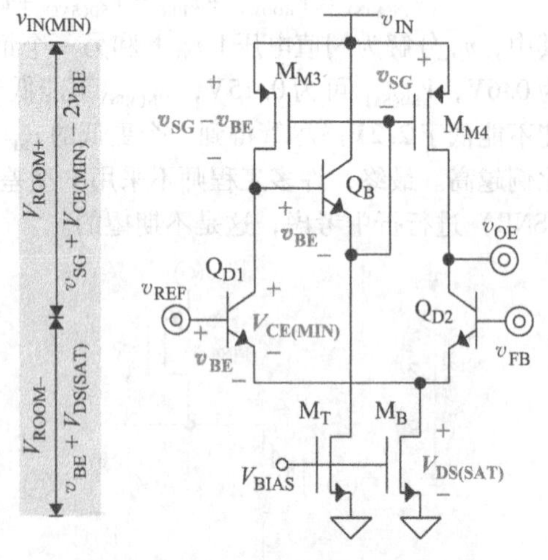

图 9.25　带电平平移的 P 型电流镜作负载的 N 型差动输入对

$V_{SD(SAT)}$为0.15V或者0.3V，v_{BE}为0.65V，M_{M3}的源极－漏极电压为0.1～0.25V。从实际工作的观点来看，Q_B是一个用M_B的电流偏置的电压缓冲器，同时实现M_{M3}的二极管连接。这种设计的一个附加设计约束是：在所有温度和工艺角下，要确保M_{M3}的源极－漏极电压是正的，因为如果v_{SG}低而v_{BE}高，这可能发生在低温情况下，M_{M3}上的电压可能下降到低于其$V_{SD(SAT)}$，这将导致A_E的增益下降。

另外一个减小电流镜压降的方法是折叠N型电流镜的输出到P型电流缓冲器。例如，在图9.26所示的电路中，共源共栅晶体管M_{C5}缓冲并折叠M_{D1}的输出电流到二极管连接的M_{M3}，当用V_{BP}适当偏置M_{C5}时，M_{M3}的压降为$V_{SD(SAT)}$，这比图9.24所示的基本二极管连接的电压低一个阈值电压。这种减少将传递到V_{ROOM+}，继而到$v_{IN(MIN)}$：

$$\begin{aligned} v_{IN(MIN)} &= V_{ROOM+} + v_{REF} = V_{SD(SAT)} + V_{DS(SAT)} - v_{GS} + v_{REF} \\ &= V_{SD(SAT)} - v_{IN} + v_{REF} \end{aligned} \tag{9.13}$$

其中，M_{D1}的v_{GS}中的$V_{DS(SAT)}$抵消了M_{D1}的$V_{DS(SAT)}$。考虑到v_{GS}的v_{TN}为0.6V，$V_{SD(SAT)}$为0.15V，v_{REF}通常为1.2V，$v_{IN(MIN)}$不能低于0.75V，在最坏的温度和工艺情况下，可能不能低于1V。

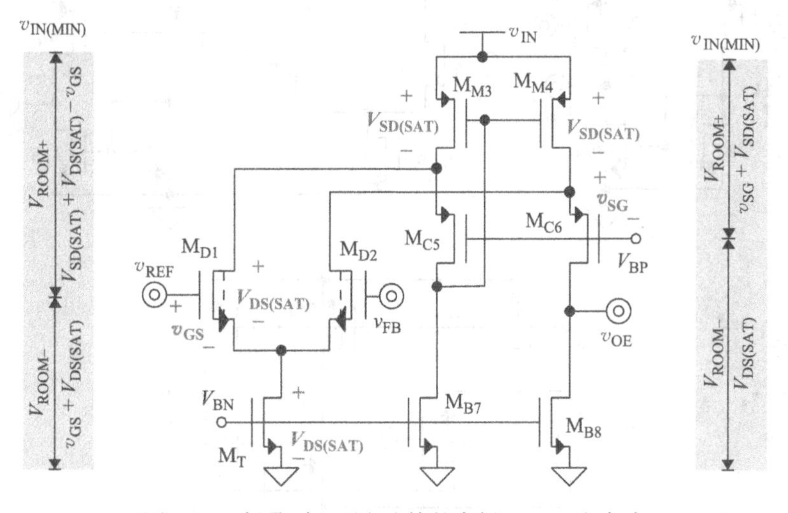

图9.26 折叠到P型电流镜的本征NMOS差动对

由v_{REF}所强制的净空极限是如此低，以至于电路中的其他节点电压只能刚刚达到要求或者更加受限制。这里，偏置电压V_{BP}的净空要求会受到更多限制，因为V_{BP}必须降低到比v_{IN}低一个M_{C5}的v_{SG}与M_{M3}的$V_{SD(SAT)}$之和（即V_{ROOM+}）的电压，且必须有足够的到地的裕度V_{ROOM-}以容纳一个$V_{DS(SAT)}$：

$$v_{IN(MIN)} = V_{ROOM+} + V_{ROOM-} = (v_{SG} + V_{SD(SAT)}) + V_{SD(SAT)} = |v_{TP}| + 3V_{SD(SAT)} \tag{9.14}$$

考虑到v_{SG}的$|v_{TP}|$为0.6V，$V_{SD(SAT)}$和$V_{DS(SAT)}$为0.15V，$v_{IN(MIN)}$不能低于1.05V，在最坏的温度和工艺角下，可能不能低于1.3V。当模拟电路中包含有共源共栅晶体管时，其能够允许的最低电压由V_{BP}的净空极限决定。

9.4.2 电源抑制

1. N型功率晶体管

电源抑制比（PSR）体现了误差放大器 A_E 的电流镜负载的结构性要求，这主要依赖于功率晶体管 S_0。例如，在 N 型跟随器中，S_0 将其输入处的所有噪声传递到了输出 v_O。首先，由于缓冲器 A_B 会复制 A_E 所产生的信号，因此 A_E 应该输出一个无噪声信号。幸运的是，如第八章所讨论的和这里图 9.27 所示的，N 型电流镜负载会吸收并抵消通过连接到电源的阻抗注入的电源纹波。在折叠共源共栅电路中，M_{M3} 接收到与 M_{D2} 相匹配的电源纹波，由 M_{C6} 缓冲到输出端 v_{OE}，然后 M_{M4} 将 M_{M3} 的噪声镜像过来以抵消 M_{D2} 的贡献，这样，用一个 N 型电流镜负载，A_E 产生了一个无噪声的输出。

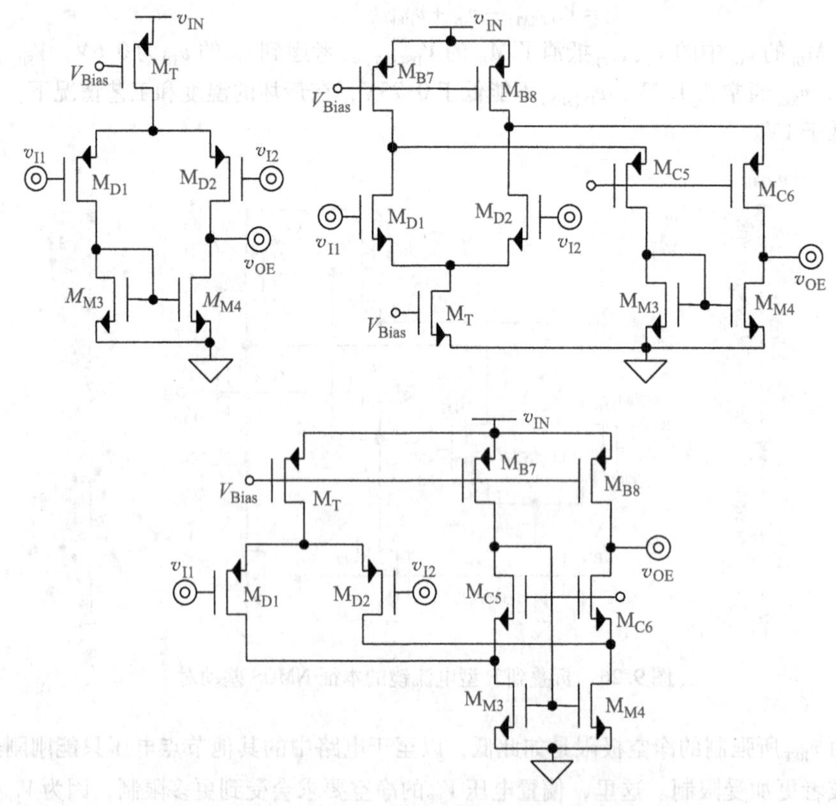

图 9.27 带 N 型电流镜负载的放大器结构

2. P 型功率晶体管

作为真正的互补器件，P 型晶体管的输入端必须接收到已经出现在其发射极和源极的相同大小的电源纹波 v_{in}，以防止噪声传播到稳压器的输出端。我们的想法是，保证 v_{in} 对发射极 - 基极或者源极 - 栅极端口而言是共模噪声，这样，在发射极 - 基极或者源极 - 栅极电压差中电源纹波 v_{in} 消失了，S_0 的跨导产生一个无噪声的输出电

流 i_O。由于缓冲器 A_B 会复制 A_E 所产生的信号，A_E 也应该在 v_{OE} 中复制 v_{in}。幸运的是，如第8章所讨论的和这里图9.28所示的，P型电流镜负载将复制电源纹波 v_{in} 到 v_{OE} 中。这里，M_{M3} 因而 M_{M4} 的跨导 g_{m4} 产生了一个电源纹波，与 M_{M4} 的输出电阻 r_{sd4} 产生的电源纹波一起注入到 v_{OE} 中，在N型差分输入对的折叠共源共栅电路中，这个纹波由 M_{C6} 缓冲到 v_{OE} 中，然后 M_{M4} 将 M_{M3} 的噪声镜像过来以加强 M_{D2} 的贡献，这样，用一个P型电流镜负载，A_E 将电源噪声复制到了 v_{OE} 中。

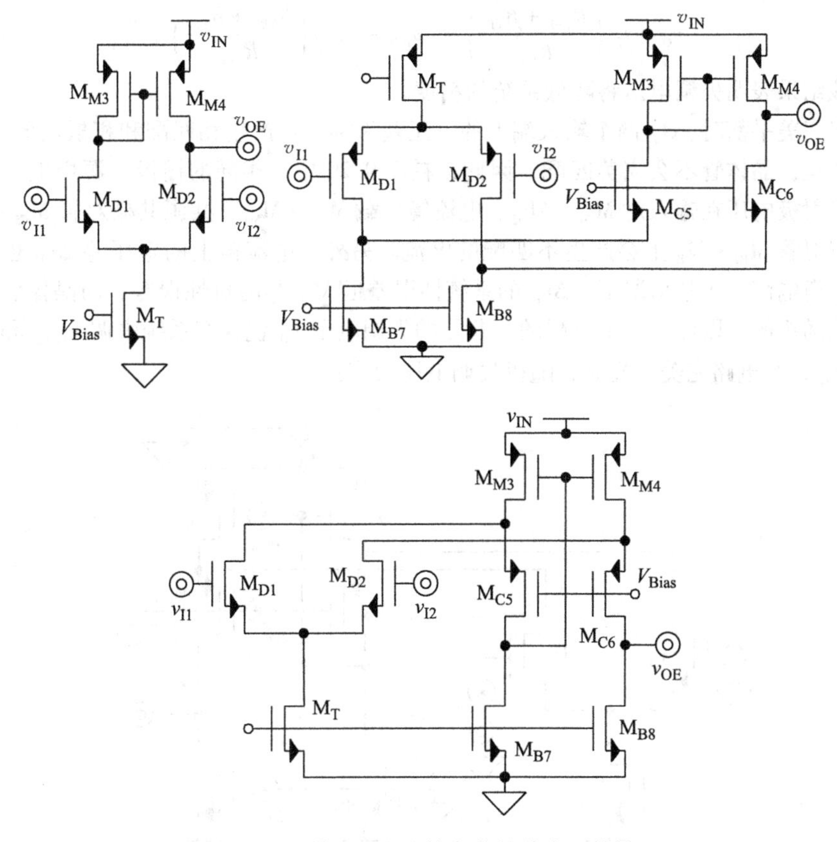

图9.28 带P型电流镜负载的放大器结构

3. 概述

这些以地和电源为参考的N型和P型电流镜的效应是相互抵消还是叠加，主要取决于电路的对称性和负载的特征，因此保持设计的对称性和尽可能理想的镜像十分重要。实际上，在前面的讨论中，最重要的假设是电流镜的输入电阻 $1/g_m$ 远小于驱动它们的电阻，因为，与已经出现在输出端的由电源注入的电流相比，这个电阻会引起电流镜输入电流失真，但是，因为 $1/g_m$ 很小，这个效应并不明显。当到电源轨 v_{IN} 和地的阻抗非常高时，电源抑制比通常有较大改进，因此厄尔利电压高的BJT和长沟道MOSFET有助于抑制噪声。

9.4.3 输入参考失调

误差放大器 A_E 中的任何输入参考失调电压 V_{OS} 都会影响系统的反馈环路强制 v_{FB} 镜像参考电压 v_{REF} 的效果，这是十分棘手的，因为，如图 9.1 中所示，由 R_{FB1} 和 R_{FB2} 构成的反馈网络将这个失调电压倍乘一个增益因子传递到稳压器的输出端，因为由 $R_{FB1}-R_{FB2}$ 构成的分压器将强制等于 v_{REF} 的 v_{FB} 以一个增益因子放大为输出电压 v_O：

$$v_O = v_{FB}\left(\frac{R_{FB1}+R_{FB2}}{R_{FB1}}\right) \approx (v_{REF}+V_{OS})\left(\frac{R_{FB1}+R_{FB2}}{R_{FB1}}\right) \tag{9.15}$$

该结果表明失调电压将降低系统的精度。

当完美平衡时，A_E 两个输入端上的电压差为零，将产生相匹配和相抵消的电流。不幸的是，晶体管不会完美匹配，因此，在图 9.29 中，相同的栅极 – 源极电压和基极 – 发射极电压在输入对 $M_{D1}-M_{D2}$、电流镜负载 $M_{M3}-M_{M4}$、共源共栅对管 $M_{C5}-M_{C6}$ 和偏置对管 $M_{B7}-M_{B8}$ 上会产生不匹配的电流。另外，电流镜上的电压差 Δv_M 也会产生不平衡电流，正常情况下，Δv_m 的系统性误差远大于其随机性误差，而晶体管的失配全是随机的，因此，一个有限的、非零的失调电压 V_{OS} 包含有系统失调 $V_{OS(S)}$ 和随机失调 V_{OS}^*，当电路完美匹配时，随机失调电压为零：

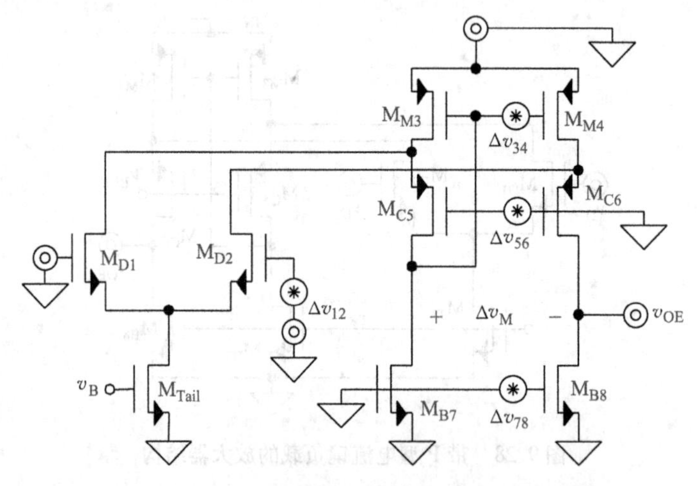

图 9.29 误差放大器中的随机性和系统性失配

$$V_{OS} = V_{OS(S)} \pm V_{OS}^* \tag{9.16}$$

1. 随机失调

BJT 的基极和 FET 的栅极之间的 3σ 不匹配分别为 1 ~ 3mV 和 5 ~ 15mV，这些失配幅度足够小，将在电路中产生线性效应，因此 A_E 的小信号等效电路可以预测那些应该匹配的晶体管之间的不匹配产生的效应。由于这些失调是随机的，将它们线性相加是不切实际且悲观的，从统计学的角度来看，这些成分的二次方的二次方根之和更具有实际的预测性。

最终，晶体管的跨导将转换并传输电路上的失调。例如，图 9.29 中偏置对的跨导 g_{m78}乘以其栅极参考失调 Δv_{78}产生一个失调电流经过 M_{C6}缓冲并经输入对的跨导 g_{m12}返回到输入端的失调电压为 $\Delta v_{78} g_{m78}/g_{m12}$。类似地，电流镜的跨导 g_{m12}乘以其栅极参考失调 Δv_{34}产生一个失调电流，经输入对的跨导 g_{m12}返回到输入端的失调电压为 $\Delta v_{34} g_{m34}/g_{m12}$。这种情况与共源共栅对的失调 Δv_{56}稍有不同，因为共源共栅管的跨导产生多少电压，电流镜晶体管和差动对就退化多少电压（即源极退化负反馈作用），其退化跨导 $G_{M56(DEG)}$乘以 Δv_{56}，经输入对的跨导 g_{m12}返回到输入端的失调电压为 $\Delta v_{56} G_{M56(DEG)}/g_{m12}$，$G_{M56(DEG)}$远小于 g_{m56}。由于输入对的失调 Δv_{12}已经穿过 A_E 的输入，Δv_{12}直接出现在 V_{OS}的随机成分 V_{OS}^*中：

$$
\begin{aligned}
V_{OS}^* &= \sqrt{\Delta v_{12}^2 + \left(\frac{\Delta v_{34} g_{m34}}{g_{m12}}\right)^2 + \left(\frac{\Delta v_{56} G_{M56(DEG)}}{g_{m12}}\right)^2 + \left(\frac{\Delta v_{78} g_{m78}}{g_{m12}}\right)^2} \\
&\approx \sqrt{\Delta v_{12}^2 + \left(\frac{\Delta v_{34} g_{m34}}{g_{m12}}\right)^2 + \left(\frac{\Delta v_{78} g_{m78}}{g_{m12}}\right)^2}
\end{aligned}
\tag{9.17}
$$

幸运的是，$G_{M56(DEG)}$通常比 g_{m12}、g_{m34}和 g_{m78}小很多，以至于其他失调成分通常远远超过 Δv_{56}在 V_{OS}^*中的贡献，换句话说，非退化晶体管贡献最多的失调。从这点来看，减小非退化晶体管对输入的影响，即增加输入对到电流镜的跨导比 g_{m12}/g_{m34}以及输入对到偏置管的跨导比 g_{m12}/g_{m78}，可以降低 V_{OS}^*。当然，最根本的是要很好地匹配输入、电流镜和偏置晶体管对，这也是工程师的第一道防线。

减小失调还有一些其他的方法，称为失调校准技术，如动态元件匹配、斩波技术、修调等。然而，这些方法增加了复杂性、功率损失、开关噪声、测试时间和/或芯片面积。一种可能的低成本方法是将修调点从 v_{REF}移到稳压器输出端 v_O 或者 v_{FB}，这种方法存在的问题是 v_{FB}不再精确，因而芯片中其他依赖于 v_{FB}精度的电路也将不再精确，因此，这种方案只能适用于单独应用中即只有稳压器依赖于 v_{REF}的应用中，不适用于片上系统应用。

2. 系统失调

当电流镜上存在不匹配电压 Δv_M 时，A_E 的电压增益将 Δv_M 返回到 A_E 的输入端的失调电压，是系统性失调电压 $V_{OS(S)}$，因此，差动对的 g_{m12}在 A_E 的输出电阻 R_{OE}上产生的增益将决定 Δv_M 对 $V_{OS(S)}$有多大的影响：

$$
V_{OS(S)} = \frac{\Delta v_M}{A_E} = \frac{\Delta v_M}{g_{m12} R_{OE}} \tag{9.18}
$$

当失配在 50mV 以内时，A_E 一般足够高，能很好地抑制 Δv_M 对输入失调的影响，使得系统失调远低于 V_{OS}^*，甚至变得在 $V_{OS(S)}$ 中可以忽略不计。

（1）负载调整率

即使电路是匹配的，v_{OE}也会随输出电流 i_O 变化，因此 Δv_M 包括一个随 i_O 变化的成分。更具体来说，功率晶体管的跨导 G_P 将 i_O 的变化转换为电压的波动，该波动电压必须由缓冲器 A_B 的 v_B 提供驱动，而且由于缓冲器的增益通常近似为1，因此，Δv_M

包含了来源于 i_O 中的波动产生的缓冲器驱动电压变化 Δv_B：

$$\Delta V_{OS(S)}=\frac{\Delta v_M(i_O)}{A_E}\approx\frac{\Delta v_B}{A_E}=\left|\frac{i_{O(MAX)}}{G_{P(MAX)}}-\frac{i_{O(MIN)}}{G_{P(MIN)}}\right|\left(\frac{1}{A_E}\right)\tag{9.19}$$

有趣的是，$V_{OS(S)}$ 中的这个变化将体现在线性稳压器的负载调整率中，因为 R_{FB1} 和 R_{FB2} 通过它们的分压比将 $\Delta V_{OS(S)}$ 放大到 v_O。

典型情况下，这个负载依赖性对传统放大器而言不是什么问题，因为电路的增益很高。然而，在线性稳压器中，因为负载电流和电容的 ESR 电阻波动很大，为了满足反馈稳定性的要求，系统的增益不能太高，一般在 50～60dB。事实上，i_O 变化很大，而且，在这 50～60dB 的增益中 A_E 只占一部分比重，大约为 30～40dB，这意味着 $\Delta V_{OS(S)}$ 变得很可观。例如，例 9.1 中，由于 PFET 的 G_P 为 i_O 的二次方根变换，i_O 上升的速度比 G_P 快，因此在 $\Delta V_{OS(S)}$ 中 $i_{O(MAX)}/G_{P(MAX)}$ 超过了 $i_{O(MIN)}/G_{P(MIN)}$，因为 $i_{O(MAX)}$ 为 50mA，$G_{P(MAX)}$ 为 $(2i_{O(MAX)}K'_PW_O/L_O)^{0.5}$，即 320ms，当 A_E 为 30dB 即 32V/V 时，$\Delta V_{OS(S)}$ 为 5mV。

（2）负载跟踪

在响应 i_O 的大信号变化时，减轻 v_B 对 v_{OE} 的摆动效应的方法是用一个相反负载依赖性的电压降去平移 v_B。图 9.20 和图 9.21 中所示的可再生负载跟踪缓冲器在驱动 P 型功率晶体管 M_{PO} 时就具有这个特性，其实现机制是这样的：系统通过减小 v_{OE} 和 v_B，使 M_{PO} 的栅极驱动高到足以维持一个更高的 i_O 来响应 i_O 的上升，由于 M_{PS} 镜像 M_{PO} 的电流 i_O 且 $M_{N1}-M_{N2}$ 镜像 M_{PS} 的电流到跟随缓冲器 M_{NBUF}，因此 M_{NBUF} 的电流 i_{NBUF} 随 i_O 上升，结果 M_{NBUF} 的栅极－源极电压 $v_{GS.NBUF}$ 也随之上升，最终，总的结果是 $v_{GS.NBUF}$ 上升对抗 v_B 下降，反之亦然，v_{OE} 上产生的波动为 $v_{GS.NBUF}$ 和 v_B 上产生的波动之和，因而将更小。

此外，如果 $v_{GS.NBUF}$ 对 i_O 的敏感度足够高能匹配 v_B 对 i_O 的敏感度，$V_{OS(S)}$ 和 v_O 的变化对负载调整率的影响作用将消失，具体解释如下：首先考虑到 i_{NBUF} 的变化会在 $v_{GS.NBUF}$ 中产生变化，类似地，M_{PO} 的 G_P 将 i_O 的变化转换为源极－栅极电压的变化，进而转换成 v_B 的变化，所以，如果 A_I 中 $M_{PS}-M_{PO}$ 和 $M_{N2}-M_{N1}$ 建立的从 i_O 到 i_{NBUF} 的电流转换足够高，高到能建立这样一个电流，该电流通过 M_{NBUF} 的低跨导 g_m 产生一个电压波动，与 i_O 在 v_B 上产生的电压波动相同，A_I/g_m 与 $1/G_P$ 匹配，v_{OE} 上的波动消失：

$$\begin{aligned}\Delta v_{OE}&=\Delta v_{GS.NBUF}-\Delta v_B\approx\left(\frac{i_{NBUF(MAX)}}{g_{m(MAX)}}-\frac{i_{NBUF(MIN)}}{g_{m(MIN)}}\right)-\left(\frac{i_{O(MAX)}}{G_{P(MAX)}}-\frac{i_{O(MIN)}}{G_{P(MIN)}}\right)\\&\approx\frac{i_{NBUF(MAX)}}{g_{m(MAX)}}-\frac{i_{O(MAX)}}{G_{P(MAX)}}=\frac{i_{O(MAX)}A_I}{g_{m(MAX)}}-\frac{i_{O(MAX)}}{G_{P(MAX)}}\approx\Delta i_{O(MAX)}\left(\frac{A_I}{g_{m(MAX)}}-\frac{1}{G_{P(MAX)}}\right)\end{aligned}\tag{9.20}$$

与前文相同，其中，g_m 和 G_P 分别为 i_{NBUF} 和 i_O 的二次方根转换，$i_{O(MIN)}$ 比 $i_{O(MAX)}$ 低很多以至于 $i_{O(MAX)}$ 近似等于 i_O 的最大波动 $\Delta i_{O(MAX)}$，而且，$i_{NBUF(MAX)}/g_{m(MAX)}$ 和 $i_{O(MAX)}/G_{P(MAX)}$ 远大于 $i_{NBUF(MIN)}/g_{m(MIN)}$ 和 $i_{O(MIN)}/G_{P(MIN)}$。注意到匹配 $A_I/g_{m(MAX)}$ 与 $1/G_{P(MAX)}$ 意味着缓冲器的正反馈环路的增益相对较高，因此，为了系统的反馈稳定性，需要折中考虑。当然，即使 $A_I/g_{m(MAX)}$ 与 $1/G_{P(MAX)}$ 增益不匹配，可再生环路仍然可以减小稳压器

的负载调整效应。

9.4.4　版图

1. 匹配层次

误差放大器 A_E 最重要的版图设计注意事项与随机失配有关。因此，版图设计过程的第一步就是要根据晶体管的匹配要求进行区分和分组。从这个意义上讲，最高匹配性能要用到关键器件上，如果可能的话，下面的规则应尽可能遵守：

1）尽可能把晶体管靠近放置，以减小由于芯片上二维梯度引起的整体偏差。

2）将晶体管阵列建成模块，即尽可能布局成方形，以减小芯片面积，并最小化由于二维梯度引起的参数偏差。

3）把晶体管放置在同一方向上，保证制造过程（如沉积和其他步骤）的影响在匹配晶体管之间保持一致。

4）对匹配晶体管采用共质心版图技术，以均衡二维梯度的影响。

5）相同尺寸的晶体管交叉耦合放置，减小非线性梯度对参数偏差的影响。

6）在晶体管阵列周围放置小的冗余晶体管，以降低接近失配（Proximity - mismatch）的影响。

7）避免在匹配晶体管上方放置金属导线，防止封装引入的应力场产生本地失配压电效应。如果晶体管上方的金属导线不可避免，那么应在所有匹配晶体管的上方都放置匹配的导线，使导线对晶体管的影响接近。

8）在整个阵列上方放置一到两块顶层金属方块，使封装引入的本地应力场效应分布均匀。

确定哪些晶体管、什么时候、怎样采用上述的方法，要根据不同情况而定，主要取决于稳压器要求的指标和制造电路的工艺。但是，第二高的匹配程度通常是采用以上需要占据更多芯片面积的极端方法。采用1）到3）方法则需要的芯片面积较小但仍然能保持良好的匹配性能。最低的匹配程度可以认为是基本的匹配器件，可能方法1）就足够了。

在考虑误差放大器 A_E 的匹配要求时，图9.23～图9.29中的输入对 $M_{D1}-M_{D2}$、电流镜负载 $M_{M3}-M_{M4}$ 和偏置晶体管 $M_{B7}-M_{B8}$ 必须尽可能达到最好的匹配性能，因此需要采用关键匹配版图技术。虽然图9.26～图9.29中尾电流源 M_T 与相应的偏置晶体管 $M_{B7}-M_{B8}$ 的匹配性能不会影响随机失调性能，但它仍对静态电流、单位增益频率、转换速率和其他性能参数有影响，因此这些器件也应该很好地匹配，但不用达到与关键匹配晶体管相同的程度，所以良好的匹配通常是能满足的。尽管共源共栅器件 $M_{C5}-M_{C6}$ 的匹配性能对随机性和系统性失调以及其他性能参数的影响很小，但也不能完全忽略它们的影响，否则它们的影响有可能提高到比较显著的程度，因此较为谨慎的做法是，对它们仍然需要采用基本的匹配方法。

2. 注意事项

其他重要的版图注意事项与带宽和噪声有关，而且与功耗和热效应也有关系，只是没有前者紧密。首先，将寄生电容引入到 A_E 的输出端，与 A_E 的高输出电阻一起会降低稳压器的响应速度，为了避免这些，所有连接到 v_{OE} 的晶体管应该尽可能靠近，这意味着 A_E 和 A_B 应该紧靠在一起或者放置在同一个版图模块中。基于相同的原因，而且为了避免来自衬底和其他导线的噪声注入，A_E 的输入端应该尽可能靠近它们各自的压焊点。实际上，从稳压器的输出端到误差放大器 A_E 的 v_{FB} 的感应通路应该尽可能短并且被低阻抗导线包围，以便将进来的噪声从 A_E 分流或引开。

电源线上的串联电压降会在据认为匹配的晶体管中引入系统性失调电压，因此，在 A_E 的周围，电源总线的宽度应该达到 5～8μm。将差动对放置在远离功率输出器件的位置，会减小芯片中的“热点”导致的热梯度的影响。然而，线性稳压器中的功率晶体管通常占据了70%的版图面积，加之考虑到现代塑封方式的热阻抗很低，以至于几乎没有了温度梯度，故将差动对远离功率器件放置既是不太现实的也是非必须的。

[**例 9.3**] 根据表 9.4 中列出的指标和工艺参数，为例 9.1 和例 9.2 中的可再生负载跟踪缓冲器和 PMOS 功率晶体管设计一个 6μA 的误差放大器。这个完整的内部补偿低压差稳压器在 0.9V 的参考电压和 0.9～1.6V NiMH 电池（实际工作电压范围为 1.1～1.6V）供电情况下，需要产生 1V 的输出电压，单位增益频率为 1 MHz。放大器输出电压应该在输入 0.2～0.3V 内摆动，非相关的随机输入失调电压不超过 25mV，i_O 从 10μA～50mA 变化时，负载调整率对 v_O 的影响为 10mV。

解：

结构设计

(1) 差分输入对

因为 v_{REF} 为 0.9V，采用本征 NFET，可以降低对尾电流晶体管的要求。由于 $v_{TN.NAT(MIN)}$ 为 −0.15V，将体端连接到地，利用体效应增加 $v_{TN.NAT(MIN)}$ 的值，使其在最坏的工作情况下保持为正值，这样，差动对的源极耦合节点电压保持低于 v_{REF}。

表 9.4　例 9.3 中误差放大器的设计指标和工艺参数

电路参数	设计指标	工艺参数	值
v_{IN}	1.1～1.6V	$\|V_{TPO}\|$ & V_{TNO}	0.6 ± 0.15V
v_O	1V	$V_{TNO.NAT}$	0 ± 0.15V
v_{REF}	0.9V	K'_P	40μA/V² ± 20%
A_E	≈40dB	K'_N	100μA/V² ± 20%
i_Q	≤6μA	L	≥0.35μm
$v_{OE(MAX)}$	v_{IN} − 0.3V	C''_{OX}	5fF/μm²
$v_{OE(MIN)}$	0.2V	$\lambda_{L(MIN)}$	500mV⁻¹
f_{0dB}	1MHz	$\lambda_{3L(MIN)}$	10mV⁻¹
V^*_{OS}	≤25mV	β_{p0}	50～150A/A
$\Delta v_{O(LD)}$	≤10mV	V_A	15V

（2）电流镜负载

由于功率晶体管是 PMOSFET，用一个 P 型电流镜负载将电源纹波复制到栅极，从而保证晶体管的两个输入端的噪声是共模噪声而获得高的电源抑制比。由于 $v_{IN(MIN)}$ 很低，为 1.1V，采用图 9.30 所示的共源共栅晶体管将差动对的输出折叠到 P 型电流镜，用一个二极管连接的 PMOS 管 M_{CB} 来偏置这个共源共栅晶体管。

（3）频率补偿

用一个跨接在 A_B 和 M_{PO} 的米勒电容 C_M 来保证 M_{PO} 处的极点为系统的低频主极点。

（4）负反馈

因为 M_{PO} 为反相增益级，因此，将反馈信号 v_{FB} 连接到 A_E 的同相输入端，也就是 M_{D1} 的栅极。

（5）低随机失调

差动对和电流镜负载采用大尺寸晶体管，设置它们的沟道长度 L_{D1}、L_{D2}、L_{M3} 和 L_{M4} 为 10 倍的最小沟道长度，即 10 倍的 0.35μm（等于 3.5μm），并用关键匹配准则来匹配晶体管。为了保证 A_E 的增益不是太大，偏置对 $M_{B7}-M_{B8}$ 采用最小沟道长度，这样 L_{B1} 和 L_{B2} 为 0.35μm，但是仍然用关键匹配准则来匹配 M_{B7} 和 M_{B8}。

器件设计

（6）反馈电阻 R_{FB1} 和 R_{FB2}

利用电阻分压电路 $R_{FB1}-R_{FB2}$ 设置 v_O 的直流值在 v_{REF} 为 0.9V 时等于 1V：

$$\frac{v_O}{v_{REF}}=\frac{R_{FB1}+R_{FB2}}{R_{FB2}}\equiv\frac{1}{0.9}=1.11\text{V/V}$$

将通过 R_{FB1} 和 R_{FB2} 的电流设置为 3μA，在最坏的工作条件和极端的温度及工艺角下，保证这个电阻串能吸收 M_{PO} 的亚阈值电流：

$$i_R=\frac{v_O}{R_{FB1}+R_{FB2}}\approx 3\mu\text{A}$$

这样，选择 R_{FB2} 为 300kΩ，R_{FB1} 为 33.3kΩ。

（7）开环增益 A_E

$$A_{E0}\approx g_{m.D1}r_{ds.B8}\approx\frac{\sqrt{2I_{D1}K'_N\left(\frac{W}{L}\right)_{D1}}}{I_{B8}\lambda_{L(MIN)}}=\frac{\sqrt{2\left(\frac{I_{Tail}}{2}\right)K'_N\left(\frac{W}{L}\right)_{D1}}}{I_{B8}\lambda_{L(MIN)}}\equiv 100$$

或

$$\frac{\sqrt{I_{Tail}\left(\frac{W}{L}\right)_{D1}}}{I_{B8}}\equiv\frac{A_{E0}\lambda_{L(MIN)}}{\sqrt{K'_N}}=\frac{(100)\times(0.1)}{\sqrt{100\mu}}\approx 1000$$

所以取 I_{Tail} 为 2μA，M_{B8} 的电流 I_{B8} 为 1μA，

$$\left(\frac{W}{L}\right)_{D1}\approx\frac{(1000)^2\times(1\mu)^2}{2\mu}=0.5$$

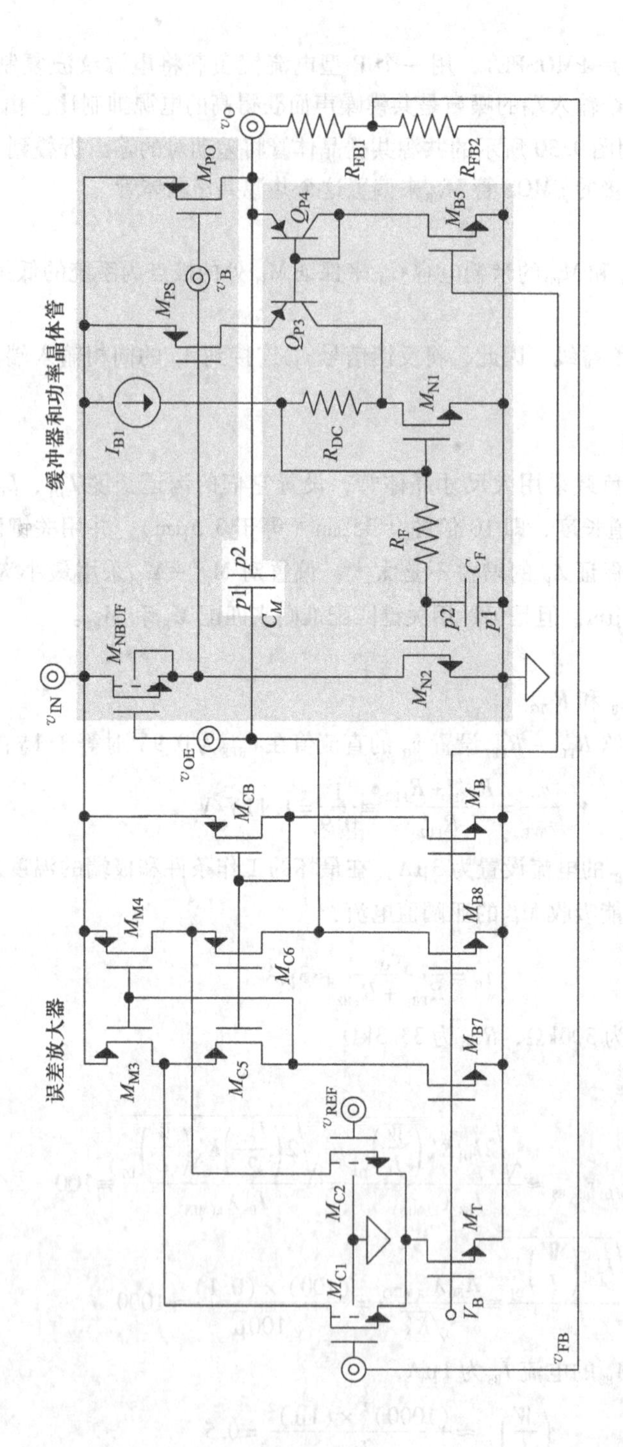

图 9.30 为例 9.3 设计的低压差稳压器电路

所以取 W_{D1} 和 W_{D2} 分别为 $0.5L_{D1}$ 和 $0.5L_{D2}$，即 $1.75\mu m$。

(8) 最大输出电压 $v_{OE(MAX)}$

为了能关断 M_{PO}，

$$v_{OE(MAX)} = v_{IN} - v_{SD.M4} - V_{SD.C6(SAT)} \geqslant v_{IN} - 0.3V$$

因此 $V_{SD.M4(SAT)}$ 和 $V_{SD.C6(SAT)}$ 可以小于 0.15V：

$$V_{SD.M4(SAT)} = \sqrt{\frac{2I_{M4}}{K'_K\left(\frac{W}{L}\right)_{M4}}} \leqslant \sqrt{\frac{2(I_{D2}+I_{B8})}{K'_{K(MIN)}\left(\frac{W}{L}\right)_{M4}}} \leqslant 0.15V$$

或

$$\left(\frac{W}{L}\right)_{M4} \geqslant \frac{2(I_{D2}+I_{B8})}{V^2_{SD.M4(SAT)}K'_{P(MIN)}} = \frac{2\times(1\mu+1\mu)}{(0.15)^2\times(32\mu)} = 5.55$$

选择 W_{M3} 和 W_{M4} 为 $6L_{M3}$ 和 $6L_{M4}$，即 $21\mu m$

且

$$V_{SD.C6(SAT)} = \sqrt{\frac{2I_{C6}}{K'_P\left(\frac{W}{L}\right)_{C6}}} \leqslant \sqrt{\frac{2I_{B8}}{K'_{P(MIN)}\left(\frac{W}{L}\right)_{C6}}} \leqslant 0.15V$$

或

$$\left(\frac{W}{L}\right)_{C6} \geqslant \frac{2I_{B8}}{V^2_{SD.C6(SAT)}K'_{P(MIN)}} = \frac{2\times(1\mu)}{(0.15)^2\times(32\mu)} = 2.8$$

选择 W_{C5} 和 W_{C6} 为 $1.05\mu m$，L_{C5} 和 L_{C6} 为最小值 $0.35\mu m$，选择 $v_{SD.M4}$ 为 0.15V，并注意到，

$$v_{G.CB} = v_{IN} - v_{SG.CB} \equiv v_{IN} - v_{SD.M4} - v_{SG.C6}$$

$$v_{SG.CB} = |v_{TP}| + \sqrt{\frac{2I_{BP}}{K'_P\left(\frac{W}{L}\right)_{CB}}} \equiv v_{SD.M4} + v_{SG.C6}$$

意味着

$$= v_{SD.M4} + |v_{TP}| + \sqrt{\frac{2I_{C6}}{K'_P\left(\frac{W}{L}\right)_{C6}}}$$

所以取 I_{BP} 为 $0.5\mu A$，$(W/L)_{CB}$ 减小到

$$\left(\frac{W}{L}\right)_{CB} = \frac{2I_{BP}}{K'_P\left[v_{SD.M4} + \sqrt{\frac{2I_{C2}}{K'_P\left(\frac{W}{L}\right)_{C6}}}\right]^2} = \frac{2\times(0.5\mu)}{(40\mu)\times\left[0.15 + \sqrt{\frac{2\times(1\mu)}{(40\mu)\times\left(\frac{1.05}{0.35}\right)}}\right]^2} = 0.32$$

选择 W_{CB} 为 $1\mu m$，L_{CB} 为 $3\mu m$。

(9) 最小输出电压 $v_{OE(MIN)}$

为了能完全启动 M_{PO}，

$$v_{OE(MIN)} = V_{DS.B8(SAT)} \leqslant \sqrt{\frac{2I_{B8}}{K'_{N(MIN)}\left(\frac{W}{L}\right)_{B8}}} \leqslant 0.2V$$

或
$$\left(\frac{W}{L}\right)_{B8} \geqslant \frac{2I_{B8}}{K'_{N(MIN)}v^2_{OE(MIN)}} = \frac{2\times(1\mu)}{(80\mu)\times(0.2)^2} = 0.62$$
选择 W_{B8} 为 2μm，L_{B8} 为最小沟道长度即 0.35μm。

（10）由于单位增益频率 f_{0dB} 近似等于增益带宽积，米勒倍乘电容（即 C_M 倍乘 M_{PO} 的增益 A_P 和 A_B 增益）在 A_E 的 R_{OE} 上产生低频主极点：
$$f_{0dB} \approx A_E A_B A_P p_{OE} \approx \frac{A_E A_B A_P}{2\pi C_M (A_B A_P) R_{OE}} \approx \frac{(g_{m.D1}R_{OE})A_B A_P}{2\pi C_M (A_B A_P) R_{OE}}$$
$$= \frac{g_{m.D1}}{2\pi C_M} \equiv 1\text{MHz}$$
或
$$C_M = \frac{g_{m.D1}}{2\pi f_{0dB}} = \frac{\sqrt{2I_{D1}K'_N\left(\frac{W}{L}\right)_{D1}}}{2\pi f_{0dB}} = \frac{\sqrt{2\times(1\mu)\times(100\mu)\times\left(\frac{1.75}{3.5}\right)}}{2\pi\times(1\text{M})} = 1.59\text{pF}$$
这样，选择 C_M = 1.6pF。

设计检查

（11）静态电流 i_Q
$$i_Q = i_{M3} + i_{M4} + I_{BP} = 2\mu + 2\mu + 0.5\mu = 4.5\mu\text{A}$$
如果偏差为 30%，则为 5.85μA。

（12）假设通过 I_{BP} 的最小电压 $V_{IBP(MIN)}$ 为 0.2V，$v_{IN(MIN)}$：
$$v_{IN(MIN)} = \text{Max}\begin{cases} v_{SG.M3} + V_{DS.B7(SAT)} = |v_{TP(MAX)}| + V_{SD.M3(SAT)} + V_{DS.B7(SAT)} \\ v_{SG.CB} + v_{I_{BP}} = |v_{TP(MAX)}| + V_{SD.CB(SAT)} + V_{IBP(MIN)} \end{cases}$$
$$\approx \text{Max}\begin{cases} |v_{TP(MAX)}| + \sqrt{\dfrac{2I_{M3}}{K'_{P(MIN)}\left(\frac{W}{L}\right)_{M3}}} + \sqrt{\dfrac{2I_{B7}}{K'_{P(MIN)}\left(\frac{W}{L}\right)_{B7}}} \\ |v_{TP(MAX)}| + \sqrt{\dfrac{2I_{BP}}{K'_{P(MIN)}\left(\frac{W}{L}\right)_{CB}}} + V_{IBP(MIN)} \end{cases}$$
$$\approx \text{Max}\begin{cases} 0.75 + \sqrt{\dfrac{2\times(2\mu)}{(32\mu)\times\left(\frac{21}{3.5}\right)}} + \sqrt{\dfrac{2\times(1\mu)}{(80\mu)\times\left(\frac{2}{0.35}\right)}} \approx 0.96 \\ 0.75 + \sqrt{\dfrac{2\times(0.5\mu)}{(32\mu)\times\left(\frac{1}{3}\right)}} + 0.2 = 1.26 \end{cases} \approx 1.26\text{V}$$

尽管线性组合 3σ 参数 $K'_{P(MIN)}$、$K'_{N(MIN)}$ 和 $v_{TP(MAX)}$ 可能是不合理的，但是只单独用 $v_{TP(MAX)}$ 参数就已使 $v_{IN(MIN)}$ 不符合指标要求：

$$v_{IN(MIN)} \approx |v_{TP(MAX)}| + \sqrt{\frac{2I_{BP}}{K'_P\left(\frac{W}{L}\right)_{CB}}} + V_{IBP(MIN)}$$

$$= 0.75 + \sqrt{\frac{2\times(0.5\mu)}{(40\mu)\times\left(\frac{1}{3}\right)}} + 0.2 \approx 1.22V$$

因此，通过把 M_{CB} 的 v_{SG} 降低 150mV 将 $v_{IN(MIN)}$ 减小到 1.05V 的方法有：把 $M_{C5}-M_{C6}$ 的 $V_{SD(SAT)}$ 减小 75mV，并把 $M_{M3}-M_{M4}$ 的 $V_{SD(SAT)}$ 减小 50mV，由于 $M_{M1}-M_{M2}$ 的 r_{ds} 对 A_E 的影响很小，可以设置 $M_{M1}-M_{M2}$ 工作在轻晶体管区即可以将它们的 $V_{SD(SAT)}$ 减小 25mV：

$$\left(\frac{W}{L}\right)_{C5} \equiv \left(\frac{W}{L}\right)_{C6} \geqslant \frac{2I_{B8}}{V^2_{SD.C6(SAT)}K'_{P(MIN)}} = \frac{2\times(1\mu)}{(0.075)^2\times(32\mu)} = 11$$

因此，选择 W_{C5} 和 W_{C6} 为 3.85μm，L_{C5} 和 L_{C6} 为最小沟道长度即 0.35μm。

且

$$\left(\frac{W}{L}\right)_{M3} \equiv \left(\frac{W}{L}\right)_{M4} \geqslant \frac{2(I_{D2}+I_{B8})}{V^2_{SD.M4(SAT)}K'_{P(MIN)}} = \frac{2\times(1\mu+1\mu)}{(0.1)^2\times(32\mu)} = 12.5$$

这样，为防止总体尺寸增长太大，将 L_{M3} 和 L_{M4} 减小到 $5L_{MIN}$ 即 1.75μm，则，W_{M3} 和 W_{M4} 为 $12.5L_{M3}$ 和 $12.5L_{M4}$ 即 22μm。

$$\left(\frac{W}{L}\right)_{CB} = \frac{2I_{BP}}{K'_P\left[v_{SD.M4} + \sqrt{\frac{2I_{C6}}{K'_P\left(\frac{W}{L}\right)_{C6}}}\right]^2}$$

$$= \frac{2\times(0.5\mu)}{(40\mu)\times\left[0.075 + \sqrt{\frac{2\times(1\mu)}{(40\mu)\times\left(\frac{3.85}{0.35}\right)}}\right]^2} = 1.2$$

且

选择 W_{CB} 为 1.2μm，L_{CB} 为 1μm。

(13) 系统失调 $V_{OS(S)}$

$$V_{OS(S)} = \frac{v_{DS.B8}-v_{DS.B7}}{A_E} = \frac{v_{OE} - (v_{IN}-v_{SG.M3})}{A_E}$$

而

$$V_{OS(S)(MAX)} \leqslant \frac{v_{OE(MAX)} - \left\{v_{IN} - \left[|v_{TP(MAX)}| + \sqrt{\frac{2I_{M3}}{K'_{P(MIN)}\left(\frac{W}{L}\right)_{M3}}}\right]\right\}}{A_E}$$

$$= \frac{v_{IN} - 0.3 - \left[v_{IN} - 0.75 - \sqrt{\frac{2 \times (2\mu)}{(32\mu) \times \left(\frac{22}{1.75}\right)}}\right]}{(100)} \approx 4.6\text{mV}$$

且

$$V_{OS(S)(MIN)} \leqslant \frac{v_{OE(MIN)} - \left\{v_{IN(MAX)} - \left[|v_{TP(MIN)}| + \sqrt{\frac{2I_{M3}}{K'_{P(MAX)}\left(\frac{W}{L}\right)_{M3}}}\right]\right\}}{A_E}$$

$$= \frac{0.2 - \left[1.6 - 0.75 - \sqrt{\frac{2 \times (2\mu)}{(48\mu) \times \left(\frac{22}{1.75}\right)}}\right]}{100} \approx -5.7\text{mV}$$

$$-5.7\text{mV} \leqslant V_{OS(S)} \leqslant 4.6\text{mV}$$

因此

$$-5.7\text{mV} \leqslant V_{OS(S)} \leqslant 4.6\text{mV}$$

（14）v_O 的负载调整率

$$\Delta v_{OE} = \Delta v_{GS.NBUF} - \Delta v_B \approx \Delta i_{O(MAX)}\left(\frac{A_I}{g_{m(MAX)}} - \frac{1}{G_{P(MAX)}}\right)$$

$$= \Delta i_{O(MAX)}\left[\left(\frac{(W/L)_{PS}}{(W/L)_{PO}}\right)\left(\frac{(W/L)_{N2}}{(W/L)_{N1}}\right)\left(\frac{1}{\sqrt{2i_{NBUF(MAX)}K'_N\ (W/L)_{NBUF}}}\right) - \frac{1}{\sqrt{2i_{O(MAX)}K'_P(W/L)_{PO}}}\right]$$

$$\approx 50\text{m} \times \left[\left(\frac{17}{18.3\text{k}}\right) \times (1) \times \left(\frac{1}{\sqrt{2 \times (46\mu) \times (100\mu) \times (12/0.35)}}\right) - \frac{1}{\sqrt{2(50\text{m}) \times (40\mu) \times (18.3\text{k}/0.35)}}\right]$$

$$= 50\text{m} \times \left[\left(\frac{17}{18.3\text{k}}\right) \times (1) \times (1.78\text{k}) - 2.2\right] \approx -27\text{mV}$$

因此

$$\Delta V_{OS(S)} = \frac{\Delta v_{OE}}{A_E} \approx \frac{27\text{m}}{100} = 270\mu\text{V}$$

且

$$\Delta v_{O(LD)} = \Delta V_{OS(S)}\left(\frac{v_O}{v_{REF}}\right) \approx (270\mu) \times \left(\frac{1}{0.9}\right) < 1\text{mV}$$

（15）随机失调 V_{OS}^*

假设差动对、电流镜和偏置晶体管匹配性很好，3σ 输入参考失调电压为 5mV，

$$V_{\mathrm{OS}}^{*} \approx \sqrt{\Delta v_{12}^{2} + \left(\frac{\Delta v_{34} g_{\mathrm{m34}}}{g_{\mathrm{m12}}}\right)^{2} + \left(\frac{\Delta v_{78} g_{\mathrm{m78}}}{g_{\mathrm{m12}}}\right)^{2}}$$

$$\approx \sqrt{\Delta v_{12}^{2} + \Delta v_{34}^{2}\left(\frac{2I_{\mathrm{M34}}K_{\mathrm{P}}'\ (W/L)_{\mathrm{M34}}}{2I_{\mathrm{D12}}K_{\mathrm{N}}'\ (W/L)_{\mathrm{D12}}}\right) + \Delta v_{12}^{2}\left(\frac{2I_{\mathrm{D78}}K_{\mathrm{P}}'\ (W/L)_{\mathrm{D78}}}{2I_{\mathrm{D12}}K_{\mathrm{N}}'\ (W/L)_{\mathrm{D12}}}\right)}$$

$$\approx 5\mathrm{m}\sqrt{1 + \left[\frac{2\times(2\mu)\times(40\mu)\times(21/1.75)}{2\times(1\mu)\times(100\mu)\times(1.75/3.5)}\right] + \left(\frac{2\times(1\mu)\times(100\mu)\times(2/0.35)}{2\times(1\mu)\times(100\mu)\times(1.75/3.5)}\right]} \approx 29\mathrm{mV}$$

可见超过了设计指标 ±4mV。如果增加 $(W/L)_{\mathrm{M1}}$ 和 $(W/L)_{\mathrm{M2}}$ 可以满足 $v_{\mathrm{IN(MIN)}}$，V_{OS}^{*}应约等于 24mV。减小 V_{os}^{*} 等效于增加 g_{m12}，这会增加 A_{E} 和 f_{0dB}，鉴于 A_{B} 的带宽有限以及 $\mathrm{M_{PO}}$的输出极点较低，这需要与系统的稳定性产生折中。降低 g_{m34}，会增加 $v_{\mathrm{IN(MIN)}}$，也会减小 V_{os}^{*}。因此，选择牺牲一些良率和（或）提高 v_{REF}的精度以使在更大的 V_{os}^{*} 情况下也满足系统要求。

通用设计注意事项

低 $v_{\mathrm{IN(MIN)}}$ 设计通常需要在满足系统稳定的前提下进行折中设计，因为由于低 $v_{\mathrm{IN(MIN)}}$ 结构引起的增益损失需要通过增加电路的增益级数来补偿以获得期望的增益，这意味着会产生更多的极点。并且，如前面的例子所示，低的 $v_{\mathrm{IN(MIN)}}$ 也会牺牲 V_{os}^{*}。另一方面，低静态电流 i_{Q} 会降低电路的响应速度，因为寄生极点频率会随 i_{Q} 的减小而降低。保证电路在各种温度和工艺角下都保持良好的性能，加剧了这些折中设计的影响，这迫使设计者在线性化最坏情况与概率方法之间保持平衡以对可能的风险进行预测。最后，与运算放大器一样，优化设计的目标是达到合理的指标，重点关注针对特定应用的关键参数，避免由于电路的过设计带来的牺牲。

9.5 总结

虽然并不是所有情况都是这样，线性稳压器的设计周期通常从输出信号开始，以输入信号和误差放大器作为结束。例如，负载决定了需要的功率晶体管的类型，功率器件确定了驱动缓冲器的参数限制，缓冲器确定了前级放大器的极限参数。整体来看，考虑到它们相互影响，整个流程必须满足最新便携式和固定应用提出的越来越苛刻的效率和精度的需求，例如，低输入电源电压、尽可能低的静态电流、高环路增益、高带宽、低失调和其他一些指标。

使用功率 PMOS 晶体管可以获得高电源效率从而延长电池寿命，因为，要输出一个给定的电压，功率 PMOS 晶体管只要求较低的输入电源电压，而且功率 PMOS 需要的驱动电流小（栅极直流电流为零）。另一方面，N 型器件通常对负载突变的响应速度更快，所以它们更加精确。BJT 能提供更大的电流并可以承受更高的电压。因此，

低压差稳压器通常采用PMOSFET，但对于那些需要更高精度的应用，则更倾向于选择N型功率晶体管，并在高功率应用中选择BJT。无论采用哪种器件，电路必须尽可能减小寄生元件的影响。寄生纵向和横向PNP型BJT和其相应的二极管不仅会传导地电流，还会损害系统的完整性和性能。

由于功率器件面积很大，它们有特别而严格的要求。驱动缓冲器不仅需要在低输入电源电压和低静态电流下还能正常工作，还要给它所驱动的这个大功率晶体管提供宽电压摆幅和大驱动电流。为此目的，发射极和源极跟随器晶体管具备尺寸小、速度快、效率高的特点，因为它们在低电流下产生适度低的输出阻抗。在轻负载条件下，静态电流对效率的影响最大，为了降低缓冲器的功耗，采用本地反馈环路来动态调整它们的偏置工作点，从这点上来看，负反馈非常适用，另外，一个可再生环路能提高增益并加快缓冲器的响应速度，虽然这会使系统反馈有稳定性的风险，为了避免这个问题，正反馈环路的增益应该小于1，特别是在接近和超过系统的带宽频率时（此时负反馈的作用消失了）。

最后，误差放大器的多个关键指标，比如直流精度、电源电压抑制比、频率响应和环路增益，将决定稳压器的性能。从设计的角度来看，N型差动对通常可以提高信噪比，因为它们的偏置参考电压更高，这意味着本地的开关噪声占参考电压的比例会更小。折叠负载可以降低输入电源电压，为了更高的电源电压抑制比，P型功率器件适合采用P型电流镜负载，N型功率器件则适合采用N型电流镜负载。由于输入参考随机失调几乎全部由误差放大器中的非退化晶体管所决定，因此，将它们各自的物理版图相匹配至关重要。

正如本章中所指出的，设计是一门折中的艺术，因为优化某一个参数通常会有损另一个参数。例如，通过降低输入电源电压来提高功率效率，不仅限制了电路只能使用P型功率晶体管，而且也增加了输入参考失调电压，并且影响电路的稳定性，因为，输入电源电压越低，关键匹配晶体管和电流镜负载的跨导比设计灵活性越小。另外，增加晶体管来补偿这些缺陷会引入更多的极点（即需要增加电路级数来提高增益，增加级数会引入更多节点，因而产生更多极点）。降低静态电流也会损害系统的速度和输入参考失调电压等性能，在最坏工作情况和极端温度及工艺角下，各性能参数之间的相互影响更严重，因此，在设计过程中，反复迭代是不可避免的。掌握并且正确评估电路中可能的变化是芯片设计过程中必然的一部分，如果没有这个步骤，产品开发和实际问题的解决是不可能成功的。

本章通过多种方式讨论了IC设计实践和折中，这代表了本书的精华部分，因为这些讨论中包含了第3~6章中所描述的器件、电路和反馈工具，达到了第1、2、8章中讨论的系统和小信号设计目标。虽然这些内容不能涵盖模拟微电子学的所有扩展领域，但是这些设计考虑在一定意义上列举和描述了模拟IC设计的核心，包括从器件物理、电路技术、正反馈和负反馈理论到系统完整性和设计方法，然而，从这点来讲，这些部分的讨论并不能形成一个完整的线性稳压器解决方案，因为还没有包括下述内容：将系统作为一个整体来考虑，特定性能指标可能的优化方法，极端工作条件下的保护以及特性，这些内容将在第 10 和第 11 章中讨论。

9.6 复习题

1. 什么类型的功率晶体管的压差电压最低？
2. 什么类型的功率晶体管没有地电流？
3. 什么类型的功率晶体管的输出电阻最低？
4. 功率晶体管中的“基极驱动”指的是什么？
5. 功率晶体管中的“栅极驱动”指的是什么？
6. 什么类型的功率晶体管消耗的功率最低？
7. 纵向 BJT 通常包含哪些寄生元件？
8. 横向 BJT 通常包含哪些寄生元件？
9. 衬底 MOSFET 通常包含哪些寄生元件？
10. 阱 MOSFET 通常包含哪些寄生元件？
11. 为什么在功率 PMOFET 中要考虑寄生阱电阻？
12. 什么版图技术能减轻上题所指的这种效应？
13. 芯片中最常用的高空间效率（space - efficient）金属功率平面是什么形状的？
14. 输入电源和输出端之间存在什么寄生电阻？
15. 通常哪（些）种晶体管结构最合适作缓冲器？
16. 为什么用 N 型跟随器驱动功率 NPN BJT 不理想？
17. 哪（些）种晶体管最适合用来驱动功率 PMOSFET？
18. 什么类型的缓冲器最适合用来驱动功率 PNP BJT？
19. 缓冲器中的可再生环路的功能是什么？
20. 可再生环路的缺点是什么？
21. 为什么驱动 P 型功率晶体管的缓冲器中会出现一个负载跟踪极点？
22. 为什么 P 型差动对没有 N 型差动对常用？
23. 怎样才能让误差放大器最小化电流镜负载对净空的影响？
24. 使用 NPN 功率开关的稳压器中，误差放大器中采用哪种类型的电流镜负载能最小化稳压器输出端的电源噪声？
25. 使用 PMOS 功率开关的稳压器中，误差放大器中采用哪种类型的电流镜负载能最小化稳压器输出端的电源噪声？
26. 哪（些）种晶体管对输入参考失调的随机成分贡献最大？
27. 什么会产生系统性输入参考失调？
28. 负载调整率是如何体现在误差放大器中的？

第 10 章　线性稳压器

本章旨在使用补偿策略和第 8、9 章中开发的电路单元去构建线性稳压器系统。为此，我们从低压差（Low - DropOut，LDO）稳压器开始讨论，因为在所有种类的稳压器中，它们消耗的功率最少，低功耗不仅可以延长电池的寿命，而且可以释放一个热沉所占的空间。然而，在剧烈的负载突变情况下依然能够正常工作有时比减少功率消耗更加重要，所以，接着我们将讨论高带宽解决方案。由于独立的稳压器电路在很多方面都很有用，本章我们将继续讨论自参考稳压器。接下来，我们将讨论用来优化空间尺寸、负载突变响应、精度等一些具体指标的性能增强技术，以及能够满足片上系统（SoC）解决方案供电电源需求的相关技术。有些应用甚至需要用到电流调整器，所以本章也将研究电流调整器的设计。

10.1　低压差稳压器

10.1.1　输出端补偿的 PMOS 稳压器

在某些情况下，消费者需求的多样性使得他们对于便携式供电设备的期望超过技术和设计带来的能量和功率降低的速度。也就是说．就面向高功率便携式设备线性稳压器而言，每个部件需要耗费稍小一点的电流，但是具有各种特性的众多部件的电流之和就会比较高，从几毫安到几百毫安不等。这些多功能切换的速度要比电流饥饿型供电电路提供所需电流的响应速度快，因而稳压器必须要有很大的输出电容 C_O，因此输出端补偿不仅是合理的而且也是必要的。

为了提高便携式设备的效率和延长电池工作时间，设计师通常会结合低静态电流和低输入电压及为了提高负载突变响应而具有大输出电容，这些通常需要使用输出端补偿 P 沟道金属 - 氧化物 - 半导体（PMOS）解决方案，如图 10.1 所示例的电路。这个设计采用 PMOS 电流镜 M_{M3} - M_{M4} 作 NPN 型差动对 Q_{D1} - Q_{D2} 的负载，去驱动一个 NMOS 缓冲跟随器 M_{BUF}，然后由这个缓冲器控制 PMOS 功率开关管 M_{PO}。N 沟道缓冲器 M_{MD} 二极管连接 M_{M3}，从而将 M_{PO} 的源极 - 栅极电压 v_{SGO} 和 M_{BUF} 的栅极 - 源极电压 v_{GSBUF} 对 M_{M4} 的源极 - 漏极电压 v_{SD4} 的总影响与 M_{M3} 的 v_{SG3} 和 M_{MD} 的 v_{GSMD} 对 M_{M3} 的 v_{SD3} 的总影响一阶匹配，这样，可以最小化电流镜上的电压失配产生的系统失调。电容 C_{FF} 被用来将 v_O 的小信号前馈到反馈节点 v_{FB} 上，这引入了一个同相零点（即左半平面零点）z_{FF}，在系统单位增益附近改善相位裕度。输入差动对采用 BJT，是因为它们的匹配性能通常要比 MOSFET 好，从而产生更低的输入参考失调。

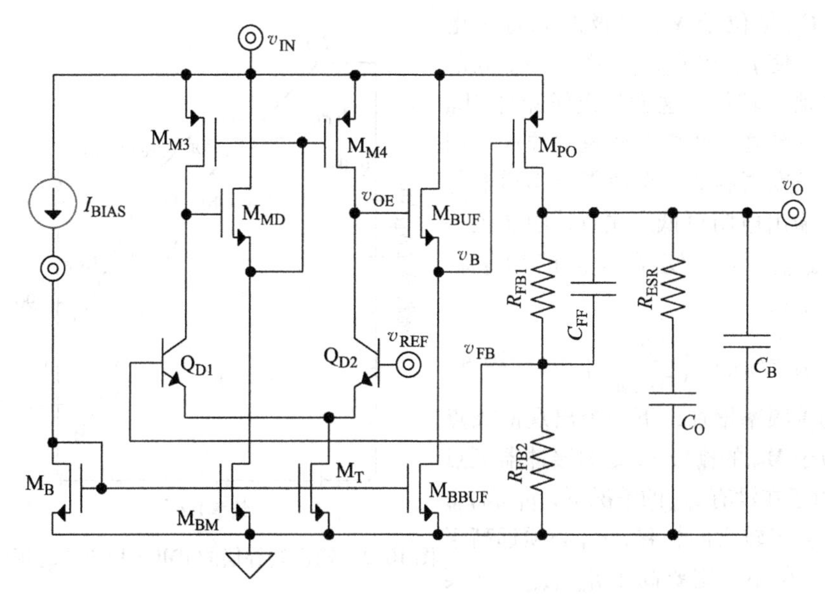

图 10.1　输出端补偿的 PMOS 低压差稳压器

频率补偿

对于输出端补偿的 PMOS 稳压器，通常的策略是使输出极点 p_O 为低频主极点，如图 10.2 所示，从而使得单位增益频率 f_{0dB} 要远低于系统的寄生极点。在实际中，当其他极点和零点在全部的温度、工艺角以及工作条件下都能保持在较高频率时，频率过主极点 p_O 后，环路增益将以单极点滚降的方式随频率升高而线性下降。这样，当低频环路增益 A_{LG0} 达到 1 时，就大概设定了 f_{0dB} 的最小值，也就是增益带宽积：

$$\left.\frac{A_{LG0}}{1+\frac{s}{2\pi p_O}}\approx\frac{A_{LG0}}{\left(\frac{s}{2\pi p_O}\right)}\right|_{f_{0dB(MIN)}\approx A_{LG0}p_O}\equiv 1 \qquad (10.1)$$

注意 $f_{0dB(MIN)}$ 通常为一个设计目标值。

建立误差放大器 A_E 的增益需要一个高阻节点 v_{OE}，因此，与此节点相关联的极点 p_{OE} 通常为系统的第二主极点。虽然输出电容 C_O 的串联等效电阻 R_{ESR} 可能在 p_{OE} 附近引入提高相位裕度的零点 z_{ESR}，但是，R_{ESR} 随工艺角和温度变化很大，因而 z_{ESR} 的位置也将随工艺角和温度变化很大：

$$\frac{1}{2\pi R_{ESR(MAX)}C_O}\leqslant z_{ESR}\leqslant\frac{1}{2\pi R_{ESR(MIN)}C_O} \qquad (10.2)$$

因此把 p_{OE} 远置于 $f_{0dB(MIN)}$ 以下并且期待着 z_{ESR} 能够抵消 p_{OE} 的影响是冒险的，但是使得 $f_{0dB(MAX)}$ 在所有情况下都要小于 $z_{ESR(MIN)}$ 则过于保守。我们的目标就是使得第二主极点 p_{OE} 位于 $f_{0dB(MIN)}$ 附近，但始终远低于 $f_{0dB(MAX)}$：

$$p_{OE}\approx\frac{1}{2\pi(r_{sd4}\parallel r_{o2})C_{D4}}\approx f_{0dB(MIN)} \qquad (10.3)$$

式中，C_{D4} 是位于 M_{M4} 漏极的总寄生电容。为了使 p_{OE} 在 $f_{0dB(MIN)}$ 附近，v_{OE} 处的电阻必须比较低，这就是镜像器件 M_{M3} 和 M_{M4} 的沟道长度相对较短的原因，因为沟道长度调制效应会使得短沟道器件产生的输出电阻更低。注意，顺便提一句，$z_{ESR(MIN)}$ 可以使 $f_{0dB(MIN)}$ 扩展 $p_{OE}/z_{ESR(MIN)}$ 倍：

$$f_{0dB(MAX)} \approx f_{0dB(MIN)}\left(\frac{p_{OE}}{z_{ESR(MIN)}}\right) \tag{10.4}$$

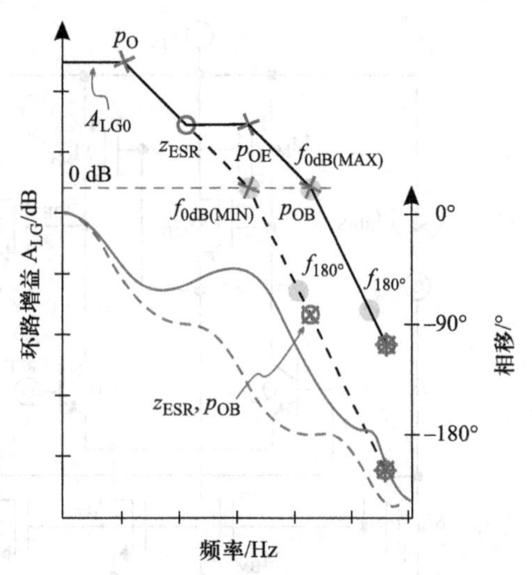

图 10.2　输出端补偿的 PMOS 稳压器的频率响应

随着频率增加，下一个出现的极点就是位于 M_{PO} 的栅极 v_B 处的缓冲器极点 p_{OB}，由于在没有 z_{ESR} 的情况下，p_O 和 p_{OE} 已经产生了较大的相移，p_{OB} 必须远高于 $f_{0dB(MIN)}$，但不一定要高于 $f_{0dB(MAX)}$。事实上，由于 z_{ESR} 是 f_{0dB} 移向 $f_{0dB(MAX)}$ 的主要原因，z_{ESR} 可以抵消 p_O 的作用，从而为 p_{OB} 在 $f_{0dB(MAX)}$ 附近带来的相位变化留出了余量：

$$p_{OB} \approx \frac{g_{mBUF}}{2\pi C_{SGO}} \approx f_{0dB(MAX)} \tag{10.5}$$

在 p_{OB} 频率之后，系统没有为包括位于 v_{FB} 的反馈极点 p_{FB}、C_B 的旁路极点 p_B 和镜像极点 p_M 在内的所有剩余寄生极点留下相位余量了，因此它们的频率都必须远高于 $f_{0dB(MAX)}$。

然而，把寄生极点维持在高频需要消耗额外的静态电流，这就是为维持稳定条件通常设计时把它们置于只稍微高于 $f_{0dB(MAX)}$ 的原因。虽然高于 $f_{0dB(MAX)}$ 10 倍频程的单个极点对相位裕度的影响是很小的，但是多个极点的共同作用对 f_{0dB} 附近的反馈环路相移的影响可能如雪崩效应一般。相位裕度在 f_{0dB} 附近的快速恶化意味着工艺偏差以及温度变化更容易破坏系统的稳定性，这是因为零极点位置的很小移动就会造成相位裕度很大的变化。换句话说，这就意味着电路在某些条件下会处于非稳定的状态，从而使电路在开启或者负载快速变化时出现振荡。

幸运的是，同相零点（即左半平面零点）可以恢复一些相位裕度，从而抑制其他极点相位偏移所带来的雪崩效应。因此，通常的设计策略是把寄生极点置于 $f_{0dB(MAX)}$ 10 倍频程的位置，如有可能的话，还将引入足够多的同相零点来抵消寄生极点的影响。图 10.1 所示的前馈电容 C_{FF} 在 $1/2\pi R_{FB1}C_{FF}$ 频率开始对反馈电阻 R_{FB1} 分流，从而产生一个可以提高相位裕度的零点 z_{FF}：

$$\left.\frac{1}{sC_{FF}}\right|_{z_{FF}=\frac{1}{2\pi R_{FB1}C_{FF}}\approx 5f_{0dB(MAX)}} \equiv R_{FB1} \tag{10.6}$$

然而在 $f_{0dB(MAX)}$ 以下的频率范围内制造一个零点 z_{ESR} 会使 $f_{0dB(MAX)}$ 更加接近寄生极

点，这会使得寄生极点对相位裕度的影响更加严重。所以为了防止工艺偏差和温度变化把 z_{FF} 置于低于 $f_{0dB(MAX)}$ 的位置，我们通常会把 z_{FF} 设计在稍高于 $f_{0dB(MAX)}$ 的位置。

既然零点 z_{FF} 能够改善系统频程的地方。回顾一下第8章，C_B 对于 C_O 的 R_{ESR} 的并联效应会产生极点 p_B：

$$p_B \approx \frac{1}{2\pi R_{ESR} C_{B(MAX)}} \approx 10 f_{0dB(MAX)} \tag{10.7}$$

维持 p_B 位于 $f_{0dB(MAX)}$ 10倍频程处要求旁路电容的最大值要小于 $C_{B(MAX)}$，在大多数情况下这都不是问题，因为 C_B 仅仅是寄生的。同样的，位于反馈节点 v_{FB} 的电容会限制 R_{FB1} 和 R_{FB2} 并联电阻的大小，因为此电容和 R_{FB1} 与 R_{FB2} 组成的并联电阻产生的极点必须在10倍 $f_{0dB(MAX)}$ 之上：

$$\left.\frac{1}{s(C_{\mu2}+C_{\pi2}+C_{FF})}\right|_{p_{FB}=\frac{1}{2\pi(R_{FB1}\parallel R_{FB2})(C_{\mu2}+C_{FF})}\approx 10 f_{0dB(MAX)}} \equiv R_{FB1} \parallel R_{FB2} \tag{10.8}$$

式中，Q_{D2} 对于 $C_{\mu2}$ 的米勒倍乘效应可以忽略不计，因为在较低的频率段上，位于 Q_{D2} 集电极处的寄生电容已经和 v_{OE} 处电阻短接，从而导致此时的 Q_{D2} 的增益很低。通常不需要怎么费力，p_B 就能够位于很高的频率．而 p_{FB} 则很容易进入到低频，这是因为反馈电阻 R_{FB1} 和 R_{FB2} 通常都会很高，这样就能够把流经它们的静态电流控制在小于 $2\sim5\mu A$。

电流镜负载 $M_{M3}-M_{M4}$ 通常会产生一对位置十分接近的零极点对，因此它们的共同作用对于相位裕度的影响也就不是很明显。电平移位跟随器 M_{MD} 和镜像晶体管 M_{M3} 构成了一个负反馈环路，显然这个环路必须是稳定的。这个环路内有两个极点：位于 M_{MD} 源极的高频极点 p_{G3} 和位于 M_{M3} 漏极的设置带宽的低频极点 p_{D3}。因此，极点 p_{D3} 必须足够高从而保证电流镜的闭环带宽 p_M 要稍高于 $f_{0dB(MAX)}$。由于 p_M 是环路单位增益频率，p_M 是 M_{M3} 二极管连接的增益带宽积 $A_{V0}p_{D3}$。

$$p_M = A_{V0}p_{D3} \approx \frac{g_{m3}(r_{sd3}\parallel r_{01})}{2\pi(r_{sd3}\parallel r_{o1})C_{D3}} \approx \frac{g_{m3}}{2\pi C_{D3}} \approx 5 f_{0dB(MAX)} \tag{10.9}$$

式中，p_M 为极点 p_{D3} 的负反馈转换；C_{D3} 是位于 M_{MD} 栅极处的总寄生电容。

为了保证电流镜环路的稳定性，M_{MD} 的栅极的极点 p_{D3} 必须为主极点，而且 p_{G3} 必须在闭环宽宽 p_M 附近：

$$p_{G3} \approx \frac{g_{mMD}}{2\pi(C_{SG3}+C_{SG4}+C_{GSMD})} \approx p_M \approx 5 f_{0dB(MAX)} \tag{10.10}$$

式中，M_{M4} 对 C_{GD4} 的米勒倍乘效应可以被忽略，因为靠近 p_{G3}，p_{OE} 已经分流了 v_{OE} 的电阻的影响（即极点频率 p_{OE} 比 p_{G3} 低），从而迫使 M_{M4} 的增益减小。类似的，M_{M3} 的漏极电容对它的并联电阻分流，形成的极点 p_{D3} 远低于 p_{G3}，所以 C_{GSMD} 也是 M_{M3} 的栅极负载。整个环路的共同作用通过对 p_{D3} 的反馈转换产生了系统的电流镜极点 p_M，当从 Q_{D2} 输入的小信号大部分都没有被电流镜负载 M_{M4} 吸收时，电流镜就产生了一个位置大概为 $2p_M$ 的零点 z_M，像前述一样，这有助于减小临近极点产生的雪崩效应的影响。

前馈电容 C_{GSBUF} 会在N沟道电压跟随器 M_{BUF} 中产生一个同相零点 z_{BUF}。但是它的频率通常会比较高，这是因为 M_{BUF} 很小，这意味着 C_{GSBUF} 比较小：

$$i_C = \frac{v_{gs}}{sC_{GSBUF}}\bigg|_{z_{BUF}\approx\frac{g_{mBUF}}{2\pi C_{GSBUF}}\geqslant 5f_{0dB(MAX)}} \equiv i_{gm} = v_{gs}g_{mBUF} \tag{10.11}$$

同样，前馈电容 C_{GDO} 也会在 PMOS 功率开关管 M_{PO} 级引入一个零点 z_{PO}，但这个零点与 g_{mO} 的电流是反相的（即右半平面零点），结果，z_{PO} 增加了增益但是减少了相位裕度，这是最糟糕的组合，因此我们必须把它置于 $10f_{0dB(MAX)}$ 以上的频率。幸运的是，z_{PO} 的频率经常很高因为 g_{mO} 很高，换句话说，工作频率超过 z_{PO}，C_{GDO} 的电流不会超过 g_{mO}：

$$i_C = \frac{v_{sgO}-v_{sdO}}{sC_{GDO}} = \frac{v_{sgO}}{sC_{GDO}}\bigg|_{z_{pO}\approx\frac{g_{mO}}{2\pi C_{GDO}}\geqslant 10f_{0dB(MAX)}} \equiv i_{gm} = v_{sg}g_{mO} \tag{10.12}$$

差分输入对中 Q_{D2} 的米勒电容 $C_{\mu2}$ 也会通过 Q_{D2} 前馈一个反相的交流信号，所以 $C_{\mu2}$ 建立了一个反相零点 z_{D2}。与 z_{PO} 类似，z_{D2} 必须维持在 $10f_{0dB(MAX)}$ 以上，而与 z_{BUF} 类似，z_{D2} 很自然被引入到高频，因为 Q_{D2} 很小，这意味着 C_{M2} 很低。另外，Q_{D2} 的跨导 g_{m2} 相对较高因为 Q_{D2} 的集电极电流随着基极-发射极电压呈指数变化：

$$i_C = \frac{v_{be2}-v_{ce2}}{sC_{\mu2}} = \frac{v_{be2}}{sC_{\mu2}}\bigg|_{z_{D2}\approx\frac{g_{m2}}{2\pi C_{\mu2}}\geqslant 10f_{0dB(MAX)}} \equiv i_{gm} = v_{be2}g_{m2} \tag{10.13}$$

10.1.2 米勒补偿的 PMOS 稳压器

高集成度的需求带动了内部补偿的发展，对高功率密度以及快速瞬态响应的需求和高集成度要求一样普遍存在。事实上，单个集成电路芯片里面集成更多的功能会引入更多不相关的噪声到电源，这些噪声将会降低与此电源相关的模拟电路的信噪比（SNR）性能，专用的片上稳压器在这方面可以发挥优势，因为它们对于敏感的负载可以起到去耦合的作用。没有外部引脚的情况下，设计负载点（Point-of-Load，POL）稳压器带来的挑战就是没有片外电容。幸运的是，目标负载通常功率较低，相应的负载变化也会较低，因此较低的片上电容一般就能够满足一个较轻负载的适度需求。

低压差（LDO）结构中使用 MOS 功率晶体管，可以去除 BJT 对于基极电流的要求，P 型功率管的使用则可以减小电路的压差电压。如图 10.3 所示的内部补偿稳压器电路设计采用 N 沟道差动对 $M_{D1}-M_{D2}$，此差动对的负载为折叠共源共栅电流镜 $M_{M3}-M_{M4}$，相对应的偏置晶体管为 $M_{B7}-M_{B8}$。米勒补偿电容 C_C 使得位于 v_{OE} 的误差放大器极点 p_{OE} 频率较低，调零电阻（Nulling Resistor）R_N 限制了 C_C 的前馈电流，使得功率晶体管 M_{PO} 的反相零点变为同相零点 z_N。像前述一样，在电路做出反应和调整 M_{PO} 期间，C_O 提供和吸收快速的负载突变所需的电流。

1. 频率补偿

如大多数内部补偿电路一样，误差放大器极点 p_{OE} 为主极点。这里，PMOS 功率晶体管 M_{PO} 构成的反向增益 A_{PO} 乘以米勒电容 C_C 在 p_{OE} 频率时分流偏置晶体管 M_{B8} 的电阻 r_{ds8}（r_{ds8} 与带源极退化的 M_{C6} 管的电阻并联，因后者电阻很大，因此总的并联电阻

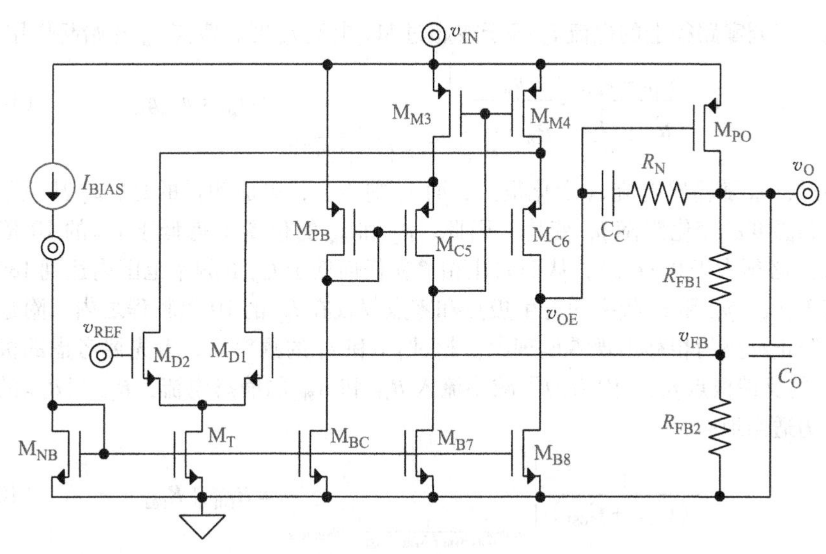

图 10.3 米勒补偿的 PMOS 低压差稳压器

近似等于 r_{ds8}）。因此，如果在 f_{0dB} 频率没有其他极点和零点的话，低频环路增益 A_{LG0} 在超过 p_{OE} 后线性递减，直至降到1，如图 10.4 所示，此时 f_{0dB} 频率应当为增益带宽积 $A_{LG0}\,p_{OE}$，大概为 $g_{m2}/2\pi$（C_C+C_{GDO}）：

$$\frac{A_{LG0}}{1+\frac{s}{2\pi p_{OE}}}\approx\frac{A_{LG0}}{\left(\frac{s}{2\pi p_{OE}}\right)}\approx\frac{g_{m2}r_{ds8}A_{PO}}{r_{ds8}\left[A_{PO}(C_C+C_{DGO})\right]s}\Bigg|_{f_{0dB}\approx\frac{g_{m2}}{2\pi(C_C+C_{DGO})}}\equiv 1 \tag{10.14}$$

紧接着就是输出极点 p_O。因为为了提供快速负载突变所需的电流从而使输出电压不会急剧下降，输出电容 C_O 应尽可能高，然而，对于内部补偿的稳压器来说，极点 p_O 出现在 C_O 与 M_{PO} 的 C_{DBO} 开始对二极管连接晶体管的电阻 $1/g_{mO}$（在较高频率处，电容 C_C 将 M_{PO} 的栅极与漏极短接，M_{PO} 构成二极管连接，其等效电阻近似等于 $1/g_{mO}$）分流时。因此，鉴于 C_C 和 C_{DGO} 在更低的频率处（即 p_{OE}）开始对它们的并联电阻分流，则，C_O 和 C_{DBO} 对 $1/g_{mO}$ 分流，产生极点 $g_{mO}/2\pi(C_O+C_{DBO})$：

$$\frac{1}{s(C_O+C_{DBO})}\Bigg|_{p_O\approx\frac{g_{mO}}{2\pi(C_O+C_{DBO})}\leq\frac{f_{0dB}}{10}}\equiv\frac{1}{g_{mO}} \tag{10.15}$$

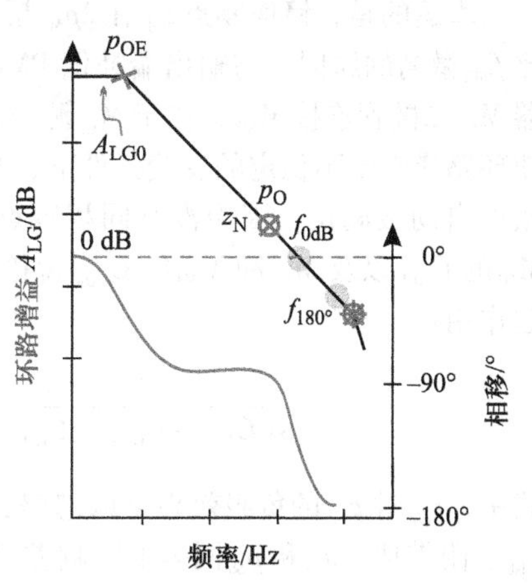

图 10.4 一个米勒补偿的 PMOS 稳压器的频率响应

调零电阻 R_N 必须足够高，这样不仅可以阻断流经 C_C 的反相前馈电流，同时可以把前馈零点移至 s 平面的左半平面。以这种方式，R_N 建立的零点 z_N 可以帮助抵消 p_O

的影响。当调零路径上的电流 i_R 等于或超过 M_{PO} 电流 i_{gm} 时，零点 z_N 开始起作用：

$$i_R = \frac{v_{sgO} - v_{sdO}}{R_N + \frac{1}{sC_C}} = \frac{v_{sgO}}{R_N + \frac{1}{sC_C}}\Bigg|_{z_N \approx \frac{1}{2\pi\left(R_N - \frac{1}{g_{mO}}\right)C_C} \approx p_O} \equiv i_{gm} = v_{sgO}g_{mO} \tag{10.16}$$

不过，p_O 随输出电流 i_O 变化很大，而 z_N 则不会，更加糟糕的是，z_N 甚至不会随着工艺和温度的变化跟随 p_O 变化。因此，p_O 和 z_N 的位置不得低于 f_{0dB} 的 10 倍频程（即 $p_{O(min)}$ 必须大于 $0.1f_{0dB}$），从而防止相移在任何低于 f_{0dB} 的频率范围内达到 180°。

高于 p_{OE}、p_O 和 z_N 频率的寄生极点和零点仅仅在 f_{0dB} 的 10 倍频程之内，附近的同相零点防止环路的相移出现雪崩现象。超过 p_O 和 z_N 的频率后，首先要考虑的极点是在 v_{FB} 处的反馈极点 p_{FB}，因为为了减小流入 R_{FB1} 和 R_{FB2} 的静态电流，$R_{FB1} || R_{FB2}$ 的值通常设计为适当地高：

$$\frac{1}{s(C_{GD1} + C_{GS1})}\Bigg|_{p_{FB} \approx \frac{1}{2\pi(R_{FB1} \| R_{FB2})C_{GS1}} \approx 10f_{0dB(MAX)}} \equiv R_{FB1} \| R_{FB2} \tag{10.17}$$

式中，C_{GD1} 的米勒效应很小，可以被忽略，这是因为 M_{D1} 的增益较低，R_{FB1} 和 R_{FB2} 为并行连接，因为频率超过 p_O（位于 v_O 处）后，C_O 已经短接这个电阻。

接下来需要考虑的是位于 M_{C5} 和 M_{C6} 源极的镜像和折叠点极点，因为电路里剩下的这些电阻的值大概为 $1/g_m$，这些节点包括了 C_{GS} 电容，它们的值为中等大小。当 C_{GS3}、C_{GS4}、C_{GD3}、C_{GD4}、C_{GD5} 和 C_{GD7} 开始分流 M_{M3} 的 $1/g_{m3}$ 电阻时，镜像极点 p_M 开始出现：

$$\frac{1}{s(C_{GS3} + C_{GS4} + C_{GD3} + C_{GD4} + C_{GD5} + C_{GD7})}\Bigg|_{p_M \approx \frac{g_{m3}}{2\pi(C_{GS3} + C_{GS4})} \approx 5f_{0dB}} \equiv \frac{1}{g_{m3}} \tag{10.18}$$

幸运的是，镜像零点 z_M 在 $2p_M$ 频率后开始抵消 p_M 的影响，这也是 p_M 的位置可以比 f_{0dB} 微高的原因。与输出端补偿 PMOS 稳压器的 M_{MD} 作用类似，共源共栅电流缓冲器 M_{C5} 二极管连接 M_{M3}，位于 M_{C5} 源极的极点 p_{S5} 必须和 p_M 重合或者超过 p_M，从而避免使环路暴露于不稳定的反馈条件下，当折叠极点 p_{S6} 必须为 f_{0dB} 10 倍频程以上时，这个条件自动被满足，因为没有同相零点来抵消它的影响。当 M_{C5} 和 M_{C6} 的 C_{GSC}，M_{D1} 和 M_{D2} 的 C_{GDD} 以及 M_{M3} 和 M_{M4} 的 C_{GDM} 短接 M_{C5} 和 M_{C6} 的源极电阻 $1/g_{mC}$ 时，$p_{S5,6}$ 的影响开始起作用：

$$\frac{1}{s(C_{GSC} + C_{GDM} + C_{GDD})}\Bigg|_{p_{S5,6} \approx \frac{g_{mC}}{2\pi(C_{GSC} + C_{GDM} + C_{GDD})} \approx 10f_{0dB}} \equiv \frac{1}{g_{mC}} \tag{10.19}$$

式中，r_{ds8} 对 g_{m6} 的负载效果可以忽略，因为在更低频率时位于 v_{OE} 的米勒电容已短接 r_{ds8}。附带地，p_{S5} 和 p_{S6} 同等地影响差动对信号的 1/2，所以它们对全差动对的总影响构成一个极点 $p_{S5,6}$。

最后需要考虑的零点是 M_{D1} 的反相前馈电容 C_{GD1} 产生的零点 z_{D1}，此时 C_{GD1} 的电流比 M_{D1} 的跨导电流 i_{gm} 大得多：

$$i_C = \frac{v_{gs1} - v_{ds1}}{sC_{GD1}} = \frac{v_{gs1}}{sC_{GD1}}\Bigg|_{z_{D1} \approx \frac{g_{m1}}{2\pi C_{GD1}} \geq 10f_{0dB(MAX)}} \equiv i_{gm} = v_{gs1}g_{m1} \tag{10.20}$$

z_{D1} 至少要比 f_{0dB} 高 10 倍频程，这通常不难实现，因为 C_{GD1} 很小。注意 M_{PO} 的反相前馈寄生电容 C_{GDO} 不包括限流电阻，因此 C_{GDO} 会引入另外一个右半平面零点 z_{PO}。幸运的是，z_{PO} 通常在非常高的频率，因为 C_{GDO} 的电流必须比 M_{PO} 的跨导电流大得多才能建立 z_{PO}，而 M_{PO} 的跨导电流很大。像 z_{FF} 在输出补偿 PMOS 稳压器中的情况一样，一个通过 R_{FB1} 的前馈电容可以引入一个靠近 f_{0dB} 的同相零点，该点可以增加相位裕度并小幅延伸 f_{0dB}，但这么做需要增加额外的硅片面积。

米勒补偿 LDO 的好处就是电路在输出电容 C_O 很大的变化范围内可以保持稳定。到现在为止所讨论的情况都假定 C_O 相对较小，从而保证 p_O 在 f_{0dB} 的 10 倍频程范围内。然而，考虑到增大 C_O 值会把 p_O 移向更低的频率，同时把 p_{OE} 移向更高的频率，这是因为把 v_O 处的电阻交流短接到地会减小 M_{PO} 的增益以及 M_{PO} 对于 C_C 和 C_{DGO} 的米勒影响，极点 p_{OE} 的位置会因此移动。事实上，如果 C_O 足够大的话，p_O 就成为主极点，因为在比等效米勒极点更低的频率上时，C_O 和 C_{DBO} 就已开始分流 r_{dsO}、R_{FB1} 和 R_{FB2}。

$$\left.\frac{1}{s(C_O + C_{DBO})}\right|_{p_O \approx \frac{1}{2\pi[r_{dsO} \parallel (R_{FB1}+R_{FB2})](C_O + C_{DBO})}} \equiv r_{dsO} \parallel (R_{FB1} + R_{FB2}) \tag{10.21}$$

C_C 和 C_{DGO} 短接 r_{ds8} 时，此时 v_o 近似接地，米勒极点 p_{OE} 就会产生：

$$\left.\frac{1}{s(C_C + C_{GDO})}\right|_{p_{OE} \approx \frac{1}{2\pi r_{ds8}(C_C + C_{GDO})} \geqslant \frac{f_{0dB}}{10}} \equiv r_{ds8} \tag{10.22}$$

当电阻 R_N 限制 C_C 的电流时,R_N 将产生一个同相零点 z_N：

$$\left.\frac{1}{sC_C}\right|_{z_N \approx \frac{1}{2\pi R_N C_C} \approx p_{OE}} \equiv R_N \tag{10.23}$$

经过这个频率点后，$C_C - R_N$ 路径的总阻抗减小至 R_N。在这些新的工作条件下，等效于交换 p_{OE} 和 p_O 的位置以及用 z_N 来抵消极点 p_{OE}，电路重新变得稳定，如图 10.4 所示的频率响应曲线。

最差的稳定性情况发生在当 C_O 为中等值（大约 500nF ~ 2μF），p_{OE} 和 p_O 十分接近时。然而，z_N 会增加相位裕度，同时为了适应负载导致的 p_O 频率变化环路增益通常较低，因此，可以在很大的 C_O 范围内维持稳定条件，尽管相位裕度在改变。p_{OE} 和 p_O 的角色转换等效于主极点在内部与外部进行了交换。不幸的是，米勒电容 C_C 和 C_{DGO} 前馈 v_{IN} 的纹波到 v_O，因为二极管连接 M_{PO}，可以把 v_{IN} 到 v_O 的耦合阻抗减小至大约 $1/g_{mO}$，这意味着这里的 PSR 比图 10.1 所示的输出端补偿的稳压器的要差。

2. 米勒放大器

一个高密度的 SoC 系统中大的米勒电容需要的硅片面积不但昂贵而且有时候也难以证明其合理性。采用有源倍乘电容虽然能够减小片上电容的面积却是有风险的，不过它们节省的面积则是十分有吸引力的。图 10.5 展示了如何利用和改进图 10.3 所示的低压差 PMOS 稳压器来倍增 C_M 和 C_X 对于 v_{OE} 处低频主极点的作用，其基本思想是使得电容的位移电流流经放大电流镜 $M_{B7A} - M_{B7}$ 和 $M_{B8A} - M_{B8}$，然后引导倍增后电流回到 v_{OE}。例如，电流镜 $M_{B8A} - M_{B8}$ 倍增 C_X 的电流 i_{CX}，经反馈倍增转换，将电流

$A_M i_{CX}$流回到 v_{OE}。这种方式，C_X 对 v_{OE}造成的总影响是 i_{CX}，即 $v_{oe}sC_X + A_M i_{CX}$，这意味着 C_X 的等效电容 C_{EQX}等于（$1 + A_M$）倍的 C_X：

$$i_{EQ} = i_{CX} + i_{B8} = i_{CX}(1 + A_M) \approx v_{oe}sC_X(1 + A_M) \equiv v_{oe}sC_{EQX} \tag{10.24}$$

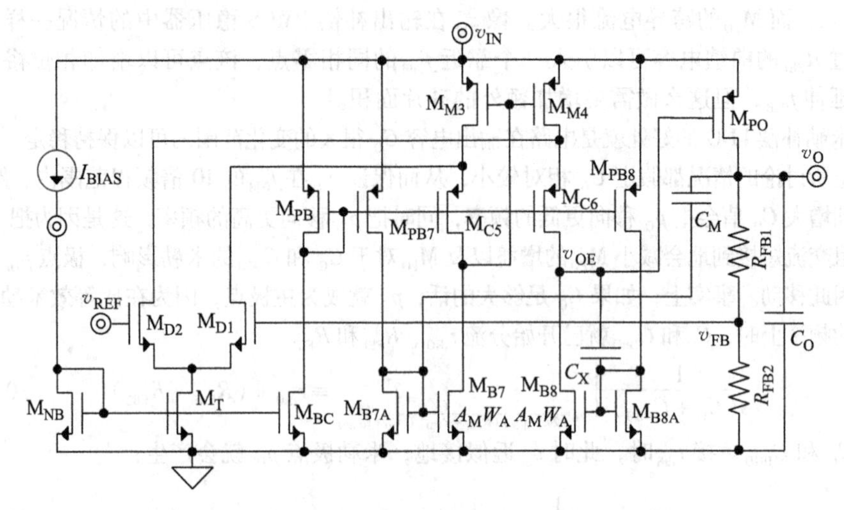

图 10.5 利用米勒乘积效应的 PMOS 低压差稳压器

类似地，电流镜 $M_{B7A} - M_{B7}$和 C_M 一起从 v_{OE}转移电流的速度与电容（$1 + A_M$）C_M 的速度相等。在这里，C_M 通过 $M_{B7A} - M_{B7}$和 $M_{M3} - M_{M4}$，而不是通过 $M_{B8A} - M_{B8}$，馈入电流到 v_{OE}，从而保证它对 M_{PO}的连接保持为同相，因为对于传统的米勒电容来说，它将提供从 v_O 到 v_{OE}的无反演的反馈。

通过倍增 C_C 这种方式，一个 2pF 的电容与一个增益为 10 的电流镜可以获得 20pF 的等效电容。然而，请注意，电流倍增器在其路径上有能量分流极点（Energy - shunting Pole），而传统的米勒电容是没有的；另外，电流镜中二极管连接的晶体管会有一个大小为 $1/g_m$ 的串联电阻，这个电阻会限制馈入到这个电容上的电流。这些非理想现象会在单位增益频率附近产生一个峰值效果，此时 C_X（图 10.5 中它被取为 2pF）会受到抑制，C_X 不是米勒电容（米勒电容有更短和更高带宽的路径）。通过增大 M_{B7}漏极 - 栅极两端的并联环路增益可以减小 M_{B7A}的 $1/g_m$ 从而抑制这种影响。在 M_{B7A}的漏极 - 栅极两端插入一个高带宽的同相放大器也可以增加这个环路增益。也许这里最明显的缺陷就是电流镜 $M_{PB7} - M_{PB8}$、$M_{B7A} - M_{B7}$和 $M_{B8A} - M_{B8}$会增加误差放大器 A_E 的输入参考失调。不幸的是，这些电流镜的复合失配会在 M_{B7}和 M_{B8}之间产生显著的电流失调，所以最终稳压器的整体精度会受到影响。

10.2 宽带稳压器

专用片上电源的低压差要求并不是必需的，因为系统其他部分所消耗的平均能量可能比该专用电源所供电的特定负载所消耗的能量要多得多。如果其他性能允许的话，以上论据可以释放低压差的要求，这十分重要，因为使用高压差的 N 型功率晶体管要比低压差的 P 型功率晶体管速度更快，也因此使得需要的片上电容面积更小。然而，压差电压有时会被净空限制到较低值，比如，当使用一个开关稳压电源为整个芯片供电时，为了减小它所供电的系统的高功率部分的功率损耗，开关电源的输出电压一般较低，而线性稳压器的电源输入正是来自于开关稳压电源的输出。

10.2.1　内部补偿的 NMOS 稳压器

对于静态功耗的考虑往往是高于一切的，图 10.6 的高压差（High - DropOut, HDO）稳压器使用 NMOS 功率管 M_{NO}，因为它的栅极不需要静态电流。这个设计还使用了 NMOS 差动对管 M_{D1} - M_{D2}将电流折叠馈入共源共栅对管 M_{C5} - M_{C6}，然后馈入一个 N 沟道电流镜 M_{M3} - M_{M4}。补偿电容 C_C 确保在 v_{OE}的误差放大器极点是低频主极点。由二极管连接的 M_{NB}的电阻 $1/g_{mNB}$限制 C_C 上的电流建立一个同相零点 z_C，从而抵消输出极点 p_O 的影响。使用 M_{NB}来引入一个零点比在 R_{FB1}处并联一个额外的同相前馈电容 C_{FF}更好，因为 C_{FF}需要更多的硅面积，另外，在全部温度范围和工艺角下，$1/g_{mNB}$可以跟踪 M_{NO}的源极电阻 $1/g_{mNO}$，而 $1/g_{mNO}$是极点 p_O 的构成成分。电容 C_C 通过 M_{NB}连接到地而非输入电源，是为了防止输入电源噪声通过 M_{NO}以电压跟随的方式耦合到输出 v_O。当发生快速的负载突变时，在 M_{NO}和外反馈环路响应负载变化之前的这段时间，输出电容 C_O 即使只有 pF 级，也会帮助提供或吸收负载电流。

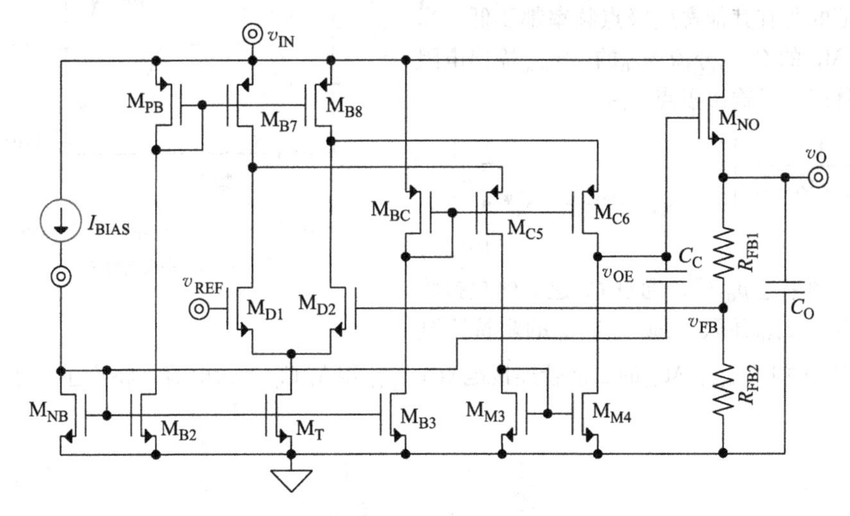

图 10.6　内部补偿的宽带 NMOS 稳压器

频率补偿

内部补偿的稳压器频率补偿的一般策略是：首先，把误差放大器 A_E 的输出设置为一个低频主极点 p_{OE}，如图 10.7 所示，p_{OE}是主极点因为 A_E 的增益设置节点在 v_{OE}处，此处电阻很高（为 r_{ds}或 r_o 或更高），其他所有节点包括输出节点 v_O 在内表现出较小的电阻约为$1/g_m$，v_O的极点p_O是系统的第二主极点，因为输出电容C_O较高。接着，就是把极点p_O置于系统单位增益频率f_{0dB}的10倍频程以内。第三步，就是在极点p_O处或者比其稍高的位置增加一个同相零点来抵消极点p_O的作用，把其他所有的寄生极点都置于f_{0dB}的10倍频程以上，同时使得固有的同相零点在其附近，从而防止环路相移遭受雪崩效应，稳定系统。这样，频率超过p_{OE}后，环路增益以恒定的增益带宽积$A_{LG0}p_{OE}$随频率线性下降，直到降低到1，所以单位增益频率f_{0dB}就是增益带宽频率，为$g_{m1}/2\pi(C_C+C_{GDNO})$：

$$\left.\frac{A_{LG0}}{1+\dfrac{s}{2\pi p_{OE}}}\approx\frac{A_{LG0}}{\left(\dfrac{s}{2\pi p_{OE}}\right)}\approx\frac{g_{m1}r_{ds4}}{r_{ds4}(C_C+C_{GDNO})s}\right|_{f_{0dB}\approx\frac{g_{m1}}{2\pi(C_C+C_{GDNO})}}\equiv1 \tag{10.25}$$

式中，M_{NO}的增益约等于1，M_{NO}的r_{ds4}比M_{C6}的漏极电阻小很多，f_{0dB}常常是我们的设计目标值。

只要硅片面积和电路板空间允许，就会尽可能将C_O设置高一些。因为，当负载快速突变时，C_O立刻吸收和提供全部的负载电流，这是因为功率晶体管M_{NO}的响应速度不可能快到能立即响应并提供和吸收所需的负载电流。因此，C_O建立的极点频率比电路剩下的所有其他寄生极点频率都要低。当C_O和M_{NO}的C_{GSNO}分流M_{NO}的$1/g_{mNO}$输出电阻时，就产生了输出极点p_O：

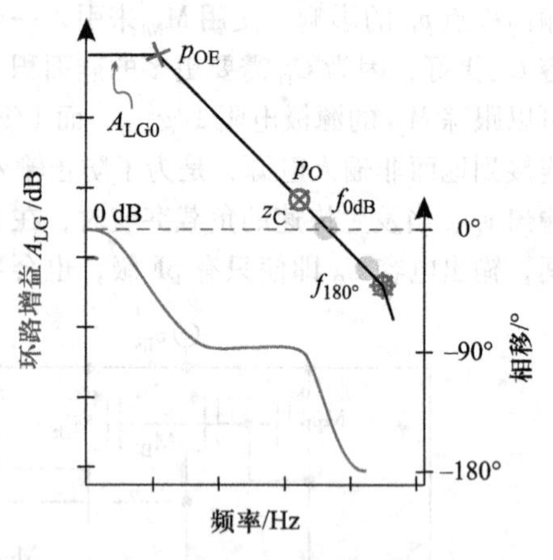

图10.7 一个内部补偿的NMOS稳压器的频率响应

$$\left.\frac{1}{s(C_O+C_{GSNO})}\right|_{p_{O(MIN)}\approx\frac{g_{mNO}}{2\pi(C_{O(MAX)}+C_{GSNO})}\geq\frac{f_{0dB}}{10}}\equiv\frac{1}{g_{mNO}} \tag{10.26}$$

式中，频率过p_{OE}后，通过C_C建立的短接将C_{GSNO}与$1/g_{mNO}$并联到地。当C_C的阻抗降到低于M_{NB}的$1/g_{mNB}$，M_{NB}的二极管连接电阻$1/g_{mNB}$限制C_C上的电流，将产生一个同相零点：

$$\left.\frac{1}{sC_C}\right|_{z_C=\frac{g_{mNB}}{2\pi C_C}\approx p_O}\equiv\frac{1}{g_{mNB}} \tag{10.27}$$

这个零点的目的是抵消极点p_O的作用。由于附近有零点z_C，极点频率p_O可以比f_{0dB}稍低。

在工艺角、最坏工作条件以及全部的负载变化情况下，匹配和关联p_O和z_C是极具挑战性的，因为极点p_O的位置会通过M_{NO}的g_{mNO}随着输出电流i_O的变化而移动。例如，假设输出电流i_O变化20倍，如从10μA～1mA，则会在g_{mNO}和p_O上产生10倍的变化，因为 g_{mNO} 随着输出电流 i_O 的升高以二次方根的方式升高。p_O 和 z_C 之间的不匹配会进一步加剧这种变化。因此，当 p_O 位于 z_C 的 10 倍频程以下时（即 $p_{O(min)} < z_C/10$），稳定性的要求会迫使 p_O 的位置不得低于 f_{0dB} 的 10 倍频程，即 $p_{O(min)} > f_{0dB}/10$。虽然不是显而易见的，在 z_C 可以恢复部分相位之前，如果在 f_{0dB} 以前使得相位太接近 180°，即使这个过程很短暂，也可能会增加在启动时 f_{0dB} 跨越到 180°相移频率区域的可能性，这个时候零极点以及 f_{0dB} 还没有达到它们的最终位置。

在极点 p_{OE}、p_O 和 z_C 之后，f_{0dB} 处仍然有小于 90°的相位裕度。所以，为了保持 f_{0dB} 的频率尽可能高，同时不需要太多的静态电流，如果在其他寄生极点频率附近有同相零点来防止雪崩相位响应，那么这些极点可以被置于 f_{0dB} 的 10 倍频程之内。在反馈极点 v_{FB} 处出现的极点是在 p_O 后首先出现的第一批极点之一，因为，为了减小静态电流，这里的电阻 $R_{FB1} || R_{FB2}$ 通常比较大，且电容因至少包括一个 C_{GS} 而为中等大小。当 C_{GS2} 和 C_{GD2} 分流 $R_{FB1} || R_{FB2}$ 时，反馈极点 p_{FB} 开始发挥影响：

$$\left.\frac{1}{s(C_{GS2}+C_{GD2})}\right|_{p_{FB}=\frac{1}{2\pi(R_{FB1}\parallel R_{FB2})C_{CS2}}\approx 10f_{0dB(MAX)}} \equiv R_{FB1}\parallel R_{FB2} \tag{10.28}$$

其中，M_{D2} 的 C_{GD2} 的米勒效应可以忽略，因为 M_{D2} 的增益很小，并且 R_{FB1} 和 R_{FB2} 是并联的，因为在比 p_{FB} 更低的极点频率 p_O 处已经把 v_O 处的电阻短接到地了。

电路里面的其他电阻都接近 $1/g_m$，所以下一个要考虑的极点是镜像极点 p_M 以及在共源共栅晶体管 M_{C5} 和 M_{C6} 源极处的折叠极点 p_{s5} 和 p_{s6}，因为它们对应的电容至少包含一个 C_{GS}。当 C_{GS3}、C_{GS4} 和 C_{GD5} 分流 $1/g_{m.NM1}$ 时，M_{M3} 就会建立一个大小约为 $g_{m3}/2\pi(C_{GS3}+C_{GS4})$ 的极点：

$$\left.\frac{1}{s(C_{GS3}+C_{GS4}+C_{GD4}+C_{GD5})}\right|_{p_M\approx\frac{g_{m3}}{2\pi(C_{GS3}+C_{GS4})}\approx 5f_{0dB}} \equiv \frac{1}{g_{m3}} \tag{10.29}$$

在 $2p_M$ 之后，镜像零点 z_M 抵消了 p_M 的影响，这也是它 p_M 的位置能够稍高于 f_{0dB} 的原因。当 M_{C5} 和 M_{C6} 的 C_{GSC}、M_{B7} 和 M_{B8} 的 C_{GDB}、M_{D1} 和 M_{D2} 的 C_{GDD} 分流 M_{C5} 和 M_{C6} 的源极电阻 $1/g_{mC}$ 时，折叠极点 p_{S5} 和 p_{S6} 开始起作用：

$$\left.\frac{1}{s(C_{GSC}+C_{GDB}+C_{GDD})}\right|_{p_{GS5,6}\approx\frac{g_{mC}}{2\pi(C_{GSC}+C_{GDB}+C_{CDD})}\approx 10f_{0dB}} \equiv \frac{1}{g_{mC}} \tag{10.30}$$

其中，M_{M4} 的 r_{ds4} 对 M_{C6} 的源极电阻 $1/g_{mC}$ 的负载影响是非常小的，因为在这些频率中，p_{OE} 已经把 r_{ds4} 短路了。虽然这些极点只包括一个 C_{GS}，不像 p_M 一样包含两个，但它们没有零点来进行抵消，因此它们必须在 f_{0dB} 的 10 倍频程以上。注意 p_{S5} 和 p_{S6} 同等地影响一半的差分信号，这样它们对于全差分响应的总效果是位于 $p_{S5,6}$ 的一个极点。

虽然功率晶体管 M_{NO} 的同相前馈电容 C_{GSNO} 的电容值相对较高，C_{GSNO} 引入的同相零点 z_{NO} 倾向于在较高的频率，这是因为 C_{GSNO} 的电流必须要远大于相对较大的由 M_{NO} 提供的跨导电流以对总体响应施加影响：

$$i_{\mathrm{C}}=\frac{v_{\mathrm{gsNO}}}{sC_{\mathrm{GSNO}}}\Bigg|_{z_{\mathrm{NO}}=\frac{g_{\mathrm{mNO}}}{2\pi C_{\mathrm{GSNO}}}\geq 5f_{\mathrm{0dB}}}\equiv i_{\mathrm{gm}}=v_{\mathrm{gsNO}}g_{\mathrm{mNO}} \tag{10.31}$$

但是，为了避免$f_{0\mathrm{dB}}$扩展到几个寄生极点所处的频率区域，确保z_{NO}始终稍高于$f_{0\mathrm{dB}}$很重要，除非C_{O}很低可以忽略不计（这是不寻常的），此时z_{NO}抵消p_{O}，则z_{C}必须稍高于$f_{0\mathrm{dB}}$。不管这一切，当C_{GD2}的电流超过g_{m2}的电流时，$\mathrm{M_{D2}}$的前馈电容C_{GD2}产生的反相零点z_{D2}必须至少保持高于$f_{0\mathrm{dB}}$10倍频程，因为z_{D2}会使这个反馈信号反相：

$$i_{\mathrm{C}}=\frac{v_{\mathrm{gs2}}-v_{\mathrm{ds2}}}{sC_{\mathrm{GD2}}}=\frac{v_{\mathrm{gs2}}}{sC_{\mathrm{GD2}}}\Bigg|_{z_{\mathrm{D2}}\approx\frac{g_{\mathrm{m2}}}{2\pi C_{\mathrm{GD2}}}\geq 10f_{\mathrm{0dB(MAX)}}}\equiv i_{\mathrm{gm}}=v_{\mathrm{gs2}}g_{\mathrm{m2}} \tag{10.32}$$

幸运的是，通常情况下C_{GD2}很低，所以保证z_{D2}远高于$f_{0\mathrm{dB}}$并不困难。

10.3 自参考稳压器

在所有工作温度下，稳压器的精度是最重要的性能指标，在这方面，虽然稳压器的输入参考失调起着关键作用，但参考电压v_{REF}也会带来很大的影响，把产生参考电压v_{REF}这个任务交给另一个电路通常是明智的做法，因为系统中其他电路同样需要一个精确的基准电压，这样它们就可以共享一个基准，从而减小硅片面积、功耗和测试时间。然而，在稳压器中，极为精确的基准其实不再具有价值，因为稳压器的输入参考失调的温度漂移会抵消精确的基准所带来的好处。使用一个专门的基准来校正这个误差通常会由于成本太高而不予考虑，这也是减小失调通常是最重要的任务的原因。

有些应用需要稳压器具有自参考的功能。因为有时我们并没有一个可以做全局参考的基准，例如，为了延长电池寿命而使用的功率跳模（Power－moding）通常会一次关闭包括基准在内的几个功能模块，但是并不一定会关闭供电电源电路。其他的一些应用需要自参考稳压器仅仅是因为唯一的基准位于片外，而为此分配一个引脚和增加额外的占板空间的成本则过于昂贵。

10.3.1 零阶温度无关性

在线性稳压器中，并非每个性能指标都要求与温度无关，比如说压差电压就不一定需要与温度无关。仅仅是为了成就感而设计性能过高的电路不但增加了硅片面积、功耗和风险，而且常常是没有任何必要的。不管具体的应用要求是什么，为了使得设计的电路能够在标准或扩展商用温度范围内（0～85℃和－40～125℃）正常工作，了解性能参数对于温度的依赖性都是十分重要的。为此目的，泰勒级数展开很有帮助，因为它描述了性能参数随温度的零阶、一阶、二阶及高阶的关系：

$$p_{\mathrm{X}}=\sum_{A=0}^{N}K_{\mathrm{A}}T^{\mathrm{A}}=K_0+K_1T^1+K_2T^2+\cdots+K_{\mathrm{N}}T^{\mathrm{N}} \tag{10.33}$$

式中，p_{X}是任意参数；T是温度；K_0、K_1、K_2等分别是零阶、一阶、二阶及更高阶的系数。比如，一个完全与温度无关的基准其一阶及高阶系数均为零。根据惯例，只有当一阶和二阶系数为零时，才称此参数与温度二阶无关，此时，参数与温度的相关性较小。类似地，当一阶温度系数不为零且不可忽略，不管有无高阶项，均称此参数为零阶温度无关，不具有温度无关性的自参考稳压器就属于此类。

二极管或基极-发射极电压、栅极-源极电压和齐纳二极管电压都是非常有用的零阶基准电压，因为它们在工艺角下产生的电压基本是可以预测的。然而，在现代稳压器的应用中，齐纳电压相比基极-发射极电压以及栅极-源极电压，由于其电压高达 5~8V，不太实用，因为它们通常要高于工艺的击穿电压（现在的工艺技术一般在 1.8 ~5V）。因此，像如图 10.8 所示的那样，可用一个基极-发射极电压或一个栅极-源极电压（图中的 Q_E 的 v_{BE} 和 M_E 的 v_{GS}）通过功率晶体管（Q_{NO} 或 M_{NO}）以并联反馈的方式调整电阻分压器转换的电压（v_{BE}（R_{FB1} +R_{FB2}）/R_{FB2} 或 v_{GS}（R_{FB1} +R_{FB2}）/R_{FB2}）来获得稳压器的输出电压 v_O 是一种非常流行的设计不具有温度无关性的自参考稳压器的方法。

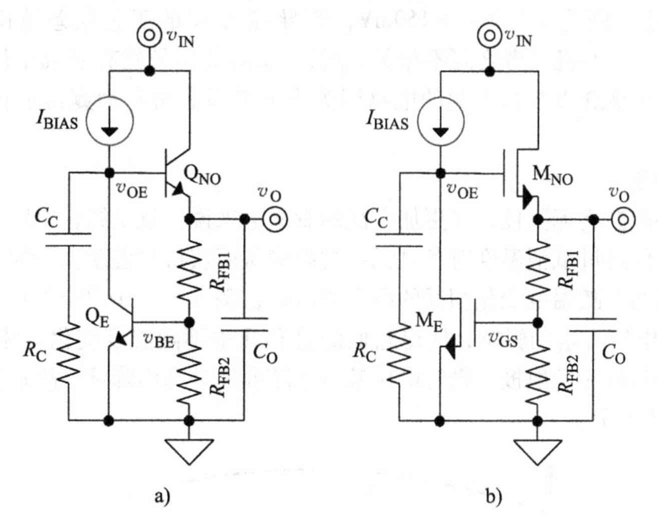

图 10.8　a）自参考零阶 NPN 稳压器和 b）自参考零阶 NMOS 稳压器

在图示的电路中，Q_{NO} 和 M_{NO} 构成了输出电阻较低的高压差功率器件。因为端电阻较低，输出极点 p_O 是非主极点，但是因为输出电容 C_O 十分重要，并且为了应对快速负载突变，其值应取中、高值，补偿电容 C_C 把 Q_{NO} 的基极和 M_{NO} 的栅极极点 p_{OE}（位于 v_{OE} 处）拉到较低频率处，从而确保在温度范围和工艺角下 p_{OE} 为主极点。位于 v_{BE} 和 v_{GS} 处的反馈极点 p_{FB} 频率还不够高，不可忽略，因为 Q_E 的 C_π 和 M_E 的 C_{GS} 以及反馈电阻 R_{FB1} 和 R_{FB2} 的阻值都为中、高值，这是为了保持低静态电流的需要。引入 R_C，限制 C_C 上的电流，从而产生一个同相零点，以抵消极点 p_O 和 p_{FB} 的联合影响。注意，在此结构中，基准晶体管 Q_E 和 M_E 同时也执行误差放大器 A_E 的功能。

10.3.2 温度补偿

1. 栅极-源极电压

考虑温度无关性会增加电路的复杂性，尽管不是要达到绝对与温度无关。最简单的做法是找到一个本来就不随温度变化的电压或电流，但是这样的电压或电流实际中并不存在。然而，栅极－源极电压 v_{GS} 可以分解为阈值电压 v_T 以及漏极－源极饱和电压 $V_{DS(SAT)}$，而后者在其分母中含有跨导参数 K' 的影响：

$$v_{GS} = v_T + V_{DS(SAT)} = v_T + \sqrt{\frac{2i_D}{K'\left(\frac{W}{L}\right)}} \tag{10.34}$$

有意思的是，v_T 的零偏置阈值电压 V_{T0} 和跨导参数 K' 都随温度升高而减小，这意味着前者使得 v_{GS} 随温度升高而减小，而后者使得 v_{GS} 随温度升高而增大。由于 MOSFET 的漏源电流 i_D 和宽长比 W/L 决定跨导参数 K' 温度漂移对 v_{GS} 的影响，所以，存在一个最优的电流密度 $i_{D/(W/L)}$ 设计使得 V_{T0} 对 v_{GS} 的温漂被完全抵消。因此，图 10.8b 也展示了一个与温度无关的输出，但是仅当 $I_{D/(W/L)}$ 处于最好处时才成立。实际中，由于的 V_{T0} 工艺偏差范围为 ±100 ~ ±150mV，跨导参数 K' 的工艺偏差范围为 ±15% ~ ±25%，都很大，并且二者之间不相关，所以 v_{GS} 的漂移虽然有所减小但仍然远大于零。但是，这个概念以及基于此的电路因为十分简单和可靠而赢得了很多设计师的偏爱。

2. 带隙方法

增加电路的温度无关性，在更加广泛的意义上来说，就是结合使用一些具有互补温度效应的元件通过抵消温度对各自元件的影响从而获得与温度无关的模块。最实用的方法是找到两个随温度变化相反的电压或电流，例如，一个 PTAT 电压 v_{PTAT} 可以抵消一个 CTAT 电压 v_{CTAT} 的影响，使得它们的总和几乎不随温度变化，像图 10.9 所示的那样。因为基极－发射极二极管电压基本上随温度升高而降低，故常被用作基准电压 v_{REF} 的 CTAT 部分。

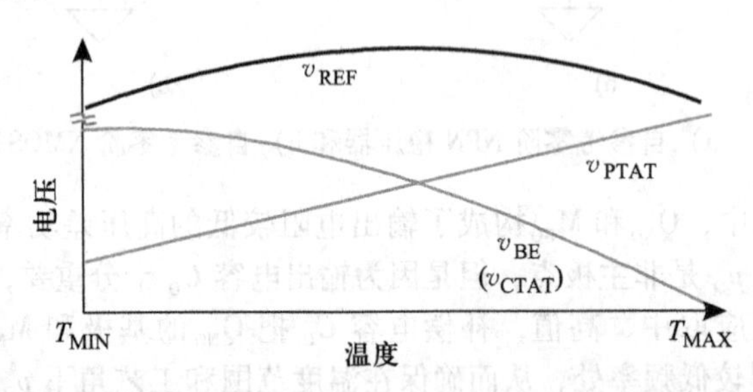

图 10.9　用温度特性互补的两个电压 v_{PTAT} 和 v_{CTAT} 产生一个与温度无关的基准电压 v_{REF}

组成基准的两个成分的温度特性不一定必须是线性的才能提供一个几乎恒定的输出，只要它们能够互相抵消温度的影响就可以了。不随工艺角、管芯与管芯、晶圆与晶圆、批次与批次变化而变化的电压或电流极为重要，因为更好的容差性能最终还是比具有被认为是高精度的温度无关性和可预测性的基准更为重要。有趣的是，二极管电压 v_D 和基极－发射极电压 v_{BE} 在不同工艺角下的变化相对于栅极－源极电压要低，后者的阈值电压变化较大。

PN结电压一般以大约 -2.2mV/℃的速度随温度的升高而降低。因为它的线性部分远大于其高阶项，二极管电压常与PTAT电压互补，这是它被称为具有温度互补特性CTAT的原因。最终，虽然补偿后的基准电压 v_{REF} 在大多数温度范围内都是平坦的，但 v_{BE} 的高阶成分还是体现在图10.9所示的曲线上，只不过需要用更小的尺度才能观察到。

使用 v_{PTAT} 和 v_{CTAT} 互相抵消一阶成分来实现温度无关性基准被称为一阶温度补偿（First-order Compensation），如图10.9所示。而减小高阶成分则被称为曲率校正（Curvature Correction），温度漂移可以做到20~100ppm/℃，而一阶温度补偿一般需要通过修调才可以做到。然而，尽管曲率校正在理论上很理想，但实际中，塑料封装中用来减小塑料热膨胀系数的填充物会在电路中引入未经补偿的、不相关的失调，从而使得曲率补偿的努力白费。最终，只能把一阶补偿基准的性能提高一点点而需要增加额外的电路以及考虑到修调带来的复杂性，这样的努力并不一定值得。

带隙基准是一个使用非常普遍的电路，它的核心是用一个PTAT电压 v_{PTAT} 去补偿一个二极管电压 v_D 或基极-发射极电压 v_{BE} 固有的CTAT特性，命名为带隙是因为二极管电压的零阶温度项是硅的带隙电压，这也是在绝对零度二极管电压为1.2V的原因。另外，更为重要的是，因为被用来补偿 v_D 或 v_{BE} 的PTAT电压没有零阶项，即在绝对零度下 v_{PTAT} 等于零，因此，在抵消一阶及高阶成分后，基准电压只剩下了二极管电压 v_D 的零阶成分，故带隙电路产生的基准电压 v_{REF} 也大约只有1.2V。一般而言，同样的原则适用于二极管和PTAT电压产生的电流，只不过此时的带隙电压通过跨阻转换变成一个由电阻定义的电流。类似地，二极管电压和PTAT电压按一定比例结合可以产生远小于1.2V带隙电压的基准电压，可以在0.2~1V范围。无论以何种比例和何种电路结合方式来实现，任何使用二极管电压和PTAT电压来产生基准电压的都遵循带隙方法，即使是应用于稳压器的核心也是如此。

如果没有PTAT部分 v_{PTAT}，二极管电压 v_D 可能没有用处，但有趣的是二极管自身可以产生PTAT电压，这是因为二极管电流 i_D 的指数部分包含有热电压 V_t，而热电压随温度升高线性升高：

$$i_D = I_S\left[\exp\left(\frac{v_D}{V_t}\right) - 1\right] \approx I_S\exp\left(\frac{v_D}{V_t}\right) \tag{10.35}$$

解出 v_D 得到

$$v_D \approx V_t\ln\left(\frac{i_D}{I_S}\right) \tag{10.36}$$

式中，反向饱和电流 I_S 与PN结的横截面积（就BJT而言，是发射极-基极结面积）成正比，因此，两个结面积成比例的匹配二极管在通过匹配或成比例匹配的电流下，它们的电压差可以产生随温度线性变化的、可预测的、可靠的、一致的PTAT电压：

$$v_{PTAT} = \Delta v_D = v_{D1} - v_{D2} \approx V_t\ln\left(\frac{i_{D1}I_{S2}}{I_{S1}i_{D2}}\right) = V_t\ln(C_I C_A) \propto T \tag{10.37}$$

式中，i_{D1} 是 i_{D2} 的 C_I 倍；I_{S2} 的面积 A_2 是 I_{S1} 的面积 A_1 的 C_A 倍。

上述讨论的一个重要的结论是：电流密度 i_D/A_D 成比例的二极管电压或基极-发

射极电压差 Δv_D 或 Δv_{BE} 产生一个 PTAT 电压 v_{PTAT}。例如，图 10.10 所示的核心电路就利用了这个基本原理，将一个电阻 R_P 插入到本来两个基极 - 发射极电压是相等的通路中，这样，通过 R_P 上的电压就是 Q_{P1} 和 Q_{P2} 的基极 - 发射极电压差，这个电压差 Δv_{BE} 与温度成正比，只是因为连接到 Q_{P1} 和 Q_{P2} 的电流镜 $M_{M1}-M_{M2}$ 强迫它们的电流密度保持为恒定的比例。这个 PTAT 核心电路同样也成为当今大多数偏置电流产生电路的基础。

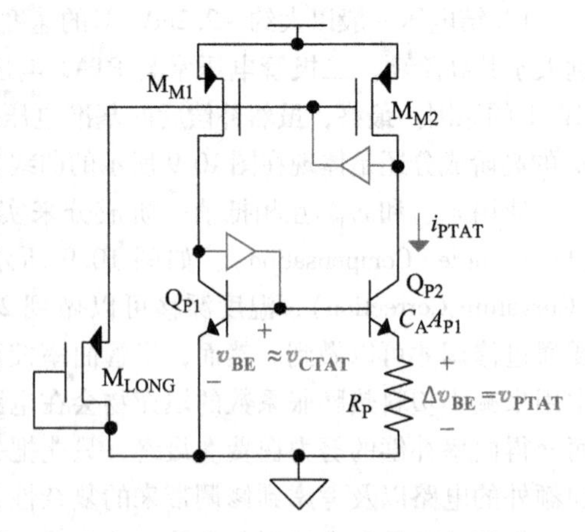

图 10.10　产生 PTAT 的核心电路

虽然不总是如此，产生 PTAT 电压的核心电路中，将其中一个 BJT 和一个镜像晶体管直接进行二极管连接是很典型的做法。实现这个核心电路更一般的做法是：用其他电路来实现对它们的二极管连接，这个电路还可以同时实现以下目的：对电压进行水平移位或者提高调节环路的增益。为了改善匹配性能，电流镜的增益比一般设为 1，因为更低的增益分布会导致更小的电流失配。基于类似的原因，用多个大小相同的 BJT 来实现发射极面积比，例如，匹配 BJT 的面积比为 8 十分流行，就是因为用 8 个器件包围 1 个器件构成一个模块或一个共质心阵列可以均匀化和匹配通过芯片的二维梯度。当精度不是很重要时，2 倍发射极面积比也很流行，因为仍然可以采用共质心版图实现，虽然有些模块化特性丧失，并会遭受一些外围效应的影响。

有趣的是，这个 PTAT 产生的电路存在两个稳态，因为电路传导等于 v_{PTAT}/R_P 的 PTAT 电流 i_{PTAT} 与电路中不导通电流（即导通电流为零）是一样的。换言之，电流镜提供比例电流，Δv_{BE} 电路保证这个电流是 PTAT 电流或者是零电流，后者出现在电流镜关闭因而 Δv_{BE} 电路不工作的情况下。为了防止零电流状态，一个启动电路通常对此电流或等效的电压采样，然后与一个额定阈值比较，通过对电路提供或吸收额外电流的方式保证它始终在阈值之上。有时这个启动电路仅仅是一个很小的持续流动到一个二极管连接晶体管的电流，如图 10.10 中的长沟道 MOSFET M_{LONG} 就是被用来实现此目的的。这样，镜像电流不可能为零，而这个电流镜及与其连接的 BJT 对管构成的正反馈环路将把这个电流锁存到预定状态。

3. 带隙转换

由二极管构成的零阶稳压器和它对应的一阶稳压器的唯一区别是在输出 v_O 中包含了一个 PTAT 成分。例如，考虑图 10.8a 所示的自参考零阶稳压器和图 10.10 所示的 PTAT 电流源核心电路相结合产生一个如图 10.11 所示的一阶电路。此电路的基本思想是：在输出 v_O 中包含一个 PTAT 电压 $\Delta v_{BE}R_{FB1}/R_P$，该电压是 Q_{P3} 通过吸收自 Q_E 的基极节点到地的一个镜像的 i_{PTAT} 电流来实现的，用这种方法，R_{FB2} 上电压降落 v_{BE}，R_{FB1} 上同时导通 R_{FB2} 的 v_{BE}/R_{FB2} 电流与 Q_{P3} 的 i_{PTAT} 电流，它们一起建立了一个包含 v_{BE} 的

CTAT 成分和 Δv_{BE} 的 PTAT 成分的输出电压 v_O：

$$v_O = v_{BE} + \left(\frac{v_{BE}}{R_{FB2}} + i_{PTAT}\right)R_{FB1} = v_{BE} + \left(\frac{v_{BE}}{R_{FB2}} + \frac{\Delta v_{BE}}{R_P}\right)R_{FB1}$$
$$= v_{BE}\left(1 + \frac{R_{FB1}}{R_{FB2}}\right) + \Delta v_{BE}\left(\frac{R_{FB1}}{R_P}\right) \tag{10.38}$$

在这种情况下，产生 PTAT 的核心电路也可以作误差放大器的电流镜和偏置，基准晶体管 Q_E 通过镜像器件 M_{M3} 导通 PTAT 电流 i_{PTAT}。

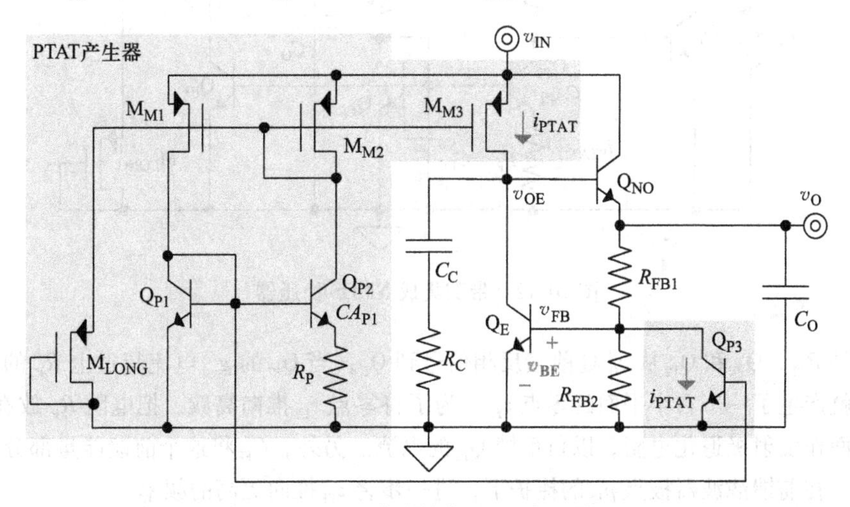

图 10.11　带隙转换 NPN 稳压器

4. 基准集成

同样主题的另外一个变种是把 PTAT 核心电路集成到图 10.8b 所示的自参考零阶 NMOS 稳压器的负反馈网络中，如图 10.12 所示。和前述一样，这个核心电路从 Q_E 的基极节点拉一个 PTAT 电流通过电阻 R_{P2} 建立一个 PTAT 电压 v_{PTAT}，叠加到 Q_E 的基极 - 发射极 v_{BE}。这样，v_O 中的 v_{BE} 和 v_{PTAT} 互相补偿温度漂移：

$$v_O = v_{BE} + i_{PTAT}R_{P2} = v_{BE} + \Delta v_{BE}\left(\frac{R_{P2}}{R_P}\right) \tag{10.39}$$

在此情况下，电路核心部分的 R_{P1} 和 R_{P2} 相互匹配并构成一个电流镜，因为它们上的电压等于 $v_O - v_{BE}$，其中，Q_{P1} 和 Q_E 的基极 - 发射极电压相等，因为 Q_{P3}、M_{PB} 和 M_{BE} 的电流镜折叠，从而迫使 Q_E 和 Q_{P1} 具有相同的电流密度。长沟道 PFET 启动管 M_{LONG} 从二极管连接的 M_{PB} 拉一个电流以保证 M_{BE} 因此 M_{NO} 不会关断。

就稳定性而言，C_C 将 v_{OE} 的极点 p_{OE} 拉向低频，以 p_{OE} 保证是反馈环路的主极点，然后，R_C 限制 C_C 上的电流以建立一个同相零点 z_C，从而消除输出极点 p_O 和位于 Q_E 的基极 v_{FB} 的反馈极点 p_{FB} 在系统的单位增益频率处对相位响应的雪崩效应。像前述一样，在快速负载突变期间，稳压器来不及提供负载电流，此时由 C_O 来提供。PTAT 核

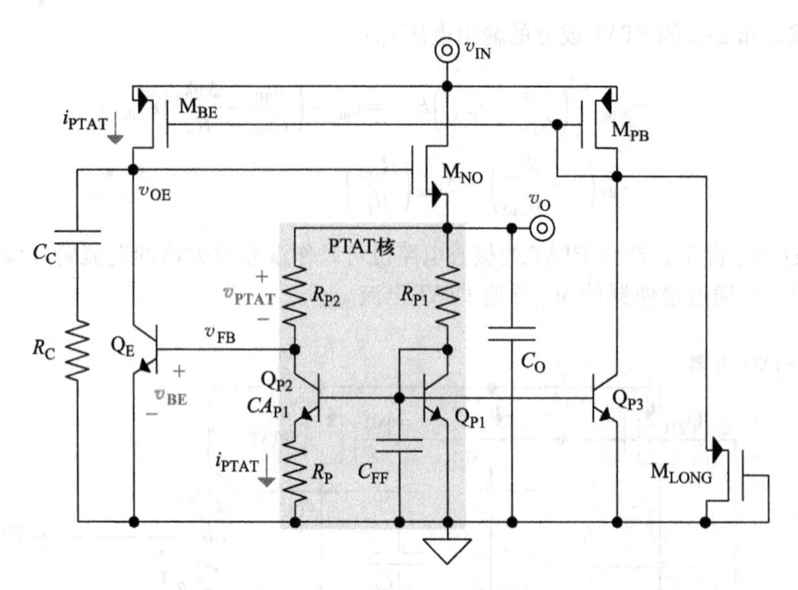

图 10.12　带隙集成 NMOS 稳压器

的元件 R_{P1}、Q_{P1} 和 Q_{P2} 从 v_O 处前馈反相信号到 Q_E，当 Q_{P2} 的 g_{m2} 电流超过上 R_{P2} 的电流时，就产生了一个右半平面的零点 z_{FF}。为了将零点 z_{FF} 推向高频，把电阻 R_P 放在 Q_{P2} 的下面作发射极退化电阻，以负反馈 Q_{P2} 的电流。另外，C_{FF} 将这个前馈能量部分分流到地，在前馈滤波器极点 p_{FF} 的掩护下，进一步将 z_{FF} 推向更高的频率。

在这个 PTAT 核中双前馈通路增加了设计的灵活性，因为反转主通路的极性相当于把 R_P 移动到 Q_{P1} 这一侧并位于它的下面。这种极性的反转正是图 10.13 所示的低压差 PMOS 转换所需要的，而与其相对应的低压差 NMOS 转换则不需要。电路里的另一个变化就是补偿，C_C 现在就能够享受到米勒效应带来的好处了，而 R_C 则通过 M_{PO} 将前馈反相零点移到左半平面。Q_{P1} 和 Q_{P2} 的基极反馈极点 p_{FB} 现在是主环路中部分，除非 p_{FB} 位于高频处，因为 Q_{P1} 的二极管电阻 $1/g_m$ 较低，R_P 也只有低到中等大小（10 ~ 60kΩ）。Q_{P2} 的 C_μ 也会引入一个反相前馈通路，但它导致的右半平面也位于高频，因为 C_μ 较低，而且 Q_{P2} 的指数变化特性产生一个很高的跨导。

图 10.10 所示的 PTAT 核的基本思想是在一个包括两个 BJT 的基极 - 发射极电压的电压环路中插入一个电阻 R_P，从而使得 R_P 上的电压是与温度成正比的电压 Δv_{BE}。只要维持这些晶体管的电流密度比不变，R_P 在这个环路中的位置并不重要，因为它不会改变 Δv_{BE}。图 10.14 通过把从发射极退化电阻位置移动到两个晶体管的基极位置可以达到同样的效果，R_P 仍然在这个环路之中，只不过现在是在两个基极之间。因此，R_P 上的与温度成正比的电流产生一个电压降，并通过 R_{P2} 产生一个放大 Δv_{BE} 的与温度成正比的电压 v_{PTAT}，这两个电压一起去抵消 v_O 中的 Q_{B1} 的基极 - 发射极电压的 CTAT 趋势，从而产生一个带隙电压：

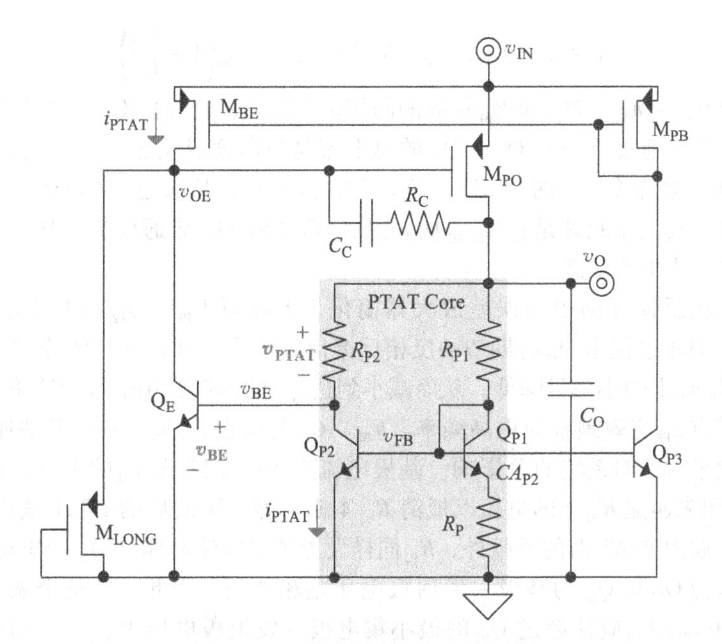

图 10.13　带隙集成 PMOS 稳压器

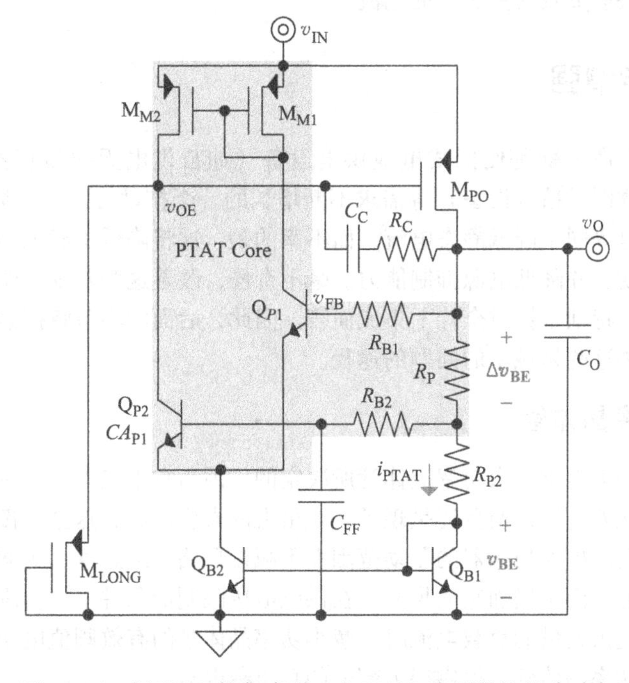

图 10.14　把 PTAT 核集成到一个 PMOS 稳压器的差动对中

$$v_O = v_{BE} + i_{PTAT}(R_P + R_{P2}) = v_{BE} + \Delta v_{BE}\left(1 + \frac{R_{P2}}{R_P}\right) \tag{10.40}$$

这里，$M_{M1}-M_{M2}$、M_{PO}和R_{B1}构成的同相缓冲器二极管连接Q_{P1}，电流镜$Q_{B1}-Q_{B2}$输出尾电流保证通过差动对$Q_{P1}-Q_{P2}$的总电流是与温度成正比的恒定电流，电流镜$M_{M1}-M_{M2}$强制电流等分在两个 BJT 之间。如前述一样，长沟道 PMOS 管M_{LONG}保证电路不会关断，其工作原理是：M_{LONG}从v_{OE}拉电流导致M_{PO}导通电流，从而启动电路，防止电路进入零电流状态。

现在，在反馈环路中的误差放大器简化为差动对$Q_{P1}-Q_{P2}$和 P 型电流镜负载$M_{M1}-M_{M2}$，只不过仅由Q_{P1}将期望的反相反馈信号传导回到功率晶体管M_{PO}。幸运的是，R_P使得v_O上的小信号降低，从而减小到达Q_{P2}的前馈异相信号，这将Q_{P2}建立的右半平面零点z_{FF}有效地推向更高频率。$R_{B2}-C_{FF}$的极点p_{FF}进一步对前馈通道滤波以减小前馈信号对反馈系统的总影响。基极电流产生一个跨越R_{B2}的电压，位于Q_{P1}基极的R_{B1}被用来匹配R_{B2}上的电压以抵消R_{B2}本来可能对更改后的 PTAT 核产生的任何影响。除了放大 PTAT 对的贡献外，R_{P2}同样设置了尾电流晶体管Q_{B2}的集电极 - 发射极电压，因为Q_{P2}与Q_{B1}的基极 - 发射极电压是相似的。因此，在整个温度范围内，R_{P2}上的电压$i_{PTAT}R_{P2}$应该超过Q_{B2}的最小集电极 - 发射极电压$V_{CE(MIN)}$。与前述一样，C_C、R_C和C_O分别将v_{OE}的极点p_{OE}拉向更低的频率，将C_C的前馈零点z_C拉到左半平面，并且提供快速负载突变所需的电流。

10.4 性能增强

延长工作寿命无疑是便携式电池供电设备（如自供电无线传感器、智能手机、平板电脑、生物医学植入设备）等需求不断增长的一个推动力。除了降低压差电压，延长工作寿命也等同于降低静态电流，而不幸的是，这将降低负载范围、延长响应时间、降低准确度，并降低电源抑制能力。毫不奇怪，改善这些基本性能参数是业界备受关注的话题，特别是针对全片上集成而言。因此，后面的小节将探索增强稳压器性能以更好地解决这些领域中的问题的途径。

10.4.1 功率晶体管

稳压器的许多需求是由功率晶体管所决定的，因为它不仅设置了驱动负载范围和相应的电路的压差电压，而且还呈现了一个很大的寄生电容，这会减慢反馈回路响应负载变化的速度。扩大稳压器的驱动范围而不减慢环路响应速度，等同于提高功率开关的栅极驱动能力而不增加它的尺寸。在供电电压限制的条件下，实现这一目标的方法是：当需要提供大量的负载电流时，减小功率晶体管的有效阈值电压；添加一个位于环路外的从功率晶体管，提供很大部分的总负载电流。

1. 体极电压增高法

虽然低阈值电压器件可以提供更高的电流，但是在待机状态下它也会有更多的电

流泄漏，特别是在高温下，这会消耗电池能量，缩短产品的单次充电使用时间。还有一种方法是：通过 PMOS 晶体管的源极－体极按需正向偏置 PN 结，以在有需求时降低 PMOS 器件的阈值电压的$|v_{TP}|$，这样，当负载较重时，更低的阈值电压$|v_{TP}|$使得晶体管的栅极驱动 $v_{SG}-|v_{TP}|$（简称为 v_{SGT}）升高，同时，轻负载下，较高的$|v_{TP}|$使得晶体管仍然具有较低的泄漏电流：

$$v_{SGT}=v_{SG}-|v_{TP}(v_{SB})|\propto-\sqrt{v_{SB}}=-\sqrt{i_{DS}R_{B1}}\propto-\sqrt{i_{DO}} \tag{10.41}$$

为了实现这种按需特性，图 10.15 中的 M_{PS}从 M_{PO}的漏极电流 i_{DO}中感测和镜像一个极小的电流流入到 Q_{S2}中，经过缓冲进入到 M_{M1}和 M_{M2}电流镜中，$M_{M1}-M_{M2}$的输出从 R_B 和 R_{B2}中拉 M_{PS}的电流 i_{DS}从而通过 R_{B1}建立一个源极－体极电压 v_{SB}，该电压随 M_{PO}的 i_{DO}线性增加并且当 i_{DO}很低时其值接近于零。Q_{S1}和 Q_{S2}基极耦合对的目的是保证 M_{PS}和 M_{PO}的源极－漏极电压近似相等，这样，这两个晶体管将工作在相同的工作区，要么同时工作在饱和区，要么同时工作在晶体管区。

用一个栅极信号 v_B 驱动功率晶体管的体极也可以通过位于稳压器反馈回路中的 M_{PO}构成一个同相前馈通路，然而，前馈体增益（Bulk Gain）通常远低于它的栅极驱动增益，因为源极－体极的跨导 g_{mb}本质上比源极－栅极跨导 g_m 低。另外，在体极驱动电路中的肖特基二极管是前馈通路的负载，它会降低前馈通路的增益，这意味着同相零点不那么明显。有趣的是，感测管 $Q_{S1}-Q_{S2}$、电流镜 $M_{M1}-M_{M2}$和 M_{PO}一起也构成了一个关于 v_O 的负反馈环路，然而，由于 M_{PS}对 Q_{S2}的发射极退化作用，Q_{S2}、$M_{M1}-M_{M2}$和 M_{PO}的 g_{mb}一起对小信号的放大作用不足以对稳压器基于基准电压调整输出电压 v_O 的反馈动态响应产生任何显著的影响。

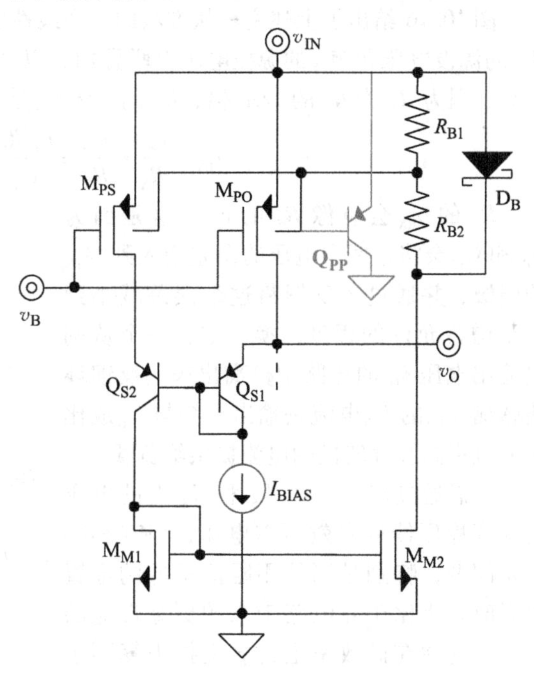

图 10.15　在 PMOS 稳压器中加入降低阈值电压的体极驱动电路

就功能而言，电流感测管 $Q_{S1}-Q_{S2}$保证 M_{PS}和 M_{PO}的漏极－源极电压一阶匹配，所以当电路工作在压差区条件下，此时 M_{PO}进入到晶体管区，它们的镜像比仍然不变。电流镜 $M_{M1}-M_{M2}$复制 M_{PS}的感测电流 i_{DS}，并从体极驱动电路中拉入。然后，R_{B1}和 R_{B2}从肖特基二极管 D_B 的电压中分压，并将 R_{B1}上的电压限制在正向偏置 M_{PO}的源极－体极所需的电压上。为了防止 M_{PO}中的寄生纵向 PNP BJT Q_{PP}激活并从输入电源 v_{IN}中吸入电流到衬底中，限制 v_{SB}电压使其远低于一个二极管电压是很重要的。用这种方法来提高 M_{PO} 的源极 - 体极电压，能够将一个尺寸为 2000/1、阈值电压为 0.9V 的 PMOSFET 从 1.2V 的输入电源中获得的功率从 20μA 扩展到大约 500μA。同样，给这个晶体管的源极 - 体极施加 500mV 的电压，可以在 200μA 情况下将压差电压从 60mV 减小到 20mV。

2. 主—从功率晶体管法（Master - Slave Approach）

另一种不增加控制回路中功率晶体管的尺寸情况下，增强低压差 PMOS 稳压器驱动能力的方法是：在环路外增加一个辅助功率器件 M_{PX}。基本的想法是引入一个从晶体管 M_{PX}，从 M_{PO} 中自然而然地获取控制权。这样，M_{PX} 的栅极或基极处于主回路之外，M_{PX} 提供电流作为 M_{PO} 提供电流的补充，一起驱动负载。因此，从晶体管提高了稳压器总的输出电流，而没有在 M_{PO} 的驱动缓冲器呈现额外电容，即没有降低系统对快速负载突变的响应速度。

（1）线性从功率晶体管（Linear Slave）

图 10.16 给出了上述主—从方法的一个线性实施例，基极耦合差动对 Q_{P1} 和 Q_{P2} 将 M_{PO} 的源极电压和 M_{PX} 的源极电压串联叠加，以强制 R_X 上的电压降与 R_S 上的电压降相等，因为 R_X 为 R_S 的 $1/A_I$ 倍，R_X 的电流 i_{DX} 是 M_{PO} 和 R_S 的电流 i_{DO} 的 A_I 倍：

$$i_{DX} = \frac{v_{RX}}{R_X} \approx \frac{v_{RS}}{R_X} = \frac{i_{DO} R_S}{R_X} = A_I i_{DO} \tag{10.42}$$

R_X 的 v_{RX} 会镜像 R_S 的 v_{RS}，这是因为 Q_{P1} 和 Q_{P2} 会将这两个电压的误差馈入到 M_{PX} 的栅极，并通过负反馈将这个误差减小到环路增益允许的程度。换言之，一个从调整输出电压 v_O 的环路中分离出来的反馈环路感测 M_{PO} 的 i_{DO} 电流去输出一个与 i_{DO} 成比例的且更高线性转换的电流提供给负载。

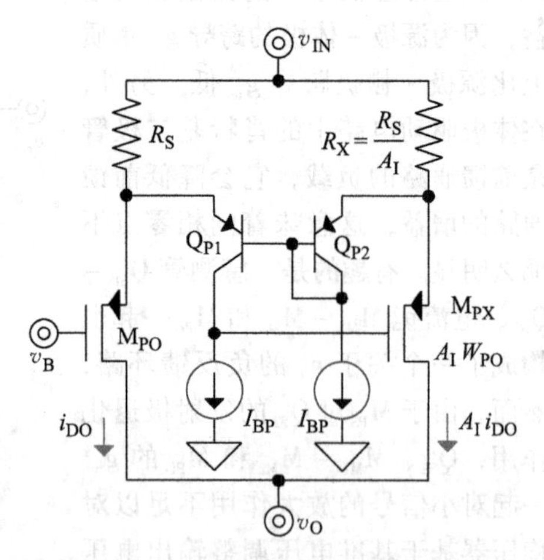

图 10.16　线性主—从 PMOS 功率晶体管电路

虽然通过串联电阻 R_S 和 R_X 上的电压会提高稳压器的有效压差电压，但其影响不是问题，特别是当使用阻值很低的金属电阻时。相比于此电路带来的更高带宽的好处，这种在硅效率上的名义损失算不了什么，因为 M_{PO} 和 M_{PX} 一起为一个较大的设备提供电流，而只加载给环路一个更小的晶体管 M_{PO} 的电容。事实上，这个电路是如此优雅，除了它的简单性外，还有赖于该电路对于稳压器的主反馈通路几乎没有影响。从反馈回路甚至是自我补偿的，因为只有一个位于 M_{PX} 栅极的低频极点存在。

（2）非线性从功率晶体管（Nonlinear Slave）

就主—从方法而言，辅助电流 i_{DX} 和环路电流 i_{DO} 之间的关系不一定必须是线性的，只要主环路能够在电路建立的任何 i_{DX} 电流点都可以持续对 i_{DO} 进行调整即可。实际中，甚至不需要有一个可调整的元件。有了这个想法，图 10.17 中的补充功率晶体管 M_{PX} 提供大部分的直流负载电流，从而转移走了原本流过主功率晶体管 M_{PO} 的偏置电流。这里，当负载电流 i_L 升高到使得输出电压 v_O 降落到低于基准电压 v_{REF} 的一个窗限时，M_{PX} 开始工作。M_{PX} 一旦开始工作，它给输出端 v_O 提供一个直流电流 I_{DX}，M_{PO} 和它的反馈环路调整输出电压 v_O 并提供剩余的负载电流，换言之，M_{PO} 提供负载电流 i_L 与电流 i_{DX} 之间的差值电流。

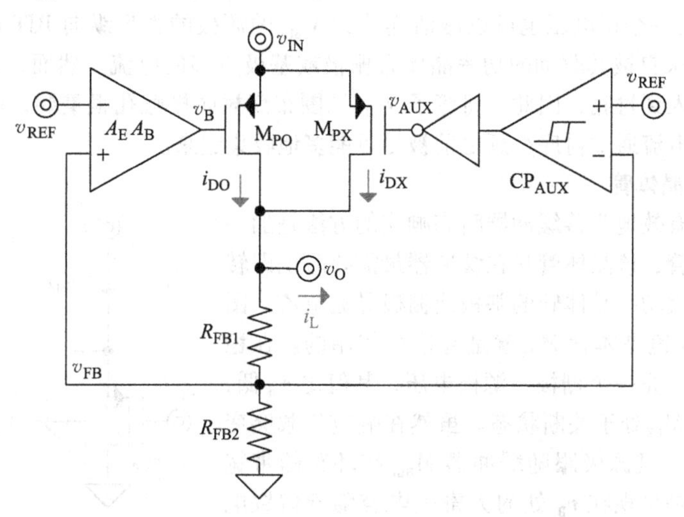

图 10.17　非线性主—从 PMOS 功率晶体管稳压器电路

与线性主—从方法一样，这个电路的好处是现在稳压器可以由两个功率晶体管 M_{PO} 和 M_{PX} 提供电流，而速度和带宽只取决于 M_{PO} 这一个晶体管。辅助通路不会出现在通向 v_O 的负反馈通路上，但其小信号增益接近于零，因为迟滞比较器 CP_{AUX} 将 M_{PX} 锁存到开或关两个状态，不允许 M_{PX} 随 v_O 的小信号变化而变化。只有当负载经历一个很大的信号变化并且 v_O 设法达到了迟滞比较器 CP_{AUX} 的其他窗限时，M_{PX} 才会被锁存到其他状态。因此，该电路响应速度快，其响应速度就是主功率晶体管 M_{PO} 响应负载突变的速度，而 M_{PX} 不需要转换状态。M_{PO} 在速度荷载堆放不需要 M_{PX} 开关状态的存在。然而，在极端的情况下，当负载突变超过了 M_{PO} 的工作范围，M_{PX} 的响应和转换时间会降低电路的速度，这就是 CP_{AUX} 及其驱动缓冲器也必须速度快的原因。在便携式应用中，加速 M_{PX} 的转换特别重要，因为在这类应用中，为了节省能量和延长电池寿命，系统的大部分模块可能会快速启动工作或关断，这个过程对线性稳压器而言就是严重的负载突变。

10.4.2　缓冲器

1. 体反馈（Bulk Feedback）

尽量不消耗电流并能快速地驱动大功率晶体管的基极或栅极是设计稳压器最具挑

战性的方面之一。为此，在第 9 章关于缓冲器的章节中已指出：反馈环路的基本目标是降低发射极或源极跟随缓冲器的驱动阻抗，同时按需动态调整它们的偏置点以最佳地适应各种负载水平。在使用体隔离型 MOS 管源跟随器的情况下，如图 10.18 所示的 PMOS 缓冲器 M_{BUF}，把反馈信号通过晶体管的体极，也许是不用损害摆幅限制或大幅增加电路中晶体管数目就可以减小输出阻抗的有效方法。实际上，允许的源-体 PN 结正向偏置可以减小 M_{BUF}的阈值电压 $|v_{TP}|$，使得 v_B 的下摆幅极限接近地。通过这个 PN 结的一个正电压也可以激活连接到 M_{BUF}的源极的寄生纵向 BJT Q_{PP}，这有助于 M_{BUF}吸收来自被其驱动的功率晶体管栅极或基极更多的电流。然而，请注意，Q_{PP}会将电流引入到衬底，因此，将管子 M_{BUF}周围布满衬底接触孔很重要，因为这样做，可以在这个电流通过衬底蔓延之前被尽可能多地收集起来。

2. 加速晶体管

也许更有效地改善缓冲器瞬态响应的方法是加一个加速晶体管，该晶体管只在缓冲器最需要时也即转换期间，对大功率晶体管的基极或栅极导通电流。图 10.19 中的加速晶体管 M_{PX}就是起这个作用的。在稳定状态下，v_B 是一个栅极-源极电压，其值比 v_{OE}低，所以晶体管 M_{PX}处于关断状态。虽然在响应负载突变时，v_{OE}下降，且源极跟随缓冲器 M_{BUF}在环路的带宽处关断，但是呈现在 v_B 处的大寄生电容随着偏置电流转换，导致功率晶体管的响应时间延长。然而，在严苛的转换速率（Slew Rate）条件下，v_B 的下降速度大大滞后 v_{OE}的下降速度，使得 v_{OE}比 v_B 低很多从而足以导通 M_{PX}，而 M_{PX}的电流有助于将电压 v_B 快速拉低。换言之，M_{PX}可以加速被转换速率限制的瞬态转变过程，从而导致电路的整个响应时间变快。

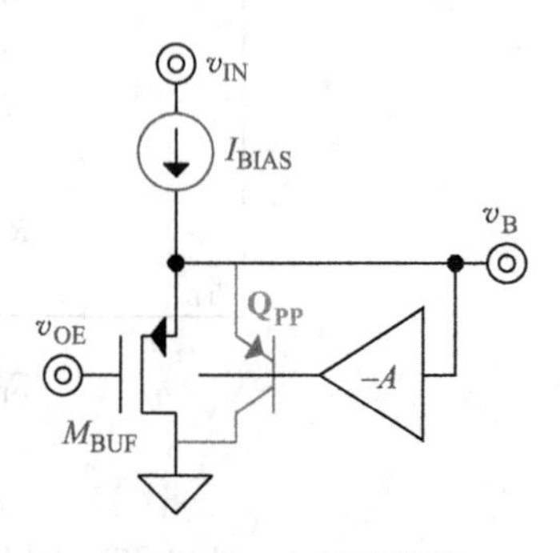

图 10.18　在源极跟随缓冲器中的体反馈

对加速晶体管的唯一限制是要求它的阈值电压 $|v_{TP}|$与这个 NMOS 缓冲器的阈值电压 v_{TN}具有相同的特性以保证它在稳态时处于关断状态。问题是 v_{OE}，稳态时它是一个相对于 v_B 的栅极-源极电压，必须经历至少两个阈值电压($|v_{TP}|+v_{TN}$)才能启动 M_{PX}。这意味着，只有在负载突变够大够快并足以导致误差放大器 A_E 的 v_{OE}摆幅超过两个阈值电压时，M_{PX}才能起作用。用一个本征 NMOSFET 代替这个缓冲晶体管，由于其阈值电压近似为零，可以减小这个负担，但 v_{OE}仍然必须摆动大于一个阈值电压 $|v_{TP}|$ 大约 400mV 以上，以抵消 M_{BUF}的饱和电压 $V_{DS(SAT)}$和可能会存在的体效应（若源极和体极没有连接在一起的话）。要进一步减小这个电压偏移，要求更低的 $|v_{TP}|$ 值，而这要求更加昂贵的工艺技术，从而能够利用设备优势提供需要的掩模板组合。

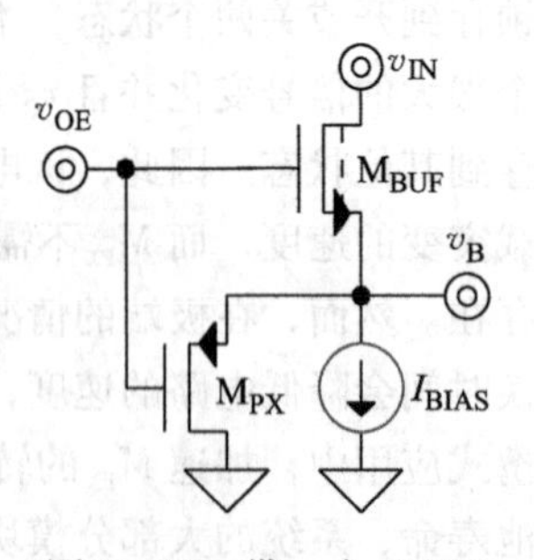

图 10.19　带一个 PMOS 加速晶体管的 NMOS 电压跟随缓冲器

有一种降低 $|v_{TP}|$ 的方法是利用体效应即将 M_{PX} 的源 - 体结正偏。但是，为了防止连接到 M_{PX} 源极的寄生纵向 BJT 在稳态时导通地电流，只在需要时正偏 M_{PX} 的源 - 体结，而且这个正偏电压要低一些。将 M_{PX} 的源极 - 栅极电压 v_{SGX} 预偏置到半阈值电压点，随后将 v_{OE} 容性耦合到 M_{PX} 的栅极，如图 10.20 所示，这样可以达到类似的结果，而不会有无意中激活 M_{PX} 的寄生 BJT 的危险，做法是：用一个开关电容网络或一个浮栅输入端对 M_{PX} 的栅极 - 源极电容 C_{GSX} 预充电，后者的栅电压是它的输入电压的分压组合：

$$v_{GX} = \frac{v_1 Z_{C2}}{Z_{C1} + Z_{C2}} + \frac{v_2 Z_{C1}}{Z_{C1} + Z_{C2}} = v_1\left(\frac{C_1}{C_1 + C_2}\right) + v_2\left(\frac{C_2}{C_1 + C_2}\right) \tag{10.43}$$

并且，电容 C_1 和 C_2 比 M_{PX} 的 C_{GSX} 大得多。浮栅方法的挑战在于：需要产生一个偏置电压 v_{BIAS} 使 v_{SGX} 在稳态时一直保持在大概 $0.5|v_{TP}|$ 附近；确保在施加 v_{OE} 和 v_{BIAS} 之前，M_{PX} 栅极的初始电荷为零。

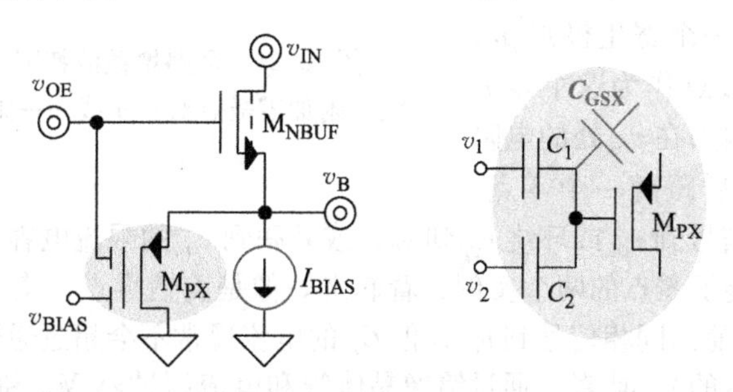

图 10.20 带一个电容耦合加速晶体管的 NMOS 电压跟随缓冲器

10.4.3 环路增益

线性稳压器设计的另一个挑战是有限的环路增益 A_{LG} 对负载调整率、线性调整率和电源抑制的影响。低静态电流将寄生极点置于相对较低的频率处，这是因为低电流下的 $1/g_m$ 电阻很少低于 20 ~ 30kΩ。举例来说，一个跨导参数为 $100\mu A/V^2$、宽长比为 $5\mu m/1\mu m$ 的晶体管工作在 $0.5\mu A$ 的静态电流下时，其 $1/g_m$ 大约是 45kΩ，它与 0.5pF 的电容产生的极点 $g_m/2\pi C_C$ 近似等于 7MHz。因此，在等效串联电阻（ESR）零点 z_{ESR} 及其伴随旁路极点 p_B 均出现在带内的情况下（其综合效果是扩展系统的单位增益频率 f_{0dB}），环路增益 A_{LG} 应不超过 40 ~ 50dB，如图 10.21 所示，否则，若环路增益超过了这个值，将会使得单位增益频率 f_{0dB} 扩展进入到寄生极点所在的频率区域，对于大多数系统来说，大约是 5 ~ 10MHz 之间。

看待这个问题的另一种方式是观察 z_{ESR} 和 p_B 对环路增益下降率的影响。因为 z_{ESR} 位于 p_B 之前，z_{ESR} 和 p_B 零极点对会减慢 A_{LG} 随频率升高而下降的整体速率，从而导致单位增益频率更高。有趣的是，加快这个下降速率将允许 A_{LG} 从更高的增益处开始下降而保持单位增益频率 f_{0dB} 不变。在远低于 f_{0dB} 的频率范围内，引入零极点对，如图 10.21 中所示的 p_X 和 z_X，可以在不损害系统稳定性的前提下达到此目的，其基本思想是：在频率达到f_{0dB}之前，极点p_X可以加快环路增益的下降速率，而零点z_X可以弥补极点损失的相移。这种方法的主要挑战是，在实际应用中，z_{ESR}和p_B不可预测，这意味着，f_{0dB}随温度、工作条件和工艺角变化很大，因此，需要在设计时留有足够大的余量以适应所有可能的f_{0dB}值。为了节省功率，理想的做法是利用已有电路引入上述的零极点组合。举例来说，在输出补偿型低压差稳压器中，误差放大器A_E的输出端v_{OE}通常产生一个寄生极点p_E，可以轻易地将该极点作为这个零极点对中的极点，因为在v_{OE}处的电阻通常较高。过p_E后跟随一个零点，等同于前馈同相信号到v_{OE}或环绕v_{OE}到v_O，或并联到v_{OE}的限流电容。

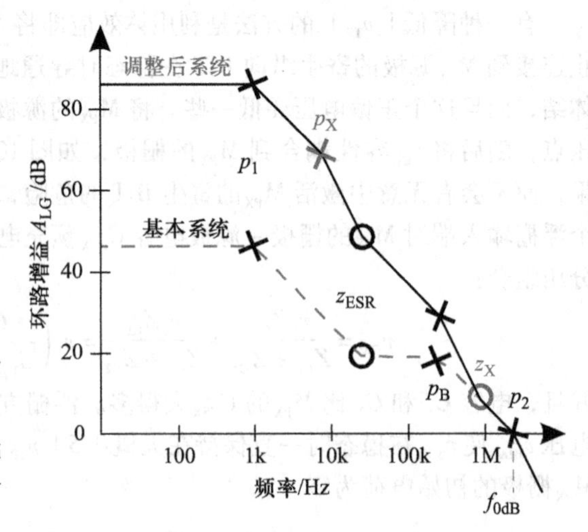

图 10.21　环路增益波特图（虚线——没有附加零极点对；实线——附加零极点对）

图 10.22 示例了零点的两个实例，看起来好像是前馈零点，实际上是限流零点。虽然C_Z从差动对前馈同相信号到v_{OE}，但C_Z的电流通常不会超过通过Q_{C6}缓冲的电流（如图 10.22a 所示的），或者，通过镜像晶体管和电流缓冲器M_{M4}和M_{C10}的电流（如图 10.22b 所示的），所以没有产生前馈零点。原因是Q_{C6}和M_{M4}的电流在很高的频率处才会开始下降，因为它们的基极－发射极电容和源极－栅极电容在很高的频率处才开始对各自端口分流。事实上，过了极点p_X后，经常会发生的情况是，C_Z首先对v_{OE}的输出电阻R_{OE}、R_Z和Q_{C6}的$1/g_m$或M_{M3}的$1/g_m$分流：

$$\left.\frac{1}{sC_Z}\right|_{p_X=\frac{1}{2\pi R_{OE}C_Z}}=R_{OE}+R_Z+\frac{1}{g_m}\approx R_{OE} \tag{10.44}$$

然后，R_Z和$1/g_m$限制C_Z的电流产生一个相当于同相零点的零点z_X来抵消p_X的影响：

$$\left.\frac{1}{sC_Z}\right|_{z_X=\frac{1}{2\pi\left(R_Z+\frac{1}{g_m}\right)C_Z}}=R_Z+\frac{1}{g_m} \tag{10.45}$$

在这个结构中，R_Z的作用是从z_X中解耦对g_m的设计要求，这样，$1/g_m$就不必一定要高以建立期望的z_X，否则，将把图 10.22a 中的Q_{C6}发射极处的寄生极点和图 10.22b 中的M_{M3}栅极处的极点拉到更低的频率。

10.4.4　负载调整率

增加环路增益的另一种方法是将稳态输出电压v_O平移一个刚好可以抵消输出电

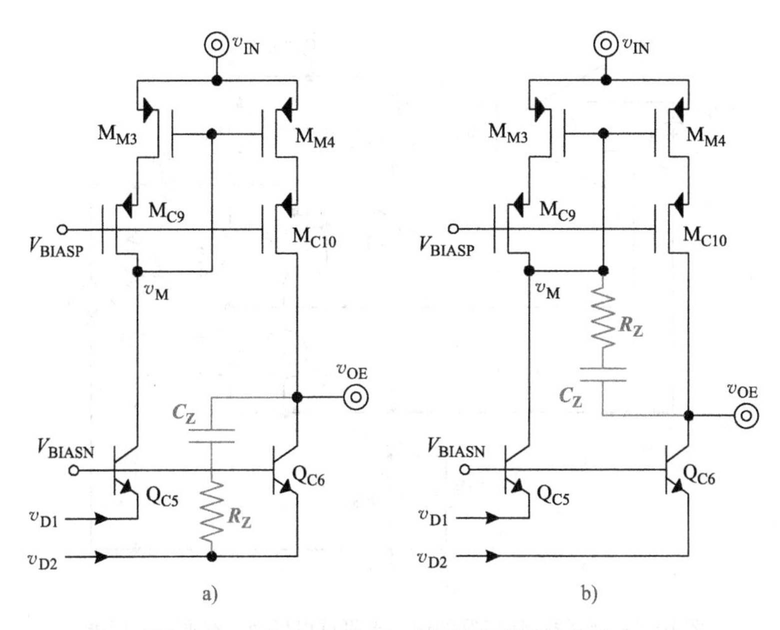

图 10.22 将一对零极点对集成到误差放大器中

流稳态变化的影响的电压，即为了负载调整率而折中相位裕度。由于负载调整率是稳压器的闭环阻抗 $R_{O.CL}$ 的体现，而闭环阻抗 $R_{O.CL}$ 由环路增益确定，而且输出电流 i_O 将输出电压 v_O 拉低 $i_O R_{O.CL}$。因此，这种方法的目的是将输出电压 v_O 抬高一个量，其值等于输出电流 i_O 对输出电压 v_O 的减小量。一种实现这种平移的方法是，感测一个很小比例的输出晶体管 M_{PO} 的源出电流并将其馈入到一个电阻中，产生一个电压将系统中的基准电压 v_{REF} 平移。

例如，图 10.23 中，M_{PS} 镜像一个极小比例的 M_{PO} 的 i_O 电流流入到一个与基准电压 v_{REF} 串联的 50 ~ 300Ω 的电阻 R_{OS} 中，当负载电流 i_L 较低因而 i_O 较低时，M_{PS} 的 i_S 很低，可以忽略不计，而且由于电路的静态电流 i_Q 也低，大约为 5 ~ 10μA，R_{OS} 上的压降不到几个毫伏。然而，当 i_L 从几微安升高到几毫安，i_S 可以升高到这样一种程度，使得 R_{OS} 上的压降可以将 v_{REF} 抬高，其值等于输出电流 i_O 对输出电压 v_O 的减小量：

$$
\begin{aligned}
v_O &= v_{REF} - i_O R_{O.CL} + v_{OS} = v_{REF} - i_O R_{O.CL} + (i_Q + i_S) R_{OS} \\
&= v_{REF} - i_O R_{O.CL} + (i_Q + i_O A_I) R_{OS} \approx v_{REF} - i_O R_{O.CL} + i_O A_I R_{OS}
\end{aligned}
\tag{10.46}
$$

其中，A_I 是从 i_O 到 i_S 的衰减因子。上式意味着，当 R_{OS} 与 $R_{O.CL}$ 成比例，并且从 M_{PO} 到 M_{PS} 的镜像转换因子为 A_I，即 R_{OS} 等于 $R_{O.CL}/A_I$ 时，负载调整对输出电压的影响消失了。实际中，v_O 的变化可以由 60mV 降低到小于 5mV。

在这个电路中感测晶体管 Q_{P1} - Q_{P2} 的作用是一阶匹配 M_{PS} 和 M_{PO} 的源极 - 漏极电压，这样，在 M_{PO} 的工作区，甚至当 M_{PO} 进入晶体管区，稳压器失去调整能力时，M_{PS} 都会镜像 M_{PO} 的电流 i_O。另一方面，当响应快速负载突变时，C_{OS} 分流噪声和位移电流对 R_{OS} 上的电压的影响。

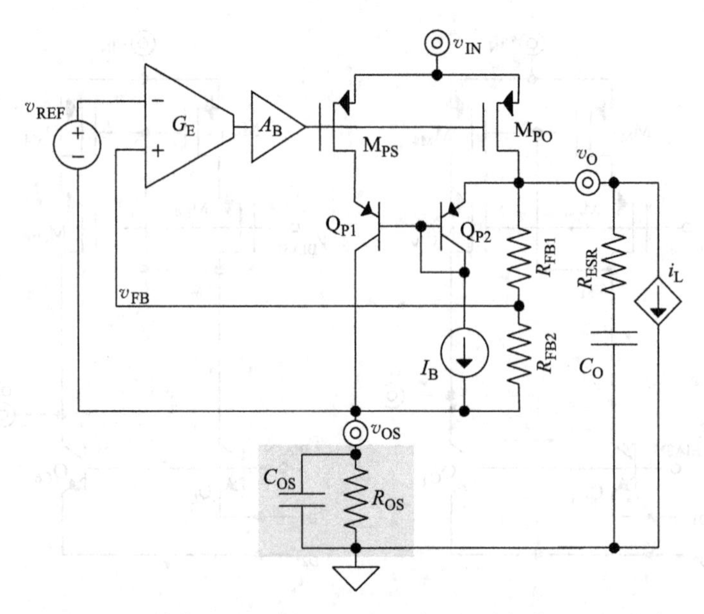

图 10.23　将线性稳压器的调整点平移以抵消负载调整的影响

除了改善精度以外，这种技术的一个关键好处是影响小。首先，R_{OS}占的硅片面积几乎可以忽略不计。第二，也是更重要的，R_{OS}几乎不影响功率转换效率，因为现代系统在负载较轻时其静态电流很低，虽然 i_S 随 i_O 的升高而升高，但在全部负载电流范围内，i_S 电流只是 i_O 电流的很小比例，仍然是微乎其微的。另外，R_{OS}对频率响应特性或相位裕度没有显著影响，因为 R_{OS}注入的小信号对于整个电路来说是共模信号，换言之，随着 v_{REF}平移，误差放大器 G_E 和缓冲器 A_B 上所有信号也都同样如此。

从实际的观点来看，将 R_{OS}匹配和跟踪到 $R_{O.CL}/A_I$ 不是件容易的事情。关于功率和测试时间成本最低的方法是在名义上与它们相匹配，换句话说，设置 R_{OS}的大小使之抵消 $R_{O.CL}$的系统失调，接收 $R_{O.CL}$的系统失调导致的误差和随机变化，使负载调整的变化减小，例如，从 50 ~ 60mV 降到 ±10 ~ ±15mV。另一种选择是使用 2 ~ 3 位修调电路对 R_{OS}进行修调，这会增加测试时间和硅片面积，但可以将负载调整的变化降低到小于 ±5mV。

这种方法的最大缺点是电路需要一个专门的基准电压 v_{REF}，因为将 v_{REF}平移，会使得它不再能够被系统中其他要求精确基准电压的模拟电路使用。静态电流 i_Q 通过 R_{OS}也会产生一个系统性失调电压，大约在 0.5 ~ 2mV 数量级，然而，单独浮动设置基准电压的元件的地，如图 10.24 所示，将 R_{OS}与 i_Q 隔离可以移走这个失调，其唯一的缺点是 v_{OS}上的变化对电路来说不再是共模的，所以现在 G_E、A_B、M_{PS}、Q_{P1}、R_{OS} - C_{OS}和 v_{REF}构成了一个同相反馈路径。幸运的是，这个正反馈环路的反馈增益比它的负反馈增益小得多，所以它对系统调整性能的影响通常是可控的。

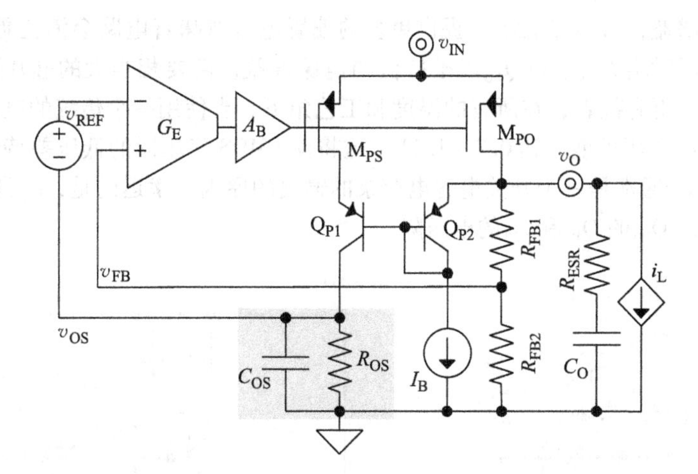

图 10.24 将基准电压平移以抵消线性稳压器负载调整的影响

10.4.5 负载突变响应

从稳定性的复杂性和围绕线性稳压器的所有问题来看，从环路外部寻找改善负载突变响应的办法提供了内在价值。添加一个到输出端 v_O 的宽带并联反馈环路，例如，如图 10.25 所示那样，可以缩短响应时间，因为一个更快的本地反馈网络相比复杂的稳压环路会更快地响应负载上的变化。然而，为了确保这个附加的环路对稳态精度的影响可以忽略不计，其低频增益必须远小于稳压环路的低频增益，这样，在系统的带宽频率 f_{0dB} 以下即低到中频段，v_O 由主环路控制。对于手持系统而言，这个附加的环路还应该几乎不消耗电流以防止缩短电池寿命。

一般情况下，在类似的电流密度限制下，在一个反馈环路中有更多的器件会减慢电路的响应速度，因为每一个器件都会在小信号通路上贡献一个能量分流节点，这就是紧凑小巧和速度是密切相关的原因。因此，从体系结构的角度来看，最快速的环路可能是一个已经出现在一个晶体管中的晶体管，它的源极或发射极携带小信号，与源极/发射极退化晶体管的情况一样。图 10.25 所示为如何偏置和添加两个这样的单晶体管环路到输出端 v_O，这里，C_{NB} 维持 Q_{NO} 的基极电压 V_{NB+}，所以，Q_{NO} 的基极 - 发射极电压 v_{BENO} 随 v_O 的减小而立即升高，这样，当响应负载突增 v_O 下降时，Q_{NO} 的电流 i_+ 自动增加。类似地，C_{PB} 维持 Q_{PO} 的基极电压 V_{PB-}，所以，在负载突降之后，v_O 升高以吸收负载不再需要的电流，此时 Q_{PO} 的基极 - 发射极电压 v_{EBPO} 升高。I_{NB} 和 Q_{NB} 以及 I_{PB} 和 Q_{PB} 建立的电压通过 R_{NB} - C_{NB} 和 R_{PB} - C_{PB} 滤波去偏置 Q_{NO} 和 Q_{PO}。C_{NB} 和 C_{PB} 连接到地而不是到输入电源 v_{IN}，是为了防止电源纹波通过 Q_{NO} 和 Q_{PO} 构成的电压跟随器注入到输出端 v_O。

与大多数的电路设计情况一样，图 10.25 所示的电路也给我们提出了挑战。提高 Q_{NO} 的源出电流能力相当于增加 Q_{NO} 的发射极面积 A_{NO}，单独增加 A_{NO} 会提高 Q_{NB} 与 Q_{NO}

之间的镜像增益，所以 Q_{NO} 给 v_O 提供更多的偏置电流意味着电路会消耗更多的功率。另一方面，同时增大 Q_{NB} 和 Q_{NO} 以维持低的镜像增益，需要相当大的硅片面积，而这会增加成本。更有甚者，在所有的温度和工艺角下，当使用一个传统的电流源时，通过 I_{NB} 和 Q_{NB} 的电压可能高达 0.7～1.1V，这将使 PMOS 稳压器的低压差特性丧失。这就是实际中 I_{NB} 通常是一个开关电容电荷泵的输出的原因。幸运的是，v_O 通常足够高，可以满足通过 Q_{PO} 的 Q_{PB} 和 I_{PB} 的电压降。

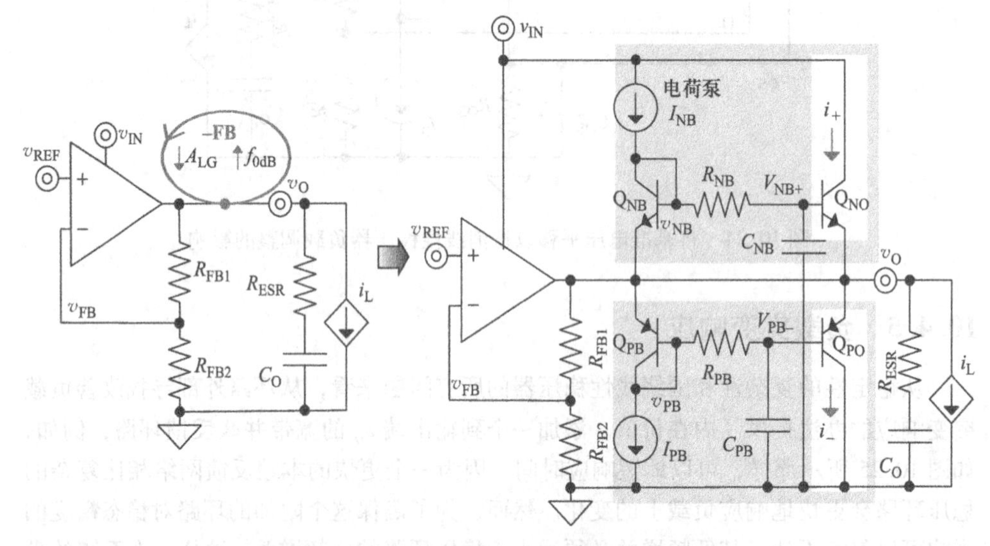

图 10.25 将关于 v_O 的并联反馈环路旁路

10.4.6 电源抑制

与开关电源相比，线性稳压器功耗大，因为功率晶体管 S_O 在输入电源 v_{IN} 与输出电压 v_O 之间导通全部的直流负载电流 i_L 从而消耗（$v_{IN}-v_O$）i_L 大小的功率。尽管如此，在一些应用中，线性稳压器仍然是必不可少的，这是因为线性稳压器可以抑制出现在输入电源上的噪声。而在电池供电环境中功率损失是至关重要的，因此，设计人员经常使用开关稳压器高效率地进行策略性地降低或者提高输入电源电压，随后级联低压差稳压器以抑制开关电源产生的噪声。不幸的是，线性稳压器的反馈环路不能抑制单位增益频率 f_{0dB} 附近的噪声或高于单位增益频率的噪声，单位增益频率 f_{0dB} 一般是 0.1～1MHz，接近或低于开关电源噪声频率（大多在 0.1～10MHz）。造成这个频率上的失配的原因是负载突变响应性能和功耗，因为输出电容高而且电池供电系统不能消耗更多的功率，所以 f_{0dB} 不能高。在内部补偿的系统中，这个问题变得更糟糕，因为内部补偿的系统的主极点位于反馈环路中，所以整个环路的跨导增益在低频时就开始下降。输出端补偿的系统有更好的频率响应特性图，因为整个环路的跨导增益在很高的频率处才开始下降。

1. 无源电源滤波器

要抑制线性稳压器自身不能抑制的噪声的一个方法是用一个无源网络来滤除输入电源 v_{IN}的噪声。例如，图 10.26 中的 R_F 和 C_F 构成了一个与 v_{IN}串联的低通滤波器，可以衰减频率为稳压器的带宽频率或高于带宽频率的电源噪声。不幸的是，R_F 在功率通道上，所以 R_F 携带负载电流 i_L 并因此会消耗相当大的功率，为了减小 R_F 而增大 C_F 对于片上电容实现而言通常是不切实际的。

2. LDO 电源滤波器

另一种提高线性稳压器噪声抑制能力的方法是再串联一个稳压器，如图 10.27 所示。由于预调整稳压器在功率通道上，它的压降电压必须要小以尽量减少它所消耗的功率，这意味着预调整稳压器必须是一个低压差电路。不幸的是，大多数便携式应用不能提供两个稳压器的功率消耗，即使这两者都是低压差稳压器。也许一个更基本的问题是这个预调整稳压器与主稳压器一样受到类似的带宽限制，所以用这种方法抑制 0.1 ~1MHz 频率及以上的噪声仍然是一个挑战。

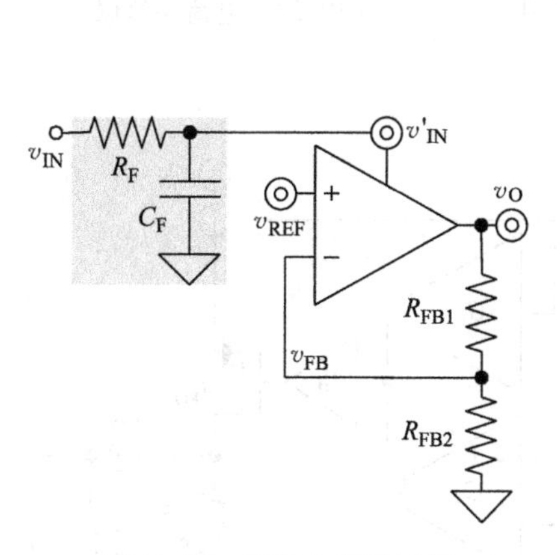

图 10.26 无源电源滤波器

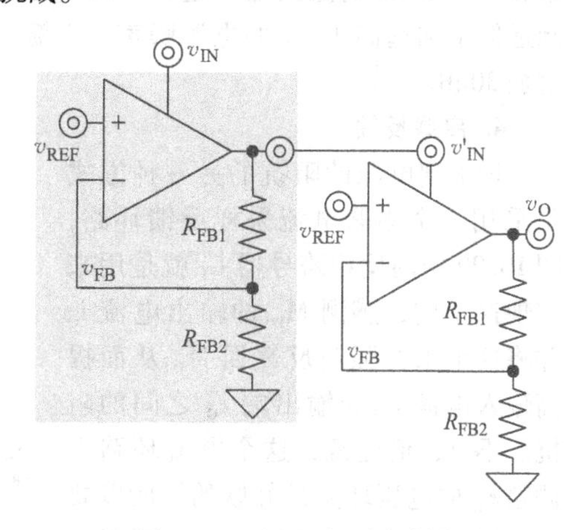

图 10.27 LDO 电源滤波器

3. 电荷泵级联

从概念上讲，抑制电源噪声相当于降低从输出端 v_O 到地的阻抗，这在线性稳压器中由并联反馈来实现。提高输入电源 v_{IN}和输出端 v_O 之间的阻抗也会降低电源噪声，这是由图 10.26 中的无源滤波器来实现的，另一种提高这个顶部阻抗的方法是在输入电源 v_{IN}和输出端 v_O 之间插入一个串联晶体管 M_C，如图 10.28 所示，其串联小信号电阻为 r_{ds}。不幸的是，M_C 位于功率通道上，所以仍然会增大压差电压和欧姆功率损耗。为了减少这方面的损失，要么 M_C 的阈值电压 v_{TN}（如果带有体效应的话）很低，要么将 M_C 的栅极电压升高到 v_{IN}以上，这就是图 10.28 中用一个电荷泵来驱动 M_C 的原因。这个电路的驱动设计目标是减少 M_C 的漏极 - 源极电压 v_{DS}而不会将 M_C 推到晶体管工作区，否则，将会减小 M_C 的电阻并因此减小它对电源抑制的作用，因此，v_{DS}必须大于 M_C 的饱和电压 $v_{DS(SAT)}$。

作为一个电压跟随器，M_C 的源极复制和注入其栅极上接收的噪声，所以对其栅极进行滤波仍然十分必要。幸运的是，滤波器的去耦电阻 R_F 不再位于功率通道上，所以 R_F 可高达 100 ~ 500kΩ，相应地 C_F 可以低至 10 ~ 30pF。但是，电荷泵会产生额外的噪声，所以滤波器的转折频率必须足够低，以抑制稳压器带宽频率 f_{0dB}（0.1 ~ 1MHz）及以上的大部分噪声及相关谐波噪声。值得庆幸的是，低于 f_{0dB} 的噪声不是很大问题，因为稳压器的反馈环路可以很好地抑制它。用这种方法，一个 10MHz、0.5μm 且输出峰峰值为 $100mV_{pp}$ 的 CMOS 电荷泵和一个 3kHz 的滤波器一起，可以进一步抑制远低于和远高于 f_{0dB} 的电源噪声，电源抑制增加 30dB。

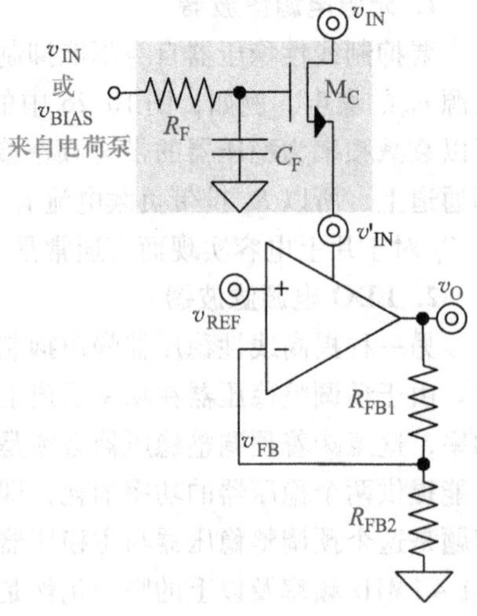

图 10.28　电荷泵级联

4. 串联反馈

增加到电源的阻抗的另一种方式是采用一个串联电流采样反馈环路，图 10.29 中的反相跨导器 G_I 就是用来实现这个的，感测 M_{PO} 的输出电流 i_O 并将这个采样强制反馈回 M_{PO} 从而提高输入电源 v_{IN} 和输出端 v_O 之间的阻抗。不过，请注意，这个电流环路与调整 v_O 的电压环路是并联的。所以要基于基准电压 v_{REF} 来调整 v_O，在低频时电流环路增益 $A_{LG(I)}$ 必须以一定的余量低于电压环路增益 $A_{LG(V)}$。但要从输出分离中高频电源噪声，在高频时，$A_{LG(I)}$ 应该升高并大于 $A_{LG(V)}$。为了满足这些要求，可以用一个电阻作 G_I 的退化电阻，用一个电容与这个电阻并联以在高频时提高增益跨导 G_I。这样，在稳压器带宽频率附近电源抑制可以提高 10 倍，尽管此时 $A_{LG(V)}$ 很低并因此导致电压调整环路无效。然而，这种改进并没有延伸到更高的频率，因为 $A_{LG(I)}$ 的带宽会最终限制 G_I 从 v_O 中解耦 v_{IN} 的能力。事实上，这种方法的主要挑战是：只消耗微乎其微的静态功耗来设计一个单位增益带宽超过电压环路的单位增益带宽的电流环路。顺便说一句，注意，图 10.23 和图 10.24 中的镜像 PMOS 晶体管 M_{PS}，用以匹配 M_{PO} 和 M_{PS} 漏极电压的基极耦合对 Q_{P1} − Q_{P2} 和偏置电流

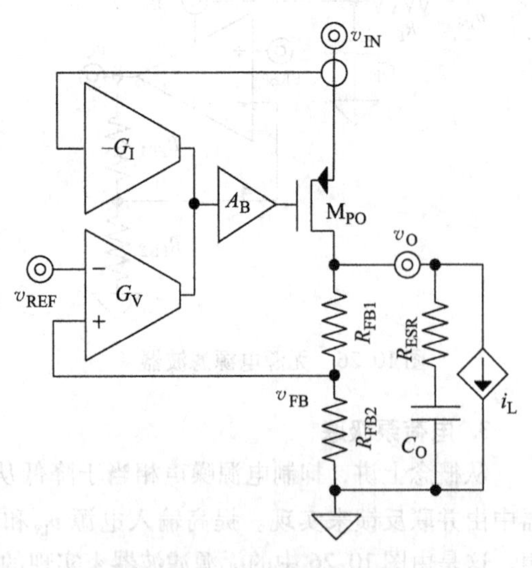

图 10.29　电流采样反馈网络

I_B，以及第 9 章中介绍的类似电路，可以用来感测 M_{PO}的输出电流 i_O，而不会影响稳压器的压差电压性能。

10.5　电流调整

在功率电源中，电流调整并不是目的，而只是达到目的的手段。虽然一个系统的模拟或混合信号电路单元可以从电流调整器中获得稳定的直流偏置并因此而受益，但它们很少需要这样。另一方面，开关电源，特别是升压型开关电感稳压器，经常通过电流调整将电感变换为一个等效电阻，从而将难以稳定的 L_C 响应变成易于稳定的 R_C 等效响应。在这些情况下，这些电流环路并不单独存在，而是被嵌入到电压调整环路中了。从模拟电路设计的角度来看，电流调整最有吸引力的特性就是高输出电阻。例如，当测试功率电源时，测试负载电流受控变化时的响应是非常重要的，所以用一个可调整的电流来模拟负载是有用的。基于这些原因并为了完整性，下面简要讨论一些调整电流重要的设计考虑。

10.5.1　电流源

一种定义和调整输出电流 i_O 的流行方式是从一个明确的基准电压 v_{REF} 中得到 i_O。例如，在图 10.30 所示的例子中，一个差分跨导器 G_E 将 v_{REF}与 M_{NO}的源极电压 v_{FB} 串联叠加。因此，电阻 R_I 上导通的电流为 v_{REF}/R_I，这个电流被 M_{NO} 串联采样并作为输出电流 i_O 流入到输出。这里，环路对共源共栅晶体管 M_{NO}进行调整，这就是工程师称这类网络为调整型共源共栅电路（Regulated - Cascode Circuit）的原因。就电流调整而言，负反馈对抗的是输出电压和输入电源的波动对电流的影响。要稳定电流，反馈环路必须串联采样电流。这种方式，因为输出电压的变化几乎不会造成电流的改变，所以输出电阻很高。对于电流源和电流镜来说，若它们的电流发生变化，则会失去它们的功能效益，因此，这种高输出电阻的特性是电流源和电流镜所特别期望的。扩大此特性所适用的范围也是十分重要的，因此低的输出电压也是对此类电路进行评估的一个重要参数。

图中，G_E 是误差放大器，M_{NO}是稳压器的输出晶体管。G_E 和 M_{NO}构成的反馈环路只有两个极点，分别位于 G_E 的输出 v_{OE}和 G_E 的反馈点 v_{FB}。其中，v_{FB}的极点 p_{FB}相比 v_{OE}的极点 p_{OE}处于较高的频率处，因为 M_{NO}的源极电阻通常比 G_E 的输出电阻 R_{OE}小得多，R_{OE}一般在 r_o（或 r_{ds}）数量级或更高。这也是这个环路不需要加额外的电容就能稳定的原因。另外，M_{NO}的前馈电容 C_{GS}帮助建立一个靠近 p_{FB}的同相零点 z_{NO}，使得电路非常稳定。

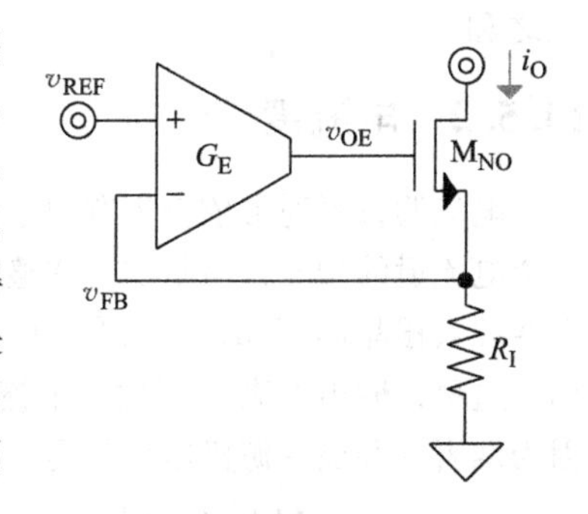

图 10.30　调整型共源共栅电流源

调整型共源共栅晶体管 M_{NO}的输出电阻是未经

调整时的输出电阻的放大，遵循源极退化（即源极负反馈）对输出电阻的放大规律。就反馈而言，反馈系数 β_{FB}，即 v_{FB}/i_O，正是 R_I，前馈开环跨导增益 $A_{G.OL}$，即 $i_O/(v_{REF}-v_{FB})$，是 G_E 的增益 G_{EROE} 和 M_{NO} 的退化跨导 G_{NO} 的乘积，可以简化为 G_{EROE}/R_I，因为 G_{NO} 中的 $g_{mNO}R_I$ 通常远大于 1：

$$A_{G.OL} \equiv \frac{i_O}{v_{REF}-v_{FB}} = G_E R_{OE} G_{NO} = G_E R_{OE}\left(\frac{g_{mNO}}{1+g_{mNO}R_I}\right) \approx \frac{G_E R_{OE}}{R_I} \tag{10.47}$$

式中，g_{mNO} 是 M_{NO} 的非退化跨导。

假设没有 G_E，那么源极退化电阻 R_I 将 M_{NO} 自身的输出电阻 r_{dsNO} 提高，从而建立一个开环输出电阻 $R_{O.OL}$ 近似等于 $r_{dsNO}\,g_{mNO}R_I$：

$$R_{O.OL} = r_{dsNO} + r_{dsNO}g_{mNO}R_I + R_I \approx r_{dsNO}g_{mNO}R_I \tag{10.48}$$

式中，$r_{dsNO}\,g_{mNO}R_I$ 通常远大于 $r_{dsNO}+R_I$，使用 G_E 将 M_{NO} 封闭在另外一个串联采样环路中，将会进一步将输出电阻 R_{OL} 提高 G_E 所建立的环路的环路增益 $A_{G.OL}\beta_{FB}$ 倍：

$$\begin{aligned} R_{O.CL} &= (1+A_{G.OL}\beta_{FB})R_{O.OL} \approx A_{G.OL}\beta_{FB}R_{O.OL} \\ &\approx \left(\frac{G_E R_{OE}}{R_I}\right)R_I(r_{dsNO}g_{mNO}R_I) = G_E R_{OE}(r_{dsNO}g_{mNO}R_I) \end{aligned} \tag{10.49}$$

注意，能维持 M_{NO} 不进入晶体管工作区的最小输出电压 $v_{O(MIN)}$ 是 R_I 的 v_{REF} 和 M_{NO} 的饱和电压 $V_{DS(SAT)}$ 之和，所以 v_{REF} 越低越好。

图 10.31 给出了图 10.30 所示的串联采样电路的一个晶体管级自参考电路实现的例子。在这个例子中，晶体管 M_E 实现 G_E 的功能，反馈节点的节点电压 v_{FB} 同时也作为基准电压，这样，通过 R_I 的电压是的 M_E 栅极 - 源极电压 v_{GS}，通过 R_I 和 M_{NO} 的电流 i_O 是 v_{GS}/R_I，当然，v_{GS} 会随温度和工艺角变化而变化，所以，i_O 并不精确。M_E 和 M_{NO} 调整 i_O 以对抗输出电压上的变化，所以闭环输出电阻 $R_{O.CL}$ 很高，为 $G_E R_{OE}\,r_{dsNO}\,g_{mNO}R_I$，其中 G_E 和 R_{OE} 是 M_E 的 g_{mE} 和 r_{dsE}。因为现在 v_{REF} 是 v_{GS}，v_{GS} 将 $v_{O(MIN)}$ 限制为 M_{NO} 的 $v_{DS(SAT)}$ 和 M_E 的 v_{GS} 之和。

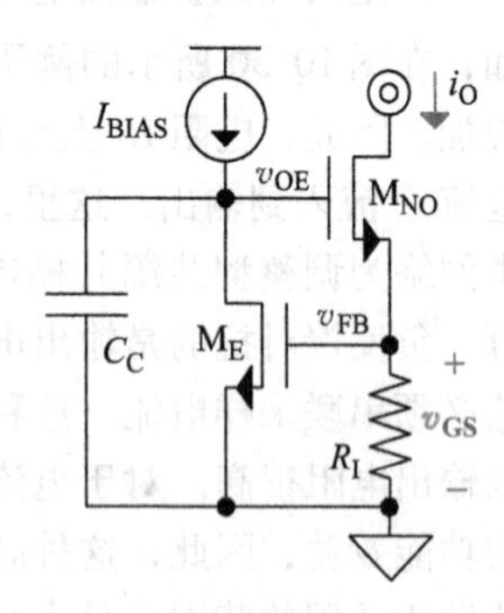

图 10.31 自参考调整型共源共栅电流源

10.5.2 电流镜

电流调整器通常依赖现有的电流基准来获得它们的输出，换言之，它们实现的是一个电流镜的功能，但附加了调整特性。为此，在一个基本电流镜的输出添加一个调整共源共栅晶体管 M_{NO}，如图 10.32 所示的那样，就能够达到电流调整器预期的目标。这里，输出电流 i_O 是输入电流 i_{IN} 的一个线性转换，几乎没有沟道长度调制误差，因为两者的漏极 - 源极电压都是一个栅极 - 源极电压：

$$i_O = i_{IN}\left[\frac{(W/L)_2(1+v_{DS1})}{(W/L)_1(1+v_{DS2})}\right] = i_{IN}\left[\frac{(W/L)_2(1+v_{GSE})}{(W/L)_1(1+v_{GS1})}\right] \approx i_{IN}\left[\frac{(W/L)_2}{(W/L)_1}\right] \tag{10.50}$$

请注意，M_{NO}对 i_O 的调整作用只能对抗输出电压的变化，不能对抗电流镜的宽长比失配造成的影响。

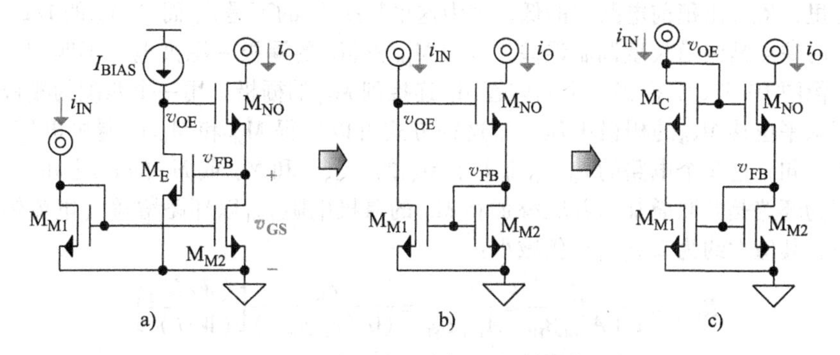

图 10.32 调整型共源共栅电流镜电路的演化

图 10.32a 中的 M_{NO}、M_E 和 M_{M2} 的 r_{ds2} 实现电流采样反馈环路，与图 10.31 中所示的调整型共源共栅电路中相应的晶体管和 R_I 所实现的电流采样反馈环路是一样的。这意味着，$R_{O.CL}$还是一样的高，只是把 R_I 用 r_{ds2} 替换即可，并且现在 $v_{O(MIN)}$ 被 M_E 的 v_{GS}所限制。

有趣的是，如图 10.32b 所示，使用电流镜的二极管连接晶体管 M_{M1} 作为误差放大器 M_E，将电流镜集成到了负反馈环路中。这样，在 M_{NO}的栅极 T 形连接点处将输入电流 i_{IN}和 M_{M1} 的漏极电流 i_1 并联叠加，M_{NO}的漏极串联采样输出电流 i_O，M_{M1}和 M_{M2}反馈一个输出电流 i_O 的镜像电流到这个叠加点。所以，只要有足够的环路增益，i_1 镜像 i_{IN}，$M_{M2}-M_{M1}$转换 i_1 即 i_{IN}的镜像到 i_O。

开环电流增益 $A_{I.OL}$，即 $i_O/(i_{IN}-i_1)$，是通过 M_{M1} 的输出电阻 r_{ds1} 并经过 M_{NO} 和 $M_{M2}-M_{M1}$到输出 i_O 的增益。因为 M_{M2}的二极管连接电阻 $1/g_{m2}$几乎不会对 M_{NO}产生退化作用，电流 i_{IN}和 i_1 的差值通过 r_{ds1} 产生一个电压降，经 M_{NO}的退化跨导 G_{NO}将其作为 i_O 输出，因此 $A_{I.OL}$简化为大约等于 $0.5r_{ds1}g_{mNO}$：

$$A_{I.OL} \equiv \frac{i_O}{i_{IN}-i_1} = r_{ds1}G_{NO} = \frac{r_{ds1}g_{mNO}}{1+\dfrac{g_{mNO}}{g_{m2}}} \approx 0.5r_{ds1}g_{mNO} \tag{10.51}$$

$M_{M2}-M_{M1}$将 i_O 镜像，得到从 M_{NO}的栅极沉入到地的反馈电流 i_{FB}，即 i_1，所以反馈系数β_{FB}，即 i_O/i_1，是 $(W/L)_1/(W/L)_2$。只要有足够的环路增益，环路将提高 M_{NO}自身的几乎无源极退化效应的输出电阻 $r_{dsNO}+r_{dsNO}g_{mNO}/g_{mM2}$（或近似等于 $2r_{dsNO}$）到

$$\begin{aligned} R_{O.CL} &= (1+A_{I.OL}\beta_{FB})R_{O.OL} \approx A_{I.OL}\beta_{FB}R_{O.OL} \\ &\approx (0.5r_{ds1}g_{mNO})\left[\frac{(W/L)_1}{(W/L)_2}\right](2r_{dsNO}) \end{aligned} \tag{10.52}$$

其中

$$R_{O.OL}=r_{dsNO}+r_{dsNO}g_{mNO}\left(\frac{1}{g_{m2}}\right)+\frac{1}{g_{m2}}\approx 2r_{dsNO} \quad (10.53)$$

这里，$R_{O.CL}$比稍前电路中的低，因为这里替换R_I的不是r_{ds2}而是M_{M2}的$1/g_{m2}$。这个电路的缺点是沟道长度调制误差，因为M_{M1}和M_{M2}的漏极 - 源极电压不匹配。幸运的是，像图 10.32c 那样将一个晶体管M_C连接到M_{NO}的栅极，用一个匹配的栅极 - 源极电压水平位移M_{NO}的栅极电压。用这种方式可以使得M_{M1}和M_{M2}的漏极电压匹配。顺便说一句，这 3 个电路的$v_{O(MIN)}$都等于M_{NO}的$v_{DS(SAT)}$和M_{M2}或M_E的v_{GS}之和。

因为环路是并联叠加，并联叠加将M_{M1}的漏极电阻r_{ds1}以环路增益（电流镜增益为 1 时，其值大约为$2/g_{mNO}$）倍减小：

$$R_{I.CL}=\frac{r_{ds1}}{1+A_{I.OL}\beta_{FB}}\approx\frac{r_{ds1}}{A_{I.OL}\beta_{FB}}=\frac{r_{ds1}}{(0.5r_{ds1}g_{mNO})}\left[\frac{(W/L)_2}{(W/L)_1}\right]$$

$$\approx\frac{2}{g_{mNO}}\left[\frac{(W/L)_2}{(W/L)_1}\right] \quad (10.54)$$

这个闭环输入电阻与其前身图 10.32a 中的非叠加的电阻（其值为M_{M1}的二极管连接电阻$1/g_{m1}$）几乎是相同的。这个电路的一个缺点是输入电压必须超过M_{NO}和M_{M2}的栅极 - 源极电压之和，而图 10.32a 中的非叠加电路其输入电压只需超过M_{M1}的栅极 - 源极电压。

小结

就前面的电流镜的讨论来看，将这里呈现的调整型共源共栅电流镜与第 5 章所讨论的基本电流镜进行性能比较应该慎重而行。如表 10.1 中所表明的，调整型共源共栅电路相比于非调整型电路的根本好处是对输出电阻的放大作用，除了将电流镜集成到环路中从而降低了这个增益使得其输出电阻回到了非调整电路的水平以外。加入一个调整共源共栅晶体管的环路也会提高$v_{O(MIN)}$。不幸的是，将$v_{O(MIN)}$降低至其自然水平会使得电路更加复杂，并将牺牲功耗和精度性能。换言之，对共源共栅晶体管进行调整将提高功率消耗，增大$v_{O(MIN)}$，并且当电流镜不在这个调整环路内时，也会增大

表 10.1　电流镜比较

	基本电流镜	低电压共源共栅电流镜	位于环路外的调整型共源共栅电流镜	带有电平位移的集成在环路内的调整型共源共栅电流镜
$v_{IN(MIN)}$	v_{GS}	v_{GS}	v_{GS}	$2v_{GS}$
$v_{O(MIN)}$	$V_{DS(SAT)}$	$2V_{DS(SAT)}$	$V_{DS(SAT)}+v_{GS}$	$V_{DS(SAT)}+v_{GS}$
精度	λ 误差	—	—	—
R_{IN}	$1/g_m$	$1/g_m$	$1/g_m$	$2/g_m$
R_O	r_{ds}	$r_{ds}^2g_m$	$r_{ds}^3g_m^2$	$0.5r_{ds}^2g_m$
备注	R_O 中等精度低	R_O 高需要偏置	R_O 最高需要偏置 $v_{O(MIN)}$ 高	R_O 高 $v_{O(MIN)}$ 高

输出电阻。这就是只有在非常高的输出电阻是绝对必要的、且功耗和净空的牺牲是可以接受时，才值得使用调整型共源共栅电路的原因。基本的共源共栅电路常常更加实用，因为它提供了更为均衡的成本和性能折中，即便如此，对高输出电阻的需求是使用调整型共源共栅电路的唯一合理的原因。

10.6　总结

本章的基本目的是说明如何把第 9 章讨论的集成电路组装并结合成一个能够实现第 1、2 和 8 章中所描述的总设计目标的一个线性稳压器系统。从这个角度看，开发和使用鲁棒的、有效的补偿策略，以确保电路在所有工作条件下是稳定的，是设计过程中首先要考虑的，也是最为重要的步骤，其基本方法是：确保电路中只有一个低频主极点，在系统的单位增益频率 f_{0dB} 附近只有一个次极点，其他所有寄生极点和反相零点都在 f_{0dB} 的 10 倍频程之上。同相零点可以缓解极点对于相位裕度的影响从而稍微扩展 f_{0dB}。最终，即使是在最优化后，低功耗的限制（通过它们对 $1/g_m$ 的影响）会使得带宽 f_{0dB} 受限，这意味着片外或片上电容必须为快速负载突变提供和吸收电流，这些快速负载变化的速度超出了稳压器环路的响应速度。

另外一个设计考虑就是基准，虽然稳压器常常依赖外部基准电路，但是把基准的工作集成到反馈环路中也是很常见的，特别是在单独应用中以及分立的、对功耗敏感的系统中。这个过程中的第一步就把 PTAT 电流发生器集成到反馈环路中，并确保它的正反馈环路的增益比负反馈环路的增益低。另外，必须要有启动电路保证基准工作在正常状态，即使最初被锁存到其他状态。要做到与温度无关，相当于引入一个 CTAT 部分，通常简化为一个二极管电压。

线性稳压器的压差电压、功率、速度、精度和电源抑制的重要性如何强调都不为过，这也是开发旨在优化这些性能指标的策略是如此重要的原因。然而，复杂的电路，通常会减慢它的响应，需要更多的功耗，占用更多的硅面积，并增加设计风险。因此，关键是要找到有效的手段，充分利用电路中已经存在的器件，从而减小设计风险和折中。

一般而言，线性稳压器集成电路的设计使用半导体元件（第 3 章）构建基本单元电路（第 4 和 5 章）以及能够调整输出使其满足应用和反馈需求的系统（第 1、2、6 和 8 章）。在这个过程中，特别是当试图延长电池寿命和改善性能时，理解设计的应用需求和工艺技术是特别重要的。为了达到这些目的，本章从很多方面讨论并总结了线性稳压器集成电路的设计，可以说本书从第 1 章 ~ 第 10 章已经呈现了要设计一个线性稳压器的几乎所有必要的技术和专门知识。唯一没有讨论的就是电路保护和特性，将在第 11 章中讨论。

10.7　复习题

1. 输出端补偿 PMOS 稳压器的基本好处是什么？

2. 输出端补偿 PMOS 稳压器的缺点是什么？
3. 米勒补偿 PMOS 稳压器的基本好处是什么？
4. 米勒补偿 PMOS 稳压器的缺点是什么？
5. N 型稳压器的基本好处是什么？
6. N 型稳压器的缺点是什么？
7. 在一个自参考稳压器中 PTAT 电流的作用是什么？
8. “带隙转换”和“带隙集成”的区别是什么？
9. 在调整环路中不增加电容的情况下，如何提高一个 PMOS 稳压器的电流驱动能力？
10. 在不增加静态电流的情况下，如何提高环路增益以改善稳压性能？
11. 在不提高环路增益的情况下，如何将负载调整率对输出电压的影响抵消？
12. 与输入电源相串联的一个无源滤波器的基本好处是什么？
13. 与输入电源相串联的一个无源滤波器的缺点是什么？
14. 与输入电源相串联的一个预调整稳压器的缺点是什么？
15. 与输入电源相串联的一个电荷泵共源共栅晶体管的基本好处是什么？
16. 与输入电源相串联的一个电荷泵共源共栅晶体管的缺点是什么？
17. 为什么将一个调整型共源共栅电路应用在电流源和电流镜中？
18. 调整型共源共栅电路总是比非调整型共源共栅电路好吗？为什么？

第11章　保护与特性

理解线性稳压器的性能指标并设计一个完全满足这些指标的集成电路是设计过程中第一步也是最重要的一步。但是，保护稳压器不受损害和一些意外事件打击也非常重要，这些意外事件尽管不是有意的，但却是真实发生的，并且常常是毁灭性的，会使芯片失效并进一步导致其支持的系统无法工作。防止这些有损害情况出现的第一道防线是要在电路级保护芯片，特别是当功率水平超过稳压器的工作和击穿极限情况下。

接着是特性，用户需要深入理解制造芯片的工作和性能极限，不使用超出其工作极限范围的芯片使其过载。通过测量来定义这些约束条件是很有必要的，因为用来预测芯片性能的3σ半导体模型并不完美。首先，仿真并没有包括版图中的大量寄生器件和系统的一些效应比如衬底噪声注入、噪声耦合和衬底去偏置效应；另外，模型不能很好地预测芯片间、制造批次间或者时间比如老化效应带来的性能变化。因此，为了与本书前面的设计方法及其所支持的产品以及产品原型开发周期相一致，本章将讨论电路保护和特性。

11.1　保护

片内保护电路的主要目的是防止集成电路的任何部分工作在超过其击穿极限的情况下。由于功率晶体管 S_0 传导全部负载电流，S_0 很容易超过其安全工作区域，因此芯片必须防止 S_0 达到其最大额定功率限制 $P_{SW(MAX)}$。因此，商业集成电路产品中还包含了过电流保护和热关断特性。类似地，但是基于不同的考虑，它们也包括了电池反接保护和静电放电保护。

然而，保护不应该牺牲或干扰稳压器的功能或性能。换言之，保护应该只在需要时工作，并且，不仅要可靠还要在系统正常工作时是透明的。透明性也意味着从电源获取很少甚至不需要静态电流，这也是这些功能的触发点（Trip - point）精度通常很差的原因。幸运的是，因为稳压和效率比保护更有卖点，特别是在电池供电系统中，因此，工程师们经常为了精度和压差性能而过设计（即超标准设计）功率容量，故芯片的实际最大功率损失通常远低于其额定极限值，因此触发保护电路工作的临界值不需要十分精确。实际值与额定极限值之间的余量也有助于防止系统中的故障不小心触发保护电路。另外，加入一个抗尖峰滤波器也能阻止噪声产生误警报。

11.1.1　过电流保护

1. 固定过电流保护

过电流保护是为了保护功率开关器件 S_0，与短路保护和过载保护是同一个意思。

其目标是保持 S_O 上的功率损耗 P_{SW} 低于其最大额定极限值 $P_{SW(MAX)}$。为了达到这一目的，如图 11.1 所示，固定的过电流保护电路限制 S_O 的输出电流 i_O 到 I_{OCP}。实际上，I_{OCP} 并不精确，因此 I_{OCP} 的最小值 $I_{OCP(MIN)}$ 限制了 $i_{O(MAX)}$，这意味着芯片不能提供超过 $I_{OCP(MIN)}$ 和 v_O 的设计值 $V_{O(TAR)}$ 产生的功率：

$$P_{O(MAX)} = v_O i_{O(MAX)} \approx V_{O(TAR)} I_{OCP(MIN)} \tag{11.1}$$

由于 S_O 提供电流 i_O 时将 v_{IN} 降低到 v_O，这样 S_O 损耗的功率 P_{SW} 为

$$P_{SW} = v_{SW} i_{SW} = (v_{IN} - v_O) i_O \tag{11.2}$$

这意味着，当 v_O 短路到地时，P_{SW} 最大，系统限制了 i_O 最大到 I_{OCP} 的最大极限值 $I_{OCP(MAX)}$：

$$P_{SW(MAX)} = v_{SW} i_{SW} \Big|_{SC} = (v_{IN} - 0) i_{SW(MAX)} = v_{IN} I_{OCP(MAX)} \tag{11.3}$$

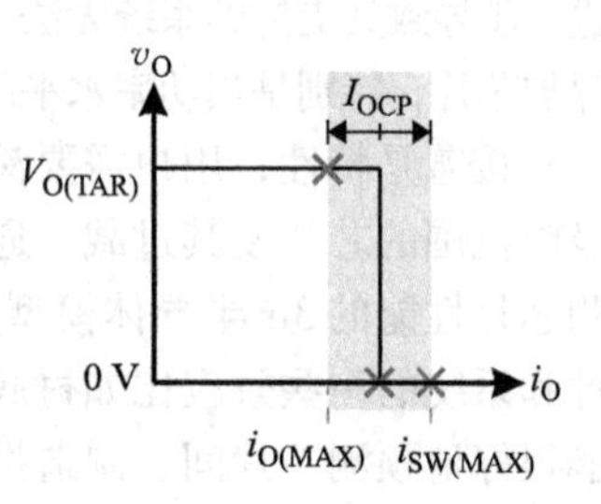

图 11.1　固定过电流保护

因此，$V_{O(TAR)}$、v_{IN}、$I_{OCP(MIN)}$ 和 $I_{OCP(MAX)}$ 一起保证了 S_O 传递给负载的最大功率 $P_{O(MAX)}$ 比 S_O 额定功率 $P_{SW(MAX)}$ 乘以比例 $V_{O(TAR)}/v_{IN}$ 还小：

$$\frac{P_{O(MAX)}}{P_{SW(MAX)}} = \left(\frac{V_{O(TAR)}}{v_{IN}}\right)\left(\frac{I_{OCP(MIN)}}{I_{OCP(MAX)}}\right) < \frac{V_{O(TAR)}}{v_{IN}} \tag{11.4}$$

顺便说一句，请注意，I_{OCP} 必须考虑到极端温度情况，因此 $P_{SW(MAX)}$ 是所有温度下最大的可能额定功率。

图 11.2 给出了一个图 11.1 中所示的功率晶体管 M_{PO} 的固定过电流保护的电路实现，这里，由感应晶体管 M_{PS}、电流缓冲器 Q_{S1}，共源跨导 M_{S2} 和电流镜 $M_{S3}-M_{S4}$ 构成了一个闭合的负反馈环路，当 M_{PS} 的电流 i_{PS} 接近阈值电流 I_{OCP}/A_I 时开始工作。由于 M_{PS} 的 i_{PS} 为 M_{PO} 的电流 i_O 的 $1/A_I$，环路只有在 i_O 接近过电流极限 I_{OCP} 时，也就是 M_{S2} 的栅极电压 v_{G2} 为 0 且 $M_{S3}-M_{S4}$ 关断时，才会产生增益。环路一旦开始工作，M_{S2} 栅极处的 T 形连接将 I_{OCP}/A_I 和 i_{PS} 并联叠加，且 M_{PS} 并联采样 M_{PO} 的栅极电压 v_B。这样，电路在 i_{PS} 中复制 I_{OCP}/A_I，I_{OCP} 通过镜像电路转换到输出 i_O，环路减少了 v_B 在并联反馈模式中的阻抗，因此，当 i_O 低于 I_{OCP} 时环路关断，而且当 i_O 达到且超过 I_{OCP} 时，这个环路的作用压制了误差放大器 A_E 和缓冲器 A_B 的作用，将 i_O 调节到 I_{OCP}。

基极耦合 BJT Q_{S1} 和 Q_{SB} 的目的是强制 M_{PS} 的漏极 - 源极电压等于 M_{PO} 的漏极 - 源极电压。为此，偏置电流 I_B 在 Q_{SB} 上降落一个发射极 - 基极电压 v_{EB}，Q_{S1} 的 v_{EB} 上移并与之相互抵消，从而确保 M_{PS} 的漏极电压跟随 M_{PO} 的 v_O。因此，只有当这两个器件工作在相同的工作区时，M_{PS} 才能镜像 M_{PO} 的所有可能状态下的 v_O。补偿电容 C_C 位于 M_{S2} 的栅极 v_{G2}，将 v_{G2} 的极点 p_{G2} 拉到低频段，因为更高的电容将在更低频率时才开始对其两端的电阻分流。因此，由于 v_{G2} 处电阻很高，p_{G2} 是主极点，且通过 M_{PS}、M_{S2}、M_{S3} 和 M_{S4} 的增益在频率到达 v_B 处的缓冲器极点 p_B 前已下降到 1。注意到 M_{PO} 和控制 v_O 的反馈环路并联采样 v_B，因此 p_B 通常在高频处。

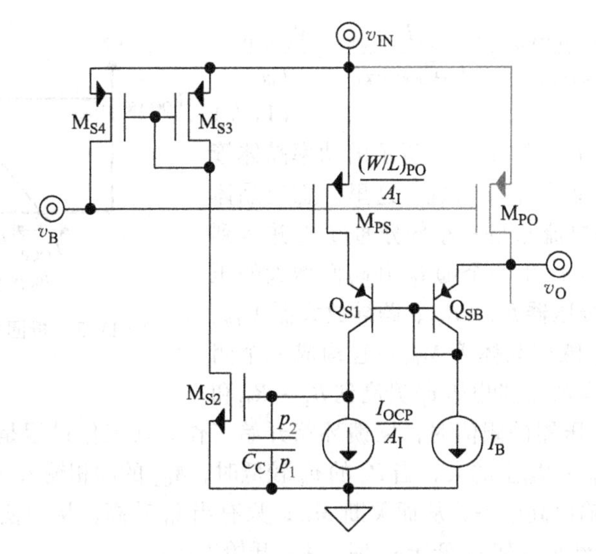

图 11.2 固定电流限流电路

2. 折回限流保护

在便携式设计中，在设计时留出余量可以使线性稳压器所提供的功率比它实际能处理的功率小，这通常是压差指标的附加要求，这会迫使功率器件的尺寸比它的功率额定值所要求的大，然而，许多高功率应用并不适用这种幸运的情况，这就是折叠限流保护适用的场合。固定过电流保护的缺点是：S_O 会在短路到 $i_{O(MAX)}$（即 $I_{OCP(MAX)}$）时传导更多的电流，而不是在 $i_{SW(MAX)}$（即 $I_{OCP(MIN)}$）时，因此 $P_{SW(MAX)}$ 由 $I_{OCP(MAX)}$ 设置。一种减轻 $P_{SW(MAX)}$ 上的这个限制的方法是降低 I_{OCP} 或者随 v_O 的减小将 I_{OCP} "折叠回" 如图 11.3 中所示的 I'_{OCP}，这样，S_O 会在短路到 $i_{SC(MAX)}$（即 $I_{OCP(MAX)2}$）时传导更多的电流，而不是在 $i_{O(MAX)}$（即 $I_{OCP(MAX)}$）[⊖]时，换言之，为了同样的 $P_{SW(MAX)}$ 额定功率，I_{OCP} 和由此而来的 $i_{O(MAX)}$ 在折回限流保护机制中比固定过电流保护中可以取更高的值。

折回 I_{OCP} 的优点是，当电流高达 $I_{OCP(MAX)}$ 时与短路到 $I'_{OCP(MAX)}$ 时，S_O 的 P_{SW} 可以是同样高：

$$P_{SW(MAX)} = v_{IN} i_{SC(MAX)} = v_{IN} I'_{OCP(MAX)} \equiv (v_{IN} - V_{O(TAR)}) I_{OCP(MAX)} \tag{11.5}$$

这样，$I_{OCP(MAX)}$ 可以远高于 $i_{SC(MAX)}$：

$$\frac{I_{OCP(MAX)}}{i_{SC(MAX)}} = \frac{I_{OCP(MAX)}}{I_{OCP(MAX)}{}'} = \frac{v_{IN}}{v_{IN} - V_{O(TAR)}} > 1 \tag{11.6}$$

因此，$i_{O(MAX)}$（即 $I_{OCP(MIN)}$）远大于 $i_{SC(MAX)}$（即 $I'_{OCP(MAX)}$），这意味着 $P_{O(MAX)}$ 比 $P_{SW(MAX)}$ 乘以比例系数 $V_{O(TAR)}/v_{IN}$ 更高：

⊖ 此处原文中笔误为 $I_{OCP(MIN)}$。——译者注

$$\frac{P_{O(MAX)}}{P_{SW(MAX)}} = \frac{V_{O(TAR)} i_{O(MAX)}}{v_{IN} i_{SC(MAX)}} = \frac{V_{O(TAR)} I_{OCP(MIN)}}{v_{IN} I'_{OCP(MAX)}} > \frac{V_{O(TAR)}}{v_{IN}} \tag{11.7}$$

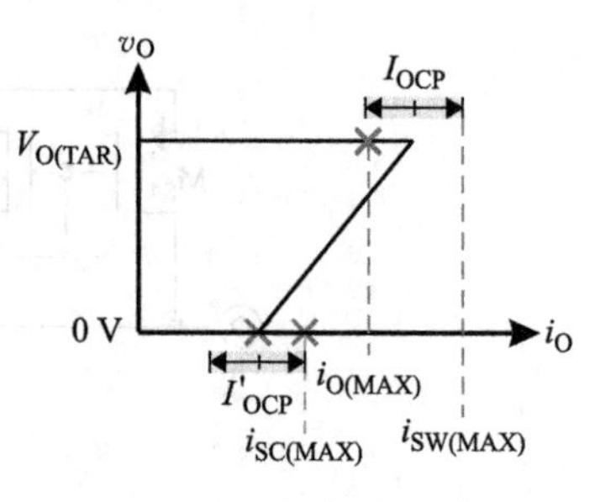

图 11.3　折回过电流保护

图 11.4 给出了一个图 11.3 所示的功率晶体管 M_{PO} 的折回限流保护的电路实现，这里，感应晶体管 M_{PS} 镜像 M_{PO} 的电流 i_O 的一小部分通过 R_S 进入到 v_O，该电流在 R_S 上产生一个随 i_O 升高而增大的压降 v_R，然后，由分压器 $R_{T1}-R_{T2}$、跨导放大器 A_{OCP}、共源跨导管 M_{S1}、感应晶体管 M_{PS} 一起构成一个闭合负反馈环路，当 R_S 上的电压 v_R 升高到 $R_{T1}-R_{T2}$ 和 $R_{B1}-R_{B2}$ 建立的分压器的阈值时，反馈环路开始工作。其工作过程是这样的：$R_{T1}-R_{T2}$ 上电压降比 $R_{B1}-R_{B2}$ 上的大，当 R_S 的 v_R 较低时，A_{OCP} 的同相输入 v_P 比其反相输入 v_N 高，因此 A_{OCP} 输出高电平，从而关断 M_{S1}；只有当 i_O 升高，从而使 i_{PS} 升高，R_S 上的电压降 v_R 增大到足以使 v_P 低于 v_N 时，A_{OCP} 开始工作。

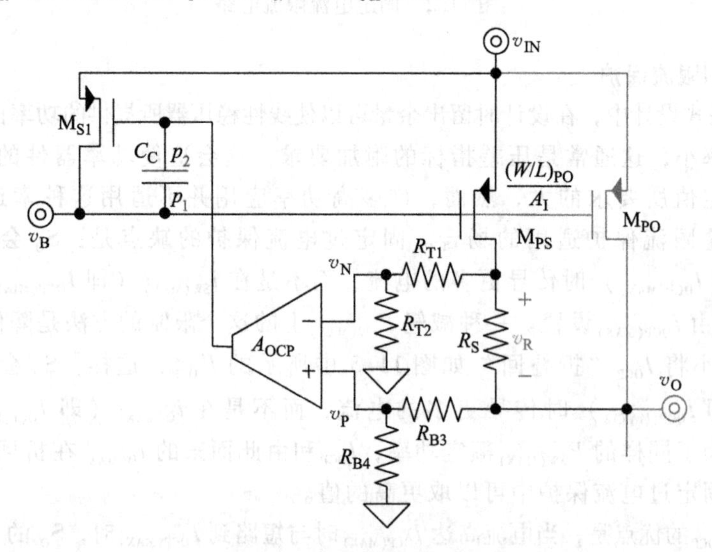

图 11.4　折回电流限制器

A_{OCP} 一旦开始工作，A_{OCP} 串联叠加 v_P 和 v_N，M_{PS} 并联采样 M_{PO} 的栅极电压 v_B 以复制 v_P 到 v_N，因为是并联反馈，v_B 的阻抗也会减小。由于 v_N 镜像 v_P，并且 $R_{T1}-R_{T2}$ 的增益 A_T 比 $R_{B1}-R_{B2}$ 的增益 A_B 低，所以，当 v_O 下降时，R_S 的上端电压比它的下端电压下降得更多，也就是说，R_S 上的电压降 v_R 随 v_O 下降而减小，这时，通过 A_{OCP} 的环路控制将 i_{PS} 电流降低，经过 A_I 的转换来降低 i_O 使之随 v_O 下降而减小：

$$v_N = (v_O + i_{PS}R_S)A_T = \left[v_O + \left(\frac{i_O}{A_I}\right)R_S\right]A_T \approx v_P = v_O A_B \tag{11.8}$$

故

$$i_{O} \approx v_{O} A_{I}\left(\frac{A_{B}-A_{T}}{R_{S} A_{T}}\right) \tag{11.9}$$

因此，当 i_O 的镜像电流 i_{PS} 在 R_S 上的电压降足够低使得 v_N 一直低于 v_P 时，环路将关断。而且当 i_O 足够高使得 v_N 上升到 v_P 之上时，A_{OCP} 和 M_{S1} 将（注意，此时对输出电流的调节不是由误差放大器 A_E 和缓冲器 A_B 来执行的，它们的作用被 A_{OCP} 和 M_{S1} 的控制作用所压制）对 i_{PS} 进行调节，并通过 A_I 的转换调节输出电流 i_O，使其随随 v_O 下降而减小，如图 11.3 所示。米勒补偿电容 C_C 将 M_{S1} 栅极处的极点下拉到低频处并将 M_{PO} 的栅极 v_B 处的极点推到高频处，从而稳定系统。

为了更深入地洞察此电路的内部工作原理，考虑这样一种情况：用一个传统放大器并故意施加一个输入参考失调电压 V_{OS} 代替 A_{OCP} 和 M_{S1}，且分压器上的增益相互匹配，并用一个偏置电压源驱动 R_S 的下端口。这样，环路保证 R_S 上的电压降为一个常数，等于 V_{OS} 乘以分压比，而且由于 v_R 是由 i_{PS} 建立的，而 i_O 是对 i_{PS} 的镜像，因此 i_O 也是一个常数。移除传统放大器及失调电压，用 A_{OCP} 和 M_{S1} 来代替，意味着环路只能给 v_B 提供电流，因此当 v_R 为负时，M_{S1} 关断。因为增加下端分压器的增益将增大 v_P，因此即使 v_R 比 0 稍大，A_{OCP} 也能关断 M_{S1}。将偏置电压源移除，使 v_P 随 v_O 下降，当其值下降到低于 v_N 时，环路启动；环路启动以后，两个分压器之间的增益差将保证当 v_P 和 v_N 相等时 v_R 为正，因而 i_O 等于 $i_{PS}A_I$ 也等于 $A_I\, v_R/R_S$。由于下端分压器的增益比上端的高，R_S 的上端电压比 v_O 降低得更多，因此，v_R 随 v_O 下降，随 v_R 转换而来的 i_O 自然也随 v_O 下降。

11.1.2　热关断

实际中，有时候结温 T_J 是输出电流 i_O 的一个间接测量值，因为不包括芯片中存在其他电源的情况，结温 T_J 随着消耗在稳压器上的功率 P_{REG} 的增加而升高，这个功耗几乎都是由功率晶体管 S_O 的功耗 P_{SW} 所贡献。实际上，P_{SW} 和封装的热阻抗 θ_P 决定了结温 T_J 比环境温度 T_A 高多少：

$$T_{J(MAX)}=T_{A}+P_{REG(MAX)}\theta_{P} \approx T_{A}+P_{SW(MAX)}\theta_{P}=T_{A}+v_{IN}I_{OCP(MAX)}\theta_{P} \tag{11.10}$$

其中，当短路到地，并且 $I_{OCP(MAX)}$ 变为 $I'_{OCP(MAX)}$ 时，S_O 消耗的功率最大，这时，因为输出电压降到零，I_{OCP} 折回到 I'_{OCP}。因此，当只考虑稳压器自身时，热关断和过电流保护同样保护集成电路使得它不受过电压条件影响，因此在独立的线性稳压器中同时实现这两个功能是冗余的。然而，如果同一个芯片上有多个稳压器和功率器件，情况就会发生变化，因为热点和热时间常数使得 T_J 和 S_O 的 i_O 不再相关。

为了满足低压差指标，设计时通常会将 S_O 的额定功率提高，与其击穿极限相比留有较大余量，因此，热关断的目的不再是保护 S_O，而是防止封装熔化，这在便携式应用中是经常遇到的情况。因为塑料封装的熔点 T_P 接近 170℃，芯片的热触发点 T_{SHUT} 必须下降到低于 T_P，而且由于低静态电流、有限的芯片面积和短测试时间等考虑会导致 T_{SHUT} 精度不够并存在波动，因此，T_{SHUT} 应该相对 T_P 留一些余量，比如设置为 150℃。

实际中，温度是缓慢变化的，就是说热时间常数很长，这意味着当负载驱使 S_0 到这一范围时，温度更倾向于在 T_{SHUT} 附近滞回，而且由于当 S_0 导通时温度上升，S_0 关断时温度下降，电路会在 T_{SHUT} 温度点附近不受控制地关断和开启，因此，设计时必须在热关断中设计滞回窗口 T_{HYS} 来消除这个效应，当温度到达 T_{SHUT} 时热关断电路被触发，但只有在温度下降到 $T_{SHUT} - T_{HYS}$ 时稳压器电路才重新工作。

也许最实际和最可预测的用来建立温度触发点的方式是：感应这样一个温度点，在此温度点，电压 v_{PTAT}（与绝对温度成正比的电压）下降到和电压 v_{CTAT}（与绝对温度成反比的电压）相等，如图 11.5 所示。两个成比例的相匹配的二极管或基极 - 发射极电压之间的差值 Δv_D 或 Δv_{BE} 产生了一个线性且可靠的 PTAT 电压。尽管不是线性的，二极管或基极 - 发射极电压 v_D 或 v_{BE} 会随温度的上升而下降，从而产生需要的 CTAT 电压。

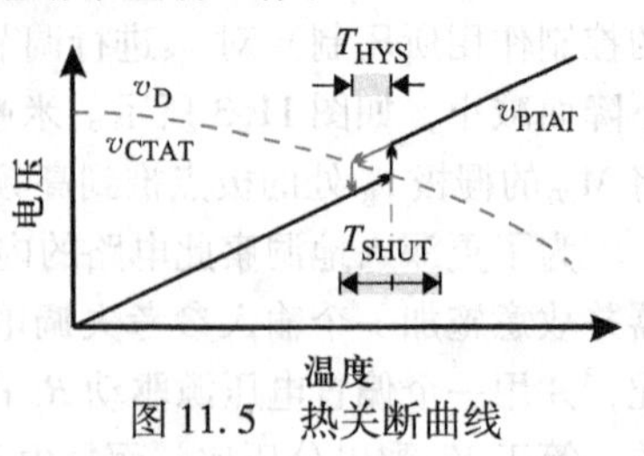

图 11.5　热关断曲线

图 11.6 中的电路的目的是产生一个关断信号电压 v_{SHUT}，当温度达到 T_{SHUT} 时，v_{SHUT} 电压升高，直到温度下降到 $T_{SHUT} - T_{HYS}$ 时它才开始下降，就像图 11.5 中所示的关断模式一样。当温度很低时，PTAT 偏置电流 I_{PTAT} 会在 R_P 上建立一个 PTAT 电压 v_{PTAT}，但该电压不够高，不足以导致温度感应晶体管 Q_S 吸收偏置电流 I_B。因此，Q_S 的集电极电压 v_{CS} 较高，反相器 IN_O 输出一个低电平 v_{SHUT}，反相器 IN_H 输出一个高电平来关断 M_H 并短接 R_H。随着温度升高，Q_S 的基极电压 v_{PTAT} 也会上升，当 v_{PTAT} 高到足以让 Q_S 吸收电流并超过 I_B 时，v_{CS} 下降到很低并且 IN_O 输出高电平 v_{SHUT} 来关断系统。

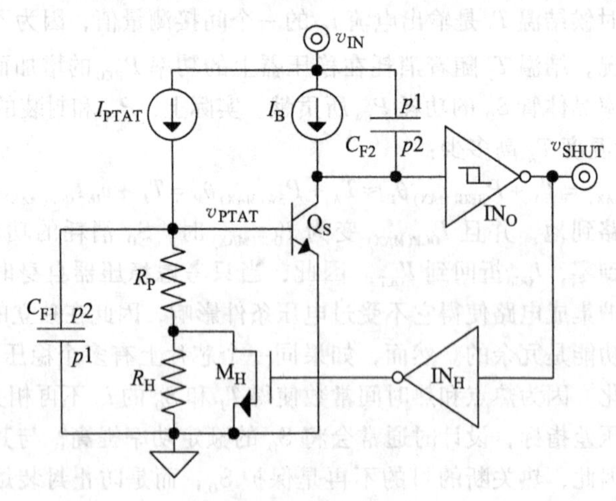

图 11.6　热关断电路

由于 v_{PTAT} 是缓慢上升的，Q_S 的集电极电压 v_{CS} 下降得也很慢，这会导致 IN_O 的转换中 v_{SHUT} 出现不定态。当 v_{CS} 为电源电压的一半时，反相器 IN_O 需要包含迟滞功能来防

止 v_{SHUT}产生不定态，这样，一旦 Q_S 的 v_{CS}下降到低于 IN_0的低阈值，IN_0将 v_{SHUT}提升到输入电压 v_{IN}，而只有当 v_{CS}上升到高于 IN_0的高阈值，IN_0才会将 v_{SHUT}降低，一旦 v_{SHUT}变高，IN_H断开 M_H，使 v_{PTAT}上升一个电压，这个电压等于 I_{PTAT}在 R_H 上产生的电压降，与在图 11.5 中所示的 T_{SHUT}附近的 v_{PTAT}一样，因此，只有当温度下降到使得新的 v_{PTAT}电压低于 Q_S 能维持电流 I_B 的基极 - 发射极电压时，v_{CS}才会再次上升，这个过程将建立期望的 T_{HYS}。滤波电容 C_{F1} 和 C_{F2} 防止地噪声和电源噪声意外触发关断事件。

11.1.3　反向电池保护

正如其名称所表达的意思，反向电池保护的目的是屏蔽持续处于反向电池供电条件对稳压器的影响。达到这个目的最有效的方法是：在考虑了静态电流、芯片面积以及噪声和不希望的电压降等干扰情况下，都能够避免电池反接的情况发生。用塑料保护装置连接电池支架可以保证电池只能够被正向放置，这种保护方式在许多消费产品中广泛使用，例如照相机。然而，硬币式电池难以用这种方式进行保护，因此它们通常使用电路技术进行保护，这通常会提高成本。

电池反向保护电路在电路处于正常工作状态时应该保持关闭和透明但又处于预警状态，只有在需要时才做出反应。透明意味着保护电路的静态电流 i_Q 和在电源上的串联电压降 v_S 以及反向电流 i_R 应该都等于零或者至少接近零。为了在任意长的时间里都能维持这些极端要求，暴露的电气元件必须能承受大功率和高电场，因此这些器件必须很大，有很深的连续的保护环，这和功率晶体管非常类似，而且还要采用轻掺杂结来承受高电压。

从功能上来看，反向电池保护要么使电流不经过稳压器，要么阻止电流流过。如图 11.7 所示，用一个分流二极管来转移电流以保护稳压器，但是，这样做是以相当大的反向电池电流 i_R 为代价的，这会很快耗尽电池电量。因此，采用阻止电流的方式能延长电池寿命，但是不利于正向效率，因为在正常工作条件下，阻止电流流过通常会在其中一个电源中引入一个串联电压降 v_S，虽然没有分流保护电路中引入的电压降大，但这个串联电压降会消耗功率并减小电路的有效输入供电电压，影响净空和压差性能。

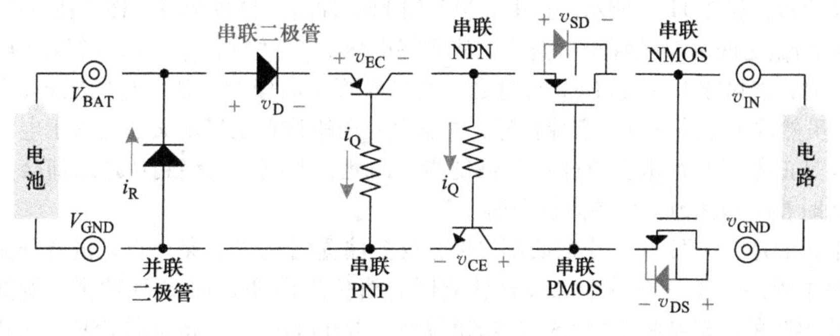

图 11.7　反向电池保护电路

串联一个二极管是阻止反向电池电流的一个方法。但是，其缺点是稳态时二极管上 0.6 ~ 0.7V 的电压降会消耗相当大的功率。从这一点上来讲，采用串联晶体管更好，因为它们的串联电压更低，特别是 N 型晶体管，其迁移率通常为 P 型迁移率的 2 ~ 3 倍。金属氧化物半导体场效应晶体管（MOSFET）比 BJT 更好，因为 BJT 的基极电流 i_Q 会在输入电压上产生静态功耗。MOSFET 的缺点是其芯片面积大，因为传导相同的电流，MOSFET 通常需要比 BJT 更大的面积。最终，不管采用什么方法，除了机械的方法，在反向电池保护电路中，要完全做到没有反向电流 i_R、串联电压 v_S 或者静态电流 i_Q 是十分困难的。顺便说一句，请注意 MOS 的体极连接到漏极是为了保证这两端之间的寄生体二极管在反向电池保护时不会工作。

11.1.4 静电放电保护

静电放电（Electro Static Discharge，ESD）和反向电池保护并非完全没有相似之处，只不过 ESD 的时间短，电压可能为正也可能为负，而且电压也非常高。大多数 ESD 的产生源于 3 种基本的机制：第一种也是最明显的来源是人体接触，例如，在地毯上行走产生的静电，这个模型被称为人体模型（Human Body Model，HBM）。类似地，机器模型（Machine Model，MM）静电来源不同，其模拟了芯片在封装和运输过程中被机器移动而产生电荷迁移的过程。最后，器件充电模型（Charged Device Model，CDM）描述了将芯片滑动装入塑料容器或塑料管中时，预充电芯片接触到框架接地线后所产生的电气情况。这几种情况的共同点是电荷的突然释放，这也是预充电到 0.2 ~ 5kV的 100 ~ 300pF 的电容可以模拟这些情况的原因。

ESD 电路的性能与物理版图和制造工艺技术密切相关，而且预测它们对芯片的保护程度很大程度上是经验性的，因此在不同工艺技术下、它们所保护的结和多晶硅材料不同的情况下、甚至不同的半导体公司的情况下，ESD 结构差别很大。更糟糕的是，所有的输入和输出接口（I/O 接口）都容易受正向和负向 ESD 事件的影响，因此它们都需要 ESD 保护。

大多数 ESD 电路采用正向偏置的二极管、雪崩二极管或者闭锁型 BJT 来钳位所保护的接口的电压。一种在数字集成电路中通用的结构是使用一对堆叠放置的正向偏置二极管对，如图 11.8 所示，这里，当正向 ESD 冲击事件发生时，连接在电源 v_{IN} 和 I/O 接口 v_{PIN} 之间的二极管正向偏置，从而将电压 v_{PIN} 钳位到 $v_{IN}+v_D$；当负向 ESD 事件发生时，连接在 I/O 接口 v_{PIN} 与地之间的二极管正向偏置，从而将电压 v_{PIN} 钳位到 $-v_D$。虽然这个电路简单、鲁棒性好，并且其正向钳位点正好定义在约等于电源电压处，但是正向 ESD 冲击会通过 v_{IN} 泄漏能量，因此，电流在最终到达地之前会先流过 v_{IN}，此时，v_{IN} 是比地更低的阻抗平面。

幸运的是，将图 11.8 中的底部二极管反向偏置到其“击穿”点，也会分流来自引脚的能量，因此只用一个二极管就能同时钳位正向和负向 ESD 冲击。例如，图 11.9 中 BJT 的发射结将正向 ESD 冲击钳位到结击穿电压 v_{BD}，将负向 ESD 冲击钳位到 $-v_D$。注意到，虽然电路不再通过 v_{IN} 来耗尽正向冲击，但 v_{PIN} 现在上升到一个并不由

v_{IN}来定义的电压上，然而，由于击穿电压是可预测且可靠的，因此这一结构仍十分流行。作为边注，工程师们通常采用纵向 NPN BJT 的基极 - 发射极结来构建反向击穿电压为 6 ~ 7V 的齐纳二极管。

图 11.8　堆叠二极管钳位 ESD 保护电路　　图 11.9　双模二极管钳位 ESD 保护电路

由于 ESD 事件是突发性的，本质上是瞬态的，通过电容耦合能量是另一种触发晶体管的方式。例如，图 11.10 中的电容将从 ESD 冲击中获取的能量供给一个 NPN BJT 的基极，触发这个 BJT 工作使其吸收 ESD 能量并传导到地，从而使 ESD 能量远离电路。为了触发电路，这个电阻 - 电容滤波器的时间常数应该与预期的 ESD 冲击上升和下降时间相匹配，因此调节滤波器很重要。

在工业界，十分流行由连续的 N - P - N - P 结产生的闩锁 NPN BJT 或者由连续的 P - N - P - N 结产生的闩锁 PNP BJT 用于 ESD 保护，这些器件被称为可控硅整流器（Silicon Controlled Rectifier，SCR），它们依赖于闩锁效应，通过正反馈使 ESD 能量远离敏感电路。正常工作时，BJT 的基极 - 发射极结上的电压为零，因此图 11.11 中的这些 BJT 都是关断的，然而，ESD 事件能耦合相当大的瞬态能量到其中一个管子的基极，并由该管传导能量给另一个 BJT，从而引发正反馈并锁存环路，换言之，当 Q_N 触发 Q_P 导通时，Q_P 会进一步正向偏置 Q_N，这反过来又会导致 Q_P 的电流上升更多。这一逐步增大的电流最终将释放掉 ESD 冲击能量。

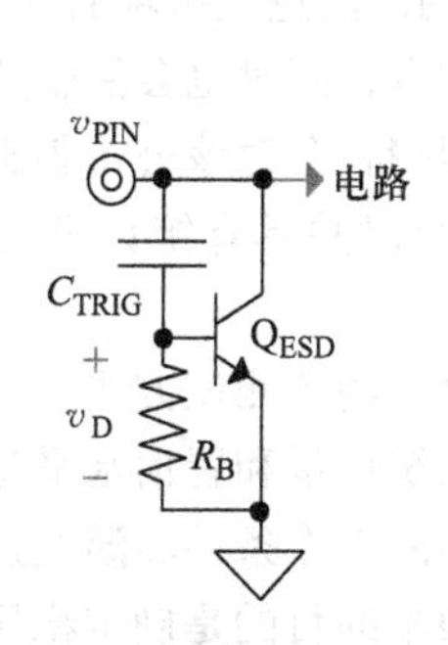

图 11.10　电容耦合 BJT 钳位

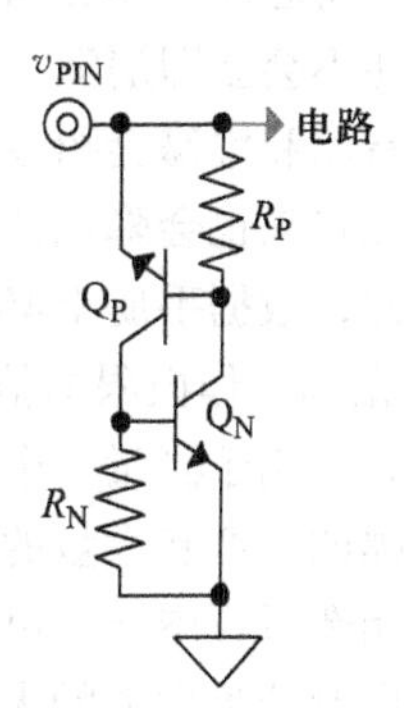

图 11.11　闩锁 BJT 钳位 ESD 保护电路

不幸的是，多晶硅栅对器件充电冲击特别敏感。在这些情况下，插入一个与钳位

电路串联的电阻 R_{ESD} 能起到作用，如图 11.12 所示。这样做，ESD 冲击电压中的一部分将降落在这个电阻上，从而使得栅极不需要承受全部的 ESD 冲击电压。为了更好地对栅极进行保护，钳位电路应该靠近它们所保护的栅极，而且要直接位于栅极的前面，因为栅极不能像其他端口那样吸收直流电流。一般来讲，1 ~ 10kΩ 的电阻通常足以保护 CMOS 的栅极。

幸运的是，大多数功率晶体管已经结合了一些保护措施。这是因为功率器件本身具备从输入电源 v_{IN} 获得很大的功率并给输出 v_O 提供很大的功率的能力。而且，为了减小串联电阻，功率晶体管通常放置在芯片的边缘，靠近电源 v_{IN} 和接地线。另外，为了防止扩散产生的电压降激活功率晶体管中的寄生二极管和 BJT，需要重掺杂的 N 型和 P 型扩散区作接触用，并用金属保护环环绕整个功率器件，因此，这些保护环能很容易收集并驱使电流流到电源，这也是为什么功率 PMOSFET 中的那个大的体二极管能保护 v_O 对抗正向 ESD 冲击的原因，因为它能将能量传导至 v_{IN}，使其远离与 v_O 连接的敏感电路，但是如果 v_O 也连接到一个多晶硅栅极，就像误差反馈放大器使用一个 MOS 差动对的情况一样，可以考虑在栅极附近增加一个带本地限压电阻的双模二极管钳位保护电路。

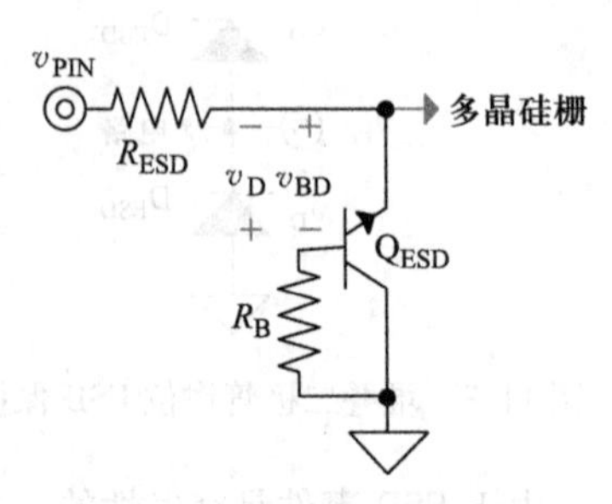

图 11.12　带限压电阻的双模二极管钳位 ESD 保护电路

11.2　特性

一份好的芯片数据手册如同保护电路一样能够使芯片不因为超过其工作极限而受到损害。事实上，IC 芯片的统计性能和工作极限信息的不精确或不完整会诱导系统设计师和用户将芯片工作在超过其能够承受的极限的条件下。这种疏忽最坏的副作用是，系统可能不会立即崩溃，而是当使用这个 IC 芯片的产品进入市场后才发生问题。不幸的是，召回和维修会招致大量的制造成本和人力成本，同时也会使企业失去良好的声誉，这在将来也会降低产品的销量，因为用户和消费者会对该公司售出的产品失去信心。因此，数据手册上必须详细说明且包括仔细测试并具有统计学意义的关于 IC 的性能数据和工作极限的信息。

本节将讨论用于测量一个线性稳压器工作极限的最常用的测试方法。由于半导体主要靠大规模的生产和大量的销售来盈利，增加数据的统计量和置信水平是非常重要的。因此，制造过程中必不可少的一步是，必须在最坏的工作条件和温度角下，用不同晶圆和不同制造批次上的大量芯片来进行测试，其根本的目的是确定稳压器的工作极限和性能。虽然在数据手册中常未提及，但设计师也必须保证在最坏的上电和掉电次序下能正常启动和恢复。

11.2.1　模拟负载

了解负载的特性对于确定负载范围和负载突降对稳压器调节输出的反馈环路动态性能的影响是十分有益的。不幸的是，除了负载电流的范围，负载通常是未知的并且很难被预测，所以理解负载可能对系统产生的影响是必需的。幸运的是，诺顿等效模型通常就足够了，但是只适合于特定的负载条件，而非整个范围。例如，一个可变电流源可以模拟电流的变化，但是与其并联的电阻并不能代表所有的负载组合。

尽管如此，考虑到实验室环境的实际条件限制，用一个可变电阻来模拟负载是可行的，如图 11.13 所示，这个想法是用稳压器的输出电压 v_O 来建立负载电流 i_L，因为 v_O 是 R_L 上的压降，所以 i_L 等于 v_O/R_L。这种方法的问题是，在某一负载电流 i_L 下，R_L 可能与实际负载的小信号电阻不匹配。例如，以一个运算放大器从 1.8V 的稳压器中抽取 0.5mA 的电流为例，放大器的等效电阻可能不是 1.8V ÷ 0.5mA，即 3.6kΩ，特别是想想看，放大器的静态电流几乎不随稳压器的 v_O 变化而变化。数字电路模型通常可以简化为一个电阻，因为在大多数情况下，它的电流与供电电压 v_O 成正比，这意味着，在这种情况下，一个纯电阻负载模型就足够了。

电容 $C_{IN(T)}$ 和 $C_{IN(C)}$ 的目的是将噪声从稳压器中分流，这是很重要的，因为电源电压 v_{IN} 可能是由一个开关电源电路提供的，其在 50kHz ~ 1MHz 之间某个频率上会有 20 ~ 50mV的纹波。又由于 v_{IN} 通常从一个交流插座中获取能量，它也可能包含 50 ~ 60Hz 的交流噪声，一个钽电容或电解电容 $C_{IN(T)}$ 可以抑制低频噪声，因为其电容值相对较高，且它的等效串联电阻（ESR）所设定的时间常数也相对较高。一个陶瓷电容 $C_{IN(C)}$ 通常与 $C_{IN(T)}$ 同时出现，虽然陶瓷电容的电容值比较低，但是它的 ESR 所建立的时间常数也较小，因此 $C_{IN(C)}$ 可以将高频噪声分流。另一种消除所有这些噪声的方法是，用电池对 IC 芯片供电，因为电池的输出既不是开关性的，也不与交流插座相连，所以其输出不包含这些噪声。

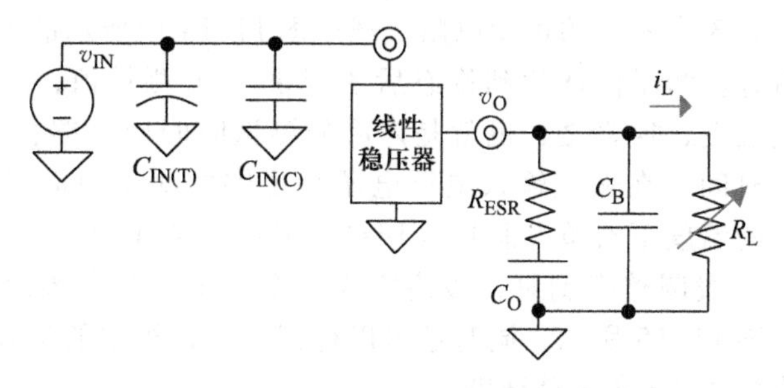

图 11.13　用一个可变电阻模拟负载

另一种极端是用一个电流源模拟负载。如前文已提到的，用一个电流源模拟负载，没有把负载电流 i_L 造成的 R_L 的变化考虑进去。尽管如此，研究这个极端仍然是有益的，因为如前所述负载通常是未知的。图 11.14 所示的电路相当于是对所有有源负载的一个模拟，这里，晶体管 M_L 串联采样负载电流 i_L（由电阻 R_{SET}设定），运算放大器 A_L 将一个可编程电压源 v_{SET}与通过 R_{SET}上的电压串联叠加。A_L 也放大了 R_{SET}对 M_L 输出电阻 R_L 的退化作用，因此，R_{SET}上的电压近似等于 v_{SET}，因而 i_L 等于 v_{SET}/R_{SEF}，且 R_L 等于 M_L 的 $g_m r_{ds} R_{SET}$的 A_L 倍，虽然这样模拟负载并不包含纯阻性负载的影响，但通过研究这两种极端[⊖]，可以观察两种极端下的 R_L 对系统动态性能的影响。请注意，R_{SET}连接到负电源上，以保证穿 M_L 过的电压足够高，保证其工作在饱和区，换言之，就是保证 M_L 的 r_{ds}在 i_L 的工作范围内都是较高的。

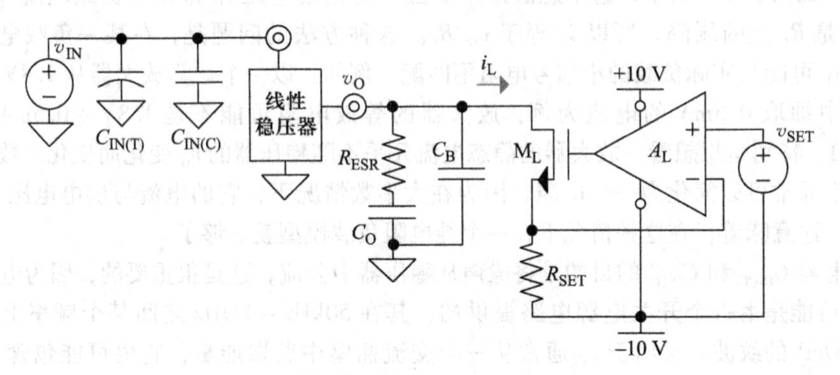

图 11.14　用一个可变电流源模拟负载

11.2.2　调整性能

1. 负载调整率

负载调整率表示稳态下负载电流 i_L 的满幅变化引起的输出电压 v_O 的变化，例如当 i_L 从 0 变化到 5mA 时，v_O 下降 15mV。负载调整率的测量实际上就是给稳压器加上如图 11.13 中所示的可变电阻负载或图 11.14 中所示的电流源负载，再扫描 i_L，并监测 v_O。为了保证达到稳态后才记录 v_O 的测量值，i_L 的变化速度必须比稳压器的速度慢，换言之，也就是产品的测试时间应足够长，要足够 IC 的响应时间和稳定时间。在额定输入电源电压和足够的测试时间设置条件下，产品工程师在不同的温度下对单颗芯片（Die）、晶圆（Wafer）、制造批次（Fabrication Iots）进行负载调整率测量，最终完成一个在全部负载情况下的输出负载调整率曲线，如图 11.15 所示，同时还可以得到一个在规定的负载范围、温度和工艺角下的输出电压 3σ 变化总结表。

⊖ 一种极端是用一个可变电阻来模拟负载，另一种极端是用一个电流源模拟负载。——译者注

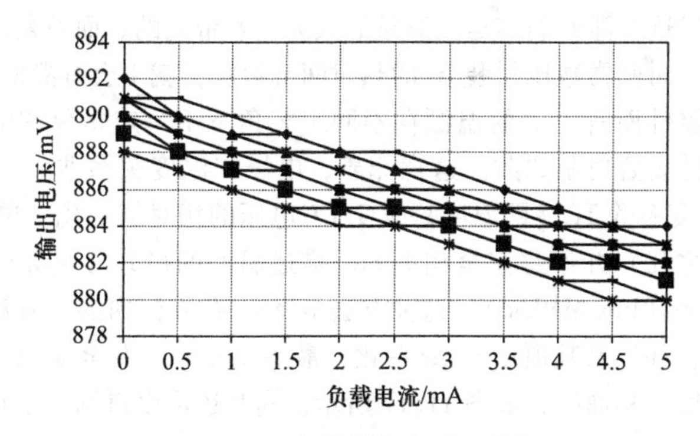

图 11.15　负载调整率测试曲线

2. 线性调整率

线性调整率表示稳态下输入电源电压 v_{IN} 的满幅变化引起的输出电压 v_O 的变化，例如当 v_{IN} 从 5V 变化到 1.8V 时，v_O 会下降 5mV。测量线性调整率的设置和步骤与测量负载调整率的相似，唯一的区别是 v_{IN} 变化而 i_L 保持恒定。因为线性调整率表示 IC 能保持线性的 v_{IN} 范围，所以 v_{IN} 不能低于电路的净空极限 $v_{IN(MIN)}$。为了避免净空问题和启动问题的暂时性效应相叠加，v_{IN} 下降的时间常数应该比上升的时间常数长。因此，应将 v_{IN} 从最大极限值下降到最小值的时间设置得足够长，以保证在记录每个 v_O 值之前，v_O 已稳定到其稳态终值。最终完成一个在全部允许的输入电源电压情况下的输出线性调整率曲线，如图 11.16 所示，同时还可以得到一个在规定的电源范围、温度和工艺角下的输出电压 3σ 变化总结表。

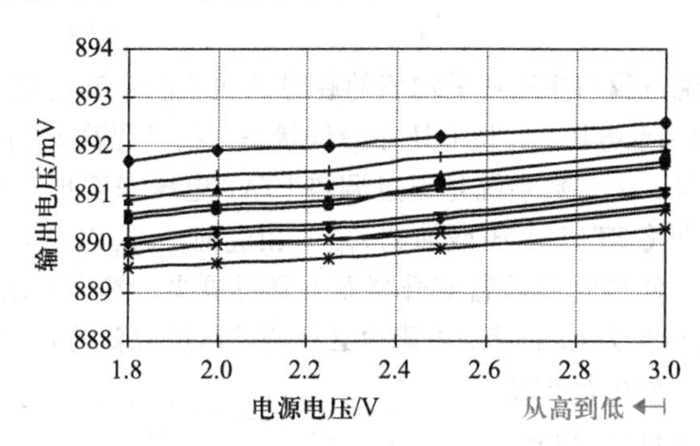

图 11.16　线性调整率测试曲线

3. 温度漂移

温度漂移也是一个直流参数，其测量电路和方法与负载调整率和线性调整率所使用的方法相似。区别是：这里是温度变化而输入电源电压 v_{IN} 和负载电流 i_L 保持恒定。测量温度漂移特性通常需要的测试时间更长，因为塑料封装的 IC 芯片的热时间常数比其电路的带宽长得多。若测试时没有处理好，当升高或降低温度时，输出 v_O 可能会出现热滞回的假象，换言之，输出 v_O 在一个方向上的漂移可能与另一方向的不同。

通常情况下，如果这个滞回确实是由测量的人为因素带入的，而不是电路固有的，那么只要温度变化的时间常数比封装 IC 的热时间常数长，就不会有滞回现象出现。

对于修调的器件而言，v_O 的温漂在不同工艺角下不一定是单调的或一致的，即使是修调到其最佳设置也是如此。这意味着，电压与温度关系曲线的斜率（单位是 V/℃）或比例温度系数 TC（即温度每改变 1℃电压的相对值变化，单位是 $\times10^{-6}$℃，表示每度百万分之几）并不是完全相关的。描述温漂的最好方法如同参考电压一样是采用所谓方框法（Box Method）。这种方法是将 v_O 在方框内的所有温度下的值的全部极值包括进来，并记录其顶点的 3σ 变化。最终完成一个在全部允许的温度情况下的输出电压的温度漂移曲线，如图 11.17 所示，同时还可以得到一个在规定的温度范围和工艺角下的输出电压最坏情况 3σ 变化总结表。

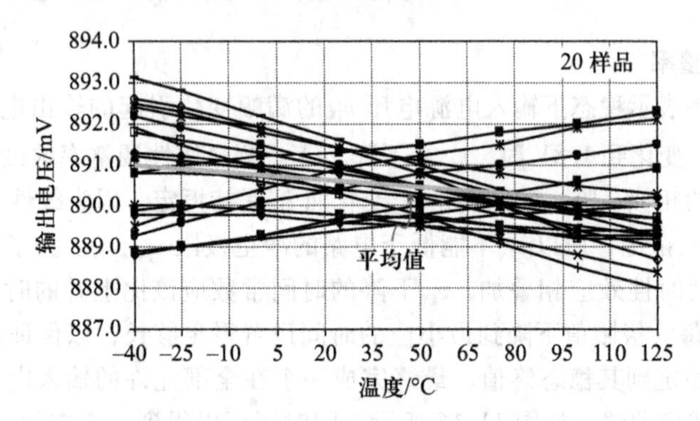

图 11.17　输出电压的温度漂移特性曲线

4. 修调

就图 11.17 来说，我们注意到平均值的趋势是随着温度升高而下降，这意味着，设置输出电压 v_O 的基准电压 v_{REF} 并不处在最佳状态，稍微提高 v_{REF} 的 PTAT 部分，趋势会反转。幸运的是，大多数系统是通过调整 PTAT 电压来实现对基准电压的修调，因此，增大修调值即将 PTAT 电压增加到 v_{REF}，相应地，v_{REF} 以及 v_O 将以平均值为中心逆时针方向变化，使得它们随温度升高而下降得更少。然而，用这种方式来改变 v_{REF}，意味着将 v_{REF} 转换为 v_O 的反馈电阻也必须调整以适应新的 v_{REF} 值。

在这个过程中，知道如何确定一个特定部分的修调目标很重要。就带隙基准来说，一个线性 PTAT 电压 v_{PTAT} 可以对抗一个二极管电压 v_D 的下降趋势，从而可以得到一个很大程度上与温度无关的基准电压 v_{REF}，但是因为在更高温度下 v_D 随温度上升下降得更多，v_D 通常像图 11.18 所示的那样弯曲。因此，当

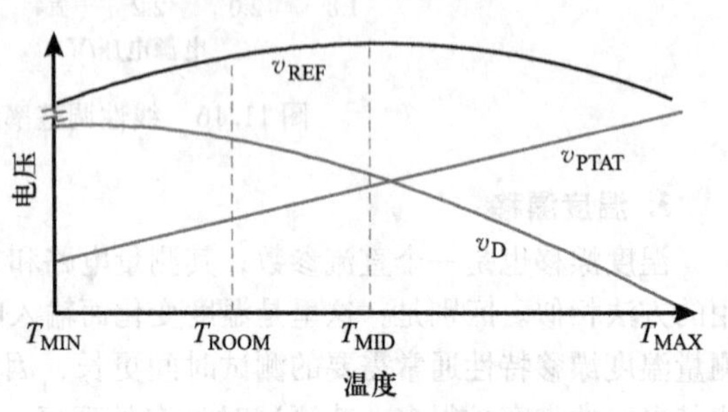

图 11.18　基准电压的修调

处于温度范围的中间即 T_{MID} 处，v_{REF} 的温度漂移最小，此时其温度曲线的斜率为零，即温度系数为零。

由于修调过程调整了 v_{REF} 的 PTAT 部分，增大修调值会增加 v_{REF} 的斜率。因此 v_{REF} 的最低修调点产生最小的斜率和最低的温度系数，反之亦然，如图 11.19 所示。因此，由于 v_{PTAT} 的斜率是线性增加的，对修调范围采用线性外推法可以在 T_{MID} 处产生零斜率对应的 v_{REF} 值（即最优设定值）。本例中，T_{MID} 处的基准电压最佳目标值是 890mV，这意味着在图 11.18 中，将室温 T_{ROOM} 下的 v_{REF} 电压值设计为可以使得 T_{MID} 处基准电压 v_{REF} 为 890mV，则 v_{REF} 随温度的变化最小，这也意味着为了获得最优结果，T_{ROOM} 处 v_{REF} 的温度系数不应该等于零。对来自不同晶圆和制造批次的多个芯片重复这样一个过程，可以得到一个使 v_{REF} 和 v_O 随温度波动最小的统计平均目标值。

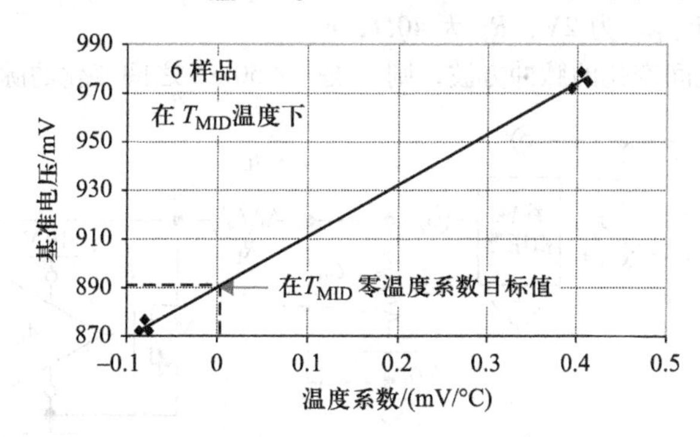

图 11.19　修调后不同样品的基准电压在 T_{MID} 温度处的温度系数

5. 负载突变

确定 v_O 在负载突变下的瞬态变化比负载调整率，线性调整率和温漂更加困难，因为大部分时候都是靠猜测来预测负载突变的本质。即使负载电流总的瞬态变化 Δi_L 是知道的，但是，请注意这个变化值通常随其满幅范围的不同而不同；上升时间 t_R 和下降时间 t_F 很难预测，v_O 的总变化取决于这三个变量——Δi_L、t_R 和 t_F，因而也难以预测。这也是数据手册上的标称时域图通常比较含糊的原因，因为 t_R 和 t_F 比较模糊，甚至没有给出。此外，实际的响应情况通常是乐观的，因为 t_R 和 t_F 一般为微秒级，接近稳压器的带宽，这意味着稳压器速度足够快能跟踪 i_L 的变化。公平地说，引用难以实现的上升和下降时间（比如 1 ~ 100 ns）是不现实的，即使没有引用具体值，系统设计师也能理解，因此当响应很宽范围的上升和下降负载突变时，它们通常会为 v_O 分配出 3% ~7% 的精度余量。

不幸的是，为片上系统（SoC）解决方案供电的稳压器并不具有分立器件的灵活性。实际上，现代混合信号系统不仅开关频率很高而且片上输出电容很低，因此，同步转换时间很短，它们对输出 v_O 的影响很大。幸运的是，在片上系统中负载通常更容易预测并且其幅度更小。图 11.20 的例子表示了一个开关频率为 100kHz、100ns、1 ~5mA 的负载突变产生了 500mV 的 v_O 变化。

用一个电阻 R_L 模拟最坏情况的负载突变是可能的。例如，图 11.21 中的放大器网络确定了 R_L 的底端电压 v_B，从 v_O 中拉负载电流 i_L，该电流与 R_L 上的压降成正比、与 R_L 成反比的。为此，放大器 A_L 将一个脉冲方波产生器的输出 v_{PLS} 和 v_B 串联叠加，从而强制 v_B 等于 v_{PLS}，这样，假设稳压器芯片的输出电压设计值是 $V_{O(TAR)}$，则 i_L 大约为

$$i_L = \frac{v_O - v_B}{R_L} \approx \frac{V_{O(TAR)} - v_{PLS}}{R_L} \tag{11.11}$$

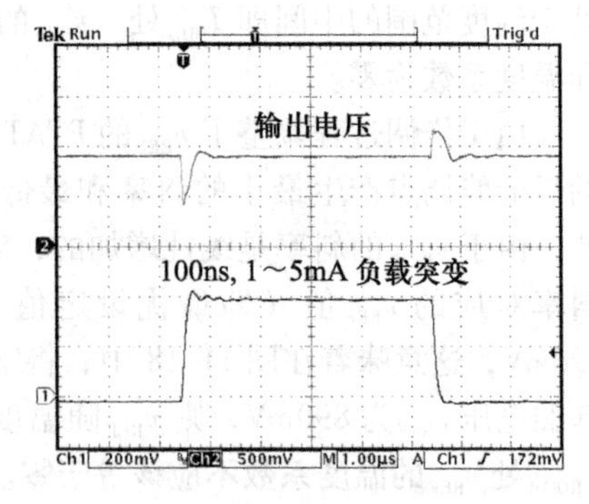

图 11.20　负载突变响应

因此，如果 $V_{O(TAR)}$ 为 2V，R_L 为 40Ω，v_{PLS} 为 1.96V 和 0V 之间变化的脉冲方波，则 i_L 是 1～50mA 之间变化的脉冲方波。

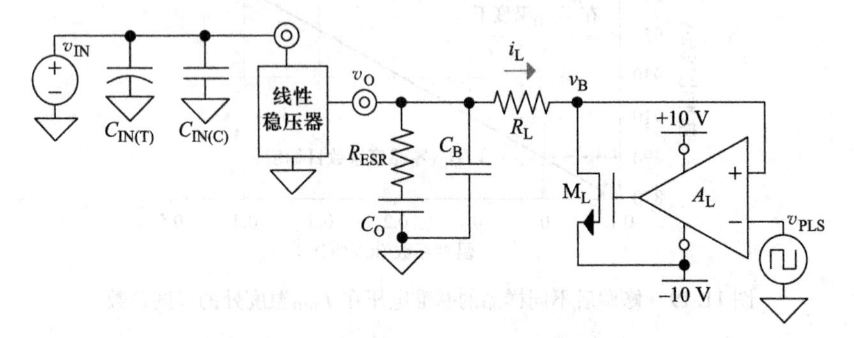

图 11.21　用一个电阻来产生负载电流脉冲方波

放大器 A_L 的根本目的是吸收负载电流 i_L，因为大的负载电流通常不能被输出脉冲发生器 v_{PLS} 直接吸收。类似地，由于 A_L 可能无法维持 i_L，用一个 N 沟道功率晶体管 M_L 来缓冲 A_L。M_L 的源极和一个远低于地电位的负电源相连，以保证 M_L 始终工作在饱和区，即使 M_L 的漏极电位 v_B 下降到地电位以下。顺便说一句，A_L 必须速度足够快、驱动能力足够强，能够在测试芯片需要的上升和下降时间内驱动 M_L 的栅极。

不幸的是，该电路有两个不足之处：①满载时，输出电压 v_O 不一定能调整到其设计值 $V_{O(TAR)}$ 附近，因此，电路能建立的最大负载电流可能不像最小负载电流那样可以预测。②从几伏的电压产生毫安级的电流需要几十欧姆的电阻，这意味着，只有当稳压器的负载电阻很低时，R_L 才能测试负载突变响应，而实际情况并非总是如此，特别是当稳压器的负载是片上放大器、偏置电路和模拟电路单元时，它们的电流不会随输入电压变化而变化。幸运的是，图 11.14 所示的电流源电路在这两个方面要更好一些，因为 v_{SET} 和 R_{SET} 单独确定 i_L 的值，R_{SET} 是晶体管 M_L 的退化电阻，吸收负载电流 i_L，放大器 A_L 进一步放大了 R_{SET} 的退化效应（即负反馈效应）。因此，i_L 与 v_O 无关，M_L 的输出电阻很大，相当于一个调整型共源共栅电流源的输出电阻大小。

6. 精度

数据手册中列出的总精度性能通常包括在不同的芯片、晶圆和制造批次下，负载调整率、线性调整率和温度漂移对输出电压 v_O 的总的 3σ 效应。也许将这些影响都考虑进来并形成一个可视化指标的最实际的方式就是监控、测量并画出 v_O 在不同负载电流 i_L 时的值，就像在进行负载调整率的测试一样，只不过现在是在输入电压 v_{IN} 和温度的极端值情况下进行测试。换言之，这个综合的精度图与图 11.15 所示的负载调整率图类似，只不过它包含了对应于所有可能的极端 v_{IN} 和温度的组合下的四族曲线：最高 v_{IN} 和最高温度、最低 v_{IN} 和最低温度、最高 v_{IN} 和最低温度、最低 v_{IN} 和最高温度。接着，使用方框法，这个精度指标将描述方框的最坏边角的 3σ 变化。顺便说一句，请注意，数据手册上引用的精度指标通常没有包括负载突变的影响，因此 ±3% 的误差指标并不一定意味着负载突变时 v_O 会保持在其目标值的 3% 以内。

7. 电源抑制

电源抑制（PSR）也常被称之为电源纹波抑制的原因之一是：通常线性稳压器的输入电源来自开关型直流—直流转换器的输出，因此用来测量 PSR 的电路事实上是在输入电源 v_{IN} 中产生一个“纹波（ripple）”，该测试向 v_{IN} 注入一个特定频率 f_O 的正弦波，然后检测在输出电压 v_O 中产生的纹波，计算 v_{IN} 和 v_O 纹波峰值的比例，然后在其他频率上重复上述过程。由于稳压器电路的目的是调节 v_O 使之不受负载电流 i_L 和输入电压 v_{IN} 的变化的影响，稳压器的电源增益 A_{IN}（即 $\Delta v_O/\Delta v_{IN}$）应该较低（在 0 ~ -60dB 之间），如图 11.22 中所示的那样。而且，因为电源抑制与电源增益是互补的，PSR 为 A_{IN} 的倒数，因此 PSR 等于 $\Delta v_{IN}/\Delta v_O$，其值在 0 ~ 60dB 之间。数据手册中通常没有给出图形，而是列出几个有代表性的数据点，比如，当负载为 10mA，电源为 3V 时，在 1kHz 处电源抑制为 50dB。

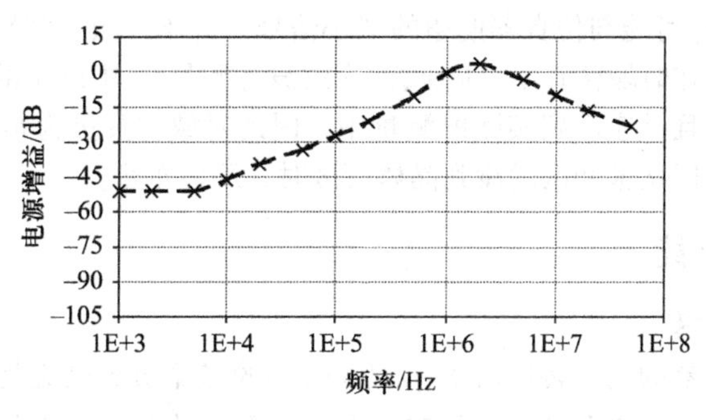

图 11.22　电源抑制

实际中，一个单独的函数发生器并不能取代 v_{IN}，因为这个发生器一般不能提供线性稳压器所需要的驱动电流。图 11.23 所示的电路中，放大器 A_{IN} 和功率晶体管 M_{IN} 将函数产生器的输出 v_{SIN} 缓冲输出，产生一个带纹波的 v_{IN}。这里，A_{IN} 将一个直流电压源 V_{DC} 与 A_{IN} 的反相输入端 v_N 串联叠加，v_N 被强制到 V_{DC}，反馈电阻 R_{IN1} 和 R_{IN2} 将 v_N（即 V_{DC}）转化为一个 v_{IN} 的直流电压。v_N 处的 T 形连接并联叠加函数发生器产生的

v_{SIN}通过R_{IN1}提供到环路中的电流，从而将纹波注入到v_{IN}中。这样，这个电路中包含了放大V_{DC}的同相网络和放大v_{SIN}的反相网络，两者结合起来产生了一个电源电压：由V_{DC}确定直流值，由v_{SIN}确定纹波：

$$v_{IN} \approx V_{DC}\left(\frac{R_{IN1}+R_{IN2}}{R_{IN1}}\right)-v_{SIN}\left(\frac{R_{IN2}}{R_{IN1}}\right) \tag{11.12}$$

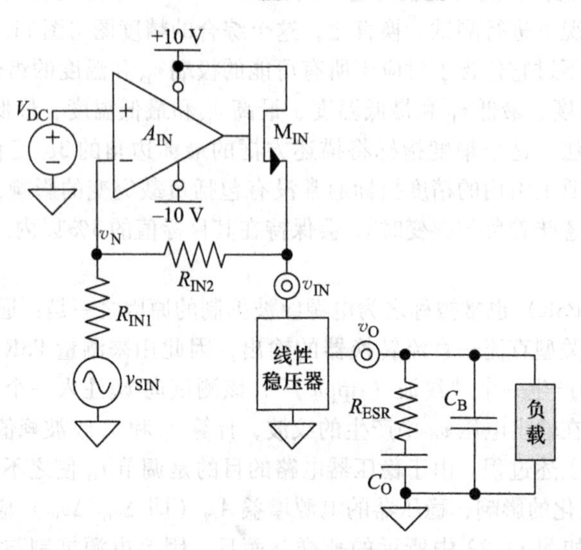

图 11.23 将纹波注入到输入电源

为了模拟开关电源通常产生的纹波情况，输入纹波的峰峰值通常设为20～100mV。需要注意的是，测试结果与交流仿真得到的小信号响应不一定完全一致，因为100mV的v_{IN}变化可能与仿真器期望的“小信号”并不一致，特别是当稳压器工作在接近压差区时。在时域仿真中，向v_{IN}注入纹波并测量v_O中产生的纹波，这与实际中的情况一致，并且已应用到实际的测量中，因此时域仿真更为精确，特别是当v_{IN}导致晶体管的工作区从饱和区过渡到晶体管区时，反之亦然。

11.2.3 功率性能

1. 功率转换效率

确定线性稳压器的功率转换效率η_C等同于测量整个负载电流范围内输入电压v_{IN}提供的输入电流i_{IN}。这是因为，除了输入电流i_{IN}和负载电流i_L以外，η_C只由输入电压v_{IN}和输出电压v_O决定，而这两者由用户或者应用目标所设定：

$$\eta_C=\frac{P_O}{P_{IN}}=\frac{i_L v_O}{i_{IN} v_{IN}}=\eta_I\left(\frac{v_O}{v_{IN}}\right) \tag{11.13}$$

因为v_{IN}、v_O和i_L通常由设计指标设定到规定值，地电流i_{GND}（即从v_{IN}流到地的静态电流i_Q）的获取就更有意义了。电流效率η_I的获取也更有意义，因为当i_L较高时i_Q通常是可以忽略的，而在其他情况下，比如系统空闲时或i_L较低时，i_Q与i_L的比会变得相当大：

$$\eta_I \equiv \frac{i_L}{i_{IN}} = \frac{i_L}{i_{GND} + i_L} = \frac{i_L}{i_Q + i_L} \tag{11.14}$$

获取 η_C 和 η_I 等同于设定几个不同的 v_{IN} 和 v_O 下，测量负载调整率时通过从 i_{IN} 中减去 i_L 得到。总结表格最终会列出在负载范围的极值处 i_{GND} 或者 i_Q 的 3σ 变化，或者处于负载范围的中间点时 i_Q 的标称值，例如，当带 10mA 的负载时 i_Q 为 20μA。注意到 i_{GND} 并非总是 i_L 的函数，但是如果它是，除了总结表之外，也可能附上 i_{GND} 的标称值随 i_L 变化的图形。

2. 压差电压

测量压差电压 V_{DO} 未必总是简单直观。对于需要低输出电压 v_O 的应用而言常常会变得很困难，因为降低输入电压 v_{IN} 可能使得稳压器在失去调整能力之前已耗尽了其净空 $v_{IN(MIN)}$。在这些情况中，改变电阻分压器使反馈网络提高 v_O 的目标值 $V_{O(TAR)}$，以提高稳压器进入压差区的起始输入电压，这样，降低 v_{IN} 将会使得稳压器在耗尽净空前就已进入压差区。为了保证有效测量，理解稳压器在其所有工作区域是如何工作的十分重要。

例如，把图 11.16 所示的线性调整率的测量扩展到更低的 v_{IN} 值，就可以得到图 11.24 的结果。这里，当 v_{IN} 在 1.25 ~ 2.5V 之间时，稳压器的输出测试结果大约为 0.9V，这个 v_{IN} 范围对应着线性工作区，因为反馈环路有足够的增益来稳定 v_O 在 $V_{O(TAR)}$。当 v_{IN} 在 1.15 ~ 1.25V 之间时，v_O 略微上升到 1.15V，这是因为 v_{IN} 足够低以至于将稳压器中一个或多个晶体管推到接近晶体管区工作，环路增益减小，从而降低了电路的调整精度。虽然不是所有的稳压器在晶体管区都会使 v_O 增大，但当增益下降时，v_O 总是会偏离 $V_{O(TAR)}$。

如图 11.24 所示，当 v_{IN} 降低到低于 1.15V 时，环路增益减小到零，此时，电路进入压差区。在这种工作模式下，v_O 随 v_{IN} 几乎呈线性下降，压差电压 V_{DO} 为功率晶体管上的电压降，等于 $v_{IN} - v_O$。实际上，V_{DO} 随 v_{IN} 下降而下降，因为功率晶体管的基极或栅极驱动电压会随 v_{IN} 下降而下降。这也是产品工程师通常在压差区的起始点（即线性区的边缘）引用 V_{DO} 的一个原因。更重要的是，设计者的目的是要保持稳压器正好工作在压差区起始点的上方，这样，当功率晶体管上的电压降低到其最低可能的电压时，稳压器仍然能稳定输出电压 v_O。换言之，在压差区的起始点引用的 V_{DO} 是最相关的值。

数据手册通常只列出满载时的 V_{DO}，此时的负载条件是最差的。而且注意到，与线性调整率的测试情况一样，测试时，将从 v_{IN} 其最大的设计指标值开始减小比将其从零开始增大要更好一些，因为后者受到启动效应的影响，其时间常数可能会很长，以至于保压时间可能不足，难以保证测量的精度。

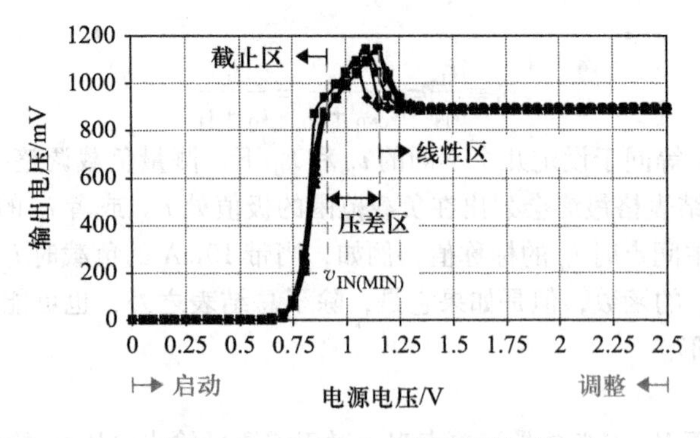

图11.24 压差和净空测试结果

11.2.4 工作要求

1. 负载范围

虽然并非总是如此，但是压差区的起始点电压有时决定了稳压器的最大输出电流 $i_{O(MAX)}$。事实上，工业界常用200mV的压差电压所能承受的电流来设定 $i_{O(MAX)}$，为此，设定 v_{IN} 比预定输出电压 $V_{O(TAR)}$ 高100mV，对 i_L 进行扫描，并监测输出电压 v_O 何时降到 v_{IN} 的200mV以下，此时的电流 i_O 就确定为 $i_{O(MAX)}$。

然而，这种获取 $i_{O(MAX)}$ 的方式只能应用到独立的稳压器芯片中，这种稳压器芯片的目标市场不像具有特定应用的产品那么清晰。仅举一个使用越来越普遍的例子，片上系统（SoC）设计必须在预定的压差条件下提供指定范围的负载电流，这说明测量实际或期望的负载范围内的负载调整率要比获取最大负载电流 $i_{O(MAX)}$ 更加重要。

2. 净空

图11.24所示的压差测量图是图11.16所示的线性调整率图形的扩展版，另外包含了净空 $v_{IN(MIN)}$ 的影响，图11.24中 $v_{IN(MIN)}$ 为0.9 V。$v_{IN(MIN)}$ 是这样的一个输入电压：当输入电压下降到比它低时，电路不再能够决定输出电压 v_O 的状态。从正常工作的视角来看，当 v_{IN} 低于 $v_{IN(MIN)}$ 时，晶体管不再有净空导通电流，这意味着当 v_{IN} 下降到 $v_{IN(MIN)}$ 以下时，环路实际上已经断开，这是负反馈对 v_O 失效的另一种说法。结果，功率管不再能够维持负载电流 i_L，所以 i_L 将 v_O 下拉到地电位。

3. 滤波器

与其他参数的测试相比，为稳压器稳定工作确定一个可接受的滤波范围更为复杂。首先，我们认为测试系统的稳定性等同于尽可能用最糟糕的方式来干扰系统，并监测输出，观察其是稳定的还是振荡的。换言之，如果稳压器受到可能的最快、最宽的负载突升和负载突降还能工作，则它是稳定的。如前文一样，这里主要的问题是负载特性无法预测，测试时，使用过快和过宽的负载突变（这会对稳压器产生过应力）显得过于保守，而如果负载突变太慢或太小（即低于系统应力）则不符合实际情况。这些不确定性和复杂的测试过程结合起来就可以解释工业界所采取的不同获取方法的不一致性以及一些数据手册看似不完整的原因。

稳定性和相位裕度不同，相位裕度是对系统趋向于不稳定的一个量化值，而稳定性最终是一个二元参数，因为电路在给定的滤波情况下，要么稳定要么不稳定。因此，稳定性测试必须包括所有可能最坏的情形，比如，在最差温度条件下以最快的上升和下降时间（如周期为 10ms，上升和下降时间 10～100ns）从 0 到 $i_{O(MAX)}$ 的满幅负载突变。请注意，较长的上升和下降时间使得电路不会受到激发电路振荡的高频干扰。

这个测试的一个困难在于，需要对输出电容 C_O 和它的等效串联电阻 R_{ESR} 的很多种组合重复进行测试工作。最简单但可能最不实际的方法是找出足够的电容来覆盖整个 $C_O - R_{ESR}$ 范围，用它们对快速负载突变下的 v_O 进行滤波，如果电路没有持续振荡，电路就是稳定的。这个方法的主要困难在于要找到足够的电容，利用不同的 $C_O - R_{ESR}$ 组合以完全表现稳压器的特性。请记住，在 C_O 通路上使用开关晶体管切换电阻不一定实用，因为晶体管本身的开关电阻是寄生的，并可能很大，有可能近似等于或者大于所要求的 R_{ESR}。

此外，更加实际可行的测试方法是：如图 11.25 所示，并联焊接几个 1～10nF 的低 ESR 多层陶瓷电容，并将整个阵列与几个并联在一起的 1Ω 功耗的功率电阻串联，以产生和模拟一些 $C_O - R_{ESR}$ 组合。采用这个方法，测试可以从大的 C_O 和最小的 R_{ESR} 组合开始，此时所有电阻和电容都连上了，然后依次断开一个电阻，每次均进行低温下和高温下负载突变响应测试。接着，重新将所有的电阻焊接上，依次断开一个电容，重复上面的测试过程。按此顺序重复测试过程直到滤波器只剩一个电容为止，此时就完成了全部 $C_O - R_{ESR}$ 组合下的负载突变响应测试。

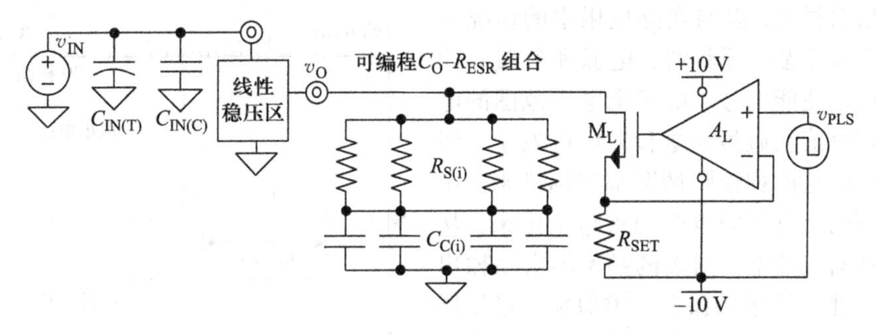

图 11.25　用来测试稳压器 $C_O - R_{ESR}$ 稳定范围的测试电路

图 11.26 表示了一个输出端补偿稳压器稳定性测试的结果。每个数据点代表稳定性边界，在此点减小或增加 R_{ESR} 都可能引起 v_O 持续振荡。有些设计师称 $C_O - R_{ESR}$ 的边界称为“死亡曲线（Curve of Death）”，因为它们界定了稳压器稳定与不稳定的边界，这就是说，在这些边界内电路可以正常工作。正如所预计的那样，图中所示的曲线显示稳压器通常在更大的输出电容 C_O 下更稳定，这与稳压器的输出极点 p_O 为主极点相一致。为了使稳压器在低的 C_O 下仍然稳定，R_{ESR} 必须足够低，以防止 R_{ESR} 产生

的零点使得系统的单位增益频率 f_{0dB} 向寄生极点区域扩展；或者，R_{ESR} 必须足够高，使得 ESR 零点抵消系统第二主极点，该极点通常是误差放大器的输出极点 p_E。

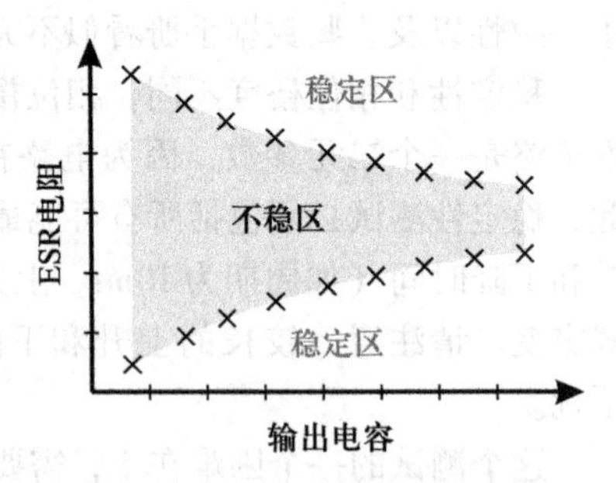

图 11.26 输出端补偿的稳压器的 $C_O - R_{ESR}$ 稳定范围图

内部补偿的稳压器的响应通常与刚才所示的图互补，因为这时的稳压器通常在更低的 C_O 下更稳定。当输出电容较大时，内部补偿的稳压器一般要求 R_{ESR} 产生的 ESR 零点足够低以在达到 f_{0dB} 以前抵消 p_O 的影响。如果由另外一个零点来抵消 p_O，且 R_{ESR} 足够低，可以防止 ESR 零点使得系统的单位增益频率 f_{0dB} 外移，那么该系统也可在高输出电容下保持稳定。

11.2.5 启动

启动或上电时序有时在数据手册中并没有明确指出，因为，通常数据手册或设计者都会声称电路正常工作是电路能正常启动的一个担保。然而，新兴的便携式应用正在开始要求这个指标，这并非是他们希望验证这个功能，而是因为它们仅仅只能容忍很短的启动时间（如小于 1μs）。表征这个参数的驱动力在于电池供电的小器件不能承受无限制地消耗静态功耗，因而它们必须启动和断开电路以保存能量，从而延长运行寿命。因此，必须通过启动和关断模块电路的方式来节省能量和延迟工作时间。因此，启动测试不仅仅是一个功能测试，同时也是一个定量的测试。

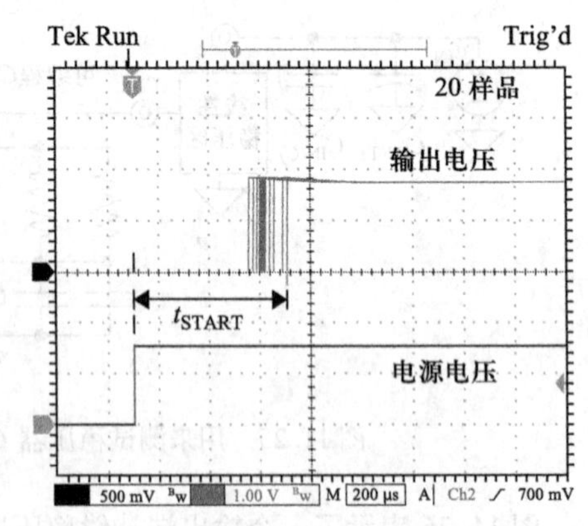

图 11.27 启动响应

启动测试，要与实际应用中的情况一样，必须考虑电源斜坡、电源和负载脉冲以及启动使能信号。由于全电压范围的电源斜坡可能在微秒和毫秒时间内发生，测试必须将这两种极限情况都包括进来。中间范围的上升时间也必须被包括进来，从而保证对应的电源斜坡的频率不会在输出 v_O 上产生不可控的振荡。类似地，稳压器必须能够从由噪声和负载引起的输入电压 v_{IN} 和输出电压 v_O 的冲击中恢复过来，因为给稳压器供电的开关电源可能在 1μs 内上升或者下降 1V，且 v_O 可能瞬时短接到地。图 11.23 所示的电路通常被用来测试电源抑制，它也可被用来模拟 v_{IN} 中的短且稳定的变化。类似地，图 11.14 和图 11.21 所示的测试电路通常被用来测试负载调整率，也可以被用来测试瞬时短路事件。例如，图 11.27 显示了 20 片稳压器芯片的启动测试结果，当电源电压在 100ns 内斜坡上升时，这些芯片大约需要 0.5ms 来启动并稳定它们的输出电压到预定值。

11.3　总结

保护线性稳压器 IC 和开始阶段的设计同样重要。举个实际中的例子，负载可能会短路并对芯片产生很大的压力，时间足够长时会使结温超过塑料封装的熔点。芯片的过电流保护或热关断功能可以保护电路不受这种情况的影响，具体来说，可以使功率晶体管不至于出现超负荷和破坏性的情况。

设计者也必须考虑人为因素，因为人不但可能将电池接反，也有可能使芯片受到突发 ESD 事件的影响。不幸的是，保护电路一直保持预警并准备好响应所有可能的变化最具挑战性的一个方面是保持透明性，换言之，保护电路不应该消耗功率、产生电压降，或者对噪声产生的错误警报做出反应。

对于用户或者系统设计师的忽视同样也是毁灭性的，因为使稳压器的负载超出其所能带载的范围即系统性过载可能不会使稳压器芯片立即失效，而是过一段时间才失效，但此时使用该芯片的产品已处于全面生产状态了。到目前为止，充分评估电路特性是增加可靠性和减少召回风险的最好方式。然而，数据只对相应的测试条件是有效的，这也是对负载进行模拟并仔细考虑测试的设置非常重要的原因。例如，一个单独的电阻可以模拟一个特定的负载，但它不能代表所有可能的负载情况，因此用一个电流源负载来补充测试通常是明智的选择。记住，虽然并不总是显而易见，但是，为了防止产品短期和长期失效而在稳压器的稳压性能、功耗和工作极限上花费测试时间、精力和其他相关的代价都是值得的。

11.4　复习题

1. 保护电路的“透明性”指的是什么？
2. 折回电流限流电路相比固定过电流保护电路的最终优势是什么？
3. 当功率晶体管不是限制因素时，什么现象决定一个热关断电路的初始目标温度？
4. 最良性或者最“透明”的反向电池保护方式是什么？
5. 上述这种保护方式的缺点是什么？
6. 最流行的静电放电模型是哪 3 种？
7. 静电放电强加到芯片上的电压范围是多少？
8. 用来吸收静电放电的最常用的电气元件是什么？
9. 吸收静电放电时，将堆叠的正向偏置的二极管钳位到输入电压和地电压的缺点是什么？
10. 如何模拟稳压器的负载？
11. 负载调整率描述的是什么？

12. 测试线性调整率时，应该使输入电压上升还是下降？为什么？
13. 准备时间指的是什么？
14. 降低基准电压的预设修调值会带来什么影响？
15. 为了达到最佳效果，基准电压的温度系数应该在什么温度点为零？
16. 在数据手册中，总精度通常不包括哪种输出电压的变化？
17. 电源抑制（Power－Supply Rejection）的另一个名字是什么？
18. 测试电源抑制、负载调整率和负载突变响应时为什么要使用一个片外功率晶体管和一个片外放大器？
19. 描述功率转换效率的参数是哪些？这些参数中，哪些通常不是开放的设计变量？
20. 电路发生了什么情况使稳压器进入到压差区？
21. 为什么压差电压通常随输入电源电压的减小而上升？
22. 通常引用的压差电压是在压差区的哪个点上的压差电压？
23. 假如稳压器跳过压差区直接从线性区过渡到关断区，怎么测试压差电压？
24. 如何进行稳定性测试？
25. 为什么在新兴应用中启动时间变成了一个越来越重要的参数？

Gabriel Alfonso Rincón - Mora
Analog IC Design with Low - Dropout Regulators, Second Edition
978-0-07-182663-1

北京市版权局著作权合同登记　图字：01-2015-3979 号。

图书在版编目（CIP）数据

模拟集成电路设计：以 LDO 设计为例：原书第 2 版/（美）林康 - 莫莱著；陈晓飞等译. —北京：机械工业出版社，2016.5（2023.8 重印）
（国际电气工程先进技术译丛）
书名原文：Analog IC Design with Low - Dropout Regulators, Second Edition
ISBN 978-7-111-53496-9

Ⅰ.①模… Ⅱ.①林…②陈… Ⅲ.①模拟集成电路 - 电路设计 Ⅳ.①TN431.102

中国版本图书馆 CIP 数据核字（2016）第 073306 号

机械工业出版社（北京市百万庄大街 22 号　邮政编码 100037）
策划编辑：刘星宁　责任编辑：朱　林
责任校对：陈延翔　封面设计：马精明
责任印制：常天培
固安县铭成印刷有限公司印刷
2023 年 8 月第 1 版第 6 次印刷
169mm×239mm · 24.25 印张 · 527 千字
标准书号：ISBN 978-7-111-53496-9
定价：99.00 元

凡购本书，如有缺页、倒页、脱页，由本社发行部调换

电话服务	网络服务
服务咨询热线：010 - 88361066	机 工 官 网：www.cmpbook.com
读者购书热线：010 - 68326294	机 工 官 博：weibo.com/cmp1952
010 - 88379203	金 书 网：www.golden - book.com
封面无防伪标均为盗版	教育服务网：www.cmpedu.com